高等职业教育农业农村部"十三五"规划教材

兽医学概论

第二版

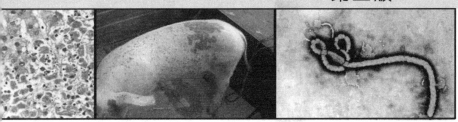

SHOUYIXUEGAILUN

朱金凤　主编

中国农业出版社

北　京

第二版编审人员名单

主　　编　朱金凤

副 主 编　何德肆　邢玉娟　敬淑燕

编　　者（以姓名笔画为序）

　　　　　　于　枫　王艳丰　朱金凤

　　　　　　邢玉娟　张君慧　何德肆

　　　　　　柳旭伟　敬淑燕　颜邦斌

主　　审　王　哲　刘占民

企业指导　卢慧芳　孙玲利

第一版编审人员名单

主　编　刘占民（河北农业大学）

副主编　朱达文（江苏畜牧兽医职业技术学院）

　　　　金璐娟（黑龙江畜牧兽医职业学院）

编　者（以姓名笔画为序）

　　　　王治仓（甘肃畜牧工程职业技术学院）

　　　　朱达文（江苏畜牧兽医职业技术学院）

　　　　刘占民（河北农业大学）

　　　　李　丽（锦州医学院畜牧兽医学院）

　　　　金璐娟（黑龙江畜牧畜医职业学院）

　　　　赵满达（山东畜牧兽医职业学院）

　　　　程泽华（山西农业大学太原畜牧兽医学院）

审　稿　钟秀会（河北农业大学）

　　　　李铁拴（河北农业大学）

第二版前言

随着我国畜牧业的快速发展，现代化畜牧业生产格局正在逐步形成，急需大批同时具备畜牧和兽医理论知识与实际操作技能的高素质技术技能型人才。为满足社会需求，各高等职业院校不断对畜牧兽医类专业课程体系进行调整和优化。为适应各院校教学改革的需要，我们在保留第一版教材精品内容的基础上，组织修订，编写了第二版教材。

第二版教材的编写主要遵循四个原则：一是"理论够用，突出重点难点"原则，主要介绍兽医专业的基本理论和重点难点问题，为培养学生解决实际问题的能力奠定理论基础，满足学习和掌握实际操作技能的需要；二是"注重实训，强化实践技能"原则，在基本理论知识够用的基础上，强化实训，满足加强实践技能培训的需要；三是"新颖实用，适用范围广泛"原则，在篇幅有限的情况下，尽量把近年来兽医学的新理论和新技术及时地吸纳进教材，保证教材内容的新颖性和时代感；四是"体现最新职业教育教学改革精神"，突出"五个对接"，即专业与产业、职业岗位对接，专业课程内容与职业标准对接，教学过程与生产过程对接，学历证书与职业资格证书对接，职业教育与终身教育学习对接。本教材具有时代特征和职业教育特色，同时，根据教材的适用定位，还尽量照顾到教材的广适性，以扩大教材的适用范围和社会影响力。

本教材分为动物病理基础、动物药理及药物、中兽药基础、临床诊疗技术、动物微生物基础、动物传染病、动物寄生虫病、动物中毒病、动物代谢病、动物内科病、动物外科手术及外科病以及动物产科病十二个模块，具体编写分工如下：模块一、模块七由敬淑燕（甘肃农业职业技术学院）编写，模块二由王艳丰（河南农业职业学院）编写，模块三由颜邦斌（南充职业技术学院）编写，模块四由柳旭伟（新疆农业职业技术学院）编写，模块五、模块六由张君慧（杨凌职业技术学院）编写，模块八由于枫（山东畜牧兽医职业学院）编写，模块九由邢玉娟（江苏农牧科技职业学院）编写，模块十由何德肆（湖南生物机电职业技术学院）编写，模块十一、模块十二由朱金凤（河南农业职业学院）编写，全书由朱金凤教授统稿,吉林大学王哲教授及河北农业大学刘占民教授审阅,河南豫正生物科技有限公司卢慧芳、郑州市红林羊业育种有限公司孙玲利参与本教材基本内容的论证设计,并负责对全书图标、文字的筛选和校对。

由于经验不足,资料收集整理过程中难免有所遗漏,不尽完善及错误之处在所难免,我们真诚恳请有关专家、广大师生和读者给予批评指正。

编 者

2016 年 3 月

第一版前言

随着我国畜牧兽医事业的快速发展，现代化畜牧业生产格局正在逐步形成。现代畜牧业的快速发展，急需大批同时具备畜牧和兽医理论知识与实际操作技能的高等技术应用型专门人才。为满足社会需求，各农业和畜牧兽医高职院校不断对畜牧兽医类专业课程体系进行调整和优化。为适应各院校教改的需要，编写了适合畜牧兽医高职院校畜牧类专业教学体系特点的《兽医学概论》，以满足教学急需。

《兽医学概论》的编写主要遵循三个原则。一是"理论够用，突出重点难点"原则，主要介绍兽医专业的基本理论和重点难点问题，为培养学生解决实际问题的能力奠定理论基础，满足学习和掌握实际操作技能的需要。二是"注重实训，强化实践技能"原则，在基本理论知识够用的基础上，把各类动物疾病的防治（制）技能作为重点内容，强化实训，满足加强实践技能培训的需要。三是"新颖实用，适用范围广泛"原则，在篇幅有限的情况下，尽量把近年来兽医学的新理论和新技术较多地吸纳进教材，保持教材内容的新颖性和时代感。同时，根据教材的适用定位，还尽量照顾到教材的广适性，以扩大教材的适用范围和社会影响力。

《兽医学概论》的特点是选题确切，满足急需；原则明确，重点突出；注重技能，强化实践；遵循规律，方便认知；表述规范，图文并茂；适应发展，体现创新；内容丰富，适用广泛。在内容编排上，把动物代谢病与中毒病单列，以满足代谢病和中毒病的防治需要；把新生仔畜（兽）和母畜（兽）疾病单列，以方便编写和学习。新增兽医中药基础，以满足相关各专业特别是畜牧、动物营养专业学习和运用兽医中药防制动物疫病，开发中药饲料添加剂和动物保健品的需要。

本教材共 14 章，绪论、第四章、第九章、第十章第一节至第三节由刘占民编写；第五章、第十三章、第十四章、实训一、实训二由朱达文编写；第六章、第七章第一节、第二节、实训五由金璐娟编写；第十一章、第十二章、实训八、实训九由王治仓编写；第七章第三节至第七节、第八章、实训六、实训七由程泽华编写；第一章、第二章、实训十由赵满达编写；第三章、第十章第四节、实训三、实训四由李丽编写。

本教材的编写得到了河北农业大学教务处、河北农业大学中兽医学院以及各位作者所在院校的大力支持，河北农业大学钟秀会、李铁拴二位教授对教材进行了耐心细致地审阅，谨此表示衷心地感谢。

书中如有错误和不足之处，恳请有关专家、广大师生和读者给予批评指正，以便不断修订和完善。

编　者

2006 年 3 月

目　录

第二版前言
第一版前言

模块一　动物病理基础 ··· 1

  单元一　疾病概论 ··· 1
  单元二　局部血液循环障碍 ··· 3
  单元三　组织与细胞的损伤 ··· 7
  单元四　代偿、适应与修复 ··· 10
  单元五　肿瘤 ··· 13
  单元六　基本病理过程 ··· 16

模块二　动物药理及药物 ··· 32

  单元一　兽药基本知识 ··· 32
  单元二　药物的作用 ··· 35
  单元三　防腐消毒药 ··· 39
  单元四　抗微生物类药 ··· 41
  单元五　抗寄生虫药 ··· 55
  单元六　消化系统用药 ··· 59
  单元七　作用于呼吸系统的药物 ··· 65
  单元八　作用于泌尿生殖系统的药物 ··· 66
  单元九　作用于血液循环系统的药物 ··· 68
  单元十　作用于中枢神经系统的药物 ··· 71
  单元十一　影响组织代谢药物 ··· 76

模块三　中兽药基础 ··· 79

  单元一　中兽药基础理论 ··· 79
  单元二　常用兽医中药 ··· 83

模块四　临床诊疗技术 ··· 125

  单元一　动物的接近与保定 ··· 125
  单元二　临床检查的基本方法、程序及原则 ··· 132
  单元三　一般临床检查 ··· 136
  单元四　呼吸系统检查 ··· 142

单元五	心血管系统检查	148
单元六	消化系统检查	152
单元七	神经系统检查	161
单元八	泌尿生殖系统检查	163
单元九	实验室诊断技术	164
单元十	临床治疗技术	173

模块五 动物微生物基础 …… 181

单元一	微生物基础知识	181
单元二	免疫学基础	190
单元三	主要病原微生物	207

模块六 动物传染病 …… 218

单元一	动物传染病概述	218
单元二	常见多种动物共患病	221
单元三	鸡的常见传染病	240
单元四	猪的常见传染病	246
单元五	牛、羊的常见传染病	253
单元六	其他动物的常见传染病	259

模块七 动物寄生虫病 …… 264

单元一	概述	264
单元二	多种动物常见的共患寄生虫病	271
单元三	鸡常见的寄生虫病	282
单元四	猪常见的寄生虫病	286
单元五	牛羊常见的寄生虫病	290

模块八 动物中毒病 …… 300

| 单元一 | 中毒病概述 | 300 |
| 单元二 | 动物常见中毒病 | 306 |

模块九 动物代谢病 …… 322

单元一	糖、脂肪、蛋白质代谢障碍疾病	322
单元二	矿物质代谢病	326
单元三	微量元素缺乏病	330
单元四	维生素缺乏症	336

模块十 动物内科病 …… 342

| 单元一 | 消化系统疾病 | 342 |

| 单元二 | 呼吸系统疾病 | 360 |
| 单元三 | 其他系统疾病 | 367 |

模块十一　动物外科手术及外科病 375

单元一	外科手术基本知识与操作	375
单元二	外科手术示例	399
单元三	常见外科疾病	408

模块十二　动物产科病 428

单元一	怀孕期疾病	428
单元二	分娩期疾病	431
单元三	产后期疾病	439
单元四	乳房疾病	447
单元五	新生仔畜疾病	451
单元六	不孕症	453
单元七	卵巢疾病	454

参考文献 458

模块一

动物病理基础

单元一 疾病概论

(一) 疾病的概念

1. 疾病的概念 疾病是动物机体在一定条件下与各种致病因素相互作用，产生的损伤与抗损伤的复杂斗争过程。其一方面可使机体的结构、机能发生障碍，使机体内外平衡失调、生产能力下降；另一方面机体会产生一系列抗损伤反应。

2. 疾病的特点

(1) 疾病是致病因素与动物机体相互作用的结果，同时疾病的发生和诱因的存在有密切的关系。任何疾病都有其特定的原因，没有原因的疾病是不存在的。诱因包括气候、温度等客观条件，也包括社会制度、科技水平等人为因素。诱因既能影响外界致病因素，也能影响机体内部因素。因此，只有正确认识疾病的发生原因，才能有效地预防和治疗疾病。同时要重视诱因，在畜牧业生产中要为畜禽创造一个有利于增强机体抵抗力而不利于病原微生物生长繁殖的环境条件，减少疾病的发生。

(2) 疾病过程的基本矛盾是损伤和抗损伤。致病因素作用于机体产生损伤，同时也激发了机体的抗损伤反应。损伤和抗损伤贯穿于疾病的全过程。

(3) 疾病是完整机体的全身反应。当致病因素作用于机体时，产生的损伤与抗损伤反应就是完整统一机体的反应。而局部出现的功能、代谢和形态结构的变化，则是完整统一机体全身反应在局部的集中表现。

(4) 生产能力降低是疾病的标志。畜禽的生命活动发生障碍时，其生产性能如产乳量、产仔数、产肉量等下降，这是疾病的标志。

3. 疾病分类 疾病的分类方法较多，常见的有下列几种：

(1) 按病程长短分类。

①最急性型。主要特征是患病动物常无明显的临诊症状，突然死亡，病理变化不明显。如羊快疫等。

②急性型。病情进展迅速，病程从数小时到两三周不等，在临诊上常出现明显的症状。如急性猪丹毒等。

③亚急性型。病程介于急性型与慢性型之间，常为3~6周，临诊症状相对轻微。

④慢性型。主要特征为病情进展缓慢，病程迁延时间长，从6周到数年不等，临诊症状不明显，患病动物营养状况较差。

(2) 按发病原因分类。

①传染病。指由病原微生物侵入体内引起的疾病。如结核病、猪瘟等。

②寄生虫病。指由某些寄生虫侵入体内或体表引起的疾病。如吸虫病、蛔虫病等。

③普通病（非传染病）。指由一般性致病因素、某些营养缺乏或过多引起的疾病。如中

毒病、机械损伤等。

(3) 按患病主要系统分类。可将疾病分为心血管系统疾病、呼吸系统疾病、血液系统疾病、神经系统疾病、消化系统疾病、泌尿系统疾病、生殖系统疾病等。

(二) 疾病的发生

病因是引起疾病的必备因素，疾病发生的原因包括外因和内因两大类。

1. 疾病发生的外因 即内外环境中的致病因素。

(1) 生物性致病因素。包括各种病原微生物（如病毒、细菌、真菌等）和寄生虫，是疾病发生的常见原因。作用于机体可引起传染病、寄生虫病和肿瘤疾病。

(2) 营养因素。蛋白质、脂肪、糖类、矿物质、维生素等是维持机体生命活动的必需物质，缺乏或过量（中毒）均可成为引起疾病的原因。

(3) 化学性致病因素。指有毒有害的化学物质。如农药、强酸、强碱、重金属盐类、生物毒素、植物毒素、工业毒物等。

(4) 物理性致病因素。包括温度、电流、辐射、光、大气压、噪声等。

(5) 机械性致病因素。是指来自内外环境各种机械因素对机体的作用。如来自外界环境的各种锐器、钝器的损伤等，可使机体发生创伤、骨折等；来自机体内部的肿瘤、结石、寄生虫等引起局部受压或气管管腔阻塞等。

2. 疾病发生的内因 即机体本身与疾病有关的因素。包括机体的防御能力、机体应激反应、遗传因素、机体的反应性等。

(1) 机体的防御能力。机体的防御能力指机体的屏障机能、吞噬机能、解毒机能、免疫机能和排出机能。当这些机能降低或出现障碍时，机体易发生疾病。

(2) 机体的应激反应。机体的应激反应是指机体在受到各种内外环境因素刺激时所表现出的一种非特异性的防御反应。一般情况下对机体是有利的，但是应激反应过强或持续时间过长，则对机体发生损害，往往使机体产生病理性变化。机体应激反应的发生是神经调节和体液调节的结果。当机体神经调节机能紊乱或内分泌障碍时，机体的应激机能改变易发生疾病。

(3) 遗传因素。遗传因素是机体的内在因素，在一些疾病的发生上有一定的作用。有两种情况：一是遗传物质在外界条件影响下发生改变引起遗传性疾病；二是遗传素质，即易患某种疾病的遗传特性。

(4) 机体的反应性。机体的反应性是指机体对各种刺激的反应能力。机体的反应性包括种属反应性、品种品系反应性、个体反应性、年龄反应性、性别反应性等不同的反应性。机体的反应性不同，对致病因素的抵抗力和感受性也不同。

(三) 疾病的发生发展规律

1. 疾病是损伤与抗损伤的斗争过程 致病因素作用于机体后，一方面可使机体的功能、代谢、形态结构发生损伤；另一方面也激发机体各种抗损伤的反应，这种损伤与抗损伤的斗争贯穿于疾病的始终，并决定疾病的发展方向。此外，疾病过程中，损伤与抗损伤双方在一定条件下可以相互转化。所以正确区分疾病过程中的损伤与抗损伤反应，有着重要的实践意义。

2. 疾病过程中的因果转化关系 因果转化指原始病因作用于机体引起损伤，这个损伤又可作为新的病因引起新的病变，原因与结果不断转换，形成链式发展的疾病过程。这种因果转化即可使疾病在链式发展过程中不断恶化，也可切断某一环节阻断恶性循环，使疾病向着好转的方向发展。

3. 疾病过程局部与整体的关系 机体是一个统一的有机体，任何疾病都是完整机体的复杂反应，即可表现全身性病理变化，又可表现局部病理变化，任何局部病理变化都是全身反应的一个组成部分，它既受整体影响，又影响整体，二者有着内在的密切联系，不可分割。有的局部病理变化是整体疾病的标志，如口蹄疫时的口蹄病变，猪丹毒的皮肤疹块等。有时局部病理变化在一定条件下，可发展为全身性病理变化。如局部的化脓性炎症，在机体抵抗力降低时，可发展为脓毒败血症。总之，对疾病的认识，既要有整体观念，又不能忽视局部变化，只有进行全面的具体的分析，才能正确认识和防治疾病。

(四) 疾病的经过与转归

1. 疾病的经过 疾病从发生到结束的整个过程，称为疾病的经过或疾病的过程。疾病的经过常呈现不同的阶段性。生物性致病因素引起的传染病通常可分为四个阶段：

（1）潜伏期。指从病因作用于机体开始，到机体出现最初症状为止的一段时期。如猪丹毒是3～5d，特点是无任何症状。潜伏期的长短不一，取决于病原微生物致病力的强弱和机体抵抗力的大小。如防御力量能克服致病因素的损害，则机体不发病，反之，则进入第2个阶段。

（2）前驱期。从疾病的一般症状出现开始，到疾病的典型症状出现前为止。这一阶段出现的是一些非特异性临床症状，如精神沉郁、食欲减退等。

（3）明显期。此期是疾病的特异性症状表现出来的阶段。如口蹄疫为1～2周。在这一阶段，患病动物抗损伤功能得到进一步发挥，但损伤未得到修复，甚至更加严重，这一阶段对疾病的正确诊断和合理治疗有着重要的意义。

（4）转归期。是疾病的结束阶段。

2. 疾病的结局 疾病最终的结局有完全康复、不完全康复和死亡。

（1）完全康复。即机体形态结构和机能的损伤完全恢复，病理过程全部消失。

（2）不完全康复。致病作用停止，主要症状消失，但在形态结构上还留有持久的病理状态，在机能上还有一定障碍。

（3）死亡。死亡是生命活动的终止。生命重要器官的严重损伤可引起骤死。一般疾病的死亡，可分为三个阶段。

①濒死期。主要表现为反射基本消失、心跳变慢、血压下降、呼吸时断时续、体温降低、粪尿失禁等。

②临床死亡期。是指心跳和呼吸停止，反射活动消失以及中枢神经系统的高度抑制。

③生物学死亡期。是真正意义上的死亡，整个中枢神经系统和机体各器官的新陈代谢都已终止，出现不可逆变化。

单元二 局部血液循环障碍

一、充　血

局部组织或器官的血管内，血液含量增多的现象，称为充血。按照发生机理，可将充血分为动脉性充血和静脉性充血两种。

1. 动脉性充血 局部组织或器官的小动脉及毛细血管扩张，流入过多的动脉血，而静脉回流正常，使组织或器官内含血量增多的现象，称为动脉性充血，简称为充血。充血分生理性充血和病理性充血两种。

（1）生理性充血。在生理情况下，器官组织的机能加强时，引起的充血即为生理性充血。如运动时肌肉的充血、采食后胃肠充血等。

（2）病理性充血。致病因素作用于局部组织引起的充血，称为病理性充血。根据病因可分为以下几种类型。

①神经性充血。指局部组织受到各种因素的刺激，抑制了缩血管神经的兴奋性，使局部血管扩张引起的充血。如曝晒、温热等情况下的充血。

②减压后充血。某些组织器官因压迫而发生贫血，解除压力后，小动脉反射性的扩张引起局部充血的现象，也称贫血后充血。如瘤胃臌气进行穿刺放气时，应间歇放气，防止血液重新分布，引起心、脑贫血而出现严重后果。

③侧枝性充血。某一动脉狭窄或受阻时，其周围的动脉吻合支发生反射性扩张而引起的充血。侧枝性充血对于机体具有代偿意义。

④炎性充血。炎症早期由于致炎因子的刺激和炎症介质的作用使局部小动脉扩张引起的充血。

（3）动脉性充血的病理变化。充血器官组织色泽鲜红（临床上称为潮红）、温度增高、机能加强和体积稍肿大。

（4）充血对机体的影响。充血对机体是有利的，可使局部循环血量增加，营养供应增加，促进局部的新陈代谢。但是过度的充血会使局部血管的紧张性降低而发生瘀血，也有可能造成局部血管破裂出血导致严重后果。

2. 静脉性充血 由于静脉血液回流受阻，血流缓慢，引起局部组织或器官内静脉血液增多的现象，称为静脉性充血，简称瘀血。根据病因可分为以下两种类型。

（1）局部瘀血。主要见于局部静脉受压或阻塞。如静脉受肿瘤、腹水、肠变位的压迫会发生瘀血。

（2）全身瘀血。常见动物心力衰竭和胸内压升高导致静脉回流受阻引起全身性瘀血。

（3）静脉性充血的病理变化。瘀血的组织、器官呈暗红色或蓝紫色，在可视黏膜和无毛皮肤表现得尤为明显，临床上称为发绀。局部温度降低，机能减退，组织器官体积肿大等。

（4）瘀血对机体的影响。瘀血对机体不利，长时间的瘀血可引发局部的水肿、出血，甚至引发组织细胞的萎缩、变性、坏死，导致结缔组织增生出现局部硬变。

二、出 血

血液流出血管或心脏外，称为出血。血液流出体外，称为外出血，如外伤性出血、咯血（肺）、呕血（胃）、黑粪（胃肠）等。血液流入组织间隙或体腔（如胸腔、腹腔、心包腔）内，称为内出血，如体腔积血、血肿等。

1. 出血的原因和类型 根据发生原因出血分为破裂性出血和渗出性出血。

（1）破裂性出血。指由于机械性损伤或病变的侵蚀使心脏和血管破裂引起的出血。

（2）渗出性出血。指毛细血管通透性增强，血液通过管壁渗出血管外引起的出血。常见于以下三种情况。

①血管壁损害。常由瘀血、缺氧、感染、中毒、维生素C缺乏等因素引起。

②血小板减少或功能障碍。血小板对毛细血管内皮细胞具有支持和营养的作用。

③凝血因子缺乏。凝血因子先天缺乏、维生素 K 缺乏、严重肝病等引起凝血因子合成减少；弥散性血管内凝血时，凝血因子消耗过多，可引起广泛性出血。

2. 出血的病理变化

（1）不同血管出血的病理变化。动脉性出血呈喷射状，血色鲜红；静脉性出血呈线状，血色暗红；毛细血管出血，多形成小出血点（称瘀点），有时形成出血斑（称瘀斑）。

（2）不同类型出血的病理变化。破裂性出血在体腔内出血称积血。混有血液的尿液，称血尿。粪便里有血液称黑粪或血便。流出的血液局限在皮下、器官被膜下和组织间隙内压迫周围组织形成球形或半球形的肿胀称血肿。渗出性出血的病理变化表现为出血点（直径在 1mm 以内）、出血斑（直径 1～10mm）、出血性浸润（红细胞弥散性浸润于组织间隙，使组织呈大片暗红色）。

3. 出血对机体的影响　出血对机体不利，出血对机体的影响大小和出血量、出血部位、出血速度及持续时间有关。

三、血栓及血栓形成

在活体动物的心脏或血管内，部分血液发生凝固或血液中某些有形成分析出，凝集形成固体质块的过程，称为血栓形成。所形成的固体质块称为血栓。与血凝块不同，血栓是在血液流动的状态下发生的异常凝固。

1. 血栓形成的条件　血栓形成的条件主要有以下 3 个。

（1）血管内膜损伤。当心血管内皮细胞受到物理、化学和生物性致病因素的刺激而发生损伤时启动内源性凝血系统，释放凝血酶；同时内膜受损伤后利于血小板的沉积和黏附，激活多种血小板因子，激发凝血过程；另外，内膜受损伤可以释放组织凝血因子，激活外源性凝血系统引起血栓形成。心血管内膜受损多见于风湿性和细菌性心内膜炎病变的瓣膜上、心肌梗死区的心内膜以及严重动脉粥样硬化斑块溃疡、创伤性或炎症性的血管等部位。

（2）血流状态的改变。血流状态改变主要是血流减慢、血流产生旋涡或血流停滞等，有利于血栓形成。如在二尖瓣狭窄时的左心房、动脉瘤内或血管分支处血流缓慢及出现涡流时，易并发血栓形成。当血流变慢或产生旋涡、停滞时，血液中的有形成分会由正常时的轴流变为边流，有机会接触受损伤的血管内膜并发生沉积；血流变慢使被激活的凝血酶和凝血因子不易被冲走，容易在局部达到凝血所需的浓度；血流变慢还可使局部缺氧，使血管内皮细胞进一步坏死脱落，胶原纤维暴露，有利于血小板沉积，促进凝血过程。

（3）血液凝固性增加。血液中血小板和凝血因子增多，或纤维蛋白溶解系统的活性降低，导致血液的高凝状态，利于血栓的形成。多见于严重创伤、产后和大手术后、大面积烧伤等情况下。

上述血栓形成的条件往往是同时存在的，互相影响，共同促进血栓的形成，并常以某一条件为主。

2. 血栓形成的过程和类型　血栓形成是一个渐进性的过程。第一步形成血栓的头，当血栓形成的条件具备时血小板自血液中析出并黏附于受损伤的心血管内膜上。与此同时，由于凝血系统启动凝血酶使纤维蛋白原转变为纤维蛋白，纤维蛋白使血小板聚集成堆，体积不断增大，成为血栓的头。呈灰白色的、表面粗糙、有波纹、质地硬、易与血管壁分离的血栓称为白色血栓。第2步形成血栓的体，当白色血栓形成后，阻碍血流并产生旋涡，血小板持续不断的析出和黏集形成小梁，彼此衔接成珊瑚状，进一步阻碍血流，被激活的凝血因子不易被冲走，达到凝血所需的浓度时，引起局部发生凝血。然后血小板的黏附沉积和局部的凝血过程交替发生，形成血栓的体。这种血栓肉眼观察为红白相间的层状结构，其中红色部分是局部凝固的血液，白色部分是析出沉积的血小板，这种血栓称为混合血栓。第三步形成血栓的尾，当血栓的体部体积继续增大完全将管腔阻塞时，血流停止，局部血液迅速发生凝固，即形成血栓的尾，这种血栓肉眼观察为暗红色，称为红色血栓。

血栓与死后凝血的区别：血栓形成初期，表面湿润光滑。时间稍久，水分被吸收，变得干燥，易碎，失去弹性，与血管壁不易分离；而死后的凝血，表面光滑湿润，富有弹性，与血管壁易分离。

3. 血栓的结局

（1）血栓软化、溶解、吸收。血栓形成后，局部的纤维溶解系统被激活，使血栓中的纤维蛋白变为可溶性多肽，同时血栓内的中性粒细胞崩解，释放蛋白溶解酶使血栓中的蛋白性物质溶解。体积小的血栓可完全软化、溶解、吸收；大的血栓发生部分软化、溶解，脱落部分成为栓子，随血流运行阻塞相应血管而引起栓塞。

（2）血栓机化。较大的血栓形成以后，不能在较短的时间内溶解吸收时，从血管壁上向血管内长出新生的肉芽组织，将血栓的成分逐渐溶解、吸收、取代血栓，称为血栓的机化。被机化的血栓，由于结缔组织的成熟收缩，在血栓内部或血栓与血管壁之间出现裂隙，裂隙表面被增生的内皮细胞所覆盖，形成相互连通的管道，使血流重新通过，称为再通。

（3）血栓钙化。个别情况下，没有机化、软化的血栓表面可沉积钙盐而发生钙化。钙化后的血栓称为血管结石。

4. 血栓对机体的影响

（1）堵塞血管破裂处，阻止出血。

（2）炎灶周围形成血栓可防止感染的蔓延。

（3）阻断血流，引起血液循环障碍。

（4）血栓脱落，随血流运行引起栓塞。

（5）心瓣膜血栓机化可引起瓣膜口狭窄或关闭不全，影响心脏的正常供血功能。

四、栓　　塞

循环血液中出现的不溶性的异常物质，随血流运行堵塞相应血管的过程，称为栓塞。造成栓塞的异常物质称为栓子。

1. 栓塞的类型　根据栓子的类型可将栓塞分为4类。

（1）血栓性栓塞。由脱落的血栓或血栓的碎片作为栓子引起的栓塞。静脉、右心血栓脱落主要引起肺栓塞；动脉、左心血栓脱落主要引起大循环各器官的栓塞，其中以心、脑、脾、肾多见。

（2）脂肪性栓塞。由脂肪滴或含有脂类的药物进入血管作为栓子引起的栓塞。多见于严重的粉碎性骨折、骨手术、脂肪组织挫伤、将含脂类药物误注入血管中时。

（3）气体性栓塞。由气泡作为栓子，引起的栓塞。多见于大静脉损伤如颈部、胸部、子宫静脉破裂或静脉注射排气不彻底时，空气进入静脉血管，随血流回流入右心，随着心脏的搏动，形成许多气泡，占据心脏的容积，影响静脉的回流，使心排血量减少，常出现急性的心力衰竭而死亡。

（4）其他栓塞。由坏死组织碎片、肿瘤细胞团、寄生虫或虫卵、细菌团块等作为栓子引起的栓塞。

2. 栓塞对机体的影响 栓塞对机体带来的不利影响取决于栓子的大小、栓塞的部位以及侧支循环是否迅速建立。

五、梗　死

动脉血流的供应中断使局部组织器官因缺血而发生的坏死，称为梗死。

1. 梗死的原因

（1）动脉受压。动脉受机械性压迫而使管腔堵塞发生梗死。多见于肿瘤压迫、肠扭转时。

（2）动脉阻塞。动脉中形成血栓和发生栓塞是动脉阻塞引起梗死的最常见原因。

（3）动脉痉挛。动脉发生病变的基础上，某些病因引起动脉血管持续性的收缩，使局部供血不足引起梗死。

2. 梗死的类型和病理变化

（1）贫血性梗死。多见于侧支循环不丰富而组织结构较致密的实质器官，如心、肾等。当这些器官的某一小动脉被阻塞时，其分支及其附近的小动脉发生反射性的痉挛，将血液挤出病灶区，使局部处于贫血状态，组织细胞发生坏死，病灶区呈灰白色，故又称为白色梗死。肾的梗死区呈锥形，心脏的梗死区呈不规则形，梗死区呈苍白色，新的梗死区稍肿胀，向器官表面隆起，陈旧的梗死区干、硬、凹陷，梗死区边缘有红色的炎性反应带。

（2）出血性梗死。多见于侧支循环丰富而且组织结构疏松的器官，如肺和肠等器官。出血性梗死的发生需具备两个条件，一是动脉阻塞，二是器官同时处于瘀血状态。当这些器官的小动脉发生阻塞使动脉血液供应中断时，该器官的静脉又发生严重的瘀血，侧支循环不能建立，局部细胞坏死，同时淤积在静脉血管中的血液由于血管通透性的增加而渗漏到坏死组织中，造成弥漫性出血，使梗死区呈红色，故又称为红色梗死。梗死区体积稍肿大，质地实在，呈暗红色，病程长，红细胞崩解，形成含铁血黄素，使其颜色变浅，有结缔组织增生时，形成褐色疤痕组织。

3. 梗死对机体的影响 发生梗死的组织其功能完全丧失。梗死对机体影响取决于梗死发生的部位和梗死范围的大小。

单元三　组织与细胞的损伤

一、萎　缩

发育正常的组织、器官或细胞，由于物质代谢障碍而发生体积缩小和功能减退的变化称萎缩。

1. 萎缩类型 萎缩可分为生理性萎缩和病理性萎缩两类。

(1) 生理性萎缩。动物的许多组织和器官随年龄的增长而逐渐发生萎缩，这种萎缩称生理性萎缩。如胸腺、法氏囊等。

(2) 病理性萎缩。按其发生原因的不同可分为以下几种。

①营养不良性萎缩。可由全身性或局部因素引起。全身营养不良性萎缩见于长期饥饿、消化道梗阻、慢性消耗性疾病及恶性肿瘤等，由于蛋白质等营养物质摄入不足或消耗过多引起全身器官萎缩，这种萎缩常按顺序发生，即脂肪组织首先发生萎缩，其次是肌肉、肝、脾、肾等器官发生萎缩，而心、脑的萎缩发生最晚。局部营养不良性萎缩常由局部慢性缺血引起，如脑动脉粥样硬化可引起脑萎缩。

②压迫性萎缩。器官或组织长期受压后，由于代谢减慢而逐渐发生萎缩，如各种原因造成尿路梗阻时，因肾盂积水，肾实质长期受压可发生萎缩。引起这种萎缩的压力无需过大，关键是一定的压力持续存在。

③废用性萎缩。由于长期不使用而引起的萎缩，如成年动物红骨髓的萎缩；截肢后的肌肉萎缩等。

④神经性萎缩。中枢神经或外周神经损伤后，其所支配的器官、组织可发生萎缩，如脊髓灰质炎所致的下肢肌肉萎缩。

⑤内分泌性萎缩。内分泌功能低下可引起相应靶器官萎缩，如垂体前叶切除、腺垂体肿瘤或缺血引起垂体功能低下时，病畜的甲状腺、肾上腺、性腺等器官因缺乏激素刺激而萎缩，也称为激素性萎缩。

2. 病理变化 萎缩的原因各异，但形态改变基本相似。肉眼观察萎缩的器官体积均匀性缩小或表面高低不平，包膜增厚有皱褶，重量减轻，质地变硬。

3. 萎缩对机体的影响 萎缩的器官或组织代谢减慢、功能降低，但萎缩是一种可逆性变化。轻度萎缩，当原因去除后，萎缩的器官、组织、细胞可逐渐恢复原状；如病变持续进展，萎缩的细胞可发展成细胞死亡。

二、变　　性

由于组织细胞代谢障碍，细胞质内或细胞间质内出现异常物质或原有正常物质数量显著增多的一类形态改变，称为变性。变性有多种类型，常以显著增多或异常的沉积物来命名。

1. 细胞肿胀 是一种最常见的、较轻的变性，是指细胞因水分增多而肿大或胞浆内布满了许多微细的蛋白颗粒的变化。多发于代谢旺盛的器官，如心、肝、肾等器官的实质细胞。

(1) 原因。主要是缺氧、感染、中毒、发热等。

(2) 病理变化。发生细胞肿胀的脏器体积增大，包膜紧张，颜色苍白、无光泽，似沸水烫过一样，切面隆起，质脆易碎。

(3) 对机体的影响。细胞肿胀为细胞的较轻度损伤，可使细胞的功能降低，如心肌细胞肿胀可使心肌的收缩力降低。细胞肿胀是一种可复性损伤，当原因去除后，其功能、结构均可逐渐恢复正常，但当细胞肿胀的原因持续存在时，病变可进一步发展，形成脂肪变性甚至坏死。

2. 脂肪变性 非脂肪细胞内出现脂滴或脂滴明显增多，称为脂肪变性。多见于代谢旺盛、耗氧多的器官，如肝、肾、心等。引起脂肪变性的原因有营养障碍、严重感染、慢性持续缺氧或中毒等。

（1）肝脂肪变性。肝是脂肪代谢的主要器官，因此，肝脂肪变性最常见。眼观轻度肝脂肪变性时无明显改变；中、重度的脂肪变性称为脂肪肝，眼观呈黄褐色或土黄色，切面结构模糊，质地脆弱，油腻，伴有肝瘀血时，肝表面与切面均呈红黄相间的纹理，称"槟榔肝"。

（2）心肌脂肪变性。脂肪变性的心肌呈灰黄色，混浊无光泽，松软，心室扩张。在严重贫血、中毒和一些传染病时，肉眼可见心内膜下，尤其是乳头肌处出现黄色的条纹或斑点，与正常的红色心肌相间排列，状似虎皮的斑纹，故称为"虎斑心"。

3. 对机体的影响 脂肪变性是一种可复性病理过程，如病因消除，物质代谢恢复，细胞的结构、功能能完全恢复正常。脂肪变性对机体的影响较细胞肿胀严重，因原因不同、程度不同、损伤器官不同而对机体的影响不同。

三、坏　　死

坏死是指活体内局部组织细胞的病理性死亡。坏死的组织、细胞，其代谢停止、功能丧失、形态结构破坏。因此坏死是组织、细胞最严重的病理改变，是不可复性损伤。

1. 坏死的原因 任何致病因素只要达到一定的强度或持续一定的时间，都能引起坏死，常见的原因有机械性因素、物理性因素、化学性因素、生物性因素、营养因素、神经性因素、免疫性因素等。

2. 坏死的病理变化

（1）眼观变化。坏死早期或轻度的坏死病理变化不明显。后期表现为外观缺乏光泽或呈灰白色，缺乏弹性，结构模糊，切割时无血液流出，与周围正常组织之间有一条明显的红色炎性反应带。

（2）镜下变化。

①细胞核的变化。细胞核的变化是细胞坏死的主要标志，主要有三种形式：核浓缩、核碎裂和核溶解。

②细胞质的变化。细胞质的微细结构破坏，呈红色细颗粒状，有时细胞质完全溶解消失。

③间质的变化。间质中主要是胶原纤维发生崩解、断裂、融合、染色性改变等变化，基质液化、解聚，使间质成为一团红染的颗粒状物或均质的无结构物。

3. 坏死的类型

（1）凝固性坏死。坏死的组织呈凝固状态称为凝固性坏死。此种坏死与健康组织间界限较明显，坏死组织呈灰黄或灰白色、干燥、质地坚实无光泽。多见于心、肝、肾、脾等器官，常因缺血、缺氧、细菌毒素、化学腐蚀剂作用引起。如结核病的干酪样坏死、肌肉的蜡样坏死、贫血性梗死等属于凝固性坏死。

（2）液化性坏死。坏死的组织发生溶解液化，呈液体状态称为液化性坏死。其特征为坏死组织呈液状或糊状,如脓肿、脑软化等。多见于富有蛋白分解酶的胃肠、胰或含磷脂和水分多的脑等器官。

(3) 脂肪坏死。是指脂肪组织的一种分解坏死性变化。在动物上有外伤性、营养不良性、胰性脂肪坏死三种。其特征为局部或全身的脂肪组织中弥散有白色小点,严重时脂肪组织变硬,呈灰白色,失去油腻性、干燥、粗糙。

(4) 坏疽。是指组织坏死后受外界环境的影响或继发感染腐败菌而引起变化。可分为三种类型。

①干性坏疽。由组织坏死后局部水分大量蒸发而引起。多见于四肢末端、耳壳边缘、尾尖等体表皮肤。因水分散失较多,故坏死区干燥皱缩呈黑色,与正常组织界限清楚,腐败变化较轻。

②湿性坏疽。由组织坏死后继发感染了腐败菌引起。多发生于与外界相通的内脏,如肺、肠、子宫、胆囊等或瘀血、水肿的皮肤。坏死区肿胀呈蓝绿色、污灰色或黑色,柔软、湿润,与正常组织界限不清,气味恶臭。

③气性坏疽。是湿性坏疽的一种特殊类型,主要由于深部创伤感染厌氧性的细菌。坏死组织呈蜂窝状,棕黑色,按压有捻发音,气味恶臭。

4. 坏死的结局

(1) 溶解吸收。小范围的坏死灶,被来自坏死组织本身或中性粒细胞释放的蛋白质分解酶分解、液化,随后经淋巴管或血管吸收,不能吸收的碎片由巨噬细胞吞噬和消化。缺损的组织由邻近健康组织再生而修复。

(2) 分离排出。坏死灶较大不易被完全溶解吸收时,发生在皮肤黏膜的坏死物可被分离、排出,在局部形成组织缺损,浅者称为糜烂,深者称为溃疡。

(3) 机化。新生的肉芽组织长入并取代坏死组织的过程,称为机化。机化后在局部留下疤痕。

(4) 包囊形成与钙化。如坏死组织太大,难以完全溶解吸收或分离排出、机化时,则由周围增生的肉芽组织将其包裹,称为包囊的形成。坏死组织表面发生钙盐和其他矿物质沉积,称为钙化。

单元四 代偿、适应与修复

一、代 偿

在疾病过程中,某些器官的结构遭到破坏,功能及代谢发生障碍,甚至出现有关器官间相对平衡关系失调时,机体通过神经-体液的调节,使各受损器官的功能、代谢甚至结构得到补偿,并使其建立起新的平衡,这种过程称为代偿。

代偿可分为代谢性代偿、功能性代偿、结构性代偿3种形式。

1. 代谢性代偿 代谢性代偿是指机体在疾病的过程中体内出现以物质代谢改变为主的一种代偿。如机体在长期营养不良的情况下会动用储存的脂肪组织来供能;缺氧时,体内糖的有氧分解过程受阻,机体可通过加强糖的无氧酵解来补充能量的供应。

2. 功能性代偿 功能性代偿是指机体在疾病的过程中通过增强某器官的功能来代偿病

变器官的功能障碍和损伤的一种代偿方式。如机体一侧肾发生损伤功能丧失时，另一侧健康的肾通过功能的增强来补偿受损肾的功能；一部分肝的功能发生障碍时，健康部分的肝通过功能的增强来补偿受损部分肝的功能。

3. 结构性代偿　结构性代偿是指机体通过改变某一器官的结构来进行代偿的一种方式。结构性代偿主要表现为肥大。细胞、组织和器官的体积增大称为肥大。肥大可分为生理性肥大和病理性肥大。生理性肥大是指机体为适应生理机能的需要而发生的肥大，如妊娠时的子宫肥大、哺乳期的乳腺肥大；病理性肥大是指机体在疾病情况下引起的组织、器官体积的增大，如原发性高血压时引起的左心室肥大、一侧肾摘除后对侧肾的肥大、慢性肾小球肾炎晚期残存肾单位的肥大等。病理性肥大又有真性肥大和假性肥大之分。真性肥大指组织器官的实质细胞体积增大和数量增多，同时伴有功能增强的一种变化；假性肥大是指组织或器官因间质增生所形成的肥大，发生假性肥大的器官虽然外形呈体积增大，但其机能却降低。

3种形式的代偿常同时存在，互相影响。其中功能性代偿发生较早，长期功能性代偿会引起结构的变化，因此结构性代偿出现较晚，而代谢性代偿则是功能性代偿和结构性代偿的基础。机体的代偿能力虽然强大但却有限度，如果某一器官的功能障碍超过了机体的代偿能力，则发生代偿失调，即失代偿。

二、适　　应

机体在慢性致病因子的刺激下或所在的环境发生某种变化时，往往需要改变本身的功能、代谢或形态结构的一些特点，使之满足致病因子或环境改变的需要，此过程成为适应。组织的适应反应从形态结构上来看，主要表现为组织的改建和化生。

1. 组织的改建　是指在疾病过程中组织的结构受所处环境条件与机能要求而发生的一种适应性反应。常见的有以下几种。

（1）血管的改建。血管形态依其机能状况的不同而发生适应性改变。如动脉发生堵塞时，其吻合支中的毛细血管可改建成较大的血管，建立侧支循环。

（2）骨组织的改建。骨的力学负荷情况有改变时，骨组织的结构形式就会发生相应的改变。如骨折愈合后，力学负荷大的部位骨小梁会重新排列并肥大，力学负荷消失的骨小梁则会逐渐萎缩。

（3）结缔组织的改建。皮肤创伤愈合过程中，肉芽组织内胶原纤维的排列也能适应皮肤张力增加的需要而变得与表皮方向平行。

2. 化生　是指一种已分化组织转化为同一胚层另一种相似性质的分化组织的过程。根据化生所发生的部位不同，常将化生分为3类。

（1）鳞状上皮化生。常见于气管和支气管黏膜。当此处上皮受化学性刺激气体或慢性炎症损害而反复再生时，原来的纤毛柱状上皮可能转化为鳞状上皮。

（2）肠上皮化生。这种特殊类型的化身常见于胃。胃体或胃窦部的黏膜腺体消失，分化出小肠或大肠型黏膜上皮。

（3）结缔组织化生。结缔组织可化生为骨组织、软骨组织或脂肪组织等。

化生的结果虽可使局部组织对于某些刺激的抵抗力增强，有积极的机能适应作用，但却丧失了原有组织的功能，引起一定的功能障碍。

三、修　复

修复是损伤组织的重建过程，是机体对损伤所形成的组织缺损进行修补恢复、对病理产物进行改造的过程。

1. 再生　再生是指组织、细胞损伤后，缺损周围健康细胞的分裂增殖进行修补的过程。再生可分为生理性再生和病理性再生。

（1）生理性再生。生理性再生是指在生理过程中，机体某些细胞不断衰老死亡，由新生的同种细胞通过增生不断补充，以维持原组织的结构和功能。例如，表皮的表层角化细胞经常脱落，由表皮的基底细胞不断增生、分化予以补充；子宫内膜周期性脱落，又由基底部细胞增生加以恢复；红细胞平均寿命为120d，白细胞的寿命长短不一，需由淋巴造血器官不断地产生大量新生细胞进行补充。

（2）病理性再生。病理性再生是指病理状态下，组织、细胞缺损后发生的再生。病理性再生又分完全再生和不完全再生。完全再生是指死亡的细胞由同类细胞增生、补充，再生的组织完全恢复了原组织的结构及功能；不完全再生是指缺损不能通过原组织的再生修复，而是由肉芽组织增生、填补，以后形成瘢痕，也称瘢痕修复。

2. 创伤愈合　创伤愈合是指机体遭受外力作用造成的组织缺损进行再生修补的过程。包括各种组织的再生和肉芽组织增生、疤痕形成等的复杂组合。

（1）创伤愈合的基本过程。

①皮肤的创伤愈合。各种因子引起局部组织创伤时，均会导致局部组织的变性、坏死和血管损伤而发生出血，初期的出血及血液凝固对黏合伤口及保护创面有一定的作用，接着由于坏死组织和血凝块的刺激，局部发生炎症过程。1~2d后创口边缘的整层皮肤及皮下组织向创腔中心移动使伤口缩小。2~3d后由创口周围或底部形成肉芽组织，对创口中的血凝块进行机化，并填平创腔。肉芽组织是由毛细血管内皮细胞和成纤维细胞分裂增殖所形成的富含新生毛细血管的幼稚型的结缔组织。肉芽组织肉眼观察呈红色颗粒状，湿润易出血。肉芽组织中还含有炎性细胞，因此具有抗感染的功能。从创伤后的第5~6天起肉芽组织中的成纤维细胞便开始产生胶原纤维变为纤维细胞，新生的毛细血管逐渐闭塞、退化、消失，这时肉芽组织变为外观苍白、质地坚实的疤痕组织。最后表皮再生，整个皮肤的创伤愈合过程完成。

②骨折愈合。骨折发生后，骨折处血管破裂出血，在骨的两断段及其周围形成血肿将断裂的骨初步连接起来。接着骨膜中的破骨细胞大量增生，和局部的炎性细胞一起将骨折处的坏死组织、血凝块等逐渐吞噬、溶解，使创腔净化。在创腔得到净化的同时，逐渐由骨外膜、骨内膜以及血管等处长出由成骨细胞、成纤维细胞和新生的毛细血管组成的成骨性肉芽组织，成骨性肉芽组织用2~3周的时间对血凝块进行机化，构成骨痂，将两断端进一步连接，局部呈梭形肿胀，此种骨痂柔软易损，称为纤维性骨痂或临时性骨痂。纤维性骨痂形成后，成骨细胞分泌出半液状的骨基质而成熟为骨细胞，纤维性骨痂转化为骨性骨痂。这一过程可持续几周。骨性骨痂虽然可使断骨比较牢固的连接起来，但由于结构不致密，骨小梁的排列比较紊乱，故比正常骨质脆弱。最后新形成的骨性骨

痂根据功能的需要，将多余的骨组织吸收，将缺乏的骨组织进行再生，并使骨组织变得更加致密，骨小梁的排列逐渐适应力学方向，即完成骨的改建，此过程一般需要几个月到几年才能完成。

（2）创伤愈合的类型。创伤愈合根据损伤程度不同及有无感染，可分为以下3种类型。

①第一期愈合。又称直接愈合，多见于组织损伤小，创缘整齐，无感染的新鲜创、经黏合或缝合后能严密对合的伤口。它的特点是：炎性反应轻微，愈合时间短，形成疤痕小，无机能障碍。典型的第一期愈合见于皮肤无菌手术的切口愈合，一般在损伤后1~2h，创口周围发生轻度充血和少量炎性细胞浸润，以溶解吸收创口内的血凝块和渗出物，12~24h后，肉芽组织从伤口边缘长入，并将创口联合起来，同时表皮增生覆盖于创口，一周左右伤口达到临床愈合，即可拆线，2~3周可完全愈合，留下一个线状疤痕。

②第二期愈合。又称间接愈合，常见于组织缺损大，创腔内坏死组织较多，创缘不整齐以致无法对合呈开口状或伴有细菌感染的创伤。它的特点是：炎性反应严重，愈合时间长。形成疤痕大，愈合后常造成器官机能障碍。这种创口由于坏死组织多，感染严重，只有感染被控制、坏死组织被清除后，肉芽组织才开始生成，也只有肉芽组织将伤口填平后表皮才开始再生，最后将创口覆盖，上皮覆盖完成后，肉芽组织变成疤痕组织。

③痂下愈合。伤口表面的血液、渗出液及坏死物质干燥后形成黑褐色硬痂，在痂下进行上述愈合过程，称为痂下愈合。待上皮再生完成后，痂皮即脱落。痂下愈合所需时间通常较无痂者长。

3. 病理产物的改造　机体对疾病过程中的坏死组织、各种炎性产物、凝血块、血栓、寄生虫、缝线等异物进行清除或使其变为无害的过程，称为病理产物的改造。

（1）溶解吞噬。某些坏死组织、炎性产物以及凝血块等由坏死细胞及中性粒细胞释放的蛋白水解酶分解、液化，经淋巴管和小血管吸收。残片由吞噬细胞吞噬消化。组织损伤由周围健康组织再生修复。

（2）分离排出。坏死灶较大不易被完全溶解吸收时，发生在皮肤黏膜的坏死物可被分离、排出，在局部形成组织缺损，浅者称为糜烂，深者称为溃疡。大量坏死物排出后可形成空洞。留下的组织损伤，由结缔组织再生修复，形成疤痕或硬结。

（3）机化。新生的肉芽组织长入并取代坏死组织、各种炎性产物、凝血块、血栓、寄生虫、缝线等的过程，称为机化。

（4）包囊形成与钙化。坏死组织、各种炎性产物、凝血块、血栓、寄生虫、缝线等由周围增生的肉芽组织将其包裹，称为包囊的形成。坏死组织、各种炎性产物、凝血块、血栓、寄生虫、缝线等表面发生钙盐和其他矿物质沉积，称为钙化。

单元五　肿　瘤

（一）肿瘤的概念

肿瘤是在各种致瘤因素的作用下，局部组织细胞在基因水平上对其生长失去控制，导致异常增生所形成的新生物，这种新生物常形成局部肿块，称为肿瘤。

(二) 肿瘤的生物学特性

1. 肿瘤的外观形态

(1) 肿瘤的形状。肿瘤的形状多种多样，有乳头状、花椰菜状、绒毛状、蕈状、息肉状、结节状、分叶状、溃疡状、囊状等。肿瘤形状主要与其发生部位、组织来源、生长方式、性质密切相关。

(2) 肿瘤的数量和大小。肿瘤的大小不一，通常为一个，有时可为多个。大小差异悬殊，小者极小，甚至在显微镜下才可看到；大者很大，可重达数千克乃至数十千克。肿瘤的大小与肿瘤的性质、生长时间和发生部位有一定的关系。

(3) 肿瘤的颜色。一般的肿瘤切面多呈灰白色或灰红色，但可因其含血量的多少、是否含有色素、来源、有无坏死、出血等而呈现不同的颜色。如黑色素瘤呈黑色，血管瘤呈红色等。

(4) 肿瘤的硬度。肿瘤的硬度与肿瘤的来源、实质与间质的比例等有关。如骨瘤质硬，脂肪瘤质软；实质多于间质的肿瘤一般较软，反之则较硬。

2. 肿瘤的组织结构

肿瘤虽外形上各种各样，但组织结构都包括实质和间质两部分。

(1) 肿瘤的实质。肿瘤的实质是肿瘤细胞的总称。机体任何组织都可以发生肿瘤，因此肿瘤细胞的形态也是多种多样的，通常根据肿瘤细胞的形状来识别肿瘤的组织来源，进行肿瘤的分类、命名和组织学诊断；并根据其分化程度和异型性的大小来确定肿瘤的良、恶性和恶性程度。

(2) 肿瘤的间质。肿瘤的间质由结缔组织和血管组成，有时还有淋巴管，起着支持和营养肿瘤实质的作用。此外肿瘤间质内或多或少有淋巴细胞的浸润，这是机体对肿瘤组织的免疫反应。

(三) 肿瘤的生长与扩散方式

1. 肿瘤的生长速度

各种肿瘤的生长速度差异极大，主要决定于肿瘤的分化成熟程度。一般来讲，成熟程度高、分化好的良性肿瘤生长较缓慢，成熟程度低、分化差的恶性肿瘤生长较快，并由于血液供应相对不足，易发生坏死、出血等继发变化。

2. 肿瘤的生长方式

(1) 膨胀性生长。肿瘤细胞缓慢生长，向四周推挤，但不侵袭周围正常组织的生长方式。大多数良性肿瘤为这种生长方式，肿瘤多为结节状，周围有完整的包膜，与周围组织界限清楚。

(2) 外生性生长。发生在体表、体腔表面或管道器官表面的肿瘤常向表面生长，形成乳头状、息肉状或花椰菜状的肿物。良性肿瘤与恶性肿瘤均可呈外生性生长。

(3) 浸润性生长。瘤细胞分裂增生，浸入周围组织间隙、淋巴管或血管内，如树根长入泥土，浸润并破坏周围组织。为大多数恶性肿瘤的生长方式。这类肿瘤没有包膜，与周围组织界限不清，触诊时肿瘤不活动。

3. 肿瘤的扩散

肿瘤扩散的方式有以下两种。

(1) 直接蔓延。瘤细胞连续不断的沿着组织间隙、淋巴管、血管或神经侵入并破坏邻近的正常器官或组织，并继续生长，称为直接蔓延。

(2) 转移。瘤细胞从原发部位侵入淋巴管、血管或体腔，被带到其他部位而继续生长，形成与原发瘤同样类型的肿瘤，这种扩散方式叫转移。良性肿瘤不转移，只有恶性肿瘤才可能发生转移。常见的转移途径有淋巴道转移、血道转移、种植性转移。

（四）肿瘤的命名原则

肿瘤一般根据其组织来源及良、恶性来命名。

1. 良性肿瘤的命名　良性肿瘤的命名是在其来源组织的名称后加"瘤"字，如来源于纤维结缔组织的良性肿瘤称为纤维瘤，来源于腺上皮的良性肿瘤称为腺瘤。有时还结合肿瘤的形状特点和发生部位等命名，如乳头状瘤、皮肤乳头状瘤、乳头状囊腺瘤等。

2. 恶性肿瘤的命名

（1）来源于上皮组织的恶性肿瘤统称为癌，命名时在其来源组织的名称后加"癌"字，如来源于鳞状上皮的恶性肿瘤称为鳞状上皮癌。

（2）来源于间叶组织的恶性肿瘤统称为肉瘤，命名时在其来源组织的名称后加"肉瘤"，如纤维肉瘤、淋巴肉瘤、骨肉瘤等。

（3）有些来源于幼稚组织及神经组织的恶性肿瘤称为母细胞瘤，如神经母细胞瘤、肾母细胞瘤等。

（4）有些恶性肿瘤成分复杂或沿用习惯，则在肿瘤名称前加"恶性"，如恶性黑色素瘤、白血病等。

（5）有些恶性肿瘤冠以人名，如马立克氏病、霍奇金淋巴瘤等。

（五）良性肿瘤与恶性肿瘤的区别

	良性肿瘤	恶性肿瘤
外形	多呈结节状或乳头状	多形态
分化程度	分化较好，异型性小，与来源组织形态相似，无核分裂象或分裂象极少见	分化不好，异型性明显，与来源组织形态差别大，核分裂象多见，并可见病理性核分裂象
生长速度	缓慢	迅速，常有出血、坏死或溃疡
生长方式	多呈膨胀性生长，周围有完整包膜，有时会停止生长	一般无包膜，与周围组织界限不清，相对无止境地生长
转移	不转移	常有转移
复发	手术摘除后不易复发	手术摘除后常有复发
对机体的影响	影响较小，主要为压迫和阻塞作用，但在脑和脊髓，则可造成严重后果	影响大，除压迫外，还可破坏组织，引起出血和感染，晚期病例呈恶病质状态，常以死亡告终

（六）肿瘤的病因与发病学

1. 肿瘤的病因　肿瘤的病因包括外因和内因两方面。外因指来自环境中的各种致瘤因素，内因则指机体的本身一些和肿瘤发生有关的因素。二者相互联系，共同作用。

（1）外界常见的致瘤因素。外界常见的致瘤因素有生物性因素（如致瘤病毒、肝片吸虫、血吸虫等）、化学性因素（如亚硝胺类、芳香胺类、真菌毒素等）、物理性因素（如离子辐射、紫外线照射等）、营养性因素（如纤维素缺乏和维生素 A、维生素 C 缺乏等）。

（2）内部致瘤因素。主要包括遗传因素、免疫因素、内分泌因素、性别和年龄等因素。

2. 肿瘤的发病学　目前的研究表明，肿瘤从本质上说是基因病。各种环境的与遗传的致癌因子可能以协同的或者序贯的方式引起细胞非致死性的 DNA 损害，从而激活原癌基因或/和灭活肿瘤的抑制基因，加上凋亡调节基因和/或 DNA 修复基因的改变，使细胞发生转化成为瘤细胞。

单元六　基本病理过程

（一）炎症

炎症是机体对致炎因子引起的损伤所产生的以防御反应为主的应答性反应。在炎症过程中，一方面损伤因子直接和间接造成组织和细胞的破坏，另一方面通过炎症充血和渗出反应，以稀释、杀伤和包围损伤因子。同时通过实质和间质细胞的再生使受损伤的组织得以修复和愈合。因此，可以说炎症是损伤和抗损伤的统一过程。

1. 炎症的原因　任何能够引起组织损伤的因素都可成为炎症的原因。归纳起来有以下几类。

（1）生物性因素。生物性因素是最常见而重要的致炎因子，主要包括细菌和病毒，其次有寄生虫、支原体、立克次氏体、真菌等。由这些生物性因素引起的炎症，一般称为感染。

（2）化学性因素。化学性因素引起炎症在兽医临诊上比较常见。如植物毒素、强酸、强碱、饲料中毒等。

（3）物理性因素。低温、高温、放射线、紫外线、机械力等。

（4）病理产物。坏死组织、出血、血栓、组织的分解产物等也可引起炎症反应。

（5）过敏反应。过敏可引起变态反应性炎症。如抗原抗体复合物沉着于组织所引起的肾小球肾炎、关节炎等。

（6）某些正常的分泌物、排泄物或内容物。某些正常的分泌物、排泄物或内容物进入异位组织，也可诱发炎症。如家禽的卵黄进入腹腔会引起卵黄性腹膜炎等。

上述致炎因子作用于机体是否引起炎症，以及炎症反应的强弱不仅与致炎因子的性质、种类、数量、强度和作用时间有关，并且还与机体的年龄、种属、防御机能状态等有关，如仔猪免疫功能低下，易患大肠杆菌病，病情也较严重；接种过某种疫苗的畜禽，对该病原体常表现不感受性等。因此，炎症反应的发生和发展取决于致炎因子和机体反应性两方面的综合作用。

2. 炎症局部的基本病理变化　任何炎症的局部病理变化都包括局部组织的变质、渗出和增生三种基本病理变化。在炎症过程中此病理变化按照一定的先后顺序发生，一般早期以变质和渗出变化为主，后期以增生为主，但三者是相互密切联系的。一般来说，变质属于损伤过程，而渗出和增生则属于抗损伤过程。

（1）变质。变质是炎症局部组织细胞物质代谢障碍和局部组织细胞发生各种变性和坏死的总称。具体包括形态的变化、代谢的变化和功能的变化。

①形态的变化。形态的变化即局部组织细胞的变性和坏死，形态的变化既可发生于实质细胞，也可见于间质细胞。实质细胞常出现的变质包括细胞肿胀、脂肪变性、凝固性或液化性坏死等。间质结缔组织的变质可表现为黏液变性、纤维素样变性或坏死等。

②代谢的变化。炎区代谢的变化主要表现为糖、脂肪、蛋白质的分解代谢增强，耗氧量增加，氧化不全的代谢产物在局部聚集，pH 下降和组织内渗透压升高导致局部发生炎性

水肿。

③功能的变化。功能的变化主要表现轻度的形态和代谢变化，可使局部组织细胞的功能降低，严重的物质代谢障碍或发生坏死时，功能则完全丧失。

炎区变质变化的出现是致炎因子的直接损伤作用、炎症过程中发生的血液循环障碍和炎症反应产物共同作用的结果，一般炎症早期变质变化十分明显，随后出现炎症的渗出和增生。

（2）渗出。渗出是指炎症局部组织血管内的液体、蛋白质和血细胞通过血管壁进入炎区间质、体腔、体表或黏膜表面的过程。包括血管反应、液体渗出、细胞渗出3个阶段。

①血管反应。血管反应指炎症开始炎区中的小动脉痉挛收缩而后扩张充血、瘀血的现象。炎症开始，炎区中的小动脉在致炎因子的作用下发生短暂的反射性收缩，之后在炎症介质的作用下很快发生动脉性充血，使局部发红、发热，称为炎性充血。充血时间过久，血管壁紧张性降低，血管通透性增强，血液浓缩，使局部血流变慢，从而出现瘀血。

②液体渗出。液体渗出指伴随炎区充血、瘀血后，血液中的血浆和血浆蛋白通过血管壁渗出的现象。渗出的液体称为炎性渗出物或渗出液。渗出液的成分可因致炎因子、炎症部位和血管壁的受损程度的不同而有所差异。炎症早期或血管壁受损伤轻微，渗出的主要是水、盐类、小分子的白蛋白；若血管壁受损伤严重，分子较大的球蛋白甚至纤维蛋白原也能渗出。

液体渗出是血管壁通透性、微循环内血管内压以及组织渗透压升高等综合作用的结果。渗出液中因含有调理素、补体以及特异性的免疫球蛋白等各种抗菌物质而对机体有重要的防御作用。但是，过多的液体渗出，也会给机体带来不利的影响，如压迫周围组织、加剧局部血液循环障碍、影响器官功能等。

③细胞渗出。在血液液体成分渗出的同时，各种细胞成分也随之渗出，其中白细胞以变形运动穿过血管壁而向炎区移行，并聚集于炎区，该现象称为白细胞的游出，游出的白细胞称为炎性细胞，而炎性细胞弥散于炎区组织间隙中的现象称为炎性细胞浸润。一般在血浆液体成分渗出时白细胞的游出便开始，随着炎症的发展，白细胞的游出逐渐增多。而游出白细胞的类型，随致炎因子的不同而异。如急性化脓性炎症时，以中性粒细胞的游出为主；在变态反应性炎症或寄生虫感染时，则以嗜酸性粒细胞和单核细胞占优势。另外，当炎症反应剧烈或血管壁受损严重时，红细胞会通过血管壁漏出到血管外，称为红细胞的漏出。

渗出的白细胞的主要作用是吞噬作用、免疫反应和损伤作用。

（3）增生。在致炎因子、组织崩解产物或某些理化因子刺激下，以炎症局部的巨噬细胞、淋巴细胞、血管内皮细胞和成纤维细胞等的增殖为主的变化称为增生。它是一种防御反应，可以清除致炎因子和病理产物，防止炎症蔓延，修复损伤。但过度增生又可使原来的组织结构发生改变或破坏，影响器官的功能。

增生变化可贯穿于整个炎症过程。在炎症早期，增生性反应表现的轻微，但随着炎症的发展，尤其到了炎症后期的修复阶段，或急性炎症转为慢性炎症时，增生现象则表现得十分明显。一般在炎症早期刺激增生的主要是一些组织崩解产物和炎症介质，他们主要刺激血管外膜细胞、血窦和淋巴窦的内皮细胞、神经胶质细胞等多种细胞增殖，其目的是和渗出的白细胞一起参与吞噬活动。炎症后期，刺激增殖的主要是淋巴细胞释放的促分裂因子、某些生长因子等，增生的主要是成纤维细胞和毛细血管的内皮细胞。

3. 炎症的局部表现和全身反应

（1）炎症的局部表现。包括红、肿、热、痛和机能障碍。红、热是炎症局部血管扩张、血流加快所致。肿是由局部炎症性充血、血液成分渗出引起。由于渗出物压迫和某些炎症介质直接作用于神经末梢而引起疼痛。炎症的部位、性质和严重程度不同将引起不同的功能障碍，如肺炎影响气血交换从而引起缺氧和呼吸困难等。

（2）炎症的全身反应。常见的有发热、单核巨噬细胞系统的变化（表现为增生）、血液的变化（主要是白细胞数目增多）、实质器官的病变（表现为变性、坏死、功能障碍）。

4. 炎症的类型 根据炎症的3种基本病理变化的程度，可将炎症分为变质性炎症、渗出性炎症和增生性炎症3种类型。

（1）变质性炎症。变质性炎症是以炎症局部组织的变性、坏死为主的一类炎症，渗出和增生变化表现轻微。该种炎症多发生在心、肝、肾、脑等实质器官，故又称为实质性炎，常见于传染病和中毒病。轻微的变质性炎症表现体积肿大、质地柔软、颜色变淡；严重的变质性炎以坏死变化为主，又称坏死性炎症，发生坏死性炎症的器官，常见大小不等并和周围组织界限清楚的灰白或灰黄色炎性坏死灶，炎症初期，在坏死灶周围常见有红晕。

（2）渗出性炎症。渗出性炎症是以渗出性变化为主，变质和增生变化表现轻微的炎症。根据渗出物的主要成分和病变特点，渗出性炎症分为浆液性炎症、化脓性炎症、卡他性炎症、纤维素性炎症与出血性炎症5种类型。

①浆液性炎症。是指以浆液渗出为主的炎症。浆液主要含白蛋白和少量的纤维蛋白原、白细胞。浆液性炎症多由各种理化因素、生物性因素引起，常见于皮肤、浆膜、黏膜、肺、淋巴结等处，病理特征为眼观渗出的浆液比较稀薄，稍呈混浊，容易凝固，局部组织潮红、肿胀或呈胶冻样变化。浆液性炎症一般呈急性过程，易于消退，一般结局良好，但若渗出液过多则后果严重。

②化脓性炎症。是以大量中性粒细胞渗出为特征并伴有局部组织坏死和脓液形成的一种炎症。化脓性炎症主要由葡萄球菌、链球菌、大肠杆菌、绿脓杆菌、化脓菌引起。有些化学物质或坏死组织也可引起无菌性化脓。脓液一般呈乳白色、灰黄色或黄绿色，质地浓稠或稀薄，化脓性炎症由于发生部位不同有多种表现形式。

积脓：积脓是脓液聚集于浆膜腔的一种现象。如胸腔积脓、心包腔积脓等。

脓性卡他：是指发生在黏膜的化脓性炎症。

脓肿：是指发生在器官组织内的局限性化脓性炎症，常见于皮肤和内脏。形成的化脓灶有一定的局限，时间久者，脓肿周围还可形成包囊。

蜂窝织炎：是指发生在疏松结缔组织的弥漫性化脓性炎症，常见于皮下组织，发展迅速，与周围组织界限不清。

化脓性炎症多呈急性经过，及时消除病原，消除脓液，可以痊愈；较大的化脓灶可以机化形成疤痕，如果机体抵抗力降低，则局部的化脓可扩散到全身导致脓毒败血症。

③卡他性炎症。是发生在黏膜的一种渗出性炎症。根据渗出物性质不同，一般分为3种。

浆液性卡他：炎症时以浆液的渗出为主。

黏液性卡他：在炎性渗出的同时，伴有黏液腺和黏膜上皮分泌亢进，从而使渗出物中含有大量黏液，十分黏稠。

脓性卡他：发生在黏膜的化脓性炎症。

卡他性炎症一般比较轻微，常呈急性经过，病因消除，则迅速痊愈，否则可引起继发感染或转为慢性经过。

④纤维素性炎症。是指以渗出物中含有大量纤维素为特征的炎症。纤维素从血管中渗出后凝固成淡黄色或灰黄色，一般呈丝状、絮状、网状或在浆膜、黏膜表面形成纤维素伪膜。形成的伪膜易剥离，称为浮膜性炎；形成的伪膜难以剥离，称为固膜性炎。纤维素性炎症常发生在浆膜、黏膜和肺等部位。纤维素性炎症常见于病原微生物感染，多呈急性经过，渗出物不多时，机体可将其溶解吸收。渗出物多时，则发生机化造成粘连、肉样变等。

⑤出血性炎症。是指炎性渗出物中含有大量红细胞的炎症。出血性炎症常见于各种严重的传染病和中毒病，出血性炎症时渗出液呈红色，发炎组织充血、出血、肿胀、坏死等。一般呈急性经过，必须及时救治才有可能康复，一般不易痊愈。

（3）增生性炎症。是以结缔组织或某些细胞的增生为主，变性和渗出变化轻微的一类炎症，多呈慢性经过。分为一般增生性炎症和肉芽肿增生性炎症。

①一般增生性炎症。一般增生性炎症分为以下两种类型。

急性增生性炎症：以组织细胞增生为主要特征。如动物副伤寒时，肝网状细胞、单核细胞增生形成副伤寒结节。

慢性增生性炎症：是以间质结缔组织大量增生并伴有程度不等的淋巴细胞、浆细胞和巨噬细胞浸润为特征的慢性炎症，又称为间质性炎。发生慢性增生性炎症的组织器官，在炎症后期，多半体积缩小，质地变硬，器官表面凹凸不平。

②肉芽肿增生性炎症。又称特异性增生性炎症，其特征是以巨噬细胞增生为主，并形成肉芽肿特殊结构。肉芽肿有下面两种。

感染性肉芽肿：是指由细菌和霉菌等生物性致炎因子引起的肉芽肿。其结构具有一定的特异性，又叫特异性肉芽肿。典型的感染性肉芽肿从内向外依次由3部分组成，中心部为病原或病理产物；中间部分由上皮样细胞与多核巨细胞组成；外围部分为肉芽组织，其中可见淋巴细胞、浆细胞。

异物性肉芽肿：由寄生虫、寄生虫虫卵、外科缝线、坏死组织等引起，异物性肉芽肿的基本结构和感染性肉芽肿相似，中心部为异物，在异物周围是数量不等的上皮样细胞、异物巨细胞，最外围是肉芽组织。

5. 炎症的结局与影响　在炎症过程中，损伤和抗损伤双方力量的对比决定着炎症的发展方向和结局。如抗损伤过程占优势，则炎症向痊愈的方向发展；如损伤占优势，则炎症逐渐加剧并可向全身扩散；如损伤和抗损伤矛盾双方处于一种相持状态，则炎症可转为慢性而不愈。

（1）吸收消散。炎症病因消除，病理产物和渗出物被吸收，发炎组织的结构和机能完全恢复正常。常见于急性炎症。

（2）修复愈合。

①完全痊愈。在炎症过程中，病因清除，少量的坏死物和渗出物被溶解吸收，局部组织的损伤通过周围健康细胞的再生达到修复，最后完全恢复组织原来的结构和功能。

②不完全痊愈。如炎症灶的范围较广，则由肉芽组织修复，留下瘢痕，不能完全恢复组织原有的结构和功能。

(3) 迁延不愈，转为慢性。致炎因子不能在短期内清除，或在机体内持续存在，而且还不断损伤组织，造成炎症过程迁延不愈，急性炎症转化为慢性炎症，病情时轻时重。主要见于机体抵抗力降低或治疗不彻底时。

(4) 蔓延扩散。由病原微生物引起的炎症，在病畜的抵抗力低下，或病原微生物毒力强、数量多的情况下，常发生蔓延扩散，主要由以下几种方式。

①局部蔓延。炎症局部的病原微生物经组织间隙或器官的自然通道向周围组织和器官扩散，使炎区扩大。

②淋巴道蔓延。病原体在炎区局部侵入淋巴管，随淋巴液的流动扩散到淋巴结引起淋巴结炎，并可经淋巴液继续蔓延扩散。

③血道蔓延。炎症灶的病原微生物或某些毒性产物可侵入血循环或被吸收入血，引起菌血症、毒血症、败血症和脓毒败血症等。

（二）发热

由于各种致热原的作用，体温调节中枢的调定点上移，引起调节性体温升高，当体温上升超过正常值 0.5℃ 时，则称为发热。发热并不是一种独立的疾病，而是一种重要的临床症状。

1. 发热的原因 发热由各种致热原的作用引起，致热原按来源不同分为传染性致热原（包括革兰氏阴性菌及其内毒素、革兰氏阳性细菌及其外毒素、病毒、螺旋体、真菌、原虫等）和非传染性致热原（如无菌性炎症、抗原-抗体复合物、肿瘤）两类。

2. 发热的发展过程 可分为 3 个阶段，即体温上升期、高热期、体温下降期。

(1) 体温上升期。发热的第一阶段。特点是产热大于散热，热量在体内蓄积，体温上升。此时患病动物表现兴奋不安，食欲减退，脉搏加快，皮温降低，畏寒战栗，被毛竖立等。

(2) 高热期。产热和散热在比较高的水平上维持平衡。患病动物表现呼吸、脉搏加快，可视黏膜充血、潮红，皮温增高，尿量减少，有时开始排汗。

(3) 体温下降期。发热的最后阶段。散热大于产热，体温下降。此时患病动物体表血管舒张，排汗显著增多，尿量也增加。

3. 热型 在许多疾病过程中，发热过程持续时间与体温升高水平是不完全相同的。临床上常常每日对动物定时检测体温两次，并逐日将体温记录下来，绘制成曲线图，这种体温变化曲线称为热型。疾病热型在诊断和鉴别诊断上有一定的临床意义。常见的热型有以下几种。

(1) 稽留热。体温升高到一定程度后，高热较稳定地持续数天，而且昼夜温差不超过 1℃。临床常见于大叶性肺炎、猪瘟、猪丹毒、流感、猪痢疾等急性发热性传染病。

(2) 弛张热。体温升高后，一昼夜温差变动，常超过 1℃，但又不降至常温。临床常见于小叶性肺炎、胸膜炎、化脓性疾病、败血症、严重肺结核等。

(3) 间歇热。高热与无热有规律地交替出现，间歇时间短而且重复出现。临床常见于血孢子虫病、锥虫病、化脓性局灶性感染等。

(4) 回归热。高热与无热有规律地交替出现，两者持续时间大致相等，并且间歇时间长。临床常见于亚急性和慢性传染性贫血。

(5) 不定型热。发热持续时间不定，体温变动无规律，体温曲线呈不规则变化。临床常见于慢性猪瘟、慢性副伤寒、慢性猪肺疫、支气管肺炎、渗出性胸膜炎、肺结核等许多非典型经过的疾病。

（三）脱水

1. 脱水的概念和类型 细胞外液容量减少称为脱水。根据脱水后动物血浆渗透压的变化，将脱水分为高渗性脱水、低渗性脱水和等渗性脱水。

（1）高渗性脱水。失水多于失钠，细胞外液容量减少，渗透压升高，称为高渗性脱水，主要由饮水不足和失水过多造成。

（2）低渗性脱水。失钠多于失水，细胞外液容量和渗透压均降低的脱水，称为低渗性脱水。发生原因主要是以下几种。

①补液不当。体液大量丢失后过多的补充水分或5%葡萄糖溶液，但未及时补钠盐。

②失钠过多。肾小管重吸收钠能力降低（慢性肾功能不全时）、长期使用利尿剂，同时限制钠盐摄入。

（3）等渗性脱水。指动物体液中的钠与水按血浆中的比例丢失，细胞外液容量降低，但渗透压正常的一类脱水，称为等渗性脱水。发生原因主要有呕吐、腹泻、大面积烧伤等。

2. 脱水的补液原则 兽医临床上，首先查明脱水的原因，积极治疗原发病。补液时，根据脱水的类型，确定补液中盐和水的比例。高渗性脱水时，补液中水和盐的比例为2：1，即两份5%葡萄糖溶液和一份生理盐水。低渗性脱水时，补液中水和盐的比例为1：2，如缺钠严重，则应适当给予高渗盐（25%NaCl）。等渗性脱水时，可先给予生理盐水以扩充血容量，一旦血压恢复，可改用5%葡萄糖加等量生理盐水，补液中水和盐的比例为1：1。

（四）水肿

1. 水肿的概念 过多的液体在组织间隙（细胞间隙）或体腔中积聚称为水肿。水肿时一般不伴有细胞内液增多，细胞内液增多称为细胞水肿。液体积聚于体腔过多称为积水。皮下水肿则称为浮肿。水肿不是一种单独的疾病，而是多种疾病的一种共同病理过程。

2. 水肿的原因 机体发生水肿主要有以下两种情况。

（1）组织液的生成大于回流。正常动物组织液的生成和回流之间保持着动态平衡。当机体出现毛细血管内压升高、有效胶体渗透压降低、毛细血管通透性增高、淋巴回流受阻等情况时，组织液的生成大于回流，过多的组织液在组织间隙积聚，引起水肿的发生。

（2）钠、水潴留。动物对钠、水的摄入量和排出量通常保持动态平衡，从而保持体液量的相对稳定。这种平衡的维持中肾的作用尤为重要。肾通过肾小球的滤过和肾小管的重吸收作用维持钠、水的平衡。一旦它们之间的平衡失调，将可导致钠、水潴留，成为水肿发生的基础。常见的有肾小球的滤过降低和肾小管的重吸收增多两种情况。

3. 常见水肿及其病理变化

（1）肺水肿。肺体积增大，重量增加，质地较实，被膜紧张、光亮、湿润、富有光泽，常伴有暗紫色的瘀血区域或见出血斑、出血点，切面上从支气管、细支气管断端流出大量带泡沫的液体，呈白色或粉色。

（2）黏膜水肿。多发生于口腔和胃肠道黏膜。弥漫性的黏膜水肿呈半透明胶样外观，肿胀、变厚，触诊有波动感，富有光泽，有时见出血点。局限性的黏膜水肿可形成水泡。

（3）皮下水肿。肿胀明显，颜色变淡呈苍白色或灰白色，皮肤弹力降低，软如面团，指压留痕。切开水肿部位可流出澄清的水肿液。水肿部的皮下组织呈胶冻样。

4. 水肿对机体的影响 一般部位的轻度水肿对机体影响不大，但一些重要器官的水肿常引起严重的后果。水肿可使相应器官的功能发生障碍，使细胞、组织的代谢发生障碍。但炎性水肿的水肿液有稀释毒素、运送抗体等抗损伤作用。肾性水肿的形成对减轻血液循环的负担起着弃卒保车的作用。心性水肿液的生成可降低静脉压、改善心肌收缩功能等。

（五）酸中毒

血液的 pH 是由血浆 $NaHCO_3/H_2CO_3$ 这个比值决定的，正常此比值为 20∶1，pH 为 7.4。血浆中碳酸的含量主要受呼吸状况的影响，故对维持血液 pH 而言，碳酸是呼吸性因素。由血浆中碳酸的含量原发性升高引起的酸中毒，称为呼吸性酸中毒。由血浆中碳酸氢钠含量原发性的降低引起的酸中毒，称为代谢性酸中毒。

1. 代谢性酸中毒 是指体内固定酸增多或/和碱性物质丧失过多引起的以碳酸氢钠原发性减少为特征的病理过程。

（1）原因。

①体内固定酸增多。见于酸性物质生成过多、酸性物质摄入过多、酸性物质排除障碍及高钾血症时。

②碱性物质丧失过多。见于碱性肠液丢失，碳酸氢根随尿、随血浆丢失时。

（2）机体的代偿性调节。

①血液的缓冲调节。发生代谢性酸中毒时，细胞外液中增多的氢离子可迅速被血浆缓冲体系中的碳酸氢根中和。缓冲的结果是某些酸性较强的酸转变为弱酸（碳酸），弱酸分解后生成的二氧化碳和水随肺很快排出体外。

②肺的代偿调节。代谢性酸中毒时，引起呼吸中枢兴奋，呼吸加深加快，二氧化碳呼出增多，从而调整或维持血浆 $NaHCO_3/H_2CO_3$ 的正常。

③肾的调节。除因肾排酸保碱障碍引起的代谢性酸中毒以外，其他原因导致的代谢性酸中毒，肾均发挥重要的代偿性调节作用。主要表现为肾小管上皮泌氢离子、铵根离子增多，碳酸氢钠重吸收入血也增多，以此来补充碱储。

④组织细胞的代偿调节。代谢性酸中毒时，细胞外液中过多的氢离子可通过细胞膜进入细胞内，其中主要是红细胞。被细胞内的缓冲体系中的磷酸盐、血红蛋白等所中和。

经过上述代偿调节，可使血浆碳酸氢钠含量上升或碳酸含量下降。如能使 $NaHCO_3/H_2CO_3$ 的值恢复到 20∶1，血浆 pH 维持在正常范围内，称为代偿性代谢性酸中毒。如果体内固定酸不断增加，碱储被不断消耗，经过代偿后 $NaHCO_3/H_2CO_3$ 这个比值仍小于 20∶1，pH 低于正常，则称为失代偿性代谢性酸中毒。

2. 呼吸性酸中毒 是指二氧化碳排除障碍或/和二氧化碳吸入过多引起的以血浆碳酸浓度原发性升高为特征的病理过程。

（1）原因。

①二氧化碳排除障碍。见于呼吸中枢抑制、呼吸肌麻痹、呼吸道阻塞、胸廓和肺部疾病、血液循环障碍时。

②二氧化碳吸入过多。见于厩舍过小、通风不良、饲养密度过大时。

（2）机体的代偿性调节。

①血液的缓冲调节。发生呼吸性酸中毒时，血浆中碳酸含量增高，它解离产生的氢离子主要由血浆蛋白缓冲对和磷酸盐缓冲对进行中和，反应中形成的钠离子与血浆中碳酸氢根形

成碳酸氢钠，补充碱储，调整 $NaHCO_3/H_2CO_3$ 的值。但这种缓冲能力较低。

②组织细胞的代偿调节。呼吸性酸中毒时，细胞外液中过多的氢离子可通过细胞膜进入细胞内，而钾离子移至细胞外，以保持细胞内外电荷的平衡。同时，二氧化碳弥散进入红细胞内增多，与水生成碳酸，碳酸解离形成氢离子和碳酸氢根，氢离子被红细胞内缓冲物质所中和，当细胞内碳酸氢根的浓度超过其血浆浓度时，碳酸氢根即由红细胞内弥散到细胞外；血浆内等量的氯离子进入红细胞，导致血氯离子降低，而碳酸氢根得到补充。

经过上述代偿调节，可使血浆碳酸氢钠含量上升，如能使 $NaHCO_3/H_2CO_3$ 比值恢复到 20∶1，血浆 pH 维持在正常范围内，称为代偿性呼吸性酸中毒。如果二氧化碳在体内大量滞留超过机体的代偿能力，导致 $NaHCO_3/H_2CO_3$ 值仍小于 20∶1，pH 低于正常，则称为失代偿性呼吸性酸中毒。

3. 酸中毒对机体的主要影响

（1）中枢神经系统机能的改变。酸中毒尤其是失代偿性酸中毒时，血浆 pH 降低，神经细胞内酶活性降低，ATP 生成不足，脑组织能量供应减少，中枢神经系统受抑制，患畜表现精神沉郁，感觉迟钝，嗜睡，甚至昏迷。呼吸性酸中毒的这一影响比代谢性酸中毒更为严重，有时可因呼吸中枢、心血管运动中枢麻痹而使动物死亡。

（2）心血管系统机能的变化。酸中毒时，心肌收缩力降低，心排血量减少，高钾血症引起心室颤动，心律失常，发生急性心功能不全。毛细血管中血容量不断扩大，回心血量显著减少，严重时可引起低血容量性休克。

（3）骨骼系统的改变。酸中毒时对骨骼系统的发育和正常机能可造成严重影响，在幼畜可引起生长迟缓和佝偻病，在成畜可导致骨软化症。

（六）贫血

贫血是指循环血量减少或单位容积血液内红细胞数和血红蛋白量低于正常值，并伴有红细胞形态和染色特性改变的综合病症。它一般不是一种独立的疾病，而是伴发于许多疾病过程中的常见症状。

1. 贫血的原因及类型 依发生的原因不同，将贫血分为 4 种类型。

（1）出血性贫血。出血性贫血是指由于出血而使红细胞丧失过多所引起的贫血。按发生速度可分为急性出血性贫血和慢性出血性贫血两种。

①急性出血性贫血。常发生于各种严重的创伤、产后大出血及肝、脾破裂等病例。失血初期，血液总量减少，但单位容积血液中的红细胞数和血红蛋白量仍正常。当失血数小时或 1~2d 后，由于机体的代偿性反应，循环血量逐渐得以恢复，但血液稀薄，单位容积血液中的红细胞数和血红蛋白量均减少。48h 后，机体为了补充红细胞的不足，骨髓的造血功能增强，血液中出现大量的幼稚型红细胞（网织红细胞、多染性红细胞、晚幼红细胞），由于此时对铁的需求过多造成铁的不足，使红细胞中血红蛋白含量明显减少，外周血液中出现淡染性的红细胞。

②慢性出血性贫血。多见于胃肠道寄生虫病、胃肠溃疡等反复少量失血的病例。慢性出血性贫血早期由于出血量少，机体可以代偿，所以症状不明显。但在长期反复少量出血之后，由于铁的丧失较多，故可引起缺铁性贫血。外周血液中有大小不一的红细胞，中心淡染区扩大或异形多染性红细胞、有核红细胞和中幼红细胞、晚幼红细胞等。

（2）溶血性贫血。是指因红细胞破坏过多而引起的贫血。可由遗传性因素、免疫性因素、物理性因素、化学性因素和生物性因素等引起。此类贫血一般情况下，血液总量不减少，单位容积血液中的红细胞数和血红蛋白量明显减少，骨髓的造血功能增强。外周血液中网织红细胞明显增多，也可见到有核红细胞和多染性红细胞。病畜临床表现黄疸和血红蛋白尿，剖检可见黏膜、浆膜黄染，肝、脾肿大，并有大量含铁血黄素的沉着。

(3) 营养性贫血。是指缺乏某些造血所需的物质而引起的贫血。常见于饲料中蛋白质、铁、铜、钴、维生素 B_{12} 和叶酸等缺乏或机体患有慢性消耗性疾病或消化系统疾病等情况下。此类贫血一般病程较长，动物消瘦，血液稀薄，血红蛋白含量低，血色变淡，严重者会出现营养不良性水肿和恶病质。

(4) 再生障碍性贫血。是指因骨髓造血机能障碍引起的一类贫血。此类贫血可由物理因素、化学因素、生物因素、骨髓疾病等因素引起，这类贫血外周血液中正常的红细胞、网织红细胞进行性减少，甚至消失，红细胞大小不均匀，并呈异形性。同时伴有白细胞和血小板的减少，动物皮肤、黏膜出血、感染，反复发热，对抗贫血药无效。骨髓造血组织脂肪化、纤维化，红骨髓被黄骨髓取代，血清中铁和铁蛋白含量增高。

2. 贫血对机体的影响 全身贫血时，红细胞数和血红蛋白含量减少，使氧和二氧化碳运输障碍，可引起机体缺氧和酸中毒。缺氧直接影响细胞组织的物质代谢，机体器官组织可发生萎缩、变性甚至坏死。同时，为减轻贫血造成的组织缺氧，机体可通过多种方式进行代偿，如增加血红蛋白对氧的释放、血流量重新分布、心排血量增加、造血功能增强等。

(七) 缺氧

机体供氧不足或用氧障碍导致组织的代谢、功能和形态结构发生异常变化的病理过程称为缺氧。缺氧不是一种单独的疾病，而是多种疾病的一种共同的病理过程。

1. 缺氧的原因和类型 缺氧按发生原因的不同可分为4种类型。

(1) 呼吸性缺氧。由外界氧不足或呼吸机能障碍所引起的缺氧，又称乏氧性缺氧。发生于以下两种情况下。一是见于动物处于高山、高空、拥挤通风不良的环境中时；二是见于呼吸道狭窄或阻塞、胸腔疾病、肺疾病、呼吸中枢抑制或呼吸肌麻痹时。呼吸性缺氧时动脉血氧分压、血氧含量和血氧饱和度均降低，导致组织供氧不足。

(2) 血液性缺氧。血液中血红蛋白数量的减少或性质的改变，使血液的携氧能力降低而引起的缺氧。发生原因主要有贫血、一氧化碳中毒、高铁血红蛋白血症、血红蛋白与氧的亲和力异常增强等。血液性缺氧时，由于外呼吸功能正常，故动脉血氧分压及血氧饱和度正常，但因血红蛋白数量减少或性质改变，使血氧容量降低，所以血氧含量减少，导致组织缺氧。

(3) 循环性缺氧。由组织器官血流量减少或流速减慢引起的缺氧。按发生原因可分为缺血性缺氧和淤血性缺氧，前者因各种原因使动脉血流入组织不足所致，后者为各种原因使静脉回流受阻所致。循环性缺氧血氧饱和度、血氧容量、动脉血氧分压和动脉血氧含量均正常，但由于血流速度缓慢，氧被细胞利用增多，而单位时间内供给组织的氧减少，导致组织缺氧。

(4) 组织性缺氧。由于组织细胞的生物氧化过程发生障碍导致组织利用氧的能力降低引起的缺氧。主要见于组织中毒、细胞损伤和维生素 B_1、维生素 B_5、维生素 B_2 缺乏等情况下，故又称为组织中毒性缺氧、氧利用障碍性缺氧。组织性缺氧时血氧饱和度、血氧容量、动脉血氧分压和动脉血氧含量均正常，但细胞不能利用氧，导致动、静脉血氧含量差减小。

2. 缺氧对机体的影响 缺氧对机体的影响包括功能、代谢的代偿适应性反应和由缺氧引起的代谢与功能的障碍。轻度缺氧时主要引起机体代偿性反应，严重缺氧而机体代偿不全时，出现的变化以代谢功能障碍为主，甚至引起局部组织的坏死或机体的死亡。

（1）呼吸系统的变化。因缺氧的类型和程度不同，呼吸系统的变化也不一致。首先是呼吸机能发生代偿，缺氧时反射地引起呼吸中枢兴奋，呼吸运动增强，呼吸加深加快，肺通气量增加。同时，呼气时胸腔负压增加，促进静脉血回流，增加肺血流量，从而加速氧的摄取和运输，具有代偿的意义。缺氧时如不伴有动脉血氧分压降低，如血液性缺氧，则呼吸加深加快变化不明显。持久的呼吸加深加快，又可因二氧化碳排出过多，血液中二氧化碳分压降低，导致呼吸性碱中毒，使呼吸减弱。严重缺氧可抑制呼吸中枢，出现周期性呼吸，最后呼吸中枢可发生麻痹导致呼吸停止而死亡。

（2）循环系统的变化。一定程度的动脉血氧分压降低可引起心率加快，心肌收缩性能增强，心排血量增加，增加氧的输出量。慢性乏氧性缺氧时，由于心脏长期负担重，可引起心肌肥大。严重缺氧时心肌收缩力减弱，心排血量减少。缺氧时，皮肤、肝、肾、脾等的血管收缩；心脑血管扩张，血液重新分配，对缺氧机体的重要器官起到保护作用。

（3）血液变化。急性缺氧时，血液浓缩，血容量减少，同时肝、肾、脾等的血管收缩，使储血进入体循环，增加血液中红细胞的数量。慢性缺氧时，可因红细胞生成增多，血容量增加，血液的携氧能力增强。缺氧时，血液 pH 降低，2,3-二磷酸甘油酸增多，使氧与血红蛋白易分离，血液在组织中释放更多的氧，供组织利用。

（4）中枢神经系统的变化。脑对缺氧特别敏感。急性缺氧时，可迅速出现脑功能紊乱现象，患畜表现兴奋不安、运动失调、无力、抽搐、昏迷甚至死亡。

（5）组织与细胞的变化。缺氧时组织细胞的代偿性变化发展缓慢。急性缺氧时细胞组织变化不明显。慢性缺氧时，细胞内线粒体增多、氧化还原酶活性增强；肌肉中肌红蛋白含量增多；组织中毛细血管数量增多等变化有利于组织细胞对氧的利用。严重缺氧时，组织细胞出现代谢、机能紊乱，导致细胞变性和坏死。

（6）代谢的变化。缺氧时，有氧氧化减弱，能量生成不足；乳酸、酮体和氨基酸等酸性物质含量增多；氨基酸再生合成蛋白质功能障碍，血中非蛋白氮含量增多。缺氧时伴有酸碱平衡紊乱。缺氧初期由于呼吸运动的增强，可发生呼吸性碱中毒；当二氧化碳排出障碍时，则发生呼吸性酸中毒。严重缺氧或缺氧晚期，可发生代谢性酸中毒。

（八）黄疸

黄疸是由于胆色素代谢障碍，血浆中胆色素浓度增高，使动物的皮肤、黏膜、浆膜、骨膜、巩膜及实质器官等黄染的病理现象。黄疸见于多种疾病，是多种疾病的一种共同的病理过程。

1. 胆色素的正常代谢过程 胆色素是血红蛋白一系列代谢产物的总称，包括胆绿素、胆红素、胆素原、胆素。胆色素的正常代谢过程包括胆色素的生成、胆色素的代谢、胆色素的排出三个环节。

（1）胆色素的生成。目前认为，大约85%胆色素是由血红蛋白衍生而来，其余的来源于血红蛋白以外的物质。血液中衰老的红细胞被单核巨噬细胞吞噬释放出血红蛋白，在巨噬细胞内血红蛋白进一步分解，先形成含铁的胆绿蛋白。胆绿蛋白与铁分离，成为胆绿素。胆绿素再受胆绿素还原酶的作用而形成胆红素。这种胆红素由单核巨噬细胞释放入血，被血浆中的白蛋白吸附，成为稳定的白蛋白-胆红素复合物，叫非酯型胆红素，它不能通过肾小球滤出，不溶于水，但易溶于酒精。临诊上做胆红素定性实验，这种胆红素不能和偶氮试剂直接作用，必须先加酒精处理才能发生反应，所以又称间接胆红素。

（2）胆色素的代谢。胆色素的代谢指间接胆红素随血流进入肝，被肝细胞摄取、结合和分泌入胆管，这个过程非常复杂。间接胆红素进入肝细胞后，胆红素与白蛋白分离，被肝细胞中的受体蛋白（Y蛋白和Z蛋白）固定，并被带到内质网中，在葡萄糖醛酰转移酶的作用下大部分与葡萄糖醛酸结合，形成胆红素葡萄糖醛酸酯，称为酯型胆红素。这种胆红素易溶于水，能通过肾小球滤出，临诊上做胆红素定性实验，能直接和偶氮试剂发生反应，所以又称直接胆红素。最后酯型胆红素在肝细胞内和胆酸、胆固醇等一起合成胆汁，排入毛细胆管。

（3）胆色素的排出。进入毛细胆管的酯型胆红素经过胆道系统最后排入十二指肠。在肠道内酯型胆红素在肠道细菌的作用下与葡萄糖醛酸分开，释放出胆红素。胆红素在细菌的作用下还原成无色的胆素原。大部分从粪便排出体外（称粪胆素原，氧化后即成为粪胆素，使粪便带有黄褐色。），只有一小部分胆素原由肠黏膜再吸收，经门静脉进入肝，其中大部分又重新转变为胆红素，再参加胆汁合成和排入肠道，这个过程称为胆色素的肝肠循环。少部分重吸收的胆素原不经肝处理，直接进入体循环血流，经肾随尿排出体外（称尿胆素原，氧化后即成为尿胆素，使尿液带有微黄色彩）。

2. 黄疸的发生原因和类型　黄疸根据发生的原因和机理，可分为3种类型。

（1）溶血性黄疸。是指由胆红素的生成过多引起的黄疸。见于各种原因的溶血性疾病时，如毒物中毒、血液寄生虫病、大面积烧伤、溶血性传染病及新生幼畜溶血病等。在这些情况下由于红细胞大量被破坏，血液中生成过多的间接胆红素，肝不能将其全部转化为直接胆红素，因而血液中间接胆红素的含量增多，做胆红素定性试验便出现间接反应。同时由于机体肝转化功能增强，形成的直接胆红素比正常增多，排入肠道的胆红素和在肠内形成的胆红素也相应增多，所以粪便色泽变深。经肠道重吸收进入体循环中的胆素原也增多，经肾排出，因而尿中胆素原含量增加，尿的色泽加深。

（2）肝性黄疸。是指由肝对胆红素的代谢发生障碍引起的黄疸。又称实质性黄疸，常见于某些败血性传染病、霉菌毒素、缺乏维生素E和硒以及肝瘀血等。此型黄疸的发生机理是因为肝细胞对胆红素的摄取、结合、排泄障碍，一方面使血液中的间接胆红素的含量增多；另一方面血液中也有直接胆红素的存在，因此，此型黄疸偶氮实验出现双相反应。粪色变淡，而尿液中由于含有直接胆红素，尿色往往加深。

（3）阻塞性黄疸。是指由胆色素的排出发生障碍引起的黄疸。常见于胆道被寄生虫或结石阻塞、肿瘤或肿大的淋巴结压迫、胆管和十二指肠炎症等。阻塞性黄疸时，血液中含有大量直接胆红素，并能通过肾排出，因而偶氮实验出现直接反应，尿色加深。但由于胆红素进入肠道受阻，肠道中形成的胆素原减少，粪便色泽变淡；另外此型黄疸，由于胆汁中胆酸盐在体内大量淤积，会引起一系列症状，如刺激皮肤感觉神经末梢引起瘙痒、刺激中枢神经系统先兴奋后沉郁。作用于心脏、血管引起心跳变慢，血压下降。胆汁进入肠道减少引起消化吸收障碍，便秘，肠臌气，维生素吸收不良，尤其是脂溶性维生素不能吸收。由于维生素K吸收障碍，凝血酶原合成减少，机体易出血。直接胆红素大量从肾排出导致蛋白尿、管型尿等。

3. 黄疸对机体的影响 黄疸对机体的影响主要表现为对神经系统的毒性作用。尤其是间接胆红素，因其具有脂溶性，可透过各种生物膜，故对神经系统的毒性较大。其次黄疸时在血中聚集的胆汁等其他成分对机体消化吸收功能，尤其是对脂类及脂溶性维生素的消化吸收影响较大。同时胆盐有刺激皮肤感觉神经末梢引起瘙痒、抑制心跳等作用。

（九）败血症

机体受到病原微生物感染后，由于机体抵抗力降低，病原微生物突破机体的防御系统，在体内增殖并大量向血液中释放，血液内持续存在病原微生物及其毒性产物，造成广泛的组织损伤，临诊上出现严重的全身反应，这种全身性病理过程称为败血症。

1. 败血症的原因和类型 根据引起败血症的原因将败血症分为两种类型。

（1）非传染病型败血症。非传染病型败血症又称感染创型败血症，其特点是不具传染性，在局部炎症的基础上，由局部病灶转化为全身化的病理过程。其病原包括非传染性病原菌和部分传染性病原菌，这些病原菌首先在入侵的局部引起局部炎症，当机体防御机能下降、应激、治疗不及时或治疗不当时，病原菌大量增殖，局部损伤加剧，炎症波及淋巴管和血管，引起局部淋巴管炎、静脉炎及淋巴结炎。病原菌经淋巴管和血管不断向全身扩散，局部炎症病灶内的病原菌及其毒性产物大量进入血液并随血流扩散到全身，引起败血症。

（2）传染病型败血症。传染病型败血症是指由某些具有传染性的病原微生物引起的败血症。由于这些病原体的侵袭力和毒力都很强，侵入机体后，迅速突破机体的防御屏障，经血液散播到全身，在适宜生存的部位进行增殖，然后向血液大量释放，造成广泛组织损伤，发展成为败血症。

2. 败血症的病理变化

（1）传染病型败血症。传染病型败血症在最急性型时一般无肉眼可见的病理变化。死于急性败血症的动物具有典型的病理变化。具体表现为：尸僵不全，尸体腐败，常见臌气；血液凝固不良，常从尸体口、鼻、内眼角、阴门及肛门等天然孔流出黑红色不凝固的浓稠血液；溶血现象，可见大血管内膜、心内膜和气管黏膜被血红蛋白染成污红色，可视黏膜和皮下组织黄染；全身黏膜、浆膜出血；脾表现急性脾肿的变化；淋巴结肿大，呈现急性浆液性和出血性淋巴结炎的变化；心、肝、肾等实质器官以变性、坏死为主，有时也见炎症变化；神经系统脑软膜充血，脑实质无明显变化。肾上腺皮质部呈浅红色，皮质与髓质部可见出血灶。

（2）非传染病型败血症。非传染病型败血症除具有上述传染病型败血症的变化外，一般都可找到原发病灶，常见的有创伤感染引起的败血症、幼畜脐炎引起的败血症、产后子宫感染引起的败血症，原发病灶的病变表现局部浆液性化脓性炎症或蜂窝织炎，因病原微生物沿着原发病灶附近的淋巴管扩散，可见淋巴管肿胀，变粗，呈索状，管壁增厚，管腔狭窄，官腔内积有脓汁或纤维素凝块，淋巴结呈浆液性化脓性淋巴结炎变化。当病原经血管扩散时，原发化脓灶的带菌栓子随血流方向转移到全身形成脓毒败血症。

败血症的过程中往往伴有菌血症、病毒血症、虫血症或毒血症的出现，这些是败血症的重要标志之一。但是，只有这些，并不能诊断为败血症，还必须结合是否有败血症的病理变化，方可做出确切的诊断。

菌血症指病菌出现于循环血液中的现象。菌血症的出现有下列两种可能：一种是败血症时的菌血症，当病原菌侵入机体后，在其嗜好的部位大量繁殖，然后进入血液，由于机体防御机能瓦解，所以不能将其清除，病原菌持续存在于血液中，并有明显的全身症状和病理变化。另一种是非败血症时的菌血症，病原菌出现于血液中为暂时性或路过性，并不出现全身症状和病理变化。因此，菌血症的出现有可能是败血症，也可能不是败血症，应结合是否出现全身症状和病理变化来进行判断。

病毒血症指病毒粒子存在于血液中的现象。病毒血症的出现也有和菌血症相同的两种可能。

虫血症指寄生原虫侵入血液中的现象。

毒血症指血液内有细菌毒素和其他毒性产物蓄积而引起的全身中毒现象。毒血症的发生，主要是由于病原微生物侵入机体后，在其嗜好部位增殖，不断产生毒素，并形成大量组织崩解产物，被吸收入血而引起机体中毒。其次也与全身的物质代谢障碍、肝的解毒功能降低以及肾的排毒机能下降等因素有关。

3. 败血症对机体的影响 传染病型败血症多为急性经过，如果未能查明病因、治疗用药错误，则很快会引起动物死亡。但如果提前预防，采用合理的免疫程序和有效的疫苗进行免疫接种，可防止传染病型败血症的发生。而感染创型败血症为慢性经过的急性化，及早发现原发病灶，进行及时恰当的治疗，可有效地阻止局部损伤的加剧和向全身的扩散，也可阻止感染创型败血症的发生。

（十）应激

1. 应激的概念 应激也叫应激反应，是指机体在受到各种强烈因素的刺激时所表现出的以交感神经兴奋和垂体-肾上腺皮质分泌增多为主的非特异性反应。这种反应是生物在进化过程中获得的适应性和防御性反应。引起应激的各种刺激叫应激原。任何刺激只要达到一定的强度，都可成为应激原。来自外界的应激原如气温剧变、创伤、烧伤、冻伤、感染、中毒、发热、出血、缺氧、环境过冷（热）、手术、疼痛、运输时的拥挤或震动、注射、噪声、过度劳役、断乳、断喙、更换饲料等，来自动物体内的应激原如饥饿、各种因素引起的精神紧张、内分泌激素增加等。

2. 应激与疾病的关系 应激反应是机体的一种重要防御机制，没有应激反应的机体将无法适应随时变动的内外环境。但如果应激原过分强烈，超出了机体的适应能力或机体的应激反应发生异常，则可造成内环境紊乱，诱发疾病的产生或疾病发展、恶化。应激引起神经系统和神经内分泌系统的一系列变化，这些变化将重新调整机体的内环境平衡状态，以对抗、适应应激原的作用。但这种变化了的内环境常常以增加器官的功能的负荷或自身防御机制的消耗为代价，因此过分强烈或长时间的应激状态将造成机体适应能力的破坏或适应潜能的耗竭，最终导致疾病的发生或发展。

3. 应激时机体的变化

（1）神经内分泌变化。

①交感-肾上腺髓质系统的变化。应激原的神经冲动从大脑皮层传到下丘脑，并刺激植物性神经系统，使交感神经兴奋，交感神经末梢释放去甲肾上腺素，其中一部分进入血液循环；另外，神经冲动传达到肾上腺髓质，加强肾上腺素和去甲肾上腺素（总称儿茶酚胺）向血液的释放。

②下丘脑-垂体-肾上腺皮质轴的反应。如果应激原继续对机体作用，则动物下丘脑分泌

促肾上腺皮质激素释放激素，使垂体分泌促肾上腺皮质激素增多。促肾上腺皮质激素增多时，可刺激肾上腺分泌皮质激素以更快的速度释放到血液循环中，皮质醇可提高机体对应激原刺激的抵抗力。当应激原不再起作用时，上述过程即中断。

③其他激素的反应。调节水盐代谢的激素——促肾上腺皮质激素增多时刺激皮质醇分泌增多，同时也可以使醛固酮分泌增加；应激时血液中加压素明显升高，使尿量减少、尿相对密度增高，还可使血管收缩、血压上升。胰高血糖素和胰岛素：应激时血液中胰高血糖素逐渐增加，可以使血液中血糖和游离脂肪酸浓度增高，以供组织氧化利用的需要。它和胰岛素相互促进，以维持体内能量的平衡。血糖过高时，可以促使胰岛素分泌，而血糖下降时，胰岛素的分泌受到抑制。生长激素：应激反应时血浆中的生长激素很快升高，几小时后达到高峰，并维持在高水平上达数天。

（2）应激时物质代谢的变化。应激时物质代谢发生相应变化，总的趋势是分解增加，合成减少。

①代谢率升高。严重应激时，机体的代谢率升高十分显著。此时机体处于分解代谢大于合成代谢状态，造成物质代谢的负平衡，动物因而出现消瘦、衰弱、抵抗力下降等。超高代谢主要与儿茶酚胺分泌量的增加密切相关。

②糖的代谢变化。应激时，糖代谢变化主要表现为高血糖，甚至出现糖尿。应激时的高血糖和糖尿是由于儿茶酚胺、胰高血糖素、生长激素、肾上腺糖皮质激素等促进糖原分解和糖原异生以及胰岛素的相对不足。

③脂肪的代谢变化。应激时肾上腺素、去甲肾上腺素、胰高血糖素等脂肪分解激素增多，脂肪的动员和分解加强，因而血中游离脂肪酸和酮体有不同程度的增加，同时组织对脂肪酸的利用增加。严重应激后，机体所消耗的能量有75%～95%来自脂肪的氧化。

④蛋白质的代谢变化。应激时，蛋白质的分解加强，尿氮排出量增加，出现负氮平衡。严重应激时，负氮平衡可持续较久。应激动物的蛋白质代谢既有破坏和分解的加强，也有合成的减弱。待到恢复期，才逐渐恢复氮平衡。

上述这些代谢变化的防御意义在于为机体应付"紧急情况"提供足够的能量。但应激如果持续时间长，则动物可因消耗过多而致消瘦和体重减轻。负氮平衡还可致使动物发生贫血、创面愈合迟缓和抵抗力下降等不良后果。

（3）应激时机体机能的变化。

①心血管系统的变化。应激时机体心率加快、心缩力加强、外周阻力增高以及血液重新分配，这些变化有利于提高心排血量和血压，保证心、脑和骨骼肌的血液供应，有十分重要的防御代偿意义。但应激也可使心肌耗氧量增多，心律失常，甚至心肌坏死。此外应激的同时也可造成皮肤、腹腔脏器如肾等的缺血缺氧等不利影响，而且当应激原的作用特别强烈和持久时，还可引起休克。

②消化系统的变化。胃肠道黏膜急性出血、糜烂或溃疡是应激时的主要特征之一。与慢性经过的消化性溃疡不同，应激性溃疡是一种急性溃疡。主要是胃或十二指肠的黏膜缺损，严重者在应激原作用后数小时就出现。黏膜缺损或表现为多发性糜烂，或表现为单个或多发性溃疡。临诊上以出血为主要症状。

③凝血和纤溶的变化。血凝时会出现暂时性的血液凝固性升高、纤溶活性升高。这是机体在严重创伤或感染时易于发生弥散型血管内凝血的原因之一。

④泌尿机能的变化。应激时泌尿机能的变化主要是尿量减少、尿相对密度升高、水和钠排出减少。

(十一) 休克

1. 休克的概念　休克是机体在受到各种有害因子作用后，所发生的急性循环衰竭，特别是微循环血液灌流量严重不足，导致各器官组织细胞的机能代谢紊乱和结构损害，严重危及生命活动的一种全身性综合征。临床主要表现为：可视黏膜苍白，耳、鼻和四肢末端发凉，皮肤温度下降，血压下降、脉搏细速，呼吸浅表，尿量减少或无尿，动物精神高度沉郁，肌肉无力、衰弱，反应迟钝，严重者可在昏迷中死亡。

2. 休克的病因和类型　引起动物休克的原因很多，按病因一般将休克分为下列几类。

(1) 低血容量性休克。由于血量减少引起的休克，此型休克主要见于大失血、严重脱水、大面积烧伤、严重创伤等过程中，按具体发生的原因又可分为失血性休克、失液性休克、烧伤性休克、创伤性休克，这类休克发生时由于体液大量丢失，导致血量减少，静脉回流不足，心排血量下降，血压降低，外周血管反射性收缩，组织灌流量进一步减少。

(2) 感染性休克。是指因病原微生物（如细菌、病毒、真菌、立克次氏体等，其中以革兰氏阴性菌最为重要）感染引起的休克，包括败血症性休克和内毒素性休克。这种休克的发生主要和病原微生物入血并释放内毒素或外毒素有关。

(3) 过敏性休克。某些药物或血清制剂引起变态反应所致的休克。这种休克属Ⅰ型变态反应，变态反应时产生的血管活性物质，使血管扩张，血管床容量增大，毛细血管的通透性增高，血浆外渗，使回心血量急剧减少和血压下降，导致休克的发生。

(4) 心源性休克。由于急性心功能不全引起的休克，见于急性心肌炎、大面积心肌梗死、急性心包填塞等，急性心功能不全引起心排血量明显减少，有效循环血量和灌流量下降，血压降低。

(5) 神经源性休克。是指由于血管运动张力丧失而发生大量血管扩张所引起的休克。常见于深度麻醉、脊髓高位麻醉或损伤、剧烈疼痛等。以上原因使血管运动中枢抑制或交感传出神经被阻断时，小血管扩张，血管床容量增加，大量血液淤滞于外周血管床，回心血量急剧减少，血压下降，引起神经源性休克。

3. 休克时机体的功能和代谢变化

(1) 休克时细胞代谢障碍和细胞损伤。

①细胞代谢障碍。休克时微循环障碍，组织低灌流和细胞缺氧，使有氧氧化受阻，无氧酵解增强，ATP生成明显减少，乳酸生成增多，引起细胞内、外酸中毒。缺氧又抑制线粒体的呼吸功能，并使参与脂肪氧化的酶活性降低，造成脂肪酸和脂肪酰辅酶A在细胞积聚。

②细胞损伤。包括细胞结构和功能的改变。细胞膜损伤、线粒体肿胀、结构破坏，溶酶体肿胀，溶酶体酶释放加重休克的病理过程。

(2) 休克时体内各器官的功能和结构变化。

①脑。休克早期，脑功能没有明显障碍。随着休克的发展，脑组织缺氧呈现抑制，动物反应迟钝，反射减弱或消失，甚至昏迷。严重缺血缺氧时，引起心跳和呼吸的停止而死亡。休克时，脑结构的变化主要是缺氧性脑损伤，早期神经元细胞质内出现空泡，接着细胞质和胞核皱缩；随后细胞质变得暗淡、均质，胞核固缩。最后坏死的神经元消失。神经胶质细胞也有同样的变化，由于毛细血管通透性的增高还可发生脑水肿。

②心脏。休克早期可出现代偿性心功能增强，以后心脏功能逐渐出现障碍，到晚期则发生心功能不全，表现心缩力减弱、心排血量减少、心率加快或失常等。心脏的病理变化是心外膜出血、心内膜出血和心肌纤维坏死。

③肺。休克早期由于呼吸中枢兴奋，呼吸加深加快。休克中、晚期，肺微循环障碍导致肺功能不全。肉眼可见肺体积增大，重量增加，呈暗红色，富有光泽，质地稍变实，肺胸膜下常见出血点，肺充气不足，有时有局灶性肺萎陷，切面流出大量血染的液体。

④肾。休克早期就可发生急性肾功能不全，主要临诊表现为少尿或无尿。剖检可见肾肿大，质地变软，切面皮质增宽、色淡，髓质瘀血呈暗红色。

⑤肝。休克时肝细胞缺血、缺氧使肝功能出现障碍，主要表现为解毒功能降低、乳酸转化功能下降、对糖的利用障碍、蛋白质和凝血因子合成障碍等。肝的病变主要表现为窦状隙扩张、瘀血和肝小叶中央区细胞坏死。

⑥胃肠。在休克时由于缺血、缺氧的影响，胃肠瘀血、水肿、出血、黏膜糜烂，使胃肠的分泌和运动机能障碍，屏障功能减弱或破坏，致使肠道有毒物质被吸收入血，引起机体中毒。

4. 休克的防治原则 休克防治总的原则是：治疗原发病，消除病因；用碳酸氢盐溶液补碱纠酸；及时补液扩充血容量；合理使用血管活性药物；应用糖皮质激素等细胞膜保护剂，防止细胞损伤，改善微循环；防止器官功能衰竭和全身炎症反应综合征。

模块二

动物药理及药物

单元一 兽药基本知识

(一) 药物的概念

药物是指用于预防、治疗和诊断疾病的各种物质。应用于动物的药物统称为兽药，它还包括能促进动物生长发育、提高生产性能的各种物质，包括动物保健品和饲料药物添加剂等。

1. 普通药 指按治疗剂量使用时一般不产生明显毒性的药物。如阿莫西林、环丙沙星、胃蛋白酶等。

2. 剧药 指毒性较大，极量与致死量比较接近，超过极量极易引起中毒或死亡的药物。如洋地黄、秋水仙碱等，有的品种必须经有关部门批准才能生产、销售。使用时往往限制一定条件的剧药，又称限剧药，如安钠咖。

3. 毒药 指毒性很大，极量与致死量十分接近，用量稍大即可引起动物中毒甚至死亡的药物，如士的宁。

4. 毒物 指能对动物机体产生损害作用的各种物质。毒物和药物之间没有绝对的界限，并且可以相互转化。

5. 麻醉药品 指具有成瘾性的毒药和剧药，如吗啡、杜冷丁等。它与麻醉药不同，不具成瘾性。

6. 兽用处方药 指凭兽医处方笺方可购买和使用的兽药。

7. 兽用非处方药 指不需要兽医处方笺即可自行购买并按照说明书使用的兽药。

(二) 药物的来源

1. 天然药物 是利用自然界的物质经过适当加工而作为药用者。包括植物药（如金银花、板蓝根）、动物药（如胰岛素、胃蛋白酶）、矿物药（如氯化钠、硫酸钠）及微生物药（如抗生素和生物制品）。

2. 人工合成和半合成药物 用化学方法或根据天然药物的化学结构用化学方法制备的药物称为人工合成药，如磺胺类药、喹诺酮类药。所谓半合成药物是在原有天然药物的化学结构基础上，引入不同的化学基团而制得的一系列化学药物，如阿莫西林、盐酸多西环素。人工合成和半合成药物的应用非常广泛，是药物生产和获得新药的主要途径。

(三) 药物的制剂与剂型

为了便于运输、携带、贮存和使用，将药物经过适当的加工，制成具有一定形态和规格而有效成分不变的制品称为制剂。经加工后药物的各种物理形态称为剂型。兽药常用剂型有3类。

1. 液体剂型

（1）溶液剂。是指以非挥发性药物为溶质的澄明水溶液。可内服和外用。如双黄连口服液等。

（2）注射剂（针剂）。是指灌封于特别容器中的灭菌的澄明液、混悬液、乳浊液和粉末。注射剂分为水针剂和粉针剂。水针剂包括溶液型安瓿剂、混悬型注射剂和大型输液剂，属液体剂型；粉针剂在临用时加注射用水等溶媒配制，也可归入固体剂型。

（3）合剂。是指由两种以上药物制成的透明或混浊的液体剂型。多供内服用，用时摇匀。

（4）乳剂。是指两种以上不相混合的液体，加入乳化剂（阿拉伯明胶等）后制成的乳状悬浊液，可内服或外用。

（5）酊剂。是指用不同浓度的酒精浸泡药材或溶解化学药物而制得的液体剂型。可供内服或外用。

（6）醑剂。是指挥发性药物的酒精溶液。可供内服或外用。

（7）擦剂。是指由刺激性药物制成的油性或醇性液体剂型。多供外用涂擦于完整的皮肤表面。

（8）流浸膏剂。是指将药材的浸出液经浓缩除去部分溶媒而制成的符合标准的剂型。多供内服。

（9）透皮吸收剂。是指将药物涂擦于完整的皮肤上而经皮肤吸收的液体剂型。

2. 半固体剂型

（1）软膏剂。是指药物与适当的赋形药（或称基质）均匀混合制成的易于外用涂布的半固体剂型。供眼科用的灭菌软膏称为眼膏。

（2）舐剂。是指由各种植物药粉末、中性盐类或浸膏与黏浆药等混合制成的一种黏稠样或面团状半固体剂型。

3. 固体剂型

（1）片剂。是指由药物与赋形药制成颗粒后，压制成的圆片状或异型片状剂型。

（2）丸剂。是指一种类似球形或椭圆形的剂型，由主药、赋形药、黏合药等组成。

（3）胶囊剂。是指将药物密封于胶囊中的剂型。

（4）粉剂（散剂）。是指由各种不同药物经粉碎、过滤、均匀混合而制成的干燥粉末状制剂，可供内服或外用。

（5）可溶性粉剂（饮水剂）。是指由一种或几种药物加入助溶剂或助悬剂后制成的可溶性粉末状制剂。投入饮水中（混饮）使药物均匀分散，供动物饮用。

（6）预混剂。是指由一种或几种药物与适宜的基质混合制成的供添加在饲料中的粉末状制剂。常用的基质有碳酸钙、麸皮、玉米粉等。选用适宜的基质是为了在饲料中充分混合，达到使药物微量成分均匀分散的目的。

（7）气雾剂。是指药物与抛射剂共同装封于具有阀门系统的耐压容器中，借抛射剂的压力将药物以气雾状喷出的制剂。可供皮肤和腔道等局部应用，也可作吸入性全身治疗、厩舍消毒、除臭及杀虫等。亦可归入液体剂型。

（8）颗粒剂。是指将药物与适宜的辅料配合而制成的颗粒状制剂，一般分为可溶性颗粒剂、混悬型颗粒剂和泡腾性颗粒剂。可直接吞服，也可冲入水中饮用。

（四）药物的保管与贮藏

妥善地保管与贮藏药物是防止药物变质、药效降低、毒性增加和发生意外的重要环节。

1. 药物的保管 对于毒药、剧药和麻醉药品的保管，应有专账、专柜、加锁保管，要设专人负责，贴有醒目式样和颜色的标签，以便区别于普通药物，每个品种须单独存放，各品种间留有适当距离。

2. 药物的贮藏 按药物的理化性质和用途科学合理地贮存药物，是防止事故、避免损失的重要措施。对易潮解、易挥发的药物要密闭、干燥保存；遇粉易氧化、分解的药物用棕色瓶包装，并放在阴暗、干燥处保存；生物制品应按要求的贮藏条件保存或冷冻；易燃易爆药物，应分成小包装，专库贮存，远离其他药库，并注意防火。

3. 定期检查药品的有效期、失效期及生产批号 有效期是指兽药在规定的贮藏条件下能够保持质量的期限，一般指药物从生产之日起到失效之日止。失效期指兽药超过安全有效范围的日期。生产批号是兽药生产企业对由同一原料、同一方法、同一时间生产的兽药产品的编号，一般以6位数字表示，按生产该批药品的年、月、日来编号，现多用8位数字表示。如某药的批号为20140315-2，即表示2014年3月15日生产的第二批药物。

（五）兽医处方

处方是指由注册的执业兽医师和执业助理兽医师（注册后，可在一定期限内开具兽医处方笺）在诊疗活动中为患畜开具的药单。处方为医疗中的法律性文件，同时也代表兽医师的医疗水平。

1. 处方的结构和内容 处方应书写在一定格式的处方笺上，书写应清楚，便于应用、保存、查对和总结经验。兽医处方笺由依法注册的执业兽医师按照其注册的执业范围开具。一张正规的处方笺除头衔外，可分为3个部分：前记、正文和后记。

（1）前记。即登记部分：包括诊疗机构名称、处方编号、畜主姓名、地址、畜别、畜龄、开具日期等，并可添列专科要求的项目。

（2）正文。以 RP 或 R 标示，应按药物的名称、规格和数量，一药一行逐行书写。药名应规范，按正式名称书写，数量用公制，重量以克（g）、毫克（mg）、微克（μg）、纳克（ng）为单位；容量以升（L）、毫升（mL）为单位；有效量单位以国际单位（IU）、单位（U）计算。片剂、丸剂、散剂分别以片、丸、袋（或克）为单位；溶液剂以升或毫升为单位；软膏以支、盒为单位；注射剂以支、瓶为单位，应注明含量。必须用阿拉伯字码，数量的小数点应对齐。

同一处方中的各个药物应该按它们的作用性质依次排列：

主药：起主要作用的药物。

佐药：起辅助或加强主要作用的药物。

矫正药：矫正主药的副作用和毒性作用的药物。

赋形药：能制成适当剂型的药物，以便于解决给药途径。

处方内的药物书写完毕后，兽医人员应对药剂人员指出对患病动物的给药方法、次数及每次的剂量。处方内如果有若干药品时，应标出药品的序号。

（3）后记。兽医师签名和（或）加盖专用签章，药品金额以及审核、调配、核对、发药的药剂员签名。

2. 开写处方的注意事项

（1）处方记载的患病动物项目应清晰、完整，并与门诊登记相一致。

（2）每张处方只限于一次诊疗结果用药。

（3）处方字迹应当清楚，不得涂改。如有修改，必须在修改处签名及注明修改日期。

（4）处方一律用规范的中文书写。动物诊疗机构或兽医不得自行编制药品缩写名或用代号。书写药品名称、剂量、规格、用法、用量要准确规范，不得使用"遵医嘱""自用"等含糊不清字句。

（5）西兽药、中成兽药处方，每一种药品须另起一行。每张处方不得超过五种药品。

（6）中兽药饮片处方的书写，可按君、臣、佐、使的顺序排列；药物调剂、煎煮的特殊要求注明在药品之后上方，并加括号，如布包、先煎、后下等；对药物的产地、炮制如有特殊要求的，应在药名之前写出。

（7）用量。一般应按照兽药说明书中的常用剂量使用，特殊情况需超剂量使用时，应注明原因并再次签名。

（8）为便于处方审核，兽医开具处方时，除特殊情况外必须注明临床诊断。

（9）开具处方后的空白处应划一条斜线，以示处方完毕。

（10）处方兽医的签名式样和专用签章必须与在动物防疫监督机构留样备查的式样相一致，不得任意改动，否则，应重新登记留样备案。

（六）兽药标准

我国现行兽药标准为《中华人民共和国兽药典》（以下简称《中国兽药典》）和国家兽药标准。《中国兽药典》为我国现行最高兽药标准。目前《中国兽药典》已经颁布、发行4版，即1990年版、2000年版、2005年版和2010年版。2010年版《中国兽药典》共分3册，一部收载化学药品、抗生素、生化药品及药用辅料共592种；二部收载药材和饮片、植物油脂和提取物、成方制剂和单味制剂共1 114种；三部收载生物制品123种。《中国兽药典》和国家兽药标准均由国家兽药典委员会全体委员大会审议通过，由农业部批准颁布。

单元二　药物的作用

（一）药物的基本作用

药物能引起动物生理机能和生化反应过程发生变化、抑制和杀灭病原体的作用称为药物的作用，又称药物的效应或药效。

药物对机体作用的表现有多种多样，但主要表现为机能活动加强和减弱。凡能使机体的机能活动增强的称为兴奋作用，能引起兴奋的药物为兴奋药。凡能使机体的机能活动减弱的称为抑制作用，能引起抑制的药物为抑制药。

药物的兴奋作用和抑制作用可以相互转化。当兴奋药剂量过大或作用时间过久时，往往在兴奋之后出现抑制；同样，抑制药在产生抑制之前也可出现短时时而微弱的兴奋。

（二）药物的直接作用与间接作用

药物对所接触的组织器官直接产生的作用称为直接作用，又称原发性作用；由于直接作用而使其他组织器官产生的反应称为间接作用，也称继发性作用。例如，洋地黄被机体吸收后，直接作用于心脏，加强心肌收缩力，使心脏机能增强为直接作用；同时由于心排血量的增加，间接增加肾的血流量，尿量增加，表现利尿作用，使心性水肿得以减轻或消除为间接作用。

（三）药物的局部作用与吸收作用

药物未吸收入血流之前在用药部位出现的作用称为局部作用，如注射部位消毒即为局部作用；当药物吸收入血流后所出现的作用称为吸收作用，如肌内注射头孢类药后产生的抗感染作用即为吸收作用。

（四）药物的选择性作用与原浆毒作用

药物吸收后对某组织器官产生明显的作用，而对其他组织器官作用很弱或几乎无作用，这种作用称为选择性作用。如催产素对子宫平滑肌具有高度选择性，能用于催产。药物的选择性作用一般是相对的，往往与剂量有关，随着剂量的加大，选择性可能降低。与选择性作用相反，有些药物对各种组织细胞均有类似作用，能破坏一切有生命的蛋白质，称为原浆毒作用或原生质毒作用，如防腐消毒药。用药后能达到防治疾病效果的作用，称为防治作用，或分别称为预防作用或治疗作用。如在群体给药的情况下则有病治病，无病防病。防和治是一体的，很难区分为预防或治疗，统称为防治作用。

（五）药物的防治作用与不良反应

与防治目的无关甚至有害的作用称为不良反应，其中包括副作用、毒性反应、过敏反应、继发反应等。防治作用与不良反应构成了药物作用的二重性。在临床用药中，应充分发挥药物的防治作用，尽量减少或避免药物的不良反应。

1. 治疗作用 治疗作用一般分为对因治疗和对症治疗。用药后消除发病的原因称为对因治疗，也称治本，如抗生素杀灭体内的病原微生物等；用药后仅能改善或消除疾病的症状称为对症治疗，也称治标，如解热药退烧等。对因治疗和对症治疗相辅相成，临床应遵循"急则治标，缓则治本，标本兼治"的治疗原则，并根据病情灵活运用。

2. 不良反应

（1）副作用。指药物在治疗量时产生的与防治疾病的目的无关甚至有害、但对组织器官无损害的作用。产生副作用的原因是药物作用选择性低，作用范围广。当某一效应被用为治疗目的时，其他效应就成为副作用，副作用可随治疗目的的不同而改变。如阿托品可解除肠道平滑肌痉挛，但可抑制腺体分泌而引起口干、抑制肠蠕动出现食欲下降的副作用；当利用它抑制腺体分泌的功效，作为麻醉前给药时，使平滑肌松弛而引起肠臌气的作用就成了副作用。药物的副作用对机体的损害一般比较轻微，并可事先预知。

（2）毒性反应。药物用量过大、时间过长或机体对某一类药物特别敏感，以致造成机体有明显损害的作用，称为毒性反应。有些药物有一定的毒性，通常可以预料，在用药时严格掌握用药剂量就可以避免。

（3）过敏反应。是指少数具有特异体质的病畜，在应用极少量的某种药物时，产生的与药物作用性质完全不同的反应。过敏反应的发生与用药的剂量无关，在兽医临床一般不可预知，对机体的危害程度不同。如青霉素过敏可导致机体表现出汗、荨麻疹等过敏症状，严重时也可导致机体因过敏性休克而死亡。

（六）药物的作用机理

1. 通过受体产生作用 药物通过与机体细胞的细胞膜或细胞内的受体结合而产生药效。当某一药物与受体结合后，能使受体激活，产生强大效应，这一药物就是该受体的激动药或兴奋药，如毛果芸香碱是M受体兴奋剂；如果药物与受体结合后，不能使受体激活而产生效应，反而阻断受体激动剂与受体结合，这一药物就是该受体的阻断剂或拮抗药，如阿托品是 M 受体的阻断剂。

2. 通过改变机体的理化性质而发挥作用 抗酸药的化学中和作用，使胃液的酸度降低。如碳酸氢钠内服能中和过多的胃酸，可治疗胃酸过多症。

3. 通过改变酶的活性而发挥作用 酶在细胞生化代谢过程中起重要作用，如喹诺酮类药物，可通过抑制细菌 DNA 复制过程中所必需的回旋酶的活性而产生抗菌作用。

4. 通过参与或影响细胞的物质代谢过程而发挥作用 如磺胺类药物通过干扰细菌的叶酸合成代谢过程而发挥抑菌作用。

5. 通过改变细胞膜的通透性而发挥作用 如表面活性剂苯扎溴铵可改变细菌细胞膜的通透性而发挥抗菌作用。

6. 通过影响体内活性物质的合成和释放而发挥作用 如大量碘能抑制甲状腺素的释放，阿司匹林能抑制生物活性物质——前列腺素的合成而发挥解热作用。

（七）药物的体内过程

从药物进入机体至排出体外的过程称为药物的体内过程，包括药物的吸收、分布、转化和排泄，它是一个动态的变化的过程，即药物在体内的量或者浓度随时间的变化而变化。了解药物的体内过程，对临床优选给药方案和提高疗效具有重要意义。

1. 药物的吸收 药物自用药部位进入血液循环的过程称为吸收。药物的吸收速度和吸收量可影响药物的作用。给药途径、药物的理化性质等可影响药物的吸收。除静脉注射外，各种给药途径的药物吸收速度由快到慢依次为肌内注射、皮下注射、直肠给药和内服给药。水溶性和脂溶性的物质易吸收，难溶解的药物则不易吸收。

2. 药物的分布 吸收后的药物随血液循环转运到机体各组织器官的过程称为药物的分布。药物有效成分在体内呈不均衡分布，与其理化性质有关，水脂皆溶的药物在体内的分布较均衡，脂溶性大的药物则大量分布于脂肪组织中。有些药物的分布与其对某种组织的亲和力有关，如碘在甲状腺中含量高于其他组织 1 万倍，就是由于碘与甲状腺的亲和力大的缘故。血脑屏障可阻止大多数药物通过而影响其分布；胎盘屏障可阻止脂溶性小或高度解离的药物进入，但脂溶性高的药物如全身麻醉药就可从母体血液进入胎儿血中。

3. 药物的转化 药物在机体内发生的化学结构的变化称为药物的转化，也称为药物的生物转化或药物的代谢。吸收后的药物主要在肝中经药物酶系统进行转化，大部分药物在经转化后，其药理作用减弱或消失。转化后的药物一般更有利于排泄。肝的机能状态会影响到药物的转化速度，肝功能不全时，药物酶活性降低，使药物在体内转化速度减慢而产生毒性反应。

4. 药物的排泄 药物的原型或其代谢产物被排出体外的过程称为排泄。除内服不易吸收的药物多经肠道排泄外，其他被吸收的药物主要经肾排泄，只有少数药物经呼吸道、胆汁、乳腺、汗腺等途径排出体外。当肾有疾患时，药物的排泄受影响。如严重慢性肾疾病，肾小球滤过率降低时，链霉素、庆大霉素在体内很快蓄积，易造成中毒。

5. 药物半衰期 是指体内血药浓度或药量下降一半所需的时间，也称生物半衰期或消除半衰期，用 $t1/2\beta$ 或 $t1/2ke$ 表示。它反映了药物在体内的消除速度，是制订给药方案的重要依据。药物的半衰期可因动物品种、给药途径和个体的不同而发生变化。合理剂量范围和给药间隔时间必须考虑药物半衰期。一般药物经 4~5 个半衰期可从体内基本排出。

(八) 影响药物作用的因素

1. 药物方面的因素

(1) 药物的理化性质。内服给药时,药物的脂溶性、pH、溶解度等均可影响药物的吸收速度和吸收率。

(2) 药物的构效关系。指特异性药物的化学结构与药物效应之间的密切关系。一般情况下,基本化学结构相似的药物,药效也相似。如麻黄碱的结构与体内神经递质肾上腺素相似,因此,它具有拟肾上腺素的作用。特异性药物的化学结构即使相同,但由于光学异构体不同也会产生不同的药效。多数药物是左旋体有效,只有少数是右旋体有效。

(3) 药物的量效关系。药物的剂量是指一次给药的有效治疗量,又称治疗量或有效剂量。在临床上由于用药目的不同,药物剂量也不同。

① 无效量。药物剂量太小,不产生任何药效,称无效量。

② 最小有效量。能引起药物效应的最小剂量称最小有效量或阈剂量。

③ 半数有效量。药物对50%的用药个体有效的剂量称半数有效量(ED_{50})。

④ 治疗量。对机体已产生明显效应,但并不引起中毒的药量称为治疗量。

⑤ 极量。最大治疗量与最小中毒量之间的药量称为极量。

⑥ 最小中毒量。超过治疗量并引起毒性反应的最低剂量称为最小中毒量。

⑦ 致死量和半数致死量。能引起动物死亡的药量称为致死量;引起半数动物死亡的药量称半数致死量(LD_{50})。

⑧ 治疗指数。药物的LD_{50}与ED_{50}的比值称为治疗指数,治疗指数越大越安全。

⑨ 安全范围。最小有效量与极量之间的范围称为安全范围。在安全范围内,随着剂量增加,药效增强。现常用LD_{50}与ED_{50}的比值作为安全范围。

(4) 药物的剂型。剂型不同,直接影响到药物的吸收率和产生药效的时间。如静脉注射时注射剂的吸收率为100%,内服片剂的吸收率一般仅有75%。

(5) 给药途径。给药途径不同,药物的药效可能不同。如硫酸镁内服给药呈现泻下作用,注射给药时则呈现抗惊厥作用。

(6) 重复用药。在一段时间内,反复使用同一药物以维持其在体内的有效浓度,使药物持续发挥作用,称为重复用药。

(7) 配伍用药。两种或两种以上药物同时或在短期内先后应用于同一病畜时称为配伍用药,也称为联合用药或合用药。配伍用药后药效增强,称为协同作用;配伍用药后药效减弱或消失,称为拮抗作用。

(8) 配伍禁忌。在配伍使用药中,两种或两种以上药物相互混合发生物理变化或化学反应,使药物的外观或性质产生变化,甚至产生毒性反应而不能配伍应用时称为配伍禁忌。配伍禁忌分为物理性、化学性和疗效性3种。相互有配伍禁忌的药物,不能混合应用。

2. 动物方面的因素

(1) 动物的种类。不同种类的动物,其解剖结构、生理机能和生化反应不同,对药物的敏感性存在差异。如牛支气管腺发达,应用水合氯醛易引起过多的液体分泌。

(2) 体重。同种动物体重不同的个体,对同一药物的敏感性可能表现出量的差异。

(3) 性别。相对而言,雌性动物对药物的敏感性高于雄性动物,且雌性动物妊娠后对药物的敏感性仍会增高。

（4）年龄。幼龄和老龄的动物，对药物的敏感性比成年动物高，故用量应当减少。

（5）病理因素。各种病理因素都能改变药物在健康机体的正常运转与转化，影响血药浓度，从而影响药效。

（6）个体差异。在年龄、性别、体重、营养、生活条件等相同的情况下，同种动物中不同个体仍可出现对药物反应的量与质的差异，这种差异称为个体差异。

①量的差异。同种动物的不同个体对同一药物的敏感性有差别。有的个体对药物敏感性特别高，称为高敏性；有的则对药物敏感性特别低，称为耐受性。用药过程中如发现这种情况，须适当增减剂量或改用其他药物。

②质的差异。特异体质的动物对某些药物有着特别的敏感性，如某些动物在服用磺胺类药物时，可引起急性溶血性贫血；某些动物在使用青霉素时出现荨麻疹、关节肿痛等过敏反应。

3. 饲养管理和环境方面的因素 动物疾病的恢复单纯依靠药物是不行的，良好的饲养管理和环境条件可以提高机体的抵抗力，促使药物的作用更充分地发挥。

单元三 防腐消毒药

（一）概述

防腐药是指能抑制病原微生物生长繁殖的药物。消毒药是指能迅速杀灭病原微生物的药物。但这两类药物之间并无严格的界限，防腐药在高浓度时也能杀菌，而消毒药在低浓度时只有抑菌作用。因此，一般总称为防腐消毒药。它们对病原体与机体组织均无明显的选择作用，故通常不作全身用药，主要用于体表、排泄物、器械和周围环境消毒，以切断各种病原体的传播途径，预防各种传染病。

1. 防腐消毒药的作用机理

（1）使菌体蛋白质凝固或变性。大部分防腐消毒药都通过这一机理发挥抗菌作用，如酚类、醇类、醛类、酸类、碱类和重金属盐类。

（2）改变细胞质膜的通透性。有些防腐消毒药如表面活性剂类是通过表面活性作用，使细菌细胞质膜的通透性增加，引起酶和营养物质的漏失，水向内渗入，菌体溶解或破裂。

（3）干扰病原体的酶系统。其杀菌途径是通过氧化还原反应损害酶蛋白的活性基团，酶的活性；通过化学性的结合使酶灭活或使酶的底物改变；由于化学结构与代谢物相与之竞争或非竞争性地同酶结合而抑制酶的活性等。通过这一机理而起抗菌作用的防毒药有氧化剂类、重金属盐类和卤素类。

2. 影响防腐消毒药作用的因素

（1）病原微生物的种类。不同种类的细菌和处于不同状态的微生物，对消毒药的敏感性不同。如病毒对碱类敏感，对酚类耐药；有芽孢细菌抵抗力强。

（2）浓度和作用时间。当其他条件一致时，消毒药物的杀菌效力一般随其溶液浓度和作用时间的增加而增强。

（3）温度。消毒药的抗菌效果随着环境温度的升高而增强，即温度越高，杀菌力越强。

（4）pH。环境或组织中的pH对有些消毒防腐药的作用影响较大，如含氯消毒剂作用的最佳pH为5~6。

(5) 有机物。有机物的存在，可保护微生物或降低药效。消毒前要打扫畜舍卫生、涂布创伤消毒药前必须清创。

(6) 药物间的影响。两种防腐消毒药合用时，会出现两种情况即作用增强或抵消。如乙醇与碘合用时作用增强，新洁尔灭遇肥皂时则作用降低或消失。

(7) 水质。硬水中的钙和镁可与季铵盐类等结合，形成不溶性盐类，从而降低其抗菌效力。

(二) 常用防腐消毒药

1. 环境与用具消毒药

(1) 苯酚（石炭酸）。能溶于水、醇、甘油及油。水溶液常用于浸泡外科器械、喷洒圈舍（3%~5%），皮肤止痒（1%）。

(2) 来苏儿。含50%煤酚的肥皂溶液。抗菌效力较苯酚强，毒性较苯酚小。常用于器械、物品、用具、环境消毒（3%~5%），洗手及皮肤消毒（1%~2%），创伤和黏膜消毒（0.1%~0.5%），排泄物消毒（5%~10%）。屠宰场、奶牛舍忌用。

(3) 复合酚（消毒灵、菌毒敌、农乐、农福）。能杀灭多种细菌、霉菌、病毒和寄生虫虫卵。主要用于畜禽舍、笼具、运输工具及排泄物的消毒（0.35%~1%）。忌与碱性药物混用。

(4) 福尔马林。具有强大的广谱杀菌作用，对细菌、芽孢、真菌和病毒均有效，为40%甲醛水溶液。由于刺激性太强，多用于畜舍、仓库、孵化室熏蒸消毒。方法是每立方米空间用福尔马林15~30mL，加等量水加热蒸发，或加高锰酸钾氧化蒸发。熏蒸消毒必须密闭门窗，有较高的室温（不低于15℃）和相对湿度（60%~80%），消毒时间为8~10h。福尔马林还可用于固定和保存解剖标本（10%）、菌苗灭活（0.25%~2%）及疫苗灭活（0.1%~0.25%）。

(5) 1%~2%氢氧化钠溶液。对细菌、芽孢、病毒均有较强的杀灭作用。常用于病毒性感染（如口蹄疫、猪瘟、鸡新城疫）及细菌性感染（如禽出血性败血症、炭疽等）的消毒。但应注意高浓度碱液可灼伤组织。

(6) 氧化钙。又称生石灰。加水混合时，生成氢氧化钙，有较强的杀菌作用，对芽孢无效。一般加水配成10%~20%石灰乳使用。由于石灰从空气中吸收二氧化碳会变成碳酸钙沉淀而失效，故须现配现用。

(7) 过氧乙酸。本品具有高效快速的杀菌作用，对细菌、芽孢、真菌和病毒都有很强的杀灭作用。其特点是对人、畜、禽无毒，且在低温下（-40℃）仍保持高度杀菌效力，故亦适用于肉品表面浸泡消毒和冷库消毒。

(8) 漂白粉。对细菌、芽孢、病毒均有杀灭作用。主要用于饮水消毒，每升水中加入0.3~1.5g。

(9) 二氯异氰尿酸钠。易溶于水，但稳定性差，宜现配现用。本品杀菌谱广，受有机物影响小，对细菌、芽孢、病毒、真菌孢子均有较强的杀灭作用，常用于饮水消毒（每升用4mg，作用30min）。

(10) 百毒杀。为无色、无臭液体，能溶于水，为双链季铵盐消毒剂，对细菌、真菌、藻类等微生物均有杀灭作用。可作饮水消毒，带畜消毒，孵化室、肉品、乳品、机械、饲养用具及室内外环境消毒。

2. 皮肤黏膜消毒药

（1）碘酊。为红棕色液体、易挥发。具有强大的杀灭细菌、芽孢、病毒、原虫等作用。常用于皮肤消毒（2%～5%），亦可用于皮肤霉菌病。由于对组织刺激性强，稍干后应立即用75%酒精擦去。

（2）碘甘油。是含1%碘的甘油溶液。刺激性小，涂擦患部，用于牙龈感染、口炎、咽炎。

（3）乙醇（酒精）。为常用的防腐消毒药。75%浓度杀菌效力最强。常用于皮肤、体温计及一般器械消毒。

（4）5%新洁尔灭。本品具有杀菌和去污两种效力，渗透力强，常用于手术前洗手、皮肤消毒、黏膜消毒及浸泡器械（0.1%），还可用于种蛋表面喷洒消毒。

（5）洗必泰。本品抗菌谱广，毒性低，作用快而强，对绿脓杆菌、真菌亦有杀灭作用。可用于手术前洗手、消毒手术野皮肤及冲洗创伤。

3. 创伤消毒药

（1）高锰酸钾。属强氧化剂，遇有机物即起氧化作用，具有杀菌和除臭作用，溶液应现用现配。外用冲洗黏膜，食物中毒时洗胃（0.05%～0.1%）以及毒蛇咬伤（1%）。

（2）3%过氧化氢溶液（双氧水）。含过氧化氢3%，为无色透明液。本品杀菌很弱，但它放出的大量气泡能机械的消除脓块、血块及坏死组织。常用冲洗创面，尤其适于厌氧菌感染和带恶臭的创伤（1%～3%）。本品性质不稳定，光、热、震动和贮存过久均可分解失效，应密封避光、于阴凉处存放。

（3）雷佛奴耳（利凡诺）。为黄色结晶，溶于水。对革兰氏阳性菌及少数革兰氏阴性菌有较强的抑制作用。对组织无刺激性，毒性低，穿透力也较强，且不受蛋白质影响，但作用较慢。主要用于创伤的冲洗或用浸药纱布湿敷，亦可用于子宫冲洗（0.1%～0.5%）。

（4）龙胆紫。为紫色颗粒性粉末。对革兰氏阳性菌有杀菌作用，对霉菌亦有效，对组织无刺激性。1%～2%水溶液或酒精溶液称"紫药水"，因能与坏死组织结合形成保护膜而发挥收敛作用。常用于治疗皮肤、黏膜创伤、溃疡（1%～3%）及烧伤（1%水溶液）。

单元四 抗微生物类药

一、抗生素类药物

抗生素是某些微生物的代谢产物，对特定的病原微生物有抑制或杀灭作用。

（一）抗菌谱及抗菌活性

抗菌谱是指药物抑制或杀灭病原微生物的范围。凡仅作用于单一菌种或某属细菌的药物称窄谱抗菌药，例如青霉素主要对革兰氏阳性菌有作用；链霉素主要作用于革兰氏阴性菌。凡能杀灭或抑制多种不同种类的细菌、抗菌谱范围广泛的药物，称为广谱抗菌药，如四环素类、酰胺醇类、氟喹诺酮类等。

抗菌活性是指抗菌药抑制或杀灭病原微生物的能力。可用体外抑菌试验和体内实验治疗方法测定。体外抑菌试验对临床用药具有重要参考价值。能够抑制培养基内细菌生长的最低浓度称为最小抑菌浓度。能够杀灭培养基内细菌的最低浓度称为最小杀菌浓度；抗菌药的抑菌作用和杀菌作用是相对的，有些抗菌药在低浓度时是抑菌作用，而高浓度呈杀菌作用。临床上所指的抑菌药是指仅能抑制病原菌的生长繁殖，而无杀灭作用的药物，如磺胺类、四环素类、酰胺醇类等。杀菌药是指具有杀灭病原菌作用的药物，如青霉素类、氨基糖苷类、氟喹诺酮类等。

（二）抗生素的分类

抗生素按其抗菌谱及其作用对象的性质可分为：

1. 主要作用于革兰氏阳性菌的抗生素 如青霉素类、头孢菌素类、大环内酯类、林可胺类等。

2. 主要作用于革兰氏阴性菌的抗生素 如氨基糖苷类、多黏菌素类等。

3. 广谱抗生素 如四环素类。

4. 抗真菌抗生素 如灰黄霉素、制霉菌素、两性霉素 B、克霉唑。

5. 作用于支原体的抗生素 如泰乐菌素、泰妙菌素、北里霉素等。

6. 抗寄生虫的抗生素 如伊维菌素、莫能菌素、盐霉素等。

（三）作用机理

1. 抑制细菌细胞壁的合成 大多数细菌细胞（如革兰氏阳性菌）的细胞质膜外有坚韧的细胞壁，主要由肽聚糖组成，具有维持细胞形状及保持菌体内渗透压的功能。青霉素类、头孢菌素类及杆菌肽等能分别抑制肽聚糖合成过程中的不同环节，可使细菌细胞壁缺损，菌体内的高渗透压使胞外的水分不断地渗入菌体内，引起菌体膨胀变形，加上激活自溶酶，使细菌裂解而死亡。

2. 增加细菌细胞质膜的通透性 细胞膜是渗透压的屏障，当细胞质膜损伤时，通透性将增加，导致菌体内细胞质中的重要营养物质外漏而死亡，产生杀菌作用。如多黏菌素类、两性霉素 B 及制霉菌素等。

3. 抑制菌体蛋白质的合成 细菌蛋白质合成场所在细胞质的核糖体上，蛋白质的合成过程分 3 个阶段，即起始阶段、延长阶段和终止阶段。不同抗生素对 3 个阶段的作用不完全相同，有的可作用于 3 个阶段，如氨基糖苷类；有的仅作用于延长阶段，如林可胺类。

4. 抑制细菌核酸的合成 核酸具有调控蛋白质合成的功能，新生霉素、灰黄霉素和抗肿瘤的抗生素、利福平等可抑制或阻碍细菌细胞 DNA 或 RNA 的合成。

（四）耐药性及交叉耐药性

1. 耐药性 细菌及其他微生物对抗生素和其他抗感染药物由敏感变为不敏感，并使之失去药理作用的现象称为耐药性，也称抗药性。分为天然耐药性和获得性耐药性两种。

2. 交叉耐药性 细菌对某种药物耐药后，对其他未接触的药物也出现耐药性的现象称为交叉耐药性。

（1）单向交叉耐药性（部分交叉耐药性）。细菌对 A 药产生耐药后，对 B 药仍敏感；如先对 B 药产生耐药，对 A 药也同样耐药。如氨基糖苷类之间，对链霉素耐药的细菌，对庆大霉素和卡那霉素等仍然敏感，而对庆大霉素和卡那霉素耐药的细菌，对链霉素也耐药。

（2）双向交叉耐药性（完全交叉耐药性）。细菌对某药耐药后，对另一药物也耐药，反之亦然。如对土霉素产生耐药性的细菌，对四环素和金霉素均产生耐药性，反之亦然。

（五）抗生素的计量单位及有效期

1. 抗生素的计量单位　抗生素通常采用单位（U）来表示（青霉素除外，一般用国际单位 IU 表示）。1IU 青霉素相当于 0.60μg 结晶青霉素 G 钠盐（或钾）。所以 1mg 的青霉素 G 钠（或钾）就含有 1 667IU 青霉素。链霉素、土霉素、红霉素等以游离碱重量 1μg 作为 1mg，所以 1g 等于 100 万 U。四环素以纯盐酸重量 1μg 作为 1U，80mg 等于 8 万 U。

2. 抗生素的有效期　抗生素易受热、空气等外界因素的影响，效价一般不稳定，因此，多规定有效期。如青霉素 G 钠粉针（安瓿装）自出厂日期起，有效期为 3 年。

二、常用的抗生素

（一）主要作用于革兰氏阳性菌的抗生素

1. β-内酰胺类　包括天然青霉素和半合成青霉素。天然青霉素从青霉菌的培养液中提取获得，杀菌力强，毒性低，价格低，但抗菌谱窄。半合成青霉素具有耐酸、耐酶、广谱等特点。

（1）青霉素 G。临床上常用其钠盐和钾盐。性质较稳定，易溶解于水；其水溶液不稳定，不耐热，久置易失效。须现用现配。

①抗菌谱与适应证。属窄谱杀菌性抗生素，主要作用于革兰氏阳性菌、螺旋体和放线菌等，对革兰氏阴性杆菌作用较弱，对结核杆菌、立克次氏体、病毒等无效。

主要用于对青霉素敏感的病原菌所引起的各种感染，如猪链球菌病、马腺疫、葡萄球菌病，以及呼吸道感染、乳腺炎、子宫炎、化脓性腹膜炎、关节腔内注入治疗关节炎和创伤感染；炭疽、恶性水肿、气肿疽、猪丹毒、放线菌病、钩端螺旋体病以及肾盂肾炎、膀胱炎等尿路感染；此外，大剂量应用可治疗禽巴氏杆菌病及鸡球虫病。

②用法与用量。肌内注射，一次量，每千克体重，马、牛 1 万～2 万 IU；羊、猪 2 万～3 万 IU；犬、猫、兔 2 万～4 万 IU；禽 5 万 IU。2～3 次/d，连用 2～3d。牛乳房灌注，挤乳后每个乳室 10 万 IU，1～2 次/d。临用前加灭菌注射用水适量溶解。

③注意事项：青霉素的安全范围广，不良反应主要是过敏反应，大多数家畜均可发生。局部反应表现为注射部位水肿、疼痛，全身反应为荨麻疹、皮疹或虚脱，严重者可引起死亡。发生过敏性休克应立即肌内注射或皮下注射 0.1% 肾上腺素注射液急救。配伍禁忌：不宜与四环素、盐酸氯丙嗪、卡那霉素、庆大霉素、维生素 C、碳酸氢钠、磺胺类等混合使用。

（2）氨苄青霉素（氨苄西林、氨比西林）。为人工半合成广谱抗生素。

①抗菌谱与适应证。对大多数革兰氏阳性菌的效力不及青霉素或相近。对革兰氏阴性菌如大肠杆菌、变形杆菌、沙门氏菌、嗜血杆菌和巴氏杆菌等均有较强的作用，与四环素相似或略强，但不如卡那霉素、庆大霉素和多黏菌素。本品对耐药金黄色葡萄球菌、绿脓杆菌无效。临床主要用于治疗敏感菌所致的肺部、尿道感染和革兰氏阴性菌引起的疾病，如马驹、犊牛肺炎、牛巴氏杆菌病、乳腺炎、猪传染性胸膜肺炎、鸡白痢等。严重感染时，可与庆大霉素等氨基糖苷类药合用以增强疗效。

②用法与用量。注射用氨苄西林钠（粉针）：每支 0.5g、1g、2g。肌内注射、静脉注射，一次量，每千克体重，家畜、家禽 10～20mg，2～3 次/d，连用 2～3d。乳管内注入，

一次量,每一乳室,奶牛200mg,1次/d。

氨苄西林胶囊0.25g。内服,一次量,每千克体重,家畜、家禽20~40mg,2~3次/d。

(3) 阿莫西林(羟氨苄青霉素)。

①抗菌谱与适应证。作用、应用与氨苄西林基本相似,对肠球菌属和沙门氏菌的作用较氨苄西林强2倍。临床上多用于呼吸道、泌尿道、皮肤、软组织及肝胆系统等感染。本品内服后吸收好而快,体内分布广,血液浓度高,可迅速进入体内病灶组织,以达到理想的治疗效果。安全可靠,毒副作用极少见。使用成本低。

②用法与用量。混饮:每升水,家禽50~100mg,连用3~5d。内服:一次量,每千克体重,家畜、禽20~30mg,2次/d;猪、绵羊、牛5~10mg,犬、猫11~22mg,2~3次/d。静脉或肌内注射:一次量,每千克体重,猪、羊、马、牛、犬、猫5~10mg,1~2次/d。

2. 头孢菌素类—头孢噻呋 又名先锋霉素类,是一类广谱半合成抗生素。具有杀菌力强、抗菌谱广、临床疗效高、毒性低、过敏反应少等特点。头孢菌素类可分为一、二、三、四代头孢菌素,由于一、二代头孢菌素对肾有毒性,近年来第三代头孢菌素开始较为广泛地应用于国内兽医临床,其中尤以动物专用抗生素——头孢噻呋最为常用。主要用于耐药的金黄色葡萄球菌和某些革兰氏阴性菌、革兰氏阳性菌引起的消化道、呼吸道、泌尿生殖道感染。头孢菌素与青霉素类、氨基糖苷类抗生素联合应用时有协同作用。肌内注射给药时,对局部有刺激,以致注射部位疼痛。

(1) 抗菌谱与适应证。为半合成的第三代动物专用头孢菌素。具广谱杀菌作用,对革兰氏阳性菌、革兰氏阴性菌包括产β-内酰胺酶菌株均有效。敏感菌有巴斯德氏菌、放线杆菌、嗜血杆菌、沙门氏菌、链球菌、葡萄球菌等。主要用于防治牛、猪、禽巴氏杆菌病、猪传染性胸膜肺炎、猪霍乱沙门氏菌与猪链球菌引起的呼吸道疾病及禽大肠杆菌病等。

(2) 用法与用量。肌内注射,一次量,每千克体重,牛1~2mg、马2~4mg、猪3~5mg,1次/d,连用3d。皮下注射,一次量,每千克体重,犬2.2g,1次/d,连用5~14d。一日龄雏鸡,0.08~0.2mg/羽(颈部皮下注射)。

3. 大环内酯类 主要是对革兰氏阳性菌有较强抗菌作用的"窄谱"抗生素,包括红霉素、泰乐菌素、北里霉素、螺旋霉素、竹桃霉素等。

(1) 红霉素。

①抗菌谱与适应证。抗菌作用与青霉素相似,对革兰氏阳性菌如金黄色葡萄球菌、链球菌、肺炎球菌、猪丹毒杆菌等有较强的抑制作用。临床上主要用于耐青霉素金黄色葡萄球菌所致的严重感染和对青霉素过敏的病例,如肺炎、败血症、子宫内膜炎、乳腺炎和猪丹毒等;对鸡慢性呼吸道疾病(支原体病)、猪支原体肺炎也有较好的疗效。对青霉素敏感的金黄色葡萄球菌感染,效力不及青霉素G,且易产生耐药性。为减少或避免耐药性产生,最好与链霉素合用。

②用法与用量。混饮:禽每升水125mg(以本品计),连用3~5d;肌内注射:禽每千克体重20~30mg,2次/d,连用2~3d。内服:一次量,每千克体重,仔猪、羔羊、犊牛、马驹2.2mg,犬、猫10~20mg,2次/d,连用3~5d。

(2) 泰乐菌素。

①抗菌谱与适应证。本品为畜禽专用抗生素。对革兰氏阳性菌、支原体、螺旋体等均有抑制作用；对大多数革兰氏阴性菌作用较差。对革兰氏阳性菌的作用较红霉素弱，而对支原体的作用较强。与其他大环内酯类有交叉耐药现象。主要用于防治鸡、火鸡和其他动物的支原体感染；猪的密螺旋体性痢疾、弧菌性痢疾，山羊传染性胸膜肺炎。此外，亦可作为畜禽的饲料添加剂，以促进增重和提高饲料转化率。

②用法与用量。酒石酸泰乐菌素可溶性粉：5g、500万U；10g、1 000万U；20g、2 000万U；混饮，每1L水，禽500mg，猪200～500mg（治疗弧菌性痢疾），连用3～5d。蛋鸡产蛋期禁用，休药期鸡1d。内服，一次量，每千克体重，猪7～10mg，3次/d，连用5～7d。

酒石酸泰乐菌素注射液：1mL：50mg、1mL：100mg、1mL：200mg。肌内注射，一次量，每千克体重，牛10～20mg，猪、禽5～13mg，猫10mg。1～2次/d，连用5～7d。

8.8％磷酸泰乐菌素预混剂：混饲，每1 000kg饲料，猪400～800g，鸡300～600g。用于促生长，宰前5d停止给药。

（3）北里霉素（吉他霉素、柱晶白霉素）。

①抗菌谱与适应证。广谱抗生素，对革兰氏阳性菌、部分革兰氏阴性菌、钩端螺旋体、立克次氏体、支原体及衣原体有效，特别是对支原体的作用强。其抗革兰氏阳性菌作用略弱于红霉素。主要用于革兰氏阳性菌（包括耐药金黄色葡萄球菌）所致的感染、支原体病及猪的弧菌性痢疾，亦可作猪、鸡的饲料添加剂，促进生长，提高饲料报酬。

②用法与用量。内服：一次量，每千克体重，猪20～30mg，禽20～50mg，2次/d，连用3～5d。

酒石酸吉他霉素可溶性粉：10g：5g。混饮，每1L水，鸡250～500mg（以吉他霉素计），连用3～5d。蛋鸡产蛋期禁用，休药期7d。猪100～200mg。

吉他霉素预混剂：100g：10g、100g：50g。混饲，每1 000kg饲料，猪5.5～50g，鸡5.5～11g（用于促生长）。宰前7d停止给药。

（4）替米考星。

①抗菌谱与适应证。动物专用抗生素。抗菌作用与泰乐菌素相似，主要抗革兰氏阳性菌，对少数革兰氏阴性菌和支原体也有效。对胸膜肺炎放线杆菌、巴氏杆菌及畜禽支原体的活性比泰乐菌素强。内服或皮下注射本品后吸收快，组织穿透力强，分布容积大。肺和乳中浓度高。主要用于防治敏感菌引起的牛肺炎和乳房炎，也用于治疗胸膜肺炎放线杆菌、巴氏杆菌及支原体感染。

②用法与用量。替米考星溶液用于混饮，每升水，鸡75mg，连用3d。产蛋鸡禁用。休药期，鸡10d。

替米考星注射液禁止静脉滴注，牛，每千克体重，一次静脉滴注5mg即可致死。肌内注射和皮下注射均可出现局部反应（水肿等），亦不能与眼接触。皮下注射部位应选在牛肩后肋骨上的区域内。皮下注射，每千克体重，牛10mg，仅注射1次。休药期，牛35d。

磷酸替米考星预混剂：混饲，以磷酸替米考星计，每1 000kg饲料，猪200～400g，连用15d。休药期，猪14d。

4. 林可胺类

（1）林可霉素（洁霉素）。

①抗菌谱与适应证。抗菌谱与红霉素相似，对葡萄球菌、溶血性链球菌和肺炎球菌等都有较强的抗菌作用；对肠球菌作用较弱，对厌氧的脆弱拟杆菌有效，对革兰氏阴性菌作用差。临床主要用于敏感的革兰氏阳性菌，特别是链球菌、葡萄球菌及厌氧菌引起的各种感染。

②用法与用量。混饲：每1 000kg饲料，禽22~44g（效价），猪44~77g（效价），连用1~3周；混饮：家禽每升水15~30mg，猪40~70mg；内服：一次量，每千克体重，猪10~15mg，鸡15~30mg，犬、猫15~25mg，每日3次；肌内注射，一次量，每千克体重，猪10mg，犬、猫10mg，1~2次/d。

(2) 氯林可霉素（又称克林霉素、氯洁霉素）。

①抗菌谱与适应证。与林可霉素相比，其抗菌效力约强4倍，且口服易吸收，不受食物影响，胃肠道反应较轻。但两药在肝功能不良时均宜慎用。

②用法与用量。用法同林可霉素，用量为林可霉素的一半。

(二) 主要作用于革兰氏阴性菌的抗生素

1. 氨基糖苷类 主要包括链霉素、庆大霉素、卡那霉素等。抗菌谱广，除对革兰氏阴性菌有明显抗菌作用外，对绿脓杆菌、革兰氏阳性菌、抗金黄色葡萄球菌也有一定作用。对全身感染必须注射给药，吸收后，主要分布在细胞外，不易透过血脑屏障，但可透入胎盘，因此，应警惕对家畜胚胎的毒性。在体内基本上不被破坏，大部分以原形由肾排出，故亦适用于治疗泌尿道感染。毒性作用主要是损害第8对脑神经和肾功能。细菌对本类药物易产生耐药性。本类药物之间有一定的交叉耐药性，这种交叉耐药性往往是单向的。

(1) 硫酸链霉素。

①抗菌谱与适应证。抗菌谱较广。抗结核杆菌的作用在氨基糖苷类中最强，对大多数革兰阴性杆菌和革兰阳性球菌有效。对大肠杆菌、沙门氏菌、布鲁氏菌、变形杆菌、痢疾杆菌、鼠疫杆菌、鼻疽杆菌等均有较强的抗菌作用，但对铜绿假单胞菌作用弱；对金黄色葡萄球菌、钩端螺旋体、放线菌也有效。对厌氧芽孢菌、真菌、立克次体、病毒无效。

②用法与用量。混饮：家禽每升水200~300mg；内服，一次量，家禽50mg，仔猪、羔羊0.25~0.5g，每日2次；肌内注射，一次量，每千克体重，家畜10~15mg，家禽20~30mg，2次/d，连用2~3d。

(2) 庆大霉素。

①抗菌谱与适应证。本品在氨基糖苷类中抗菌谱较广，抗菌活性最强。对革兰氏阴性菌和革兰氏阳性菌均有作用。在革兰氏阴性菌中，对大肠杆菌、变形杆菌、嗜血杆菌、铜绿假单胞菌、沙门氏菌和布鲁氏菌等均有较强的作用，特别是对肠道菌及铜绿假单胞菌有高效。在革兰氏阳性菌中，对耐药金黄色葡萄球菌的作用最强，对耐药的葡萄球菌、溶血性链球菌、炭疽杆菌等亦有效。此外，对支原体亦有一定作用。主要用于耐药金黄色葡萄球菌、铜绿假单胞菌、变形杆菌和大肠杆菌等所引起的各种疾病，例如呼吸道、肠道、泌尿道感染和败血症等；鸡传染性鼻炎。内服还可用于肠炎和细菌性腹泻。

②用法与用量。混饮：用于预防时每升水家禽20~40mg，用于治疗时50~100mg；肌内注射：每千克体重，家禽3~5mg，家畜2~4mg，犬、猫2~4mg，2次/d，连用2~3d；内服，一次量，每千克体重，驹、犊、仔猪、羔羊5mg，分2~3次口服。

(3) 卡那霉素。

①抗菌谱与适应证。抗菌谱与链霉素相似，但抗菌活性稍强，对结核杆菌和耐青霉素G的金黄色葡萄球菌亦有效。但对绿脓杆菌无效。临床主要用于治疗革兰氏阴性杆菌和部分耐青霉素G的金黄色葡萄球菌所引起的呼吸道、肠道、泌尿道感染及败血症、乳腺炎、禽霍乱、鸡白痢等。亦可用于治疗猪喘气病和猪萎缩性鼻炎。

②用法与用量。混饲：每1 000kg饲料家禽150～250g；混饮：每升水100mg；内服：一次量，每千克体重，家禽20～40mg；肌内注射：每千克体重，鸡10～30mg，鸭20～40mg，家畜10～15mg，2次/d，连用2～3d。

（4）阿米卡星。

①抗菌谱与适应证。作用、抗菌谱与庆大霉素相似。其特点是对庆大霉素、卡那霉素耐药的铜绿假单胞菌、大肠杆菌、变形杆菌、克雷伯杆菌等仍有效；对金黄色葡萄球菌亦有较好作用。用于治疗耐药菌引起的菌血症、败血症、呼吸道感染、腹膜炎及敏感菌引起的各种感染。

②用法与用量。混饮：每20～30L水加1g，连用3～5d，预防减半；皮下注射、肌内注射，一次量，每千克体重，马、牛、羊、猪、犬、猫5～10mg，禽15mg，2次/d，连用2～3d。

（5）新霉素。

①抗菌谱与适应证。是毒性最强的氨基糖苷类药物，一般禁止注射给药。内服给药很少吸收，在肠道内呈现抗菌作用。常用于畜禽肠道感染，防治雏鸡白痢、伤寒、副伤寒、大肠杆菌病；子宫或乳管内注入，治疗奶牛、母猪的子宫内膜炎和乳腺炎；局部外用，治疗皮肤黏膜化脓性感染。

②用法与用量。混饲：每1 000kg饲料，鸡70～140g，混饮：每升水50～75mg；气雾：每立方米1g，吸入1.5h；内服：一次量，每千克体重，牛、猪、羊10mg，犬、猫10～20mg，2次/d，连用3～5d。

（6）安普霉素。

①抗菌谱与适应证。抗菌谱较广，对大肠杆菌、沙门氏菌、巴氏杆菌、变形杆菌等多数革兰氏阴性菌、某些链球菌等部分革兰氏阳性菌、密螺旋体和支原体等有较强的抗菌活性。内服后吸收不良，适于治疗肠道感染。肌内注射后吸收迅速，生物利用率高。主要用于治疗雏禽、幼龄家畜的大肠杆菌、沙门氏菌感染，亦可用于治疗畜禽的支原体病和猪的密螺旋体性痢疾。

②用法与用量。混饲：每1 000kg饲料，用于促进生长，猪80～100g（效价），连用7d。混饮：每升水，禽250～500mg（效价），连用5d；猪，千克体重12.5mg，连用7d。内服：一次量，每千克体重，家畜20～40mg，1次/d，连用5d；肌内注射：一次量，每千克体重，家禽20mg，2次/d，连用3d。

（7）大观霉素。又称壮观霉素。

①抗菌谱与适应证。对多种革兰氏阴性杆菌，如大肠杆菌、肠杆菌属、沙门氏菌属、志贺氏菌属、变形杆菌等有中度抑菌活性，对链球菌、肺炎球菌、表皮葡萄球菌和某些支原体敏感。主要用于防治仔猪的肠道大肠杆菌病（白痢）、肉鸡的慢性呼吸道疾病和传染性滑囊炎，以及控制关节液支原体、鼠伤寒沙门氏菌和大肠杆菌等感染的死亡率，降低感染的严重程度。也用于促进鸡的生长和提高饲料利用率。

②用法与用量。内服，一次量，每千克体重，仔猪 10mg，2 次/d，连用 3~5d。盐酸大观霉素可溶性粉混饮，每升水，鸡 1~2g，连用 3~5d。

2. 多黏菌素类—硫酸黏菌素 抗菌谱与适应证：本品为窄谱杀菌剂，对革兰氏阴性杆菌的抗菌活性强。主要敏感菌有大肠杆菌、沙门氏菌、巴氏杆菌、布鲁氏菌、弧菌、痢疾杆菌、绿脓杆菌等。尤其对绿脓杆菌具有强大的杀菌作用。细菌对本品不易产生耐药性，但多黏菌素 B 与多黏菌素 E 之间有交叉耐药性。临床主要用于革兰氏阴性杆菌的感染，特别是绿脓杆菌、大肠杆菌所致的严重感染。内服不吸收，可用于治疗犊牛、仔猪的肠炎、下痢等。局部应用可治疗创面、眼、耳、鼻部的感染等。

用法与用量：以本品计，混饲（促生长），每 1 000kg 饲料，牛（哺乳期）5~40g，猪（哺乳期）仔猪 2~20g，鸡 2~20g，宰前 7d 停止用药。

（三）广谱抗生素

本类抗生素对革兰氏阳性菌和革兰氏阴性菌、螺旋体、立克次氏体、支原体、衣原体、原虫（球虫、阿米巴原虫）等均具有抑制作用，故称广谱抗生素。常用的有四环素类和酰胺醇类。

1. 四环素类 包括四环素、土霉素和近年来人工半合成的衍生物，如强力霉素、甲烯土霉素和二甲胺四环素等。其抗菌活性顺序为米诺四环素＞强力霉素＞甲烯土霉素＞四环素＞土霉素。临床常用的有四环素、土霉素、金霉素、强力霉素。

（1）四环素、土霉素。

①抗菌谱与适应证。四环素、土霉素对革兰氏阳性菌作用弱于青霉素，对革兰氏阴性菌作用不如氨基糖苷类。对支原体、衣原体、立克次氏体、螺旋体、放线菌亦具有抑制作用，且能间接地抑制阿米巴原虫。对病毒、真菌无效。细菌对四环素、土霉素能产生耐药，但产生较慢，能形成交叉耐药性，但与半合成四环素类药的交叉耐药性不明显。临床上主要用于畜禽的大肠杆菌病、巴氏杆菌病、支原体病等。

②用法与用量。土霉素片：0.05g/片、0.125g/片、0.25g/片。内服，一次量，每千克体重，猪、驹、犊、羔 10~25mg，犬、猫 15~50mg，禽 25~50mg，2~3 次/d，连用 3~5d。

注射用盐酸土霉素：0.2g/支、1g/支。肌内注射、静脉注射，一次量，每千克体重，家畜 10~20mg，犬、猫 5~10mg，2 次/d，连用 2~3d。

复方长效土霉素注射液：0.2g/mL。肌内注射，一次量，每千克体重，家畜 10~20mg，2 次/d，连用 2~3d。

盐酸土霉素可溶性粉：混饮，每升水，猪 100~200mg，禽 150~250mg。

四环素的用法、用量同土霉素。

（2）金霉素。

①抗菌谱与适应证。抗菌谱广，对革兰阳性菌、革兰氏阴性菌、立克次氏体、支原体、螺旋体等均有抑制作用。低剂量用于促进畜禽生长，中剂量用于预防畜禽支原体病、大肠杆菌病、传染性鼻炎等，高剂量用于治疗敏感菌所致的各种感染。细菌对金霉素能产生耐药性，但速度较慢，与天然四环素间有交叉耐药性。

②用法与用量。混饲：每 1 000kg 饲料（以盐酸金霉素计），低剂量鸡、火鸡、猪 10~50g，绵羊 20~50g；中剂量鸡、火鸡、猪 50~100g；高剂量家禽 100~200g，鹦鹉、鸽

200g,猪100～200g。产蛋期鸡禁用。

(3) 强力霉素（盐酸多西环素）。为半合成四环素类抗生素。

①抗菌谱与适应证。抗菌谱与四环素相似，但抗菌作用比四环素强2～10倍，对四环素、土霉素耐药的金黄色葡萄球菌仍有效。本品脂溶性较大，口服吸收快而且较完全，不受食物影响，有效血浓度可维持24h。对组织渗透力强，可以透过血脑屏障，易进入细胞内。临床上主要用于治疗畜禽的支原体病、大肠杆菌病、沙门氏菌病、巴氏杆菌病等。

②用法与用量。混饲：每1 000kg饲料，家禽100～200g，猪150～250g；混饮：家禽，每升水50～100mg，猪100～150mg；内服：一次量，每千克体重，猪、驹、犊、羔3～5mg，禽15～25mg，犬、猫5～10mg，连用3～5d。

2. 酰胺醇类

(1) 甲砜霉素。

①抗菌谱与适应证。具有广谱抗菌作用，主要用于动物的细菌性疾病，尤其是伤寒杆菌、大肠杆菌、沙门氏菌及巴氏杆菌等引起的呼吸道、泌尿道和肠道等感染。对炭疽杆菌、链球菌、肺炎球菌、衣原体、立克次氏体、钩端螺旋体也敏感。

②用法与用量。以甲砜霉素原料计：内服一次量，每千克体重，畜禽5～10mg，2次/d，连用2～3d。

(2) 氟苯尼考。

①抗菌谱与适应证。本品为动物专用抗生素，抗菌谱与甲砜霉素相似，但抗菌活性优于甲砜霉素。对多种革兰氏阳性菌和革兰氏阴性菌及支原体等均有作用。主要用于治疗巴氏杆菌和嗜血杆菌引起的牛呼吸道疾病，对梭菌引起的牛腐蹄病有较好疗效，亦用于敏感菌所致的猪、鸡传染病，如猪传染性胸膜肺炎、大肠杆菌病、沙门氏菌病、坏死杆菌病、鸭传染性浆膜炎等。

②用法与用量。内服，一次量，每千克体重，猪、鸡20～30mg，2次/d，连用3～5d；肌内注射，一次量，每千克体重，猪、鸡20mg，1次/2d，连用2次。

(四) 抗真菌抗生素

1. 灰黄霉素

(1) 抗菌谱与适应证。主要用于毛癣菌、小孢子菌和表皮癣菌等引起的浅部真菌病。对细菌和其他深部真菌无效。内服后主要由十二指肠吸收，外用不易透入皮肤。本品不能立即杀菌，对已经感染的病灶无作用，必须持续用药直到受感染的角质层完全被健康组织代替为止。主要用于马、牛、犬、猫等动物浅部如毛发、趾甲、爪等真菌感染，对家禽毛癣效果差，外用几乎无效。

(2) 用法与用量。内服一次量，每千克体重，马、牛10mg，猪20mg，犬、猫40～50mg，1次/d，连用4～8周。

2. 制霉菌素

(1) 抗菌谱与适应证。对念珠菌属真菌作用显著，对曲霉菌、毛癣菌、表皮癣菌、小孢子菌等也有效。主要用于内服治疗消化道真菌感染或外用于表面皮肤感染，如牛真菌性胃炎、鸡和火鸡嗉囊真菌病等，对曲霉菌、毛霉菌引起的乳腺炎，乳管灌注也有效。对烟曲霉引起的雏鸡肺炎，喷雾吸入也有效。本品也用于长期服用广谱抗生素所致的真菌性二重感染。

(2) 用法与用量。内服一次量,马、牛250万~500万U,猪、羊50万~100万U,一日2次;混饲,每千克饲料,家禽50万~100万IU,连喂7~10d。

制霉菌素软膏,外用涂敷。制霉菌素混悬剂,乳头管注入,每一个乳室,牛10万U,子宫内灌注马、牛100万~200万U。

3. 克霉唑

(1) 抗菌谱与适应证。广谱抗真菌药。对表皮癣菌、毛癣菌、曲霉菌、念珠菌有较好的作用,对皮炎芽生菌、组织胞浆菌、球孢子菌也有一定作用。对浅部真菌感染的治疗与灰黄霉素相似,对深部真菌感染与两性霉素B相似。局部用药不吸收。外用治疗浅部各种真菌感染,如皮肤癣菌、曲霉或念珠菌所致黏膜感染,内服治疗各种深部真菌感染如肺、尿路、消化道、子宫的真菌感染。

(2) 用法与用量。内服一次量,马、牛5~10g,驹、犊、猪、羊0.75~1.5g,犬12.5~25mg,2次/d。克霉唑软膏或溶液,外用涂于患处。

4. 两性霉素B

(1) 抗菌谱与适应证。对多种深部真菌如新型隐球菌、白色念珠菌、皮炎芽生菌及组织胞浆菌等,有强大抑制作用,高浓度有杀菌作用,是治疗深部真菌的有效药物。如趾甲和爪的真菌感染、雏鸡嗉囊真菌感染等。本品内服和肌内注射均不易吸收,一般均采取缓慢静脉注射治疗全身性真菌感染。本品吸收后毒性反应较大,但内服不吸收,毒性反应较小,是消化道系统真菌感染的较好药物。

(2) 用法与用量。静脉注射:一次量,每千克体重,犬、猫0.15~0.5mg,隔日1次,一周3次,总剂量为4~11mg;马开始用0.38mg,1次/d,连用4~10d后增量到1mg,再用4~8d。临用前以注射用水溶液加到5%葡萄糖注射液内,稀释成0.1%溶液静脉注射。

5. 酮康唑

(1) 抗菌谱与适应证。属咪唑类广谱抗真菌药,对全身及浅表真菌均有抗菌活性。对隐球菌、念珠菌、皮炎芽生菌、球孢子菌、曲霉菌及皮肤真菌均有抑制作用,疗效优于灰黄霉素和两性霉素B,且更安全。内服易吸收,适用于消化道、呼吸道及全身性真菌感染,内服及外用均可治疗鸡冠癣、皮肤黏膜等浅表真菌感染。

(2) 用法与用量。制剂:片剂为0.2g;混悬液为100mL,2g;软膏:2%。

内服:一次量,每千克体重,鸭10~20mg,猪、犬、猫10mg,1次/d。

(五)其他抗生素——泰妙菌素(泰妙灵、支原净)

(1) 抗菌谱与适应证。抗菌谱与大环内酯类抗生素相似,主要抗革兰氏阳性菌,对金黄色葡萄球菌、链球菌、支原体、放线杆菌、猪密螺旋体等有较强的抑制作用,对支原体的作用强于大环内酯类。对革兰氏阴性菌尤其是肠道菌作用较弱。主要用于防治鸡慢性呼吸道疾病,猪支原体肺炎(气喘病)、放线菌性胸膜肺炎和密螺旋体性痢疾等。低剂量可以促进生长,提高饲料利用率。

(2) 用法与用量。延胡索酸泰妙菌素可溶性粉混饮,以泰妙菌素计,每升水,45~60mg,连用5d;鸡125~250mg,连用3d。延胡索酸泰妙菌素预混剂,混饲,以泰妙菌素计,每1 000kg饲料,猪40~100g,连用5~10周。

(六)抗生素的合理应用

1. 严格掌握适应证,不盲目滥用抗生素 任何一种抗生素都只对部分细菌有抗菌作用,因此有严格的适应证，只有用的合理、准确，才能发挥作用。

2. 剂量和疗程要恰当，以免细菌产生耐药性或引起复发 一般开始剂量要大些，以后根据病情适当减量；对急性传染病和严重感染时，剂量也宜稍大。药物的疗程要视疾病的类型、病畜的具体情况而定。一般传染病和感染症应连续用药 3~5d，直至症状消失后再用 1~2d，切忌停药过早而导致疾病复发。

3. 适当选择给药途径，注意不良反应 严重感染时多采用注射给药，一般感染和消化道感染以内服为宜，但严重消化道感染引起菌血症或败血症时，应选择注射法与内服并用。用药期间应密切注意可能发生的不良反应，以便及时停药或改换用药或采取相应的解救措施。

4. 抗生素的联合应用应结合临床经验控制使用 联合应用的指征是单一抗生素不能有效控制的严重感染和混合感染；较长期用药，细菌有产生耐药性可能者；病灶处抗菌药不易渗入者（如脑炎）。

5. 防止影响免疫反应 某些抗生素在治疗疾病时能抑制免疫功能，如庆大霉素、金霉素等。此外，抗生素对某些活菌苗的主动免疫有干扰作用，因此，在进行各种菌苗预防注射前后数天内，以不用抗生素为宜。

6. 防止产生配伍禁忌 抗生素之间以及抗生素与其他药物相混合时，有可能产生配伍禁忌，带来不良效果，应设法避免。

7. 预防性及局部应用抗生素应严加控制 避免细菌产生耐药性及减少过敏反应的发生。

8. 必须切实执行休药期的规定，保障人体健康 食用动物在上市和屠宰前应用抗生素治疗疾病，应严格执行休药期。

三、化学合成抗菌药

（一）磺胺类药

磺胺类药是最早人工合成的一类抗菌药物，品种很多，兽医临床常用的有 20 多种。磺胺类药物具有其独特的优点，抗菌谱广，性质稳定，使用方便，价格低廉，能长期保存。本类药物均为白色或淡黄色结晶粉末。难溶于水，在稀碱溶液中易溶；其钠盐易溶于水，水溶液呈碱性。

1. 作用机理 磺胺药是抑菌药，通过干扰敏感菌的叶酸代谢而抑制其生长繁殖。对磺胺药敏感的细菌不能直接利用周围环境中的叶酸，只能利用对氨苯甲酸（PABA）和二氢蝶啶，在细菌体内经二氢叶酸合成酶的催化合成二氢叶酸，再经二氢叶酸还原酶的作用形成四氢叶酸。四氢叶酸在嘌呤和嘧啶核苷酸形成过程中起着重要的传递作用。磺胺药的结构和 PABA 相似，可与 PABA 竞争二氢叶酸合成酶，障碍二氢叶酸的合成，影响核酸的生成，抑制细菌生长繁殖。

2. 作用与应用

（1）高度敏感的病原菌有。链球菌、肺炎球菌、脑膜炎球菌、沙门氏菌、化脓棒状杆菌、大肠杆菌等。

（2）中度敏感的有。葡萄球菌、变形杆菌、巴氏杆菌、产气荚膜杆菌、肺炎杆菌、炭疽杆菌、绿脓杆菌等。

某些磺胺药还对球虫、卡氏白细胞原虫、疟原虫、弓形虫等有效，但对螺旋体、立克次氏体等无效。

各种磺胺药的抗菌谱均相似,但不同磺胺类药物对病原菌的抗菌效力有差异。以最低抑菌浓度为标准比较各药的抗菌活性结果如下:SMM>SMZ>SIZ>SD>SDM>SMD>SM_2>SDM′>SN。

3. 常用的磺胺类药的分类、简称及应用 根据其内服吸收情况可分为肠道易吸收、肠道难吸收和外用3类。其简称及作用见表2-1、表2-2、表2-3。

表2-1 肠道易吸收的磺胺类药

药名	简称	适应证	用法用量(以每千克体重计,其中混饮的以每升水计,混饲以每1 000千克计)
磺胺嘧啶	SD	敏感菌引起全身感染和脑内细菌感染的首选药物	内服:家畜100mg;肌内注射、静脉注射:50～100mg,1～2次/d,连用2～3d
磺胺二甲嘧啶	SM_2	敏感菌引起的全身感染和球虫病等	内服:首次量为140～200mg,维持量70～100mg;肌内注射、静脉注射:家畜50～100mg,1～2次/d
磺胺甲噁唑(新诺明)	SMZ	敏感菌引起的重症呼吸道和泌尿道感染,如禽霍乱、禽副伤寒、禽支原体感染等	内服:家畜20～25mg,2次/d,连用3～5d(与等量碳酸氢钠同用)
磺胺二甲氧嘧啶	SDM	敏感菌引起全身感染、鸡传染性鼻炎、球虫及禽霍乱等	内服:首次量家畜50～100mg,维持量25～50mg,家禽100～200mg;肌内注射、静脉注射:家畜25mg,1次/d
磺胺间甲氧嘧啶(制菌磺)	SMM	敏感菌引起全身感染、泌尿道感染、球虫病、猪弓形虫病及支原体病等	内服:首次量家畜50～100mg,维持量减半;肌内注射、静脉注射:50mg,1～2次/d
磺胺对甲氧嘧啶(消炎磺)	SMD	敏感菌引起全身感染及泌尿道、呼吸道猪、皮肤、软组织感染等	内服:首次量家畜50～100mg,维持量减半;肌内注射、静脉注射:50mg,1～2次/d,连用3～5d
周效磺胺	SDM′	敏感菌引起全身感染、猪弓形虫病等	内服:50mg
磺胺喹噁啉	SQ	鸡住白细胞原虫病、球虫病等	混饮:400mg
磺胺异噁唑	SIZ	适用于泌尿系统感染	混饲:家禽1 000～2 000g;内服:0.05～0.14g
磺胺氯吡嗪		鸡住白细胞原虫病、球虫病等	以本品计,混饮:每1L水,肉鸡1g

表2-2 肠道难吸收的磺胺类药

药名	简称	适应证	用法用量(以每千克体重计)
磺胺脒(磺胺胍)	SG	肠炎、腹泻等肠道细菌感染	内服:100～200mg,2次/d,连用3～5d
肽酰磺胺噻唑	PST	敏感菌引起肠道感染和球虫病等	内服:120mg
琥珀酰磺胺噻唑	SST	敏感菌引起肠道感染	内服:150mg

表 2-3　外用磺胺类药

药名	简称	适应证	用法用量
磺胺嘧啶银（烧伤宁）	SD-Ag	局部伤口，尤其烧伤	外用：撒布于创面或配成2%悬液湿敷
磺胺醋酰	SA	眼部感染	外用：15%滴眼液

4. 抗菌增效剂　抗菌增效剂是一类新的人工合成的广谱抗菌药物。因能增强磺胺类药和多种抗生素的疗效，故称为抗菌增效剂。兽医临床常用三甲氧苄胺嘧啶（TMP）和二甲氧苄胺嘧啶（DVD）。增效剂类本身具有抗菌效力，其抗菌机理是抑制二氢叶酸还原酶，阻断了叶酸代谢，影响核蛋白的合成，使细菌的生长繁殖受到抑制，与磺胺类药合用时，可双重阻断叶酸的代谢，抑菌作用变为杀菌作用，因而增加磺胺类药的抗菌能力，减少了药物的副作用和耐药性的产生（表2-4）。

表 2-4　抗菌增效剂

药名	简称	适应证	用法用量
三甲氧苄氨嘧啶	TMP	家畜呼吸道、消化道和泌尿道等多种感染，皮肤、创伤和急性乳腺炎等	常以 1∶5 的比例与 SMD、SMM、SMZ、SD、SM_2、SQ 等合用
二甲氧苄氨嘧啶	DVD	肠道感染	常以 1∶5 的比例与 SQ 等合用

5. 使用原则

（1）选药原则。全身感染时宜选用肠道吸收类药物，如 SD、SM2、SMM、SMZ 等。肠道感染时应选用肠道难吸收药物，如 SG、PST 等。治疗创伤时，宜选用外用磺胺类药，如氨苯磺胺（SN）及软膏等；烧伤创面感染，尤其是绿脓杆菌感染时选用 SD-Ag（烧伤宁）最好。泌尿道感染时宜选用溶解度大，乙酰化率低的 SIZ、SMZ 等。

（2）剂量原则。为了保证血液中磺胺药的浓度显著高于对氨基苯甲酸的浓度，除采取首次突击量外，在主要症状消失后，仍需继续用药 2～3d，以免复发。

6. 注意事项

（1）因磺胺类药只有抑菌作用，无杀菌作用，为提高机体防御机能，在使用磺胺类药期间需加强对病畜的饲养管理。

（2）磺胺类药钠盐注射液呈强碱性，忌与酸性药（如 B 族维生素、维生素 C、青霉素、四环素类、氯化钙、盐酸麻黄素等）混合应用，以免发生沉淀。静脉注射液不可漏出血管。

（3）外用本类药物时，应彻底清除创面的脓汁、黏液和坏死组织等，因它们含有大量对氨基苯磺酸而影响磺胺药的疗效。也不宜与普鲁卡因同时应用，因普鲁卡因可水解出对氨基苯磺酸而影响疗效。

（4）全身性酸中毒、肝病、肾病和重症溶血性贫血时，应慎用或禁用磺胺类药。

（二）喹诺酮类

喹诺酮类药是一类人工合成的新型杀菌性抗菌药，具有抗菌谱广，杀菌能力强，临床效果好；吸收快，体内分布广；抗菌作用独特，与其他抗菌药无交叉耐药性；使用方便，不良反应小等优点，已得到较为广泛地应用。兽医临床常用的有诺氟沙星、环丙沙星、恩诺沙星及氧氟沙星等。

喹诺酮类主要对革兰氏阴性菌有强大的作用，如大肠杆菌、沙门氏菌、巴氏杆菌、伤寒杆菌、绿脓杆菌、各种弯杆菌等；对革兰氏阳性菌，如金黄色葡萄球菌、肺炎双球菌、溶血性链球菌亦敏感。对支原体、某些厌氧菌也有效。

1. 环丙沙星

（1）抗菌谱与适应证。本品杀菌谱广，杀菌力强，作用迅速。对革兰氏阴性菌的抗菌作用是目前应用的喹诺酮类中抗菌活性最强的一种，对革兰氏阳性菌的抗菌活性也较强；对厌氧菌、绿脓杆菌、支原体都有较强的抗菌作用。临床用于敏感细菌引起的全身性感染，如消化道感染、呼吸道感染、泌尿道感染、支原体病及支原体与细菌混合感染。

（2）用法与用量。内服：一次量，每千克体重，犬、猫5～10mg，家禽5～10mg，家畜2.5～5mg，2次/d。混饮：每升水，家禽15～25mg（以环丙沙星计），连用3～5d。静脉注射、肌内注射：一次量，每千克体重，家畜2.5mg，家禽5mg，2次/d，连用3d。

2. 恩诺沙星（乙基环丙沙星）

（1）抗菌谱与适应证。本品是动物专用的喹诺酮类药物。对支原体有特效，临床上主要用于支原体及各种敏感菌如大肠杆菌、绿脓杆菌、沙门氏菌、巴氏杆菌、金黄色葡萄球菌、链球菌、丹毒杆菌等引起的感染，如鸡慢性呼吸道病、猪气喘病、仔猪白痢、仔猪黄痢、猪水肿病等。

（2）用法与用量。内服：一次量，每千克体重，犊牛、羔羊、仔猪、马驹2.5mg，犬、猫、兔5～10mg，2次/d，连用3～5d。混饮：每升水，禽50～75mg，2次/d，连用3～5d。

3. 沙拉沙星

（1）抗菌谱与适应证。为动物专用广谱抗菌药物，对革兰阳性菌、革兰氏阴性菌及支原体的作用，均明显优于诺氟沙星。内服吸收迅速，但不完全，从动物体内消除迅速，宰前休药期短。混饲、混饮或内服，对肠道感染疗效突出，主要用于治疗畜禽的大肠杆菌、沙门氏菌等敏感菌所引起的消化道感染，如肠炎、腹泻等。

（2）用法与用量。混饲：每1 000kg饲料，家禽50～100g；混饮：每升水，家禽25～50mg，连用3～5d。内服：一次量，每千克体重，鸡、猪5～10mg，2次/d；肌内注射：一次量，每千克体重，鸡、猪2.5～5mg，2次/d，产蛋鸡禁用。

4. 达诺沙星（单诺沙星）

（1）抗菌谱与适应证。为动物专用抗菌药。其特点是在肺组织的药物浓度可达血浆的5～7倍，对细菌和支原体均有较强的抗菌活性，尤其是对各种肺部的感染疗效显著。临床主要用于防治牛巴氏杆菌病、肺炎、猪支原体性肺炎、胸膜肺炎、放线杆菌病、仔猪副伤寒、禽大肠杆菌病、巴氏杆菌病及支原体混合感染。

（2）用法与用量。混饮：每升水，家禽25～50mg。肌内注射或皮下注射：一次量，每千克体重，家畜1.25～2.5mg，1次/d，连用3d。

（三）其他常用药物——二甲硝咪唑（地美硝唑）

（1）抗菌谱与适应证。本品为广谱抗菌药与抗原虫药。对多种细菌、螺旋体和原虫等均有杀灭作用，对组织滴虫的作用尤为显著，对阿米巴原虫、球虫也有明显的抑制作用。用于防治猪螺旋体性痢疾、鸡组织滴虫病，亦可用于厌氧菌引起的肠道和全身感染。

（2）用法与用量。混饲：每1 000kg饲料，猪200～500g；雏鸡75g（预防）；火鸡雏预防量125～150g，治疗量500mg。牛内服，一次量，每千克体重，60～100mg。猪痢疾，每升水添加地美硝唑0.25g，连续饮用3~5d；猪小袋纤毛虫病，内服一次量，每千克体重，30mg或20mg，一次肌内注射；禽组织滴虫病，混饲，每1 000kg饲料添加500g。

单元五　抗寄生虫药

能杀灭或驱除体内外寄生虫的药物称为抗寄生虫药。分为抗蠕虫药、抗原虫药和杀虫药。

（一）抗蠕虫药

凡能将畜禽体内寄生的蠕虫杀灭或驱出体外的药物，称为抗蠕虫药。分为驱线虫药、驱绦虫药和驱吸虫药3类。

1. 驱线虫药

（1）阿维菌素（阿福丁，虫克星）。

①作用与应用。广谱、高效大环内酯类抗寄生虫药，对畜禽体内、外寄生虫均有较好的预防和杀灭作用。主要用于猪胃肠道绝大部分线虫，如食管口线虫、旋毛虫及其移行蚴、包囊蚴、肾虫，猪肺丝虫、蛔虫、毛首线虫、后圆线虫等。对牛、羊的多种线虫也有良好的驱虫效果。对各种动物的体外寄生虫，如螨虫、蜱、虱蝇类都有极好的驱杀效果，毒性低。但对吸虫、绦虫无驱虫作用。

②用法与用量。内服：一次量，每千克体重，羊、猪0.3mg。

阿维菌素注射液：皮下注射，一次量，每千克体重，牛、羊0.2mg，猪0.3mg。

耳根部涂敷：一次量，每千克体重，犬、兔0.5mg（按有效成分计）。

（2）伊维菌素（害获灭）。

①作用与应用。新型广谱、高效、低毒大环内酯抗生素类驱虫药。对畜禽体内多种线虫均可产生良好驱除效果，对畜禽体外寄生虫，如皮蝇、鼻蝇各期幼虫以及疥螨、痒螨、毛虱、血虱、颚虱等也有良效。但对绦虫、吸虫无驱虫效应。

②用法与用量。混饲：每1 000kg饲料，猪2g，连用7d。皮下注射：一次量，每千克体重，猪0.3mg，牛、羊、马、骆驼、禽0.2mg。注射给药时，通常一次即可，必要时每隔7~9d，再用药2~3次。

（3）丙硫苯咪唑（阿苯达唑、抗蠕敏）。

①作用与应用。广谱、高效、低毒抗蠕虫药。对多种胃肠道线虫、肺线虫、绦虫、肝片吸虫以及猪囊虫、猪巨吻棘头虫、旋毛虫等均有良好的驱虫效果。

②用法与用量。内服，一次量，每千克体重，马5~10mg，牛、羊10~15mg，猪5~10mg，犬25~50mg，禽10~20mg，2次/d。

（4）左旋咪唑（左咪唑、左噻咪唑）。

①作用与应用。广谱抗线虫药。内服易吸收，对多种动物的胃肠道线虫和肺丝虫的成虫及幼虫均有高效。对线虫成虫期的活性很好，对尚未发育成熟的虫体作用差。主要用于牛、羊、猪、犬、猫、禽的胃肠道线虫；肺线虫；犬心丝虫；猪肾虫感染的治疗。还具有免疫增强作用，能明显提高免疫反应。也用于免疫功能低下动物的辅助治疗和提高疫苗的免疫效果。

②用法与用量。内服，一次量，每千克体重，马、牛、羊、猪8mg，家禽25mg，犬、

猫 10mg,连用 3d。

(5) 哌嗪。

①作用与应用。驱虫范围窄,用量大。主要用于驱除畜禽线虫,对马蛲虫也有效,对钩虫、鞭虫和绦虫无显著功效。

②用法与用量。内服,一次量,每千克体重,马、牛 0.25g,猪 0.3g,羊 0.25～0.35g,犬 0.1g,禽 0.25g(混饮或混饲)。

(6) 精制敌百虫。

①作用与应用。驱虫范围广,可用于驱杀家畜胃肠道线虫、猪姜片吸虫、马胃蝇蛆和蜱、螨、蚤、虱等。本品安全范围较窄,对马、猪、犬较安全,反刍兽较敏感,慎用,鸡最敏感,不宜应用。中毒时可用阿托品和碘解磷定等进行解救。

②用法与用量。内服,一次量,每千克体重,马 30～50mg(极量 20g),牛 20～40mg(极量 15g),绵羊 80～100mg,山羊 50～70mg,猪 80～100mg,2 次/d,连用 4～6d。外用配成 1%～2%溶液局部涂擦或喷雾。

2. 驱绦虫药

(1) 氯硝柳胺(灭绦灵)。

①作用与应用。驱绦虫范围广,对马裸头绦虫、牛羊莫尼茨绦虫、鸡绦虫以及反刍动物前后盘吸虫等均有高效,对犬、猫绦虫也有明显驱杀作用。此外,对钉螺也有驱杀作用。

②用法与用量。内服,一次量,每千克体重,牛 40～60mg,羊 60～70mg,犬、猫 80～100mg,禽 50～60mg,兔 100mg。

(2) 吡喹酮。

①作用与应用。广谱抗吸虫、绦虫药,具有抗虫谱广、疗效高、毒性低、疗程短、使用方便等优点。多用于治疗多种血吸虫病、华支睾吸虫病、卫氏并殖吸虫病、姜片吸虫病,多种绦虫病及猪囊尾蚴病。

②用法与用量。内服,一次量,每千克体重,牛、羊、猪 10～35mg,犬、猫 25～50mg,禽 10～20mg。吡喹酮注射液,皮下注射、肌内注射:一次量,每千克体重,犬、猫 0.1mL(5.68mg)。

3. 驱吸虫药

(1) 硝氯酚(拜耳 9015)。

①作用与应用。是牛、羊肝片吸虫较理想的驱虫药,具有高效低毒、用量少的特点,对前后盘未成熟的虫体也有较强的杀灭作用,对其他未成熟的虫体效果较差。

②用法与用量。内服,一次量,每千克体重,黄牛 3～7mg,水牛 1～3mg,羊 3～4mg,猪 3～6mg。深层肌内注射,一次量,每千克体重,牛、羊 0.5～1mg。

(2) 碘醚柳胺。

①作用与应用。抗蠕虫药。本品有抗肝片吸虫作用,是控制牛、羊肝片吸虫、大片吸虫成虫和幼虫病的高效药物,对血毛线虫、巨片吸虫和羊蝇蛆亦有较好作用。

②用法与用量。内服,一次量,每千克体重,牛 7～12mg,马 3mg。

(3) 硝碘酚腈。

①作用与应用。主要用于牛、羊肝片形吸虫病、胃肠道线虫病。新型驱杀肝片吸虫药,注射较内服更有效。一次皮下注射,对牛、羊肝片吸虫、大盘吸虫成虫有 100%驱杀效果,

但对未成熟虫体效果较差。药物排泄缓慢,重复用药应间隔4周以上。

②用法与用量。皮下注射,一次量,每千克体重,牛、羊、猪、犬10mg。

(二)抗原虫药

1. 抗球虫药

(1)氨丙啉。

①作用与应用。主要影响第1代裂殖体繁殖,对配子体和孢子体也有抑制作用。对鸡艾美耳球虫、柔嫩艾美耳球虫、堆型艾美耳球虫及羔羊、犊牛球虫均有效。

②用法与用量。治疗鸡球虫病,以每千克饲料125~250mg浓度混饲,连喂3~5d,接着以每千克饲料60mg浓度混饲,再喂1~2周。混饮,每1L水,60~240mg。预防鸡球虫病,常使用本品与其他抗球虫药制成的预混剂。

盐酸氨丙啉、乙氧酰胺苯甲酯预混剂500g:盐酸氨丙啉125g与乙氧酰胺苯甲酯8g。混饲,每1 000kg饲料,鸡500g。休药期3d。

盐酸氨丙啉、乙氧酰胺苯甲酯、磺胺喹噁啉预混剂500g:盐酸氨丙啉100g、乙氧酰胺苯甲酯5g与磺胺喹噁啉60g。混饲,每1 000kg饲料,鸡500g。休药期7d。

(2)莫能菌素。

①作用与应用。主要影响第1代裂殖体繁殖,并能阻止子孢子侵入宿主细胞。作用峰期为感染后的第2天。对鸡6种艾美耳球虫均有预防和杀灭作用,并可促进动物生长发育,增加体重,提高饲料利用率。禽产蛋期和马属动物禁用。

②用法与用量。莫能菌素预混剂20%。混饲:每1 000kg饲料,禽90~110g,兔20~40g,羔羊10~30g,犊牛17~30g。休药期,鸡3d。

(3)海南霉素。

①作用与用途。抗球虫作用强,尤其对鸡球虫疗效更好,对耐药球虫也有效,对革兰氏阳性菌也有效,对鸡增重作用明显,能提高饲料利用率。连续服用不产生蓄积作用。限用于肉鸡,产蛋鸡及其他动物禁用。禁止与其他抗球虫药物并用。

②用法与用量。混饲,每1 000kg饲料,肉鸡5~7.5g。

(4)地克珠利。

①作用与应用。广谱、高效、低毒抗球虫药,对球虫发育的各个阶段均有作用。临床上用于预防和治疗畜禽各种球虫病。

②用法与用量。混饲,每1 000kg饲料,禽1g(以地克珠利计);混饮,每升水,禽0.5~1g。

(5)妥曲珠利(甲苯三嗪酮、百球清)。

①作用与应用。广谱、高效、低毒抗球虫药,对各种禽球虫均有效,作用于球虫在机体内的各个发育阶段。临床主要用于预防和治疗禽各种球虫病。

②用法与用量。混饲,每千克饲料,禽50mg;混饮,每升水,禽25mg,连用3~5d。

(6)拉沙菌素。本品毒性较小,可与泰妙菌素合用,但由于该药对二价阳离子代谢影响,很易引起宿主水分排泄量增加,故使用较大剂量时,垫料易湿。

用法与用量:家禽,混饲,每1 000kg饲料75~125g。

(7)盐霉素(那拉菌素)。对鸡毒害艾美耳球虫、巨型艾美耳球虫、堆型艾美耳球虫、布氏艾美耳球虫的抗球虫效果明显。主要用于预防鸡球虫病，与尼卡巴嗪（球虫净）配伍使用，可提高热应激时肉鸡的死亡率，高温季节使用本品时应注意。

用法与用量：混饲，每1 000kg饲料，鸡600g，休药期5d。

（8）马杜霉素（加福、抗球王）。作用机理与莫能菌素相似，但作用于对其他抗生素产生耐药性的球虫，尤其对鸭球虫有较好的预防效果。毒性比其他的药物都大，安全范围较窄，仅用于肉鸡，与其他化学合成抗球虫药无交叉耐药性。

用法与用量：混饲（1%预混剂），每1 000kg饲料，鸡5g。

（9）尼卡巴嗪（球净）。本品对鸡柔嫩艾美耳球虫、毒害艾美耳球虫、堆型艾美耳球虫及巨型艾美耳球虫等都有效。产蛋期禁用。

制剂、用法与用量：尼卡巴嗪预混剂，含尼卡巴嗪20%。禽混饲给药，每1 000kg饲料100～125g。

（10）磺胺氯吡嗪（三字球虫粉）。本品对畜禽球虫病有较好的疗效，临床上主要用于鸡和兔的球虫病。产蛋期禁用。

制剂、用法与用量：磺胺氯吡嗪钠可溶性粉，肉鸡、火鸡混饮用量，1L水添加300mg（以磺胺氯吡嗪钠计）；肉鸡、火鸡、兔混饲用量，每1 000kg饲料添加600g；连用3～5d。蛋鸡产蛋期禁用。火鸡宰前4d、肉鸡宰前1d停止给药。

（11）磺胺喹噁啉（SQ）。本品能有效地对抗肠道球虫，减少卵囊的产生，并增强畜禽的免疫力，减轻感染的严重性，减少死亡率。产蛋期禁用。

制剂、用法与用量：复方磺胺喹噁啉预混剂混饲，禽每1 000kg饲料添加500g。连用不超过10d。

（12）氯羟吡啶（克球粉）。本品对鸡常见的8种球虫和鸭球虫均有效，主要用于预防禽、兔球虫病。氯羟吡啶预混剂，含氯羟吡啶25%。

用法与用量：每1 000kg饲料添加量为鸡500g，兔800g，混饲。

（13）二硝托胺（球痢灵）。本品对鸡的多种艾美耳球虫都有效，尤其对柔嫩艾美耳球虫和毒害艾美耳球虫效果显著。临床上主要用于鸡和火鸡的球虫病。应用治疗量时对鸡的生长、发育、产蛋及蛋的孵化率均无不良影响。

制剂、用法与用量：25%二硝托胺预混剂，鸡混饲给药，每1 000kg饲料500g。

2. 抗其他原虫药

（1）萘磺苯酰脲（那加诺、苏拉明）。

①作用与应用。对马、牛和骆驼的伊氏锥虫病和马媾疫，发病初期应用疗效显著。剂量不足时，锥虫可能产生耐药性。对慢性或复发病畜，可用本品与新胂凡纳明交替使用。

②用法与用量。静脉注射、皮下注射、肌内注射，一次量，每千克体重，马10～15mg，牛15～20mg，骆驼8.5～17mg，7d后再用1次。

（2）安锥赛（喹嘧胺）。

①作用与应用。抗锥虫谱广，对伊氏锥虫和马媾疫锥虫最有效。主要用于治疗马媾疫，马、牛、骆驼的伊氏锥虫病。

②用法与用量。皮下注射、肌内注射，一次量，每千克体重，马、牛、骆驼4～5mg。

（3）三氮脒（贝尼尔、血虫净）。

①作用与应用。对锥虫、梨形虫、附红细胞体均有效。临床上主要用于治疗巴贝斯虫

病、泰勒虫病、伊氏锥虫病、附红细胞体病等。

②用法与用量。肌内注射，一次量，每千克体重，马3~4mg，牛、羊、猪3~5mg，犬3.5mg，1次/d，连用3d。

（4）新胂凡纳明（九一四）。

①作用与应用。本品有驱虫、抗菌作用。进入血液后被氧化成2分子的氧苯胂，氧苯胂与病原体内含巯基的酶相结合，使酶失去活性，阻止病原体的生长繁殖，最后使其死亡，从而发挥驱虫、抗菌作用。对马媾疫锥虫、伊氏锥虫等均有效。

②用法与用量。静脉注射，每千克体重，牛、羊10mg（极量：每千克体重，牛4g，羊0.5g），兔60~80mg，连续使用7d后，应间隔3~5d再使用。临用时用灭菌生理盐水或注射用水配成10%溶液。

（三）杀虫药

凡能杀灭动物体外寄生虫的药物称杀虫药。

1. 有机磷类

（1）二嗪农（螨净）。新型广谱高效杀虫、杀螨剂，对各种螨类、蝇、虱、蜱均有良好的杀灭效果。主要用于驱杀家畜体表的疥螨、痒螨及蜱、虱等。二嗪农虽然毒性不大，但对禽、猫及蜜蜂毒性较强，慎用。药浴浓度，羊0.02%溶液，牛0.06%溶液；喷淋，猪0.025%溶液，牛、羊0.06%溶液。

（2）倍硫磷。速效、高效、低毒、广谱的虫药，是防治牛皮蝇蛆的首选药物。喷淋，2%溶液，每千克体重，0.5~1mL。

（3）蝇毒磷。有机磷中唯一能用于奶牛的杀虫药。0.02%浓度泼淋或药浴，用于灭虱和羊虱蝇。0.05%浓度药浴、泼淋，可用于杀灭家畜体表的蜱、螨、蚤、蝇、伤口蛆和牛皮蝇蛆等。禽类以0.05%浓度沙浴，杀灭外寄生虫。

2. 拟菊酯类 本类药物高效、速效，对人、畜毒性低，而且性质稳定。长期使用易产生耐药性。

（1）溴氰菊酯（敌杀死）。本品杀虫谱广，杀虫力强，对虫体有胃毒和触毒，无内吸作用。外用可杀虱、螨、蜱和厩舍内蚊蝇。药浴或喷淋，每升水加药液1mL。误服中毒时可用4%碳酸氢钠溶液洗胃。

（2）氯菊酯（除虫精）。对蚊、蝇、血蚤、虱、蜱、螨、虻等均有很好的杀灭作用，具有广谱、高效、击倒快、残效期长等特点。一次用药能维持药效1个月左右。本品对鱼剧毒。氯菊酯乳油含氯菊酯10%或40%，喷淋时配成0.2%~0.4%乳剂；氯菊酯气雾剂含氯菊酯1%，供喷雾用。

3. 其他杀虫药——双甲脒 为合成广谱杀虫药，具有毒性小、高效、作用慢、妊娠及泌乳动物可用等特点。对蜱、螨、虱、蝇都有杀灭作用，对人畜及蜜蜂无害，用于杀灭畜禽外寄生虫及蜜蜂寄生虫。药浴或喷淋：每250~330L水加药1 000mL。

单元六　消化系统用药

根据作用和临床应用，可分为健胃药与助消化药、瘤胃兴奋药、制酵药与消沫药、泻药与止泻药等。

一、健胃药与助消化药

(一) 健胃药

健胃药是指能促进唾液、胃液等消化液分泌，加强胃的消化机能，提高食欲的药物。按其性质与作用分为苦味健胃药、芳香性健胃药和盐类健胃药3类。

1. 苦味健胃药 其特点是具有强烈的苦味，口服可刺激舌部味觉感受器，反射性地兴奋食物中枢，加强唾液和胃液分泌，提高食欲，促进消化机能。在动物消化不良、食欲减退时应用更显著。

(1) 龙胆。

①作用与应用。本品口服可刺激舌的味觉感觉器，反射性地引起食欲中枢兴奋，促进消化，改善食欲。主要用于食欲不振、消化不良及一般热性病的恢复期。

②用法与用量。

龙胆末：口服，一次量，马、牛20～50g，羊5～10g，猪2～4g。

胆酊：由龙胆10g、40%酒精100mL浸制而成。口服，一次量，马、牛50～100mL，羊5～15mL，猪3～8mL，犬1～3mL。

(2) 大黄。

①作用与应用。大黄的作用与用量有密切关系。小剂量时，呈现健胃作用；中剂量时，呈现收敛止泻作用；大剂量时，呈现泻下作用。致泻后往往继发便秘，故临床很少单独作为泻药，常与硫酸钠配合使用。此外，大黄还有较强的抗菌作用，能抑制金黄色葡萄球菌、大肠杆菌、痢疾杆菌、绿脓杆菌、链球菌及皮肤真菌等。

②用法与用量。

大黄末：内服（健胃），一次量，马10～25g、牛20～40g、猪1～2g、羊2～5g、犬0.5～2g。致泻，配合硫酸钠等，马、牛100～150g，猪、羊30～60g，驹、犊10～30g，仔猪2～5g，犬2～4g。

大黄苏打片：每片含大黄和碳酸氢钠各0.15g，薄荷油适量。内服，一次量，猪5～10g，羔羊0.5～2g。

2. 芳香性健胃药 本类药物含有挥发油，内服后对消化道黏膜有轻度的刺激作用，能反射性的增加消化液分泌，促进胃肠蠕动。另外，还有轻度的抑菌和制止发酵作用；药物吸收后，一部分挥发油经呼吸道排出能增加支气管腺的分泌，有轻度祛痰作用。临床上常将本类药物配成复方，用于消化不良、胃肠内轻度发酵和积食等。

(1) 陈皮。

①作用与应用。为芸香科植物橘及其栽培变种的干燥成熟果皮。内含挥发油、橙皮苷、维生素B_1和肌醇等。本品内服具有健胃、祛风等作用。用于消化不良、积食、气胀和咳嗽多痰等。

②用法及用量。陈皮酊（由20%陈皮末制成酊剂），口服，一次量，马、牛30～100mL，羊、猪10～20mL，犬、猫1～5mL。

(2) 大蒜酊。

①作用与应用。由大蒜去皮、捣烂加入酒精过滤制成（大蒜400g捣碎加入70%酒精

1 000mL，密封浸泡 12～14d 过滤制成）。主要成分为大蒜素，内服大蒜酊能刺激胃肠黏膜，增强胃肠蠕动和胃液分泌，有健胃作用。本品还有明显的抑菌、制酵作用。临床常用于治疗瘤胃臌胀、前胃弛缓、胃扩张、肠臌气和慢性胃肠卡他等。

②用法与用量。内服，一次量，马、牛 50～100mL，猪、羊 10～20mL，用前加 4 倍水稀释。

（3）姜酊。

①作用与应用。有较强的健胃、祛风作用，能反射性地兴奋中枢神经，促进血液循环，升高血压，增加发汗。临床可用于消化不良、胃肠气胀、四肢厥冷、风湿痹痛、风寒感冒等。

②用法与用量。内服，一次量，马、牛 30～100mL，羊、猪 15～30mL。临用时加 5～10 倍水稀释。

3. 盐类健胃药 主要有碳酸氢钠、人工盐。内服少量的盐类，通过渗透压作用，可轻度刺激消化道黏膜，反射性地引起胃肠蠕动增强，消化液分泌增加，提高食欲。吸收后又可补充离子，调节体内离子平衡。

（1）碳酸氢钠。

①作用与应用。中和胃酸，缓解幽门括约肌的紧张度；体液酸碱平衡的缓冲物质；可增加磺胺类药物或水杨酸在尿中的溶解度，减少其在泌尿道析出结晶的副作用；能增加腺体分泌，兴奋纤毛上皮，溶解黏液和稀释痰液而呈现祛痰作用。

②临床应用。

健胃：与大黄、氧化镁等配伍使用，治疗慢性消化不良。对于胃酸偏高性消化不良，应饲前给药。

缓解酸中毒：重症肠炎、大面积烧伤、败血症或麻痹性肌红蛋白尿病等疾病过程中都能引起酸中毒，可静脉注射 5%碳酸氢钠注射液进行治疗。

碱化尿液：为了预防磺胺类、水杨酸类药物的副作用或加强链霉素治疗泌尿道疾病的疗效，可配合适量的碳酸氢钠，使尿液的碱性增高。

祛痰：内服祛痰药时，可配合少量碳酸氢钠，使痰液易于排出。

外用：治疗子宫、阴道等黏膜的各种炎症。用 2%～4%溶液冲洗清除污物，溶解炎性分泌物，疏松上皮，达到减轻炎症的目的。

③用法与用量。碳酸氢钠片：0.3g、0.5g。内服，一次量，牛 30～100g，马 15～60g，猪 2～5g，羊 5～10g，犬 0.5～2g。

（2）人工盐。

①作用与应用。内服小剂量，能促进胃肠分泌和蠕动，中和胃酸，加强饲料消化。用于消化不良、胃肠弛缓。内服大剂量，同时大量饮水能引起缓泻，可用于初期便秘。此外，有利胆作用，用于胆道炎的辅助治疗。本品禁与酸性物质或酸类健胃药、胃蛋白酶等配用。

②用法与用量。内服（健胃），一次量，马、牛 50～150g，羊、猪 10～30g，犬 5～10g。缓泻，马、牛 200～400g，羊、猪 50～100g，犬 20～50g。

（二）助消化药

凡能促进胃肠消化过程，补充消化液或其所含某些成分的药物均称为助消化药。助消化药一般为消化液中的主要成分，如稀盐酸、胃蛋白酶、胰酶、淀粉酶等。此类药主要用于治疗消化不良。

1. 稀盐酸

（1）作用与应用。主要用于因胃酸缺乏引起的消化不良、胃内发酵、食欲不振、前胃弛缓、马骡急性胃扩张和碱中毒。用量不宜过大，浓度不宜过高，否则会反射性引起幽门括约肌痉挛性收缩，影响胃内排空，并产生腹痛。

（2）制剂与用法。内服量：牛15～30mL，马10～20mL，猪1～2mL，家禽0.1～0.5mL，使用时必须加水稀释成0.1%～0.2%浓度使用。用水做50倍稀释后（即成0.2%溶液）内服。

2. 胃蛋白酶

（1）作用与应用。本品是由动物的胃黏膜制得的一种蛋白质分解酶，内服后可使蛋白质初步分解为蛋白胨，有利于蛋白质的进一步分解吸收，但不能进一步分解为氨基酸。在0.2%～0.4%盐酸的酸性环境中作用强，pH为1.6～1.8时其活性最强。一般1g胃蛋白酶能完全消化2 000g凝固卵蛋白。临床常用于胃液分泌不足或幼畜因胃蛋白酶缺乏引起的消化不良。忌与碱性药物配合使用，温度超过70℃时迅速失效，遇鞣酸、重金属盐产生沉淀。用前先将稀盐酸加水50倍稀释，再加入胃蛋白酶片，于饲喂前灌服。

（2）制剂与用法。内服量：马、牛4 000～8 000IU，驹、犊1 600～4 000IU，猪、羊800～1 600IU，犬80～800IU，猫80～240IU。

3. 乳酶生（表飞鸣）

（1）作用与应用。为乳酸杆菌的干燥制剂，进入肠道后，能分解糖类产生乳酸，使肠内酸度增高，抑制腐败性细菌的繁殖，制止发酵产气。临床主要用于幼畜消化不良、肠臌气和下痢等。应用时不宜与抗菌药物、吸附剂、鞣酸、酊剂等配伍，并禁用热水调药，以免降低药效。一般宜于饲前给药。

（2）制剂与用法。内服，一次量，驹、犊10～30g，猪、羊2～10g，犬0.3～0.5g。

4. 干酵母

（1）作用与应用。又名食母生。为麦酒酵母菌的干燥菌体。本品含多种B族维生素，是动物体内酶系统的重要组成物质，故能参与体内糖、脂肪、蛋白质的代谢和生物氧化过程，因而能促进消化。常用于食欲不振、消化不良和B族维生素缺乏的辅助治疗。

（2）用法与用量。干酵母片：0.5g，0.3g。内服，一次量，马、牛120～150g，猪、羊30～60g，犬8～12g。

二、制酵药与消沫药

1. 制酵药 凡能制止胃肠内容物异常发酵的药物称为制酵药。常用的有甲醛溶液、鱼石脂、来苏儿等。

（1）鱼石脂。为棕黑色浓厚的黏稠液体。在热水中溶解，易溶于乙醇，溶液呈弱酸性。

①作用与应用。内服本品能抑制胃肠道内微生物的繁殖，起到防腐、制酵和祛风作用，并能促进胃肠蠕动。临床上常用于瘤胃臌胀、急性胃扩张、前胃弛缓、胃肠气胀、消化不良。外用有温和刺激作用，可消化促使肉芽新生，故10%～30%软膏用于慢性皮炎、蜂窝织炎等。

②用法与用量。内服,一次量,马、牛10~30g,猪、羊1~5g。用时先用2~3倍量乙醇溶解,然后加水稀释成3%~5%溶液灌服。

(2) 甲醛溶液。其3%~5%浓度的溶液能杀死多种细菌、芽孢和病毒。1%甲醛溶液内服能制止瘤胃内发酵。临床用作胃肠道防腐制酵药,治疗瘤胃鼓胀、急性胃扩张等。内服,一次量,牛8~25mL,羊1~3mL,用水稀释20~30倍内服。

(3) 来苏儿。临床用来治疗瘤胃鼓胀、急性胃扩张等。内服牛10~20mL,羊2~5mL,制成1%以下溶液后内服。

2. 消沫药 消沫药是指能降低液体表面张力或减少泡沫的稳定性,从而能使泡沫迅速破裂的药物。主要用于治疗反刍动物的瘤胃内泡沫性臌气病。

(1) 二甲基硅油。

①作用与应用。本品内服后,能降低瘤胃内泡沫膜的局部表面张力,使泡沫破裂。作用迅速,在用药后5min起作用,在15~30min作用最强,使大量泡沫破裂,融合为气体排出。临床上主要用于治疗反刍动物的瘤胃内泡沫性臌气病。

②用法与用量。二甲硅油片:50mg、25mg。内服,一次量,牛3~5g,羊1~2g。

(2) 松节油。

①作用与应用。内服能降低瘤胃内泡沫的表面张力,使泡沫破裂,上升于瘤胃上部,易于被嗳气排出。可治疗泡沫性臌胀,与等量乙醇联用时,效果更好。外用制成擦剂,用于各种慢性炎症,能使炎症消散。但不宜用于急性炎症,以免加剧炎性臌胀,也不宜用于黏膜和破损的皮肤。

②用法与用量。内服,一次量,马15~40mL,牛20~60mL,猪、羊3~10mL。

三、瘤胃兴奋药

凡能加强瘤胃收缩力,促进瘤胃蠕动,兴奋反刍,从而消除积食和气胀的药物称瘤胃兴奋药。

1. 浓氯化钠注射液 为10%氯化钠的灭菌水溶液,无色透明,pH为4.5~7.5,专供静脉注射用。

(1) 作用与应用。临床上常用于治疗前胃弛缓、瘤胃积食、马属动物的便秘疝等。本品作用缓和,疗效良好,一般用药后2~4h作用最强。静脉注射时速度宜慢,不可漏出血管外。不宜反复使用,不宜稀释。心脏衰弱的病畜,应慎用。

(2) 用法与用量。浓氯化钠注射液:50mL:5g、250mL:25g。静脉,一次量,每千克体重,家畜0.1g。

2. 胃复安(甲氧氯普胺)

(1) 作用与应用。本品内服或注射均能增加反刍次数,增强瘤胃收缩和肠管蠕动,增加排粪次数,并能使反刍持续期延长,嗳气次数增加。对消化不良及牛的结肠臌胀疗效良好。还可抑制延髓催吐化学感受区而有强的止吐作用,临床上常用于犬、猫的止吐。

(2) 用法与用量。胃复安片:5、10、20mg。内服,一次量,每千克体重,犊牛0.1~0.3mg,牛0.1mg,2~3次/d。

胃复安注射液:1mL:10mg、1mL:20mg。肌内注射、静脉注射,用量同片剂。

四、泻药与止泻药

(一) 泻药

凡能促进肠管蠕动，增加肠内容积或润滑肠管、软化粪便，促进排粪的药物称泻药。根据作用机理将其分为容积性泻药、刺激性泻药、润滑性泻药和神经性泻药四类。

1. 容积性泻药 临床上常用的有硫酸钠和硫酸镁，由于其都是盐类，故又名盐类泻药。硫酸钠、硫酸镁的水溶液含有不易被胃肠黏膜吸收的硫酸根离子、钠离子和镁离子等离子，在肠内形成高渗，能吸收大量水分，并阻止肠道水分被吸收，软化粪便，增大肠内容积，并对肠壁产生机械性刺激，反射性地引起肠蠕动增强。同时，盐类的离子对肠黏膜也有一定的化学刺激作用，促进肠蠕动，加快粪便排出。

(1) 硫酸钠。

①作用与应用。小剂量时能适度刺激消化道黏膜，使胃肠的分泌与蠕动稍增加，故有健胃作用；大剂量配成6%～8%溶液灌服，有泻下作用，主要治疗大肠便秘；25%～30%硫酸钠溶液250～300mL直接注入瓣胃，治疗瓣胃阻塞；10%～20%硫酸钠溶液用于化脓创和瘘管的冲洗、引流。

②用法与用量。内服（健胃），一次量，每千克体重，马、牛15～50g，猪、羊3～10g。内服（导泻），马200～500g，牛400～800g，羊40～100g，猪25～50g，犬10～20g，猫2～5g，鸡2～4g，鸭10～15g。

(2) 硫酸镁。

作用与应用：本品内服、外用的作用和应用与硫酸钠基本相同，但其泻下作用较硫酸钠弱。肌内注射或静脉注射硫酸镁溶液有抑制中枢神经作用，可抗惊厥。

2. 刺激性泻药 本类药物内服后，在胃内一般无变化，到达肠内后，分解出有效成分，对肠黏膜感受器产生化学性刺激，反射性促进肠管蠕动、增加肠液分泌，产生泻下作用。临床常用的有大黄、芦荟、番泻叶、蓖麻油、巴豆油、牵牛子、酚酞等。

3. 润滑性泻药 如液体石蜡、植物油等。以液体石蜡为例。

(1) 作用与应用。本品内服后，在消化道内不起变化，也不被肠壁吸收，而以原形通过整个肠管，对肠腔只起润滑和保护作用。泻下作用缓和，无刺激性，是一种比较安全的泻药。临床上适用于治疗瘤胃积食、小肠阻塞、有肠炎的患畜及孕畜便秘。

(2) 用法与用量。内服，一次量，马、牛500～1 500mL，羊100～300mL，猪50～100mL，犬10～30mL，猫5～10mL，鸡2～5mL。可加温水灌服。

4. 神经性泻药 包括拟胆碱药如氨甲酰胆碱、毛果芸香碱，抗胆碱酯酶药如新斯的明等。它们有较强的促进胃肠蠕动、增强腺体分泌、引起泻下的作用，而且作用迅速，但其副作用很大，应用时必须注意。

(二) 止泻药

凡能制止腹泻的药物称止泻药。

1. 碱式硝酸铋

(1) 作用与应用。本品内服后在胃肠内能缓慢地解离出铋离子，铋离子既能与蛋白质结合呈收敛作用，又能在肠内与硫化氢结合，形成不溶性硫化铋覆盖于黏膜表面，保护肠黏膜，并减少硫化氢对肠壁的刺激而发挥止泻作用。临床上主要用于治疗肠炎和腹泻；外用治疗湿疹和烧伤，10%软膏可用于创伤或溃疡治疗。

（2）用法与用量。内服，一次量，马、牛15～30g，猪、羊、驹、犊2～4g，犬0.3～2g。

2. 药用炭

（1）作用与应用。药用炭的粉末细小，表面积大，吸附作用强。内服后，不被消化也不被吸收，能吸附大量的气体、病原微生物、发酵产物、化学物质和细菌毒素等，并能覆盖于黏膜表面，保护肠黏膜免受刺激，使肠蠕动减慢，达到止泻的作用。临床上用于治疗肠炎、腹泻、中毒等。外用于浅部创伤，有干燥、抑菌、止血和消炎作用。禁与抗生素、乳酶生合用；本品的吸附作用是可逆的，用于吸附毒物时，必须用盐类泻药促使排出。

（2）用法与用量。药用炭片：0.3g、0.5g。内服，一次量，马20～150g，牛20～200g，羊5～50g，猪3～10g，犬0.3～2g。

单元七 作用于呼吸系统的药物

1. 祛痰药 祛痰药是指能促进气管与支气管分泌稀薄的黏液，使黏痰易于排出的药物。

（1）氯化铵。

①作用与应用。内服后能刺激胃黏膜，反射地引起支气管腺体分泌增加，使黏痰变稀而易于咳出。此外还能使体液和尿液酸化，有较弱的利尿作用。主要用于呼吸道炎症初期痰液黏稠而不易咳出的病例，也用于纠正碱中毒。

②用法与用量。氯化铵片：0.3g/片。内服量：牛10～25g；马8～15g；猪、羊1～5g；犬0.2～1g。

（2）碘化钾。

①作用与应用。同氯化铵。由于刺激性强，仅适用于慢性支气管炎的治疗。

②用法与用量。碘化钾片：内服，一次量，牛、马5～10g；猪、羊1～3g，犬1～3g。

2. 镇咳药 凡能降低咳嗽中枢的兴奋性，减轻或制止咳嗽的药物称为镇咳药或止咳药。

（1）咳必清（托可拉斯）。

①作用与应用。为人工合成的非成瘾性中枢性镇咳药，强度为可待因的1/30，具有选择性抑制咳嗽中枢的作用。吸收后部分从呼吸道排出时，呼吸道黏膜能产生轻度局部麻醉作用。大剂量有阿托品样作用，可使痉挛的支气管松弛。常与祛痰药合用治疗伴有剧烈干咳的急性呼吸道炎症。多痰性咳嗽不宜单用。

②用法与用量。咳必清片：内服，牛、马0.5～1g；猪、羊50～100mg，3次/d。

（2）可待因。

①作用与应用。能直接抑制咳嗽中枢产生较强的镇咳作用，此外还有镇痛作用，多用于无痰、剧痛性咳嗽及胸膜炎等疾病引起的干咳。不宜用于多痰的咳嗽。

②用法与用量。磷酸可待因片：内服，一次量，马、牛0.2～2g，猪、羊15～60mg，犬15～30mg。

3. 平喘药 平喘药是指能解除支气管平滑肌痉挛、扩张支气管，达到缓解喘息作用的药物。

（1）麻黄碱。

①作用与应用。药理作用与肾上腺素相似，但其松弛支气管平滑肌、扩张支气管的作用温和而持久，对心血管系统的作用较弱。用于支气管痉挛引起的呼吸困难；与祛痰药联用治疗急性支气管炎、慢性支气管炎，以缓解支气管痉挛和咳嗽。此外，麻黄碱可用于治疗荨麻疹、血管神经性水肿、鼻炎、鼻出血等。

②用法与用量。盐酸麻黄素片，0.25mg。内服，一次量，马、牛 50～500mg，羊 20～100mg，猪 20～50mg，犬 10～30mg，猫 2～5mg。盐酸麻黄碱注射液，1mL：30mg，5mL：150mg。皮下注射，一次量，马、牛 50～30mg，猪、羊 20～50mg，犬 10～30mg。

（2）氨茶碱。

①作用与应用。能兴奋中枢神经和心脏，舒张血管，特别是可使支气管平滑肌松弛而缓解喘息，并有较明显的利尿作用。常用于急性支气管炎、慢性支气管炎引起的喘息、痉挛性支气管炎和心性支气管炎的辅助治疗。

②用法与用量。内服，一次量，每千克体重，牛、马 5～10mg，犬、猫 10～15mg。盐酸氨茶碱注射液，肌内注射，牛、马 1～2g；猪、羊 0.25～0.5g；犬 0.05～0.1g。

单元八　作用于泌尿生殖系统的药物

1. 利尿药 利尿药是作用于肾的肾小球和肾小管、抑制水和电解质的再吸收、增加水和电解质的排泄而使尿量增多的药物。临床主要用于治疗各种原因引起的水肿。

（1）呋塞米（又名呋喃苯胺酸、速尿）。

①作用与应用。强利尿药，适用于各种原因引起的水肿，如心性水肿、肝性水肿、肾性水肿、脑水肿及肺水肿等。特别适用于其他利尿药无效的严重水肿。

②用法和用量。肌内注射或静脉注射，一次量，每千克体重，马、牛、羊、猪 0.5～1mg；犬、猫 1～5mg。每天或隔天一次，必要时 6～12h 一次。内服，一次量，每千克体重，马、牛、羊、猪 2mg；犬、猫 2.5～5mg。

（2）氢氯噻嗪（双氢氯噻嗪、双氢克尿塞）。

①作用与应用。本品毒性小、作用确实、应用范围较广。常用于心性水肿、肝性水肿、肾性水肿和腹水；对乳房水肿、胸腹部水肿、脑水肿和肺水肿都有一定疗效。

②用法与用量。内服，一次量，每千克体重，牛、马 1～2mg，猪、羊 2～3mg，犬 3～4mg。肌内注射或静脉注射量：牛 0.1～0.25g，马 0.05～0.15g，猪 0.050～0.075g，犬 0.01～0.025g。

2. 脱水药

（1）甘露醇。

①作用与应用。本品内服不易吸收，需静脉注射，脱水利尿作用较强，是临床上治疗脑水肿的首选药，也可用于其他组织水肿、休克、手术或创伤及出血后急性肾功能衰竭后的无尿、少尿症。静脉注射时勿漏出血管外，以免引起局部肿胀、坏死。

②用法与用量。甘露醇注射液：100mL：20g；250mL：100g。静脉滴注：马、牛

1 000～2 000mL，猪、羊100～250mL，2～3次/d。

(2) 山梨醇。本品为甘露醇的同分异构体，作用与应用、注意事项与甘露醇相似。但疗效稍逊于甘露醇。因本品溶解度高，价格便宜，常静脉注射其25%的浓溶液，使组织脱水，降低颅内压，消除水肿。用法用量同甘露醇。

3. 性激素与促性腺激素

(1) 性激素。包括雄激素、雌激素（雌二醇）和孕激素（孕酮）。

①雌二醇。临床上作催情药用于卵巢机能正常而发情不明显的家畜；治疗子宫内膜炎、子宫蓄脓、胎衣不下、死胎等；应用催产素促进母畜分娩时，预先注射本品，能提高催产素的效果；治疗老年犬或阉割犬的尿失禁、母畜性器官发育不全、雌犬过度发情及假孕犬的乳房胀痛等。用法与用量：苯甲酸雌二醇注射液，肌内注射，一次量，马10～20mg，牛5～20mg，猪3～10mg，羊1～3mg，犬、狐0.2～0.5mg，猫、兔0.1～0.2mg。

②黄体酮。能使子宫内膜充血、增厚，为受精卵着床及胚胎发育做好准备，降低子宫的收缩和对雌激素的敏感性而有保胎作用等，以安胎和治疗习惯性流产；可抑制发情和排卵而用于同期发情。用法与用量：肌内注射，一次量，牛、马50～100mg，猪、羊15～25mg，犬2～5mg，母鸡醒抱2～5mg。

③丙酸睾丸酮（丙酸睾丸素）。能促进精子生成，增强公畜性欲。用于种公畜性欲缺乏、骨折愈合迟缓、贫血等，并可对抗雌激素的作用使抱窝鸡醒抱。用法与用量：肌内注射，一次量，牛、马100～300mg，猪、羊100mg，犬20～50mg，母鸡醒抱25mg，每2～3d注射一次。

(2) 促性腺激素。

①卵泡刺激素（FSH）。本品能刺激母畜卵泡发育增大至接近成熟，甚至引起多发性排卵。用于公畜能刺激公畜生精管上皮细胞的发育和精子的形成。主要用于促进母畜发情，提高发情效果；治疗卵泡停止发育或持久黄体等卵泡机能失调症；母畜发情前大剂量使用可引起超数排卵。剂量过大，易引起卵巢囊肿或超数排卵。用法与用量：肌内注射或皮下注射，一次量，马、牛10～50mg，羊、猪5～25mg，犬5～15mg，临用时用生理盐水溶解。

②黄体生成素（LH）。主要用于促进排卵及治疗卵巢囊肿、幼畜生殖器官发育不全引起的精子形成障碍，性兴奋缺乏及产后泌乳不足等症。也可用于公畜促进睾丸间质细胞分泌睾酮，提高公畜的性兴奋，增加精液量，在卵泡刺激素的协同作用下促进精子形成。禁与抗肾上腺素药、抗胆碱药、抗惊厥药、麻醉药及安定药等合用；具有抗原性，反复使用可引起过敏反应、使疗效降低。用法与用量：静脉注射或皮下注射，一次量，马、牛25mg，羊2.5mg，猪5mg，犬1mg，可在1～4周重复。

③促性腺激素释放激素（GnRH）。能促使动物垂体前叶释放促黄体素和促卵泡素，从而发挥促黄体素和促卵泡素样作用，调节性腺的活动。但由于促进促黄体素的作用更强，故又有黄体生成素释放激素之称。临床常用于治疗奶牛排卵迟滞、卵巢静止、持久黄体、卵巢囊肿及早期妊娠诊断。用法与用量：肌内注射，一次量，每千克体重，马、牛1 000～2 000IU，猪、羊200～1 000IU，犬25～200IU，猫、兔25～200IU（临用前用生理盐水稀释）。

④孕马血清（马促性腺激素，PMSG）。本品的作用与促卵泡素相似。临床上主要用于治疗久不发情、卵巢机能障碍引起的不孕症；对猪、羊可促使超数排卵，促进多胎，增加产

仔数。制剂、用法与用量：马促性腺激素粉针、孕马血清，皮下注射或肌内注射，牛 1 000～2 000IU；猪、羊 200～1 000IU；犬、猫 25～200IU。

4. 子宫兴奋药 能选择性的兴奋子宫平滑肌，引起子宫收缩的药物称子宫收缩药。常用的药物有缩宫素、垂体后叶素、麦角制剂和益母草。临床上用于催产、排除胎衣、产后子宫出血、产后子宫复原等。

（1）缩宫素。又名催产素。能直接兴奋子宫平滑肌，加强其收缩。缩宫素对子宫收缩的强度及性质与用药剂量、体内激素水平有关。对非妊娠子宫，小剂量缩宫素能加强子宫的节律性收缩，大剂量则可引起子宫的强直性收缩；对妊娠子宫的作用，在妊娠早期不敏感，在妊娠后期逐渐加强，在临产时最强，产后缩宫素对子宫的作用逐渐降低。雌激素可提高子宫对缩宫素的敏感性，而孕激素则相反。催产时，缩宫素对子宫体的收缩作用强，对子宫颈的收缩作用较弱，有利于胎儿娩出。另外，本品还能增强乳腺平滑肌收缩，促进排乳，也可促进乳汁分泌。胎位不正、产道狭窄、子宫颈口未完全开放时禁用，并严格掌握剂量，以免引起子宫强直性收缩，造成胎儿窒息或子宫破裂。制剂、用法与用量：缩宫素注射液，皮下注射、肌内注射，一次量，牛、马 75～100IU，猪、羊 10～50IU，犬 2～25IU。用于催乳，牛 10～20IU，猪、羊 5～20IU，犬 2～10IU。

（2）垂体后叶素。含缩宫素和加压素，对子宫的作用同缩宫素，但有抗利尿、收缩小血管引起血压升高的副作用。在催产、子宫复原等方面的应用，同缩宫素。用法、剂量同缩宫素。

（3）麦角新碱。对子宫平滑肌具有很强的选择性兴奋作用，与缩宫素不同的是作用强大而持久，且引起子宫体和子宫颈同时收缩，剂量稍大即可引起子宫强直性收缩，压迫胎儿难以娩出而使胎儿窒息，甚至子宫破裂。故临床上不适宜催产或引产，适用于产后子宫出血、产后子宫复原和胎衣不下。制剂、用法与用量：马来酸麦角新碱注射液，肌内注射、静脉注射，一次量，马、牛 5～15mg，猪、羊 0.5～1mg，犬 0.1～0.5mg。

单元九 作用于血液循环系统的药物

1. 强心药 凡是能提高心肌兴奋性，加强心肌收缩力而增强心脏（特别衰弱心脏）功能的药物均称为强心药。常用的药物有咖啡因、氧化樟脑、肾上腺素及强心苷类。咖啡因及氧化樟脑为中枢兴奋药，兼有强心作用；肾上腺素为拟肾上腺素药。

强心苷类药是来源于多种植物的一类强心药。虽然强心苷制剂对心脏的作用在性质上是相同的，但在作用强度上则有强弱、快慢及久暂的不同。临床上分慢效类如洋地黄叶和洋地黄毒苷和速效类如毛花丙苷、毒毛旋花子苷K、铃兰毒苷等。

（1）洋地黄。

①作用与应用。对心脏有加强心肌收缩力、减慢心率等作用，用药后可使心排血量增加、瘀血症状减轻、水肿消失、尿量增加。尤其是洋地黄在加强心肌收缩力的同时，可使舒张期延长、心室充盈完全；消除因心功能不全引起的代偿性心率过快，并使扩张的心脏体积减小、张力降低、心肌总的耗氧量降低。因此，洋地黄可用于治疗慢性心功能不全。

②用法与用量。洋地黄片：内服，全效量，每千克体重，马、犬 0.03～0.04g；维持量，内服全效量的 1/10。洋地黄毒苷注射液：静脉注射，全效量，每千克体重，马、牛、犬 0.006～0.012mg；维持量为全效量的 1/10。

(2) 毒毛旋花子苷 K。

①作用与应用。本品内服吸收不良，不宜内服给药，静脉注射作用快，3～10min 即显效。适用于急性心功能不全或慢性心功能不全的急性发作及充血性心力衰竭。对洋地黄过敏的患畜，经 1～2 周后才能使用。临用时以 5％葡萄糖注射液稀释，缓慢静脉注射。心内膜炎禁用，心包炎、急性心肌炎慎用；用药期间禁用拟肾上腺素类药物。

②用法与用量。静脉注射，一次量，每千克体重，马、牛 1.25～3.75mg，犬 0.25～0.5mg。临用前以 5％葡萄糖注射液稀释，缓慢注射。

2. 止血药 止血药是指能加速血液凝固或降低毛细血管的通透性，使出血停止的药物。常用的药物有酚磺乙胺、维生素 K、肾上腺素色腙等。

(1) 酚磺乙胺（止血敏）。

①作用与应用。能使血小板数量增加，并增强血液的聚集和黏附力，促进凝血活性物质的释放，从而产生止血作用。此外尚有增强毛细血管抵抗力及降低其通透性作用。本品作用快速，静脉注射后 1h 作用最强，一般可维持 4～6h。临床适用于各种出血，如内脏出血、鼻出血及手术前预防出血和手术后止血。

②用法与用量。止血敏注射液：肌内注射或静脉注射，马、牛 1.25～2.5g；猪、羊 0.25～0.5g。预防外科手术出血，一般在术前 15～30min 用药。

(2) 维生素 K。

①作用与应用。本品是肝合成凝血因子Ⅱ、Ⅶ、Ⅸ、Ⅹ的必需物质。缺乏维生素 K 可导致这些因子的合成障碍，引起出血倾向或出血。临床上常用于家畜、家禽维生素 K 缺乏所致的出血及其他出血性疾患的辅助治疗；解救杀鼠药"敌鼠钠"中毒，宜用大剂量。

②用法与用量。维生素 K_3 注射液：肌内注射，一次量，马、牛 100～300mg，羊、猪 30～50mg，犬 10～30mg，禽 2～4mg。

(3) 肾上腺素色腙（安络血）。

①作用与应用。具有增强毛细血管对损伤的抵抗力，促进断裂毛细血管端的回缩，降低毛细血管的通透性，减少血液外渗等作用。临床上常用于毛细血管损伤所致的出血性疾患，如鼻出血、内脏出血、血尿、视网膜出血、手术后出血及产后出血等。本品不影响凝血过程，对大出血、动脉出血疗效差。

②用法与用量。肌内注射，一次量，猪、羊 2～4mL，马、牛 5～20mL，一日 2～3 次。

3. 抗凝血药 抗凝血药是通过干扰凝血过程中凝血因子、延缓血液凝固时间或防止血栓形成和扩大的药物。一般分为 4 类：①影响凝血酶和凝血因子形成的药物，如肝素和香豆素类，主要用于体内抗凝；②体外抗凝血药，如枸橼酸钠；③促进纤维蛋白溶解药，对已形成的血栓有溶解作用，如链激酶、尿激酶等，主要用于治疗急性血栓性疾病；④抗血小板聚集药，如阿司匹林、右旋糖酐等，主要用于预防血栓形成。兽医临床上以前两种应用较广泛。

(1) 肝素。本品在体内外均有抗凝血作用，可延长凝血、凝血酶原和凝血酶时间。临床上主要用于马和小动物弥散性血管内凝血的治疗；各种急性血栓性疾病，如手术后血栓的形成、血栓性静脉炎等；输血及检查血液时体外血液样品的抗凝；各种原因引起的血管内凝血。用法与用量：静脉注射或肌内注射，每千克体重，马、牛、猪、羊 100～130IU。体外抗凝，每 500mL 血液用肝素钠 1mg，能在 4h 内制止血液凝固。实验室血样，每 1mL 血液加肝素钠 10IU。

(2) 枸橼酸钠。本品含有枸橼酸钠根离子，能与血浆中钙离子形成难解离的可溶性络合物，使血中钙离子减少，从而阻滞了钙离子参与血液凝固过程而发挥抗凝血作用。仅用于体外抗凝血。大量输血时，应注射适量的钙剂，以预防低钙血症。用法与用量：输血用枸橼酸钠注射液，体外抗凝血，每100mL血液加2.5%柠檬酸钠溶液10mL。

4. 抗贫血药 凡是能补充造血物质，促进造血机能，改善贫血状态的药物称为抗贫血药，也称为补血药。常用的药物有硫酸亚铁、维生素B_{12}、铁钴针和叶酸等，以硫酸亚铁、右旋糖酐铁最常用。

(1) 硫酸亚铁。主要用于以下缺铁情况：吮乳或生长期的幼畜，妊娠或哺乳母畜；胃酸缺乏、慢性腹泻等使肠道吸收铁的功能降低；慢性失血；急性大出血的恢复期，铁的需要增加而饲料中供应不足等。用法与用量：内服，牛、马2～10g；猪、羊0.5～3g；犬0.05～0.5g（一般配成0.2%～1%溶液使用）。鸡按每1 000kg饲料130～200g。内服铁制剂有刺激性，应饲后给药；内服铁制剂可见便秘和黑色粪便，一般不需处理，便秘严重时应停药。

(2) 葡聚糖铁注射液（右旋糖酐铁注射液）。适用于驹、犊、仔猪、幼犬和毛皮兽的缺铁性贫血。深部肌内注射量，每千克体重，驹、犊200～600mg；仔猪100～200mg；幼犬20～200mg；貂30～100mg。中毒可用去铁敏（每千克体重，20mg，4h一次）肌内注射解毒。

(3) 葡聚糖铁钴注射液。主要用于仔猪贫血、妊娠贫血、创伤性贫血、寄生虫性贫血、营养障碍性贫血等的治疗。深部肌内注射：初生仔猪2mg，重症者隔2d再用药一次。

(4) 维生素B_{12}。主要用于缺乏本品所致的巨幼红细胞贫血、再生障碍性贫血、神经炎、神经萎缩、肝炎等，也可作为饲料添加剂，促进猪、鸡生长，增加鸡只产蛋率及孵化率。用法与用量：维生素B_{12}注射液，肌内注射，牛、马1～2mg；猪、羊0.3～0.4mg；犬0.1mg；猫0.05～0.1mg。每日或隔日1次。

5. 血容量扩充药

(1) 右旋糖酐。主要用于改善血容量不足性休克及救治中毒性休克、外伤性休克、弥散性血管内凝血，也可用于血栓性静脉炎等血栓形成疾病的治疗。与维生素B_{12}混合可发生变化，与氨基苷类抗生素合用可增加其毒性。静脉注射宜缓慢，用量过大可致出血。充血性心力衰竭、出血性疾病患畜禁用，肝肾疾病患畜慎用。失血量如超过35%应用本品可继发严重贫血，须进行输血。用法与用量：静脉注射，一次量，马、牛500～1 000mL；羊、猪250～500mL。

(2) 葡萄糖。等渗补充体液；高渗可消除水肿，供给能量，补充血糖；强心利尿；解毒。临床上常静脉注射5%～10%葡萄糖溶液，同时静脉注射适量生理盐水，以用于下痢、呕吐、重伤、失血时补充体液的损失及钠的不足；不能摄食的重病衰竭患畜，可用以补充营养；还可作为仔猪低血糖症、牛酮血症、农药和化学药物及细菌毒素等中毒症解救的辅助治疗。10%以上葡萄糖液禁用于皮下注射或腹腔注射；静脉注射高渗葡萄糖速度应缓慢，以免加重心脏负担，且勿漏出血管外。用法与用量：静脉注射，一次量，马、牛50～250g，羊、猪10～50g，犬5～25g。葡萄糖氯化钠注射液，静脉注射，一次量，马、牛1～3L，羊、猪250～500mL，犬100～5 000mL。

单元十 作用于中枢神经系统的药物

（一）中枢神经兴奋药

中枢兴奋药是能选择性地兴奋中枢神经系统，提高其机能活动的一类药物，根据药物的主要作用部位，可分为大脑兴奋药、延髓兴奋药和脊髓兴奋药3类。

1. 大脑兴奋药——咖啡因 是指能提高大脑皮层神经细胞的兴奋性，促进脑细胞的代谢，改善脑功能的药物。

（1）作用与应用。对大脑皮层有选择性的兴奋作用，小剂量能增加大脑皮质的兴奋过程，减轻疲劳，加强横纹肌的收缩能力；较大剂量能兴奋延髓的呼吸中枢和血管运动中枢，使呼吸加快、加深。此外，还有松弛支气管、胆道平滑肌、利尿、增强骨骼肌活动的作用。临床主要用于对抗中枢抑制状态，如全麻药、镇静、催眠药用药过量，严重传染病，过度劳役等引起的呼吸、循环衰竭与昏迷等；作为强心病，用于日射病、热射病及中毒导致的急性心衰。

（2）用法与用量。内服，一次量，马2~6g，牛3~8g，羊、猪0.5~2g，犬0.2~0.5g，猫0.05~0.1g。皮下注射、肌内注射、静脉注射，一次量，马、牛2~5g，羊、猪0.5~2g，犬0.1~0.3g，鸡0.025~0.05g，鹿0.5~2g。1~2次/d，重症给药间隔4~6h。

2. 延髓兴奋药 多用于抢救一般呼吸抑制的患畜，抢救呼吸肌麻痹的效果不佳。最常用的有尼可刹米、樟脑。

（1）尼可刹米。

①作用与应用。可直接兴奋延髓的呼吸中枢，当呼吸中枢处于抑制状态时，其作用表现特别明显。对大脑皮层、血管运动中枢，也有较弱的兴奋作用。主要用于中枢抑制药中毒或其他疾病引起的中枢性呼吸抑制，也可用于一氧化碳中毒、溺水及新生仔畜窒息等。

②用法和用量。皮下注射、肌内注射或静脉注射量：牛、马2.5~5g，猪、羊0.25~1g，犬0.125~0.5g。

（2）樟脑。

①作用与应用。局部作用：用于局部皮肤，有轻度的刺激作用，能扩张血管、改善局部血液循环，促进炎性产物吸收，并能抑制化脓菌和腐败菌的生长繁殖。吸收作用：被吸收后能兴奋呼吸与血管运动中枢，使呼吸加深加快，血压回升，并有强心作用。即将屠宰的家畜及泌乳母畜禁用；幼畜对樟脑敏感，应慎用。

②用法与用量。樟脑醑：为含10%樟脑的酒精溶液，外用涂擦。复方樟脑擦剂（四、三、一擦剂）由樟脑醑4份、氨擦剂3份、松节油1份组成，供外用涂擦。樟脑磺酸钠注射液，皮下注射、肌内注射或静脉注射：牛、马1~2g，猪、羊0.2~1g，犬0.05~0.1g。

3. 脊髓兴奋药——士的宁

（1）作用与应用。对脊髓有高度选择性兴奋作用，能增强脊髓的反射功能，使骨骼肌的紧张度增加；剂量加大还能兴奋延髓呼吸中枢和血管运动中枢，并能提高大脑皮层的机能活动性；士的宁味极苦，常用作苦味健胃药。临床上主要用于直肠、膀胱括约肌不全麻痹，因挫伤或跌打损伤引起的肩胛部、臀部或尾部的不全麻痹，四肢及颜面部的不全麻痹，猪、牛的产后麻痹等。也可用于治疗公畜性功能减退和阴茎下垂。士的宁排泄慢，安全范围小，重复用药时易产生蓄积中毒。中毒时大动物可静脉注射水合氯醛,小动物可静脉注射戊巴比妥钠,应反复给药至症状不再出现。

（2）用法与用量。盐酸士的宁注射液,皮下注射：牛、马 15～30mg,猪、羊 2～4mg,犬 0.5～0.8mg,1次/d。

4. 拟胆碱药 拟胆碱药是指能产生与递质乙酰胆碱作用相似的药物。完全拟胆碱药（即节前、节后拟胆碱药）,能直接激动 M 和 N 胆碱受体,如氨甲酰胆碱。M 型拟胆碱药（即节后拟胆碱药）,能直接激动 M 胆碱受体,如毛果芸香碱、氨甲酰甲胆碱等。抗胆碱酯酶药,通过抑制胆碱酯酶药的活性,提高体内乙酰胆碱的浓度,间接兴奋 M 和 N 胆碱受体,如新斯的明、毒扁豆碱等。本类药物中毒时,可用抗胆碱药阿托品解救。

（1）氨甲酰胆碱。能直接兴奋 M 和 N 胆碱受体,也可促进胆碱能神经末梢释放乙酰胆碱而发挥间接作用。因不被胆碱酯酶水解,故作用比较持久。M 胆碱受体兴奋时,主要表现为心率减慢、血管扩张、大多数平滑肌收缩加强、瞳孔缩小、腺体分泌增加。N 胆碱受体兴奋时,可引起植物神经节兴奋和肾上腺髓质分泌增加、骨骼肌收缩加强。本品的主要特点是对平滑肌和腺体的兴奋作用强而持久,对骨骼肌作用不明显。临床上主要用于瘤胃积食、前胃弛缓、肠臌气、大肠便秘,也可用于子宫弛缓、胎衣不下、子宫蓄脓等。亦可点眼用于治疗青光眼。用法与用量：皮下注射,一次量,家畜每千克体重 0.05～0.08mg。

（2）毛果芸香碱。能选择性地直接兴奋 M 胆碱受体,呈现 M 样作用,对 N 胆碱受体作用微弱。对眼、腺体和平滑肌的作用最为明显。临床主要用于不全梗阻性便秘、肠道弛缓、前胃弛缓、手术后肠麻痹、猪食道梗塞等。用法与用量：皮下注射,一次量,马、牛 30～300mg,猪 5～50mg,羊 10～50mg,犬 3～20mg。

（3）硫酸新斯的明。为抗胆碱酯酶药。主要用于马肠道弛缓、便秘,牛前胃弛缓、子宫复位不全、胎衣不下、尿潴留；竞争型骨骼肌松弛药,可治疗重症肌无力；阿托品过量中毒的解救。用法与用量：皮下注射、肌内注射：一次量,马 4～10mg,牛 4～20mg,猪、羊 2～5mg,犬 0.25～1mg。

5. 拟肾上腺素药

（1）肾上腺素。是从动物肾上腺髓质中提取或人工合成而获得。肾上腺素能兴奋心脏的 β_1 受体,加强心肌收缩力,加速传导,加快心率,增加心排血量,改善心肌供血,升高血压,松弛支气管平滑肌。临床常用于心脏骤停的急救；缓解严重过敏性疾患的症状,可用于荨麻疹、血清病和血管神经性水肿、支气管哮喘等；亦常与局部麻醉药配伍,以延长局部麻醉持续时间。用法与用量：皮下注射、肌内注射,一次量,马、牛 2～5mL,猪、羊 0.2～1mL,犬 0.1～0.5mL,猫 0.1～0.2mL（犬、猫需 10 倍稀释后注射）；静脉注射,一次量,马、牛 1.3mL,猪、羊 0.2～0.6mL,犬 0.1～0.3mL,猫 0.02～0.1mL,使用时用生理盐水 10 倍稀释。

（2）麻黄碱。作用与肾上腺素相似。与肾上腺素相比较,其外周作用如兴奋心脏、收缩血管、升高血压和松弛气管平滑肌的作用弱但持久；中枢兴奋作用较肾上腺素强,可引起动物不安和兴奋,对呼吸和血管运动中枢也有兴奋作用。临床主要用于治疗支气管痉挛和荨麻疹等过敏性疾病,与苯海拉明配伍应用,效果更好；解救麻醉药（如吗啡、巴比妥类以及其他麻醉药）中毒；外用 1%～2% 溶液可治疗鼻炎,减轻充血、消除肿胀。用法与用量：皮下注射,一次量,马、牛 50～300mg,猪、羊 20～50mg,犬 10～30mg。

（二）中枢神经抑制药

中枢神经抑制药是对中枢神经系统具有不同程度抑制作用的药物。按其作用特点可分为中枢神经系统的全面性抑制药（如全身麻醉药）和只作用于中枢神经系统某些部位的选择性抑制药（如镇静药、抗惊厥药等）。

1. 全身麻醉药 全身麻醉药简称全麻药，是一类能可逆性的抑制中枢神经系统功能的药物，表现为意识丧失、感觉（特别是痛觉）减弱或消失，反射活动停止、骨骼肌松弛、代谢降低、体温下降、消化功能抑制等情况，但动物仍保持延髓生命活动中枢的功能，如心跳、呼吸等基本生命活动过程。动物在麻醉状态下进行手术，对术者或患畜都有好处，还能避免动物发生疼痛性休克。常用的全身麻醉药有水合氯醛、氯胺酮等。

（1）水合氯醛。

①作用与应用。能抑制中枢神经，小剂量时呈镇静、催眠作用，大剂量则有抗惊厥和全身麻醉作用，可作为马和猪的全麻药。在掌握适应证和控制剂量的前提下，也可作为牛的全麻药（按每千克体重 0.01～0.12g 静脉注射，并于给药前 15min 皮下注射阿托品）；也能作为镇静和抗惊厥药，用于痉挛性疝痛、痉挛性咳嗽及子宫、阴道、直肠脱出的整复；肠阻塞、胃扩张、消化道和膀胱括约肌痉挛以及士的宁等中枢兴奋药中毒的解救和破伤风的惊厥发作等。

②用法与用量。内服、灌肠，一次量，马、牛 10～25g，羊、猪 2～4g，犬 0.3～1g。静脉注射，一次量，每千克体重，马、牛 0.08～0.12g，水牛 0.13～0.18g，猪 0.15～0.17g，骆驼 0.1～0.11g。如发生中毒，可用安钠咖、樟脑制剂、尼可刹米等进行解救，但不能用肾上腺素；有严重心、肝、肾疾病及肺水肿的病畜禁用。

（2）氯胺酮（开他敏）。

①作用与应用。新型镇痛性麻醉药，肌内注射或静脉注射产生作用快，但维持时间短。麻醉期间动物意识模糊而不完全丧失，眼睛睁开，咽、喉反射仍然存在，骨骼肌张力增加而痛觉完全消失，故又称"木僵样麻醉"。主要用于马、猪、羊、猫、虎等动物的化学保定药（即不需要肌松的小手术）、麻醉药等。驴、骡不敏感，禽类可引起惊厥，故不宜应用。静脉注射要缓慢，以免心跳过快。

②用法与用量。麻醉，静脉注射，一次量，每千克体重，马 1mg，牛、羊、猪 2mg。镇静保定，肌内注射，一次量，每千克体重，猪、羊 10～15mg，犬 10～20mg，猫 20～30mg。

（3）846 麻醉合剂。

①作用与应用。又名速眠新注射液。能抑制中枢神经系统而呈现较好的镇静、镇痛和全身麻醉作用，麻醉时间一般持续 1～2h；解痉效果也很好，能有效解除缺钙、中毒等引起的抽搐。用于中小动物（猪、犬等）的全身麻醉药进行手术，解除缺钙、中毒等引起的抽搐。

②用法与用量。麻醉，皮下注射、肌内注射，一次量，每千克体重，犬 0.1mL，羊 0.06～0.08mL，牛 0.015mL。本品如果与氯胺酮以 3:1 的比例混合使用，麻醉效果好，而且麻醉药的副作用降为最低。

2. 局部麻醉药

（1）盐酸普鲁卡因。

①作用与应用。皮下注射后游离出的普鲁卡因能阻断用药部位神经冲动的传导，具有良好的麻醉作用，用药后 1～3min 即可出现麻醉作用。对皮肤、黏膜的穿透力较弱，不适合

表面麻醉。临床上主要用于浸润麻醉、传导麻醉、硬膜外麻醉和封闭疗法。本品不能和磺胺类药、洋地黄配伍。犬、猫禁用于硬膜外和蛛网膜下腔麻醉。肾上腺素应在注射前加入,以免分解。青霉素可与本品形成盐,延缓吸收,使其具有长效性。

②用法与用量。浸润麻醉、封闭疗法,0.25%~0.5%的溶液。传导麻醉,小动物用2%的浓度,每个注射点为2~5mL;大动物用5%的浓度,每个注射点为10~20mL。硬膜外麻醉,2%~5%溶液,马、牛20~30mL。静脉注射,马、牛0.5~2g,猪、羊0.2~0.5g,用生理盐水配成0.25%~0.5%的溶液。

(2) 盐酸利多卡因。

①作用与应用。具有穿透性强、弥散性强、起效快的特点,麻醉效力是普鲁卡因的2倍,毒性比普鲁卡因大1倍。用药后5min即可出现麻醉作用,麻醉作用可持续1~1.5h,比普鲁卡因长50%。吸收后可抑制中枢神经系统,并能抑制心室自律性,缩短不应期,可用作控制室性心动过速,治疗心律失常。

②用法与用量。表面麻醉用2%~5%溶液。浸润麻醉用0.25%~0.5%溶液。传导麻醉用2%溶液,每个注射点,马、牛8~12mL,羊3~4mL。硬膜外麻醉2%溶液,马、牛8~12mL,犬、猫每千克体重0.22mL。皮下注射用2%溶液,极量,猪、羊80mL,马、牛400mL,犬25mL,猫8.5mL。

(3) 盐酸丁卡因。

①作用与应用。局麻作用比普鲁卡因强10倍,但毒性反应也高于普鲁卡因,大约为普鲁卡因的10倍,此外具有较强的穿透力。用药后5~10min即可出现麻醉作用,麻醉作用可持续3h。对血管平滑肌有松弛作用。主要用于眼、鼻、喉黏膜等的表面麻醉,由于毒性太大,很少用于传导麻醉和硬膜外麻醉,不用于浸润麻醉。

②用法与用量。表面麻醉,滴眼0.5%溶液,喉头喷雾或气管插管1%~2%溶液,泌尿道黏膜0.1%~0.3%溶液。

3. 镇静药与抗惊厥药

(1) 溴化物。包括溴化钾(溴化钠、溴化钙、溴化铵)等,以溴化钠、溴化钙较为常用。

①作用与应用。溴化物在体内释放出溴离子,溴离子可加强和集中大脑皮层的抑制过程,使过度兴奋的动物得以安静;大剂量时可使动物睡眠并能缓解惊厥症状。用于破伤风引起的惊厥、脑炎引起的过度兴奋、猪和家禽因食盐中毒引起的神经症状,以及马、骡疝痛等。

②用法与用量。溴化钾(钠、铵):内服量:马15~50g,牛15~60g,猪5~10g,羊5~15g,犬0.5~2g,家禽0.1~0.5g。溴化钙注射液:静脉注射量:牛、马2.5~5g;猪、羊0.5~1.5g。

(2) 氯丙嗪。

①作用与应用。对中枢神经系统具有特殊的选择性抑制作用,可使兴奋狂躁的动物安静,减弱动物的攻击行为,使之驯服,易于接近;能使动物安静、嗜睡,但睡眠易被各种刺激所惊醒,加大剂量不引起麻醉,可产生强直性昏厥现象。能抑制延髓的呕吐中枢,有强烈的止吐作用。本品能加强催眠药、麻醉药、镇痛药、抗惊厥药的作用,所以配伍用药时可适当减少此类药物的用量和不良反应。主要用于破伤风、脑炎、中枢兴奋药中毒引起的狂躁和惊厥;有攻击行为的犬和猫、有食仔癖的兴奋母畜和野生动物,使其驯服安静;麻醉前给

药，与水合氯醛或其他全麻药合用于猪的全身麻醉。

②用法与用量。内服，一次量，每千克体重，犬、猫2～3mg。肌内注射，一次量，每千克体重，马、牛0.5～1mg，羊、猪1～2mg，犬、猫1～3mg。

（3）巴比妥类。包括巴比妥、苯巴比妥、戊巴比妥、异戊巴比妥、硫喷巴比妥等。

①作用与应用。能抑制大脑皮层和脑干网状结构上行激活系统。剂量由小到大产生镇静、催眠、抗惊厥甚至全麻作用。用于治疗癫痫，减轻脑炎、破伤风、药物中毒引起的中枢神经过度兴奋的症状。

②用法与用量。苯巴比妥粉针：肌内注射或静脉注射，每千克体重，牛、马15～20mg，猪、羊0.25～1g，犬、猫6～12mg。

戊巴比妥钠粉针：静脉注射（麻醉）量：每千克体重，牛、马15～20mg，猪10～25mg，羊30mg，犬25～30mg。肌内注射或静脉注射（镇静）量：各种动物均为5～15mg。

异戊巴比妥钠粉针：静脉注射（镇静、抗惊厥）量：每千克体重，猪、羊、犬、猫、兔2.5～10mg。

（4）安定。

①作用与应用。具有让动物安定、镇静、催眠、肌肉松弛及抗惊厥等作用。用于兴奋、狂躁不安的动物使之安静和治疗惊厥等，并常与氯胺酮等联用作为野生动物的化学保定药。

②用法与用量。肌内注射，各种家畜均为每千克体重0.125～0.25mg。内服量：犬5～10mg，猫2～5mg。

（5）硫酸镁注射液。

①作用与应用。静脉注射后在体内释放出镁离子，具有松弛骨骼肌、抑制中枢神经系统的作用。主要用于抗惊厥，如士的宁中毒、破伤风和脑炎等引起的惊厥，以及治疗膈肌痉挛和胆道痉挛等。

②用法与用量。肌内注射或静脉注射：牛、马10～25g，猪、羊2.5～7.5g，犬1～2g。静脉注射宜缓。

4. 抗胆碱药——阿托品 能与胆碱受体结合，妨碍递质乙酰胆碱或拟胆碱药与受体结合，产生抗胆碱作用。M胆碱受体阻断药（即节后抗胆碱药），能选择性地阻断M胆碱受体，如阿托品、东莨菪碱、山莨菪碱等；N胆碱受体阻断药（即骨骼肌松弛药），能选择性地阻断植物性神经节内的N胆碱受体，如筒箭毒碱、琥珀胆碱、潘克罗宁等。

阿托品是从茄科植物颠茄、莨菪或曼陀罗等中提取的生物碱，现主要人工合成，常用其硫酸盐。能与乙酰胆碱竞争M胆碱受体，与受体结合后，阻断乙酰胆碱或拟胆碱药与M胆碱受体结合，产生对抗乙酰胆碱的M样作用。具有松弛内脏平滑肌，解除平滑肌痉挛；抑制腺体分泌；引起心率加快、瞳孔放大、兴奋中枢神经及解毒等功能。临床主要用于胃肠道平滑肌痉挛、唾液分泌过多、有机磷农药中毒等；有机磷酸酯类中毒、麻醉前给药和拮抗拟胆碱神经兴奋症状。用法与用量：硫酸阿托品注射液，肌内注射、皮下注射或静脉注射，麻醉前给药，每千克体重马、牛、羊、猪、犬、猫0.02～0.05mg；解除有机磷酸酯类中毒，马、牛、羊、猪0.5～1mg，犬、猫0.1～0.15mg，禽0.1～0.2mg。

（三）解热镇痛药及抗风湿药

1. 对乙酰氨基酚（扑热息痛）

（1）作用与应用。解热镇痛药，作用持久，副作用小。无抗炎抗风湿作用，主要用作小动物的解热镇痛。猫、猪因可以引起严重的毒性反应，故不宜用。

(2) 用法与用量。片剂：每片 0.5g。内服，一次量，羊 1~4g，马、牛 10~20g，犬 0.1~1g。

2. 氨基比林（匹拉米洞）

(1) 作用与应用。有明显的解热镇痛和消炎作用，与巴比妥类合用能增强镇痛效果。

(2) 用法与用量。片剂，内服，一次量，猪、羊 2~5g，马、牛 8~20g，犬 0.13~0.4g。复方氨基比林注射液，皮下注射或肌内注射，一次量，猪、羊 5~10mL，马、牛 20~50mL，兔 1~2mL。安痛定注射液，皮下注射或肌内注射，一次量，猪、羊 5~10mL，马、牛 20~50mL。

3. 安乃近

(1) 作用与应用。解热镇痛作用强而快，也有一定的消炎抗风湿作用，还对胃肠道平滑肌痉挛有良好的解痉作用，故常用于肠痉挛、肠臌胀、制止腹痛。本品毒性大，犬、猫易中毒，应慎用。另外，心、肾、肝及血象异常的动物禁用。本品不能与氯丙嗪、保泰松等合用，以防体温剧降。

(2) 用法与用量。内服，一次量，猪、羊 2~5g，马、牛 4~12g，犬 0.5~1g，猫 0.2g。皮下注射或肌内注射，一次量，猪、羊 1~3g，马、牛 3~10g，犬 0.3~0.6g，猫 0.1g。

4. 保泰松

(1) 作用与应用。不作解热镇痛药，有较强抗炎抗风湿作用。主要用于风湿病、关节炎、腱鞘炎、黏液囊炎等。也有排泄尿酸作用，故可治疗痛风。本品毒性大，犬、猫易中毒，应慎用。另外，心、肾、肝及血象异常的动物禁用。

(2) 用法与用量。内服，一次量，每千克体重，猪、羊 33mg，马 2mg，犬 10~15mg，3 次/d。

5. 水杨酸钠

(1) 作用与应用。有镇痛、解热、消炎、抗风湿作用。主要用于治疗风湿病，也可用于痛风。本品对胃有刺激性，同时服用碳酸氢钠以缓解。大量长期应用，可引起肾炎，可使血中凝血酶原降低而致出血倾向。注射液仅作静脉注射，且不能漏出血管外。

(2) 用法与用量。内服，一次量，猪、羊 2~5g，马 10~50g，牛 15~75g，犬 0.2~2g，猫 0.1~0.2g。复方水杨酸钠注射液，静脉注射，一次量，猪、羊 20~50mL，马、牛 100~200mL。

单元十一 影响组织代谢药物

1. 肾上腺皮质激素 本类药物由肾上腺皮质分泌，包括盐皮质激素和糖皮质激素。盐皮质激素主要有醛固酮和去氧皮质酮，对水盐代谢作用强，对糖代谢作用弱，临床应用很少。糖皮质激素临床应用较多，主要有可的松和氢化可的松，对糖代谢作用强。人工合成的药物有泼尼松、泼尼松龙和地塞米松等，作用更强，副作用更小。在治疗剂量时，本类药物具有抗炎、抗免疫、抗毒素（内毒素）、抗休克及影响物质代谢的作用。临床上可用于各种炎症、严重感染、传染病、过敏性疾病、风湿病、各种休克、牛酮血症和羊妊娠毒血症等代谢性疾病。还可用于引产。

长期应用本类药物，不能骤然停药，以免机体本身皮质激素分泌失调而引发皮质机能不足症状，须在逐渐减量3～5d后，才能完全停药；在缺乏有效抗菌药治疗的感染、骨软症、骨质疏松症、妊娠期及疫苗接种期等情况下，禁用本类药物。

（1）醋酸可的松注射液。有50mg/2mL、125mg/5mL、250mg/10mL等规格。肌内注射，一次量，马、牛0.5～2g，羊0.025～0.05g，猪0.1～0.2g，犬0.05～0.2g，2次/d。腱鞘、滑膜囊、关节腔注射，一次量，马、牛0.05～0.25g。

（2）氢化可的松注射液。有10mg/2mL、100mg/20mL等规格。静脉注射，马、牛0.2～0.5g，猪、羊0.02～0.08g，犬5～20mg，1次/d。以生理盐水稀释后使用。

（3）地塞米松注射液。有1mg/mL、2mg/mL、5mg/mL等规格。肌内注射或静脉注射量：马2.5～5mg，牛5～20mg，猪、羊4～12mg，犬0.125～1mg，1次/d。关节腔注射，一次量，牛2～10mg。

（4）醋酸肤轻松。本品有乳剂、软膏、洗剂，含本品0.025%，仅供外用。

（5）倍他米松。倍他米松片，内服，一次量：犬猫0.25～1mg。

2. 水电解质平衡调节药

（1）氯化钠。能调节细胞外液的渗透压和容量，参与酸碱平衡的调节血浆缓冲体系，维持神经肌肉的兴奋性。临床常用于调节体内水和电解质平衡。在大量出血而又无法输血时，可输入本品以维持血容量进行抢救。用法与用量：氯化钠注射液（灭菌生理盐水），含氯化钠0.9%。静脉注射1次量马、牛1 000～3 000mL，猪、羊250～500mL，犬100～500mL，猫40～50mL。浓氯化钠注射液，含氯化钠10%，静脉注射，一次量，每千克体重牛、羊1mL。复方氯化钠注射液（林格氏液，任氏液），用法与用量参照氯化钠注射液。

（2）氯化钾。钾离子是细胞内的主要阳离子，是维持细胞内渗透压的重要成分。钾离子通过与细胞外的氯离子交换参与酸碱平衡的调节；钾离子在维持心肌、骨骼肌、神经系统的正常功能方面也具有重要作用。适当浓度的钾离子，可保持神经肌肉的兴奋性，缺钾则导致神经肌肉间的传导阻滞、心肌的自律性增高。另外，钾还参与糖、蛋白质的合成及二磷酸腺苷转化为三磷酸腺苷的能量代谢。主要用于钾摄入不足或排钾过量所致的低血钾症和强心苷中毒的解救。用法与用量：静脉注射，马、牛2～5g，羊、猪0.5～1g，使用时必须用5%葡萄糖注射液稀释成0.3%以下的溶液。

（3）葡萄糖。本品5%等渗溶液可用于补充体液，25%～50%高渗溶液可消除水肿；供给能量；强心利尿；解毒等。临床主要用于下痢、呕吐、重伤、失血等，体内损失大量水分时，可静脉注射5%～10%葡萄糖溶液，同时静脉注射适量生理盐水，以补充体液的损失及钠的不足。不能摄食的重病衰竭患畜，可用以补充营养。仔猪低血糖症、牛酮血症、农药和化学药物及细菌毒素等中毒病解救的辅助治疗。用法与用量：葡萄糖注射液，静脉注射，一次量，马、牛50～250g，猪、羊10～50g，犬5～25g。葡萄糖氯化钠注射液，静脉注射，一日量，马、牛1 000～3 000mL，猪、羊250～500mL，犬100～500mL。

3. 酸碱平衡调节药

（1）碳酸氢钠。本品内服后能迅速中和胃酸，减轻疼痛，但作用持续时间短。内服或静脉注射碳酸氢钠能直接增加机体的碱储备，迅速纠正代谢性酸中毒，并碱化尿液。临床主要用于严重酸中毒（酸血症）、内服可治疗胃肠卡他；碱化尿液，防止磺胺类药物对肾的损害，以及提高庆大霉素等对泌尿道感染的疗效。制剂、用法与用量：5%碳酸氢钠注射液，静脉注射，马、牛15~30g；猪、羊2~6g；犬0.5~1.5g。

(2) 口服补液盐（ORS）。本品是由葡萄糖、碳酸氢钠、氯化钠和氯化钾组成的可溶性混合物，具有纠正脱水，调节体内水、电解质与酸碱平衡，维持神经肌肉的兴奋性，促进糖及蛋白质的代谢，增加机体抗病能力，提高机体免疫等功能。制剂、用法与用量：口服补液盐，葡萄糖20g，碳酸氢钠3.5g，氯化钠2.5g，氯化钾1.5g，加冷开水1 000mL，溶解后服用，连用2~3d。

模块三

中兽药基础

单元一 中兽药基础理论

(一) 兽医中药的概念

兽医中药是在中(兽)医理论指导下,用于预防和治疗各种动物疾病的药物。兽医中药学是专门介绍各种动物用中药的来源、采制、性能、功效及临床应用等知识的一门学科,是祖国兽医学的一个重要的组成部分。中药主要来源于天然药及其加工品,包括植物、动物和矿物及其部分化学和生物制品。

(二) 兽医中药的性能

中药的性能是指其与疗效有关的性味和效能。主要有四气五味、升降浮沉、归经、毒性等,统称为中药的性能,简称药性。

1. 四气 药物具有的寒、凉、温、热四种不同药性,自古称之为四气,也称四性。其中寒凉与温热属于两类不同的性质;而寒与凉,温与热则是性质相同,仅在程度上有所差异,凉次于寒,温次于热。此外,尚有一些药物的药性不甚显著,作用比较平缓,称为平性。实际上,它们或多或少偏于温性,或偏于凉性,属微凉或微温,并未越出四气范围,习惯上仍称四气。

药性的寒、凉、温、热,是古人根据药物作用于机体所发生的反应和对于疾病所产生的治疗效果而作出的概括性的归纳,是同所治疾病的寒、热性质相对而言的。凡是能够治疗热性证候的药物,便认为是寒性或凉性;能够治疗寒性证候的药物,便认为是温性或热性。一般来说,寒性和凉性的中药属阴,具有清热、泻火、凉血、解毒、攻下等作用,如石膏、薄荷等;温性和热性的中药属阳,具有温里、祛寒、通络、助阳、补气、补血等作用,如干姜、肉桂等。

《素问·至真要大论》云:"寒者热之、热者寒之",《神农本草经·序例》曰:"疗寒以热药,疗热以寒药",即热证用寒凉药,寒证用温热药,这是中兽医的治病常法,也是临床用药的原则。至于寒热夹杂的病证,则可将与病情相适应的热性药与寒性药适当配伍应用。

2. 五味 中药所具有的辛、甘、酸、苦、咸5种不同药味,称为五味。

(1) 辛味。有发散、行气、行血等作用。如用于治疗表证的麻黄、薄荷,治疗气血阻滞的木香、红花等都有辛味。

(2) 甘味。有补益、和中、缓急等作用。用于治疗虚证的滋补强壮药,如补气的党参、补血的熟地,缓和拘急疼痛或调和药性的甘草、大枣等,皆有甘味。

(3) 淡味。有渗湿、利尿的作用,多用以治疗水肿、小便不利等证,如猪苓、茯苓等。

(4) 酸味。有收敛、固涩等作用,多用于治疗虚汗、泄泻等证。如山茱萸、五味子涩精敛汗,五倍子涩肠止泻。

(5) 涩味。与酸味药作用相似,多用以治疗虚汗、泄泻、尿频、滑精、出血等证。如龙骨、牡蛎涩精，赤石脂涩肠止泻。

酸味药的作用与涩味药相似但不尽相同。如酸能生津，酸甘化阴等皆是涩味药所不具备的作用。

（6）苦味。有泄降、燥湿、坚阴的作用。如大黄通泄，适用于热结便秘；杏仁降泄，适用于肺气上逆的喘咳；栀子清泄，适用于三焦热盛等证。燥湿则多用于湿证。湿证有寒湿、湿热之不同，温性苦味药如苍术，适用于寒湿；寒性苦味药如黄连，适用于湿热。黄柏、知母坚阴，多用于肾阴虚亏、相火亢盛，具有泻火存阴的作用。

（7）咸味。有软坚、散结和泻下等作用，多用于热结便秘、痰核、瘰疬、痞块等证。如泻下通便的芒硝，软坚散结的昆布、海藻等都有咸味。

药味的确定，最初是依据药物的真实滋味，由口尝而知。如黄连、黄柏之苦，甘草、枸杞之甘，桂枝、川芎之辛，乌梅、木瓜之酸，芒硝、食盐之咸等。后来由于将中药的滋味与作用相联系，并以药味来解释和归纳中药的作用，便逐渐地根据药物的作用确定其味。如凡有发表作用的中药，便认为有辛味；有补益作用的中药，便认为有甘味等。由此就出现了本草所载中药的味，与实际味道不符合的情况。例如葛根味辛、石膏味甘、玄参味咸等，均与口感不符。所以药物的味，已不能完全以舌感辨别，它已包括了药物作用的含义。

四气、五味是中药性能的主要标志，也是论述药性的主要依据。由于每一种药物都具有性和味，因此必须将两者综合起来。一般说来，药物的气味相同，则常具有类似的作用；气味不同，则作用不同。如同一温性，有麻黄的辛温发汗、大枣的甘温补脾、杏仁的苦温降气、乌梅的酸温收敛、蛤蚧的咸温补肾；同一辛味，有薄荷的辛凉解表、石膏的辛寒除热、砂仁的辛温行气、附子的辛热助阳。尚有一药数味者，其作用范围也相对较广，如当归辛甘温，可以补血活血，行气散寒；天冬甘苦大寒，既能补阴，又能清火。所以，不能把性和味孤立起来看。性与味显示了药物的部分性能，也显示出某些药物的共性。只有认识和掌握每一种药物的全部性能，以及性味相同药物之间同中有异的特性，才能全面而准确地了解和使用药物。

3. 升降浮沉 是指药物进入机体后的作用趋向，是与疾病表现的趋向相对而言的。升是上升，降是下降，浮是上行发散，沉是下行泄利的意思。升与浮、降与沉的趋向类似，只是程度上有所差别，故通常以"升浮""沉降"合称。

升浮药主上行而向外，属阳，有升阳、发表、祛风、散寒、催吐、开窍等作用；沉降药主下行而向内，属阴，有潜阳、息风、降逆、止吐、清热、渗湿、利尿、泻下、止咳、平喘等功效。此外，个别药物还存在着双向性，如麻黄既能发汗，又可平喘利水。凡病变部位在上、在表者，用药宜升浮不宜沉降，如外感风寒表证，当用麻黄、桂枝等升浮药来解表散寒；在下在里者，用药宜沉降不宜升浮，如肠燥便秘之里实证，当用大黄、芒硝等沉降药来泻下攻里。病势上逆者，宜降不宜升，如肝火上炎引起的两目红肿，羞明流泪，应选用石决明、龙胆等沉降药以清热泻火、平肝潜阳；病势下陷者，宜升不宜降，如久泻脱肛或子宫脱垂，当用黄芪、升麻等升浮药来益气升阳。一般说来，治病用药不得违反这一规律。

4. 归经 指中药对机体某部分的选择作用，即主要对某经（脏腑及其经络）或某几经发生明显的作用，而对其他经则作用较小，或没有作用。如同属寒性的药物，都具有清热作用，然有黄连偏于清心热，黄芩偏于清肺热，龙胆偏于清肝热等不同，各有所专。再如，同是补药，也有党参补脾，蛤蚧补肺，杜仲补肾等的区别。因此，将各种药物对机体各部分的治疗作用进行系统归纳，便形成了归经理论。

5. 毒性 中药的毒性，是指中药对畜体产生的毒害作用。中药的毒性与副作用不同，前者对动物体的危害性较大，甚至可危及生命；后者是指在常用剂量时出现的与治疗需要无关的不适反应，一般比较轻微，对机体危害不大，停药后能消失。为了确保用药安全，必须认识中药的毒性，了解产生毒性的原因，掌握中药中毒的解救方法和预防措施。

在本草书籍中，常标明药物"小毒""有毒""大毒""剧毒"或"无毒"，这是掌握药性必须注意的问题。

（1）无毒。指所标示的药物服用后一般无副作用，使用安全。

（2）小毒。指所标示的药物使用较安全，虽可出现一些副作用，但一般不会导致严重后果。

（3）有毒、大毒。指所标示的药物容易使人畜中毒，用时必须谨慎。

（4）剧毒。指所标示的药物毒性强烈，临床上多供外用，或极小量入丸、散内服，并要严格掌握炮制、剂量、服法、宜忌等。

（三）兽医中药的配伍与禁忌

1. 配伍 配伍就是根据动物病情的需要和药物的性能，有目的地将两种以上的药物配合在一起应用。药物的配伍应用是中兽医用药的主要形式。根据传统的中药配伍理论，将其归纳为七种，称为药性"七情"。具体内容如下。

（1）单行。就是指用单味药治病。病情比较单纯，选用一种针对性较强的药物即可获得疗效，如清金散单用一味黄芩治肺热咳嗽，独用蒲公英治疗疮黄肿毒等。

（2）相须。就是将性能功效相似的同类药物配合应用，以起到协同作用，增强药物的疗效。如大黄与芒硝配合应用，能明显地增强泻下通便的作用；石膏与知母配合应用，能明显地增强清热泻火的作用。

（3）相使。就是将性能功效有某种共性的不同类药物配合应用，而以一种药物为主，另一种药物为辅，能提高主要药物的功效。如补气利水的黄芪与利水健脾的茯苓配合应用，茯苓能提高黄芪补气利水的作用；清热泻火的黄芩与攻下泻热的大黄配合应用，大黄能提高黄芩清热泻火的作用。

（4）相畏。就是一种药物的毒性或副作用，能被另一种药物减轻或消除。如生半夏、生南星的毒性能被生姜减轻或消除，所以说生半夏、生南星畏生姜。

（5）相杀。就是一种药物能减轻或消除另一种药物的毒性或副作用。如防风能解砒霜毒，绿豆能减轻巴豆毒性，所以说防风杀砒霜毒，绿豆杀巴豆毒；生姜能减轻或消除生半夏、生南星的毒性或副作用，所以说生姜杀生半夏、生南星的毒。由此可知，相畏、相杀实际上是同一配伍关系的两种不同提法。

（6）相恶。就是两种药配合应用，能相互牵制而使作用降低甚至丧失药效。如黄芩能降低生姜的温性；莱菔子能削弱人参（或党参）的补气功能，所以说生姜恶黄芩，人参恶莱菔子。

（7）相反。就是两种药物配合应用，能产生毒性反应或副作用。如甘草反甘遂；乌头反半夏。

2. 禁忌 在临证用药处方时，为了安全起见，有些药物或配伍关系应当慎用或禁止使用。在长期的医疗实践中，古人积累了许多有关配伍禁忌的经验，主要有"十八反""十九畏"、妊娠禁忌等。

(1) "十八反"。根据历代文献记载，配伍应用可能对动物产生毒害作用的药物有十八种，故名"十八反"。即：甘草反甘遂、大戟、海藻、芫花；乌头反贝母、瓜蒌、半夏、白蔹、白及；藜芦反人参、沙参、丹参、玄参、细辛、芍药。《元亨疗马集》中有十八反歌诀："本草明言十八反，逐目从头说与君。人参芍药与沙参，细辛玄参及紫参，苦参丹参并前药，一见藜芦便杀人；白及白蔹并半夏，瓜蒌贝母五般真，莫见乌头怕乌啄，逢之一反疾如神；大戟芫花并海藻，甘遂以上反甘草，若还吐逆及翻肠，寻常犯之都不好。蜜蜡莫与葱相睹，石决明休见云母，藜芦莫使酒来浸，人若犯之都是死。"还有一个比较简单的歌诀："本草明言十八反，半蒌贝蔹及攻乌，藻戟遂芫俱战草，诸参辛芍叛藜芦。"更便于诵读记忆。

(2) "十九畏"。历来认为相畏的药物有十九种，配合在一起应用时，一种药物能抑制另一种药物的毒性或烈性，或降低另一种药物的功效，习惯上称为"十九畏"。即：硫黄畏朴硝，水银畏砒霜，狼毒畏密陀僧，巴豆畏牵牛子，丁香畏郁金，川乌、草乌畏犀角，牙硝畏荆三棱，官桂畏赤石脂，人参畏五灵脂。《元亨疗马集》"十九畏"歌云："硫黄原是火中精，朴硝一见便相争；水银莫与砒霜见；狼毒最怕密陀僧；巴豆性烈最为上，偏与牵牛不顺情；丁香莫与郁金见；牙硝难合荆三棱；川乌草乌不顺犀；人参又忌五灵脂；官桂善能调冷气，石脂相见便跷蹊。大凡修合看顺逆，炮爁炙煨要精微"。

(3) 妊娠禁忌。动物妊娠期间，为了保护胎儿的正常发育和母畜的健康，应当禁用或慎用具有堕胎作用或对胎儿有损害作用的药物。属于禁用的多为毒性较大或药性峻烈的药物，如巴豆、水银、大戟、芫花、商陆、牵牛子、斑蝥、三棱、莪术、虻虫、水蛭、蜈蚣、麝香等。属于慎用的药物主要包括祛瘀通经、行气破滞、辛热、滑利等方面的中药，如桃仁、红花、牛膝、丹皮、附子、乌头、干姜、肉桂、瞿麦、芒硝、天南星等。禁用的药物一般不可配入处方，慎用的药物有时可根据病情需要谨慎应用。《元亨疗马集》中载有妊娠禁忌歌："蚖斑水蛭及虻虫，乌头附子配天雄，野葛水银并巴豆，牛膝薏苡与蜈蚣，三棱代赭芫花麝，大戟蛇蜕黄雌雄，牙硝芒硝牡丹桂，槐花牵牛皂角同，半夏南星与通草，瞿麦干姜桃仁通，硇砂干漆蟹甲爪，地胆茅根都不中。"可供参考。

(四) 兽医中药的剂量与用法

1. 剂量 所谓剂量，是指每一种药物的常用治疗量。药用量的大小，直接关系到治疗的效果和药物对畜体的毒性反应。一般中药的用量安全度比较大，但个别有毒的药物仍须注意。此外，如果药物用量的变化超越一定的范围，还会引起功效的改变，如大黄量小能健胃，量大则泻下。所以，对待中药的剂量必须持严谨的态度。确定药物用量的一般原则如下。

(1) 根据药物的性能。凡有毒的、峻烈的药物用量宜小，且应从小量开始使用，逐渐增加，中病即停，谨防中毒发生事故。对质地较轻或容易煎出的药物，可用较小的量，对质地较重或不容易煎出的药物，可用较大的量。此外，新鲜的药物，用量可大些。

(2) 根据配伍与剂型。在一般情况下，同样的药物复方配伍时比应用单味药时用量要轻些。汤剂、酒剂等易于吸收的，其用量较不易吸收的散剂、丸剂等要小些。

(3) 根据病情的轻重。一般病情轻浅的，用量宜轻；病情较重的，用量可适当增加。

(4) 根据动物种类和体型大小。动物种类和体形大小不同，剂量大小差异悬殊。

2. 用法 汤剂、散剂的剂型与灌服的方法为目前中兽医临诊最为常用。现将煎法与服法介绍如下。

（1）煎法。汤剂的煎法与药效密切相关，但在实际工作中又常易忽视，必须引起重视。一般来说，煎药的用具以砂锅、瓷器为好，不宜使用铁、铜、铝锅。煎药方法，应先用洁净水将药物浸泡15min，再加入适量的水（以能浸没全部药物为度）后密闭其盖，然后煎煮；对于补养药，宜用文火、久煎，对于解表药、攻下药、涌吐药，宜用武火、急煎；一般应先武火后文火。煎药时间一般为20～30min，待煎液煎至原加入水量的一半即可，去渣取汁，加水再煎一次，将前后两液混合候温服用。另外，对于矿石、贝壳类药物如代赭石、生石膏、石决明、龟板等宜打碎先煎；芳香性药物如薄荷、木香、青蒿、砂仁等宜后下；某些含有大量黏性物的药物如车前子、旋复花等宜用纱布包后再煎。

（2）服法。灌药时间应根据病情和药性而定，除急性病、重病需尽快灌药外，一般滋补药可在饲前灌服，驱虫药和泻下药应空腹灌服，慢性病和健脾胃药宜在饲后灌服。

灌药次数，一般是每天灌服1～2次，轻病可2d一次，但在急、重病时可根据病情需要，多次灌服。药的温度，一般发散风寒和治寒性病的药宜温服，治热性病的药物宜凉服；冬季宜温，夏季宜凉。

另外，对于某些贵重药或加热后容易破坏其有效成分的药如牛黄、朱砂、三七、麝香等，可采取另包冲服或单服的办法；对阿胶、鹿角胶等胶质或黏性大而易溶的药物，可于去渣的药液中溶化（烊化）后服用。

单元二 常用兽医中药

（一）解表药

凡以发散表邪，解除表证为主要作用的药物，称为解表药。解表药多具有辛味，辛能发散，故有发汗、解肌的作用，适用于邪在肌表的病证，即《内经》所说的"其在皮者，汗而发之"。根据性能不同，一般将解表药物分为辛温解表药和辛凉解表药两类。

1. 辛温解表药

麻　黄

为麻黄科植物草麻黄、中麻黄或木贼麻黄的干燥草质茎。

【**性味、归经**】辛、微苦，温。入肺、膀胱经。

【**功效**】发汗散寒，宣肺平喘，利水消肿。

【**主治**】（1）本品发汗作用较强，是辛温发汗的主药，适用于外感风寒引起的恶寒战栗、发热无汗等，常与桂枝相须为用，以增强发汗之力，如麻黄汤。

（2）能宣畅肺气，有较强的平喘作用。用于感受风寒、肺气壅遏所引起的咳嗽、气喘，常与杏仁、甘草等同用；对于热邪壅肺所致的咳嗽、气喘，则常与石膏、杏仁等配伍。

（3）又能利水，适用于水肿实证而兼有表证者，常与生姜、白术等同用。

【**用量**】马、牛15～30g；猪、羊3～10g；犬3～5g。

【**禁忌**】表虚多汗、肺虚咳嗽及脾虚水肿者忌用。

桂　枝

为樟科植物肉桂的干燥嫩枝。

【性味、归经】辛、甘，温。入心、肺、膀胱经。

【功效】发汗解肌、温通经脉，助阳化气。

【主治】(1) 本品善祛风寒，其作用较为缓和，可用于风寒感冒、发热恶寒，不论无汗或有汗均使用。如治风寒表证，发热无汗，常与麻黄等同用，可促使发汗；用治感受风寒、表虚自汗等，则常与芍药等配伍，有调和营卫的作用，如桂枝汤。

(2) 温经散寒，通痹止痛。配附子、羌活、防风等，治寒湿性痹痛，尤其是前肢关节、肌肉的麻木疼痛，为前肢的引经药。

(3) 善能通阳气，化阴寒。对于脾阳不振，水湿内停而致的痰饮等，常配茯苓、白术等；若膀胱失司，尿不利，则可用桂枝协助利水药以利尿，常和猪苓、泽泻等配伍，如五苓散。

【用量】马、牛 15～45g；骆驼 30～60g；猪、羊 3～10g；犬 3～5g；兔、禽 0.5～1.5g。

【禁忌】温热病、阴虚火旺及血热妄行所致的出血症忌用；孕畜慎服。

防 风

为伞形科植物防风的干燥根。切片生用或炒用。

【性味、归经】辛、甘，微温。入膀胱、肝、脾经。

【功效】祛风发表，胜湿解痉。

【主治】(1) 本品能散风寒，其性甘缓不燥，善于通行全身，是一味祛风的要药。常与荆芥、羌活、前胡等配伍，用于治疗风寒感冒，如荆防败毒散。

(2) 祛风湿而止痛，适用于风寒湿邪侵袭所致的风湿痹痛，常与羌活、独活、附子、升麻等配伍，如防风散。

(3) 有祛风解痉之效，但力量较弱。常配天南星、白附子、天麻等，治疗破伤风。

【用量】马、牛 15～60g；骆驼 45～100g；猪、羊 5～15g；犬 3～8g；兔、禽 3～5g。

【禁忌】阴虚火旺及血虚发痉者忌用。

荆 芥

为唇形科植物荆芥的全草或花穗。切段生用、炒黄或炒炭用。

【性味、归经】辛，温。入肺、肝经。

【功效】祛风解表，止血。

【主治】(1) 本品轻扬、芳香而散，既有发汗解表之力，又能祛风，其作用较为缓和，无论风寒、风热均可应用。如配防风、羌活等，治风寒感冒；配薄荷、连翘等，治风热感冒。

(2) 炒炭能入血而有止血作用。可用于衄血、便血、尿血、子宫出血等，常配伍其他止血药。

【用量】马、牛 15～60g；猪、羊 5～10g；犬 3～5g；兔、禽 3～5g。

紫 苏

为唇形科植物紫苏的干燥叶。切细生用。

【性味、归经】辛，温。入肺、脾经。

【功效】发表散寒，行气和胃。

【主治】(1) 本品能发散风寒，开宣肺气，发汗力较强。常与杏仁、前胡、桔梗等同用，治疗风寒感冒兼有咳嗽者。

(2) 本品气味芳香，能行气醒脾。用于脾胃气滞引起的肚腹胀满，食欲不振，呕吐等，常配伍藿香等。

【用量】马、牛15～60g；骆驼25～80g；猪、羊5～15g；犬3～8g；兔、禽3～5g。

【禁忌】表虚自汗者忌用。

细　辛

为马兜铃科植物北细辛、汉城细辛或华细辛的全草。切段生用或蜜炙用。

【性味、归经】辛，温。入心、肺、肾经。

【功效】发表散寒，祛风止痛，温肺化痰。

【主治】(1) 本品既能疏散外风，又可驱逐里寒。用于风寒感冒，尤其对阳虚而又感受寒邪的病畜更为适宜。多与麻黄、附子等配伍。

(2) 辛散温行，既可发散风寒，又有较强的止痛作用。常用于风寒湿邪所致的风湿痹痛，多与羌活、川乌等配伍。

(3) 温肺散寒而化痰饮。主要用于肺寒气逆，痰多咳喘等，多与干姜、半夏等配合。

【用量】马、牛10～15g；骆驼15～30g；猪、羊1.3～5g；犬0.8～1.5g。

白　芷

为伞形科植物白芷或杭白芷的干燥根。切片入药。

【性味、归经】辛，温。入肺、胃经。

【功效】祛风止痛，消肿排脓，通鼻窍。

【主治】(1) 本品能发散风寒，祛风止痛。配羌活、防风、蔓荆子等，治风寒感冒；配独活、桑枝、秦艽等，治风湿痹痛。

(2) 散结消肿，排脓止痛。用于疮黄肿痛，初起能消散，溃后能排脓，为外科常用之品。如配瓜蒌、贝母、蒲公英等，治乳痈初起；若脓成而不溃破者，与金银花、天花粉、穿山甲、皂角刺同用。

(3) 其性上行，善通鼻窍。多用于鼻炎、副鼻窦炎等，常与辛夷、苍耳子、薄荷等配伍。

【用量】马、牛15～30g；骆驼25～45g；猪、羊5～10g；犬、猫3～5g。

【禁忌】痈疽已溃，脓出通畅者慎用。

2. 辛凉解表药

薄　荷

为唇形科植物薄荷的干燥全草。切段生用。

【性味、归经】辛，凉。入肺、肝经。

【功效】疏散风热，清利头目。

【主治】(1) 本品轻清凉散，为疏散风热的要药，有发汗作用，治风热感冒，常配荆芥、牛蒡子、金银花等辛凉解表药，如银翘散。

(2) 善于疏散上部之风热，用于风热上犯所致的目赤、咽痛等，常与桔梗、牛蒡子、玄参等同用。

【用量】马、牛15～45g；猪、羊5～10g；犬3～5g；兔、禽0.5～1.5g。

【禁忌】表虚自汗及阴虚发热者忌用。

柴　胡

为伞形科植物柴胡或狭叶柴胡的干燥根。切片生用或醋炒用。

【性味、归经】苦,微寒。入肝、胆、心包、三焦经。

【功效】和解退热,疏肝理气,升举阳气。

【主治】(1) 本品轻清升散,退热作用较好,为和解少阳经之要药。常与黄芩、半夏、甘草等同用,治疗寒热往来等证。

(2) 性善疏泄,具有良好的疏肝解郁作用,是治肝气郁结的要药。配当归、白芍、枳实等,治疗乳房肿胀,胸胁疼痛等。

(3) 长于升举清阳之气,适用于气虚下陷所致的久泻脱肛、子宫脱垂等,常配伍黄芪、党参、升麻等,如补中益气汤。

【用量】马、牛 15~45g;猪、羊 5~10g;犬 3~5g;兔、禽 1~3g。

升 麻

为毛茛科植物大三叶升麻、兴安升麻或升麻的干燥根茎。切片生用或炙用。

【性味、归经】甘、辛,微寒。入肺、脾、胃、大肠经。

【功效】发表透疹,清热解毒,升阳举陷。

【主治】(1) 本品发表力弱,一般表证较少应用,但能透发,可用于猪、羊痘疹透发不畅等,多与葛根同用。

(2) 善解阳明热毒。用于胃火亢盛所致的口舌生疮、咽喉肿痛,多与石膏、黄连配伍。

(3) 长于升举脾胃清阳之气。其作用与柴胡相似,适用于气虚下陷所致的久泻脱肛、子宫脱垂等,常与黄芪、党参、柴胡等同用。

【用量】马、牛 15~30g;骆驼 30~60g;猪、羊 3~10g;兔、禽 1~3g。

【禁忌】阴虚火旺者忌用。

【主要成分】含苦味素、微量生物碱、水杨酸、齿阿米素等。

葛 根

为豆科植物野葛或甘葛藤的干燥根。切片,晒干。生用或煨用。

【性味、归经】甘、辛,凉。入脾、胃经。

【功效】发表解肌,生津止渴,升阳止泻。

【主治】(1) 本品能发汗解表,解肌退热,又能缓解颈项强硬和疼痛。适用于外感发热,尤善于治表证而兼有项背强硬者,常与麻黄、桂枝、白芍等配伍;若治风热表证,则和柴胡、黄芩等同用。

(2) 能升发阳气,鼓舞脾胃阳气上升而止泻。如配党参、白术、藿香等,可治脾虚泄泻。

此外,还有透发斑疹的作用,多与升麻配伍。

【用量】马、牛 20~60g;猪、羊 5~15g;犬 3~5g;兔、禽 1.3~5g。

桑 叶

为桑科植物桑的干燥叶。生用或蜜炙用。

【性味、归经】苦、甘,寒。入肺、肝经。

【功效】疏风散热,清肝明目。

【主治】(1) 本品轻清发散,善治在表之风热和泄肺热,用于外感风热、肺热咳嗽、咽喉肿痛等证,常与菊花、银花、薄荷、桔梗等配伍,如桑菊饮。

(2) 清泻肝火,常用于肝经风热引起的目赤肿痛,多与菊花、决明子、车前子等配合。

此外，尚有凉血止血作用。

【用量】马、牛 15～30g；猪、羊 5～10g；犬 3～8g；兔、禽 1.5～2.5g。

菊　花

为菊科植物菊的干燥头状花序。烘干或蒸后晒干入药。

【性味、归经】甘，苦，微寒。入肺、肝经。

【功效】疏风清热，清肝明目，解毒。

【主治】（1）本品体轻达表，气清上浮，性凉能清热，但疏风力较弱，而清热力较佳。用治风热感冒，多配桑叶、薄荷等，如桑菊饮。

（2）清肝明目。无论因风热或肝火所致的目赤肿痛，均可使用，常与桑叶、夏枯草等同用。

（3）有较强的清热解毒作用，为外科之要药。主要用于热毒疮疡，红肿热痛等证，对疮黄肿毒更为适宜，既可内服，又可外敷，常与金银花、甘草等配合应用。

【用量】马、牛 15～60g；骆驼 30～60g；猪、羊 5～15g；犬 3～8g；兔、禽 3～5g。

牛　蒡　子

为菊科植物牛蒡的干燥成熟果实。生用或炒用。

【性味、归经】辛、苦，寒。入肺、胃经。

【功效】疏散风热，解毒消肿。

【主治】（1）本品有疏散风热，清肺利咽之功，适用于外感风热，咽喉肿痛，常与薄荷、荆芥、甘草等配伍。

（2）解毒消肿。对热毒内盛所致的疮黄肿毒，可与清热解毒药配合应用。

【用量】马、牛 15～30g；猪、羊 5～15g；犬、猫 2～5g。

（二）清热药

凡以清解里热为主要作用的药物，称为清热药。清热药性属寒凉，具有清热泻火、解毒、凉血、燥湿、解暑等功效，主要用于高热、热痢、湿热黄疸、热毒疮肿、热性出血及暑热等里热证。

1. 清热泻火药

石　膏

为硫酸盐类矿物硬石膏族石膏，主含含水硫酸钙（$CaSO_4 \cdot 2H_2O$）。粉碎成粗粉，生用或煅用。

【性味、归经】辛、甘，大寒。入肺、胃经。

【功效】清热泻火，外用收敛生肌。

【主治】（1）本品大寒，具有强大的清热泻火作用，善清气分实热。用于肺胃大热，高热不退等实热亢盛证，常与知母相须为用，以增强清里热的作用，如白虎汤。

（2）清泄肺热。用于肺热咳嗽、气喘、口渴贪饮等实热证，常配麻黄、杏仁以加强宣肺止咳平喘之功，如麻杏甘石汤。

（3）泄胃热。用于胃火亢盛等证，常与知母、生地等同用。

（4）煅石膏末有清热、收敛、生肌作用，外用于湿疹、烫伤、疮黄溃后不敛及创伤久不收口等，常与黄柏、青黛等配伍。

【用量】马、牛 30～120g；骆驼 90～180g；猪、羊 15～30g；犬、猫 3～5g；兔、禽

1~3g。

【禁忌】胃无实热及体质素虚者忌用。

知 母

为百合科植物知母的干燥根茎。切片生用，盐炒或酒炒用。

【性味、归经】苦，寒。入肺、胃、肾经。

【功效】清热，滋阴，润肺，生津。

【主治】（1）本品苦寒，既泻肺热，又清胃火，适用于肺胃有实热的病证。常与石膏同用，以增强石膏的清热作用，如白虎汤；若用于肺热痰稠，可配黄芩、瓜蒌、贝母等。

（2）滋阴润肺，生津。用于阴虚潮热、肺虚燥咳、热病贪饮等。清虚热，常与黄柏等同用，如知柏地黄汤；润肺燥，常与沙参、麦冬、川贝等同用；用治热病贪饮，常与天花粉、麦冬、葛根等配伍。

【用量】马、牛 20~60g；骆驼 45~100g；猪、羊 5~15g；犬 3~8g；兔、禽 1~2g。

【禁忌】脾虚泄泻者慎用。

栀 子

为茜草科植物栀子的干燥成熟果实。生用、炒用或炒炭用。

【性味、归经】苦，寒。入心、肝、肺、胃经。

【功效】清热泻火，凉血解毒。

【主治】（1）本品有清热泻火作用，善清心、肝、三焦经之热，尤长于清肝经之火热。多用于肝火目赤以及多种火热证，常与黄连等同用。

（2）清三焦火而利尿，兼利肝胆湿热。常用于湿热黄疸，尿液短赤，多与茵陈、大黄同用，如茵陈蒿汤。

（3）凉血止血。适用于血热妄行，鼻血及尿血，多与黄芩、生地等配伍。

【用量】马、牛 15~60g；骆驼 45~90g；猪、羊 5~10g；犬 3~6g；兔、禽 1~2g。

【禁忌】脾胃虚寒，食少便溏者慎用。

淡 竹 叶

为禾本科植物淡竹叶的干燥茎叶。生用。

【性味、归经】甘、淡，寒。入心、胃、小肠经。

【功效】清热，利尿。

【主治】（1）本品上清心热，下利尿液。用于心经实热、口舌生疮、尿短赤等，常与木通、生地等同用。

（2）清胃热。用治胃热，常与石膏、麦冬等同用；若治外感风热，常与薄荷、荆芥、金银花等配伍。

【用量】马、牛 15~45g；猪、羊 5~15g；兔、禽 1~3g。

2. 清热凉血药

生 地 黄

为玄参科植物地黄的新鲜或干燥块根。切片生用。

【性味、归经】甘、苦，寒。入心、肝、肾经。

【功效】清热凉血，养阴生津。

【主治】(1) 本品具有清热凉血及养阴作用。用治血分实热证，多与玄参、水牛角等同用，如清营汤；用治热甚伤阴、津亏便秘，多与玄参、麦冬等配伍，如增液汤；用治阴虚内热，多与青蒿、鳖甲、地骨皮等同用。

(2) 凉血止血。用于血热妄行而致的出血证，常与侧柏叶、茜草等同用。

(3) 生津止渴。可用于热病伤津、口干舌红或口渴贪饮，常与麦冬、沙参、玉竹等配伍。鲜生地作用与干生地相似，而凉血、生津效果更好。适用于热病伤阴，血热妄行之鼻血、尿血等。

【用量】马、牛 30～60g；猪、羊 5～15g；犬 3～6g；兔、禽 1～2g。

【禁忌】脾胃虚弱、便溏者不宜用。

牡 丹 皮

为毛茛科植物牡丹的干燥根皮。切片生用或炒用。

【性味、归经】苦、辛，微寒。入心、肝、肾经。

【功效】清热凉血，活血散瘀。

【主治】(1) 本品具有清热凉血作用，适用于热入血液所致的鼻衄、便血、斑疹等，常与生地、玄参等同用。

(2) 活血行瘀，可用于瘀血阻滞，跌打损伤等，常与桂枝、桃仁、当归、赤芍、乳香、没药等配伍。

【用量】马、牛 20～45g；猪、羊 6～12g；犬 3～6g；兔、禽 1～2g。

【禁忌】脾虚胃弱及孕畜忌用。

水 牛 角

为牛科动物水牛的角。镑片或锉成粗粉。

【功效】凉血止血，清心安神，泻火解毒。

【主治】(1) 本品有凉血止血作用，可用于血热妄行的出血证，常与生地、玄参、丹皮等同用。

(2) 清心热、安神定惊。多用于温热病壮热不退，神昏抽搐等，常与生地、芍药、丹皮配伍，如犀角地黄汤。

(3) 泻火解毒，凉血消斑。可用于斑疹及丹毒等，常与丹皮、紫草等同用。

【用量】马、牛 90～150g；猪、羊 20～50g；犬、猫 3～10g。

【禁忌】孕畜慎用。畏川乌、草乌。

玄 参

为玄参科植物玄参的干燥根。切片生用。

【性味、归经】甘、苦、咸，寒。入肺、胃、肾经。

【功效】清热养阴，润燥解毒。

【主治】(1) 本品既能清热泻火，又可滋养阴液，标本兼顾，无论热毒实火，阴虚内热均可使用。多与生地、麦冬、黄连、金银花等配伍，如清营汤。

(2) 润燥解毒，用治虚火上炎引起的咽喉肿痛，津枯燥结等，常与生地、麦冬等配伍。

【用量】马、牛 15～45g；骆驼 30～60g；猪、羊 5～15g；犬、猫 2～5g；兔、禽 1～3g。

【禁忌】脾虚泄泻者忌用。反藜芦。

3. 清热燥湿药

黄　连

为毛茛科植物黄连、三角叶黄连或云连的干燥根茎。生用，姜汁炒或酒炒用。

【性味、归经】苦，寒。入心、肝、胃、大肠经。

【功效】清热燥湿，泻火解毒。

【主治】（1）本品为清热燥湿要药。凡属湿热诸证，均可应用，尤以肠胃湿热壅滞之证最宜，如肠黄作泻，热痢后重等。治肠黄可配伍郁金、诃子、黄芩、大黄、黄柏、栀子、白芍，如郁金散。

（2）清热泻火作用较强，用治心火亢盛、口舌生疮、三焦积热和衄血等。治心热舌疮，可与黄芩、黄柏、栀子、天花粉、牛蒡子、桔梗、木通等同用，如洗心散。

（3）善于清热解毒，用治火热炽盛，疮黄肿毒，常配伍黄芩、黄柏、栀子，如黄连解毒汤。

【用量】马、牛 15～30g；骆驼 25～45g；猪、羊 5～10g；犬 3～8g；兔、禽 0.5～1g。

【禁忌】脾胃虚寒，非实火湿热者忌用。

黄　芩

为唇形科植物黄芩的干燥根。切片生用或酒炒用。

【性味、归经】苦，寒。入肺、胆、大肠经。

【功效】清热燥湿，泻火解毒，安胎。

【主治】（1）本品长于清热燥湿，主要用于湿热泻痢，湿温，黄疸，热淋等。治泻痢，常配伍大枣、白芍等；治黄疸，多配伍栀子、茵陈等；治湿热淋证，可配伍木通、生地等。

（2）清泻上焦实火，尤以清肺热见长。用于肺热咳嗽，可与知母、桑白皮等配伍；用泻上焦实热，常与黄连、栀子、石膏等同用；用治风热犯肺，与栀子、杏仁、桔梗、连翘、薄荷等配伍。

（3）亦能清热解毒，常与金银花、连翘等同用，治疗热毒疮黄等。

（4）还能清热安胎，常与白术同用，治疗热盛，胎动不安。

【用量】马、牛 20～60g；猪、羊 5～15g；犬 3～5g；兔、禽 1.5～2.5g。

【禁忌】脾胃虚寒，无湿热实火者忌用。

黄　柏

为芸香科植物黄檗或黄皮树的干燥树皮。

【性味、归经】苦，寒。入肾、膀胱、大肠经。

【功效】清湿热，泻火毒，退虚热。

【主治】（1）本品具有清热燥湿之功。其清湿热作用与黄芩相似，但以除下焦湿热为佳，用于湿热泄泻、黄疸、淋证、尿短赤等。治疗泻痢，可配白头翁、黄连，如白头翁汤。

（2）退虚热，用治阴虚发热，常与知母、地黄等同用，如知柏地黄汤。

【用量】马、牛 10～45g；骆驼 20～50g；猪、羊 5～10g；犬 5～6g；兔、禽 0.5～2g。

【禁忌】脾胃虚寒、胃弱者忌用。

龙　胆

为龙胆科植物龙胆、条叶龙胆或三花龙胆的干燥根及根茎。切段生用。

【性味、归经】苦，寒。入肝、胆、膀胱经。

【功效】清热燥湿，泻肝火。

【主治】(1) 本品能清热燥湿，多用于湿热黄疸、尿短赤、湿疹等。治黄疸，常与茵陈、栀子等同用；治尿短赤、湿疹等，常与黄柏、苦参、茯苓等配伍。

(2) 泻肝经实火，清肝经湿热，故为治肝火之要药。用于肝经风热，目赤肿痛等，常与栀子、黄芩、柴胡、木通等同用，如龙胆泻肝肠；治肝经热盛、热极生风、抽搐痉挛等，多与钩藤、牛黄、黄连等配伍。

【用量】马、牛 15～45g；骆驼 30～60g；猪、羊 6～15g；犬、猫 1～5g；兔、禽 1.3～5g。

【禁忌】脾胃虚寒和虚热者慎用。

苦　参

为豆科植物苦参的干燥根。切片生用。

【性味、归经】苦，寒。入心、肝、胃、大肠、膀胱经。

【功效】清热燥湿，祛风杀虫，利尿。

【主治】(1) 本品能清热燥湿，用治湿热所致黄疸、泻痢等。治黄疸常与栀子、龙胆等同用；治泻痢，常与木香、甘草等配伍。

(2) 祛风杀虫，用治皮肤瘙痒、肺风毛燥、疥癣等证。治肺风毛燥常与党参、玄参等同用；治疥癣，可与雄黄、枯矾等配伍。

(3) 清热利尿，用治湿热内蕴，尿不利等，常与当归、木通、车前子等同用。

【用量】马、牛 15～60g；猪、羊 6～15g；犬 3～8g；兔、禽 0.3～1.5g。

【禁忌】脾胃虚寒，食少便溏者忌用。

秦　皮

为木犀科植物白蜡树、苦枥白蜡树、宿柱白蜡树或尖叶白蜡树的干燥树皮。切丝生用。

【性味、归经】苦，寒。入肝、胆、大肠经。

【功效】清热燥湿，清肝明目。

【主治】(1) 本品能清热燥湿，可治湿热泻痢，常与白头翁、黄连等同用，如白头翁汤。

(2) 清肝明目，用治肝热上炎的目赤肿痛、睛生翳障等，常与黄连、竹叶等配伍。

【用量】马、牛 15～60g；猪、羊 5～10g；犬 3～6g；兔、禽 1～1.5g。

白 头 翁

为毛茛科植物白头翁的干燥根。生用。

【性味、归经】苦，寒。入大肠、胃经。

【功效】清热解毒，凉血止痢。

【主治】本品既能清热解毒，又能入血分而凉血，为治痢之要药，主要用于肠黄作泻、下痢脓血、里急后重等。常与黄连、黄柏、秦皮等同用，如白头翁汤。

【用量】马、牛 15～60g；骆驼 30～100g；猪、羊 6～15g；犬、猫 1～5g；兔、禽 1.3～5g。

【禁忌】虚寒下痢者忌用。

4. 清热解毒药

金 银 花

为忍冬科植物忍冬、红腺忍冬、山银花或毛花柱忍冬的干燥花蕾。生用或炙用。

【性味、归经】甘，寒。入肺、胃、大肠经。

【功效】清热解毒。

【主治】(1) 本品具有较强的清热解毒作用，多用于热毒痈肿，有红、肿、热、痛症状属阳证者，常与当归、陈皮、防风、白芷、贝母、天花粉、乳香、穿山甲等配伍，如真人活命饮。

(2) 兼有宣散作用，可用于外感风热与温病初起，常与连翘、荆芥、薄荷等同用，如银翘散。

(3) 治热毒泻痢，常与黄芩、白芍等配伍。

【用量】马、牛 15～60g；猪、羊 5～10g；犬、猫 3～5g；兔、禽 1～3g。

【禁忌】虚寒作泻，无热毒者忌用。

连 翘

为木犀科植物连翘的干燥成熟果实。生用。

【性味、归经】苦，微寒。入心、肺、胆经。

【功效】清热解毒，消肿散结。

【主治】(1) 本品能清热解毒，广泛用于治疗各种热毒和外感风热或温病初起，常与金银花同用，如银翘散。

(2) 既能清热解毒，又可消痈散结，常用于治疗疮黄肿毒等，多与金银花、蒲公英等配伍。

【用量】马、牛 20～30g；猪、羊 10～15g；犬 3～6g；兔、禽 1～2g。

【禁忌】体虚发热、脾胃虚寒、阴疮经久不愈者忌用。

紫 花 地 丁

为堇菜科植物紫花地丁的干燥或新鲜全草。干用或鲜用。

【性味、归经】苦、辛，寒。入心、肝经。

【功效】清热解毒。

【主治】(1) 本品有较强的清热解毒作用，多用于疮黄肿毒、丹毒、肠痈等。常与蒲公英、金银花、野菊花、紫背天葵同用，如五味消毒饮。

(2) 可解蛇毒，用治毒蛇咬伤。

【用量】马、牛 60～80g；骆驼 80～120g；犬 3～6g；猪、羊 15～30g。

蒲 公 英

为菊科植物蒲公英、碱地蒲公英或同属数种植物的干燥全草。生用。

【性味、归经】苦、甘，寒。入肝、胃经。

【功效】清热解毒，散结消肿。

(1) 本品清热解毒的作用较强，常用治痈疽疔毒、肺痈、肠痈、乳痈等。治痈疽疔毒，多与金银花、野菊花、紫花地丁等同用；治肺痈，多配伍鱼腥草、芦根等；治肠痈，多与赤芍、紫花地丁、丹皮等配伍；治乳痈，可与金银花、连翘、通草、穿山甲等配伍，如公英散。

(2) 兼有利湿作用。用治湿热黄疸，多与茵陈、栀子配伍；用治热淋，常与白茅根、金钱草等同用。

【用量】马、牛 30～90g；骆驼 45～120g；猪、羊 15～30g；犬、猫 3～6g；兔、禽 1.3～5g。

【禁忌】非热毒实证不宜用。

板蓝根

为十字花科植物菘蓝的干燥根。切片生用。

【性味、归经】苦,寒。入心、肺经。

【功效】清热解毒,凉血,利咽。

【主治】(1) 本品有较强的清热解毒作用,用治各种热毒、瘟疫、疮黄肿毒、大头黄等,常与黄芩、连翘、牛蒡子等同用,如普济消毒饮。

(2) 能凉血,用治热毒斑疹、丹毒、血痢肠黄等,常与黄连、栀子、赤芍、升麻等同用。

(3) 兼有利咽作用,用治咽喉肿痛、口舌生疮等,多与金银花、桔梗、甘草等配伍。

【用量】马、牛 30～100g;猪、羊 15～30g;犬、猫 3～5g;兔、鸡 1～2g。

【禁忌】脾胃虚寒者慎用。

> 附: **大青叶**
> 为板蓝根的干燥叶片,生用。功效与板蓝根基本相似。大青叶能清热解毒,凉血消斑。用治各种热毒痈肿、瘟疫、斑疹等,常与黄连、栀子、赤芍、金银花等同用。
>
> **青黛**
> 为大青叶的加工品,系用大青叶加水打烂后,再加入石灰水等,捞取浮在上面的靛蓝粉末,晒干而成。其功效与大青叶相似。

射干

为鸢尾科植物射干的干燥根茎。切片生用。

【性味、归经】苦,寒。入肺经。

【功效】清热解毒,祛痰利咽。

【主治】(1) 本品能解毒利咽,并兼有祛痰作用。用治热毒郁肺,结于咽喉而致的咽喉肿痛,常与黄芩、牛蒡子、山豆根、甘草等配伍。

(2) 既能清肺热,又能降逆祛痰,适用于肺热咳嗽痰多者,常与前胡、贝母、瓜蒌等同用。

【用量】马、牛 15～45g;猪、羊 5～10g。

【禁忌】脾胃虚寒者慎用。

穿心莲

为爵床科植物穿心莲的干燥地上部分。切段,晒干生用或鲜用。

【性味、归经】苦,寒。入肺、胃、大肠、小肠经。

【功效】清热解毒,燥湿止泻。

【主治】(1) 能清热解毒,用治肺热咳喘、咽喉肿痛等。用治肺热咳喘,常与桑白皮、黄芩等同用;用治咽喉肿痛,可与山豆根、牛蒡子等配伍。

(2) 又能清热燥湿,用治肠黄作泻,泻痢等,可与秦皮、白头翁等同用。

【用量】马、牛 60～120g;猪、羊 30～60g;犬、猫 3～10g;兔、禽 1～3g。

5. 清热解暑药

香薷

为唇形科植物石香薷的干燥全草。切段生用。

【性味、归经】辛,微温。入肺、胃经。

【功效】祛暑解表，利湿行水。

【主治】（1）本品能祛暑解表，多用于外感风邪暑湿、无汗兼脾胃不和之证。用治牛、马伤暑，常与黄芩、黄连、天花粉等同用，如香薷散；治疗暑湿，常与扁豆、厚朴等配伍。

（2）通利水湿，用于水肿、尿不利等，常与白术、茯苓等同用。

【用量】马、牛 15~45g；猪、羊 3~10g；犬 2~4g；兔、禽 1~2g。

青 蒿

为菊科植物青蒿和黄花蒿的干燥茎叶。切段生用。

【性味、归经】苦，寒。入肝、胆经。

【功效】清热解暑，退虚热。

【主治】（1）本品气味芳香，虽苦寒而不伤脾胃，并有清解暑邪、宣化湿热的作用，用治外感暑热和温热病等。治外感暑热，常与藿香、佩兰、滑石等配伍；治温热病，常与黄芩、竹茹等同用。

（2）退虚热。用治阴虚发热，常与生地、鳖甲、知母、丹皮同用，如青蒿鳖甲汤。

【用量】马、牛 20~45g；猪、羊 6~12g；犬 3~5g。

（三）泻下药

凡能攻积、逐水，引起腹泻或润肠通便的药物，称为泻下药。泻下药用于里实证，其主要功能有以下3方面：①清除胃肠道内的宿食、燥粪以及其他有害物质，使其经粪便排出；②清热泻火，使实热壅滞通过泻下而得到缓解或消除；③逐水退肿，使水邪经粪尿排出，以达到祛除停饮、消退水肿的目的。根据作用强度和应用范围不同，泻下药一般可分为攻下药、润下药、峻下逐水药3类。

大 黄

为蓼科植物药用大黄、掌叶大黄或唐古特大黄的干燥根及根茎。生用，或酒制、蒸熟、炒黑用。

【性味、归经】苦，寒。入脾、胃、大肠、肝、心包经。

【功效】攻积导滞，泻火凉血，活血祛瘀。

【主治】（1）本品善于荡涤肠胃实热，燥结积滞，为苦寒攻下之要药。用治热结便秘、腹痛起卧、实热壅滞等，多与芒硝、枳实、厚朴同用，如大承气汤。

（2）既能泻下，又可泄热。用治血热妄行的出血，以及目赤肿痛、热毒疮肿等属血分实热壅滞之证，常与黄芩、黄连、丹皮等同用。

（3）活血祛瘀。适用于瘀血阻滞诸证，常与黄芩、黄连、丹皮等同用。用治跌打损伤，瘀阻作痛，可与桃仁、红花等配伍。

此外，大黄又可清化湿热而用治黄疸，常与茵陈、栀子同用，如茵陈蒿汤；还可作烫伤、热毒疮疡的外敷药，以清热解毒；如与陈石灰炒至桃红色，去大黄后研末为桃花散，撒于伤口，能治创伤出血等。

【用量】马、牛 20~90g；骆驼 35~65g；猪、羊 6~12g；犬、猫 3~5g；兔、禽 1.3~5g。

【禁忌】凡血分无热郁结，肠胃无积滞，以及孕畜应慎用或忌用。

芒 硝

为硫酸盐类矿物芒硝族芒硝，经精制而成的结晶体。主含含水硫酸钠。

【性味、归经】苦、咸，大寒。入胃、大肠经。

【功效】软坚泻下，清热泻火。

【主治】（1）本品有润燥软坚、泻下清热的功效，为治里热燥结实证之要药。适用于实热积滞、粪便燥结、肚腹胀满等，常与大黄相须为用，配木香、槟榔、青皮、牵牛子等治马属动物结症，如马价丸。

（2）外用，清热泻火，解毒消肿。用治热毒引起的目赤肿痛、口腔溃烂及皮肤疮肿。如玄明粉配硼砂、冰片，共研细末，为冰硼散，用治口腔溃烂。

【用量】马 200～500g；牛 300～800g；羊 40～100g；猪 25～50g；犬、猫 5～15g；兔、禽 2～4g。

【禁忌】孕畜禁用。

郁 李 仁

为蔷薇科植物欧李或郁李或长柄扁桃的干燥成熟种子。

【性味、归经】辛、甘，平。入大肠、小肠经。

【功效】润肠通便，利水消肿。

【主治】（1）本品富含油脂，体润滑降，具有润肠通便之功效，适用于老弱病畜之肠燥便秘，多与火麻仁、瓜蒌仁等同用。

（2）利水消肿，用于四肢浮肿和尿不利等证，常与薏苡仁、茯苓等配伍。

【用量】马、牛 20～60g，猪、羊 5～10g；犬 3～6g；兔、禽 1～2g。

牵 牛 子

为旋花科植物裂叶牵牛或圆叶牵牛的干燥成熟种子，又称二丑或黑白丑。生用。

【性味、归经】苦，寒。有毒。入肺、肾、大肠经。

【功效】泻下去积，逐水消肿。

【主治】本品泻下力强，又能利尿，可使水湿从粪尿排出而消肿，适用于肠胃实热壅滞，粪便不通及水肿腹胀等证。治水肿胀满等实证，常与甘遂、大戟、大黄等同用。

【用量】马、牛 15～35g；骆驼 25～65g；猪、羊 3～10g；犬 2～4g；兔、禽 0.5～1.5g。

【禁忌】孕畜忌用。

大 戟

为大戟科植物大戟或茜草科植物红芽大戟的干燥根。

【性味、归经】苦，寒。有毒。入肺、大肠、肾经。

【功效】泻水逐饮，消肿散结。

【主治】（1）京大戟泻水逐饮的功效较好，适用于水饮泛溢所致的水肿喘满，胸腹积水等。治牛水草肚胀，可与甘遂、牵牛子等配伍，如大戟散。

（2）消肿散结，以红大戟较好，适用于热毒壅滞所致的疮黄肿毒等。

【用量】马、牛 10～15g；猪、羊 2～6g；犬 1～3g。

【禁忌】孕畜及体虚者忌用。反甘草。

（四）消导药

凡能健运脾胃，促进消化，具有消积导滞作用的药物，称为消导药，也称消食药。

消导药适用于消化不良、草料停滞、肚腹胀满、腹痛腹泻等。在临床应用时，常根据不同病情而配伍其他药物，不可单纯依靠消导药物取效。如食滞多与气滞有关，故常与理气药同用；便秘，则常与泻下药同用；脾胃虚弱，可配伍健胃补脾药；脾胃有寒，可配伍温中散寒药；湿浊内阻，可配伍芳香化湿药；积滞化热，可配伍苦寒清热药。

神　曲

为面粉和其他药物混合后经发酵而成的加工品，又称六曲或建曲。

【性味、归经】甘、辛，温。入脾、胃经。

【功能】消食化积，健胃和中。

【主治】本品具有消食健胃的作用，尤以消谷积见长，适用于草料积滞、消化不良、食欲不振、肚腹胀满、脾虚泄泻等，常与山楂、麦芽等同用，如曲蘖散。

【用量】马、牛 20～60g，猪、羊 10～15g；犬 5～8g。

山　楂

为蔷薇科植物山楂或山里红的成熟干燥果实。生用或炒用。

【性味、归经】酸、甘，微温。入脾、胃、肝经。

【功效】消食健胃，活血化瘀。

【主治】（1）本品能消食健胃，尤以消化肉食积滞见长，用治食积不消、肚腹胀满等，常与行气消滞药木香、青皮、枳实等同用。治食积停滞，配神曲、半夏、茯苓等，如保和丸。

（2）活血化瘀，用治瘀血肿痛、下痢脓血等。如治瘀滞出血，可与蒲黄、茜草等配伍。

【用量】马、牛 20～45g；猪、羊 10～15g；犬、猫 3～6g；兔、禽 1～2g。

【禁忌】脾胃虚弱无积滞者忌用。

麦　芽

为禾本科植物大麦的成熟果实经发芽干燥而成。生用或炒用。

【性味、归经】甘，平。入脾、胃经。

【功效】消食和中，回乳。

【主治】本品有消食和中的作用，尤以消草食见长，用治草料停滞、肚腹胀满、脾胃虚弱、食欲不振等。治消化不良，常与山楂、陈皮等同用；治脾胃虚弱，常与白术、砂仁、甘草等配伍。又能回乳，用于乳汁郁积引起的乳房肿胀。

【用量】马、牛 20～60g；猪、羊 10～15g；犬 5～8g；兔、禽 1.5～5g。

【禁忌】哺乳期母畜忌用。

（五）止咳化痰平喘药

凡能消除痰涎，制止或减轻咳嗽和气喘的药物，称为止咳化痰平喘药。根据止咳化痰平喘药的不同性味和功效，可将其分为温化寒痰药、清化热痰药和止咳平喘药 3 类。

1. 温化寒痰药

半　夏

为天南星科植物半夏的干燥块茎。

【性味、归经】辛，温。有毒。入脾、胃经。

【功效】降逆止呕，燥湿祛痰，宽中消痞，下气散结。

【主治】（1）本品辛散温燥，降逆止呕之功显著，可用于多种呕吐证，对停饮和湿邪阻滞所致的呕吐尤为适宜。若属热性呕吐，尚须配合清热泻火的药物。

（2）燥湿祛痰，为治湿痰之要药，适用于咳嗽气逆、痰涎壅滞等。属于湿痰者，常与陈皮、茯苓等配伍，如二陈汤。治马肺寒吐沫，与升麻、防风、枯矾、生姜同用，如半夏散。

（3）又能宽中消痞，用治肚腹胀满，常与黄芩、黄连、干姜等同用。

（4）并可下气散结，用治气郁痰阻的病证，可配伍厚朴、茯苓、苏叶、生姜等药。此外，生半夏有毒，多作外科疮黄肿毒之用，如半夏末、鸡蛋白调涂治乳疮。

【用量】马、牛 15～45g；骆驼 30～60g；猪、羊 3～10g；犬、猫 1～5g。

【禁忌】阴虚燥咳、伤津口渴、血证、热痰稠黏及孕畜禁用。反乌头。

天 南 星

为天南星科植物天南星、异叶天南星或东北天南星的干燥块茎。生用或炙用。

【性味、归经】苦、辛，温。有毒。入肺、肝、脾经。

【功效】燥湿祛痰，祛风解痉，消肿毒。

【主治】（1）本品燥湿之功更烈于半夏，适用于风痰咳嗽、顽痰咳嗽及痰湿壅滞等，常与陈皮、半夏、白术同用。

（2）祛风解痉，为祛风痰的主药，常用于癫痫、口眼歪斜、中风口紧、全身风痹、四肢痉挛、破伤风等，多与半夏、白附子等配伍。

（3）尚能消肿毒，外敷疮肿，有消肿定痛的功效。

【用量】马、牛 15～25g；猪、羊 3～10g；犬、猫 1～2g。

【禁忌】阴虚燥痰及孕畜忌用。

2. 清化热痰药

贝 母

为百合科植物川贝母或浙贝母的干燥鳞茎，又称大贝或尖贝。

【性味、归经】川贝母：苦、甘，微寒。浙贝母：苦，寒。均入心、肺经。

【功效】止咳化痰，清热散结。

【主治】川贝母偏治痰少咳嗽，阴虚或肺燥咳嗽多用；浙贝母偏治痰多咳嗽和痈肿疮毒、瘰疬未溃者，外感风热、痰火郁结咳嗽宜用。

（1）止咳化痰，用于痰热咳嗽，常与知母同用。与杏仁、紫菀、款冬花、麦冬等止咳养阴药配伍，用于久咳；配伍百合、大黄、天花粉等，用治肺痈鼻脓，如百合散。

（2）清热散结。浙贝母长于清火散结，故适用于瘰疬痈肿未溃者，多与清热散结、凉血解毒药物同用。如配伍天花粉、连翘、蒲公英、当归、青皮等，用治乳痈肿痛。

【用量】马、牛 15～30g；猪、羊 3～10g；犬、猫 1～2g；兔、禽 0.5～1g。

【禁忌】脾胃虚寒及有湿痰者忌用。反乌头。

瓜 蒌

为葫芦科植物栝楼或双边栝楼的干燥成熟果实。

【性味、归经】甘，寒。入肺、胃、大肠经。

【功效】清热化痰，宽中散结。

【主治】（1）本品甘寒清润，能清热化痰，用于肺热咳嗽，痰液黏稠等，常与贝母、桔梗、杏仁等同用。

（2）下润大肠之燥而通便，用于粪便燥结，可与火麻仁等配伍。

此外，还可用于乳痈初起，肿痛未成脓者，常与蒲公英、乳香、没药等配伍，有散结消肿的功效。

【用量】马、牛 30～60g；猪、羊 10～20g；犬 6～8g；兔、禽 0.5～1.5g。

【禁忌】脾胃虚寒，无实热者忌用。反乌头。

天 花 粉

为葫芦科植物栝楼或双边栝楼的干燥根。切片生用。

【性味、归经】苦、酸，寒。入肺、胃经。

【功效】清肺化痰，养胃生津。

【主治】（1）本品能清肺化痰。用治肺热燥咳、肺虚咳嗽、胃肠燥热或痈肿疮毒等，常与麦冬、生地配伍。

（2）又能养胃生津。用治热证伤津口渴者，常配伍生地、芦根等。

【用量】马、牛 15～45g；猪、羊 5～15g；犬、猫 3～5g；兔、禽 1～2g。

【禁忌】脾胃虚寒者忌用。

【注】瓜蒌皮偏清化热痰而润肺止咳；瓜蒌仁偏润肠通便；瓜蒌根偏生津润肺；全瓜蒌则既化热痰，又能通便。

桔 梗

为桔梗科植物桔梗的干燥根。切片生用。

【性味、归经】苦、辛，寒。入肺经。

【功效】宣肺祛痰，排脓消肿。

【主治】（1）本品宣肺祛痰，长于宣肺而疏散风邪，为治外感风寒或风热所致咳嗽、咽喉肿痛等的常用药。用治肺热咳喘，常与贝母、板蓝根、甘草、蜂蜜等配伍，如清肺散。

（2）排脓消肿。用治肺痈、疮黄肿毒，有排脓之效。

此外，还能开提肺气，疏通胃肠，并为载药上行之主药。

【用量】马、牛 15～45g；猪、羊 3～10g；犬 2～5g；兔、禽 1～1.5g。

【禁忌】阴虚久咳者忌用。

3. 止咳平喘药

杏 仁

为蔷薇科植物杏、山杏、西伯利亚杏东北杏的干燥成熟种子。

【性味、归经】苦，温。有小毒。入肺、大肠经。

【功效】止咳平喘，润肠通便。

【主治】（1）本品苦泄降气，能止咳平喘，主要用于咳逆，喘促等证。配伍款冬花、枇杷叶、橘皮等，用治外感咳嗽；配伍麻黄、石膏、甘草等，用治肺热气喘，如麻杏甘石汤。

（2）富含脂肪，能润燥滑肠。配伍桃仁、火麻仁、当归、生地、枳壳等，用治老弱病畜肠燥便秘和产后便秘。

【用量】马、牛 25～45g；猪、羊 5～15g；犬 3～8g。

【禁忌】阴虚咳嗽者忌用。

紫 菀

为菊科植物紫菀的干燥根及根茎。生用或蜜炙用。

【性味、归经】辛、苦，温。入肺经。

【功效】化痰止咳，下气。

【主治】本品辛散苦泄，有下气化痰止咳的功效，为止咳的要药，用治劳伤咳喘、鼻流脓血等。如久咳不止，配伍冬花、百部、乌梅、生姜；阴虚咳嗽，配伍知母、贝母、桔梗、阿胶、党参、茯苓、甘草等；外感咳嗽痰多，与百部、桔梗、白前、荆芥等同用，如止嗽散。

【用量】马、牛15～45g；骆驼24～60g；猪、羊3～6g；犬2～5g。

款 冬 花

为菊科植物款冬的干燥花蕾。生用或蜜炙用。

【性味、归经】辛，温。入肺经。

【功效】润肺下气，止咳化痰。

【主治】本品为治咳嗽之要药，可用于多种咳嗽。治劳伤咳嗽，常与紫菀等配伍；用治肺燥咳嗽，多与黄药子、僵蚕、郁金、白芍、玄参同用，如款冬花散。蜜炙用，可增强润肺功效。

【用量】马、牛15～45g；骆驼20～60g；猪、羊3～10g；犬2～5g；兔、禽0.5～1.5g。

百 部

为百部科植物蔓生百部、直立百部或对叶百部的干燥块根。生用或蜜炙用。

【性味、归经】甘、苦，微温。有小毒。入肺经。

【功效】润肺止咳，杀虫灭虱。

【主治】(1) 本品能润肺止咳，对新、久咳嗽均有疗效。配伍麻黄、杏仁，治风寒咳喘；配伍紫菀、贝母、葛根、石膏、竹叶，治肺痨久咳。

(2) 杀虫灭虱。20%的醇浸液或50%的水浸液外用，对畜、禽体虱、虱卵均具有杀灭力，并善杀蛲虫，外用内服均有效。

【用量】马、牛15～30g；猪、羊6～12g；犬、猫3～5g。

葶 苈 子

为十字花科植物独行菜或播娘蒿的干燥成熟种子。

【性味、归经】辛、苦，大寒。入肺、膀胱、大肠经。

【功效】祛痰定喘，泻肺行水。

【主治】(1) 本品苦寒下降，能祛痰定喘，下气行水，常用于痰涎壅滞，肺气喘促，咳逆实证，使气下则喘平，水行则痰去。治肺热喘粗，配伍板蓝根、浙贝母、桔梗等，如清肺散。

(2) 本品能泻肺气之闭，行膀胱之水，故又可用于实证水肿，胀满喘急，尿不利等。

【用量】马、牛15～30g；猪、羊6～12g；犬3～5g。

【禁忌】肺虚喘促、脾虚肿满、膀胱气虚忌用。

白 果

为银杏科植物银杏的干燥成熟种子。

【性味、归经】甘、苦、涩，平。有小毒。入肺经。

【功效】敛肺定喘，收涩除湿。

【主治】(1) 本品能敛肺气，定喘咳，适用于久病或肺虚引起的咳喘。配伍白果、麻黄、杏仁、黄芩、桑白皮、苏子、款冬花、半夏、甘草治劳伤咳喘。

(2) 收涩除湿，用于湿热，尿白浊等，常与芡实、黄柏等同用。

【用量】马、牛 15~45g；骆驼 30~60g；猪、羊 5~10g；犬、猫 1~5g。

（六）温里药

凡是药性温热，能够祛除寒邪的一类药物，称为温里药或祛寒药。具有温中散寒，回阳救逆的功效。适用于因寒邪而引起的肠鸣泄泻、肚腹冷痛、耳鼻俱凉、四肢厥冷、脉微欲绝等证。

附　子

为毛茛科植物乌头的子根加工品。

【性味、归经】大辛，大热。有毒。入心、脾、肾经。

【功效】温中散寒，回阳救逆，除湿止痛。

【主治】（1）本品辛热，温中散寒，能消阴翳以复阳气。凡阴寒内盛之脾虚不运、伤水腹痛、冷肠泄泻、胃寒草少、肚腹冷痛等，应用本品可收温中散寒、通阳止痛之效。

（2）又能回阳救逆，用于阳微欲绝之际。对于大汗、大吐或大下后，四肢厥冷，脉微欲绝，大汗不止或吐利腹痛等虚脱危证，急用附子回阳救逆，如四逆汤、参附汤均用于亡阳证。

（3）并有除湿止痛作用，用于风寒湿痹、下元虚冷等，常与桂枝、生姜、大枣、甘草等同用，如桂附汤。

【用量】马、牛 15~30g；猪、羊 3~10g；犬、猫 1~3g；兔、禽 0.5~1g。

【禁忌】热证、阴虚火旺及孕畜忌用。

【主要成分】为乌头碱、新乌头碱、次乌头碱及其他非生物碱成分。

干　姜

为姜科植物姜的干燥根状茎。切片生用。

【性味、归经】辛，温。入心、脾、胃、肾、肺、大肠经。

【功效】温中散寒，回阳通脉。

【主治】（1）本品善温暖胃肠，脾胃虚寒、伤水起卧、四肢厥冷、胃冷吐涎、虚寒作泻等均可应用。治胃冷吐涎，多配伍桂心、青皮、益智仁、白术、厚朴、砂仁等，如桂心散；治脾胃虚寒，常配伍党参、白术、甘草等，如理中汤。

（2）回阳通脉。本品性温而守，善除里寒，可协助附子回阳救逆。用治阳虚欲脱证，常与附子、甘草配伍，如四逆汤。

此外还有温经通脉之效，用于风寒湿痹证。

【用量】马、牛 15~30g；猪、羊 3~10g；犬、猫 1~3g；兔、禽 0.3~1g。

【禁忌】热证、阴虚及孕畜忌用。

肉　桂

为樟科植物肉桂的干燥树皮。生用。

【性味、归经】辛、甘，大热。入脾、肾、肝经。

【功效】暖肾壮阳，温中祛寒，活血止痛。

【主治】（1）本品暖肾壮阳。用治肾阳不足，命门火衰的病证，常与熟地、山茱萸等同用，如肾气丸。

（2）又能温中祛寒，益火消阴，大补阳气以祛寒。用治下焦命火不足，脾胃虚寒，伤水冷痛，冷肠泄泻等病证，常配附子、茯苓、白术、干姜等。

（3）活血止痛，又通血脉。用治脾胃虚寒、肚腹冷痛、风湿痹痛、产后寒痛等证，常与高良姜、当归同用。

此外，用于治疗气血衰弱的方中，有鼓舞气血生长之功效，如十全大补汤。

【用量】马、牛 25～30g；猪、羊 5～10g；犬 2～5g；兔、禽 1～2g。

【禁忌】忌与赤石脂同用。孕畜慎用。

吴茱萸

为芸香科植物吴茱萸、疏毛吴茱萸或石虎的干燥近成熟果实。生用或炙用。

【性味、归经】辛，苦，温。有小毒。入肝、肾、脾、胃经。

【功效】温中止痛，理气止呕。

【主治】（1）本品能温中止痛，疏肝暖脾，消阴寒之气。用治脾虚慢草、伤水冷痛、胃寒不食等，常与干姜、肉桂等配伍。

（2）疏肝利气、和中止呕。常配伍生姜、党参、大枣等，用治胃冷吐涎。

【用量】马、牛 10～30g；猪、羊 3～10g；犬 2～5g。

【禁忌】血虚有热及孕畜慎用。

（七）祛湿药

凡能祛除湿邪，治疗水湿证的药物，称为祛湿药。湿是一种阴寒、重浊、黏腻的邪气，有内湿、外湿之分，湿邪又可与风、寒、暑、热等外邪共同致病，并有寒化、热化的转机，所以湿邪致病的临床表现也有所不同，因而可将祛湿药分为祛风湿药、利湿药和化湿药。

1. 祛风湿药

羌 活

为伞形科植物羌活或宽叶羌活的干燥根茎及根。切片生用。

【性味、归经】辛，温。入膀胱、肾经。

【功效】发汗解表，祛风止痛。

【主治】（1）本品发汗解表兼散风寒，用治风寒感冒，颈项强硬，四肢拘挛等，常配伍防风、白芷、川芎等，以奏发表之效。

（2）祛风寒，散风通痹，为祛上部风湿主药，多用于项背、前肢风湿痹痛。用治风湿在表，腰脊僵拘，配伍独活、防风、藁本、川芎、蔓荆子、甘草等。

【用量】马、牛 15～45g；猪、羊 3～10g；犬 2～5g；兔、禽 0.5～1.5g。

【禁忌】阴虚火旺，产后血虚者慎用。

独 活

为伞形科植物重齿毛当归的干燥根。切片生用。

【性味、归经】辛，温。入肝、肾经。

【功效】祛风胜湿，止痛。

【主治】（1）本品能祛风胜湿，为治风寒湿痹，尤其是腰胯、后肢痹痛的常用药物，常与桑寄生、防风、细辛等同用，如独活寄生汤。

（2）既可发散风寒湿邪，又能止痛。用治外感风寒挟湿，四肢关节疼痛等，常与羌活共同配伍于解表药中。

【用量】马、牛 30～45g；猪、羊 3～10g；犬 2～5g；兔、禽 0.5～1.5g。

【禁忌】血虚者忌用。

秦 艽

为龙胆科植物秦艽、麻花秦艽、粗茎秦艽或小秦艽的干燥根。切片生用。

【性味、归经】 苦、辛，平。入肝、胆、胃、大肠经。

【功效】 祛风湿，退虚热。

【主治】（1）本品味辛，能散风湿之邪；入肝经，又可舒筋以止痛。多用于风湿性肢节疼痛、湿热黄疸、尿血等。配伍瞿麦、当归、蒲黄、山栀等，用治弩伤尿血，如秦艽散。

（2）味苦性平，退虚热，并有降泄之功，解热除蒸。用治虚劳发热，常配伍知母、地骨皮等。

【用量】 马、牛 15～45g；猪、羊 3～10g；犬 2～6g；兔、禽 1～1.5g。

【禁忌】 脾虚便溏者忌用。

防 己

为防己科植物粉防己（汉防己）或木防己的干燥根。切片生用或炒用。

【性味、归经】 苦、辛，寒。入膀胱、肺经。

【功效】 利水退肿（汉防己较佳），祛风止痛（木防己较佳）。

【主治】（1）本品善走下行，长于除湿。治水湿停留所致的水肿、胀满等，常与杏仁、滑石、连翘、栀子、半夏等同用。与黄芪、茯苓、桂心、胡芦巴等配伍，用治肾虚腿肿，如防己散。

（2）本品辛散风湿壅滞经络，能通脉道去风湿以止痛。用治风湿疼痛、关节肿痛等，常与乌头、肉桂等同用。

【用量】 马、牛 15～45g；猪、羊 5～10g；犬 3～6g；兔、禽 1～2g。

【禁忌】 阴虚无湿滞者忌用。

2. 利湿药

茯 苓

为多孔菌科真菌茯苓的干燥菌核。

【性味、归经】 甘、淡，平。入脾、胃、心、肺、肾经。

【功效】 渗湿利水，健脾补中，宁心安神。

【主治】（1）本品味甘而淡，甘能和中，淡能渗泄。一般水湿停滞或偏寒者，多用白茯苓；偏于湿热者，多用赤茯苓；若水湿外泛而为水肿、尿涩者，多用茯苓皮。

（2）脾虚湿困，水饮不化的慢草不食或水湿停滞等，用茯苓有标本兼顾之效，因茯苓既能健脾又能利湿，能补能泻。

（3）茯苓、茯神均能宁心安神，以茯神功效较好。朱砂拌用，可增强疗效。

此外，可治泄泻，脾虚湿困，运化失调者，有健脾利湿止泻的功效，如参苓白术散。

【用量】 马、牛 20～60g；骆驼 45～90g；猪、羊 5～10g；犬 3～6g；兔、禽 1.3～5g。

猪 苓

为多孔菌科真菌猪苓的干燥菌核。切片生用。

【性味、归经】 甘、淡，平。入肾、膀胱经。

【功效】 利水通淋，除湿退肿。

【主治】 猪苓以淡渗见长，利水渗湿作用优于茯苓，凡因水湿停滞，尿不利，水肿胀满，肠鸣作泻，湿热淋浊等，常与茯苓、白术、泽泻等同用，如五苓散。治阴虚性尿不利、水肿，常配伍阿胶、滑石。

【用量】马、牛 25～60g；猪、羊 10～20g；犬 3～6g。

泽 泻

为泽泻科植物泽泻的干燥块茎。切片生用。

【性味、归经】甘、淡，寒。入肾、膀胱经。

【功效】利水渗湿，泻肾火。

【主治】本品甘淡能利水渗湿，性寒能泻肾火和膀胱热。用治水湿停滞的尿不利、水肿胀满、湿热淋浊、泻痢不止等，常与茯苓、猪苓等同用；治肾阴不足，虚火偏亢，可配伍丹皮、熟地等，如六味地黄汤。

【用量】马、牛 20～45g；猪、羊 10～15g；犬 5～8g；兔、禽 0.5～1g。

【禁忌】无湿及肾虚精滑者禁用。

车 前 子

为车前科植物车前或平车前的干燥成熟种子。生用或炒用。

【性味、归经】甘、淡，寒。入肝、肾、小肠经。

【功效】利水通淋，清肝明目。

【主治】(1) 本品性寒而滑利，故能利水通淋，以治热淋为主。配伍滑石、木通、瞿麦，用治湿热淋浊、水湿泄泻、暑湿泻痢、尿不利等。

(2) 清肝明目。配伍夏枯草、龙胆、青葙子等，用治眼目赤肿，睛生翳障，黄疸等。

【用量】马、牛 20～30g；骆驼 30～50g；猪、羊 10～15g；犬、猫 3～6g；兔、禽 1～3g。

【禁忌】内无湿热及肾虚精滑者忌用。

木 通

为马兜铃科植物东北马兜铃（关木通）、毛茛科植物小木通或其同属植物绣球藤的干燥藤茎。

【性味、归经】苦，寒。入心、小肠、膀胱经。

【功效】清热利水，通乳。

【主治】(1) 清心火，利尿。用治心火上炎、口舌生疮、尿短赤、湿热淋痛、尿血等，常与生地、竹叶、甘草等配伍。

(2) 通利血脉，下乳通经。用治乳汁不通，常与王不留行、穿山甲同用。通经可与牛膝、当归、红花等配伍。

【用量】马、牛 25～40g；猪、羊 3～6g；犬 2～4g。

【禁忌】汗出不止、尿频数者忌用。

茵 陈

为菊科植物茵陈蒿或滨蒿的干燥幼嫩茎叶。晒干生用。

【性味、归经】苦，微寒。入脾、胃、肝、胆经。

【功效】清湿热，利黄疸。

【主治】本品苦泄下降，功专清利湿热。配伍栀子、大黄，如茵陈蒿汤，治湿热黄疸；配伍黄柏、车前子等，治湿热泄泻；治阳黄，单味大剂量内服即能奏效；治阴黄，则须配伍温里药，化湿而除阴寒，如茵陈四逆汤。

【用量】马、牛 20～45g；猪、羊 5～15g；犬 3～6g；兔、禽 1～2g。
3. 化湿药

藿 香

为唇形花科植物藿香或广藿香的干燥茎叶。晒干切碎生用。

【性味、归经】 辛，微温。入脾、胃、肺经。

【功效】 芳香化湿，和中止痛，解表邪，除湿滞。

【主治】（1）本品芳香化湿，用治湿浊内阻、脾为湿困、运化失调的肚腹胀满、少食、神疲、粪便溏泄、口腔滑利、舌苔白腻等偏湿的病证，常与苍术、厚朴、陈皮、甘草、半夏等配伍。

（2）又能散表邪，常配伍苏叶、白芷、陈皮、厚朴，用治感冒而夹有湿滞之证。

【用量】 马、牛 25～45g；猪、羊 5～10g；犬 3～5g；兔、禽 1～2g。

【禁忌】 阴虚无湿及胃虚作呕者忌用。不宜久煎。

苍 术

为菊科植物茅苍术或北苍术的干燥根茎。晒干，烧去毛，切片生用或炒用。

【性味、归经】 辛、苦，温。入脾、胃经。

【功效】 燥湿健脾，发汗解表，祛风湿。

【主治】（1）本品气香辛烈，性温而燥。用治湿困脾胃、运化失司、食欲不振、消化不良、胃寒草少、腹痛泄泻，常配厚朴、陈皮、甘草等，如平胃散。

（2）辛温发散而解表，又能祛风湿。用治关节疼痛、风寒湿痹，常配伍独活、秦艽、牛膝、薏苡仁、黄柏等。此外，尚可用治眼科疾病。

【用量】 马、牛 15～60g；猪、羊 9～15g；犬 5～8g；兔、禽 1～3g。

【禁忌】 阴虚有热或多汗者忌用。

白 豆 蔻

为姜科植物白豆蔻的干燥果实。研碎生用或炒用。

【性味、归经】 辛，温。芳香。入肺、脾、胃经。

【功效】 芳香化湿，行气和中，化痰消滞。

【主治】（1）本品能行气，暖脾化湿。用治胃寒草少、腹痛下痢、脾胃气滞、肚腹胀满、食积不消等，常与苍术、厚朴、陈皮、半夏等同用。若湿盛，可配薏苡仁、厚朴；热盛，可配黄芩、黄连、滑石等。治马翻胃吐草，常与益智仁、木香、槟榔、草果等同用。

（2）又能行气而止呕。用治胃寒呕吐，常与半夏、藿香、生姜等配伍。

【用量】 马、牛 15～30g；猪、羊 3～10g；犬 2～5g；兔、禽 0.5～1.5g。

（八）理气药

凡能疏通气机，调理气分疾病的药物，称为理气药。本类药物大部分辛温芳香，具有行气消胀、解郁、止痛、降气等作用，主要用于脾胃气滞所表现的肚腹胀满、疼痛不安、嗳气酸臭、食欲不振、粪便失常，以及肺气壅滞所致咳喘等。此外，有些理气药还分别兼有健胃、祛痰、散结等功效。

陈 皮

为芸香科植物橘及其栽培变种的干燥成熟果皮。生用或炒用。

【性味、归经】 辛、苦，温。入脾、肺经。

【功效】理气健脾，燥湿化痰。

【主治】（1）本品辛能行气，故能调畅中焦脾胃气机，气行则痛止。用于中气不和而引起的肚腹胀满、食欲不振、呕吐、腹泻等。常与生姜、白术、木香等配伍。

（2）燥湿化痰。用治痰湿滞塞、气逆喘咳，常配伍半夏、茯苓、甘草等；用治肚腹胀满、消化不良，常配伍厚朴、苍术等，如平胃散。

【用量】马、牛 30～60g；猪、羊 5～10g；犬、猫 2～5g；兔、禽 1～3g。

【禁忌】阴虚燥热、舌赤少津、内有实热者慎用。

香　附

为莎草科植物莎草的干燥根茎。去毛打碎用，或醋制、酒制后用。

【性味、归经】辛、微苦，平。入肝、胆、脾经。

【功效】理气解郁，散结止痛。

【主治】为疏肝理气，散结止痛的主药。配伍柴胡、郁金、白芍等，用治肝气郁结所致的肚腹胀满疼痛和食滞不消；若用治寒凝气滞所致的胃肠疼痛，常与高良姜、吴茱萸、乌药配伍；用治乳痈初起，可与蒲公英、赤芍等药配伍；用治产后腹痛，常与艾叶、当归等配伍。

【用量】马、牛 30～60g；猪、羊 10～15g；犬 4～8g；兔、禽 1～3g。

【禁忌】本品苦燥能耗血散气，故血虚气弱者不宜单用。体温过高和孕畜慎用。

木　香

为菊科植物木香的干燥根。切片生用。

【性味、归经】辛、微苦，温。入脾、胃、大肠、胆经。

【功效】行气止痛，和胃止泻。

【主治】木香长于行胃肠滞气，凡消化不良、食欲减退、腹满胀痛等证，皆可应用。配伍砂仁、陈皮，用治脾胃气滞的肚腹疼痛、食欲不振；配伍枳实、川楝子、茵陈，用治胸腹疼痛；配伍黄连等，用治里急后重的腹痛；配伍白术、党参等，用治脾虚泄泻等。

【用量】马、牛 30～60g；猪、羊 9～15g；犬、猫 2～5g；兔、禽 0.3～1g。

【禁忌】血枯阴虚、热盛伤津者忌用。

厚　朴

为木兰科植物厚朴或凹叶厚朴的干燥干皮、根皮或枝皮。切片生用或制用。

【性味、归经】苦、辛，温。入脾、胃、大肠经。

【功效】行气燥湿，降逆平喘。

【主治】（1）本品能除胃肠滞气，燥湿运脾。用治湿阻中焦、气滞不利所致的肚腹胀满、腹痛或呃逆等，常与苍术、陈皮、甘草等药配伍应用，如平胃散。用治肚腹胀痛兼见便秘属于实证者，常与枳实、大黄等药配伍，如消胀汤。

（2）降逆平喘。因外感风寒而发者，可与桂枝、杏仁配伍；属痰湿内阻之咳喘者，常与苏子、半夏等同用。

【用量】马、牛 15～45g，骆驼 30～60g；猪、羊 5～15g；犬 3～5g；兔、禽 1.5～2g。

【禁忌】脾胃无积滞者慎用。

枳　实

为芸香科植物酸橙及其栽培变种或甜橙的干燥幼果。

【性味、归经】苦，微寒。入脾、胃经。

【功效】破气消积，通便利膈。
【主治】（1）用治脾胃气滞，痰湿水饮所致的肚腹胀满、草料不消等，常与厚朴、白术等同用。
（2）用治于热结便秘、肚腹胀满疼痛者，常与大黄、芒硝等配伍，如大承气汤。
【用量】马、牛 30～60g；猪、羊 5～10g；犬 4～6g；兔、禽 1～3g。
【禁忌】脾胃虚弱和孕畜忌服。

附： 枳 壳

枳壳、枳实同为一物，枳壳为已成熟的果实，偏于破胸膈之浊气，用治肚腹胀满、呼吸喘急等；枳实为未成熟者，偏于破肠中浊气，用治肚腹胀大、粪便秘结等。从作用快慢来说，枳壳性缓而枳实性速。

丁 香

为桃金娘科植物丁香的干燥花蕾。捣碎生用。
【性味、归经】辛，温。入肺、胃、脾、肾经。
【功效】温中降逆，暖肾助阳。
【主治】（1）本品暖胃散寒，善于降逆，为治胃寒呕逆之要药。此外，也可用治脾胃虚寒所致的食欲不振，常与砂仁、白术配伍。
（2）能温肾壮阳。用治泄泻、阳痿和子宫虚冷等，可与茴香、附子、肉桂温肾药配伍。
【用量】马、牛 10～30g；猪、羊 3～6g；犬、猫 1～2g；兔、禽 0.3～0.6g。
【禁忌】热证腹痛忌用。畏郁金。

槟 榔

为棕榈科植物槟榔的干燥成熟种子。又称玉片或大白。切片生用或炒用。
【性味、归经】辛、苦，温。入胃、大肠经。
【功效】杀虫消积，行气利水。
【主治】（1）能驱杀多种肠内寄生虫，并有轻泻作用，有助于虫体排出。驱除绦虫、姜片虫疗效较佳，尤以猪、鹅、鸭绦虫最为有效，如配合南瓜子同用，效果更为显著。对于蛔虫、蛲虫、血吸虫等也有驱杀作用。
（2）消积导滞，兼有轻泻之功。用治食积气滞、腹胀便秘、里急后重等，多与理气导滞药同用。
（3）行气利水，常与吴茱萸、木瓜、苏叶、陈皮等同用。
【用量】马 5～15g；牛 12～60g；猪、羊 6～12g；兔、禽 1～3g。
【禁忌】老弱气虚者禁用。

（九）理血药

凡能调理和治疗血分病证的药物，称为理血药。血分病证一般分为血虚、血溢、血热和血瘀四种。血虚宜补血，血溢宜止血，血热宜凉血，血瘀宜活血。故理血药有补血、活血祛瘀、清热凉血和止血四类。清热凉血药已在清热药中叙述，补血药将在补益药中叙述，本节只介绍活血祛瘀药和止血药两类。

1. 活血祛瘀药

川 芎

为伞形科植物川芎的干燥根茎。切片生用或炒用。

【性味、归经】辛,温。入肝、胆、心包经。

【功效】活血行气,祛风止痛。

【主治】(1) 活血行气。用治气血瘀滞所致的难产、胎衣不下,常与当归、赤芍、桃仁、红花等配伍,如桃红四物汤;用治跌打损伤,可与当归、红花、乳香、没药等同用。

(2) 祛风止痛。用治外感风寒,多与细辛、白芷、荆芥等同用;用治风湿痹痛,常与羌活、独活、当归等配伍。

【用量】马、牛 15～45g;猪、羊 3～10g;犬、猫 1～3g;兔、禽 0.5～1.5g。

【禁忌】阴虚火旺、肝阳上亢及子宫出血忌用。

丹 参

为唇形科植物丹参的干燥根及根茎。切片生用。

【性味、归经】苦,微寒。入心、心包、肝经。

【功效】活血祛瘀,凉血消痈,养血安神。

【主治】(1) 活血祛瘀,可用于多种瘀血为患的病证。用治产后恶露不尽,瘀滞腹痛等,常与桃仁、红花、当归、丹皮、益母草等配伍。

(2) 凉血消痈。用治疮痈肿毒,常与金银花、乳香、穿山甲等同用。

(3) 养血安神。用于温病热入营血,躁动不安等,常与生地、玄参、黄连、麦冬等配伍。

【用量】马、牛 15～45g;骆驼 30～60g;猪、羊 5～10g;犬、猫 3～5g;兔、禽 0.5～1.5g。

【禁忌】反藜芦。

益 母 草

为唇形科植物益母草的新鲜或干燥全草。

【性味、归经】辛、苦,微寒。入肝、心、膀胱经。

【功效】活血祛瘀,利水消肿。

【主治】(1) 有活血祛瘀作用,是治疗胎产疾病的要药。用治产后血瘀腹痛,常与赤芍、当归、木香等同用。

(2) 利水消肿,主要用以消除水肿,常与茯苓、猪苓等配伍。

【用量】马、牛 30～60g;猪、羊 10～30g;犬 5～10g;兔、禽 0.5～1.5g。

【禁忌】孕畜忌用。

三 七

为五加科植物三七的干燥根。打碎或磨末生用。

【性味、归经】甘、微苦,温。入肝,胃经。

【功效】散瘀止血,消肿止痛。

【主治】(1) 本品止血作用良好,又能活血散瘀,有"止血不留瘀"的特点,适用于出血兼有瘀滞肿痛者,可单用,或配伍花蕊石、血余炭等。

(2) 活血散瘀,消肿止痛,为治跌打损伤之要药。可单用,亦可配入制剂,如云南白药即含有本品。

【用量】马、牛 10～30g;骆驼 15～45g;猪、羊 3～6g;犬、猫 1～3g。

桃 仁

为蔷薇科植物桃或山桃的干燥成熟种子。

【性味、归经】甘、苦,平。入肝、肺、大肠经。

【功效】活血祛瘀,润燥滑肠。

【主治】(1) 能活血祛瘀,用于产后瘀血疼痛,常与红花、川芎、延胡索、赤芍等同用;用治跌打损伤,瘀血肿痛,常与酒大黄、穿山甲、红花等配伍。

(2) 润肠通便,用治肠燥便秘,常与柏子仁、火麻仁、杏仁等同用。

【用量】马、牛 15～30g;猪、羊 3～10g。

【禁忌】无瘀滞及孕畜忌用。

红 花

为菊科植物红花的干燥花。生用。

【性味、归经】辛,温。入心、肝经。

【功效】活血通经,祛瘀止痛。

【主治】(1) 本品为活血要药,应用广泛,主要用治产后瘀血疼痛、胎衣不下等,常与桃仁、川芎、当归、赤芍等同用,如桃红四物汤。

(2) 用于跌打损伤、瘀血作痛,可与肉桂、川芎、乳香、草乌等配伍,以增强活血止痛作用。亦可用于痈肿疮疡,常与赤芍、生地、蒲公英等同用,以活血消肿。

【用量】马、牛 15～30g;猪、羊 3～10g;犬 3～5g。

【禁忌】孕畜忌用。

【注】红花有川红花及藏红花两种。藏红花为鸢尾科植物的干燥花柱头。二者均能活血祛瘀,但藏红花性味甘寒,主要有凉血解毒作用,多用于血热毒盛的斑疹等。

牛 膝

为苋科植物牛膝或川牛膝的干燥根。

【性味、归经】苦、酸,平。入肝、肾经。

【功效】活血祛瘀,引血下行,利尿通淋,补肝肾。

【主治】(1) 有活血祛瘀作用,主要用于产后瘀血腹痛、胎衣不下及跌打损伤等,常与红花、川芎等同用。

(2) 引血下行以降上炎之火,适用于衄血、咽喉肿痛、口舌生疮等上部的火热证,常与石膏、知母、麦冬、地黄等配伍。

(3) 利尿通淋,用治热淋涩痛、尿血而有瘀滞者,常与瞿麦、滑石、冬葵子等配伍。

(4) 怀牛膝长于补肝肾,多用于肝肾不足、腰膝痿弱之证,常与熟地、龟板、当归等同用。

【用量】马、牛 20～60g,猪、羊 6～12g;犬、猫 1～3g;兔、禽 0.5～1.5g。

【禁忌】气虚下陷及孕畜忌用。

王 不 留 行

为石竹科植物麦蓝菜的干燥成熟种子。

【性味、归经】苦,平。入肝、胃经。

【功效】活血通经,下乳消肿。

【主治】(1) 有活血通经作用,适用于产后瘀滞疼痛,常与当归、川芎、红花等同用。

(2) 下乳消肿,用治产后乳汁不通,常与穿山甲、通草等配伍,如通乳散;还可用治痈肿疼痛、乳痈等,常与瓜蒌、蒲公英、夏枯草等配伍。

【用量】马、牛 30～100g;猪、羊 15～30g;犬、猫 3～5g。

【禁忌】孕畜忌用。

赤　芍

为毛茛科植物芍药或川赤芍的干燥根。切段生用。

【性味、归经】苦，凉。入肝经。

【功效】凉血活血，消肿止痛。

【主治】(1) 本品有清热凉血作用，用于温病热入营血、发热、舌绛、斑疹以及血热妄行、衄血等，常与生地、丹皮等同用。

(2) 活血祛瘀、止痛，用治跌打损伤、疮痈肿毒等气滞血瘀证，常与丹参、桃仁、红花等同用；治疮痈肿毒，可与当归、金银花、甘草等配伍。

(3) 对肝热上炎，目赤肿痛亦有一定疗效，常与菊花、夏枯草、薄荷等同用。

【用量】马、牛 15～45g；猪、羊 3～10g；犬 5～8g；兔、禽 1～2g。

2. 止血药

白　及

为兰科植物白及的干燥块茎。打碎或切片生用。

【性味、归经】苦、甘、涩，微寒。入肺、胃、肝经。

【功效】收敛止血，消肿生肌。

【主治】(1) 本品性涩而收敛，止血作用良好。主要用于肺、胃出血，可单用，也可配伍阿胶、藕节、生地等同用。还可用治外伤出血。

(2) 消肿生肌。用于疮痈初起未溃者，常配金银花、天花粉、乳香等同用；用治疮疡已溃，久不收口者，研粉外用，有敛疮生肌之效。

【用量】马、牛 25～60g；骆驼 30～80g；猪、羊 6～12g；犬、猫 1～5g；兔、禽 0.5～1.5g。

【禁忌】反乌头。

仙　鹤　草

为蔷薇科植物龙牙草的干燥地上部分。切段生用。

【性味、归经】苦、涩，凉。入肝、肺、脾经。

【功效】收敛止血。

【主治】(1) 本品止血作用较好，用于治疗各种出血证，如衄血、便血、尿血等。可单用，也可与其他止血药，如茜草、侧柏叶、大蓟等同用。

(2) 解毒疗疮，治痢，用治疮痈肿毒，久痢不愈等病证。

【用量】马、牛 15～60g；骆驼 30～100g；猪、羊 10～15g；犬、猫 2～5g；兔、禽 1～1.5g。

大　蓟

为菊科植物蓟的干燥地上部分或根。生用或炒炭用。

【性味、归经】甘，凉。入肝、心经。

【功效】凉血，止血，散痈肿。

【主治】(1) 能凉血，止血，主要用于血热妄行所致的各种出血证。用治衄血、尿血、便血、子宫出血等，常与生地、蒲黄、侧柏、丹皮同用。单用鲜根捣汁服，亦能止血。

(2) 散痈肿，用于治疮痈肿毒。可用鲜品捣服或煎服，并敷患处。

【用量】马、牛 30~60g；猪、羊 10~20g。
【禁忌】虚寒病畜忌用。

小 蓟

为菊科植物小蓟的干燥地上部分。生用或炒炭用。

【性味、归经】甘，凉。入心、肝经。

【功效】凉血止血，散瘀消肿。

【主治】（1）用于治疗各种血热出血证，如尿血、鼻衄及子宫出血等。尤长于治尿血，多与蒲黄、木通、滑石等配伍。大剂量单味用，亦可治热结膀胱的血淋证。

（2）用治热毒疮肿，单味内服或外敷均有疗效。

【用量】马、牛 30~90g；猪、羊 20~40g；犬 5~10g。

地 榆

为蔷薇科植物地榆或长叶地榆的干燥根。生用或炒炭用。

【性味、归经】苦、酸，微寒。入肝、胃、大肠经。

【功效】凉血止血，收敛解毒。

【主治】（1）本品能凉血止血，可用于各种出血证，但以治下焦血热的便血、血痢、子宫出血等最为常用。治便血，常与槐花、侧柏叶等同用，治血痢经久不愈，常与黄连、木香等配伍。

（2）具有凉血、解毒、收敛作用，为治烧烫伤的要药。生地榆研末，麻油调敷，可使渗出减少，疼痛减轻，愈合加速。亦可用于湿疹、皮肤溃烂等。

【用量】马、牛 15~60g；猪、羊 6~12g；兔、禽 1~2g。

【禁忌】虚寒病畜不宜用。

（十）收涩药

凡具有收敛固涩作用，能治疗各种滑脱证的药物，称为收涩药。

滑脱病证，主要表现为子宫脱出、滑精、自汗、盗汗、久泻、久痢、二便失禁、脱肛、久咳虚喘等。由于脱证的表现各异，故本类药物又分为涩肠止泻和敛汗涩精两类。

涩肠止泻药：具有涩肠止泻的作用，适用于脾肾虚寒所致的久泻久痢、二便失禁、脱肛或子宫脱等。敛汗涩精药：具有固肾涩精或缩尿的作用，适用于肾虚气弱所致的自汗、盗汗、阳痿、滑精、尿频等，在应用上常配伍补肾药、补气药。

乌 梅

为蔷薇科植物梅的干燥、成熟果实的加工熏制品。打碎生用。

【性味、归经】酸、涩，平。入肝、脾、肺、大肠经。

【功效】敛肺涩肠，生津止渴，驱虫。

【主治】（1）本品能敛肺止咳，主要用治肺虚久咳，常与款冬花、半夏、杏仁等配伍。

（2）涩肠止泻，用治久泻久痢，常与诃子、黄连等同用，如乌梅散；亦可与党参、白术等配伍应用。

（3）生津止渴，用于虚热所致的口渴贪饮，常与天花粉、麦门冬、葛根等同用。

（4）本品味酸，蛔虫得酸则静，故有安蛔作用，适用于蛔虫引起的腹痛、呕吐等，常与干姜、细辛、黄柏等配伍。

【用量】马、牛 15~30g；猪、羊 6~10g；犬、猫 2~5g；兔、禽 0.6~1.5g。

诃　子

为使君子科植物诃子或绒毛诃子的干燥成熟果实。煨用或生用。

【性味、归经】苦、酸、涩，温。入肺、大肠经。

【功效】涩肠止泻，敛肺止咳。

【主治】（1）本品涩肠止泻，适用于久泻久痢。对痢疾而偏热者，常与黄连、木香、甘草等同用；若泻痢日久，气阴两伤，须与党参、白术、山药等配伍。

（2）敛肺利咽，适用于肺虚咳喘，常与党参、麦冬、五味子等同用；用于肺热咳嗽，可配瓜蒌、百部、贝母、玄参、桔梗等。

本品煨用涩肠，生用清肺。

【用量】牛、马 30~60g；猪、羊 6~10g；犬、猫 1~3g；兔、禽 0.5~1.5g。

【禁忌】泻痢初起者忌用。

肉　豆　蔻

为肉豆蔻科植物肉豆蔻的干燥种仁。又称肉果。煨用。

【性味、归经】辛，温。入脾、胃、大肠经。

【功效】收敛止泻，温中行气。

【主治】（1）本品善温脾胃，长于涩肠止泻，适用于久泻不止或脾肾虚寒引起的久泻。常与补骨脂、吴茱萸、五味子等同用，如四神丸。

（2）温中行气，适用于脾胃虚寒引起的肚腹胀痛和食欲不振，常与木香、半夏、白术、干姜等配伍。

【用量】马、牛 15~30g；猪、羊 5~10g；犬 3~5g。

【禁忌】凡热泻热痢者忌用。

（十一）补虚药

凡能补益机体气血阴阳的不足，治疗各种虚证的药物，称为补虚药。虚证一般分为气虚、血虚、阴虚、阳虚 4 种，故补虚药也分为补气、补血、滋阴、助阳 4 类。

1. 补气药

党　参

为桔梗科植物党参素花党参或川党参的干燥根。生用或蜜炙用。

【性味、归经】甘、平。入脾、肺经。

【功效】补中益气，健脾生津。

【主治】本品为常用的补气药。用于久病气虚、倦怠乏力、肺虚喘促、脾虚泄泻等，常与白术、茯苓、炙甘草等同用，如四君子汤；用于气虚下陷所致的脱肛、子宫脱垂，常与黄芪、白术、升麻等同用，如补中益气汤；用于津伤口渴、肺虚气短，常与麦冬、五味子、生地等同用。

【用量】马、牛 20~60g；猪、羊 5~10g；犬 3~5g；兔、禽 0.5~1.5g。

【禁忌】反藜芦。

黄　芪

为豆科植物膜荚黄芪或蒙古黄芪的干燥根。生用或蜜炙用。

【性味、归经】甘，微温。入脾、肺经。

【功效】补气升阳，固表止汗，托毒生肌，利水退肿。

【主治】（1）黄芪为重要的补气药，适用于脾肺气虚、食少倦怠、气短、泄泻等，常与党参、白术、山药、炙甘草等同用；对气虚下陷引起的脱肛、子宫脱垂等，常与党参、升麻、柴胡等配伍，如补中益气汤。

（2）固表止汗。用于表虚自汗，常与麻黄根、浮小麦、牡蛎等配伍；用于表虚易感风寒等，可与防风、白术同用。

（3）补益元气而托毒，多用于气血不足，疮疡脓成不溃，或溃后久不收口等。如用于疮痈内陷或久溃不敛，可与党参、肉桂、当归等配伍；用于脓成不溃，可与白芷、当归、皂角刺等配伍。

（4）益气健脾，利水消肿。适用于气虚脾弱、尿不利、水湿停滞而成的水肿，常与防己、白术同用。

【用量】马、牛 20～60g；骆驼 30～80g；猪、羊 5～15g；犬 5～10g；兔、禽 1～2g。

【禁忌】阴虚火盛、邪热实证不宜用。

山　药

为薯蓣科植物薯蓣的干燥块茎。切片生用或炒用。

【性味、归经】甘，平。入脾、肺、肾经。

【功效】健脾胃，益肺肾。

【主治】（1）本品性平不燥，作用和缓，为平补脾胃之药，不论脾阳虚或胃阴亏，皆可应用。治脾胃虚弱、减食倦怠、泄泻等，常配党参、白术、茯苓、扁豆等同用。

（2）益肺气，养肺阴，用于肺虚久咳，可配沙参、麦冬、五味子等配伍。

（3）补益肾气，用治肾虚滑精、尿频数等。治肾虚滑精，常与熟地、山萸肉等配伍；治肾虚之尿频数，常与益智仁、桑螵蛸等同用。

【用量】马、牛 30～90g；猪、羊 10～30g；犬 5～15g；兔、禽 1.3～5g。

白　术

为菊科植物白术的干燥根茎。切片生用或炒用。

【性味、归经】甘、苦，温。入脾、胃经。

【功效】补脾益气，燥湿利水，固表止汗。

【主治】（1）本品为补脾益气的重要药物，主要用于脾胃气虚、运化失常所致的食少胀满、倦怠乏力等，常与党参、茯苓等同用，如四君子汤；用于脾胃虚寒、肚腹冷痛、泄泻等，常与党参、干姜等配伍，如理中汤。

（2）健脾燥湿，又能利水，可用于水湿内停或水湿外溢之水肿。治水肿常与茯苓、泽泻等同用，如五苓散。

（3）补气固表，用于表虚自汗，常与黄芪、浮小麦同用。

（4）安胎，治胎动不安，常与当归、白芍、黄芩配伍。

【用量】马、牛 20～60g；骆驼 30～90g；猪、羊 10～15g；犬、猫 1～5g；兔、禽 1～2g。

甘　草

为豆科植物甘草、胀果甘草或光果甘草的干燥根及根茎。切片生用或炙用。

【性味】甘，平。入十二经。

【功效】补中益气，清热解毒，润肺止咳，缓和药性。

【主治】（1）本品炙用则性微温，善于补脾胃，益心气。治脾胃虚弱证，常与党参、白术等同用，如四君子汤。

（2）生用能清热解毒，常用于疮痈肿痛，多与金银花、连翘等清热解毒药配伍；治咽喉肿痛，可与桔梗、牛蒡子等同用；此外，还是中毒的解毒要药。

（3）有甘缓润肺止咳之功，用治咳嗽喘息等，常与化痰止咳药配伍，因其性质平和，肺寒咳喘或肺热咳嗽均可应用。

（4）能缓和某些药物峻烈之性，具有调和诸药的作用，许多处方常配伍本品。

【用量】马、牛 15～60g；骆驼 45～100g；猪、羊 3～10g；犬、猫 1～5g；兔、禽 0.6～3g。

【禁忌】湿盛中满者不宜用。反大戟、甘遂、芫花、海藻。

2. 补血药

当　归

为伞形科植物当归的干燥根。切片生用或酒炒用。

【性味、归经】甘、辛、苦，温。入肝、脾、心经。

【功效】补血和血，活血止痛，润肠通便。

【主治】（1）本品善能补血，又能活血，用于体弱血虚证，常与黄芪、党参、熟地等配伍。

（2）活血止痛，多用于跌打损伤、痈肿血滞疼痛、风湿痹痛等。治损伤瘀痛，可与红花、桃仁、乳香等配伍；治痈肿疼痛，可与金银花、牡丹皮、赤芍等配伍；治产后瘀血疼痛，可与益母草、川芎、桃仁等同用；治风湿痹痛，可与羌活、独活、秦艽等祛风湿药配伍。

（3）润肠通便，多用于阴虚或血虚的肠燥便秘，常与麻仁、杏仁、肉苁蓉等配伍。

【用量】马、牛 15～60g；骆驼 35～75g；猪、羊 10～15g；犬、猫 2～5g；兔、禽 1～2g。

【禁忌】阴虚内热者不宜用。

白　芍

为毛茛科植物芍药的干燥根。切片生用或炒用。

【性味、归经】苦、酸，微寒。入肝经。

【功效】平抑肝阳，柔肝止痛，敛阴养血。

【主治】（1）本品有平抑肝阳，敛阴养血作用，适用于肝阴不足、肝阳上亢、躁动不安等，常与石决明、生地黄、女贞子等配伍。

（2）柔肝止痛，主要用于肝旺乘脾所致的腹痛，常与甘草同用。

（3）养血敛阴，适用于血虚或阴虚盗汗等，常与当归、地黄等配伍。

【用量】马、牛 15～60g；骆驼 30～100g；猪、羊 6～15g；犬、猫 1～5g；兔、禽 1～2g。

【禁忌】反藜芦。

阿　胶

为马科动物驴的皮熬煮加工而成的胶块。溶化冲服或炒珠用。

【性味、归经】甘，平。入肺、肾、肝经。

【功效】补血止血，滋阴润肺，安胎。

【主治】（1）本品补血作用较佳，为治血虚的要药，用于血虚体弱，常与当归、黄芪、熟地等配伍。

（2）又有显著的止血作用，适用于多种出血证。配伍白及，可治肺出血；配伍生地、旱莲草、仙鹤草、茅根等，治衄血；配伍艾叶、生地、当归等，治子宫出血；配伍槐花、地榆等，治便血。

（3）滋阴润燥，用于妊娠胎动、下血，可与艾叶配伍。

【用量】马、牛 15~60g；猪、羊 10~15g；犬 5~8g。

【禁忌】内有瘀滞及有表证者不宜用。

熟 地 黄

为玄参科植物地黄的块根，经加工炮制而成。切片用。

【性味、归经】甘，微温。入心、肝、肾经。

【功效】补血滋阴。

【主治】（1）本品为补血要药，用于血虚诸证。治血虚体弱，常与当归、川芎、白芍等同用，如四物汤。

（2）又为滋阴要药，用于肝肾阴虚所致的潮热、出汗、滑精等，常与山茱萸、山药等配伍，如六味地黄丸。

【用量】马、牛 30~60g；猪、羊 5~15g；犬 3~5g。

【禁忌】脾虚湿盛者忌用。

何 首 乌

为蓼科植物何首乌的干燥块根。生用或制用。

【性味、归经】甘、苦、涩，微温。入肝、肾经。

【功效】制首乌：补肝肾，益精血；生首乌：通便，解疮毒。

【主治】（1）制首乌有补肝肾、益精血的功效，常用于阴虚血少、腰膝痿弱等，多与熟地、枸杞子、菟丝子等配伍。

（2）生首乌能通便泻下，适用于弱畜及老年患畜之便秘，常与当归、肉苁蓉、麻仁等同用。

（3）生用还能散结解毒，用治瘰疬、疮疡、皮肤瘙痒等，常与玄参、紫花地丁、天花粉等同用。

【用量】马、牛 30~90g；猪、羊 10~15g；犬、猫 2~6g；兔、禽 1~3g。

【禁忌】脾虚湿盛者不宜用。

3. 助阳药

巴 戟 天

为茜草科植物巴戟天的干燥根。生用或盐炒用。

【性味、归经】辛、甘，微温。入肝、肾经。

【功效】补肾阳，强筋骨，祛风湿。

【主治】（1）本品能补肾助阳。主要用治肾虚阳痿、滑精早泄等，常与肉苁蓉、补骨脂、胡芦巴等同用，如巴戟散。

（2）强筋壮骨。用治肾虚骨痿，运步困难，腰膝疼痛等，常与杜仲、续断、菟丝子等配伍；用治肾阳虚的风湿痹痛，可与续断、淫羊藿及祛风湿药配伍。

【用量】马、牛 15～30g；猪、羊 5～10g；犬、猫 1～5g；兔、禽 0.5～1.5g。

【禁忌】阴虚火旺者不宜用。

肉 苁 蓉

为列当科植物肉苁蓉的干燥带鳞叶的肉质茎。

【性味、归经】甘、咸，温。入肾、大肠经。

【功效】补肾壮阳，润肠通便。

【主治】（1）本品补肾阳，温而不燥，补而不峻，是性质温和的滋补强壮药。主要用于肾虚阳痿、滑精早泄及肝肾不足、筋骨痿弱、腰膝疼痛等，常与熟地、菟丝子、五味子、山茱萸等同用。

（2）润肠通便，适用于老弱血虚及病后、产后津液不足、肠燥便秘等，常与麻仁、柏子仁、当归等配伍。

【用量】马、牛 15～45g；猪、羊 5～10g；犬 3～5g；兔、禽 1～2g。

【禁忌】阴虚火盛、脾虚便溏者忌用。

淫 羊 藿

为小檗科植物淫羊藿、箭叶淫羊藿、柔毛淫羊藿、巫山淫羊藿、朝鲜淫羊藿的干燥茎叶。切段生用。

【性味、归经】辛，温。入肾经。

【功效】补肾壮阳，强筋骨，祛风除湿。

【主治】（1）本品有补肾壮阳的功能，主要用于肾阳不足所致的阳痿、滑精、尿频、腰膝冷痛、肢冷恶寒等，常与仙茅、山茱萸、肉苁蓉等补肾药同用，以加强药效。

（2）强筋骨、祛风湿，适用于风湿痹痛、四肢不利、筋骨痿弱、四肢瘫痪等，常与威灵仙、独活、肉桂、当归、川芎等配伍。

【用量】马、牛 15～30g；猪、羊 10～15g；犬 3～5g；兔、禽 0.5～1.5g。

补 骨 脂

为豆科植物补骨脂的干燥成熟果实，又称破故纸。

【性味、归经】辛、苦，大温。入脾、肾经。

【功效】温肾壮阳，止泻。

【主治】（1）本品为温性较强的补阳药，能助命门之火，用于肾阳不振的阳痿、滑精、腰胯冷痛及尿频等，常与淫羊藿、菟丝子、熟地等助阳益阴药配伍。

（2）有止泻作用，因其既能补肾阳，又能温脾阳，故常用于脾肾阳虚引起的泄泻，多与肉豆蔻、吴茱萸、五味子等同用，如四神丸。

【用量】马、牛 15～45g；猪、羊 5～10g；犬 2～5g；兔、禽 1～2g。

【禁忌】阴虚火旺、粪便秘结者忌用。

杜 仲

为杜仲科植物杜仲的干燥树皮。切丝生用或酒炒、盐炒用。

【性味、归经】甘、微辛，温。入肝、肾经。

【功效】补肝肾，强筋骨，安胎。

【主治】（1）本品能补肝肾，强筋健骨。主要用于腰胯无力、阳痿、尿频等肾阳虚证，常与补骨脂、菟丝子、枸杞子、熟地、山茱萸、牛膝等同用；又可配伍祛风湿药治久患风湿、麻木痹痛。

(2) 安胎。对孕畜体虚、肝肾亏损所致的胎动不安，常与续断、阿胶、白术、党参、砂仁、艾叶等同用。

【用量】马、牛 15～60g；猪、羊 5～10g；犬 3～5g。

【禁忌】阴虚火旺者不宜用。

续　　断

为川续断科植物川续断的干燥根。生用、酒炒或盐炒用。

【性味、归经】苦，温。入肝、肾经。

【功效】补肝肾，强筋骨，续伤折，安胎。

【主治】(1) 本品能补肝肾而强筋骨，又能通血脉，故常用于肝肾不足、血脉不利所致的腰胯疼痛及风湿痹痛，常与杜仲、牛膝、桑寄生等同用。

(2) 通利血脉，接骨疗伤，为伤科常用药。治跌打损伤或骨折，常与骨碎补、当归、赤芍、红花等同用。

(3) 既补肝肾又能安胎，常配伍阿胶、艾叶、熟地等治胎动不安。

【用量】马、牛 25～60g；猪、羊 5～15g；兔、禽 1～2g。

【禁忌】阴虚火旺者忌用。

菟　丝　子

为旋花科植物菟丝子的干燥成熟种子。生用或盐水炒用。

【性味、归经】甘、辛，微温。入肝、肾经。

【功效】补肝肾，益精髓。

【主治】(1) 本品为补肝肾常用药，既补阳，又益阴，适用于肾虚阳痿、滑精、尿频数、子宫出血等，常与枸杞子、覆盆子、五味子等配伍；又用于肝肾不足所致的目疾等，常与熟地、枸杞子、车前子等同用。

(2) 补肾止泻，主要用于脾肾虚弱、粪便溏泄等，常与茯苓、山药、白术等同用。

【用量】马、牛 15～45g；猪、羊 5～15g。

4. 滋阴药

沙　　参

为桔梗科植物轮叶沙参、沙参或伞形科植物珊瑚菜等的干燥根。

【性味、归经】甘，凉。入肺、胃经。

【功效】润肺止咳，养胃生津。

【主治】两种沙参作用相似，但北沙参养阴作用较强，而南沙参祛痰作用较好。

(1) 本品能清肺热、养肺阴，并能益气祛痰，常用于久咳肺虚及热伤肺阴干咳少痰等，常与麦冬、天花粉等配伍。

(2) 养胃阴，可用于热病后或久病伤阴所致的口干舌燥、便秘、舌红脉数等，常与麦冬、玉竹等养阴生津药配用。

【用量】马、牛 30～60g；猪、羊 10～15g；犬、猫 2～5g；兔、禽 1～2g。

【禁忌】肺寒湿痰咳嗽者不宜用。反藜芦。

天　冬

为百合科植物天门冬的干燥块根。生用或酒蒸用。

【性味、归经】 甘、微苦，寒。入肺、肾经。

【功效】 养阴清热，润肺滋肾。

【主治】（1）能清肺化痰，可用于干咳少痰的肺虚热证，常与麦冬、川贝等配伍，治阴虚内热、口干痰稠者，可与沙参、百合、花粉等配伍。

（2）滋肾阴、润燥通便，可用于肺肾阴虚、津少口渴等，常与生地、党参等同用。治温病后期肠燥便秘，可与玄参、生地、火麻仁等配伍。

【用量】 马、牛 30～60g；猪、羊 10～15g；犬、猫 1～3g；兔、禽 0.5～2g。

【禁忌】 寒咳痰多、脾虚便溏者不宜用。

麦　冬

为百合科植物麦冬的干燥块根。生用。

【性味、归经】 甘、微苦，凉。入肺、胃、心经。

【功效】 清心润肺，养胃生津。

【主治】（1）本品清热养阴，润肺止咳作用与天冬相似，适用于阴虚内热、干咳少痰等，常与天冬、生地等配伍。

（2）养胃生津，适用于阴虚内热或热病伤津、口渴贪饮、肠燥便秘等，常与生地、玄参等配伍，如增液汤。此外，在凉血清心和养心安神的处方中，亦常加入本品。

【用量】 马、牛 20～60g；猪、羊 10～15g；犬 5～8g；兔、禽 0.6～1.5g。

【禁忌】 寒咳多痰、脾虚便溏者不宜用。

女 贞 子

为木犀科植物女贞的干燥成熟果实。生用或蒸用。

【性味、归经】 甘、微苦，平。入肝、肾经。

【功效】 滋阴补肾，养肝明目。

【主治】 本品长于益肝肾之阴，以强腰膝、明目，故常用于肝肾阴虚所致的腰胯无力、眼目不明、滑精等，常与枸杞子、菟丝子、熟地、菊花等同用；用于阴虚发热可与旱莲草、白芍、熟地等配伍。

【用量】 马、牛 15～60g；猪、羊 6～12g；犬 3～6g。

【禁忌】 脾虚泄泻及阳虚者忌用。

枸 杞 子

为茄科植物宁夏枸杞的干燥成熟果实。生用。

【性味、归经】 甘，平。入肝、肾经。

【功效】 养阴补血，益精明目。

【主治】（1）本品为滋阴补血的常用药，对于肝肾亏虚、精血不足、腰胯乏力等，常与菟丝子、熟地、山萸肉、山药等同用。

（2）益精明目，用于肝肾不足所致的视力减退、眼目昏暗、瞳孔散大等，常与菊花、熟地、山萸肉等配伍，如杞菊地黄丸。

【用量】 马、牛 30～60g；猪、羊 10～15g；犬 5～8g。

【禁忌】 脾虚湿滞、内有实热者不宜用。

（十二）平肝药

凡能清肝热、息肝风的药物，称为平肝药。肝藏血，主筋，外应于目。故当肝受风热外邪侵袭时，表现目赤肿痛，羞明流泪，甚至云翳遮睛等症状；当肝风内动时，可引起四肢抽搐，角弓反张，甚至卒然倒地。根据疗效，本类药物可分为平肝明目和平肝息风两类。

1. 平肝明目药

石 决 明

为鲍科动物杂色鲍或皱纹盘鲍的贝壳。打碎生用或煅后碾碎用。

【性味、归经】咸，平。入肝经。

【功效】平肝潜阳，清肝明目。

【主治】（1）本品善于平肝潜阳，适用于肝肾阴虚、肝阳上亢所致的目赤肿痛，常与生地、白芍、菊花等配伍。

（2）为平肝明目的要药，适用于肝热实证所致的目赤肿痛、羞明流泪等，常与夏枯草、菊花、钩藤等同用；治目赤翳障，多与密蒙花、夜明砂、蝉蜕等同用。

【用量】马、牛 30～60g；骆驼 45～100g；猪、羊 15～25g；犬、猫 3～5g；兔、禽 1～2g。

决 明 子

为豆科植物决明或小决明的干燥成熟种子。生用或炒用。

【性味、归经】甘，苦，微寒。入肝、大肠经。

【功效】清肝明目，润肠通便。

【主治】（1）本品有清肝明目作用，对肝热或风热引起的目赤肿痛、羞明流泪，可单用煎服或与龙胆、夏枯草、菊花、黄芩等配伍。

（2）润肠通便，用于粪便燥结，可单用或与蜂蜜配伍。

【用量】马、牛 20～60g；猪、羊 10～15g；犬 5～8g；兔、禽 1.3～5g。

【禁忌】泄泻者忌用。

2. 平肝息风药

天 麻

为兰科植物天麻的干燥块茎。生用。

【性味、归经】甘，微温。入肝经。

【功效】平肝息风，镇痉止痛。

【主治】本品有息风止痉作用，适用于肝风内动所致抽搐拘挛之证，可与钩藤、全蝎、川芎、白芍等配伍；若用于破伤风可与天南星、僵蚕、全蝎等同用，如千金散；用治偏瘫、麻木等，可与牛膝、桑寄生等配伍；用治风湿痹痛，常与秦艽、牛膝、独活、杜仲等配伍。

【用量】马、牛 20～45g；猪、羊 6～10g；犬、猫 1～3g。

【禁忌】阴虚者忌用。

全 蝎

为钳蝎科动物东亚钳蝎的干燥体，又称全虫。生用、酒洗用或制用。

【性味、归经】辛，甘，平。有毒。入肝经。

【功效】息风止痉，解毒散结，通络止痛。

【主治】（1）本品为息风止痉的要药。用治惊痫及破伤风等，常与蜈蚣、钩藤、僵蚕等同用；用治中风口眼歪斜之证，常与白附子、白僵蚕等配伍。

（2）解毒散结，治恶疮肿毒，用麻油煎全蝎、栀子加黄蜡为膏，敷于患处。

（3）通络止痛，用治风湿痹痛，常与蜈蚣、僵蚕、川芎、羌活等配伍。

【用量】马、牛 15～30g；猪、羊 3～9g；犬、猫 1～3g；兔、禽 0.5～1g。

【禁忌】血虚生风者忌用。

蔓 荆 子

为马鞭草科植物蔓荆或单叶蔓荆的干燥成熟果实。生用、炒用或蒸用。

【性味、归经】辛、苦，微寒。入肺、膀胱、肝经。

【功效】散风热，清头目。

【主治】（1）本品主散头部风热，适用于目赤多泪等外感风热证，常与防风、菊花、草决明等配伍。

（2）用治风湿痹痛、肢体拘挛等，常与秦艽、防风、木瓜等同用。

【用量】马、牛 15～45g；猪、羊 5～10g；兔、禽 0.5～2.5g。

地 龙

为钜蚓科动物参环毛蚓、通俗环毛蚓、栉盲环毛蚓或威廉环毛蚓等的干燥体。

【性味、归经】咸，寒。入脾、胃、肝、肾经。

【功效】息风，清热，活络，平喘，利尿。

【主治】（1）息风止痉，又善清热。适用于热病狂躁、痉挛抽搐等，可与全蝎、钩藤、僵蚕等配伍。

（2）有活络作用。用治风湿痹痛，可与天南星、川乌、草乌等配伍。

（3）平喘，利尿。用治肺热喘息，可与麻黄、杏仁等同用；用治热结膀胱、尿不利以及水肿等，常与车前子、冬瓜等配伍。

【用量】马、牛 30～60g；猪、羊 10～15g；犬、猫 1～3g；兔、禽 0.5～1g。

【禁忌】非热证者忌用。

（十三）安神开窍药

凡具有安神、开窍性能，治疗心神不宁，窍闭神昏病证的药物，称为安神开窍药。由于药物性质及功用的不同，故本类药又分为安神药与开窍药两类。

1. 安神药

朱 砂

为硫化物类矿物辰砂族辰砂，主含硫化汞（HgS），又称丹砂。研末或水飞用。

【性味、归经】甘，凉。有毒。入心经。

【功效】镇心安神，定惊解毒。

【主治】（1）本品有镇心安神的作用。用于心火上炎所致躁动不安、惊痫等，常与黄连、茯神同用，如朱砂散，可使心热得清，邪火被制，则心神安宁；若用治因心虚血少所致的心神不宁，尚需配伍熟地、当归、酸枣仁等，以补心血，安心神。

（2）朱砂外用有良好的解毒作用，主要用于疮疡肿毒，常与雄黄配伍外用；治口舌生疮、咽喉肿痛，多与冰片、硼砂等研末吹喉。

【用量】马、牛 3～6g；猪、羊 0.3～1.5g；犬 0.05～0.45g。

【禁忌】忌用火煅。

酸 枣 仁

为鼠李科植物酸枣的干燥成熟种子。生用或炒用。

【性味、归经】甘、酸，平。入心、肝经。

【功效】养心安神，益阴敛汗。

【主治】(1) 本品养心阴、益肝血而安神，主要用于心肝血虚不能滋养，以致虚火上炎，出现躁动不安等，常与党参、熟地、柏子仁、茯苓、丹参等同用。

(2) 敛汗益阴，常用治虚汗，多与山茱萸、白芍、五味子或牡蛎、麻黄根、浮小麦等配伍。

【用量】马、牛 20～60g；猪、羊 5～10g；犬 3～5g；兔、禽 1～2g。

柏 子 仁

为柏科植物侧柏的干燥成熟种仁。生用。

【性味、归经】甘、平。入心、肝、肾经。

【功效】养心安神，润肠通便。

【主治】(1) 本品有与酸枣仁相似的作用，常用于血不养心引起的心神不宁等，常与酸枣仁、远志、熟地、茯神等同用。

(2) 柏子仁油多质润，具有润肠通便作用，适用于阴虚血少及产后血虚的肠燥便秘，常与火麻仁、郁李仁等配伍。

【用量】马、牛 30～60g；骆驼 40～80g；猪、羊 10～20g；犬 5～10g。

远 志

为远志科植物远志或卵叶远志的根或根皮。生用或炙用。

【性味、归经】辛、苦，微温。入心、肺经。

【功效】宁心安神，祛痰开窍，消痈肿。

【主治】(1) 用于心神不宁、躁动不安，常与朱砂、茯神等配伍。

(2) 祛痰开窍，可治痰阻心窍所致的狂躁、惊痫等，常与菖蒲、郁金等同用。咳嗽而痰多难咯者，用本品可使痰液稀释易于咯出，常与杏仁、桔梗等同用。

(3) 消散痈肿，用于痈疽疔毒、乳房肿痛，单用为末加酒灌服，外用调敷患处。

【用量】马、牛 10～30g；骆驼 45～90g；猪、羊 5～10g；犬 3～6g；兔、禽 0.5～1.5g。

【禁忌】有胃炎者慎用。

2. 开窍药

石 菖 蒲

为天南星科植物石菖蒲的干燥根茎。切片生用。

【性味、归经】辛，温。入心、肝、胃经。

【功效】宣窍豁痰，化湿和中。

【主治】(1) 有芳香开窍的作用，用于痰湿蒙蔽清窍、清阳不升所致的神昏、癫狂，常与远志、茯神、郁金等配伍。

(2) 芳香化湿又能健胃，常用于湿困脾胃、食欲不振、肚腹胀满等，常与香附、郁金、藿香、陈皮、厚朴等同用。

【用量】马、牛 20～45g；骆驼 30～60g；猪、羊 10～15g；犬、猫 3～5g；兔、禽 1～1.5g。

皂 角

为豆科植物皂荚的干燥成熟果实。打碎生用。

【性味、归经】辛，温。有小毒。入肺、大肠经。

【功效】豁痰开窍，消肿排脓。

【主治】本品辛散走窜，有强烈的祛痰作用。主要用于顽痰、结痰或风痰阻闭、猝然倒地的病证，常配细辛、天南星、半夏、薄荷、雄黄等研末吹鼻，促使通窍苏醒；还有消肿散毒之效，外用治恶疮肿毒（破溃疮禁用）。

【用量】马、牛 20～40g；猪、羊 5～10g；犬 1.3～5g。

【禁忌】孕畜及体虚者不宜用。用量过大，可引起呕吐或腹泻。

牛 黄

为牛科动物牛的干燥胆囊结石。研细末用。

【性味、归经】苦、甘，凉。入心、肝经。

【功效】豁痰开窍，清热解毒，息风定惊。

【主治】（1）本品能化痰开窍，兼能清热，适用于热病神昏、痰迷心窍所致的癫痫、狂乱等，多与麝香、冰片等配伍。

（2）清热解毒，适用于热毒郁结所致的咽喉肿痛、口舌生疮、痈疽疔毒等，常与黄连、麝香、雄黄等同用。

（3）息风止痉，用于温病高热引起的痉挛抽搐等，常与朱砂、水牛角等配伍。

【用量】马、牛 3～12g；猪、羊 0.6～2.4g；犬 0.3～1.2g。

【禁忌】脾胃虚弱及孕畜不宜用，无实热者忌用。

（十四）驱虫药

凡能驱除或杀灭畜、禽体内、外寄生虫的药物，称为驱虫药。

雷 丸

为白蘑科真菌雷丸的干燥菌核。多寄生于竹的枯根上。切片生用或研粉用，不宜煎煮。

【性味、归经】苦，寒。有小毒。入胃、大肠经。

【功效】杀虫。

【主治】有杀虫作用，以驱杀绦虫为主，亦能驱杀蛔虫、钩虫。使用时可以单用或与槟榔、牵牛子、木香等同用，如万应散。

【用量】马、牛 30～60g；骆驼 45～90g；猪、羊 10～20g。

使 君 子

为使君子科植物使君子的干燥成熟果实。打碎生用或去壳取仁炒用。

【性味、归经】甘，温。入脾、胃经。

【功效】杀虫消积。

【主治】本品为驱杀蛔虫要药，也可用治蛲虫病，可单用或配槟榔、鹤虱等同用，如化虫汤；外用可治疥癣。

【用量】马、牛 30～90g；猪、羊 10～20g；犬 5～10g；兔、禽 1.5～2g。

川 楝 子

为楝科植物川楝的干燥成熟果实。又称金铃子。生用或炒用。

【性味、归经】苦，寒。有小毒。入肝、心包、小肠、膀胱经。

【功效】杀虫，理气，止痛。

【主治】用于驱杀蛔虫、蛲虫，常与使君子、槟榔等同用，但本品驱虫之力不及苦楝根皮，故少用于驱虫；因能理气止痛，主要用于湿热气滞所致的肚腹胀痛，常与延胡索、木香等同用。

【用量】马、牛15～45g；骆驼40～70g；猪、羊5～10g；犬3～5g。

南 瓜 子

为葫芦科植物南瓜的干燥成熟种子。研末生用。

【性味、归经】甘，平。入胃、大肠经。

【功效】驱虫。

【主治】用于驱杀绦虫，可单用，但与槟榔同用，疗效更好。也可用于血吸虫病。

【用量】马、牛60～150g；猪、羊60～90g；犬、猫5～10g。

石 榴 皮

为安石榴科植物石榴的干燥果皮。生用。

【性味、归经】酸、涩，温。入大肠经。

【功效】杀虫，止泻。

【主治】（1）能驱杀蛔虫、绦虫、蛲虫，可与槟榔配伍。

（2）涩肠止泻，适用于久泻久痢、便血及脱肛等。用治久泻、脱肛，常与黄芪、白术、升麻等同用；用治久痢而湿热邪气未尽者，应配伍黄连、黄柏等，清热燥湿，以免留邪。

【用量】马、牛20～40g；猪、羊10～15g。

贯 众

为鳞毛蕨科植物粗茎毛蕨的干燥根茎及叶柄残基。又称绵马贯众。

【性味、归经】苦，寒。有小毒。入肝、胃经。

【功效】杀虫，清热解毒。

【主治】用于驱杀绦虫、蛲虫、钩虫，可与芜荑、百部等同用；用于湿热毒疮，时行瘟疫等，可单用或配伍应用。还可用于外治疥癣。

【用量】马、牛30～90g；猪、羊3～10g。

【禁忌】肝病、贫血、衰老病畜及孕畜忌用。

常 山

为虎耳草科植物常山的干燥根。晒干切片，生用或酒炒用。

【性味、归经】苦、辛，寒。有小毒。入肝、肺经。

【功效】截疟，杀虫，解热。

【主治】本品是抗疟专药，除杀灭疟原虫外并杀球虫，故能治鸡疟、鸭疟及鸡、兔球虫病。还可退热。

【用量】马、牛30～60g；猪、羊10～15g；兔、禽0.3～5g。

（十五）外用药

凡以外用为主，通过涂敷、喷洗形式治疗家畜外科疾病的药物，称为外用药。外用药一般具有杀虫解毒、消肿止痛、去腐生肌、收敛止血等功用。临床多用于疮疡肿毒、跌打损伤、疥癣等病症。由于疾病发生部位及症状不同，用药方法也各异，如内服、外敷、喷射、熏洗、浸浴等。

冰 片

为菊科植物大风艾的鲜叶经蒸馏、冷却所得的结晶品，或以松节油、樟脑为原料化学方法合成。

【性味、归经】 辛、苦，微寒。入心、肝、脾、肺经。

【功效】 宣窍除痰，消肿止痛。

【主治】（1）本品为芳香走窜之药，内服有开窍醒脑之效，适用于神昏、痉厥诸证，但效力不及麝香，二者常配伍应用，如安宫牛黄丸。

（2）外用有清热止痛、防腐止痒之效，常用于各种疮疡、咽喉肿痛、口舌生疮及目疾等。治咽喉肿痛，常与硼砂、朱砂、玄明粉等配伍，如冰硼散；用于目赤肿痛，可单用点眼。

【用量】 入丸、散剂用，不宜煎煮。马、牛 3～6g；猪、羊 1～1.5g；犬 0.5～0.75g。

雄 黄

为硫化物类矿物雄黄族雄黄，主含二硫化二砷（As_2S_2）。

【性味、归经】 辛，温。有毒。入肝、胃经。

【功效】 杀虫解毒。

【主治】 有解毒和止痒作用，外用治各种恶疮疥癣及毒蛇咬伤。如治疥癣，可研末外撒或制成油剂外涂；用治湿疹，可同煅白矾研末外撒；本品与五灵脂为末，酒调 2～3g，并以药末涂患处，可治毒蛇咬伤。

【用量】 马、牛 5～15g；骆驼 10～15g；猪、羊 0.5～1.5g；犬 0.05～0.15g；兔、禽 0.03～0.1g。

【禁忌】 孕畜禁用。

白 矾

为硫酸盐类矿物明矾石经加工炼制而成，主含含水硫酸铝钾 $[KAl(SO_4)_2 \cdot 12H_2O]$。又称明矾。生用或煅用，煅后称枯矾。

【性味、归经】 涩、酸，寒。入脾经。

【功效】 杀虫，止痒，燥湿祛痰，止血止泻。

【主治】（1）有解毒杀虫之功，外用枯矾，收湿止痒更好，主要用于痈肿疮毒，湿疹疥癣，口舌生疮等。治痈肿疮毒，常配伍等分雄黄，浓茶调敷；治湿疹疥癣，多与硫黄、冰片同用；治口舌生疮，可与冰片同用，研末外搽。

（2）内服多用生白矾，有较强的祛痰作用，用于风痰壅盛或癫痫等。如治风痰壅盛，喉中声如拉锯，常配伍半夏、牙皂、甘草、姜汁灌服；治癫痫痰盛，则以白矾、牙皂为末，温水调灌。

（3）收敛止血，可用于久泻不止，单用或与五倍子、诃子、五味子等同用；用于止血，常与儿茶配伍。

【用量】 内服生用，外治多煅用。马、牛 15～30g；骆驼 30～45g；猪、羊 5～10g；犬、猫 1～3g；兔、禽 0.5～1g。

硼 砂

为硼砂矿经精制而成的结晶。

【性味、归经】 甘、咸，凉。入肺、胃经。

【功效】 解毒防腐，清热化痰。

【主治】（1）外用有良好的清热和解毒防腐作用，主要用于口舌生疮、咽喉肿痛、目赤肿痛等。治口舌生疮、咽喉肿痛，常与冰片、玄明粉、朱砂等配伍；也可单味制成洗眼剂，用治目赤肿痛。

（2）内服能清热化痰。主要用于肺热咳嗽、痰液黏稠之证，常与瓜蒌、青黛、贝母等同用，以增强清热化痰之效。

【用量】马、牛 15～30g；猪、羊 2～5g。

（十六）饲料添加中药

1. 饲料添加中药的作用与分类

（1）理气消食、助脾健胃类，如陈皮、神曲、麦芽等。

（2）清热解毒、杀菌抗菌类，如金银花、柴胡、苦参等。

（3）活血解瘀、旺盛血循、促进新陈代谢类，如当归、红花、益母草、川芎、五加皮等。

（4）补气壮阳、养血滋阴类，如黄芪、党参、菟丝子、白首乌、女贞子、肉芯蓉等。

（5）安神定惊、开窍行气类，如远志、石菖蒲、柏仁、酸枣仁、合欢皮等。

（6）驱虫除积类，如槟榔、使君、钩吻、百部等。

2. 饲料添加中药的特性

（1）天然、毒副作用小。中草药取自动物、植物、矿物及其产品，保持了各种结构成分的自然状态和生物活性，用于饲料添加剂的中草药所含成分均为生物有机物，经过人和动物体的长期实践筛选保留了对人和动物体有益无害和最易被接受的外源精华物质。即使是用于预防疾病的有毒中草药，经自然炮制和科学配伍会使毒性减弱或消除。

（2）多功能性。中草药是复杂的有机体，本身的多种成分，并加以合理组合，形成了整体协调统一的、独特的多能性。

（3）增强免疫作用。中草药中的多糖类、有机酸类、生物碱类、甙类和挥发油类，可增强机体的体液或细胞免疫能力。

（4）双向调节作用。有些中草药具有对动物某一脏腑的不同功能状态，进行调整的作用。即处于亢进时可调节至正常，处于抑制时可调至兴奋。

（5）营养作用。中草药一般均含有蛋白质、脂肪、糖类、维生素、矿物质、微量元素等营养成分，虽然多数含量较低，但却可能起到一定的营养作用和成为动物机体所需的营养成分。

（6）维生素样作用。某些中草药本身不含维生素成分，但却能起到某一种维生素的功能作用。

（7）激素样作用。中草药本身不是激素，但可起到与激素相似的作用，并可减轻、防止或消除外源激素的毒副作用。

（8）抗微生物作用。许多中草药具有抗细菌和病毒等作用，且具有无毒副或残留和抗药性等优势，以及具有调动机体非特异性抗微生物的一切积极因素，全方位杀灭病原微生物的特点。

（9）复合作用。中草药在配伍中讲究四气、五味、升降浮沉和七情、十八反等宝贵经验，并形成规律；多味复合后，可取长补短，使作用大大加强。

模块四

临床诊疗技术

单元一 动物的接近与保定

一、动物的接近

1. 牛的接近 轻轻唤醒牛，从其正前方或正后方接近。

2. 羊、猪的接近 从前方接近时抓住羊角或猪耳，从后方接近时抓住尾部，对于卧地的动物可在腹部轻轻抓痒，使其安静后再进行检查。

3. 犬、猫的接近 在主人或饲养人员的协助下，轻轻呼唤犬、猫名字，从其前方或前侧方接近，以温柔的方式轻轻抚摸其额头部、颈部、胸腰两侧及背部，然后进行检查和治疗。

4. 注意事项

（1）接近动物前应事先向动物主人或有关人员了解动物有无恶癖，以做到心中有数，提前防范。

（2）检查者应熟悉各种动物的习性，特别是异常表现（如牛低头凝视、前肢刨地，犬、猫龇牙咧嘴、鸣叫等），以便及时采取相应措施。

（3）接近动物时，应首先用温和的声音向动物打招呼，然后再缓缓接近动物。

（4）接近后，可用手轻轻抚摸病畜的颈侧或臀部，待其安静后，再行检查。对猪，在其腹下部用手轻轻搔痒，使其静立或卧下，然后进行检查。

（5）检查大动物时，应将一只手放于病畜的肩部或髋结节部，一旦病畜有剧烈骚动或抵抗时，即可作为支点迅速向对侧推动离开。

（6）在接近被检动物前应了解患病动物发病前后的临床表现，初步估计病情，防止人畜共患传染病的接触传染。

二、动物的保定

动物在接触生人或环境改变时，往往惊恐不安，为了顺利进行临床诊疗，必须对动物施以适当的人为控制，以保障人与动物的安全。临床检查应在自然状态下进行，特殊需要时，视动物个体情况采取一些必要保定措施。

（一）保定中常用的绳结法

1. 单活结 一手持绳并将绳在另一只手上绕一周，然后用被绳缠绕的手握住绳的另一端并将其经绳环处拉出即可（图4-1）。

2. 双活结 两手握绳右转至两手相对，此时绳子形成两个圈，再使两圈并拢，左手圈通过右手圈，右手圈通过左手圈，然后两手分别向相反的方向拉绳，即可形成两个套圈（图4-2）。

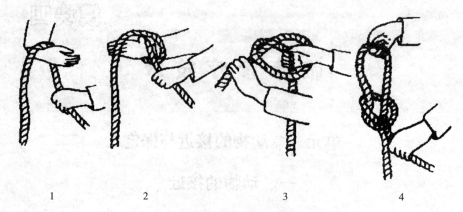

图 4-1 单活结（1~4 为打单活结的步骤）

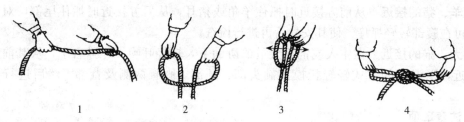

图 4-2 双活结（1~4 为打双活结的步骤）

3. 拴马结 左手握持缰绳游离端，右手握持缰绳在左手上绕成一个小圈套，将左手小圈套从大圈套内向上向后拉出，同时换右手拉缰绳的游离端，把游离端做成小套穿入左手所拉的小圈内，然后抽出左手，拉紧缰绳的近端即成（图 4-3）。

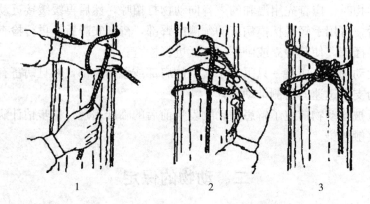

图 4-3 拴马结（1~3 为打拴马结步骤）

4. 猪蹄结 将绳端绕于柱上后，再绕一圈，两绳端压于圈的里边，一端向左，一端向右，或者两手交叉握绳，两手转动即形成两个圈的猪蹄结（图 4-4）。

（二）保定方法

1. 牛的保定

（1）徒手保定。一手握牛角基部，另一手提鼻绳、鼻环或用拇指与食指、中指捏住鼻中隔即可固定（图 4-5）。适用于一般检查、灌药、肌内注射及静脉注射等。

（2）鼻钳保定。鼻钳经两鼻孔夹紧鼻中隔，用手握持钳柄加以固定（图 4-6）。适用于

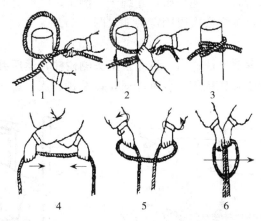

图 4-4 猪蹄结（1～3 和 4～6 分别为打猪蹄结的两种方法的操作步骤）

图 4-5 牛徒手保定

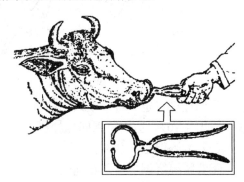

图 4-6 牛鼻钳保定

一般检查、灌药及肌内注射和静脉注射等。

（3）两后肢保定。取 2m 长粗绳一条，对折成等长两段，在跗关节上方将两后肢胫部围住，然后将绳的一端穿过折转处向一侧拉紧（图 4-7）。适用于性情暴躁牛一般检查、静脉注射及乳房、子宫、阴道疾病的治疗等。

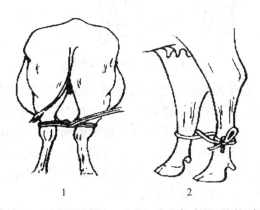

图 4-7 牛两后肢保定（1 和 2 为牛保定的不同视角）

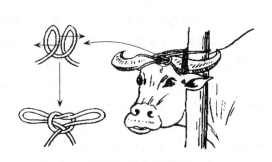

图 4-8 牛角根保定

（4）角根保定。角根保定主要是对有角动物的特殊保定方法。保定时将牛头略为抬高，紧贴柱干（或树干），并使牛头向该侧偏斜，使牛角和柱干（树干）卡紧，用绳将牛角呈

· 127 ·

"8"字形缠绕在柱上。操作时用长绳一条，先缠于一侧角，绳的另一端缠绕对侧角，然后将该绳绑在柱干（树干）上，缠绕数次以固定头部（图4-8）。

（5）柱栏保定。

①二柱栏保定。将牛牵至二柱栏内，鼻绳系于头侧栏柱，然后缠绕围绳，吊挂胸、腹绳即可固定（图4-9）。适用于临床检查、各种注射，以及颈、腹、蹄等部疾病治疗。

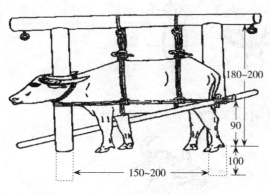

图4-9 牛二柱栏保定（单位：cm）

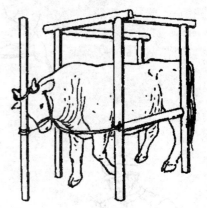

图4-10 牛四柱栏保定

②四柱栏保定。将牛牵入四柱栏内，上好前后保定绳即可保定，必要时还可加上背带和腹带（图4-10），适用范围同二柱栏保定。

（6）倒卧保定。

①背腰缠绕倒牛法。在绳的一端做一个较大的活绳圈，套在两角基部，将绳沿非卧侧颈部外面和躯干上部向后牵引，在肩胛后角处环胸绕一圈做成第一绳套，继而向后引至肷部，再环腹一周做成第二套。由两人慢慢向后拉紧绳的游离端，由另一个人把持牛角，使牛头向下倾斜，牛即可蜷腿而缓慢倒卧。牛倒卧后，要固定好头部，不能放松绳端，否则牛易站起，一般情况下，不需捆绑四肢，必要时再行固定（图4-11）。

②拉提前肢倒牛法。取约10m长圆绳一

图4-11 背腰缠绕倒牛

条，对折成长、短两段，于折转处做一个套结并套于左前肢系部，将短绳一端经胸下至右侧并绕过背部再返回左侧，由一人向后拉绳，另将长绳引至左髋结节前方并经腰部返回缠一周，打结，再引向后方，由二人牵引。令牛前行一步，正当其抬举左前肢的瞬间，三人同时用力拉紧绳索，牛即先跪下而后倒卧，之后一个人迅速固定牛头，一个人固定牛的后躯，最后一个人迅速将缠在牛腰部的绳套后拉，并使其滑至两后肢跗部拉紧，最后将两后肢与前肢捆扎在一起（图4-12）。牛倒卧保定，主要适用于去势及其他外科手术等。

2. 猪的保定 对性情温顺的猪无须保定，可就地利用墙根、墙角、缓和地等自然条件由后方或侧方缓缓接近，即可实施诊疗。对性情凶暴骚动不安的猪，用适当保定方法。

（1）站立保定法。对单个病猪进行检查时，可迅速抓提猪尾、猪耳或后肢，然后根据需要做进一步保定。亦可用绳的一端做一个活套或用鼻捻棒绳套，自鼻部下滑，套入上颌犬齿

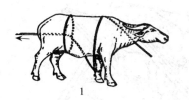 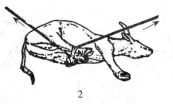 

图 4-12 提拉前肢倒牛
1. 倒牛绳的套结　2、3. 肢蹄捆系法

并勒紧或向一侧捻紧即可固定（图 4-13）。适用于检查体温、肌内注射、灌药及一般临床检查等。

 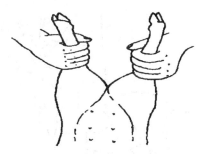

图 4-13 猪站立保定法　　　　　图 4-14 猪提举保定法

（2）提举保定法。抓住猪的两耳迅速提举，使猪腹面朝前，并以膝部夹住猪胸部，也可抓住猪的两后肢飞节并将其后肢提起，夹住背部而固定。抓耳提举适用于经口插入胃管或气管注射，后肢提举适用于腹腔注射及阴囊疝手术等（图 4-14）。

（3）网架保定。平放于地上，将猪赶上床迅速抬起网架即可。用两根较坚固的木棒（长 100～150cm），按 60～75cm 的宽度，用绳在架上织成网床（图 4-15）此法主要用有一般临床检查，耳静脉注射及针刺等。

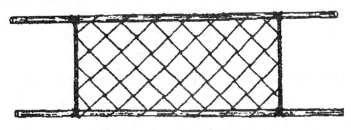

图 4-15 猪保定用网架的结构

（4）保定架保定法。将猪放置特制的活动保定架适宜的木槽内，使其呈仰卧姿势，然后固定四肢，也可背位保定（图 4-16）。此法用于前腔静脉注射、腹部手术及一般临床检查等。

3. 羊的保定

（1）站立保定。保定者两手握住羊的两角或两耳，骑跨羊身，以大腿内侧夹持羊两侧胸壁即可保定。适用于一般临床检查或简单治疗（图 4-17）。

（2）倒卧保定。保定者俯身从对侧一手抓住两前肢系部或抓一前肢臂部，另一手抓住腹肋部膝襞处扳倒羊体，然后改抓两后肢系部，前后一起按住。适用于治疗或简单手术等（图 4-18）。

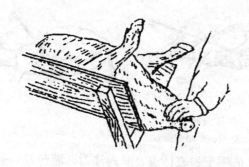

图 4-16 猪保定架保定法

图 4-17 羊站立保定

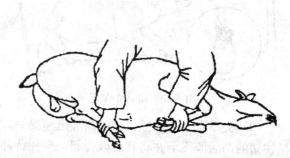

图 4-18 羊倒卧保定

4. 犬、猫的保定

(1) 徒手保定法。

①怀抱保定。保定者站在犬一侧，两只手臂分别放在犬胸前部和股后部将犬抱起，然后一只手将犬头颈部紧贴自己胸部，另一只手抓住犬两前肢限制其活动（图 4-19）。适用于对小型犬和幼龄大、中型犬进行听诊等检查或皮下注射、肌内注射。

②站立保定。保定者蹲在犬一侧，一只手向上托起犬下颌并捏住犬嘴，另一只手臂经犬腰背部向外抓住外侧前肢（图 4-20）。适用于比较温顺或经过训练的大、中型犬进行临床检查，或用于皮下注射、肌内注射。

图 4-19 犬怀抱保定

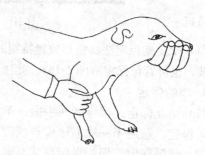

图 4-20 犬站立保定

(2) 倒卧保定法。

①犬猫的侧卧保定。主人保定犬、猫的头部，保定人员用温和的声音呼唤犬猫，一边用手抓住其四肢的掌部和跖部，向一侧搬动四肢，犬猫即可侧卧于地，然后用细绳分别捆绑两前肢和两后肢（图4-21）。

②犬猫的俯卧保定。主人或由保定人员一边用温和的声音呼唤犬猫，一边用细绳或纱布条分别系于四肢球节上方，向前后拉紧细绳使四肢伸展，犬猫呈俯卧姿势，头部用细绳或纱布条固定于手术台或桌面上，也可用毛巾缠绕颈部使头部相对固定。此法适用于静脉注射、耳修整术及一些局部处理。

③犬猫的仰卧保定。按犬猫的俯卧保定方法，将犬猫的身体翻转仰卧，保定于手术台上。适用于腹腔及会阴等部的手术。

④倒提保定。保定者提起犬两后肢，使犬两前肢着地（图4-22）。适用于犬的腹腔注射、腹股沟阴囊疝手术、直肠脱和子宫脱的整复等。

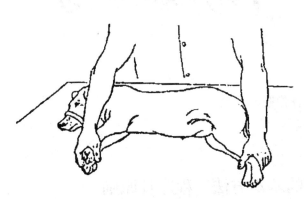

图4-21 犬倒卧保定

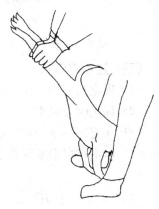

图4-22 犬倒提保定

（3）嵌口法（绷带保定法、扎嘴保定法）。采用1m左右的绷带条，在绷带中间打一个活结圈套（猪蹄结），将圈套从鼻端套至犬鼻背中间（结应在下颌下方），然后拉紧圈套，使绷带条的两端在口角两侧向头背两侧延伸，在两耳后打结（图4-23）。

（4）嘴笼保定法。有皮革制嘴笼和铁丝嘴笼之分（图4-24）。嘴笼的规格，按犬的个体大小有大、中、小3种，选择合适的嘴笼给犬戴上并系牢。保定人员抓住脖圈，防止嘴笼被抓掉。

（5）颈圈保定法。商品化的宠物颈圈由坚韧且有弹性的塑料薄板制成。使用时将其围成

图4-23 犬、猫扎嘴保定（1为犬扎嘴保定，2、3为猫扎嘴保定）

图4-24 嘴笼保定法

圆环套在犬、猫颈部，然后利用上面的扣带将其固定（图 4-25）。此法多用于限制犬、猫回头舔咬躯干或四肢的术部，以免再次受损，有利于创口愈合。

（6）颈钳保定法。主要用于凶猛咬人的犬。颈钳柄长 1m 左右，钳端为两个半圆形钳嘴，使之恰能套入犬的颈部（图 4-26）。保定时，保定人员抓住钳柄，张开钳嘴将犬颈部套入后再合拢钳嘴，以限制犬头的活动。

图 4-25 猫颈圈保定

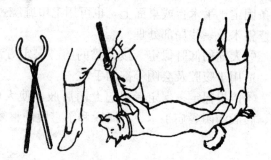

图 4-26 颈钳保定法

(三) 注意事项

（1）保定过程中要保证人畜安全。
（2）保定时要确实牢固，防止保定目标挣脱、逃跑。
（3）保定时尽量使用活结，易于解除。
（4）保定过程中争取畜主配合。

单元二 临床检查的基本方法、程序及原则

（一）临床检查的基本方法

临床检查的基本方法，包括问诊、视诊、触诊、叩诊和听诊等。这些方法简单、易行，对任何动物、在任何场所均可进行。所以，应用较为广泛。

1. 问诊 问诊就是向畜主、饲养管理人员询问有关疾病的情况，以帮助诊断疾病。其主要内容包括既往病史、现病史、日常的饲养管理、使役及利用情况等。一般在着手进行病畜体检前进行。

（1）现病史。动物的来源及饲养期限、发病时间、病后表现、发病经过及诊治情况等。
（2）既往病史。以往发病情况、疾病预防情况等。
（3）饲养管理与生产性能。重点了解饲料的种类、数量、质量及配方、加工情况、饲喂制度，以及畜舍卫生、环境条件、使役情况、生产性能等。
（4）流行病学调查。特别是有可疑传染病或群发病时。

2. 视诊 用肉眼或借助器械通过观察病畜的异常表现来诊断疾病的方法。

视诊时，一般先不要靠近病畜，也不宜进行保定，以免惊扰病畜，应尽量使动物取自然的姿势。

一般来说是先群体后个体，先整体后个体，逐渐缩小诊断范围。具体的方法是：检查者应先站在距家畜一定距离（2～3m），首先观察其整体状况，然后从前到后，从左到右地边走边看，观察病畜的头、颈、胸、腹、脊椎、四肢，当行至病畜的正后方时，应注意尾、肛

门及会阴部,并对照观察两侧胸、腹部的对称性、是否有异常。若发现异常,再靠近动物,仔细检查,站立视诊过后,必要时进行运步视诊。

3. 触诊 用手(手指、手掌、手背或拳)或简单器械,对组织器官进行触压、感觉,以判定病变部位的大小、形状、硬度、温度、敏感性、移动性等的检查方法。

(1) 按压触诊法。以手掌平放于被检部位(检查中、小动物时,可用另一手放于对侧面做衬托),轻轻按压,以感知其内容物的性状与敏感性,适用于检查胸、腹壁的敏感性及中、小动物的腹腔器官与内容物性状。

(2) 冲击触诊法。以拳或手掌在被检部位连续进行2~3次用力的冲击,以感知腹腔深部器官的性状与腹膜腔的状态,如于腹侧壁冲击触诊感到有回击波或振荡音,揭示腹腔积液或靠近腹壁的胃囊,较大肠管中存有大量液状内容物,而对反刍兽于右侧肋弓区进行冲击(或闪动)触诊,可感知瓣胃或真胃的内容物性状。

(3) 切入触诊法。以一个或几个并拢的手指,沿一定部位进行深入的切入或压入,以感知内部器官的性状。适用于检查肝、脾的边缘等。

(4) 掌抚触诊法。用手掌轻轻抚摸动物体表,以感知体表的温度、湿度。

4. 叩诊 叩诊是根据叩击动物体表所产生音响的性质特点,以推断被叩组织和深在器官有无病理改变的一种检查方法。叩诊可作为一种刺激,判断其被叩击部位的敏感性,叩诊时除注意叩诊音的变化外,还应注意锤下抵抗。

(1) 直接叩诊。用手指或叩诊槌直接叩击动物体表的方法,主要用于检查副鼻窦、喉囊、心脏、马属动物的盲肠和反刍动物的瘤胃,以判断其内容物性状、含气量及紧张度。

(2) 间接叩诊。主要用于检查肺、心脏及胸腔的病变,也可以检查肝、脾的大小和位置以及靠近腹壁的较大肠管的内容物性状。按是否用器械分为指指叩诊和槌板叩诊两种。

①指指叩诊。将一手的中指平贴于动物体表,用另一弯曲第二指节的中指或食指指尖叩击其上。由于此法叩击力量较小,振动范围也不广,主要用于中、小动物的检查(图4-27)。

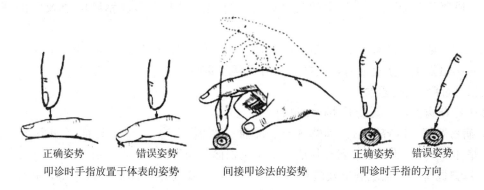

图 4-27 指指叩诊的正确与不正确姿势

②槌板叩诊。用特制的叩诊器械(叩诊槌和叩诊板)进行叩击。其方法是,一手拿叩诊板紧贴于动物体表,另一手握叩诊槌叩在叩诊板上。因此法叩击力量可大可小,所以,对大、中、小动物都可用。

叩诊音是由被叩击的组织器官发出的。其音响的强弱、高低和长短是由发音体振动幅度的大小、振动的频率以及振动持续的时间所决定的。由于肺组织含气多、弹性好、振幅大,所以音响强，持续时间也长，但因频率低，音调也就低，这样的声音听之清晰，称为清音。肌肉、肝等部位，不含气体且密度较大，弹性差，振幅小，音也就弱，持续时间也短，但频率高，音调也高，此音听起来钝浊，故称浊音（实音）。在盲肠基部、瘤胃的上部，由于含有少量气体，音响较强，持续时间较长，音如鼓响，称之为鼓音。在肺的边缘部位，由于含气较少，清音不那么典型，再向周边叩击则呈浊音，它是介于清、浊音之间的过渡音，一般称之为半浊音。动物体表叩诊音的特点见表4-1。

表 4-1 动物体表叩诊音的比较

音响特点	清音（满音）	浊音（实音）	鼓音
音响强度	强	弱	强
持续时间	长	短	长
音调高度	低	高	低或高
正常分布区	肺区	肌肉、肝区、心脏绝对浊音区	盲肠基部、瘤胃上部

5. 听诊 听诊是听取肌体发出的自然或病理性音响，根据音响的性质特点判断疾病。听诊可分为直接听诊法与间接听诊法。

（1）直接听诊。一般先于动物体表上放一听诊布，然后将耳直接贴于动物体表的相应部位进行听诊。具有方法简单、声音真实的优点，但因检查者的姿势不便，应用不够广泛。

（2）间接听诊。即用听诊器在被检器官的体表相应部位进行听诊。可用于听取心音及喉、气管、胸膜的病理性音响、胃肠的蠕动音等。

6. 嗅诊 嗅诊是应用检查者嗅觉能力嗅闻呼出的气体、口腔的气味以及分泌物、排泄物和其他病理产物，根据气味的变化判断疾病。

（1）呼吸道疾病检查。呼出的气体如有特殊腐败臭味，多提示呼吸道及肺的坏疽性病变。

（2）消化道疾病的检查。当消化道发生严重病变，如口腔炎、咽喉炎时，可有严重口臭，当胃肠道发生严重炎症时，其排泄物出现腐败臭味。

（二）临床诊断的程序

临床检查病畜，一般按下述程序进行。

1. 病畜登记 内容包括：动物种类、品种、性别、年龄、个体特征（如畜名、畜号、毛色、烙印等），以及畜主姓名、住址、单位及临诊时间等。

2. 病史调查 包括现病史及既往病史的调查，主要通过问诊而进行了解，必要时需深入现场进行流行病学调查。

3. 临床检查 现症检查包括一般检查、系统检查及实验室检验或特殊检查，最后综合分析前述检查结果，建立初步诊断，并拟定治疗方案，予以实施，以验证和充实诊断，直至获得确切的诊断结果。

4. 病历记录及其填写方法

（1）病历记录格式（表4-2）。

表 4-2 病历记录格式

年　月　日　　　　　　　　　　　　　　　　门诊编号

畜主姓名		住址			
畜别		性别		年龄		毛色	
品种		用途		体重		特征	
初诊日期	年　月　日			转归	
初步诊断				最后诊断	

主诉病史：

现症概要及治疗：
　　体温（T）_____℃　脉搏（P）_____次/min　呼吸（R）_____次/min

兽医师签名

（2）病历日志。
①逐日记载体温、脉搏、呼吸次数。
②各器官系统症状、变化。
③各种辅助、特殊检查结果。
④治疗原则、方法、处方、护理以及改善饲养管理方面的措施。
⑤会诊人员、意见及决定。

（三）建立诊断的步骤和方法

1. 建立诊断步骤

（1）搜集资料。通过病史调查、一般检查和系统检查，并根据需要进行必要的实验室检验或X射线检查，系统全面地收集症状和有关发病经过资料。

（2）综合分析。对所收集到的症状、资料进行综合分析、推理、判断，初步确定病变部位、疾病性质、致病原因及发病机理，建立初步诊断。

（3）验证诊断。依据初步诊断实施防治，以验证、补充和修改，最后对疾病作出确切诊断。

三者互相联系，相辅相成，缺一不可。其中搜集症状是认识疾病的基础，分析症状是建立初步诊断的关键，而实施防治、观察效果则是验证和完善诊断的必由之路。

2. 建立诊断方法

（1）论证诊断法。根据可以反映某疾病本质的特有症状提出该病的假定诊断，并将实际所具有的症状、资料与假定的疾病加以比较和分析，若大部分主要症状及条件都相符合，所有现象和变化均可用该病予以解释，则这一诊断成立，建立初步诊断。

论证诊断以丰富而确切的病史、症状资料为基础，但同一疾病的不同类型、程度或时期，所表现的症状不尽相同。而动物的种类、品种、年龄、性别及个体的营养条件和反应能力不一，会使其呈现的症状发生差异。所以，论证诊断时，不能机械地对照书本或只凭经验而主观臆断，应对具体情况具体分析。

（2）鉴别诊断法。根据某一个或某几个主要症状提出一组可能的、相近似的而有待区别的疾病，并将它们从病因、症状、发病经过等方面进行分析和比较，采用排除法逐渐排除可能性较小的疾病，最后留下一个或几个可能性较大的疾病，作为初步诊断结果，并根据治疗实践的验证，最后作出确切诊断。

单元三　一般临床检查

在对就诊动物进行登记和问诊后，通常要进行直接的检查。一般检查是对动物进行临床检查的初步阶段。通过一般检查可以了解动物全貌，并可发现疾病的某些重点症状，为进一步系统检查提供线索。

一般检查以视诊和触诊为主要检查方法。检查的内容包括全身状态的观察、被毛及皮肤的检查、眼结膜的检查、体表浅在淋巴结的检查以及体温、脉搏、呼吸数的测定等。

（一）整体状态的检查

1. 精神状态　健康动物两眼有神，反应敏捷，动作灵活，行为正常。若表现过度兴奋或抑制，则表示中枢神经机能紊乱。如脑及脑膜炎症、日射病与热射病以及某些中毒病等。病畜精神沉郁，重则嗜睡，甚至呈现昏迷，见于各种热性病、消耗性疾病和衰竭性疾病。

2. 营养状况　主要根据肌肉丰满程度、皮下脂肪蓄积量及被毛状态和光泽来判断，可分为营养良好、营养中等和营养不良3级。

营养良好的动物，肌肉丰满、皮下脂肪充盈，结构匀称、骨不显露、皮肤富有弹性，被毛有光泽。营养不良时动物消瘦、毛焦肷吊、皮肤松弛，缺乏弹性，骨骼显露明显，常见于消化不良、长期腹泻、代谢障碍和慢性传染病和寄生虫病。营养中等的表现则介于两者之间。

3. 姿势与步态　健康动物的自然姿态，各有其不同的特点。如猪食后喜卧，生人接触时即迅速起立；牛站立时常低头，饲喂后四肢集于腹下伏卧，起立时先起后肢。临床上常见异常姿势有以下几种。

（1）强迫姿势。表现为头颈平伸，背腰僵硬，四肢僵直，尾根举起，呈典型的木马样姿势，常见于破伤风。

（2）异常站立。如单肢疼痛则患肢提起，不愿负重，两前肢疾病则两后肢极力前伸，两后肢疼痛则两前肢极力后移，以减轻病肢负重，多见于蹄叶炎、风湿症时，四肢常频频交替负重，站立困难。

（3）站立不稳。躯体歪斜，依柱靠壁站立，常见于脑病或中毒。

（4）骚动不安。常为腹痛病的特有症状。

（5）异常躺卧。常见于奶牛生产瘫痪、佝偻病、仔猪低血糖病等，后躯瘫痪见于脊髓损伤、肌麻痹等。

（6）运步异常。常见于四肢病、脑病或中毒，也可见于垂危病畜。

（二）被毛及皮肤的检查

1. 被毛检查　方法为视诊和触诊。观察毛、羽的清洁、光泽及脱落情况，健康动物的被毛平顺而富有光泽，每年于春、秋两季脱换新毛。

被毛松乱、无光泽、易脱落，见于营养不良、患有某些寄生虫病、慢性传染病等的动物。局部脱落，可见于湿疹、疥癣、脱毛癣等皮肤病。鸡啄羽脱毛，多为代谢紊乱和营养缺乏所致。

2. 皮肤检查

（1）颜色。猪皮肤上出现小出血点，常见于败血性传染病，如猪瘟；较大的红色疹块，见于疹块型猪丹毒；皮肤呈青白色或蓝紫色，见于猪亚硝酸盐中毒；仔猪耳尖、鼻盘发绀，常见于仔猪副伤寒。

（2）温度。常用手背触诊。猪可检查耳及鼻端；牛、羊检查鼻镜（正常时鼻镜发凉）、角根（正常时基部有温感）、背腰部及四肢；禽可检查肉髯及两足。全身皮温增高，见于发热性疾病，如猪瘟、猪丹毒等；局限性皮温增高是局部炎症的结果。全身皮温降低见于衰竭症、大失血及牛产后瘫痪；局部皮肤发凉，见于该部水肿或神经麻痹；皮温不均，可见于心力衰竭及虚脱。

（3）湿度。分为全身性和局部性湿度过大（多汗）。全身性多汗，常见于热性病、日射病与热射病及剧痛性疾病、内脏破裂；局部性多汗多为局部病变或神经机能失调的结果。皮肤干燥见于脱水性疾病，如严重腹泻。

（4）弹性。检查皮肤的弹力时，是将颈侧或肩前或（小动物在背部）皮肤提起使之成皱襞状，然后放开，观察其恢复原状的快慢。皮肤弹性降低时，皱襞恢复很慢，多见于大失血、脱水、营养不良及疥癣、湿疹等慢性皮肤病。

（5）疹疱。是许多传染病和中毒病的早期症状，多由毒素刺激或发生变态反应所致。常见的有斑疹、丘疹、水疱、脓疱、荨麻疹等。

（6）皮肤及皮下组织肿胀。应用视诊观察肿胀部位的形态、大小，并用触诊判定其内容物性状、硬度、温度及可动性和敏感性等。临床上常见的肿胀有：

①皮下浮肿。局部无热、无痛反应，指压如生面团并留指压痕（炎性肿胀则有明显的热痛反应，一般较硬，无指压痕）。皮下浮肿依发生原因主要分为营养性浮肿、肾性浮肿及心性浮肿。

②皮下气肿。触诊时出现捻发音，颈、胸侧及肘后的串入性皮下气肿局部无热痛反应。

③脓肿、水肿及淋巴外渗。多呈圆形突起，触诊多有波动感，见于局部创伤或感染，穿刺抽取内容物即可予以鉴别。

④疝。用力触压可复性疝病变部位时，疝内容物即可还纳入腹腔，并可摸到疝孔，如腹壁疝、脐疝、阴囊疝。

⑤体表局限性肿物。如触诊坚实感，则可能为骨质增生、肿瘤、肿大的淋巴结；牛的下颌附近的坚实性肿物，则提示为放线菌病。

（三）眼结膜的检查

检查眼结膜时，除应注意其温度、湿度、有无出血、完整性外，更要仔细观察颜色变化，尤其是眼结膜的颜色变化。眼结膜的颜色变化，不仅可反映其局部的病变，并可推断全身的循环状态及血液某些成分的改变，在诊断和预后的判定上有一定的意义。

眼结膜的颜色取决于黏膜下毛细血管中的血液数量及其性质以及血液和淋巴液中胆色素的含量。正常时，眼结膜呈淡红色。结膜颜色的改变，可表现为潮红、苍白、发绀或黄疸色。

1. 潮红　是结合膜下毛细血管充血的征象。单眼的潮红，可能是局部的结合膜炎所致；

如双侧均潮红，除可见于眼病外，多标志全身的循环状态。

弥漫性潮红常见于各种热性病及某些器官、系统的广泛性炎症过程，如小血管充盈特别明显而呈树枝状，则称树枝状充血，多为血液循环障碍或心机能障碍的结果。

2. 苍白 结合膜色淡，甚至呈灰白色，是各型贫血的特征。如病程发展迅速而伴有急性失血的全身及其他器官、系统的相应症状变化，可考虑大创伤、内出血或偶见于内脏破裂（如肝、脾破裂）。如慢性经过的逐渐苍白并有全身营养衰竭的体征，则多为慢性营养不良或消耗性疾病（如衰竭症，慢性传染性病或寄生虫病，尤多见于马的慢性传染性贫血或鼻疽，牛的结核，仔猪贫血或蛔虫症等）。红细胞大量被破坏而形成的溶血性贫血（如梨形虫症时），则在苍白的同时常带不同程度的黄染。

3. 发绀 即可视黏膜呈蓝紫色。可见于缺氧（如各型肺炎、胸膜炎）、循环障碍（如心脏衰弱与心力衰竭）及某些毒物中毒、饲料中毒（如亚硝酸盐中毒等）或药物中毒。

不同病因引起的发绀，在结合膜呈紫色的同时，应具有不同的其他临床症状，应注意全面检查、综合分析。

4. 黄疸 结合膜黄染，于巩膜处常较为明显而易于发现。黏膜呈黄疸色乃胆色素代谢障碍的结果。可见于肝病（如肝炎）、胆道阻塞或被其周围的肿物压迫及某些中毒等。应该注意的是，某些疾病时的黄疸现象，可能是多种因素综合作用的结果。如当马传染性贫血时，既有溶血的因素，又有肝实质的损害。

5. 出血 当检查结合膜颜色变化时，应特别注意黏膜上出血点或出血斑的有无和出血形态。结合膜上有点状或斑点状出血，是出血性素质的特征，在马多见于血斑病、梨形虫症，尤其在急性或亚急性马传染性贫血时更为明显。

（四）浅表淋巴结的检查

浅表淋巴结的检查，在确定感染或诊断某些传染病上有很重大的意义。

临床上经常检查的主要淋巴结有：下颌淋巴结、耳下淋巴结及咽喉周围的淋巴结、颈部淋巴结、肩前及膝襞淋巴结、腹股沟淋巴结、乳房淋巴结等。

1. 检查方法 检查浅表淋巴结，可用视诊，常用方法是触诊。必要时可配合应用穿刺检查法。检查时，主要注意其位置、大小、形状、硬度、表面状态、敏感性及其可动性（与周围组织的关系）。

2. 病理变化 淋巴结的病理变化主要可表现为急性或慢性肿胀，有时可呈现化脓。

（1）淋巴结的急性肿胀。通常呈明显肿大，表面光滑，且伴有明显的热、痛（局部热感、敏感）反应。可见于周围组织、器官的急性感染。特别在驹的腺疫时，常以下颌淋巴结典型的急性肿胀为其特征。有时尚可波及咽喉周围、耳下及颈上、颈中等部的淋巴结。后期可继发各淋巴结的化脓甚至可自行溃开。

（2）淋巴结的慢性肿胀。一般呈肿胀、硬结、表面不平、无热、无痛，且多与周围组织粘连而固着，活动困难。在马多提示鼻疽，在牛多提示结核，通常以下颌淋巴结的变化为主要部位，但有时也波及于其他淋巴结，如当奶牛发生乳房结核时则乳房淋巴结呈慢性肿胀，当马患鼻疽性睾丸炎时则鼠蹊淋巴结肿胀。

淋巴结的慢性肿胀也可见于各该淋巴结的周围组织、器官的慢性感染及炎症时。

淋巴结化脓则在肿胀、热感、呈疼痛反应的同时，触诊有明显的波动。如配合进行穿刺，则可吸出脓性内容物。

牛的淋巴结肿胀，还可见于淋巴细胞性白血病以及泰氏梨形虫症；马的淋巴结肿胀还可见于流行性淋巴管炎。

当猪患猪瘟、猪丹毒等时，某些淋巴结（如腹股沟淋巴结等）可见明显的肿胀。

通过问诊及对病畜的整体和一般的检查，可搜集到作为诊断根据的很多症状和重要资料，初步综合这些症状、资料，可获得对于病畜的初步印象并为下一步的各器官系统和细部检查提供重点和方向。甚至在个别情况下，仅就这些症状、资料，即可提出初步的诊断线索和启示。但是，在任何情况下，不能仅仅满足于此，而应进一步再进行各部位及器官的详细检查。唯有全面的详细的检查，才能得到客观的丰富的症状、资料，丰富而确切的症状、资料是取得正确诊断的基础。

（五）体温、脉搏及呼吸的测定

体温、脉搏、呼吸数是动物生命活动的重要生理指标。在正常情况下，除受外界气候及运动、使役、生理状态等因素影响外，一般变动在一个较为恒定的范围之内。但是，在病理过程中，受病原因素的影响，却要发生不同程度和形式的变化。因此，临床上测定这些指标，在诊断疾病和分析病程的变化上有重要的实际意义。

1. 体温测定

（1）测温的部位及方法。

①测温部位。各种家畜测直肠温度，禽在翼下测温。

②测温方法。将体温计的水银柱甩至35℃以下，用酒精棉球擦拭消毒，并涂润滑剂。一手提起动物尾巴，另一手将体温计徐徐捻转地插入直肠，然后放下尾巴，将体温计上的夹子夹于臀部毛发上。经3～5min后，取出体温计，观察读数即可。常见家畜的正常体温及其变动范围见表4-3。

表4-3　常见家畜的正常体温及其变动范围

动物种类	变动范围（℃）	动物种类	变动范围（℃）
黄牛、奶牛	37.5～39.5	骆驼	36.0～38.5
骡	38.0～39.0	鹿	38.0～39.0
马	37.5～38.5	兔	38.0～39.5
水牛	36.5～38.5	犬	37.5～39.0
羊、山羊	38.0～40.0	猫	38.5～39.5
猪	38.0～39.5	禽类	40.0～42.0

（2）注意事项。

①体温计用前应统一进行检查、验定，以防有过大的误差。

②对门诊病畜，应使其适当休息并安静后再测定。

③对病畜应每日定时（午前和午后各一次）进行测温，并逐日记录绘成体温曲线表。

④测温时应注意人、畜安全，如通常对病畜进行必要的保定，体温计的玻棒插入的深度要适宜（一般大动物约插入体温计长度的2/3，小动物则不宜过深）。

⑤注意因测温方法不当而发生的误差，如用前应甩下体温计的水银柱；测温时间不可短于所要求的时间；须进行灌肠、直检的病畜应在处置前测温；直肠有大量宿粪的病畜，为防

止把体温计插入粪球中，出现误差，应排出积粪后再测定等。

⑥遇有直肠炎、频繁下痢或肛门松弛的患畜，因直肠不保温，对母畜可测阴道温度代替（测得值加上0.3℃）。

(3) 体温的病理变化。一般健康动物的体温昼夜的变动，晨温较低，午后稍高，其昼夜温差变动在1℃之间。

①体温升高。不同的疾病体温升高的程度不一样，有的仅升高0.5~1℃，如局部炎症、消化不良等；而有的则升高很多，达2~3℃，甚至3℃以上，如急性传染病、脓毒败血症等。从发热的特点上看，不同疾病也有很大差异。有的病畜高温持续不退，日温差很小，在0.5~1℃，我们称之为稽留热，可见于大叶性肺炎、猪瘟、猪丹毒等；也有的呈弛张热，即体温升高后，日温差较大，在1~2℃或2℃以上，主要见于小叶性肺炎、化脓性疾病、败血症等。也有病畜在持续数天的发热后，出现无热期，如此以一定间隔期间而反复交替出现发热的现象，称为间歇热，典型的间歇热，可见于血孢子虫病及马传染性贫血。

②体温降低是指体温降至常温以下。低体温可见于老龄，重度营养不良、严重贫血的病畜（如衰竭症、仔猪低血糖症等），也可见于某些脑病（如慢性脑室积水或脑肿瘤）及中毒，顽固的低体温常为马流行性脑脊髓炎后期的特征。

频繁下痢的病畜，其直肠温可能偏低。大失血、内脏破裂（如肝破裂）以及多种疾病的濒死期均可表现低体温。明显的低体温，同时伴有发绀、末梢冷厥、高度沉郁或昏迷、心脏微弱与脉搏不感于手，多提示预后不良。

2. 脉搏数测定 可通过对脉搏的检查间接获得心脏活动机能与血液循环状态的变化，这对疾病的诊断及预后的判定具有很重要的实际意义。

(1) 测定部位及方法。马测颌外动脉，牛测尾动脉（距尾根10cm左右处），猪、羊、犬和猫测股内动脉。用指腹轻触脉管仔细感觉并数搏动次数。健康动物的脉搏数及其变动范围见表4-4。

表4-4 健康动物的脉搏数及其变动范围

动物种类	变动范围（次/min）	动物种类	变动范围（次/min）
黄牛、奶牛	50~80	鹿	36~78
马、骡	26~42	骆驼	30~60
驴	42~54	兔	80~140
水牛	30~50	猫	110~130
羊、山羊	70~80	犬	70~120
猪	60~80	鸡（心跳）	120~200

(2) 注意事项。

①应待病畜安静后进行。

②如无脉感，可用手指轻压脉管后再放松即可感知。

③当脉搏过于微弱不感于手时，可用心跳次数代替脉搏数。

(3) 脉搏数的病理变化。

①脉搏数增多。引起脉数增多的病理因素主要有：所有的热性病（包括发热性传染病及

非传染性病)、心脏病(除有严重的传导阻滞以外)、呼吸器官疾病(如各型肺炎或胸膜炎)、各型贫血或失血性疾病(包括因频繁的下痢而引起的严重失水,致血液浓缩时)、伴有剧烈疼痛性的疾病(如马骡腹痛症、四肢的带痛性病)、某些毒物中毒或药物的影响(如应用交感神经兴奋剂时)等。

②脉搏数减少。可见于颅内压升高的疾病、胆血症、某些植物中毒等。脉搏次数的显著减少,见于动物的濒死期,多提示预后不良。

3. 呼吸数测定

(1)测定方法。一般可观察胸腹壁的起伏次数,一起一伏为一次呼吸;也可在鼻端用手感觉呼出气流,或在冬季观察呼出的热气流,一次呼出气流为一次呼吸;听诊喉头、气管或肺部呼吸音,一呼一吸为一次呼吸。鸡的呼吸数,可观察肛门下部的羽毛起伏动作来测定。健康动物的呼吸数及其变动范围见表4-5。

表4-5 健康动物的呼吸数及其变动范围

动物种类	变动范围(次/min)	动物种类	变动范围(次/min)
黄牛、奶牛	10~30	鹿	15~25
马、骡	8~16	兔	50~60
水牛	10~50	猫	10~30
羊、山羊	12~30	犬	10~30
猪	18~30	鸡(心跳)	15~30
骆驼	6~15		

呼吸次数的生理变动:一般幼畜比成年畜多,母畜于妊娠期可增多。

(2)注意事项。

①宜在动物休息、安静时测定,一般应计测2min的呼吸数再算平均值。

②观察动物鼻翼的活动或以手放于其鼻前感知气流的测定方法不够准确,必要时可以听诊肺部呼吸音的次数代替。

(3)病理变化。

①呼吸数增多。常见于发热性疾病、心脏疾病、贫血、呼吸气管疾病及剧烈疼痛性疾病、某些中毒,如亚硝酸盐中毒引起的血红蛋白变性等。

②呼吸数减少。临床上比较少见,可见于某些脑病、尿毒症等。呼吸次数的显著减少并伴有呼吸型与节律的改变,常提示预后不良。

体温、脉搏、呼吸数等生理指标的测定,是临床诊疗工作的重要常规内容,对任何病例,都应认真地实施。而且要随病程的经过,每天定时的进行测定并记录。临床上常将体温、脉搏、呼吸数的记录,一并绘成一份综合的曲线表,借以分析病情的变化。一般说来,体温、脉搏、呼吸次数的相关变化,常是并行一致的,如体温升高,随之脉搏、呼吸次数也相应地增加;而体温下降,则脉搏、呼吸数多随之而减少。如此,在病程经过中,见有体温及脉搏、呼吸数曲线逐渐上升,一般可反映病情的加剧;而三者的曲线逐渐平行的下降以至达到或接近正常,则说明病势的逐渐好转与恢复。体温与脉搏曲线的相互逆行变化(曲线表上的交叉),多为预后不良的征兆。

单元四 呼吸系统检查

一、呼吸运动的检查

呼吸运动,是指家畜在呼吸时,呼吸器官及辅助呼吸器官所表现的一种有节律而协调的运动。检查呼吸运动时,应注意呼吸的频率、方式(类型)、节律、呼吸困难、呼吸的匀称性(对称性)和呃逆等。

(一)呼吸频率

详见一般检查。

(二)观察呼吸类型及呼吸节律

1. 检查方法 注意观察呼吸过程中胸腹壁起伏活动情况,以判定呼吸类型,根据每次呼吸的深度及间隔时间的均匀性,以判定呼吸节律。

2. 正常状态 健康动物通常呈胸腹式呼吸,而且每次呼吸的深度均匀、间隔时间均等。但犬多以胸式呼吸为主。

3. 病理变化

(1)呼吸类型的改变。

①胸式呼吸是指胸壁起伏比腹壁明显的一种呼吸方式,提示病多在腹部,是腹壁活动受到限制的结果。常见于急性胃扩张、肠臌胀、创伤性网胃炎、瘤胃臌气、腹膜炎、腹腔积液、膈疝等。另外,在妊娠后期的家畜也可出现此种呼吸方式,应加以区别。

②腹式呼吸是指呼吸时,腹壁起伏比胸壁明显,提示病多在胸部。常见于心包炎、肺泡气肿、胸膜炎、胸腔积液、肋骨骨折等。

(2)呼吸节律的改变。呼吸的深度与呼吸频率成反比。

①吸气延长。空气进入肺发生障碍,使得吸气时间明显延长。见于上呼吸道狭窄(如鼻炎、喉和气管的炎症及有异物)、膈肌收缩运动受阻等。

②呼气延长。是肺泡内气体排出受阻的结果。正常的呼气动作,不能将气体顺利排出,主要见于细支气管炎、慢性肺泡气肿和膈肌舒张不全等。

③断续性呼吸。其特征是在吸气和呼气的过程中,出现多次短暂间歇的动作。这是由于家畜先抑制呼吸后,又出现短时间的代偿性呼气或吸气。可见于细支气管炎、慢性肺泡气肿、胸膜炎和胸腹痛性疾病。另外,在脑炎、中毒时,由于呼吸中枢的兴奋性降低,也可出现断续性呼吸。

④陈-施二氏呼吸。其呼吸特点是,由弱、慢、浅逐渐加强、加快、加深,达到顶峰后又渐变得弱、慢、浅,经过较长的时间间隔(15~30s),又出现上述特点的呼吸。因此,这种呼吸像潮水一般,故又称之为潮式呼吸。这种呼吸的出现,主要原因就是呼吸中枢的兴奋性降低,血液中二氧化碳和氧气的浓度变化对呼吸的调节(体液调节)占主导地位。当血液中二氧化碳增多,氧气减少时,颈动脉窦、主动脉弓的化学感受器受到刺激,反射性地引起呼吸中枢兴奋,使呼吸加快、加强、加深,到一定程度,氧气增多,二氧化碳变少,又以同样方式作用于呼吸中枢,使呼吸变慢、弱、浅,这样周而复始地进行着。主要见于脑炎、中毒及各种濒危病畜。

⑤毕欧特氏呼吸。这种呼吸的特点是，深度基本正常或稍加深，呼吸过程中出现有规律的间歇期（暂停）。也就是说，稍深长的呼吸与呼吸暂停交替出现，有人称之为间歇性呼吸。这是呼吸中枢兴奋性显著降低的结果，多提示病情危重。

⑥库斯摩尔氏呼吸。其特点是呼吸不中断但是明显深长，频率减慢，而且带有明显的呼吸杂音，通常又称此呼吸为深长呼吸或大呼吸。这种呼吸的出现，说明呼吸中枢极度衰竭，多提示预后不良。

（三）呼吸困难的类型、特征、意义

当呼吸费力，呼吸频率、方式、节律发生改变，辅助呼吸肌也参与活动时，称之为呼吸困难。检查时，注意观察动物的姿态及呼吸活动。

1. 吸气性呼吸困难　其特征为吸气用力，时间延长，鼻孔扩张，头颈伸直，肘头外展，肋骨上举，肛门内陷，同时听到类似吹口哨的狭窄音。这主要是上呼吸道狭窄造成的，常见于鼻腔、喉和气管的炎症，如马的喘鸣症（返回神经麻痹）、猪的传染性萎缩性鼻炎、鸡的传染性喉气管炎等。

2. 呼气性呼吸困难　表现为呼气用力，时间延长，脊柱弓曲，腹肌收缩，腹部容积变小，肛门突出。出现明显的二段呼气（二重呼气），并在肋骨和肋软骨的交汇处形成一条沟或线（称为喘沟、喘线、息劳沟）。这种沟、线的形成，是正常的呼气动作，不能排出肺泡内气体，继而正常呼气之后，腹肌又强力补充收缩的结果。主要见于细支气管炎、慢性肺泡气肿等细支气管狭窄和肺泡弹性降低的疾病。

3. 混合性呼吸困难　表现为吸气与呼气同等程度的困难，这是临床上最为常见的一种表现形式。实际上，单纯的吸气性或呼气性呼吸困难是不多见的，往往是以某一种形式为主的混合性呼吸困难。可见于肺炎、胸膜炎、胸腔积液、急性胃扩张、瘤胃臌气和肠臌胀等。根据其发生的原因和机理可以分为以下6种类型。

（1）肺源性呼吸困难。呼吸器官本身发生病变，气体的吸入、排出障碍，肺呼吸面积减少，肺组织弹性降低，使血液中氧气缺乏，二氧化碳增多，导致呼吸中枢兴奋所致。如上呼吸道狭窄的疾病，慢性肺泡气肿，各种肺炎、肺水肿、胸膜肺炎、胸膜炎等。另外，在一些传染病中也可见到，如猪肺疫、猪喘气病、鸡喉气管炎等。

（2）心源性呼吸困难。心脏机能异常，导致循环功能障碍，尤其在肺循环障碍时，换气受到影响，氧气和二氧化碳的吸入和排出紊乱，造成混合性呼吸困难。可见于心力衰竭、心肌炎、心包炎和心内膜炎等。

（3）血源性呼吸困难。血液中红细胞数量减少或血红蛋白变性，携氧能力下降，血氧不足，导致呼吸困难。可见于各型贫血等。

（4）中毒性呼吸困难。体内代谢产生的有毒物质，直接作用于呼吸中枢，或由体外进入的有毒物质，作用于血红蛋白，使携氧能力下降，血氧缺乏，二氧化碳蓄积，导致呼吸困难。可见于代谢性酸中毒、尿毒症、酮血症、亚硝酸盐中毒、氢氰酸中毒等。

（5）中枢性呼吸困难。主要是重症脑部疾病，使颅内压升高和炎性产物刺激呼吸中枢，引起呼吸困难。见于脑出血、脑水肿、脑部肿瘤、脑膜炎等。

（6）腹压增高性呼吸困难。在急性胃扩张、肠臌胀、急性瘤胃臌气、腹腔积液等情况下，腹部对胸部产生了巨大的压力，使呼吸运动受阻从而导致呼吸困难。

由上述可见，发生呼吸困难的原因很多，临床上应该综合分析。

(四)呼吸对称性检查

呼吸对称性也称匀称性。是指呼吸时,两侧胸壁起伏强度一致。当一侧胸部有病,该侧胸壁起伏运动受到限制减弱或消失,而健侧则出现代偿性增强,见于一侧性胸膜炎、肋骨骨折、胸腔积液、积气等。若两侧同时患病,病重一侧减弱明显。

(五)呃逆

是病畜所发生的短促的急跳性吸气,由膈神经受到刺激后,膈肌发生有节律地痉挛性收缩所引起,故又称之为"膈肌痉挛"。临床表现为腹部或肷部节律性跳动,所以,也称为"跳肷"。常见于某些中毒病(棉籽饼中毒等)、胃扩张、肠便秘、消化不良等。

二、上呼吸道的检查

(一)鼻面部及副鼻窦的检查

1. 检查方法 观察鼻面部及副鼻窦的外形有无改变及其表在病变,触诊和叩诊副鼻窦部有无敏感反应及叩诊音的改变。

2. 病理变化

(1)鼻面部的肿胀、膨隆和变形,马的鼻面部、唇周围皮下浮肿,外观呈河马头状特征,可见于血斑病;鼻面部膨隆,常见于软骨症,而以幼驹更为典型;窦炎或蓄脓症时可见局部隆突、胀肿,甚至骨质变软;猪的鼻面部短缩、歪曲、变形,是传染性萎缩性鼻炎的特征。

(2)马的副鼻窦敏感及叩诊呈浊音,提示窦炎或副鼻窦蓄脓症,重者多伴有颜面、鼻窦部的肿胀、变形,且患侧鼻孔常流脓性分泌物,低头时流出量增多。

(二)鼻腔检查

1. 检查方法 借助自然光线或借助人工光源进行视诊。

用单手法时,一只手握笼头,另一只手(右手)的拇指和中指夹住其外鼻翼并向外拉开,食指将其内鼻翼挑起;用双手法时,由助手保定并抬起动物的头部,检查者分别用两手拉开动物的两侧鼻翼即可(图4-28)。

检查时,应注意鼻黏膜的颜色及有无肿胀、结节、溃疡或瘢痕。

2. 正常状态 健康动物的鼻黏膜为蔷薇红色或淡青红色,湿润,有光泽。

3. 病理变化 鼻黏膜潮红、肿胀主要见于鼻卡他及流行性感冒;若有水疱,可见于水疱病、口蹄疫。马鼻黏膜出现的结节、溃疡或瘢痕(冰花样或星芒状),常提示鼻腔鼻疽。

图4-28 马的鼻腔检查法

(三)喉、喉囊和气管的检查

1. 检查方法 马的喉和喉囊的检查法:检查者可站于动物的头颈部侧方,分别以两手自喉部两侧同时轻轻加压并向周围滑动,以感知局部的湿度、硬度和敏感度,注意有无肿胀。当发现喉囊肿胀、隆起时,可配合进行叩诊和穿刺检查。

牛、羊的喉部外部触诊法与马相同。猪和禽类、肉食兽,可开口直接对喉腔及其黏膜进行视诊。

气管的检查，主要用外部触诊法。应注意有无变形、弯曲及周围组织肿胀等。

2. 病理变化

(1) 喉部周围组织和附近淋巴结有热感、肿胀，主要见于喉炎、咽喉炎、马腺疫、急性猪肺疫或猪、牛的炭疽等；喉囊卡他表现局部敏感，叩诊可呈浊音或浊鼓音。

(2) 禽类喉腔若出现黏膜肿胀、潮红或附有黄、白色伪膜，是各型喉炎的特征。

三、胸和肺部的检查

(一) 胸廓及胸壁的视诊和触诊

1. 检查方法 胸部视诊主要观察胸廓外形变化，两侧胸廓是否对称等。触诊胸部主要感触胸壁的温度、敏感性及有无震颤，并注意肋骨有无变形或骨折等。

2. 病理变化

(1) 桶状胸表现为两侧胸廓明显膨隆，左右横径显著增加，状如圆桶。常见于严重的肺气肿。扁平胸表现为两侧胸廓狭窄而扁平，左右横径显著狭小。可见于骨软症、营养不良，慢性消耗性疾病；单侧气胸时可见胸廓左右不对称。

(2) 触诊胸壁时，家畜回视、不安、呻吟、躲闪，是胸壁敏感反应，主要见于胸膜炎、肋骨骨折、纤维素性胸膜炎时，可感知胸壁震颤。

(3) 鸡胸表现为幼畜像鸡一样，胸骨柄明显向前突出，并伴有肋骨与肋软骨结合处的串珠状肿，并见有脊柱凹凸，四肢弯曲，全身发育障碍，是佝偻病的特征，鸡的胸骨脊弯曲、变形，提示钙缺乏。

肋骨变形、有折断痕迹时或有骨折、骨瘤，可提示骨软症及氟骨病。

(二) 胸、肺部的叩诊

1. 检查方法 大动物宜用锤板叩诊法、中小动物可用指指叩诊法。

叩诊的目的，主要在于发现叩诊音的改变，并明确叩诊区域的变化，同时注意对叩诊的敏感反应。

2. 正常状态 叩诊健康动物的肺区，叩诊呈清音。正常的肺部叩诊清音区多呈近似的直角三角形。

马的肺叩诊区：假定3条水平线，第1条线是髋结节水平线，第2条线是坐骨结节水平线，第3条线是肩关节水平线。以马为例，肺叩诊界的下后界与第1线交于第16肋间，与第2条线交于第14肋间，与第3线交于第10肋间，下端终于第5肋间；叩诊界的上界，是自肩胛骨后角至髋结节内角的直线，它与下后界在第16肋骨部交叉，形成锐角；叩诊界的前界，是由肩胛骨后角引向地面的垂直线，与上界在肩胛骨后角处交叉，形成直角，与下后界交接处为心脏浊音区（图4-29）。

牛胸部叩诊区的前界是从肩胛骨后角，沿肘肌向下的反S状曲线，止于第4肋间。上界同马。后界是连接第12肋骨与上界的交点，第11肋骨与髋结节水平线交点，第8肋骨与肩关节水平线交点，向前向下止于第4肋间与前界相交，围成一个封闭图形（亦似三角形）。此外在其肩前尚有一个狭小的肩前叩诊区（图4-30）。

猪：其前界和下界与马略同，其后下界约于第7肋骨处与肩关节水平线相交。

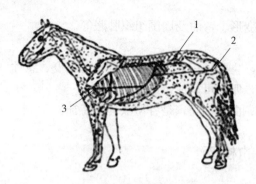

图 4-29 马肺叩诊区
1. 髋结节水平线　2. 坐骨结节水平线
3. 肩关节水平线

图 4-30 牛肺叩诊区
1. 胸侧肺叩诊区　2. 肩前肺叩诊区

羊：与牛略同，但无肩前叩诊区。

3. 病理变化

（1）叩诊胸部时，家畜表现回视、躲闪、反抗等疼痛不安现象，提示胸壁敏感，是胸膜炎的重要特征。

（2）肺叩诊清音区扩大（主要表现为后下界的扩大），提示肺气肿。

（3）叩诊音的变化。

①浊音、半浊音。浊音、半浊音的出现，说明肺泡内含有液体或肺组织发生实变，含气量减少或消失。大片状浊音区见于大叶性肺炎，也可见于马传染性胸膜肺炎、牛肺疫、牛出血性败血病和猪肺疫等，局灶性浊音或半浊音区见于小叶性肺炎、肺坏疽、肺结核、肺脓肿和肺肿瘤等。

②水平浊音。是指能叩出上界呈水平状态的浊音区，说明胸腔内有一定量的液体存在，可见于渗出性胸膜炎、胸腔积液等。浊音区的变化随体位变化而变化。

③鼓音。在大叶性肺炎的充血水肿期和溶解消散期及小叶性肺炎时，肺泡内含有气体和液体，弹性降低，传音增强；或病、健组织掺杂存在，其周围健康组织叩之呈鼓音，气胸时，胸腔内有大量气体，叩诊呈鼓音，胸腔积液时，在水平浊音界之上叩诊呈鼓音（肺组织膨胀不全所致）。

④过清音。为清音和鼓音之间的一种过渡性声音，类似敲打空盒的声音，故亦称空盒音。是肺泡内含气量大增所致，主要见于肺气肿。

⑤金属音。如叩打金属容器之响声，当肺有大的含气空洞，且位置浅在，洞壁光滑时，能叩出此声。

⑥破壶音。类似敲打破瓷壶发出的响声，此乃肺有与支气管相通的大空洞，当叩诊时，洞内气体通过狭窄的支气管向外排时发出的声音。肺空洞可见于肺脓肿、肺结核、肺坏疽等病理过程中。

4. 注意事项

（1）在两侧肺区均应由前向后、自上而下的每隔 3～4cm（或沿每个肋间）做一个叩诊点进行普遍的叩诊检查。

（2）叩诊时除应遵循叩诊的一般注意事项外，对消瘦的动物，叩诊板（或用做叩诊板的手指）宜沿肋间放置。

（3）叩诊的强度应依不同区域的胸壁厚度及叩诊的不同目的而变化，肺区的前上方宜行强叩诊，后下方应轻叩诊，发现深部病变应行强叩诊。

（4）对病区与周围健区，在左右两侧的相应区域，应进行比较叩诊，以确切地判定其病理变化。

（三）肺部的听诊

1. 检查方法 听诊区同叩诊区或稍大。在听诊区内，应普遍进行听诊，每一听诊点的距离为3～4cm，每处听3～4次呼吸周期，先听中1/3部，再听上、下1/3部，从前向后听完肺区。

如果呼吸微弱、呼吸音响不清时，可人为地加强使动物活动，也可短时地捂住动物的鼻孔并于放开之后立即听诊，或使动物做短暂的运动后听诊。

宜注意排除呼吸音以外的其他杂音。

2. 正常状态 健康动物可听到微弱的肺泡呼吸音，于吸气阶段较清楚，状如吹风样或类似"夫、夫"的声音，整个肺区均可听到肺泡呼吸音，但以肺区的中部最为明显。各种动物中，马属动物则呼吸音最弱，牛、羊较马明显，肉食兽最强，一般幼畜呼吸音强，成畜则弱。

支气管呼吸音类似"赫、赫"的音响。马的肺区听不到支气管呼吸音，其他动物仅在肩后，靠近肩关节水平线附近区域能听到。

3. 病理变化

（1）肺泡呼吸音变化。可分为肺泡呼吸音增强和肺泡呼吸音减弱。

肺泡呼吸音普遍增强在整个肺区均能听到重读的"夫"声，见于热性病、代谢亢进及其他伴有一般性呼吸困难的疾病，肺泡呼吸音局限性增强，见于大叶性肺炎、小叶性肺炎、渗出性胸膜炎等。这是因为，病区肺小叶功能低下或丧失，其周围健康肺小叶代偿性呼吸增强的结果。

肺泡呼吸音减弱或消失，可见于肺组织含气量减少（支气管炎、各型肺炎等），肺泡壁的弹性降低（如慢性肺泡气肿等），肺与胸壁间距离加大（如渗出性胸膜炎、胸壁浮肿、胸腔积气积液等）。

（2）支气管呼吸音或混合呼吸音。在肺区内听到明显支气管呼吸音，即系病态，可见于肺的炎症与实变。

如在吸气时有肺泡音，呼气时有支气管音，称混合呼吸音或支气管肺泡音，可见于大叶性肺炎或胸膜肺炎的初期。

（3）病理性呼吸音。

①啰音。啰音是伴随呼吸出现的附加音，也是一种重要的病理征象。

干性啰音音调强、长而高朗，如笛声、咝咝声，主要是支气管黏膜肿胀、管腔狭窄、气流不畅或其内有少量黏稠分泌物、气流通过时发生振动的结果，可见于支气管炎、支气管肺炎。

湿性啰音音响如水泡破裂音、沸腾音、潺潺音或含漱音，是支气管、细支气管及肺泡内有大量稀薄液体，气流通过时，水泡的生成或破裂所致，可见于支气管炎症、细支气管炎症、肺水肿、异物性肺炎等。

②捻发音。当肺泡内有少量液体时，肺泡壁发生黏合，气体进入肺泡时，黏合的肺泡壁被冲开而发出类似捻转头发的音响，见于肺水肿、小叶性肺炎、大叶性肺炎等。

③空瓮性呼吸音。类似吹狭口瓶发出的声音，是由于肺出现了与支气管相通的大空洞，当气体由支气管进入肺空洞时，即发出此声音。

④胸膜摩擦音。当胸膜发生纤维素性渗出性炎症，渗出液较少，胸膜脏、壁层又不粘连时，随着呼吸运动，两层粗糙的膜相互摩擦就发出类似皮革摩擦的音响，即胸膜摩擦音。

⑤拍水音。当胸腔内有一定量的液体和气体时，随着呼吸运动，发出类似水击河岸的音响，即胸腔击水音（拍水音），主要见于腐败性胸膜炎。

胸膜摩擦音、小水泡音及其他杂音的区别详细见表4-6。

表4-6 胸膜摩擦音、小水泡音及其他杂音的区别

区分	胸膜摩擦音	小水泡音	其他杂音
声音的特性	断续性，较尖锐、粗糙，类似两膜面的擦过声	类似水泡破裂声	被毛、衣物的摩擦声或其他杂音
出现的时期	吸气末期与呼气初期	仅见于吸气阶段	不定，常与呼气活动无关联
声音的强度及用听诊器集音头压迫胸壁后的变化	声音明显，听之如耳边，加压后声音增强	较摩擦音弱，加压后无变化	不定，无规律
移动性固定	不移动	咳嗽后或经呼吸冲动而转移或消失	不定，无规律
伴随的其他症状	胸壁敏感与胸膜炎的其他相应症状	有鼻液及支气管炎或肺炎的其他应有症状	无

单元五　心血管系统检查

一、心脏的检查

（一）心搏动的视诊与触诊

1. 检查方法　检查者位于动物左侧方，用视诊主要观察肘后心区被毛及胸壁的震动情况。触诊时，检查者一只手（通常是右手）放于动物的鬐甲部，用另一只手（通常是左手）放于左侧肘头稍后方（牛则在肘头内侧）心区，注意感知胸壁的振动，主要判定其频率、强度及位置有无移动。

2. 正常状态　正常情况下，不易观察到，当心跳明显增强时，胸壁震动才明显可见。

由于胸壁振动的强度，受动物的营养状态和胸壁厚度的影响，所以，营养过肥、胸壁较厚的动物，其心搏动较弱，相反，消瘦的个体胸壁较薄，其心搏动较强。动物在运动过后、兴奋或恐慌时，亦可见有生理性的搏动增强。

3. 病理变化

（1）心搏动增强可见于各种原因所引起的心脏衰弱，心室无力，如热性病、心室肥大

等。当心搏动过强，伴随每次心动而引起的动物的体壁发生振动时称为心悸。

(2) 心搏动减弱可见于各种原因所引起的心机能亢进，如心衰、胸腔积液积气、肺气肿。

(二) 心脏的叩诊

1. 检查方法 被检动物取站立姿势，使其左前肢伸出半步，以充分显露心区。对大动物，宜用锤板叩诊法，小动物可用指指叩诊法。心脏叩诊主要感知有无敏感反应，浊音区域大小有无变化。

按常规叩诊法，沿肩胛骨后角向下的垂线进行叩诊，直至心区，同时标记由清音转变为浊音的一点，再沿与前一垂线成45°左右的斜线，由心区向后上方叩诊，并标记由浊音变为清音的一点，连接两点所成的弧线，即为心脏浊音区的后上界。

2. 正常状态 马的心脏叩诊区，在左侧成近似的不等边三角形，其顶点相当于第3肋间距肩关节水平向下3～4cm处。由该点向后下方引一弧线并止于第6肋骨下端，即构成心脏浊音区的上后界（图4-31），中间约有一掌大的地方，其中间是绝对心脏浊音区（浊音区），由此往后渐变为相对心脏浊音区（半浊音区），宽为3～4cm（图4-32）。

牛的心脏叩诊，仅限相对浊音区，位于左侧第3～4肋间。

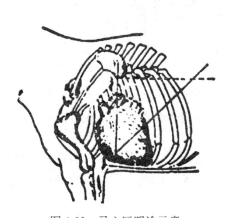

图4-31 马心区叩诊示意

图4-32 马心脏叩诊浊音

3. 病理变化

(1) 心脏叩诊浊音区缩小，主要提示肺气肿。

(2) 心浊音区扩大可见于心肥大、渗出性心包炎、肺萎陷、心包积水。

(3) 心脏叩诊敏感。当心区叩诊时，动物表现回视、躲闪或反抗而呈疼痛不安，乃心区敏感反应，常是心包炎或胸膜炎的特征。当牛患创伤性心包炎时，除浊音区扩大、呈敏感反应外，有时呈鼓音或浊鼓音。

(三) 心音的听诊

1. 检查方法 被检动物取站立姿势，使其左前肢伸出半步，以充分显露心区。

当心音过于微弱而听取不清时，可使动物做短暂的运动，并在运动之后立即听诊，可使心音加强而便于辨认。

当需要辨认各瓣膜口音的变化时，可按表4-7和图4-33的部位确定其最佳听取点。

表 4-7 常见动物心音最佳听取点

动物种类	第一心音		第二心音	
	二尖瓣口音	三尖瓣口音	主动脉口音	肺动脉口音
马	左侧第5肋间，胸廓下1/3的中央水平线上	右侧第4肋骨上，胸廓下1/3的中央水平线上	左侧第4肋间，肩关节水平线下方2～3cm处	左侧第3肋间，肘头的稍上方
牛	左侧第4肋间，主动脉口音听取点的下方	右侧第4肋骨上，胸廓下1/3的中央水平线上	左侧第4肋间，肩关节水平线下方2～3cm处	左侧第3肋间，肘头的稍上方
猪	左侧第4肋间	右侧第3肋间	左侧第3肋间	左侧第2肋间
犬	左侧第5肋间，胸廓下1/3的中央水平线上	右侧第4肋间，肋软骨固着部上方	左侧第4肋间，肩关节水平线直下	左侧第3肋间，靠胸骨的边缘

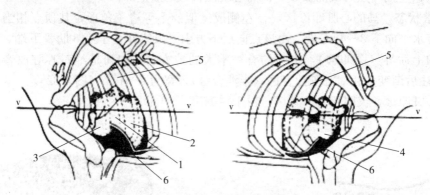

图 4-33 马的各瓣膜口心音最佳听取点
vv. 肩关节水平线　1. 主动脉口　2. 左房室口　3. 肺动脉口
4. 右房室口　5. 第5肋间　6. 心浊音区

听诊心音时，主要应注意心音的频率、强度、性质及有否分裂、杂音或节律不齐。

2. 正常状态　正常情况下，能够听到的是第一心音和第二心音。第一心音产生于心室收缩期，故称收缩音，音响低而钝浊，持续时间长，尾音也长，类似"咚"的音响；第二心音产生于心室舒张期，又称心室舒张音，其音响高朗，持续时间短，尾音突然终止，发出类似"嗒"的音响。

（1）马。第一心音的音调较低，持续时间较长且音尾拖长；第二心音短促、清脆且音尾突然停止。

（2）牛。黄牛一般较马的心音清晰，尤其第一心音明显，但持续时间较短；水牛及骆驼的心音则不如马和黄牛清晰。

（3）猪。心音较钝浊，且两个心音的间隔大致相等。

（4）犬。心音清亮，且第一心音与第二心音的音调、强度、间隔及持续时间均大致相等。

3. 病理变化　病理情况下主要检查频率、强度、性质、节律及心脏的杂音等变化。

（1）心率高于正常值时，称为心率过速；低于正常值时，称为心率徐缓。见一般检查中脉搏数变化。

（2）心音的强度变化。影响心音强度的主要因素包括心脏机能状态、循环血量及心音传导介质等。心音强度的变化可分为增强和减弱两种。

①心音增强。两心音同时增强，见于热性病（初期明显）、心肌肥大等；第一心音增强，

见于心收缩力代偿性增强、瓣膜高度紧张、心室充盈不良、血容量不足等；第二心音增强，可见于急性肾炎及左心室肥大，肺充血、肺水肿、肺气肿及二尖瓣闭锁不全等。

②心音减弱。两心音同时减弱，见于危重病例及胸壁浮肿、胸腔积气积液、肺气肿、渗出性心包炎等；单纯的第一心音减弱并不多见，只在心肌梗死、心肌炎末期及瓣膜钙化失去弹性时表现出来；第二心音减弱，可见于血容量减少的各种疾病，如大失血、剧烈呕吐、腹泻引起的脱水等。

(3) 心音性质变化。常表现为心音混浊，音调低而钝浊，含混不清，主要见于心肌变性、瓣膜病变以及高热性疾病、严重贫血和猪瘟、猪丹毒等传染性疾病。

(4) 心音的分裂或重复。如果某一个心音分成两个音响，就称为心音的分裂或重复。两音响之间间隔短者（好像没有完全分开，只是首尾高，中间低）称为分裂，间隔长者（明显一分为二），谓之重复。分裂和重复意义相同，仅程度不同而已。

(5) 心律不齐。表现为心脏活动的快慢不均及心音的间隔不等或强弱不一。主要提示心脏的兴奋性与传导机能的障碍或心肌损害。为进一步分析心律不齐的特点和意义，必要时应进行心电图描记，依心电图的变化特征而使之明确。

(6) 心杂音。所谓心杂音是指伴随心脏的收缩、舒张活动而产生的正常心音以外的附加音，它是由心血管的活动产生的。依其来源不同，把来源于心内的称为心内杂音（由心内膜、心瓣膜病变、血液稀薄、流速加快所致）；源于心外的称为心外杂音（由心外膜、心包膜病变引起）。依心音出现的时间又分为缩期杂音和舒期杂音。

二、血管的检查

（一）动脉脉搏的检查

1. 检查方法 马测颌外动脉，牛测尾动脉（距尾根10cm左右处），猪、羊、犬和猫测股内动脉。

(1) 检查颌外动脉时。检查者位于动物头部左侧，一只手（左手）握住动物笼头，检手（右手）的食指及中指放于下颌支内侧的血管切迹处，拇指则放于下颌支外侧。

(2) 检查尾动脉时。检查者位于动物臀部的后方，一只手（左手）握住动物的尾梢部，检手（右手）的食指及中指放于股内侧的股动脉上，拇指放于股外侧。

检查时，除注意计算脉搏的频率外，还应判定其脉搏的性质（主要是搏动的大小、强度、血管软硬及充盈状态等）及有无节律的变化，脉搏的频率及其改变（见一般检查）。

2. 正常状态 健康动物的脉搏性质表现为：脉管有一定的弹性，搏动的强度中等，脉管内的血量充盈适度，正常的脉搏节律，其强弱一致、间隔均等。即中兽医称之为平脉，"不虚不实，不快不慢，节律均匀，连绵不断，来似莲珠，去似流水"。

3. 病理变化

(1) 脉管高度充盈者为实脉，属实病，如热性病的早期、肠便秘等；充盈不良者为虚脉，多属虚病，见于大失血、脱水及久病患畜；脉搏力量强者为强脉，见于热性病早期、心室肥大等；脉搏力量弱者为弱脉，见于心衰、热性病及中毒病后期；脉搏振幅大者为大脉，说明心收缩力强，射血量也多，主要见于代偿性心肥大、热性病初期；反之为小脉，表明心收缩力较弱，射血量也少，见于代偿性心功能衰竭；脉管紧张度高者为硬脉，可见于破伤风、急性肾炎或伴有剧痛性疾病；迟缓者为软脉，在心衰、失血及脱水时多见。

(2) 脉律不齐是心律不齐的直接表现。脉律不齐应与心律不齐的特点综合分析。

(二) 表在静脉检查

1. 检查方法 主要观察表在静脉（如颈静脉、胸外静脉等）的充盈状态及颈静脉波动。

2. 正常状态 一般营养良好的动物，表在静脉管不明显；较瘦或皮薄毛稀的动物则较为明显。正常情况下，某些动物（如牛、马）在颈静脉沟处可见有随心脏活动而出现的自颈基部向颈上部反流的波动称静脉波动。通常其反流波不超过颈下部的1/3。

3. 病理变化

(1) 表在静脉的过度充盈，乃体循环淤滞的表现。当牛患创伤性心包炎时，可见颈静脉的高度充盈、隆起并呈绳索状。局部静脉瘀血，多是该部组织受压的结果，同时也出现其周围组织的水肿。

(2) 颈静脉周围出现肿胀、硬结，并伴有热、痛反应，是颈静脉及其周围炎症的特征。多有静脉注射时消毒不严或静脉注射刺激性药物（如氯化钙等）漏于脉管外的缘故。

(3) 静脉的波动高度超过颈下部的1/3处，多为病态。依其临床特征，可分为阴性静脉波动、阳性静脉波动和假性静脉波动3种。

如波动出现于心房收缩、心室舒张的过程中，并于颈中部的静脉上用手指加压之后，近心端和远心端的波动均自行消失，此乃心房性颈静脉波动（阴性波动）的特征。颈静脉心房性波动过度增强时，是右心衰竭或淤滞的标志。

如波动出现于心室收缩过程中（与心搏动及动脉脉搏同时出现），并以手指于颈中部的静脉处加压后，其近心端的波动仍存在，此乃心室性颈静脉波动（阳性波动）的特点。颈静脉的心室性波动是三尖瓣闭锁不全的特征。

有时，由于颈动脉的过强搏动可引发的颈静脉处发生类似的波动，称为伪性颈静脉波动，是在主动脉瓣闭锁不全时，脉搏骤来急去，搏动力量强大所致。伪性波动时，以手指于颈中部的静脉处加压后，远心端与近心端的波动均不消失，并可感知颈动脉的过强搏动。

单元六　消化系统检查

一、饮食状态观察

(一) 采食和饮水

1. 检查方法 在动物采食时与饮水过程中，仔细观察其活动与表现，必要时可进行试验性的饲喂或饮水，注意观察，采食、饮水的方式、数量、咀嚼状态、吞咽动作等。

2. 正常状态 各种家畜禽采食的方式有所不同，马用唇和切齿摄取饲料；牛用舌卷食饲草；羊大致与马相同；猪主要靠上、下腭动作而采食。

3. 病理变化

(1) 饮食欲的改变。影响采食和饮水的因素很多，包括饲料的品质、饲喂方法、更换饲养员、独居、母子分离、怀孕、泌乳等。

①食欲减退或废绝。表现为对良质适口的饲料采食无力、食量显著减少甚至完全拒食。

主要见于消化器官的各种疾病以及热性疾病、全身衰竭、消化及代谢紊乱等。

②食欲亢进。见于重病恢复期、某些寄生虫病及代谢性疾病。

③食欲不定。表现为食欲时好时坏，采食或多或少，见于慢性消化不良等病。

④饮欲增加。表现为贪饮或狂饮，常见于热性病、呕吐、腹泻、大出汗、大失血、食盐中毒及炎性疾病渗出期。

⑤饮欲减少。可见于脑部疾病，不伴有呕吐腹泻的胃肠疾病、重症腹痛病等，病畜恐水，主要提示狂犬病。

⑥异嗜。异嗜是指动物采食正常时所不食的物质。表现为采食破布、塑料纸、煤渣、粪尿、污染的垫草，猪食仔、食胎衣，鸡啄肛、啄羽、食卵等。异嗜常因体内某些营养物质（必需氨基酸、维生素、矿物质、微量元素等）的不足或缺乏所致。以幼畜禽、妊娠后期的家畜、高产奶牛、产蛋高峰的鸡多发。在佝偻病、骨软症、纤维素性骨营养不良、白肌病以及一些肠道寄生虫病中常可见到。

(2) 采食方式的异常。马以门齿衔草，多见于面神经麻痹或中枢神经的疾病。饮水时将鼻孔伸入水中，后因呼吸困难而急剧抬头，口衔草而忘却咀嚼，乃马慢性脑室积水的特有症状。重度破伤风、某些舌病、颌骨疾病时，可表现采食障碍。

(3) 咀嚼障碍。表现为咀嚼小心、缓慢、无力，并因疼痛而中断，有时将口中食物吐出。咀嚼障碍多提示口腔黏膜、舌、牙齿的疾病，骨软症、慢性氟中毒时亦可引起。空嚼和磨牙，可见于狂犬病、某些脑病及胃肠道阻塞和高度疼痛性疾病。

(4) 吞咽障碍。表现为吞咽时动物伸颈、摇头，屡次企图吞咽而被迫中止，或吞咽同时引起咳嗽，某些动物的食物及饮水则常可经鼻返流，马、牛多提示预后不良。吞咽障碍主要提示为咽与食管的疾病，如咽炎、食管阻塞等。

(二) 反刍、嗳气及呕吐

1. 检查方法 对反刍动物注意观察其反刍的开始出现时间、每次持续时间、昼夜间反刍的次数、每次食团的再咀嚼情况和嗳气的情况等。

2. 正常状态 健康反刍动物，一般采食后经 0.5～1h 即开始反刍，每昼夜反刍 4～8 次，每次反刍持续时间 20～60min，每次返回的食团再咀嚼 40～60 次。高产奶牛的反刍次数较多，且每次的持续时间长，一般每小时有 15～30 次嗳气。

3. 病理变化

(1) 反刍障碍。可表现为开始出现的时间晚、每次持续时间短、昼夜间反刍的次数少以及每次食团的再咀嚼减少，严重时甚至反刍完全停止。反刍紊乱是前胃功能障碍的表现，可见于多种疾病。

(2) 嗳气的改变。嗳气减少也是前胃机能紊乱的一种表现。嗳气显著减少而使瘤胃积气并可继发瘤胃臌气。偶见有马的嗳气，常提示胃扩张。

(3) 呕吐。呕吐是一种病理性的反射活动。肉食兽容易呕吐，猪及家禽次之，牛、羊再次之，马一般不呕吐。反刍兽呕吐时表现不安、呻吟，同时腹肌强烈收缩，马呕吐时多呈恐怖而极度不安，腹肌强烈收缩，常有战栗与出汗，马呕吐时常见胃内容物的经鼻返流。猪呕吐常见于胃食滞、肠阻塞、中毒病与中枢神经系统疾病。反刍兽的呕吐，可见于前胃、肠的疾病以及中毒与中枢神经系统疾病。马的呕吐，多提示为急性胃扩张且常继发胃破裂而致死。

二、消化道的检查

(一) 口腔检查

1. 检查方法

(1) 徒手开口法。

马:检查者站于马头的侧方,一手握住笼头,另一手食指和中指从一侧口角伸入并横向对侧口角,手指下压并握住舌体,将舌拉出的同时用另一只手的拇指从它侧口角伸入并顶住上腭,使口张开(图 4-34)。

牛:检查者位于牛头侧方,一只手握住牛鼻并强捏鼻中隔的同时向上提起,另手从口角处伸入并握住舌体向侧方拉出,即可使口腔打开(图 4-35)。

(2) 器械开口法。猪和犬必须用器械开口(也可用木棒撬开)。

马:一般可使用单手开口器,一手握住笼头,另一手持开口器自口角处伸入,随动物张口而逐渐将开口器的螺旋形部分伸入上、下臼齿之间,而使口腔张开,检查完一侧后,再以同样方法检查另一侧(图 4-36)。

 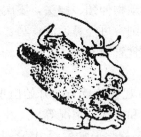 

图 4-34 马的徒手开口法　　图 4-35 牛的徒手开口法　　图 4-36 马的开口器开口法

必要时可应用重型开口器:首先应妥善地进行动物的头部保定;检查者将开口器放于其齿板嵌入上、下门齿之间,同时保持固定,由另一只手迅速转动螺旋柄,渐渐随上、下齿板的离开而打开口腔。

猪:由助手握住猪的两耳进行保定;检查者手持猪开口器,将其平直伸入口内,达口角后,将把柄用力下压,即可打开口腔进行检查或处置(图 4-37)。

2. 病理变化

(1) 口唇检查。健壮家畜,其上下唇闭合严紧,在老龄及某些患畜,可表现为口唇松弛。当一侧面神经麻痹时,口唇歪向健侧,马属动物在结肠或盲肠便秘时,可表现上唇挛缩;破伤风患畜口唇、牙关紧闭;血斑病时,口唇明显肿胀像河马头样。

(2) 口腔温度检查。在口炎及热性病时,口温会升高;虚脱、衰竭及某些中毒病时,口温降低。

(3) 口腔湿度检查。正常情况下,口腔干湿适中。若口腔过于干燥,是唾液腺分泌减少所致,可见于热性病、肠便秘、脱水及阿托品中毒等。口腔过于湿润,甚至表现为流涎,可由唾液分泌旺盛、吞咽障碍、口唇松弛造成，临床主要见于口炎、咽喉炎、唾液腺炎、食道阻塞、口蹄疫、水疱病、面神经麻痹、拟副交感药物中毒等。

（4）口腔气味检查。正常情况下，除了喂青贮饲料的家畜口腔有酸臭味外，一般没有难闻气味。当齿龈炎、龋齿、坏死性口炎时，有腐败臭味；牛酮血病时，有氯仿味；有机磷农药中毒时，有蒜臭味；发热、消化不良时，有甘臭味或酸臭味。

（5）舌的检查。包括舌苔、舌质和舌色的检查。

①舌苔。是覆盖在舌面上的一层疏松或紧密的脱落不全的上皮细胞沉淀物。正常时有少量薄而色淡的舌苔。常呈灰白色

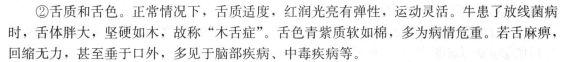

图 4-37 猪的开口器开口法

或黄白色，可见于热性疾病、胃肠疾病（胃肠卡他、胃肠炎及大肠便秘）。舌苔薄且色淡表示病程短，病势较轻；舌苔厚而色深，则标志病程长、病势较重。

②舌质和舌色。正常情况下，舌质适度，红润光亮有弹性，运动灵活。牛患了放线菌病时，舌体胖大，坚硬如木，故称"木舌症"。舌色青紫质软如棉，多为病情危重。若舌麻痹，回缩无力，甚至垂于口外，多见于脑部疾病、中毒疾病等。

（6）牙齿检查。当家畜表现采食、咀嚼障碍，齿槽内有大量食物残渣，粪便中有大量消化不全的谷物或粗纤维时，应考虑到牙齿的检查。若牙齿磨灭不整（过尖、过长或波状齿），应考虑到维生素、矿物质的代谢障碍或缺乏，若牙齿失去光泽，表面粗糙，有黄褐色或黑色斑点，或出现条纹及凹陷，可诊断为慢性氟中毒。另外，还要注意牙齿有无松动、损坏和脱落等。

3. 注意事项

（1）徒手开口时，亦注意防止咬伤手指。

（2）拉出舌时，不要用力过大，以免造成舌系带的损伤。

（3）使用开口器时应注意动物的头部保定，对患骨软症的马应注意防止开口过大，造成颌骨骨折。

（二）咽的检查

当动物表现有吞咽障碍并随之有饲料或饮水从鼻孔返流时，应做咽部的检查。

1. 检查方法 通常进行咽的外部视诊、触诊。视诊注意头颈的姿势及咽周围是否有肿胀；触诊时，可用两手同时自咽喉部左右两侧加压并向周围滑动，以感知其湿度、敏感反应及肿胀的硬度和特点（图 4-38）。

2. 病理变化 咽喉部及其周围组织的肿胀、热感，并呈疼痛反应，提示咽炎或咽喉炎；幼驹的咽喉及其附近的淋巴结的肿胀、发炎，应注意腺疫；牛的咽喉周围有硬性肿物，应注意结核病及放线菌病；猪则应注意咽炭疽及急性猪肺疫。

（三）食管的检查

1. 检查方法 当有吞咽困难或食道疑有阻塞时，应对食道进行检查，常用的方法为视诊、触诊和探诊。

视诊时，注意吞咽过程、食物沿食管通过的情况及局

图 4-38 马咽外部触诊

部有无肿胀；触诊时检查者用两手分别由两侧沿颈部食管沟自上而下加压滑动检查，注意感知有无肿胀、异物，内容物硬度，有无波动感及敏感反应。食道探诊具有对疾病诊断和治疗的双重作用。它不仅可以确定食道病变（阻塞、炎症、狭窄、憩室等）的部位、缓解胃扩张，对轻微的食道阻塞还可进行治疗。另外，还可洗胃、采集胃液化验等。

2. 病理变化

（1）食道阻塞。可见动物吞咽困难，表现为颈部食道局部膨隆，触之有硬块。投胃管时受到阻挡，调整方向仍不能前进。通过度量投入胃管的长度可以大致判定阻塞部位。若轻度的阻塞，可通过适当用力推进，或送水送气，以排除阻塞物。

（2）食道扩张。可见食道局部膨隆，但触诊没有硬块。

（3）食道逆蠕动波。见于马的急性胃扩张（尤其是气滞性胃扩张）以及其他动物消化不良等造成嗳气时。

（4）食道炎及其周围炎。表现为吞咽困难，局部肿胀，触诊敏感。胃管插入食道，家畜疼痛剧烈，极度不安，并不断做吞咽动作。

（5）食道憩室。在动物采食过程中，颈部食道出现界限明显的局限性膨隆。胃管前端可能顶住憩室壁而前进受阻，但经调整方向即可继续前进。

（6）食道狭窄。食道因慢性炎症或其周围组织的压迫，管腔变得狭小，此时，正常应该投进的胃管则不能投进。

（四）禽类的嗉囊检查

禽类的嗉囊是食管在胸部入口处的膨突部分，稍偏位于颈部右侧。各类家禽中，以鸡的最大，鸭、鹅的多不明显。

1. 检查方法 主要用触诊进行检查，注意内容物的多少、软硬度等情况。正常情况下，饥饿时则小，饱食后则明显变大，其内水分较少。

2. 病理变化

（1）软嗉。其特征是膨隆明显，触诊虚软而有波动，若倒提使其头部下垂，同时按压嗉囊，可从口腔排出酸臭的液状或糊状内容物。可见于嗉囊卡他性炎症、鸡新城疫、农药中毒以及采食大量的霉败变质和易于发酵的饲料时。

（2）硬嗉。其特征为嗉囊明显膨隆，触诊坚实或呈捏粉状，倒提并压迫嗉囊，可排出少量未经消化的饲料。主要见于消化不良、饲料中粗纤维过多以及某些传染病等。

（3）悬嗉。其特征是嗉囊极度扩大而悬垂，见于嗉囊阻塞及炎症等。

（五）马属动物的胃肠检查

1. 检查方法 主要进行听诊，必要时可配合进行叩诊或直肠检查。

（1）胃的听诊。听诊胃蠕动音宜在左侧第 14～17 肋间，髋结节水平线上下区域内。正常情况下，由于其位置深在，蠕动音不易听到。当急性胃扩张时，能听到类似"沙沙"声、流水声或金属音，每分钟 3～5 次。

（2）肠的听诊。在左髂部上 1/3 处听小结肠音，中 1/3 处听小肠音，左腹部下 1/3 处听左侧大结肠音，在右肷部听盲肠音，右腹股沟部听小肠音，剑状软骨部听右侧大结肠音。

正常情况下，由于大肠和小肠的管径悬殊，其内容物的性状不同，所以，蠕动音响和频率也不一样。小肠音似流水声、含漱声，每分钟 8～12 次，大肠音如雷鸣声、远炮声，每分钟 4～6 次。

马属动物叩诊一般多用槌板叩诊。对靠近腹壁的肠管进行叩诊时，因其内容物性状及转移情况不同而叩诊音响不同，正常时盲肠基部（右胁部）呈鼓音；盲肠体、大结肠则可呈浊音或鼓音。

2. 病理变化

（1）肠音增强。表现为肠鸣如雷，连绵不断，不用听诊器甚至远距离即可听到音响，主要见于各型肠炎的初期或胃肠炎，如伴有剧烈腹痛现象时则主要提示为痉挛疝。

（2）肠音减弱。表现为音响微弱、稀少并持续时间短促。主要见于热性病、不完全性便秘以及重剧性胃肠炎的末期（肠管麻痹的结果）。

（3）肠音消失。见于肠变位及肠便秘的后期、高度的肠臌气及急性胃扩张时。消失后的肠音又重新出现时，为病情好转之象征。

（4）肠音不整。表现为肠音强弱不定，次数不等，每次蠕动波也不完整。总之，肠蠕动失去规律。主要见于慢性消化不良及大肠便秘的初期。

（5）金属性肠音。见于肠痉挛、肠臌气的初期。是由于肠壁过于紧张或肠内充满气体，蠕动的肠管间相互撞击发出的清脆的振动音。另外，患破伤风时，腹壁紧张，也能听到类似的声音。

（6）叩诊的成片性鼓音区提示肠膨气。与靠近腹壁的大结肠、盲肠的位置相一致的成片性浊音区，可提示相应肠段的积粪及便秘。

（六）反刍兽的胃肠检查

1. 瘤胃检查　主要用视诊、触诊、叩诊及听诊。

（1）视诊。主要是看左腹壁的瘤胃是否胀大。

（2）触诊。了解瘤胃蠕动的次数和强弱。检查者位于动物的左腹侧，左手放于动物背部，检手（右手）可握拳、屈曲手指或以手掌放于左胁部，先用力反复触压瘤胃，以感知内容物性状，后静静放置以感知其蠕动力量并计算蠕动次数。

（3）叩诊。判定内容物的性状。在健康牛、羊左腹上1/3区域的瘤胃部叩诊时，呈回响音。

（4）听诊。牛左腹壁的任何部分都可听到连续不继的瘤胃蠕动音（健康牛）。听诊时，必须用力按压听筒，使其与腹壁密接。健康牛瘤胃蠕动发出的声音极为明显，有如阵阵吹风声、折纸的沙沙声或辘轳声，渐渐加大，后又渐渐消失，有一定的规律性。蠕动一般在采食后2h最旺盛，4~6h后变弱变少。

常见病理变化如下：

①蠕动次数减少。瘤胃蠕动次数减少，同时力量也弱，持续时间缩短。可见于各种发热性疾病、前胃弛缓、瘤胃积食、轻度瘤胃臌气、创伤性网胃炎及瓣胃阻塞等。②蠕动停止。即完全听不到瘤胃蠕动音。见于急性、重度的瘤胃臌气、瘤胃积食的末期，以及一些危症病例。临床上若出现长期的、顽固性的蠕动减弱，则应考虑到网胃的创伤性炎症。③蠕动亢进。即瘤胃蠕动次数增多，声音增强，持续时间也长。见于急性瘤胃臌气的初期，但很快又会减弱甚至消失。④流水声。在瘤胃长期弛缓时，其上部液体增加，随着瘤胃蠕动，可听到似流水的声音。如果在腹部左侧前下方（第11肋骨下方）听到与瘤胃蠕动不一致的流水声，应考虑到是否有真胃的左方变位。⑤如果在腹部左侧下方叩诊时出现钢管音，则提示真胃左侧变位。

2. 网胃检查

（1）叩诊法。可于左侧心区后方的网胃区内，进行强叩诊或用拳轻击，以观察动物反应。

（2）冲击式触诊。检查者一人蹲在牛左侧肘头稍后方，并面向牛尾方向。左手扶在某部位作支点，右手握拳，肘抵于右膝部，然后右膝频频抬起，使拳对网胃区进行有节奏地冲击。

（3）压迫法。由两人分站牛体胸部两侧，各伸一只手于剑突下相互握紧，各将其另一只手放于动物的鬐甲部，二人同时用力上抬紧握的手，并用放于鬐甲部的手紧捏其背部皮肤，以观察动物反应，或用双手捏提鬐甲部皮肤，使腹壁坚张，压迫网胃，或用一根木棒横放于动物的剑突下，由二人分别自两侧同时用力上抬，迅速下放并逐渐后移压迫网胃区，以观察动物反应。此外也可让动物走上、下坡路或急转弯等运动，观察其反应。

以上几种方法，如果牛表现痛苦、呻吟、不安或企图卧下，可怀疑牛有网胃的创伤性炎症。

3. 瓣胃检查

（1）触诊法。在牛右侧第7~10肋间沿肩关节水平线上下3cm的范围内，用并拢的四指尖部进行触压或用拳冲击，观察动物有否疼痛反应。触诊如果有明显的坚硬或敏感反应，主要提示瓣胃创伤性炎症，亦可见于瓣胃的阻塞或炎症。

（2）听诊法。在上述部位听诊时，正常情况下，能听到"沙沙"声，且出现在瘤胃蠕动音之后。听诊瓣胃蠕动音明显减弱或消失，可见于瓣胃阻塞。

4. 真胃及肠的检查

（1）真胃的视诊与触诊。牛于右侧第9~11肋间、沿肋弓下，进行视诊或用并拢的四指尖端用力触压，对羊、犊牛则使呈左侧卧位，检手插入右肋下行深触诊。真胃视诊如发现肋弓下向侧方隆起，可提示真胃阻塞或扩张；真胃触诊若有明显的敏感反应，提示有真胃溃疡或炎症。

（2）真胃的听诊。在真胃区可听到蠕动音，类似肠音，呈流水声音或含漱音。真胃蠕动音增强时，可见于胃炎、消化不良；减弱或消失时，可见于积食、胃机能减退等。

（3）肠蠕动音的听诊。于右腹侧可听诊肠蠕动音，短而稀少，较马为弱。当腹泻、消化不良时，肠音可听到频频的流水声；在热性病以及肠道阻塞时，肠音可能明显减弱甚至消失。

（七）猪的胃肠检查

1. 触诊 使动物取站立姿势，检查者位于后方，两手同时自两侧肋弓后开始，加压触摸的同时逐渐向上后方滑动进行检查，或使动物侧卧，然后用手掌或拼拢、屈曲的手指，进行深部触诊。利用触诊可感知腹腔内容物的情况。触诊胃区（剑状软骨左后方的腹部底部）有疼痛反应（不安、呻吟），可见于胃炎、胃食滞，当胃扩张、胃食滞时行强压触诊可引起呕吐；肠便秘时深触诊可感知较硬的粪块。

2. 听诊 用听诊器进行胃肠蠕动音的检查。利用听诊可听取胃肠蠕动音的情况。若肠音增强，连绵不断，可能为肠痉挛、胃肠炎、消化不良等；若肠音减弱或消失，见于热性病、肠便秘等。

三、排粪动作及粪便的感官检查

(一) 排粪动作

1. 检查方法 正常情况下,家畜均采取固有的排粪姿势,一般是拱腰、举尾、下蹲。并且日排粪次数和量也各不相同,和饲料、饲草及饮水量等因素有关。一般来说,日排粪次数,马为8~10次,牛12~20次,猪较少,犬猫则仅有1~2次。

2. 病理变化

(1) 便秘。表现为排粪费力,排粪次数减少或屡呈排粪姿势而排出量少,粪便干结、色深。见于一切热性病、慢性胃肠卡他或胃肠弛缓。反刍兽便秘,还常见于瘤胃积食和瓣胃阻塞等。马、骡的肠便秘(结症)是腹痛症中最多发的一种,此外,并伴有各种腹痛不安的反常姿势。当肠变位、肠完全阻塞时,排粪也将停止。

(2) 腹泻或下痢。表现为频繁排粪,甚至排粪失禁,排粪稀如粥,甚至水样。腹泻和下痢是各种类型肠炎的特征。包括原发性、继发性或某些侵害胃肠道并引起其发炎的传染病(如牛的肠结核、副结核,猪的大肠杆菌病、副伤寒、传染性胃肠炎、猪瘟,犬细小病毒感染等)。也可见于马的"X"结肠炎及腹膜炎,某些肠道寄生虫病(如牛的隐孢子虫病)及某些中毒病。仔猪缺硒病时也见有腹泻现象。

在慢性消化不良时,常出现便秘和腹泻的交替现象,这主要是肠黏膜的兴奋性降低,导致排粪中枢的控制失灵。此时,排粪调节由肠道内粪便的多少及对肠黏膜刺激的强弱来完成。

(3) 排粪带痛。表现为排粪时动物痛苦不安,拱背努责,惊惧、呻吟等,可见于直肠炎、腹膜炎、创伤性网胃炎、胃肠炎及直肠嵌入异物等。

(4) 排粪失禁。表现为不做排粪动作,不自主地排出粪便。多是由肛门括约肌松弛或麻痹所致。可见于腰荐脊髓的损伤和炎症、脑部疾病。引起顽固性腹泻的各种疾病,也常伴有排粪失禁的现象。

(5) 里急后重。表现为屡呈排粪姿势并强度努责,但仅排出少量粪便或黏液,这是直肠炎症、顽固性下痢的特征。

(二) 粪便感观检查

1. 检查方法 检查粪便感官变化时,主要用视诊和嗅诊。应注意粪便的形状、硬度、颜色、气味和混杂物性质等。

2. 正常状态 一般情况下,正常的马粪为球形,落地后部分能碎裂;牛粪较稀薄,落地后形成轮层状粪堆;羊的粪便如小干球样,落地后能滚动;猪粪黏稠,有时干硬,有时呈液状,因饲料种类不同而有变化,例如,喂青草或多汁饲料时,粪便较为稀薄;犬和猫也呈柱状但较软。

3. 病理变化

(1) 粪便有腐败臭味或酸臭味,多见于消化不良、各型肠炎。若粪便变得稀软,可见于消化不良、胃肠炎症和肝疾病等。若粪便变得干硬,可见于热性病及便秘时。

(2) 如果粪便上附有鲜红的血液或凝血块,表明后段肠管有出血性病变;若粪便呈一致黑紫色,则为前部消化道的出血(血红蛋白已经变性),见于出血性胃肠炎、猪瘟、仔猪副伤寒等。粪色变淡甚至呈灰白色，见于阻塞性黄疸、十二指肠炎症（肠管开口闭塞），是粪胆素生成减少所致。乳白或黄白色粪便，提示为犊牛白痢或仔猪白痢以及鸡白痢。

（3）粪便坚硬、色深，见于肠弛缓、便秘、热性病；牛的稀粪中混有片状硬粪块提示瓣胃阻塞；粪便稀软、水样，常是下痢之症；水牛粪便呈柏油样可见于胃肠阻塞。

（4）粪便的混有大量的粗纤维及完整谷物，提示消化不良；粪便混有或附着大量黏液，常见于肠炎和肠便秘。混有灰白色、成片状的脱落的肠黏膜，提示伪膜性与坏死性炎症，亦可见于猪瘟。混有脓液，说明肠道有化脓性炎症，或有脓肿的破溃。混有寄生虫体或虫卵，说明消化道有寄生虫，如蛔虫、绦虫等。

四、直肠检查

直肠检查主要应用于大家畜（马、骡、牛等）。直肠检查是指将手伸入直肠内，隔着肠管对盆腔器官（子宫、卵巢、腹股沟环、骨盆骨骼、大血管等）及腹腔器官（胃、肠、肾、脾等）进行检查。中、小动物在必要时可用手指检查。

这种方法具有诊断和治疗的双重意义。通过直肠检查，可以判定马属动物腹痛病的病变部位、性质和程度，对轻微病症可以治疗。对大型母畜的发情鉴定、妊娠诊断有重要意义。另外，对肝、脾、泌尿器官、腹膜炎、骨盆骨折及腰椎骨折等也有重要的诊断价值。

现以马的直肠检查为主要内容，简述如下：

1. 检前准备

（1）被检动物要保定确实，最好是在柱栏内站立保定。

（2）术者做到"一穿二戴三要"。即穿胶靴，戴围裙，戴胶皮手套，指甲要剪短磨光，手臂要消毒，要涂润滑油。

（3）为便于检查，不出意外，对动物要做必要的处理。因积气腹围膨隆明显时，要穿刺放气，心衰者要给予强心；腹痛剧烈时，进行镇静（可静脉注射5％水合氯醛酒精溶液100～300mL），必要时还可进行温肥皂水灌肠，而后再行直肠检查。

2. 操作方法

（1）术者将拇指放于手心，其余四指并拢呈圆锥形。先用手指触压肛门，给动物一个信号，待其安定时，手徐缓旋转插入肛门进入直肠，遇粪球则取出，膀胱膨隆则按摩、压迫排尿。

（2）检查者将手伸入直肠狭窄部（因此部壁厚、结实、活动范围也大）时，应遵循的原则是，"努则退、缩则停、缓则行"，即动物用力努责时，手要随之后退，不能强行前进，当肠管强烈收缩时，手要停止前进；在肠管收缩过后变得迟缓时，趁机向前推进。这样可免将肠管撕裂。若被检马努责过甚，可用1％普鲁卡因10～30mL进行尾骶穴封闭，使直肠及肛门括约肌弛缓而便于直肠检查。

（3）术者的手应始终不变锥形姿势，更不能五指分开出现粗鲁动作，以免造成肠管破裂。检查完毕退手时，要谨慎缓慢。

3. 检查顺序 马直肠检查顺序是：直肠→膀胱→小结肠→左侧大结肠→腹主动脉→左肾→脾→前肠系膜根→十二指肠→胃→盲肠→胃状膨大部。

正常情况下，膀胱位于盆腔底部，无尿时呈拳头状，尿液充满时呈囊状，触之有波动。

小结肠在骨盆口前方,大部分在体中线左侧,少部分在右侧,粪球如鸡蛋大,呈串珠状排列。左肾在第 2~3 腰椎左侧横突下方。脾在左肾前下方,紧贴左腹壁,后缘不超过最后肋骨弓。左侧大结肠位于腹腔左下方,常发生便秘的是左下大结肠。骨盆曲为左下大结肠转为左上大结肠的弯曲部,正常时较细。胃状膨大部位于腹腔右侧上 1/3 处,正常时不易摸到。

4. 病理变化

(1) 脾位的后移及胃囊的膨大,主要提示马的胃扩张。

(2) 小结肠、大结肠的骨盆曲、胃状膨大部或左侧上方或下方大结肠、盲肠、十二指肠等部位发现较硬的积粪,主要提示各该部位的肠便秘。

(3) 大结肠及盲肠内充满大量的气体,腹内压过高,检手移动困难,主要提示肠臌气。

(4) 肠系膜动脉根部有明显的动脉瘤,提示肠系膜动脉栓塞。

注意:必须将直肠检查结果和临床检查的结果综合分析,才能提出合理的诊断意见。

单元七 神经系统检查

(一) 中枢神经机能的检查

1. 检查方法 检查头颅和脊柱常用视诊、触诊、叩诊等方法。注意观察其形态、大小、温度、硬度、敏感性及叩诊音等。

2. 病理变化

(1) 头颅膨隆。见于脑室积水、脑炎、脑部肿瘤、牛羊脑包虫病、副鼻窦蓄脓等。若膨隆而软者,可见于佝偻病、骨软症等。

(2) 头颅增温。见于热性病、脑炎等。

(3) 头颅叩诊浊音。见于脑部肿瘤、脑包虫等。

(4) 脊柱肿胀疼痛。见于外伤、椎骨骨折等。

(5) 脊柱弯(弓)曲。见于腹痛病、脊柱损伤等。

(6) 脊柱僵硬。见于破伤风、肌肉风湿等。

(二) 感觉机能的检查

1. 一般感觉

(1) 浅感觉。包括皮肤触觉、痛觉、温觉和对电刺激的感觉。动物主要检查痛觉和触觉。感觉增强见于脊髓膜炎、脊髓背根损伤、末梢神经发炎或受压、局部组织炎症。感觉减弱见于脊髓横断性损伤、延脑和大脑皮层传导径路受损伤、多发性神经炎。感觉异常如动物有发痒、蚁走感和烧灼感,不断啃咬、搔抓、摩擦等,见于狂犬病、痒病、荨麻疹等。

(2) 深感觉。指皮下深部的肌肉、关节、骨髓、腿和韧带等的肢体位置、形态及运动冲动传到大脑。检查时应人为地将动物肢体改变自然姿势,再观察其反应。健康动物在除去外力后,立即恢复到原状,而深部感觉障碍时则较长时间保持人为姿势而不变。深部感觉障碍时,提示大脑或脊髓受损害。

2. 感觉器官 包括视觉、听觉、嗅觉及味觉等器官。

(1) 视觉器官。注意眼睑肿胀、角膜完整性、眼球突出或凹陷等变化。用手电筒光从侧方迅速照射瞳孔,以观察其动态反应。健康动物当强光照射时,瞳孔很快缩小,除去照射后,随即恢复原状。瞳孔扩大见于剧痛性疾病、高度兴奋及使用抗胆碱药等;瞳孔缩小见于脑病及使用拟胆碱药及虹膜炎。瞳孔大小不等提示脑干受害。

(2) 听觉器官。听觉增强见于脑和脑膜疾病。听觉减弱或消失，与大脑皮层颞叶、延脑受损有关。

(3) 嗅觉器官。犬、猫、牛、猪、羊的嗅觉高度发达，而禽类的则不发达。当嗅神经、嗅球、嗅传导径和大脑皮层受害时，则嗅觉减弱或消失。但应排除鼻黏膜疾病引起的嗅觉障碍。

(三) 反射机能的检查

1. 皮肤反射

(1) 耳反射。检查时用纸卷或毛束轻触耳内侧被毛，正常时动物摇耳或转头。

(2) 鬐甲反射。轻触鬐甲部被毛，正常时肩部及鬐甲皮肤收缩、抖动。

(3) 腹壁反射和提睾反射。用针轻刺腹部皮肤，正常时相应部位的腹肌收缩、抖动，即为腹壁反射。刺激大腿内侧皮肤时，睾丸上提，即为提睾反射。

(4) 会阴反射。轻刺激会阴部或尾根下方皮肤时，引起向会阴部缩尾的动作。

(5) 肛门反射。刺激肛门周围皮肤时，正常时肛门括约肌迅速收缩。

2. 黏膜反射

(1) 角膜反射。用手指、纸片或羽毛轻触角膜时，动物立即闭眼。

(2) 咳嗽反射。刺激喉、气管和支气管黏膜时，引起咳嗽反射。

3. 深部反射

(1) 膝反射。检查时使动物倒卧位，让被检测后肢保持松弛，用叩诊锤背面叩击膝韧带直下方。对正常动物叩击时，下肢呈伸展动作。

(2) 跟腱反射。又称飞节反射，检查方法与膝反射检查相同。叩击跟腱，正常时跗关节伸展而球关节屈曲。

(3) 病理变化。反射增强或亢进见于破伤风、士的宁中毒、有机磷中毒、狂犬病。反射减弱或反射消失提示有传入神经、传出神经、脊髓背根或脑、脊髓灰白质受损伤。

(四) 运动机能的检查

1. 运动状态的检查 健康动物的运动协调而且有一定次序。运动障碍表现为：

(1) 强迫运动。呈现圆圈运动，卧地四肢表现为游泳状运动，见于脑炎、脑肿瘤、脑室积水及牛和羊脑包虫病、氟乙酰胺中毒。

(2) 盲目运动。呈现无目的游走，不注意周围事物，不顾外界刺激而不断前进，遇障碍物时则头顶于障碍物不动或原地踏步，见于脑炎、脑水肿。

(3) 暴进及暴退。患病动物将头高举或低下，以常步或速步不顾障碍向前狂进，甚至跌入沟渠而不躲避，称为暴进。暴退是病畜头颈后仰，连续后退，甚至倒地。暴进或暴退常见于大脑皮层运动区、纹状体、丘脑等受损害，暴退见于小脑损伤、颈肌痉挛。

(4) 滚转运动。患畜不自主地向一侧倾倒或强制卧于一侧，或以躯体的长轴为中心向患侧滚转，见于延脑、小脑脚、前庭神经、内耳迷路受损的疾病，小动物易发。

2. 共济失调 静止性失调为动物在站立状态下出现的体位平衡失调现象。表现为头和体躯摇摆不稳，如"醉酒状"，提示小脑、前庭神经或迷路受损害。运动性失调表现为运步时整个身躯摇晃，步态笨拙，举肢很高，用力踏地如"涉水样"步态，提示深部感觉障碍，见于大脑皮层、小脑、脊髓、前庭神经或前庭核、迷路的损害。

3. 痉挛 痉挛是横纹肌不随意收缩的一种病理现象。

(1) 阵发性痉挛。指肌肉短时间、间断性不随意运动，根据病因可分为：

①中枢性痉挛。见于脑炎、脑肿瘤、脑结核、中暑。

②发热性痉挛。见于持续性发高烧的疾病过程。

③局部贫血性痉挛。见于肿瘤等压迫血管。

④中毒性痉挛。见于有机磷中毒、士的宁中毒。

⑤疲劳性痉挛。见于动物过度使役的过程中。

⑥矿物质缺乏性痉挛。见于钙、磷等矿物质缺乏的疾病。

(2) 强直性痉挛。指肌肉长时间均等的连续收缩而无弛缓的一种不随意运动。见于破伤风、中毒、脑炎、酮血病及生产瘫痪。

4. 瘫痪 瘫痪是横纹肌的随意运动机能减弱或消失现象，亦称为麻痹。

(1) 单瘫。某一肌肉、肌群运动机能丧失，见于支配这些部位肌肉的神经麻痹。

(2) 偏瘫。一侧躯体的肌肉运动机能丧失，见于支配这些部位肌肉的神经麻痹。

(3) 对称截瘫。躯体两侧对称部位瘫痪，见于脊髓炎、脊髓肿瘤、脊髓挫伤与脊髓震荡。

单元八　泌尿生殖系统检查

(一) 排尿及尿液的感官检查

1. 排尿动作检查　动物因种类和性别的不同，所采取的排尿姿势也不尽相同。排尿活动异常可表现为：

(1) 多尿和频尿。多尿表现排尿次数增多，而每次排尿量并不减少，见于大量饮水后、慢性肾病、渗出液吸收过程，以及应用利尿剂、尿崩症、糖尿病等。频尿表现排尿次数增多，而每次排尿量不多，见于膀胱炎、尿道炎、肾盂肾炎。

(2) 少尿和无尿。少尿是指总排尿量减少，表现排尿次数减少，排尿量减少。无尿亦称排尿停止。少尿和无尿常密切相关。按其病因一般可分为肾前性、肾原性及肾后性少尿或无尿。

(3) 尿潴留。肾泌尿机能正常，而膀胱充满尿液不能排出，见于尿路阻塞、膀胱麻痹、膀胱括约肌痉挛，以及腰荐部脊髓损害。

(4) 排尿失禁。病畜不取排尿姿势，尿液不随意与不随时地排出，见于脊髓疾患、膀胱括约肌麻痹、脑病昏迷和濒死期病畜。

(5) 排尿痛苦。排尿时呻吟，努责，摇尾踢腹，回顾腹部和排尿困难。不时取排尿姿势，但无尿排出，或尿液呈滴状或细流状排出。多见于膀胱炎、尿道炎、尿道结石、生殖道炎症及腹膜炎。

(6) 尿淋漓。是指排尿不畅，尿液呈点滴状或细流状排出。多是排尿失禁。

2. 尿液的感官检查　动物排尿时或导尿时搜集尿液，注意检查尿液的颜色、透明度、黏稠度、气味和及混有物等。正常家畜尿中，因有挥发性有机酸，都具有一种特殊但又不难闻的气味。尿液病理状态有：

(1) 红尿。在排除因药物影响的因素外，是血尿或血红蛋白尿的特征。血尿混浊而不透明，镜检尿中有红细胞，放置后有沉淀，见于泌尿器官的出血性病变，如为鲜血，多系尿道损伤；如混有大量凝血块，则多为膀胱出血，亦可见于肾或膀胱肿瘤；血红蛋白尿多透明，呈均匀红色无沉淀，尿中有大量血红蛋白，见于各种溶血性疾病；如牛、马、犬巴贝西虫病，钩端螺旋体病，新生仔畜溶血病，牛和水牛血红蛋白尿病，犊牛水中毒等。马则还应注意肌红蛋白尿病。

（2）尿呈棕黄色、黄绿色。振荡后产生黄色泡沫，可提示肝病及各型黄疸。

（3）白色尿。可见于乳糜及饲喂钙质过多，脓尿见于肾、膀胱和尿道的化脓性炎症及肾虫病等。

（二）肾、膀胱及尿道的检查

1. 肾的临床检查　一般用触诊和叩诊等方法，将左手掌平放于肾区腰背部上，然后用右手握拳，轻轻在左手背上叩击，如动物呈疼痛不安，可提示肾炎。大动物可采用直肠触诊。诊断肾病最可靠的方法是尿液的实验室检查。

2. 膀胱的检查　大动物只能通过直肠触诊膀胱，中、小动物则可于后腹部由下方或侧方进行触诊，以判定膀胱的内容物、充盈度及其敏感性。触诊膀胱区呈波动感，提示膀胱内尿液潴留；如随触压而被动流出尿液，则提示膀胱麻痹；动物对触诊呈敏感反应，可见于膀胱炎。

3. 尿道探诊及导尿　尿道探诊及导尿，主要用于怀疑尿道阻塞时探查尿路是否通畅，或当膀胱充满而又不能排尿时，以导出尿液、排空膀胱。

（三）外生殖器及乳房的检查

1. 公畜外生殖器检查　注意阴囊及睾丸的大小、形状、硬度、有无肿胀、发热和疼痛反应。阴囊一侧性显著膨大，触诊时无热，柔软而呈现波动，似有肠管存在，提示为阴囊疝。阴囊肿大，睾丸实质肿胀，触诊时发热，有压痛，睾丸在阴囊中的移动性很小，见于睾丸炎。

2. 母畜外生殖器检查　注意观察外阴部的分泌物及其外部有无病变，打开阴道检查阴道黏膜的颜色及有无疹疮和溃疡等病变；必要时可用开腔器进行深部检查，并注意子宫颈口的状态。

3. 乳房检查　视诊乳房肿胀、皮肤发红则提示为乳房炎。如出现瘢痕和水疱，则提示为口蹄疫。如出现菜花状增生物则提示为疣。触诊乳房皮肤的温度、厚度、硬度、有无肿胀、疼痛和硬结以及乳房淋巴结的状态。乳汁的感观检查如挤出的乳汁浓稠，内含絮状物或纤维蛋白性凝块或混有脓汁、血液，则见于乳房炎。

单元九　实验室诊断技术

一、血液检查

（一）血涂片的制备及染色

1. 血涂片的制备　持一张洁净载玻片的两端，取被检血液一滴，置于载玻片右端，右手持推片，置于血滴前方，并轻轻向后移动推片，使之与血液接触，待血液扩散开后，再以30°～45°角度向前均速推进，即形成血膜。推片时，血滴越大，角度越大，推片速度越快，血膜越厚，反之则血膜越薄。

2. 血涂片染色

（1）瑞氏染色法。先用玻璃铅笔在血膜两端各划一竖线，以防染液外溢，将血片平置于水平染色架上，于血片上滴加瑞氏染液，以将血膜盖满为宜，待染色1～2min后，再加等量磷酸盐缓冲液，并轻轻摇动或用洗耳球轻轻吹动，以使染色液与缓冲液混合均匀，继续染色3～5min；最后用蒸馏水或清水冲洗涂片，自然干燥或用吸水纸吸干，待检。所得血片呈樱桃红色者为佳。

（2）姬姆萨染色法。先将涂片用甲醇固定3～5min，然后置于新配姬姆萨应用液（于0.5～1.0mL原液中加入pH6.8磷酸盐缓冲液10.0mL即得）中染色30～60min；取出血片，用蒸馏水冲洗，吸干，待检。染色良好的涂片应呈玫瑰紫色。

（二）红细胞沉降速率的测定

血液加入抗凝剂后，吸入特制的测定管中，在一定时间内红细胞向下沉降的毫米数，称为红细胞沉降速率，简称血沉。

1. 方法 魏氏法。向试管中加入3.8%枸橼酸钠溶液1mL，再加入静脉血液4mL，轻轻混匀，备用。用血沉管吸取上述抗凝被检血液至刻度"0"处，并用干棉球拭去管外壁血液，垂直固定于血沉架上，在室温条件下静置，分别经15min、30min、45min及60min各观察一次红细胞下降（上层出现血浆）的毫米数，分别记录，即为血沉值。

2. 正常参考值 健康动物血沉正常参考值见表4-8。

表4-8 各种动物正常血沉参考值

动物种类	血沉值（mm）				测定方法
	15min	30min	45min	60min	
黄牛	0	2	5	9	魏氏法（倾斜60°）
水牛	9.8	30.8	65	91.6	魏氏法
奶牛	0.3	0.7	0.75	1.2	魏氏法
绵羊	0	0.2	0.4	0.7	魏氏法
山羊	0	0.5	1.6	4.2	魏氏法（倾斜60°）
猪	0.6	1.3	1.94	3.36	魏氏法（倾斜60°）
犬	0.2	0.9	1.2	4.0	魏氏法
猫	—	—	1.1	4.0	魏氏法
鸡	0.19	0.29	0.55	0.81	魏氏法

3. 临床意义 血沉加快见于各种贫血；血沉变慢见于脱水、高热病、心力衰竭；血沉减慢见于某些引起纤维蛋白原含量严重减低的肝疾患及心力衰竭等。

（三）血细胞比容测定

血细胞比容是指红细胞在血液中所占容积的比值。临床上常用PCV判定贫血及其程度，有助于对贫血进行形态学分类，也可通过PCV了解血液的浓缩程度，作为补液量的参考。

1. 方法 用长针头或用长毛细吸管吸取EDTA-Na2抗凝全血，插入温氏管底部，自下而上加入血液至刻度"10"处。将温氏管置于水平离心机中，以3 000r/min速度离心30～60min（牛、羊、猪60min，马30min）后，管内血柱分为3层，最上面1层为淡黄色的血浆，中间薄灰白色层为白细胞和血小板层，第3层为红细胞层。读取红细胞层所达到的毫米数，即为每100mL血液中血细胞比容的百分率。

2. 正常参考值 各种动物血细胞比容正常参考值（％）见表4-9。

表4-9 各种动物血细胞比容正常参考值（％）

动物种类	平均值±标准差	动物种类	平均值±标准差
黄牛	36.01±4.55	哺乳仔猪	40.68±5.15
水牛	31.12±3.7	犬	45.5（37.0～55.0）
奶牛	37.04±2.78	猫	37.0（24.0～45.0）
乳山羊	35.46±1.41	鸡	24～45
绵羊	35.0±3.0	兔	31～50

3. 临床意义 血细胞比容增高见于剧烈呕吐、肠阻塞、急性胃肠炎、瓣胃阻塞以及渗出性胸膜炎等。血细胞比容降低，多因红细胞减少所致，可见于各型贫血及伴有贫血的其他疾病过程中。

（四）红细胞计数

指计算每立方毫米血液内所含红细胞数目。临床多采用试显微镜计数法。

1. 方法

（1）稀释血液。取清洁、干燥小试管一支，加红细胞稀释液4.0mL，后用沙利氏吸管吸取供检血液至10刻度（10μL）或20刻度（20μL）处，用棉球拭去管壁外血液，将沙利氏吸管插入小试管内稀释液底部，挤出血液，并吸上清液洗2～3次，将血液与稀释液充分混匀。此时血液被稀释400倍或200倍。

（2）充液。取计数板（图4-39），用低倍镜找到红细胞计数室（图4-40）后，用吸管吸取稀释血液，使吸管尖端接触血盖片边缘和计数室交界处，稀释血液即可自然流入并充满计数室（图4-41）。

（3）计数。计数室充液后，应静置1～2min，待红细胞分布均匀并下沉后开始计数。计数红细胞使用高倍镜，计数的方格为红细胞计数室中的四角4个及中央1个方格共5个中方格或计对角线的5个中方格内的红细胞数（即80个小方格）。为避免重复和遗漏，计数时应按照一定的顺序进行，均应"从左至右，再从右至左"，计数完16个小方格的红细胞数（图

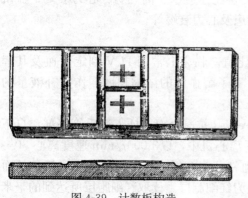

图4-39 计数板构造

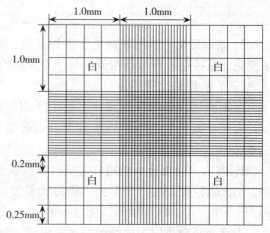

图4-40 血细胞计数室

4-42)。在计数每个小方格内红细胞时，对压线的细胞计数时应遵循"数左不数右，数上不数下"法则。

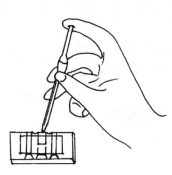

图 4-41　计数室充液

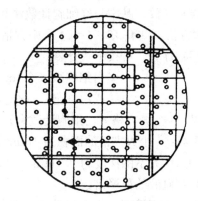

图 4-42　红细胞计数顺序

（4）计算。

红细胞数（个/mm³）＝R×5×10×血液稀释倍数（400 或 200）＝R×20 000（或 R×10 000）。或：红细胞数（个/L）＝R×5×10×血液稀释倍数（400 或 200）×10^6。

其中，R 为计数 5 个中方格（80 个小方格）内红细胞数；5 为所计数 5 个中方格的面积为 $1/5mm^2$，要换算为 $1mm^2$ 时，应乘以 5；10 为计数室深度为 0.1mm，要换算为 1mm 时，应乘以 10；10^6 为 $1L=1\times10^6 mL$。

2. 正常参考值　各种动物红细胞正常参考值见表 4-10。

表 4-10　各种动物红细胞正常参考值（$\times 10^{12}$ 个/L）

动物种类	平均值±标准差	动物种类	平均值±标准差
黄牛	7.24±1.57	仔猪	6.26±0.84
水牛	5.92±0.98	犬	6.80±1.40
奶牛	5.98±0.87	猫	7.50±2.10
绵羊	8.42±1.20	马	7.93±1.40
乳山羊	17.20±3.03	骡	7.55±1.30
猪	5.51±0.35	驴	5.42±0.98

3. 临床意义　红细胞增多见于严重呕吐、腹泻、大量出汗、肠阻塞、肠变位、瘤胃积食、渗出性胸膜炎、渗出性腹膜炎、某些传染病及发热性疾病等；红细胞降低见于各种贫血和失血、溶血、红细胞生成障碍和骨髓受抑制。

（五）白细胞计数

白细胞计数指一定体积血液内所含的白细胞总数。下面介绍试管稀释后于显微镜下计数的方法。

1. 方法

（1）稀释血液。取清洁、干燥小试管一支，加入白细胞稀释液 0.38mL 或 0.4mL；用血红蛋白吸管吸取供检血液 20μL 加入试管内，混匀，即可得 20 倍稀释的血液。

（2）寻找计数区域。与红细胞计数相似，只是将镜头调到白细胞计数室中（四角的 4 个大方格中的任何一个)。

(3) 充液。与红细胞计数法相同。

(4) 计数。基本与红细胞计数法相同,所不同的是用低倍镜计数,按顺序计 4 个角上的 4 个大方格(共有 $16 \times 4 = 64$ 个中方格)内的白细胞。白细胞呈圆形,有核,周围透亮。

(5) 计算。可按下式计算。

$$白细胞数(个/mm^3) = W/4 \times 10 \times 20 = W \times 50$$

$$或白细胞数(个/L) = W/4 \times 10 \times 20 \times 106 = W \times 5\ 300$$

W:4 个大方格(白细胞计数室)内白细胞总数。

$W/4$:4 个大方格的面积为 $4mm^2$,$W/4$ 为 $1mm^2$ 内的白细胞数。

10:计数室的深度为 0.1mm,换算为 1mm,应乘以 10。

20:血液的稀释倍数。

2. 正常参考值 各种动物白细胞数正常参考值见表 4-11。

表 4-11 各种动物白细胞数正常参考值(10^9 个/L)

动物种类	平均值±标准差	动物种类	平均值±标准差
黄牛	8.43±2.08	仔猪	12.10±2.94
水牛	8.04±0.77	犬	6.00~17.00
奶牛	9.41±2.130	猫	5.50~19.50
绵羊	8.45±1.90	马	5.40~12.10
乳山羊	13.20±1.88	骡	4.60~12.20
猪	14.02±0.93	驴	10.72±2.73

3. 临床意义 白细胞总数增多见于多数细菌感染性疾病、急性炎症、严重的组织损伤、急性大出血、急性溶血、某些中毒以及注射异体蛋白等。白细胞总数减少见于某些病毒性疾病(如犬传染性肝炎等)、再生障碍性贫血、长期使用磺胺类药物、X 射线照射等。

(六)白细胞分类计数

白细胞分类计数是指将血液制成涂片,染色后用油镜观察,求出各种白细胞所占百分比。

1. 方法

(1) 首先制作血涂片,然后染色(前面已述)。

(2) 镜检计数。先于低倍镜下找到图像,再用高倍镜观察血片。如染色合格,在血片上滴一滴香柏油,再换用油镜进行观察、计数。通常在血片的两端或两端的上下部按二区或四区计数法(图 4-43、图 4-44)有顺序地移动血片,计数白细胞 100~200 个(白细胞总数在 1 万个/mm³ 以下,计数 100 个;在 1 万~2 万个/mm³ 以内,计数 200 个;在 2 万个/mm³ 以上,则计数 400 个),分别记录各种白细胞数,最后计算出各种白细胞所占百分比。

记录时,可用白细胞分类计数器,或设计一个表格用画"正"字的方法加以记录。

$$某种白细胞的百分率 = (某种白细胞数/分类计数白细胞总数) \times 100\%$$

$$某种白细胞的绝对值 = 白细胞总数 \times 某种白细胞的百分率$$

2. 正常参考值 各种动物白细胞分类百分比见表 4-12。

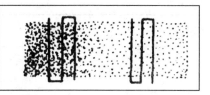

图 4-43　白细胞二区法分类计数

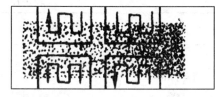

图 4-44　白细胞四区法分类计数

表 4-12　各种动物白细胞分类百分比（%）

动物种类	嗜酸性粒细胞	嗜碱性粒细胞	中性粒细胞			淋巴细胞	单核细胞
			晚幼细胞	杆状核	分叶核		
牛	4.0	0.5	0.5	3.0	33.0	57.0	2.0
羊	4.5	0.5		3.0	33.0	55.5	3.5
猪	2.5	0.5	1.0	5.5	32.0	55.0	3.5
犬	4.0	稀少		1.5	68.5	20.0	5.2
猫	5.5	稀少		1.5	55.0	32.0	3.0

3. 临床意义

（1）中性粒细胞增多与减少。增多常见于各种急性感染性疾病、急性炎症及重症烧伤、创伤。减少常见于病毒性疾病及各种疾病的重危期（如中毒性休克、胃肠破裂等）。

（2）嗜酸性粒细胞增多与减少。增多常见于某些寄生虫病（如肝片吸虫病、球虫病等），某些过敏性疾病（荨麻疹等）以及湿疹、疥癣等皮肤病。减少常见于某些疾病的重症期，也可见于应用皮质类固醇药物。

（3）嗜碱性粒细胞增多与减少。增多见于慢性溶血、慢性恶性丝虫病、高脂血症等，由于嗜碱性粒细胞在外周血液中很少见，故其减少无临床意义。

（4）淋巴细胞增多与减少。增多见于某些慢性传染病（如结核病）、白血病、某些病毒性疾病（如流行性感冒等）及血孢子虫病等。当中性粒细胞绝对值增多时，伴随减少的常常是淋巴细胞。说明机体与病原处于斗争阶段，此后淋巴细胞由少逐渐增多，往往是预后良好的指征。

（5）单核细胞增多与减少。增多见于某些原虫病（如锥虫病等）、某些慢性细菌性疾病（如结核等）以及某些病毒性疾病（如马传染性贫血）。疾病恢复期，单核细胞液表现增多。减少见于急性传染病的初期和各种疾病的濒危期。

二、尿液及粪便的检查

（一）尿液的检查

动物的尿液可通过排尿、压迫膀胱、导尿或膀胱穿刺等采集。通常最好在早上采取尿样，因为晨尿通常尿样浓度最高。同时必须保证尿液新鲜，采集尿液的容器应清洁、干燥，避免异物混入尿样中。

1. 尿液的物理学检查

（1）尿量。动物的尿量不仅与饲料、饮水、运动有关，而且与环境温度相关。动物的尿量一般较为恒定，健康动物 24h 排尿量见表 4-13。

表 4-13 健康动物 24h 排尿量

动物种类	尿量（L）	动物种类	尿量（L）
牛	6～12	犬	0.5～2
绵羊、山羊	0.5～2	马	3～6
猪	2～5	骆驼	8～12

（2）混浊度。检查方法是将尿液置于试管中，通过光线进行观察。

正常反刍动物的新鲜尿液清亮、透明，但放置不久由于尿路黏膜分泌物、少量上皮细胞和磷酸盐、尿酸盐、碳酸盐等析出的结晶而变混浊。猪的尿液及肉食动物尿液正常时清亮、透明。正常情况下，马属动物尿中含有大量悬浮的碳酸钙和不溶性磷酸盐，故刚排出的尿液不透明而呈混浊状，尤其终末尿更为明显。马尿混浊度增加或其他动物新鲜尿液呈混浊不透明者，均为异常现象。

（3）尿色。可通过将尿液盛于小玻璃杯或小试管中，衬以白色背景而观察。

正常情况下，尿液因含有尿色素等，呈现黄色，其具体深浅随尿量的多少而异，且常与密度相平行。猪和水牛尿液为水样，黄牛尿液为淡黄色，马尿液为较深黄色，犬尿液为鲜黄色。尿液的颜色可因各种病理变化及某些代谢物、药物等的影响而改变。

（4）气味。将尿液置于小烧杯中，一手持烧杯，另一手在烧杯上方轻轻煽动，检查者通过闻嗅判定其气味。尿有氨臭味，可见于膀胱炎、膀胱麻痹、膀胱括约肌痉挛、尿道阻塞等，当发生膀胱或尿道溃疡、坏死、化脓或组织崩解时，由于蛋白质分解尿液带腐臭味，羊妊娠毒血症、牛酮病和产后瘫痪时，尿中含有大量酮体有酮味。

（5）密度。是尿中溶解物质浓度的指标，溶解在尿中的固体物质主要有尿素和氯化钠，尿素反映饲料中蛋白质含量及其在体内代谢的情况，氯化钠反映饲料中食盐的含量。

①测定方法。将尿样振荡混匀后盛于尿密度瓶或适当大小的量筒内，用温度计测定尿液温度，并作记录。然后将尿密度计沉入尿内，经 1～2min 待密度计稳定后，读取尿液凹面与尿密度计上相应刻度，即为尿的密度数。测定时应在 15℃的室温中进行，因为尿密度计上的刻度是以尿温为 15℃时而制定的，故当尿温高于 15℃时，则每升高 3℃应于测定结果中加 0.001；温度每低 3℃，则于测定结果中减去 0.001。如尿密度计标明是以 20℃为标准制定的，亦应用同法修正测定的结果。

②临床意义。尿密度增高见于伴有少尿的疾病，如热性病、严重胃肠炎、急性肾小球肾炎、糖尿病。尿密度降低见于肾机能不全、间质性肾炎、肾盂肾炎、非糖性多尿症及神经性多尿症等。

2. 尿液的化学检验

（1）酸碱度测定。正常情况下草食动物尿液呈碱性；肉食动物尿液呈酸性；杂食动物（如猪）尿液呈中性。检查尿的酸碱度常用广泛 pH 试纸法，将试纸浸入被检尿内后立即取出，或用玻棒或乳头滴管蘸取尿液滴于 pH 试纸上，根据试纸的颜色改变与标准色板比色，判定尿的 pH。

（2）尿中蛋白质检验。健康动物尿中仅有微量蛋白质，一般方法不能检出。

①方法。取酸化的澄清尿液 5～10mL 置于试管内，用酒精灯缓慢加热尿液的上部至沸腾，观察。如煮沸部分的尿液变混浊而下部未煮沸的尿液不变。则待尿液冷却后，原为碱性

尿，加10%硝酸1～2滴，原为酸性或中性尿，加10%醋酸1～2滴，如混浊不消失，证明尿中含有蛋白质，为尿蛋白阳性；如混浊物消失，证明尿液中含磷酸盐类、碳酸盐类，为尿蛋白阴性。

②结果判定。－：尿液澄清，不见混浊，为阴性；＋：白色混浊，但不见颗粒状沉淀；＋＋：明显白色颗粒状混浊，但不见絮状沉淀；＋＋＋：大量絮状混浊，不见凝块；＋＋＋＋：可见到凝块，有大量絮状沉淀。

③临床意义。病理性蛋白尿常见于急性肾炎、慢性肾炎、间质性肾炎、肾盂肾炎等，重金属、有机溶剂、抗生素（如卡那霉素等）中毒以及采食霉变饲料及热性病等。

（3）尿中血液的检验。健康动物的尿液中不含有红细胞或血红蛋白。尿液中含有不能用肉眼直接观察的红细胞或血红蛋白称为尿潜血，常用联苯胺法进行检验。

①方法。取尿液10mL置于试管中加热煮沸（破坏可能存在的过氧化氢酶，防止假阳性的干扰），待冷却后，加入冰醋酸10～15滴，使尿呈酸性，再加乙醚约3mL，加塞充分振摇，然后静置片刻，使乙醚层分离，如果乙醚层成胶状不易分离时，可加入95%乙醇数滴以促进其分离。血红蛋白在酸性环境下，可溶于乙醚内，取一小片滤纸，滴加联苯胺冰醋酸饱和液数滴，再在此处滴加上述乙醚浸出液数滴，待乙醚蒸发后，再滴加新鲜3%过氧化氢液1～2滴，如果尿液内有血液存在，滤纸上可显现蓝色或绿色，其颜色深度与含量成正比。

②结果判定。根据颜色的深浅判定，－：未见颜色变化，呈阴性；＋：绿色；＋＋：蓝绿色；＋＋＋：蓝色；＋＋＋＋：深蓝色。

③临床意义。血尿常见于急性或慢性肾小球肾炎、急性膀胱炎、肾结石、肾盂肾炎等，亦见于出血性疾病、泌尿系统肿瘤和外伤等。某些细菌造成的泌尿系统感染时，尿液中多有红细胞，并伴有较多的白细胞。

（4）尿液沉渣显微镜检验。

①尿沉渣标本的制备。将新鲜尿液充分混匀后，取5～10mL置于沉淀管内，以1 000r/min离心沉淀5～10min，去除上清液，留0.5mL尿液；摇动沉淀管，使沉淀物均匀地混悬于剩余的尿液中，吸取沉淀物制作标本。用吸管吸取沉淀物1滴，置于载玻片上，用玻棒轻轻涂布使其分散开来，滴加1滴5%卢戈氏碘液，加盖玻片，待检。

②尿中无机沉渣的检查。尿中无机沉渣是指各种盐类结晶和一些非结晶物。碱性尿和酸性尿的无机沉渣有所不同（图4-45、图4-46）。

碱性尿中的无机沉渣主要为碳酸钙结晶、磷酸铵镁结晶、磷酸钙（镁）结晶、尿酸铵结晶、马尿酸结晶等。

图4-45 碱性尿中的无机沉渣
1. 碳酸钙结晶 2. 磷酸钙结晶 3、4. 磷酸铵镁结晶 5. 尿酸铵结晶 6. 马尿酸结晶

酸性尿中的无机沉渣主要为草酸钙结晶、硫酸钙结晶、尿酸结晶、尿酸盐结晶等。

③尿中有机沉渣检查。尿中有机沉渣主要有上皮细胞（图4-47）、管型（图4-48）、红

图 4-46 酸性尿中的无机沉渣
1. 草酸钙结晶 2. 硫酸钙结晶 3. 尿酸结晶 4. 尿酸盐结晶

细胞、白细胞及脓细胞，都是病理产物，常是肾和尿路疾病的可靠指标。

上皮细胞：扁平复层上皮细胞在表层呈扁平状，中层为纺锤形，在深层则为圆形或椭圆形，脱落后在变性的细胞质中还可出现颗粒，细胞核也模糊不清。

红细胞：新鲜尿液中的红细胞小而圆，呈淡黄褐色，无细胞核；碱性尿及稀薄的尿中的红细胞常呈膨胀状态；在酸性尿及浓缩尿中的红细胞，多为皱缩状态，边缘呈锯齿状。健康动物的尿液中无红细胞，尿中出现红细胞，则为病理状态。

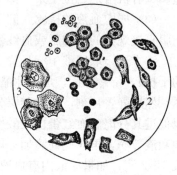

图 4-47 尿中的上皮细胞
1. 肾上皮细胞 2. 肾盂及尿路上皮细胞 3. 膀胱上皮细胞

白细胞：酸性尿中的白细胞较为完整，碱性尿中的白细胞常膨胀而不清。尿中以中性粒细胞较多见，体积比红细胞略大，呈圆形，细胞质呈淡灰色颗粒状；在较强的酸性尿液中或加入 1% 醋酸处理后，可清晰地看到细胞核。

脓细胞：镜检时外形多不规则，细胞质内充满颗粒，结构模糊，细胞核隐约可见，常聚集成堆。如果尿中出现大量脓细胞，则表明泌尿系统有化脓性炎症。

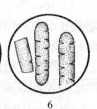

图 4-48 尿中的各种管型
1. 上皮管型 2. 颗粒管型 3. 透明管型 4. 脂肪管型 5. 红细胞管型 6. 蜡样管型

（二）粪便检查

1. 粪便物理学检验

（1）粪便采集。通常情况下，动物粪便标本采用自然排出的粪便。

（2）粪便性状检查。主要观察粪便的颜色、硬度、气味等。

①颜色。病理状态下，粪便可见以下 4 种颜色。

黑褐色：见于消化道前部出血。不易判断是否出血时，应做粪便潜血检查。

粪便有血丝、血块：见于消化道后部出血，特别是直肠出血、结肠癌和直肠癌等；家禽出现明显血便，可能是球虫病；仔猪出现血便，应考虑产气荚膜梭菌病。

粪便灰白：见于犬、猫的胆管阻塞；粪便含白色凝乳块为幼龄动物消化不良。白色稀便，见于鸡肾型传染性支气管炎、传染性法氏囊病、痛风病等。

绿色：家禽在病理状况下，可能排出绿色粪便，主要见于鸡新城疫、大肠杆菌病、马立克氏病等。

②硬度。粪便稀软，甚至成水样，见于肠卡他、肠炎，如仔猪黄痢、仔猪白痢、猪流行性腹泻、传染性胃肠炎、鸡白痢、禽大肠杆菌病等。粪便硬度增大，甚至变成干小的球形，见于肠便秘、瘤胃积食、瓣胃阻塞、真胃积食等。

③气味。健康动物粪便没有特别难闻的气味。猪吃精料较多时，粪便的臭味稍大，肉食动物以肉食为主，粪臭味较重。酸臭味多见于消化不良；腐败臭味见于各种原因所致的肠炎；犬粪便腥臭味多见于犬细小病毒病、球虫病等。

④粪中混杂物检验。健康动物粪便中除正常未被消化的饲草、饲料残渣以外，一般不见其他混杂物。病理状况下，粪便中可出现黏液、伪膜、血块、脓汁、脓块、过粗的草渣及未消化的谷物颗粒。

2. 粪便化学检验 主要是粪便潜血检验。

（1）测定方法。用干净的竹制镊子在粪便的不同部分，选取绿豆大小的粪块，于干净载玻片涂成直径约1cm的范围，然后将玻片在酒精灯上缓慢通过数次（破坏粪中的酶类），待玻片冷却后，滴加联苯胺冰醋酸约1mL及新鲜过氧化氢溶液1mL，用火柴棒搅动混合。将玻片放在白纸上观察。

（2）结果判断。正常无潜血的粪便不呈颜色反应。呈现蓝色反应的为阳性，蓝色出现越早，表明粪便里的潜血也越多。±：蓝色开始出现的时间为60s；＋：蓝色开始出现的时间为30s；＋＋：蓝色开始出现的时间为15s；＋＋＋：蓝色开始出现的时间为3s。

（3）临床意义。粪潜血阳性可见于消化道出血，如胃及十二指肠溃疡、钩虫病、出血性胃肠炎、牛创伤性网胃炎、羊血矛线虫病等。

单元十 临床治疗技术

（一）投药技术

1. 水剂投药法

（1）经鼻投药法。将胃管经鼻腔插入胃内，将药液投入胃内，多用于马、牛、羊。

①牛经鼻投药法。病牛柱栏内保定，术者站于牛头稍右前方，用左手无名指与小指伸入左侧上鼻翼的副鼻腔，中指、食指伸入鼻腔与鼻腔外侧，拇指固定内侧的鼻翼。右手持胃管将前端通过左手拇指与食指之间沿鼻中隔徐徐插入鼻腔，同时左手食指、中指与拇指将胃管固定在鼻翼边缘，以防病畜骚动时胃管滑出。当胃管前端抵达咽部后，随病牛咽下动作将胃管插入食道。有时病畜可能拒绝下咽，推送困难，此时不要勉强推送，应稍停或轻轻抽动胃管或在咽喉外部进行按摩，诱发吞咽动作，伺机将胃管插入食道（表4-14）。在胃管另一端连接漏斗，即可投药。投药完毕，再灌以少量清水，冲净胃管内残留药液，尔后右手将胃管折曲一段，徐徐抽出，当胃管前端退至咽部时，以左手握住胃管与右手一同抽出。胃管用毕洗净后，放在2%煤酚皂溶液中浸泡消毒备用（图4-49）。

②猪、羊经鼻投药法。给猪、羊经鼻投药胃管应细，一般使用大动物导尿管即可（图

4-50)。

表 4-14 胃管插入食道或气管的鉴别表

鉴别方法	插入食道内	插入气管内
手感	推动胃管稍有阻力感	无阻力、有咳嗽
观察	胃管前端在食道沟呈明显的波动式蠕动下行	无
触摸	手摸颈沟区感到有硬的管状物	无
听诊	将胃管后端放在耳边，可听到不规则的咕噜音或水泡音，无气流冲击音	随呼吸动作听到有节奏的呼出气流音冲击耳边

(2) 经口投药法。多用于猪、犬、猫等中小动物，其次是牛、马。

①牛经口投药法。使用鼻钳或由助手一手握住角根和鼻中隔，使头稍抬高，固定头部。术者以灌药瓶灌药（图 4-51）。

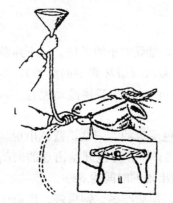  

图 4-49　牛的胃管投药法　　　图 4-50　猪的胃管投药法　　　图 4-51　橡胶瓶灌药法

②猪经口投药法。助手用腿夹住猪的颈部，用手抓住两耳，使头稍仰，术者以灌药器投药。

③犬经口投药法。胃导管投药法。此法适用于投入大量水剂、油剂或可溶于水的流质药液。方法简单、安全可靠，不浪费药液。

2. 混饲给药法　将药物均匀的混拌在饲料中，让畜禽采食时连同药物一次食入胃内的一种给药方法。常用于畜禽的预防和治疗性给药。应用时须注意：准确掌握药物拌料的浓度；药物与饲料必须混合均匀；密切注意不良反应。

（二）注射技术

1. 静脉注射　静脉注射是将药液直接注入静脉血管中的一种给药方法。

(1) 牛静脉注射。多在颈静脉。用左手压迫颈静脉的近心端，使静脉回流受阻而怒张。确定注射部位后（颈静脉的下、中 1/3 的交界处），右手持针头用力迅速地垂直刺入皮肤及血管，若见到有血液流出，表明已将针头刺入颈静脉中，再沿颈静脉走向稍微向前送入，固定好针头，连接注射器或输液瓶的胶管，即可注入药液。注射完毕，一手拿灭菌棉球紧压针孔处，另一手迅速拔针并按压片刻。

(2) 犬静脉注射。前臂皮下静脉注射法：助手或犬主人从犬的后侧握住犬的肘部，使皮肤向上牵拉和静脉怒张，也可用止血带或乳胶管结扎，使静脉怒张。操作者位于犬的前面，注射针由近腕关节 1/3 处刺入静脉，当确定针头在血管内后，针头连接管处见到回血，再顺静脉管进针少许，以防犬骚动时针头滑出血管，松开止血带或乳胶管，即可注入药液，并调整输液速度。静脉输液时，可用胶布缠绕固定针头（图 4-52、图 4-53）。注射完毕，以干棉签或棉球按压穿刺点，迅速拔出针头，局部按压或嘱托畜主按压片刻，防止针孔出血。

（3）猪静脉注射。猪站立或侧卧保定，耳静脉局部剪毛、消毒。用手压住猪耳背面耳根部静脉管处，使静脉怒张，或用酒精棉反复涂擦，以引起血管充盈。术者用左手把持耳尖，并将其托平；右手持连接注射器的针头或头皮针，沿静脉管的径路刺入血管内，轻轻抽动针筒活塞，见有回血后，再沿血管向前进针。松开压迫静脉的手指，术者用左手拇指压住注射针头，连同注射器固定在猪耳上，右手徐徐推进针筒活塞或高举输液瓶即可注入药液（图 4-54）。注射完毕，左手拿灭菌棉球紧压针孔处，右手迅速拔针。为了防止血肿或针孔出血，应压迫片刻，最后涂擦碘酊。

图 4-52　犬的前臂皮下静脉注射

图 4-53　犬后肢外侧小隐静脉注射法

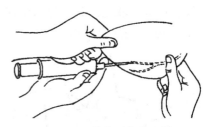
图 4-54　猪的耳静脉注射

2. 肌内注射　肌内注射是将药物注入肌肉内的注射方法。肌肉内血管丰富，药液注射肌肉内吸收较快，由于肌肉内的感觉神经较少，疼痛轻微。因此，刺激性较强和较难吸收的药液，均可采用肌内注射，多选在肌肉丰满处，但应避开大血管及神经径路。局部常规消毒，左手的拇指与食指轻压注射局部，右手持注射器，使针头与皮肤垂直，迅速刺入肌肉内，一般刺入 2～3cm，回抽无回血后，即可缓慢注入药液，注射完毕，用左手持酒精棉球压迫针孔部，迅速拔出针头。

3. 皮内注射　皮内注射是将药液注入表皮与真皮之间的注射方法，其药液的注入量少，主要用于诊断，部位可选在颈侧中部或尾根内侧。常规消毒，排尽注射器内空气，左手绷紧注射部位，右手持注射器，针头斜面向上，与皮肤呈 5°角刺入皮内。待针头斜面全部进入皮内后，左手拇指固定针柱，右手推注药液，局部可见一个半球形隆起。注毕，迅速拔出针头，术部轻轻消毒。注射正确时，可见注射局部形成一个半球状隆起，推药时感到有一定的阻力，如误入皮下则无此现象。

4. 皮下注射　皮下注射是将药物注射到皮下结缔组织内，经毛细血管、淋巴管吸收进入血液，以发挥药效，从而达到防治疾病的目的。多选在皮肤较薄、富有皮下组织、活动性较大的部位。局部消毒后，术者左手中指和拇指捏起注射部位的皮肤，同时用食指尖下压使其呈皱褶陷窝，右手持连接针头的注射器，针头斜面向上，从皱褶基部陷窝处与皮肤呈 30°～40°角，刺入针头的 2/3，并根据动物体型的大小，适当调整进针深度，此时如感觉针头无阻抗，且能自由活动针头时，左手把持针头连接部，右手抽吸无回血即可推压针筒活塞注射药液。

5. 气管内注射 气管内注射是将药液注入气管内，使药物直接作用于气管黏膜的注射方法。适用于气管及肺部疾病的治疗。一般在颈部上1/3处，腹侧面正中，两个气管软骨环之间进行注射。动物仰卧、侧卧或站立保定，术者持连接针头的注射器，另一手握住气管，于两个气管软骨环之间，垂直刺入气管内，此时摆动针头，感觉前端空虚，再缓缓滴入药液。注完后拔出针头，涂擦碘酊消毒。

6. 胸腔内注射 胸腔内注射是将药液或气体注入胸膜腔内的注射方法。适用于治疗胸膜的炎症、抽出胸膜腔内的渗出液或漏出液做实验室诊断。牛、羊在右侧第5~6肋间，左侧第6肋间；猪在右侧第5~6肋间，左侧第6肋间；犬、猫在右侧第6肋间或左侧第7肋间。

7. 腹腔内注射 腹腔内注射是药液注入腹腔内的一种注射方法。牛在右侧肷窝部；犬、猪、猫则宜在两侧后腹部；猪在第5~6乳头之间。局部剪毛消毒。一手把握腹侧壁，另一手持连接针头的注射器，在距耻骨前缘3~5cm处的中线旁，垂直刺入。刺入腹腔后，摇动针头有空虚感时，即可注射（图4-55）。

8. 瓣胃内注射 是将药液注入牛、羊等反刍动物瓣胃的注射方法。主要用于瓣胃阻塞，使瓣胃内容物软化。其注射部位在右侧第9肋间与肩关节水平线相交点的下方2cm处（图4-56）。常用的注射药物有：25%~30%硫酸镁、生理盐水、液状石蜡等。

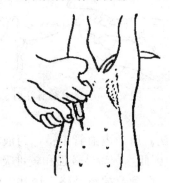

图4-55 猪的腹腔内注射

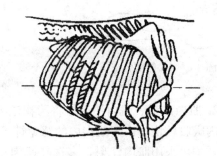

图4-56 牛瓣胃注射的位置

（三）穿刺技术

1. 腹腔穿刺 采取腹腔内液体供实验室检验，以辅助诊断肠变位、胃肠破裂、膀胱破裂、肝脾破裂以及腹腔积水、腹膜炎等疾病，排除腹腔内积液，或向腹腔注射药液用以治疗疾病。

（1）部位。牛、羊的穿刺部位在脐与膝关节连线的中点。猪、犬、猫穿刺部位均在脐与耻骨前缘连线的中间腹白线上或腹白线的侧旁1~2cm处。

（2）方法。动物站立保定或侧卧，术部剪毛消毒。术者左手固定穿刺部位的皮肤并稍向一侧移动皮肤，右手控制套管针或针头的深度，垂直刺入腹壁3~4cm，即可回抽注射器。小动物可采用注射器抽出。放液后拔出穿刺针，无菌棉球压迫片刻，覆盖无菌纱布，胶布固定。牛在右侧肷窝中央，小动物在肷窝或两侧后腹部。右手持针头垂直刺入腹腔，连接输液瓶胶管或注射器，注入药液，再由穿刺部排出，如此反复冲洗2~3次。

2. 胸腔穿刺 主要用于胸膜疾病的诊断，并辅助胸膜疾病的治疗。穿刺部位牛、羊在右侧第6肋间或左侧第7肋间；猪、犬右侧第7肋间，与肩关节水平线交点下方2~3cm处，胸外静脉上方约2cm处。术部剪毛消毒，术者左手将术部皮肤稍向上方移动1~2cm，右手持套管针,指头控制在 3~5cm 处,在靠近肋骨前缘垂直刺入。穿刺肋间肌时有阻力感,当阻力消失而感空虚时,即表明已刺入胸腔内。套管针刺入胸腔后,左手把持套管,右手拔去内针,即可流出积液或血液。需要洗涤胸腔,可将装有清洗液的输液瓶乳胶管或输液器连接在套管口或注射针上,高举输液瓶,药液即可流入胸腔,然后将其放出。如此反复冲洗 2~3 次,最后注入治疗性药物。

3. 瘤胃穿刺 牛、羊急性瘤胃膨胀时,穿刺放气紧急救治和向瘤胃内注入防腐制酵药液制止瘤胃内继续发酵产气。

(1)部位。在左侧肷窝部,由髋结节向最后肋骨所引水平线的中点,牛距腰椎横突下方 10~12cm,羊距腰椎横突下方 3~5cm 处,也可选在瘤胃隆起最高点穿刺(图 4-57)。

(2)方法。牛、羊站立保定,术部剪毛常规消毒,先在穿刺点旁 1cm 处做一个小的皮肤切口,有时也可不做切口,羊一般不做切口。用左手将皮肤切口移向穿刺点,右手持套管针将针尖置于皮肤切口内,向对侧肘头方向迅速刺入 10~12cm,左手固定套管,右手拔出内针,用手指不

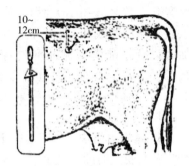

图 4-57 瘤胃穿刺部位

断堵住管口,间歇放气,使瘤胃内的气体间断排出。若套管堵塞,可插入内针疏通。气体排出后,为防止复发,可经套管向瘤胃内注入制酵剂。穿刺完毕,用力压住皮肤切口。拔出套管针,消毒创口,皮肤切口行结节缝合 1 针,涂碘酊,或以碘仿火棉胶封闭穿刺孔。

4. 膀胱穿刺术 当患畜尿路阻塞或膀胱麻痹时,尿液在膀胱内潴留,易导致膀胱破裂,须采取膀胱穿刺排出尿液,以缓解症状,为进一步治疗提供条件。牛、马可通过直肠对膀胱进行穿刺,猪、羊、犬在耻骨前缘白线侧旁 1cm 处。

大家畜施行站立保定,先灌肠排除粪便,术者将事先消毒好的连有胶管的针头握于手掌中并使手呈锥形缓缓伸入直肠,在直肠正下方触到充满尿液的膀胱,在其最高处将针头向前下方刺入,并固定好针头,直至排完尿为止。

猪、羊、犬可采取横卧保定,助手将其左或右后肢向后牵引,充分暴露术部。术部剪毛、消毒后,在耻骨前缘或触诊腹壁波动最明显处进针,向后下方刺入深达 2~3cm,刺入膀胱后,固定好针头,待尿液排完后拔出针头,术部涂以碘酊消毒。

(四)封闭技术

普鲁卡因封闭疗法是将一定浓度和剂量的普鲁卡因溶液,注射于机体一定部位的组织和血管内,从而达到治疗疾病目的的一种方法。临床上常用的有病灶周围封闭法和静脉封闭法等。

1. 病灶周围封闭法 在病灶周围约 2cm 处的健康组织内,分点注入 0.25%~0.5% 盐酸普鲁卡因溶液,所注药量以能达到浸润麻醉的程度即可,马、牛 20~50mL,猪、羊 10~20mL,每天或隔天 1 次。用于治疗创伤或局部炎症。

2. 环状分层封闭法 常用于治疗四肢蜂窝织炎初期,愈合迟缓的创伤及蹄部疾病。一般于四肢病灶上方 3~5cm 处的健康组织上进行环状分层注射。前肢在前臂部及其下 1/3 处和掌骨中部,后肢在胫部及其下 1/3 处和跖骨中部。注射时,将针头刺入皮下再刺达骨膜,边注药边拔针,使药液浸润到皮下至骨的各层组织内,可分成 3~4 点注射。一般每次用

0.25%盐酸普鲁卡因溶液 100～200mL。

3. 静脉封闭法 静脉封闭法的注射部位、注射方法与一般的静脉注射法相同。临床上适用于马急性胃扩张、蹄叶炎、风湿症、牛乳房炎、创伤、烧伤、化脓性炎症和过敏性疾病。一般选用 0.1％普鲁卡因生理盐水缓慢注入，每分钟 50～60 滴为宜。马、牛为 100～200mL，猪、羊为 20～50mL。

4. 盆神经封闭法 临床上应用于子宫脱、阴道脱、直肠脱或上述各器官的急、慢性炎症的治疗及其脱垂时的整复手术。病畜站立保定，针刺部位在第三荐椎棘突顶点，两侧旁开一掌（5～8cm）处，剪毛、消毒后，用长 12cm 的封闭针垂直刺入皮肤后，以与刺入点外侧皮肤成 55°角由外上方向内下方进针，当针尖达荐椎横突边缘后，将进针角度稍加大，沿荐椎横突侧面穿过荐坐韧带 1～2cm，即达骨盆神经丛附近。此时可以注入 0.25％普鲁卡因液，剂量为每千克体重 1mL。大动物需要注入药液总量大，需要分成左右两侧注射，每隔2～3d 注射 1 次。同时，可以在普鲁卡因溶液中加入青霉素 80 万～100 万 IU，以免感染。

5. 尾骶封闭法 临床上用于子宫脱、阴道脱、直肠脱或上述各器官的急、慢性炎症的治疗及其脱垂时的整复手术。病畜站立保定，将尾部提起。刺入部位在尾根与肛门之间的三角区中央，即为中兽医中的后海穴。局部消毒后，用长 15～20cm 的针垂直刺入皮下，将针头稍向上翘并与荐椎呈平行方向刺入。先沿正中方向边注边拔针，然后在分别向左、右方向各注入一次，使药液成扇形分布。大动物一般为 0.25％普鲁卡因液 150～200mL，猪、羊为 50～100mL。

（五）导胃与洗胃技术

1. 方法 用一定量的溶液灌洗胃，清除胃内容物的方法即洗胃法，临床上主要用于治疗急性胃扩张、瘤胃积食、瘤胃酸中毒以及饲料或药物中毒的病畜，清除胃内容物及刺激物，避免毒物的吸收，常用导胃与洗胃法。

导胃与洗胃时先用胃管测量从口、鼻到胃的长度，并做好标记。胃管到胸腔入口及贲门处时阻力较大，应缓慢插入，以免损伤食管黏膜。必要时灌入少量温水，待贲门弛缓后，再向前推送入胃。治疗胃炎时导出胃内容物后，要灌入防腐消毒药。冲洗完后，缓慢抽出胃管，解除保定。

2. 注意事项

（1）操作中动物易骚动，要注意人畜安全。

（2）根据不同种类的动物，应选择适宜长度和粗度的胃管。

（3）当中毒物质不明时，应抽出胃内容物送检。洗胃溶液可选用温开水或等渗盐水。

（4）洗胃过程中，应随时观察脉搏、呼吸的变化，并做好详细记录。

（5）每次灌入量与吸出量要基本相符。

（六）导尿技术

用前将导尿管、注射器和其他用具煮沸消毒，也可在 0.1％新洁尔灭溶液或 0.1％高锰酸钾溶液中浸泡 5～10min，前端蘸上液状石蜡。术者手臂清洗消毒。

1. 母畜导尿法 站立保定，术者左手按住臀部，右手将导尿管握于掌心，前端与食指同长。手呈圆锥形伸入阴道（大动物 15～20cm），先用手指触摸尿道口，轻轻刺激或扩张尿道口，伺机插入导尿管，将其慢慢推进膀胱，尿液即可自然流出。

2. 母犬导尿法 术者用左手拨开母犬阴唇，右手持犬用导尿管或人用女性导尿管缓慢插入尿道后，然后插至膀胱，即有尿液排出。母猫可用公猫导尿管，首先在阴道窟窿处局部麻醉，并拉住阴唇向后推，沿着阴道底壁插进导尿管入尿道开口。母猫导尿容易，甚至不加视察就可插入尿道口。

3. 公犬导尿法 仰卧保定，必要时镇静或麻醉，助手将两后腿向上拉开呈屈曲状态，并用一只手翻开包皮，露出龟头用0.1%新洁尔灭溶液清洗尿道外口，犬用导尿管（或人用男性中、小号导尿管），导尿管前端涂少量液体石蜡，与腹壁呈45°角插入尿道，缓慢插至膀胱，即有尿液排出，收集尿液，以后进行冲洗。

4. 公猫导尿法 导尿前应镇静或麻醉，仰卧保定，两后腿拉向前方，将阴茎鞘向后推，从中拉出阴茎，清洗消毒，在尿道开口处插入导尿管，轻轻推入膀胱。插管时，不能强行插入，可先注射生理盐水3~5mL于尿道内，冲洗尿路中的阻塞物以便导尿管容易通过尿道进入膀胱。

（七）灌肠技术

向直肠内注入大量的药液、营养溶液或温水，直接作用于肠黏膜，使药液、营养液被吸收或排出宿粪，以及除去肠内分解产物与炎性渗出物，达到疾病治疗的目的的技术称为灌肠技术。

1. 浅部灌肠法 动物站立保定，助手把尾拉向一侧。术者一手提盛有药液的灌肠用吊筒，另一手将连接吊筒的橡胶管徐徐插入肛门10~20cm，然后高举吊筒，使药液流入直肠内。灌肠后使动物保持安静，以免引起排粪动作而将药液排出。对以人工营养、消炎和镇静为目的的灌肠，在灌肠前应先把直肠内的蓄粪取出。

2. 深部灌肠法 将病牛在柱栏内确实保定，用绳子吊起尾巴；为使肛门括约肌及直肠松弛，可施行后海穴封闭，即以10~12cm长的封闭针头，与脊柱平行地向后海穴刺入10cm左右，注射1%~2%普鲁卡因液20~40mL；塞入塞肠器；将灌肠器的胶管插入木制塞肠器的孔道内，缓慢地灌入温水或1%温盐水10 000~30 000mL。灌水量的多少依据便秘的部位而定。

（八）给氧技术

氧气疗法在小动物临床上主要用于急救。适用于任何原因引起的缺氧，如肺部疾病、呼吸道阻塞、胸部透创、麻醉中毒、心力衰竭以及某些中枢神经性疾病所引起的呼吸暂时麻痹等。

1. 给氧的方法

（1）3%过氧化氢静脉注射输液氧法。犬和猫以3%的过氧化氢溶液5~10mL，加入10%~25%葡萄糖注射液250~500mL缓慢地一次注射。

（2）氧气输入法。

①氧气吸入法。需有氧气筒和医用流量表吸入装置一套。检查流量表开关是否关紧，打开总开关，再慢慢打开流量表开关，连接鼻导管，观察氧气流出是否通畅，然后关闭流量表开关。用湿棉签清洁鼻腔，将鼻导管用水润滑后，自鼻孔轻轻插入鼻腔，用胶布将鼻导管固定于鼻面部，打开流量开关，调节流量以3~4L/min为宜，每次吸入5~10min。

②皮下输氧法。把氧气注入肩后或肋部皮下疏松结缔组织中，通过皮下毛细血管内红细胞逐渐吸收而达到给氧的目的。操作方法是：将注射针头刺入皮下，把氧气输入导管和针头

相连，打开流量表，使氧气输入，皮肤逐渐膨起，待皮肤比较紧张时停止输入。如一次注入量不足，可另加一处。输入速度为1~1.5L/min，皮下给氧后一般于6h内被吸收。

2. 给氧时注意事项

（1）为保证安全，给氧时犬、猫需要妥善保定，周围严禁烟火以防燃烧和爆炸。

（2）输氧导管宜选用便于穿插、较为细软的橡皮管，以减少对鼻、咽黏膜的刺激。给氧前应检查导管是否通畅，并清洁口腔。

（3）吸入氧气时，其流量大小应按犬、猫呼吸困难的改善状况进行调节，皮下给氧时，不能把氧气注入血管内，以防止形成气栓。

模块五

动物微生物基础

单元一 微生物基础知识

微生物是自然界存在的一群体积微小、结构简单，必须借助光学显微镜或电子显微镜才能看到的微小生物。各种微生物在生物学特性方面具有一定的差异，但也具有一定共性：如个体微小、种类繁多、结构简单、分布广泛、繁殖迅速、代谢旺盛和易变异等。

根据微生物的形态结构及组成不同，可将微生物分为细菌、真菌、放线菌、支原体、衣原体、螺旋体、立克次氏体和病毒八大类。

根据其有无细胞结构和细胞核的不同，可分为三大类：

1. 原核细胞型微生物 细胞核分化程度较低，仅有核质，无核模和核仁，缺乏完整的细胞器。细菌、放线菌、支原体、衣原体、螺旋体、立克次氏体属此类。

2. 真核细胞型微生物 细胞核的分化程度较高，有完整的细胞核、核模、核仁及染色体，细胞质内有完整的细胞器。真菌属此类。

3. 非细胞型微生物 体积微小、无细胞结构，在电子显微镜下才能看到，必须在活细胞内才能生长繁殖。病毒属此类。

（一）细菌

1. 细菌的基本形态与排列 细菌的基本形态有球状、杆状、螺旋状3种，据此可将细菌分为球菌、杆菌和螺旋状细菌。

（1）球菌。菌体呈球形或近似球形，按其分裂后的排列方式不同，可分为双球菌、链球菌、葡萄球菌。此外，还有单球菌、四联球菌和八叠球菌等。

（2）杆菌。菌体的形态多数呈直杆状，也有的菌体微弯。菌体两端多呈钝圆形，少数两端平齐（如炭疽杆菌），也有的两端尖细（如梭杆菌属）或末端膨大呈棒状（如白喉杆菌）。又分别称为球杆菌、分枝杆菌、单杆菌、双杆菌、链杆菌等。一般分散存在，无一定排列形式，偶有成对或呈链状，个别呈特殊的排列如栅栏状或V、Y、L字样。

（3）螺旋状细菌。菌体弯曲或呈螺旋状，两端尖或圆，根据菌体的弯曲情况，又可分为弧菌和螺菌。弧菌菌体只有一个弯曲，呈弧状或逗点状，如霍乱弧菌。螺菌菌体有数个弯曲，如鼠咬热螺菌。

2. 细菌的大小 细菌的形体微小，通常以微米（μm）作为测量单位。不同种类的细菌大小不一，同一细菌的大小常因菌龄、环境条件等因素的影响而有差别。一般球菌直径多为 $0.8\sim1.2\mu m$；杆菌直径与球菌相似，长度约为直径的一倍或几倍，螺旋菌为 $0.3\sim1\mu m\times 1\sim50\mu m$。

3. 细菌的结构与功能 细菌的结构可分为基本结构和特殊结构两部分。

（1）细菌的基本结构。所有细菌都具有的结构称为细菌的基本结构，包括细胞壁、细胞膜、细胞质、核质。

①细胞壁。位于细菌细胞的最外层,无色透明,有坚韧的弹性。一般是由糖类、蛋白质和脂类镶嵌排列而成,其基础成分是肽聚糖。它能维持菌体形态并保护菌体耐受低渗环境,起到屏障作用;细胞壁上有许多小孔,可允许水及直径小于等于 1nm 的物质自由通过,而阻留大分子物质,因而与细菌细胞内外的物质交换有关;细胞壁上还带有多种抗原决定簇,其决定了细菌菌体的抗原性。

用革兰氏染色法染色,可将细菌分成革兰氏阳性菌(G^+菌、蓝紫色)和革兰氏阴性菌(G^-菌、红色)两大类,这两类细菌的主要区别在于细胞壁。革兰氏阳性菌细胞壁较厚,主要成分是肽聚糖和磷壁酸,磷壁酸是革兰氏阳性菌所特有的,是革兰氏阳性菌的重要表面抗原。革兰氏阴性菌细胞壁较薄,主要成分是肽聚糖,还有脂多糖和脂蛋白等。脂多糖为革兰氏阴性菌所特有,是内毒素的主要毒性成分。

②细胞膜。是在细胞壁与胞质之间的一层半透性生物薄膜。它的主要功能有:控制细胞内外物质的运送、交换;维持细胞内正常渗透压;与细胞壁、荚膜的合成有关,是鞭毛的着生部位;参与能量代谢等。

③细胞质。是位于细胞膜内的无色、透明、黏稠的胶体状物质。其中含有许多酶系统,是细菌进行新陈代谢的主要场所。细胞质中还含有核糖体、质粒、包含物等。

④核质。细菌为原核细胞,不具有典型的细胞核,没有核膜、核仁,只有核质。核质多在菌体的中部,不能与细胞质截然分开。核质含有细菌的遗传基因,控制细菌几乎所有的遗传性状,与细菌的生长、繁殖、遗传变异等有密切关系。

(2)细菌的特殊结构。某些细菌在其生长的特定阶段还能形成荚膜、鞭毛、芽孢等特殊结构。

①荚膜。某些细菌在生命活动过程中,向细胞壁外周分泌一层黏液性物质,这层黏液性物质称为荚膜。荚膜的产生具有种的特征,其生成与环境条件密切相关。一般在动物体内和含有大量糖分或血清等营养丰富的培养基中易形成荚膜,而在普通人工培养基上则易消失。

荚膜的主要功能在于:荚膜能贮留水分,有抗干燥的作用;与细菌的毒力有关;具有抗原性,具有种和型的特异性。

②鞭毛。某些细菌菌体表面长有一至数十根波状弯曲的丝状蛋白质附属物,称为鞭毛,其具有运动功能。不同种类的细菌,鞭毛的着生部位和数目各不相同,因而可分为单毛菌、丛毛菌和周毛菌等。

鞭毛的成分是鞭毛蛋白,具有抗原性,称为鞭毛抗原或 H 抗原,不同细菌的 H 抗原具有型的特异性,常作为血清学鉴定的依据之一。

鞭毛的主要功能:为细菌的运动器官;与细菌从周围环境摄取营养物质有关;具有黏附性,与病原菌致病性有关。

③菌毛。有些细菌的菌体上生长有一种比鞭毛短而细的丝状物,称为菌毛,又称纤毛或伞毛。通常将菌毛分为普通菌毛和性菌毛两种。普通菌毛较纤细、较短,数量较多,每个细菌有 50~400 条,周身排列。可以牢固地吸附在动物、植物细胞上,以摄取营养,也与彼此黏着形成菌膜,便于在液体表面生长。普通菌毛与细菌的致病性有关。性菌毛较粗、长,数量较少。雄性菌和雌性菌可通过菌毛接合,发生基因转移或质粒传递。另外,性菌毛也是噬菌体吸附在细菌表面的受体。

④芽孢。某些革兰氏阳性菌在一定条件下,在菌体内形成一个折光性强、不易着色的圆

形或卵圆形的休眠体，称为芽孢。未形成芽孢的菌体称为繁殖体或营养体，老龄芽孢将脱离原菌体独立存在，称为游离芽孢。芽孢不能分裂繁殖，一个细菌只能形成一个芽孢，一个芽孢经过萌发后也只能形成一个菌体。芽孢是细菌抵抗外界不良环境、保存生命的一种休眠状态的结构。当恢复适宜的环境条件时，芽孢开始萌发成新的繁殖体。

芽孢对热、干燥、辐射、化学消毒剂抵抗力很强，一般的细菌繁殖体经100℃煮沸30min可被杀死，但形成芽孢后，可耐受100℃数小时。炭疽杆菌的芽孢在污染的土壤中数十年仍能萌发。杀死芽孢的可靠方法是干热灭菌或高压蒸汽灭菌。由于芽孢的抵抗力很强，评价消毒剂的效果一般以能否杀灭芽孢为标准。

4. 细菌的生长繁殖和呼吸类型

（1）细菌的化学组成。

水：约占细菌体湿重的80%。

无机盐：占细菌固体成分的10%左右，其中以磷为最多，其次为钾、镁、钙、硫、钠等。

蛋白质：占固体成分的50%～80%。

核酸：含量约为菌体固体成分的13%，有RNA和DNA两种，前者主要存在于细胞质中、细胞胞膜上，后者存在于核质、质粒中。

糖类：占细菌固体成分的10%～20%，主要以多糖、脂多糖、黏多糖的形式存在于细胞壁和荚膜中。

脂类：占菌体固体成分的1%～7%，主要包括中性脂肪、磷脂和蜡质等，存在于细胞壁、细胞膜及细胞质内。

（2）细菌生长繁殖的条件。

①营养物质。细菌的生长繁殖都需要水、碳源、氮源、无机盐和生长因子等。所提供的营养物质应不含对细菌生长有毒、有害的成分。

②适宜的温度。根据细菌对温度的适应范围，可将细菌分为3类：嗜冷菌，生长范围-5～30℃，最适生长10～20℃；嗜温菌，生长范围10～45℃，最适生长20～40℃；嗜热菌，生长范围25～95℃，最适生长50～60℃。病原菌在15～45℃均能生长，最适生长温度是37℃左右。

③合适的酸碱度（pH）。大多数细菌在pH为6～8可以生长，但多数病原菌的最适pH为7.2～7.6。

④合适的渗透压。大多数细菌生长最适渗透压为等渗环境，也有些细菌（如嗜盐菌）适宜高渗环境。

⑤适宜的气体环境。根据细菌对氧的要求，可将其分为专性需氧菌、微需氧菌、专性厌氧菌及兼性厌氧菌。少数细菌培养时需要二氧化碳等其他气体，如牛布鲁氏菌在初次分离时需加5%～10%二氧化碳。

（3）细菌的呼吸类型。根据对氧的需求不同，细菌呼吸可分为4种类型。

①专性需氧菌。必须在有氧的条件下才能生长，此类细菌具有比较完善的呼吸酶系统，在无游离氧的环境下不能生长，如结核分枝杆菌、霍乱弧菌等。

②微需氧菌。少数细菌（如布氏杆菌），适宜于生长在分子氧浓度较低的环境中，这类细菌称为微需氧菌或微嗜氧菌。

③专性厌氧菌。必须在无氧或氧浓度极低的条件下才能生长，如破伤风梭菌等。

④兼性厌氧菌。在有氧或无氧的条件下均可生长，但在有氧条件下生长更佳。大多数细菌属此类型，如大肠杆菌、葡萄球菌等。

5. 细菌的致病作用 细菌的致病作用包括两方面涵义，一是细菌对宿主引起疾病的特性；二是对宿主致病能力的大小，即细菌的毒力。构成细菌毒力的物质称为毒力因子，主要有侵袭力和毒素两方面。

（1）侵袭力。侵袭力是指病原菌突破宿主皮肤、黏膜等防御屏障，进入机体定居、繁殖和蔓延扩散的能力。侵袭力包括荚膜、黏附素和侵袭性物质等，主要涉及菌体的表面结构和释放的侵袭蛋白或酶类。

（2）毒素。毒素是细菌在生长繁殖过程中产生和释放的具有损害宿主组织、器官并引起生理功能紊乱的毒性成分。细菌毒素按其来源、性质和作用的不同，可分为内毒素和外毒素两大类。外毒素具有良好的免疫原性，可刺激机体产生特异性抗体，而使机体具有免疫保护作用，这种抗体称为抗毒素。外毒素经0.3%～0.5%甲醛溶液于37℃处理一定的时间后，即失去毒性，但仍保留很强的抗原性，称类毒素。类毒素注入机体后仍可刺激机体产生抗毒素，可作为疫苗进行免疫接种。内毒素和外毒素性质的主要区别见表5-1。

表5-1 内毒素和外毒素的区别

区别要点	外毒素	内毒素
主要来源	以革兰氏阳性菌多见	革兰氏阴性菌多见
存在部位	由活的细菌产生并释放至菌体外	为细菌细胞壁结构成分，菌体崩解后释出
化学成分	蛋白质	磷脂-多糖-蛋白质复合物（毒性成分主要为类脂A）
毒性	毒性强，微量对实验动物有致死作用。各种外毒素有选择作用，引起特殊病变，不引起宿主发热反应	毒性弱，各种细菌内毒素的毒性作用相似。引起发热、弥散性血管内凝血、粒细胞减少症、施瓦兹曼现象等
稳定性	一般不耐热，60～80℃经30min被破坏	耐热，160℃经2～4h才能被破坏
抗原性	强，能刺激机体产生高效价的抗毒素，经甲醛处理可脱毒成为类毒素	弱，不能刺激机体产生抗毒素，经甲醛处理不能成为类毒素

（二）病毒

病毒是一类严格寄生的、结构简单的非细胞型的微生物。与其他微生物相比，病毒具有五个特征：病毒体积微小，只有在电子显微镜下才能观察到；一种病毒只含一种核酸（DNA或RNA）；病毒的增殖方式为复制；病毒只能在活细胞内寄生，不能在无生命培养基上增殖；病毒对抗生素不敏感。

病毒的种类繁多，按其感染的对象不同，可分为感染细菌的噬菌体；感染植物的植物病毒；感染动物的动物病毒。依据病毒核酸类型不同其可分为DNA病毒和RNA病毒。近年来，还发现了类病毒和朊病毒，它们被称为亚病毒。

1. 病毒的大小及形态

（1）病毒的大小。成熟的具有侵染能力的病毒个体称为病毒粒子。病毒粒子的大小以纳米来计量。各种病毒的大小差别很大，大的为300nm（如痘病毒）；小的病毒约为20nm（如猪圆环病毒）。

(2) 病毒的形态。一般呈球形或卵圆形，也有的呈子弹形（如动物水泡性口腔炎病毒）、砖形（如痘病毒）、丝状（如流感病毒）和蝌蚪状（如噬菌体）等。

2. 病毒的结构和化学组成　病毒主要由核酸和蛋白质组成，核酸位于病毒的中心，蛋白质包围在核酸周围，构成了病毒的衣壳。核酸和衣壳合称为核衣壳。某些病毒除核衣壳外，还有一层囊膜结构。

（1）核酸。核酸存在于病毒的中心部分，一种病毒只含有一种核酸，即 DNA 或 RNA。核酸携带遗传信息，控制着病毒的遗传、变异、增殖和对宿主的感染性等特性。

（2）衣壳。包围在核酸外表，主要成分为蛋白质。衣壳主要发挥保护、参与病毒吸附、破坏宿主细胞的细胞膜等功能。

（3）囊膜。有些病毒的核衣壳外面还包有一层由类脂、蛋白质和糖类构成的囊膜。囊膜对衣壳有保护作用，并与病毒吸附宿主细胞有关。有囊膜的病毒，囊膜结构还能决定病毒的形态。有些病毒囊膜表面具有呈放射状排列的突起，称为纤突。纤突不仅具有抗原性，而且与病毒的致病力有关。因此，囊膜上的纤突一旦被破坏，病毒也就丧失了对易感细胞的感染能力。

3. 病毒的生物学特性

（1）病毒的血凝现象。许多病毒表面有血凝素，能与鸡、豚鼠、人等红细胞表面受体（多数为糖蛋白）结合，而出现红细胞凝集现象，称为病毒的血凝现象。这种血凝现象是非特异性的，当加入特异性的抗病毒血清时，这种血凝素与抗体结合，使红细胞的凝集现象受到抑制，而不出现红细胞凝集现象，称为病毒血凝抑制现象。病毒的红细胞凝集试验和红细胞凝集抑制试验常可用于鉴定病毒和测定抗体。

（2）病毒的干扰现象。两种病毒感染同一种细胞时，一种病毒抑制另一种病毒复制的现象，称为病毒的干扰现象。干扰现象可以发生在异种病毒之间，也可发生在同种病毒不同型或不同株之间，最常见的是异种病毒之间的干扰现象。

（3）干扰素。干扰素是由病毒或其他干扰素诱导剂刺激脊椎动物细胞而产生的能干扰病毒增殖的特殊蛋白质。当这种物质进入其他未感染的细胞时，可使该细胞产生能抑制病毒复制的抗病毒蛋白质。它具有广谱抗病毒作用，甚至对某些细菌、立克次氏体等也有干扰作用，但干扰素一般具有明显的动物种属特异性，即牛产生的干扰素仅对侵入牛体的病毒有干扰作用，故应用受到限制。干扰素除具有抗病毒作用外，还具有免疫调节、抗肿瘤等机能。它是机体抵御外来病毒的入侵和维持机体自我稳定的防御性物质。

（4）病毒的包含体。包含体是病毒在细胞内增殖后，在细胞内形成的一种用光学显微镜可以看到的特殊"斑块"。不是所有的病毒都出现包含体，但某些病毒病所出现的包含体，其形态、大小、位置（核内或胞质内）、染色特性（嗜酸性或嗜碱性）、在哪种细胞（神经细胞、上皮细胞等）出现等，都有一定的规律，所以可用于疾病诊断。

4. 病毒的致病作用　病毒是严格细胞内寄生的微生物，其致病机制与细菌大不相同。病毒主要的致病机制是通过干扰宿主细胞的营养和代谢，引起宿主细胞水平和分子水平的病变，导致机体组织器官的损伤和功能改变，造成机体持续性感染。病毒侵入动物机体后能否引起发病，取决于病毒的致病力和宿主的易感性和抵抗力。

（1）病毒感染对宿主细胞的作用。病毒进入宿主细胞后，常呈现出杀细胞效应、稳定状态感染、包含体形成、细胞凋亡、细胞转化等作用，使细胞死亡，导致机体组织器官损伤及功能转变。

（2）病毒的持续感染。持续性感染是指不论畜体是否发病，感染性病毒始终存在，可能很迟才发生免疫病理疾病或肿瘤。动物被病毒感染后一般产生免疫应答，借以消灭入侵的病毒，并保护宿主免受再次感染，然而有时病毒长期持续存在于感染动物体内几个月甚至几年，而不显临床症状，这种被感染的畜禽如被引入易感群，便会引起疫病的暴发，对病毒的传播具有重要意义。

（3）病毒感染对免疫系统的作用。病毒在感染宿主过程中，通过与免疫系统相互作用，诱发免疫反应，导致组织器官损伤，从而加重病情，或使宿主对另一种病毒易感，造成双重感染。宿主还会因此出现免疫缺陷和免疫抑制，如传染性法氏囊病毒感染鸡后，导致法氏囊萎缩和严重的B淋巴细胞缺失，导致免疫抑制。

（三）其他微生物

1. 真菌 真菌是一类具有细胞壁结构，不含叶绿素，无根、茎、叶分化的单细胞或多细胞的真核微生物。大多数真菌呈分支或不分支的丝状体，能进行有性和无性繁殖，营腐生或寄生生活。真菌对热抵抗力不强，60℃ 1h后菌丝和孢子均被杀死；真菌对干燥、日光、紫外线及化学药品抵抗力强，但对10%甲醛溶液比较敏感；对一般抗生素和磺胺类药物不敏感。

真菌被广泛应用于农业、工业领域，但也有一些真菌能危害人和动植物，称为病原性真菌。真菌根据形态可分为酵母菌、霉菌和担子菌3类。

（1）酵母菌。多数为单细胞，其形态有球形、椭圆形、柱形等。酵母菌有典型的细胞结构，有细胞壁、细胞膜、细胞质、细胞核。真菌是人类应用较早的一类微生物，如酿酒、制馒头。在畜牧业生产中，主要用于发酵饲料、单细胞蛋白质饲料及酶制剂的生产等方面。也有些酵母菌能引起饲料和食品败坏，少数属于致病菌。

（2）霉菌。又称丝状真菌，由菌丝和孢子构成。菌丝由孢子萌发而成，菌丝有不同的形态，如结节状、螺旋状、球拍状、梳状等，菌丝可伸长并产生分枝，许多有分枝的菌丝相互交织在一起，叫菌丝体。

霉菌在自然界中分布极为广泛，存在于土壤、空气、水和生物体内外等处。有些霉菌是人和动植物的病原菌，可导致饲料霉败。常见的有：曲霉菌、皮霉、镰孢霉、白色念珠菌等。

（3）担子菌。担子菌是一类最高级的真菌。菌丝体发达，由无数有隔膜、分枝的纤细菌丝组成。担孢子是担子菌独有的特征。担子、双核菌丝体和锁状联合是担子菌的三大特点。担子菌菌落一般是紧密的丝绒状、片状、绳索状，菌落大都为白色，其次为浅粉红色、鲜黄色、淡棕色或橙黄色，往往扩展成扇形生长。

2. 螺旋体 螺旋体是一类细长而柔软、弯曲呈螺旋状、运动活泼，介于细菌和原虫之间的原核单细胞微生物。其基本结构与细菌类似，无鞭毛，不形成芽孢，以二分裂方式进行繁殖。在生物分类上分为8个属，其中常引起畜禽疾病的有4个属，即密螺旋体属、疏螺旋体属、钩端螺旋体属和蛇形螺旋体属。螺旋体广泛存在于水田、池塘、沼泽、淤泥中，也有许多分布在人和动物体内。

3. 放线菌 放线菌是介于细菌和霉菌之间的以孢子繁殖为主的丝状多细胞原核型微生物。大部分放线菌菌体由细丝状或分枝状的菌丝构成，菌丝大多无隔膜，属单细胞。绝大多数放线菌革兰染色呈阳性。放线菌在自然界中分布广泛，多数无致病性，与畜禽疾病关系较大的是分枝菌属和放线菌属。

4. 支原体 支原体是一类介于细菌和病毒、无细胞壁、能独立生活的最小的单细胞原核型微生物。支原体常呈球状、两极状、环状、杆状等。革兰染色呈阴性，但通常着色不良，常用姬姆萨染色，呈淡紫色。

支原体能在无细胞的人工培养基中生长繁殖，但对营养的要求高于细菌，以二分裂或芽生方式繁殖。

支原体广泛分布于污水、土壤、植物、动物和人体中，腐生、共生或寄生，有30多种对人或畜禽有致病性。猪肺炎支原体、鸡败血支原体、鸡滑液支原体是常见的致病性支原体。

支原体对红霉素、四环素、卡那霉素、链霉素、螺旋霉素等抗生素较敏感，对青霉素、先锋霉素有抵抗作用。

5. 衣原体 衣原体是一类严格细胞内寄生的原核单细胞微生物，呈圆形或椭圆形，具有细胞壁，以二分裂方式繁殖。能通过细菌滤器，革兰氏染色呈阴性。人和家畜的衣原体病有：沙眼、包含体结膜炎、肠炎、肺炎、关节炎、脑脊髓炎、流产等。衣原体对热、脂溶剂和去污剂及常用消毒液较敏感，但对煤酚类化合物及石炭酸等抵抗力稍强。56～60℃仅能存活5～10min，－50℃可保存1年以上。衣原体对四环素类药物最敏感，红霉素、多黏菌素B等次之，链霉素、庆大霉素及新霉素等对其无抑制作用。除沙眼衣原体对磺胺类药物敏感外，其余均能抵抗。

6. 立克次氏体 一类介于细菌和病毒，专性细胞内寄生的革兰氏阴性原核单细胞微生物。立克次氏体细胞具有多形性，呈球形、杆形、球杆形、哑铃形或丝状等，但主要呈球杆状。有细胞壁，细胞质内含有DNA、RNA及核蛋白体。除贝氏柯克斯体外，均不能通过细菌滤器。此类微生物是引起人和动物立克次氏体病（如Q热、斑疹伤寒、恙虫病、附红细胞体病、埃里希氏体病等）的病原体。立克次氏体对热和一般消毒剂抵抗力弱，56℃10min或一般消毒剂可使其很快死亡。但对低温及干燥抵抗力强，常用50%甘油生理盐水4℃保存。对氯霉素、四环素敏感；磺胺类药物不但不能抑制其生长，反而能够促进其繁殖。

(四) 外界因素对微生物的影响

1. 物理因素对微生物的影响

（1）温度。在适宜的温度范围内，微生物生长繁殖良好；温度过高或过低，则其生长受到抑制，甚至死亡。

①高温对微生物的影响。高温对微生物有明显的致死作用，其原理是高温可作用于微生物细胞内的蛋白质、核酸、酶系统等，使蛋白质变性或凝固、酶失去活性、新陈代谢发生障碍，从而导致微生物死亡。

②低温对微生物的影响。低温常起到抑菌作用。绝大多数微生物在低温下只是代谢活动降低，菌体处于休眠状态，生命活力依然保存。如伤寒沙门氏菌置于液氮（－196℃）中其活力不受破坏。温度越低病毒存活的时间也越长。因此常用低温保存菌种、毒种、活疫苗等。因而，常在5～10℃下保存菌种、毒种。低温可以使一部分微生物死亡，如巴氏杆菌、脑膜炎双球菌对低温敏感，在低温中比在室温中死亡更快。

(2) 辐射。辐射是能量借助波动或粒子高速运行在空间传递的一种物理现象，它对病原微生物是不利的。辐射主要包括可见光、日光、紫外线和α射线、β射线、X射线等。辐射的杀菌作用随波长的增高而降低，如可见光、红外线的杀菌作用较紫外线、γ射线、X射线弱。

(3) 干燥。在干燥的环境中，微生物细胞脱水，酶失去活性，新陈代谢发生障碍，从而使生长繁殖受阻，甚至死亡。不同种类的微生物对于干燥的抵抗力差异很大，如巴氏杆菌、鼻疽杆菌能存活几天，结核分枝杆菌能耐受90d，炭疽杆菌、破伤风梭菌的芽孢在干燥条件下可存活几年甚至十年以上。霉菌的孢子对干燥有很强的抵抗力。

(4) 渗透压。微生物的生长需要一定的渗透压，若环境中渗透压与微生物细胞的渗透压相当时，细胞可保持原形，有利于生长繁殖。将微生物长时间置于高渗溶液（如浓盐水）中，可使菌体内的水分外渗，导致微生物生长被抑制甚至死亡。将微生物长时间置于低渗溶液中（如蒸馏水），则因水分大量渗入而使菌体膨胀，甚至可导致菌体破裂。

(5) 超声波的影响。频率在20 000~200 000Hz的声波称为超声波。超声波能裂解多数细菌和酵母菌。

(6) 微波的作用。微波是一种波长短而频率高的电磁波。微波能使微生物分子加速运动，细胞内部分子结构被破坏，导致细胞死亡。

(7) 滤过除菌。使用过滤器和微孔滤膜滤过除去介质中的细菌的方法。主要用于不耐高温灭菌的血清、毒素、抗生素、维生素等的除菌。但滤过除菌不能除去病毒和支原体等小颗粒。

2. 化学因素对微生物的影响 许多化学药物能抑制细菌的生长繁殖或将其杀死。用于杀灭动物体外病原微生物的化学药剂称为消毒剂。能够抑制微生物生长繁殖的化学药剂称为防腐剂。消毒剂不但能杀死病原菌，同时对动物体组织细胞也有损伤作用，所以它只能外用或用于环境消毒。影响消毒效果的因素主要是：消毒剂的性质、浓度和作用时间，微生物的种类及数量，环境温度和酸碱度，环境中有机质的存在等。控制微生物常用的化学物质有：酸和碱、重金属及其化合物、有机化合物（酚、醇、醛）、卤素及其化合物。

3. 生物因素对微生物的影响

(1) 抗生素。是某些微生物在代谢过程中产生的、可抑制或杀死其他微生物的合成代谢产物。分为广谱抗生素和窄谱抗生素，如青霉素主要作用于革兰氏阳性菌，多黏菌素仅能杀灭革兰氏阴性菌。土霉素、四环素等可抑制多种不同细菌。

(2) 细菌素。是某些细菌产生的具有杀菌作用的蛋白质，它只能作用于与它同种不同株的细菌以及与它亲缘关系相近的细菌。

(3) 噬菌体。是寄生于细菌、放线菌、螺旋体等的一类病毒，又称细菌病毒。它能裂解细菌，其噬菌作用具有专一性。

(4) 植物杀菌素。某些植物中存在有杀菌物质，这种杀菌物质称为植物杀菌素。

（五）微生物的变异

遗传性和变异性是生物的基本特征之一，也是微生物的基本特性之一。遗传性是亲代性状与其子代性状的相似性。变异性是亲代性状与其子代以及子代性状之间的差异性，此种差异性如果是由遗传物质改变引起的，则称为"遗传型变异"，也就是真正的变异；但是细菌在一定条件下，只发生表型改变的变异，则称为"非遗传型变异"，这种变异不能遗传给子代，不属于真正的变异，但这种现象在细菌中却比较多见。从进化角度来看，遗传使细菌保持种属特性的相对稳定；而变异则使微生物产生变种和新种，促进了微生物的进化。

1. 形态变异　细菌在异常条件下生长发育时，可以发生形态改变。如炭疽病猪咽喉部分离到的炭疽杆菌的排列方式多不为典型的竹节状，而是细长如丝状；慢性猪丹毒病猪心脏病变部的猪丹毒杆菌呈长丝状（正常的为细而直的杆菌），这些都是细菌形态变异的实例。在实验室保存的菌种，如不定期移植和通过易感动物接种，形态也会发生变异。

2. 结构与抗原性变异　有荚膜的细菌，在特定条件下，可能丧失其形成荚膜的能力，如炭疽杆菌在动物体内和特殊培养基上能形成荚膜，而在普通培养基上则不形成荚膜。将其通过易感动物机体后，又可完全或部分恢复其形成荚膜的能力。因荚膜与细菌的毒力有关，又是一种抗原物质，因此荚膜的丧失，必然导致病原菌毒力和抗原性的改变。

有鞭毛的细菌在某种条件下，可以失去鞭毛。如将有鞭毛的沙门氏菌培养于含0.075%～0.1%石炭酸的琼脂培养基上，可失去形成鞭毛的能力。

能形成芽孢的细菌，在一定条件下可丧失形成芽孢的能力。如强毒炭疽杆菌于43℃条件下，可育成不形成芽孢的菌株。

3. 菌落特征变异　细菌的菌落最常见的有两种类型：光滑型（S型）和粗糙型（R型）。S型菌落一般表面光滑、湿润、边缘整齐，所含细菌毒力也较强；R型菌落的表面粗糙、干而有皱纹、边缘不整齐，所含细菌毒力较低。细菌的菌落在一定条件下从光滑型变为粗糙型时，称S→R变异。S→R变异时，细菌的毒力、生化反应、抗原性等也随之改变。在正常情况下，较少出现R→S的回归变异。

4. 毒力变异　病原微生物的毒力有增强或减弱的变异。将病原微生物连续通过易感动物，可使其毒力增强。将细菌长期培养于不适宜的环境中，如培养于含化学物质的培养基或高温下，或反复通过非易感动物时，可促使其毒力降低。毒力减弱的菌株或毒株可用于疫苗的制造。如炭疽芽孢苗、猪瘟兔化弱毒疫苗等都是利用毒力减弱的菌株或毒株制造的预防用生物制品。

5. 耐药性变异　细菌对许多抗菌药物是敏感的，但发现在使用过程中，其疗效逐渐降低，甚至无效，这是由于细菌对该种药物产生了抵抗力，这种现象称为耐药性变异。

（六）病原微生物与传染

1. 传染的概念　病原微生物侵入机体，突破机体的防御机能，在一定部位定居、生长繁殖，并引起不同程度的病理反应的过程称传染或感染。

传染过程的发生，病原微生物的存在是首要条件，此外动物机体的抵抗力及外界环境也有直接影响。

2. 传染发生的必要条件

（1）病原微生物方面。

①足够的毒力。病原微生物必须具有足够的毒力才能突破机体的防御屏障引起传染。根据病原微生物的毒力强弱，可将病原微生物分为强毒株、中等毒力毒株、弱毒株和无毒株4种。

②一定的数量。一般来说，毒力越强，引起传染所需的数量也就越少，反之需要量就越大。对同一宿主而言，微生物的数量越多，越容易引起传染。

③适当的侵入途径。一定的病原微生物，有其特定侵入途径，然后在特定的部位生长繁

殖，才会造成传染。狂犬病毒常通过咬伤或受伤的皮肤黏膜而引起传染，破伤风梭菌只有经深部厌氧创口感染才能引起传染；但有些病原微生物也有多种适宜的侵入门户，如口蹄疫病毒既可通过接触传播，又可通过消化道和呼吸道侵入机体而引起传染。

(2) 宿主机体方面。

①动物种类。种类不同，对病原微生物的感受性也不同，对病原微生物具有感受性的动物称为易感动物。

②动物的年龄、性别和体质。相对而言，幼龄动物的感受性要比成年动物高，但布鲁氏菌仅发于性成熟以后的动物。不同的性别，对病原微生物的感受性也有差别，如副结核病，母牛的发病率高于公牛。一般情况下，体质较差的动物感受性较大且症状较重，但仔猪水肿病却多发于体格健壮者。

③动物的抗感染能力。动物的抗感染能力越强，对病原微生物的感受性就越小。

(3) 外界环境因素。主要因素有温度、湿度、气候、地理环境、生物因素（如传播媒介、贮存宿主）、饲养管理及使役情况等。如夏季气温高，病原微生物易于生长繁殖，因而易发生消化道传染病；而寒冷的冬季易感动物呼吸道黏膜的抵抗力降低，易发生呼吸道传染病。

单元二　免疫学基础

一、免疫的概念

免疫的现代概念可以概括地指机体识别和排除抗原性异物的功能，即机体区分自身与异己的功能，以维持机体的生理平衡。免疫是动物在长期进化过程中形成的一种保护性生理功能，由机体的免疫系统完成此项功能。

二、免疫的基本功能

1. 免疫防御　指机体抵抗病原微生物的侵袭或清除其他外来异物的功能。这种功能体现在两个方面：一是抗感染作用，即抗御外界病原微生物对机体的侵害；二是免疫排斥作用，即排斥异种或同种异体的细胞及器官。

2. 自身稳定　指机体清除衰老或损伤的细胞进行自身调节以维持体内生理平衡的功能。如果这一功能失常，可能发生自身免疫病。

3. 免疫监视　指机体识别、清除突变细胞，防止发生肿瘤的功能。如果免疫监视功能失调，突变细胞就有可能无限地增生而形成肿瘤。

在正常情况下，免疫反应对机体是有利的，但在某些特定条件下，也可能导致不良的后果，如免疫功能异常亢进时，可以起变态反应。

三、免疫的类型

动物的免疫类型有非特异性免疫和特异性免疫，当非特异性免疫不能有效清除侵入的病原微生物时,机体的特异性免疫即发挥作用,针对性地识别和清除异物,最终使感染中止。

(一)非特异性免疫

1. 非特异性免疫的概念 非特异性免疫是动物在长期进化过程中形成的天然防御功能,是个体生下来就有的,具有遗传性,又称先天性免疫。非特异性免疫的作用范围相当广泛,对多种病原微生物都有防御作用,但这种免疫功能是在没有抗原刺激的情况下形成的,因而缺乏针对性,而且不随抗原刺激的增多而加强。不过,在动物机体免疫过程中非特异性免疫处于第一道防线,而且是机体实现特异性免疫的基础和条件。

先天性免疫可以表现在不同动物种间,这种免疫称为种免疫,如牛不患猪瘟、马不患牛瘟、猪不患鸡新城疫等。此外,在对于某种病原微生物易感的动物,个别的品种或个别的动物对其有特殊的抵抗力,即所谓的品种免疫或个体免疫,例如某些品种的小鼠能抵抗肠炎沙门氏菌的感染。

2. 非特异性免疫的构成机理 构成动物机体非特异性免疫的因素很多,但主要包括机体的防御屏障、吞噬细胞的吞噬作用和体液的抗微生物作用,还包括炎症反应、机体的不感受性等。

(1)防御屏障。

①皮肤和黏膜屏障。结构完整的皮肤和黏膜及其表面结构能阻挡绝大多数病原微生物的侵入。除此之外,汗腺分泌的乳酸、皮脂腺分泌的不饱和脂肪酸、泪液及唾液中的溶菌酶以及胃酸等都有抑菌和杀菌作用。气管和支气管黏膜表面的纤毛层自下而上有节律地摆动,有利于异物的排出。另外,皮肤和黏膜上的多种正常微生物群及其产物也能抑制病原的侵入。

②血脑屏障。能阻止病原和大分子毒性物质由血液进入脑组织及脑脊液,是防止中枢神经系统感染的重要防御结构。

③胎盘屏障。可以阻止母体内的大多数病原通过胎盘感染胎儿。不过,这种屏障是不完全的,如猪瘟病毒感染妊娠母猪后可经胎盘感染胎儿,妊娠母体感染布鲁氏菌后往往引起胎盘发炎而导致胎儿感染。

肺中的气血屏障能防止病原经肺泡壁进入血液;睾丸中的血睾屏障能防止病原进入曲精细管。

(2)吞噬作用。病原及其他异物突破防御屏障进入机体后,将会遭到吞噬细胞的吞噬而被破坏。动物体内的吞噬细胞主要有两大类,一类以血液中的中性粒细胞为代表,一类是吞噬细胞,能黏附于玻璃和塑料表面,因此又称为黏附细胞。在吞噬过程中,吞噬细胞能向细胞外释放溶酶体酶,因而过度吞噬可能损伤周围的健康组织。

(3)正常体液的抗微生物物质。

①补体及其作用。补体是动物血清及组织液中的一组具有酶活性的球蛋白,包括近30多种不同的分子,故又称为补体系统,常用符号 C 表示,按被发现的先后顺序分别命名为 C_1、C_2、C_3、……、C_9。补体的作用:溶菌、溶细胞作用;免疫黏附和免疫调理作用;趋化作用;过敏毒素作用;抗病毒作用。

②溶菌酶。溶菌酶能分解革兰氏阳性菌细胞壁中的肽聚糖,导致细菌崩解。若有补体和 Mg^{2+} 存在,溶菌酶能使革兰氏阴性菌的脂多糖和脂蛋白受到破坏,从而破坏革兰氏阴性菌的细胞。

(4)炎症反应。当病原微生物侵入机体时,被侵害局部往往汇集大量的吞噬细胞和体液杀菌物质，其他组织细胞还释放溶菌酶、白细胞介素等抗感染物质。同时，炎症局部的糖酵解作用增强，产生大量的乳酸等有机酸。这些反应均有利于杀灭病原微生物。

（5）机体组织的不感受性。即某种动物或其组织对该种病原或其毒素没有反应性。例如，龟于皮下注射大量破伤风毒素而不发病，但几个月后取其血液注入小鼠体内，小鼠却死于破伤风。正常鸡体温较高，不感染炭疽杆菌，但是将鸡的体温降至37℃后，注射炭疽杆菌会引起感染。

（二）特异性免疫

特异性免疫是动物出生后接受抗原刺激而获得的免疫，故又称获得性免疫。特异性免疫是动物机体在抗原刺激下建立起来的，不能随其他性状遗传给后代。同时，特异性免疫功能的针对性强，免疫效率高，而且能随着抗原刺激的增多而增强。特异性免疫的实现，依赖于以下几种因素。

1. 免疫器官 免疫器官是指实现免疫功能的器官或组织。根据发生的时间顺序和功能差异，可分为中枢免疫器官和外周免疫器官两部分。中枢免疫器官又称初级免疫器官，是免疫细胞发生、分化与成熟的场所，对外周免疫器官发育和全身免疫功能起调节作用，包括骨髓、胸腺和腔上囊；外周免疫器官又称次级免疫器官，是淋巴细胞定居、增殖以及对抗原的刺激产生免疫应答的场所，包括淋巴结、脾、骨髓、哈德尔氏腺和黏膜相关淋巴组织。

（1）中枢免疫器官。

①骨髓。骨髓是机体重要的造血器官和免疫器官。骨髓可生成多能造血干细胞，是各种血细胞的发源地，B细胞、单核吞噬细胞、粒细胞、血小板和红细胞等可在其内分化成熟。骨髓也是形成抗体的重要部位，是重要的外周免疫器官。抗原免疫动物后，骨髓可缓慢、持久地产生大量抗体，因此当骨髓异常时，累及的不单是体液免疫，其他免疫功能也发生障碍。

②胸腺。胸腺是畜禽重要的中枢免疫器官，是T细胞分化成熟的场所，成熟的T细胞随血液循环运至全身，参与细胞免疫。胸腺上皮细胞还可产生多种胸腺激素，如胸腺素、胸腺生成素、胸腺血清因子和胸腺体液因子等，它们对诱导T细胞成熟起重要作用，同时胸腺激素对外周成熟的T细胞也有一定的调节作用。胸腺还可促进肥大细胞发育，调节机体的免疫平衡，维持自身的免疫稳定。实验证明，新生动物切除胸腺后，体内淋巴细胞显著减少，免疫反应不能建立，动物早期死亡；而成年动物切除胸腺，则对免疫功能影响不大。

③腔上囊。腔上囊是鸟类动物特有的淋巴器官，是B细胞分化和成熟的场所。成熟的B细胞随淋巴和血液循环迁移至外周免疫器官参与体液免疫。如将刚出壳的雏禽的腔上囊被切除，则其体液免疫应答受到抑制，接受抗原刺激后，不能产生抗体。某些病毒（如传染性法氏囊病病毒）感染及某些药物（如睾丸酮）均能使腔上囊萎缩，如果鸡群发生过传染性法氏囊病，则易导致免疫失败。

人类和哺乳动物没有腔上囊，其功能由骨髓代替，B细胞在骨髓发育成熟。

（2）外周免疫器官。

①淋巴结。淋巴结遍布于全身淋巴循环流经的各个部位。淋巴结是成熟淋巴细胞定居和增殖的场所，在淋巴结内充满淋巴细胞、巨噬细胞、树突状细胞，其中T淋巴细胞占全部淋巴细胞的70%左右。淋巴结是淋巴液的有效滤器，通过吞噬细胞的吞噬作用以及体液抗体等免疫分子的作用，可以杀伤病原微生物，清除异物，从而起到净化淋巴液、防止病原扩

散的作用；淋巴结也是产生免疫应答的场所，淋巴结中的巨噬细胞和树突状细胞能捕获和处理外来的异物性抗原，并将抗原信息递呈给T细胞和B细胞，使其活化增殖，形成致敏T细胞和浆细胞。

②脾。是富含血管的最大外周免疫器官，具有造血贮血和免疫双重功能，同时也是免疫活性细胞（如T细胞和B细胞）定居和接受抗原刺激后产生免疫应答的重要场所，脾中的淋巴细胞，35%~50%为T淋巴细胞，50%~65%为B淋巴细胞。脾中的巨噬细胞可吞噬和清除侵入机体的细菌等异物以及自身衰老与凋亡的血细胞等废物；脾具有滞留淋巴细胞的作用。在正常情况下，淋巴细胞经血液循环自由通过脾和淋巴结，但当抗原侵入脾和淋巴结以后，就会引起淋巴细胞在这些器官中滞留，使抗原敏感细胞集中到抗原积聚的部位附近，增进免疫应答的效应；脾是免疫应答的重要场所，脾中栖息着大量淋巴细胞和其他免疫细胞，抗原一旦进入脾即可诱导T细胞和B细胞的活化和增殖，产生致敏T细胞和浆细胞，所以脾是体内产生抗体的主要器官；脾能产生吞噬细胞增强激素，它们能增强巨噬细胞及中性粒细胞的吞噬作用。

③哈德尔氏腺。又称副泪腺，是禽类特有的外周免疫器官。它能分泌泪液润滑瞬膜，对眼睛具有机械性保护作用；受到抗原刺激时可分泌特异性抗体，通过泪液带入上呼吸道黏膜分泌物内，成为口腔、上呼吸道的抗体来源之一，在上呼吸道免疫上起着重要的作用。哈德尔氏腺不仅可在局部形成坚实的屏障，而且能激发全身免疫系统，协调体液免疫。在雏鸡点眼滴鼻免疫时，哈德尔氏腺对疫苗产生应答反应，并不受母源抗体的干扰，因此哈德尔氏腺对禽类的早期免疫，起着非常重要的作用。

④黏膜相关淋巴组织。在各种腔道黏膜下有大量的淋巴组织聚集，称为黏膜相关淋巴组织，主要包括由阑尾、肠集合淋巴结和大量的弥散淋巴组织构成的胃肠道黏膜相关淋巴组织及由咽部的扁桃体和弥散的淋巴组织构成的呼吸道黏膜相关淋巴组织，它们共同组成一个黏膜免疫应答网络，故称为黏膜免疫系统。抗原到达黏膜淋巴组织，引起免疫应答，产生大量分泌性IgA抗体，分布在黏膜表面，形成第一道特异性免疫保护防线，尤其对经呼吸道、消化道感染的病原微生物，黏膜免疫作用至关重要。

2. 免疫细胞 凡参与免疫应答或与免疫应答有关的各种细胞统称为免疫细胞。根据在免疫应答中的功能及作用机理，免疫细胞可分为免疫活性细胞和免疫辅佐细胞两大类。此外还有一些其他细胞，如K细胞、NK细胞、粒细胞、红细胞等。

（1）免疫活性细胞。在淋巴细胞中，受抗原物质刺激后能增殖分化，并产生特异性免疫应答的细胞，称为免疫活性细胞，主要指T淋巴细胞和B淋巴细胞，在免疫应答过程中起核心作用。

①T淋巴细胞。即胸腺依赖淋巴细胞，简称T细胞。部分骨髓多能干细胞可分化为无特异性表面抗原的嗜碱性淋巴细胞，在胸腺激素作用下进一步分化成为成熟T细胞，随着体循环进入外周免疫器官，主导细胞免疫应答。效应性T细胞是短寿的，一般存活4~6d，其中一小部分变为长寿的免疫记忆细胞，进入淋巴细胞再循环，它们可存活数月到数年。

根据T细胞在免疫应答中的功能不同，将T细胞分为5个主要亚群：辅助性T细胞、抑制性T细胞、诱导性T细胞、细胞毒T细胞及迟发型超敏T细胞。

②B淋巴细胞。部分在骨髓中分化而成的淋巴细胞进一步在骨髓内分化成熟为B淋巴细胞，而禽类的B细胞则在腔上囊发育成熟。成熟的B细胞离开骨髓或腔上囊，随血流进入

外周免疫器官，主导体液免疫应答。

根据 B 细胞产生抗体时是否需要辅助性 T 细胞的协助，将其分为 B_1 和 B_2 两个亚群。B_1 为 T 细胞非依赖性细胞，B_2 为 T 细胞依赖性细胞。

（2）免疫辅助细胞。对抗原进行捕捉、加工和处理的巨噬细胞、树突状细胞等称为免疫辅佐细胞，简称 A 细胞。由于辅佐细胞在免疫应答中能将抗原信息递呈给免疫活性细胞，因此称为抗原递呈细胞（APC）。

（3）其他免疫细胞。主要有 K 细胞、NK 细胞、粒细胞、红细胞等，它们均能参与机体的免疫反应，具有重要的免疫功能。

3. 免疫因子　免疫因子是指与免疫机能相关的生物活性分子，主要有抗体、补体和细胞因子。

（1）抗体。

①抗体的概念。抗体是机体受到抗原物质刺激后，由 B 淋巴细胞转化为浆细胞产生的，能与相应抗原发生特异性结合的免疫球蛋白。

②抗体的种类、特性与功能。免疫球蛋白按其化学结构和抗原性的差异可分为 IgG、IgA、IgM、IgD 和 IgE 5 类。

IgG：主要由脾、淋巴结中的浆细胞合成和分泌，是人和动物血清中含量最高的球蛋白，占血清中抗体的 75%～80%。IgG 是介导体液免疫的主要抗体，是唯一能通过人和家兔胎盘的抗体，对新生儿抗感染起重要作用。IgG 有抗菌、抗病毒、抗肿瘤及中和毒素的作用。IgG 与抗原结合可出现沉淀反应、凝集反应、补体结合反应和中和反应，是血清学诊断和疫苗免疫后监测的主要抗体。

IgA：以单体和二聚体两种形式存在。单体 IgA 主要存在于血液中，称为血清型 IgA，具有抗菌、抗病毒、抗毒素作用；SIgA 是二聚体形式的抗体，主要存在于黏膜分泌物中，约占抗体总量的 20%，仅次于 IgG，称为分泌型 IgA，它对机体呼吸道、消化道等局部黏膜起着重要的保护作用。

IgM：主要在脾中合成。因相对分子质量大，不能透过血管壁和胎盘，故 IgM 全部存在于血液中，占正常血清抗体的 10% 左右。是机体初次体液免疫反应中出现最早的抗体，但持续时间短，可通过检查 IgM 进行早期诊断。IgM 有抗菌、抗病毒、抗肿瘤及中和毒素的作用，可激活补体经典途径，也可引起 Ⅰ 型超敏反应、Ⅱ 型超敏反应。

IgE：又称为皮肤致敏性抗体或亲细胞抗体，在血清中含量极微，约占血清中免疫球蛋白总量的 0.002%。主要参与 Ⅰ 型变态反应，在抗寄生虫感染中有重要作用。

IgD：在血清中含量很少，占血清中免疫球蛋白总量的 1%。主要是作为 B 细胞表面的重要受体，在识别抗原激发 B 细胞和调节免疫应答中起重要作用。

（2）补体。补体是一组存在于人和脊椎动物血清中的具有酶活性、不耐热的糖蛋白，包括 30 多种不同的分子，故又称为补体系统。补体系统被活化后，具有溶菌、溶细胞现象，并可促进吞噬细胞的吞噬作用，补体能够吸引杀菌因子和吞噬细胞到达炎症部位，将免疫复合物清除，并使微血管通透性增高、局部炎症反应加剧；补体还可使肥大细胞脱颗粒、组胺释放等，在 Ⅱ 型和 Ⅲ 型过敏反应中扩大炎症反应。

（3）细胞因子。细胞因子是指由免疫细胞（如单核-巨噬细胞、T 细胞、B 细胞、NK 细胞等）和某些非免疫细胞合成和分泌的一类高活性多功能的蛋白质多肽分子。主要的细胞因子有白细胞介素、干扰素、肿瘤坏死因子和集落刺激因子等。

4. 抗原

（1）抗原的概念。凡是能刺激机体产生抗体和效应性淋巴细胞并能与之在机体内外发生特异性结合的物质称为抗原。抗原具有抗原性，包括免疫原性和反应原性。免疫原性是指刺激机体产生抗体和致敏淋巴细胞的特性；反应原性是指抗原与相应的抗体或致敏淋巴细胞发生特异性结合的特性。

（2）完全抗原和半抗原（不完全抗原）。抗原根据其性质不同可分为完全抗原和半抗原。完全抗原是指既有免疫原性又具有反应原性的抗原，如大多数蛋白质、细菌、病毒等。

半抗原是指只具有反应原性而无免疫原性的物质，又称不完全抗原，如多糖、类脂、核酸、某些药物等。半抗原因其相对分子质量较小，不具免疫原性，但与大分子蛋白质载体结合后即成为完全抗原，具有免疫原性。

（3）构成抗原的条件。抗原物质要有良好的免疫原性，须具备以下条件。

①异物性。免疫系统具有区分自己和非己的能力，能"识别自己，排斥异己"，只有非自身物质进入机体才具有免疫原性。因此，异种动物之间的组织、细胞及蛋白质均是良好的抗原。通常动物之间的亲缘关系相距越远，生物种系差异越大，免疫原性越好，此类抗原称为异种抗原。同种动物不同个体的某些成分也具有一定的抗原性，如血型抗原、组织移植抗原，此类抗原称为同种异体抗原。动物自身组织细胞通常情况下不具有免疫原性，但由于外伤、感染、电离辐射、药物等因素的作用，会使自身成分显示抗原性，称为自身抗原。

②大分子性。抗原物质的免疫原性与其分子大小有直接关系。在一定条件下，相对分子质量越大，免疫原性越强。相对分子质量小于 5 000～10 000 的物质一般是弱的免疫原，相对分子质量大于 10 000 的物质如细菌、病毒、外毒素、异种动物的血清都是良好的免疫原。相对分子质量低的化合物如氨基酸、脂肪酸、嘌呤、嘧啶以及单糖通常没有免疫原性，但可充当半抗原，一旦与大分子载体结合成复合物时，即可获得免疫原性。

③具有复杂的分子结构和立体构象。一般而言，分子结构和空间构象愈复杂，免疫原性愈强。譬如芳香族氨基酸的蛋白质比非芳香族氨基酸的蛋白质的免疫原性强。

④物理状态。免疫原性的强弱也与抗原物质的物理性状有关，球形蛋白质分子的免疫原性比纤维形蛋白质分子强；聚合状态的蛋白质较其单体的免疫原性强；颗粒性抗原较可溶性抗原的免疫原性强。免疫原性弱的蛋白质如果吸附在氢氧化铝胶、脂质体等大分子颗粒上，可增强其抗原性。此外蛋白质抗原被消化酶分解为小分子物质后，一般便失去抗原性。所以抗原物质通常要通过非消化道途径以完整分子状态进入体内，才能保持抗原性。

（4）抗原的特异性与交叉性。

①抗原决定簇的概念。抗原决定簇是指位于抗原分子表面具有特殊立体构型和免疫活性的化学基团。抗原决定簇决定抗原的特异性，即决定抗原与抗体发生特异性结合的能力。一个抗原决定簇只能刺激机体产生一种特异性抗体。大部分抗原分子上含有多个抗原决定簇，可刺激机体产生多种类型的特异性抗体。

②抗原的特异性。一种抗原物质只能刺激机体产生相应的抗体，这种抗体只能与相应的抗原结合发生反应，称为抗原的特异性，或称专一性、针对性。例如抗伤寒杆菌抗体只能与伤寒杆菌发生反应，与痢疾杆菌则不发生反应。

③抗原的交叉性。不同抗原物质之间、不同属的微生物间、微生物与其他抗原物质

间，难免有相同或相似的抗原组成或结构，也可能存在共同的抗原决定簇，这种现象称为抗原的交叉性。这些共有的抗原组成或决定簇称为共同抗原或交叉抗原。如果两种微生物有共同抗原，它们与相应抗体相互之间可以发生交叉反应。

5. 免疫应答

（1）免疫应答的概念及特点。免疫应答是指抗原进入机体后，免疫活性细胞对抗原分子的识别、活化、增殖、分化以及最终通过产生抗体和致敏淋巴细胞及淋巴因子，清除抗原的一系列复杂的生物学反应过程。免疫应答的主要场所是外周免疫器官及淋巴组织。参与机体免疫应答的核心细胞是 T 淋巴细胞和 B 淋巴细胞，巨噬细胞和树突状细胞等是免疫应答的辅助细胞。免疫应答的表现形式为细胞免疫和体液免疫。

（2）免疫应答具有三大特点。

① 具有特异性。即只针对某种特异性抗原物质。

② 具有免疫记忆性。通过免疫应答，动物机体可建立对抗原物质（如病原微生物）的特异性抵抗力，即免疫力。

③ 具有一定的免疫期。免疫期的长短与抗原的性质、刺激强度、免疫次数和机体反应性有关。

（3）免疫应答的基本过程。免疫应答是一个十分复杂连续不可分割的生物学过程，大致包括 3 个阶段：即致敏阶段、反应阶段、效应阶段。

① 致敏阶段。又称感应阶段，是摄取和识别抗原阶段。抗原物质进入机体后，大多数颗粒性抗原首先被巨噬细胞吞噬，并通过巨噬细胞内溶酶体的作用，把抗原消化降解，保留其具有免疫原性的抗原部分。这部分抗原可通过细胞表面直接接触方式将抗原信息传递给 T 细胞引起细胞免疫；或者再经 T 细胞将抗原信息传递给 B 细胞引起体液免疫。

② 反应阶段。反应阶段是 T 细胞或 B 细胞受抗原刺激后活化、增殖、分化的阶段。诱导产生细胞免疫时，上述活化的 T 细胞分化、增殖为淋巴母细胞，而后再转化为致敏 T 细胞。诱导产生体液免疫时，抗原则刺激 B 细胞分化、增殖为浆母细胞，而后成为产生抗体的浆细胞。

③ 效应阶段。效应阶段是致敏 T 细胞或浆细胞分泌的抗体发挥免疫效应的阶段。浆细胞则通过合成分泌抗体，发挥体液免疫作用。效应 T 细胞除直接清除靶细胞外，还释放淋巴因子，实现机体的细胞免疫功能。

6. 体液免疫 体液免疫是由 B 细胞介导的免疫应答，其效应是由 B 细胞通过对抗原的识别、活化、增殖，最后分化成浆细胞并分泌抗体来实现的，因此，抗体是介导体液免疫效应的免疫分子。

（1）抗体产生的一般规律。动物机体初次和再次接触同一种抗原，体内抗体产生的速度、种类、抗体的水平等存在差异。

① 初次应答。机体初次接受适量的抗原刺激后，引起体内抗体产生的过程称为初次应答，主要特点为：机体初次接触抗原后，需经一定的潜伏期，血清中才能出现抗体，潜伏期之后为抗体的对数上升期，抗体含量直线上升，然后为持续期，抗体产生和排出相对平衡，最后为下降期；初次应答最早产生的抗体为 IgM，随后产生 IgG，IgA 产生最迟；初次应答产生的抗体总量较低，维持时间也短，通常以 IgM 为主，且抗体的平均亲和力较低。

② 再次应答。机体再次接触相同的抗原时，体内产生抗体的过程称为再次应答或回忆应

答，主要特点为：潜伏期显著缩短，约为初次应答潜伏期的一半；再次应答抗体产生快、滴度高，持续时间长；诱发再次应答所需的抗原剂量极小；再次应答产生的抗体大部分为 IgG，IgM 则很少。

③回忆应答。当初次注射抗原后所产生的抗体在体内完全消失时，如再次接触抗原时，又可使该抗体突然上升，称为回忆应答。

抗体产生的一般规律提示我们：由于抗体的产生需一定的时间，因此预防接种应在传染病流行季节前或易感日龄前进行；由于再次应答免疫效果优于初次应答，在预防接种时间隔一定时间进行再次免疫，可起到强化免疫的功效。

（2）影响抗体产生的因素。影响抗体产生的因素很多，主要有抗原和机体两个方面，另外还包括免疫途径、免疫次数和间隔时间等。

①抗原的性质。活苗与死苗相比，活苗的免疫效果好，因为在活的微生物刺激下，机体产生抗体较快。由于抗原的物理性状、化学结构和毒力不同，对机体刺激的强度不一样，因此机体产生抗体的速度和持续的时间也就不同。给机体注射颗粒性抗原（如细菌），经过 2~5d 血液中就出现抗体。如果给机体注射可溶性抗原（如注射破伤风类毒素），则需 3 周左右才出现抗毒素。

②抗原的用量。在一定的限度内，抗体的产量随抗原用量的增加而相应增加。但当抗原用量过多，超过了一定的限度，抗体的形成反而受到抑制，这种现象称为"免疫麻痹"。呈现"免疫麻痹"的动物，经过一定时间，待大量抗原被分解清除后，麻痹现象可以解除。而抗原用量过少，也不能刺激机体产生抗体。因此在进行预防接种时，菌（疫）苗的用量必须严格按照规定取用。一般活苗用量较小，灭活苗用量较大。

③免疫次数及间隔时间。为使机体获得较强而持久的免疫力，往往需要刺激机体产生再次应答。活疫苗因为在机体内有一定程度的增殖，只需免疫一次即可，而灭活苗和类毒素通常需要连续免疫 2~3 次，灭活疫苗间隔 7~10d，类毒素需间隔 6 周左右。

④免疫途径。由于抗原注射途径的不同，抗原在体内停留的时间和接触的组织也不同，因而产生不同的结果。在实践中，接种途径的选择应以能刺激机体产生良好的免疫反应为原则，一般按说明书规定的进行。

⑤佐剂。佐剂与抗原配合使用，有利于增强抗体的产生，以及延长抗体的持续期。

⑥机体方面。动物机体的年龄因素、遗传因素、营养状况、某些内分泌激素及疾病等均可影响抗体的产生。如新生动物，免疫应答能力较差，其原因主要是免疫系统发育尚未健全，其次是受母源抗体的影响。

（3）母源抗体。母源抗体是指动物机体通过胎盘、初乳、卵黄等途径从母体获得的抗体。母源抗体可保护幼畜禽免于感染，还能抑制或中和相应抗原。初生幼畜饲喂初乳和乳汁，对增加幼畜的抵抗力、减少疾病的发生，是至关重要的。例如患口蹄疫并已恢复的母羊，它在此时所生的羔羊，尽管口蹄疫仍在羊群中流行，这些羊羔却不被感染。相反，刚刚感染并正在患病的母羊所生的羔羊几乎无一幸免。这是因为，患过口蹄疫已经恢复的母羊，其体内产生了抗口蹄疫病毒的抗体，羔羊从母体的初乳中获得了抗体，从而保护羔羊不感染口蹄疫。而正在患病的母羊，其抗体可能没有或刚刚产生，含量很低，尽管羔羊吃了初乳也未获得保护。但是，在给幼畜禽初次免疫时也必须考虑到母源抗体的影响。

7. 细胞免疫

（1）细胞免疫的概念。由 T 细胞介导的免疫应答称为细胞免疫。主要是指 T 淋巴细胞接受抗原的刺激后，分泌、增殖形成致敏的淋巴细胞或效应细胞；当再次与相同的抗原接触时，合成和释放多种具有免疫效应的物质，直接杀伤或激活其他细胞杀伤破坏抗原或靶细胞，从而发挥其免疫作用的过程。

（2）细胞免疫效应。

①抗感染作用。对某些细胞内寄生菌（如结核分枝杆菌、布鲁氏菌、李氏杆菌等）、病毒、真菌等有抗感染作用。致敏淋巴细胞释放出一系列发挥细胞毒作用的淋巴因子，与 T 细胞一起参加细胞免疫，杀灭抗原和携带抗原的靶细胞，使机体得到抗感染的能力。

②抗肿瘤作用。机体的 T 淋巴细胞将肿瘤细胞抗原识别后，产生可直接破坏肿瘤细胞的细胞毒性 T 细胞，同时释放淋巴因子，以杀伤或破坏肿瘤细胞，并动员机体的免疫器官，监视突变细胞的出现。

③同种异体间组织移植时的排斥反应。由于供体与受体的组织相容性抗原不同，供体抗原刺激受体 T 淋巴细胞产生毒性 T 细胞，同时释放淋巴毒素等因子，引起移植组织细胞损伤及排斥。

④发生迟发型变态反应。某些淋巴因子作用于机体局部可产生炎症反应，反应部位血管通透性增高，巨噬细胞聚集于感染处，机体在消灭病原体的同时，引起局部组织损伤、坏死、溃疡等变态反应。

四、特异性免疫的抗感染作用

1. 体液免疫的抗感染作用

（1）中和作用。抗毒素与外毒素结合后，可阻碍外毒素与动物细胞的结合，使之不能发挥毒性作用。抗体与病毒结合后，可阻止病毒侵入易感细胞，保护细胞免受感染。

（2）抗吸附作用。许多病原微生物能吸附于黏膜上皮细胞，成为黏膜感染的重要条件。黏膜表面的分泌型 IgA 具有阻止病原微生物吸附和进入上皮组织的能力。

（3）调理作用。抗体或抗原-抗体复合物与补体结合后，可以增强吞噬细胞的吞噬作用，称为调理作用。

（4）溶菌及溶细胞作用。未被吞噬的细菌等细胞与抗体结合，可激活补体而使细胞溶解；带病毒抗原的感染细胞与抗体及补体结合后，也能引起感染细胞的溶解。

（5）抗体依赖细胞介导的细胞毒作用（ADCC 作用）。靶细胞与抗体（IgG）形成抗原-抗体复合物后，K 细胞能与抗体结合，从而杀伤被病毒、细菌等微生物感染的靶细胞或肿瘤细胞。另外，NK 细胞、巨噬细胞、中性粒细胞与 IgG 结合后，吞噬或杀伤作用也加强。

2. 细胞免疫的抗感染作用

（1）抗细胞内细菌感染。细胞内寄生病原，如结核杆菌、布鲁氏菌及部分寄生虫的清除主要靠细胞免疫。未免疫动物的巨噬细胞在吞噬胞内寄生菌后，不仅不能破坏病原菌，反而本身会崩解。但是，如果这些病原菌使 T 细胞活化而释放特异性巨噬细胞武装因子，使巨噬细胞转化为武装的巨噬细胞，并聚集于炎症区，就能有效吞噬并破坏胞内寄生菌，使感染终止。

(2) 抗病毒感染。细胞毒性 T 细胞能特异性杀灭病毒或裂解感染病毒的细胞。效应 T 细胞释放淋巴因子，或破坏病毒或增强吞噬作用，其中的干扰素还能抑制病毒的增殖等。

此外，细胞免疫也是抗真菌感染的主要力量。

五、特异性免疫的获得途径

特异性免疫根据抗体来源分为如下几种。

1. 主动免疫　动物受抗原刺激后，由动物主动产生特异性免疫保护力的过程称为主动免疫。

(1) 天然主动免疫。动物患某种传染病痊愈后，或者发生隐性感染后所产生的特异性免疫称为天然主动免疫。某些天然主动免疫一旦建立，往往持续数年或终生存在。如猪感染猪瘟耐过后它可获得较长时间的免疫。

(2) 人工主动免疫。给动物接种疫苗等生物制剂而产生的特异性免疫称为人工主动免疫。人工主动免疫产生的免疫力持续时间较长，免疫期可达数月甚至数年，而且有回忆反应，某些疫苗免疫后，可产生终生免疫。生产中人工主动免疫是预防和控制传染病的行之有效的措施之一。

2. 被动免疫　并非动物自身产生，而是被动接受其他动物形成的抗体或免疫活性物质而获得特异性免疫力的过程，称为被动免疫。

(1) 天然被动免疫。新生仔畜通过胎盘或初乳、雏鸡通过卵黄等途径获得抗体称为天然被动免疫。天然被动免疫持续时间较短，只有数周至几个月，但对保护胎儿和幼龄动物免于感染，特别是对于预防某些幼龄动物特有的传染病具有重要的意义。

(2) 人工被动免疫。给动物机体注射免疫血清、康复血清或高免卵黄抗体等称为人工被动免疫。如精制的破伤风抗毒素可防治破伤风。注射免疫血清可使抗体立即发挥作用，无诱导期，免疫力出现快，但免疫维持时间短，一般维持 2~3 周，多用于紧急预防或治疗。

六、变态反应

1. 变态反应的概念　变态反应是指动物机体再次接受同种抗原刺激而发生的异常强烈的病理性免疫应答，常常造成机体功能障碍，甚至组织损伤。由于变态反应主要表现为对特定抗原的反应异常增高，故又称超敏反应。

引起变态反应的抗原物质，称变应原。它们可以是完全抗原，如异种血清、异体组织细胞、植物细胞或花粉、微生物、寄生虫及其代谢产物等；也可以是半抗原，如青霉素和磺胺等药物、染料、化学纤维和多糖等低分子物质。变应原可通过呼吸道、消化道、皮肤、黏膜等途径进入动物机体引发变态反应。

2. 变态反应的类型　根据变态反应中所参与的细胞、活性物质、损伤组织器官的机制以及产生反应所需的时间等，将变态反应分为Ⅰ型、Ⅱ型、Ⅲ型、Ⅳ型 4 个类型，即速发型（Ⅰ型）、细胞毒型（Ⅱ型）、免疫复合物型（Ⅲ型）及迟发型（Ⅳ型）。

(1) Ⅰ型变态反应。又称速发型变态反应，还称为过敏反应，引起过敏反应的抗原称为过敏原。机体在外来过敏原的刺激下产生 IgE，该抗体吸附于皮肤、消化道黏膜、呼吸道黏膜及微血管周围组织中的肥大细胞和血液中的嗜碱性粒细胞表面，使机体处于致敏状态。当机体再次接触同种过敏原时，过敏原就与细胞表面的IgE结合，导致细胞内的组胺、激肽原酶、嗜酸性粒细胞趋化因子等活性物质释放，同时刺激白细胞合成白细胞三烯、血小板活化因子、前列腺素和细胞因子等，从而引发过敏反应。

兽医临床上常见的过敏反应有青霉素过敏、血清过敏、饲料过敏、药物过敏、疫苗过敏、寄生虫过敏、花粉过敏等。

(2) Ⅱ型变态反应。又称溶细胞型变态反应。变应原刺激机体产生抗体IgG或IgM。当IgG或IgM与细胞表面抗原（即细胞表面其本身的抗原）或吸附于细胞表面的抗原（即外源性抗原）发生特异性结合，在补体、巨噬细胞或K细胞参与下使靶细胞损伤或溶解。

引起Ⅱ型变态反应的变应原可以是体内细胞本身的表面抗原，如血型抗原；也可以是外来的药物半抗原，药物半抗原可与血细胞牢固地结合，形成完全抗原。这两种抗原均可刺激机体产生抗体IgG或IgM。

临床上常见的Ⅱ型变态反应有输血反应、新生动物溶血病、药物和传染性病原体引起的溶血性贫血等。

(3) Ⅲ型变态反应（免疫复合物型变态反应）。可溶性过敏原能刺激机体产生IgG、IgM或IgA。当抗原和抗体的比例合适时，形成较大的抗原-抗体复合物，易被吞噬细胞吞噬而清除；当抗原或抗体过多时，形成较小的抗原-抗体复合物，能通过肾小球滤过，随尿液排出体外。然而，当抗原略多于抗体时，能形成中等大小的抗原-抗体复合物，它既不被吞噬细胞吞噬，又不能通过肾小球进入尿液，而是随血流沉积在肾小球、关节、皮肤等局部组织。这种复合物能激活补体，并在嗜碱性粒细胞、中性粒细胞、血小板等参与下引起水肿、出血、炎症、局部组织坏死等一系列反应。

引起Ⅲ型变态反应的过敏原可以是异种动物血清、微生物、寄生虫和药物等。

临床上常见的Ⅲ型变态反应疾病有系统性红斑狼疮、链球菌感染后引起的肾小球肾炎、类风湿性关节炎、过敏性肺炎等。

(4) Ⅳ型变态反应（迟发型变态反应）。是细胞免疫应答在局部的激烈表现，发生过程最为缓慢，故又称迟发型过敏反应。此型反应是细胞免疫引起的，无抗体和补体参加。

动物机体初次接触过敏原后，一般经2~3周才形成效应T细胞及淋巴因子，同时形成记忆T细胞，使机体处于致敏状态，这种致敏状态可保持多年。被致敏的机体再次接触同一过敏原后，使得记忆T细胞活化、增殖，并分化为杀伤T细胞等效应T细胞，释放出多种淋巴因子，使过敏原周围的微血管通透性异常增高、吞噬作用过强，引起局部组织肿胀、化脓、坏死等炎性变化。

临床常见的Ⅳ型变态反应有传染性变态反应、组织移植排斥反应及接触性皮炎等。在临床上对牛进行结核菌素点眼或皮内注射后，就可以根据局部炎症情况判定牛是否感染了结核杆菌。

3. 变态反应的防治 防治变态反应要从变应原及机体的免疫反应两方面考虑。临床上采取的措施是：

(1) 确定变应原。一定剂量范围内的少量变应原可引起明显的局部过敏变化，而动物整体功能无影响，利用这一原理，可确定变应原，如人的青霉素皮内试验等。

(2) 脱敏疗法。为防止免疫血清、抗毒素等异种蛋白引起过敏反应，采取少量多次注射的方法，称为脱敏疗法。如给动物首次皮下注射 0.2~2.0mL，间隔 15~30min 后再注射 10~100mL，若无严重反应，经 15~30min 再注射至全量。

（3）药物疗法。肾上腺素、麻黄素、氨茶碱等药物能抑制粒细胞释放活性物质，缓解平滑肌痉挛。皮下注射 1∶1 000 肾上腺素，不仅能解除痉挛，还能收缩外周小血管，用于过敏性休克的抢救。苯海拉明、扑尔敏等具有抗组胺的作用，乙酰水杨酸为缓激肽的拮抗剂，这些药物均可用于消除或缓解过敏症状；钙剂及维生素 C 不仅有解痉作用，而且能降低微血管的通透性。另外，应采取强心、补液等辅助疗法。

七、常用的血清学试验

1. 血清学试验的概念 抗原及相应抗体在体内或体外均能发生特异性结合，在体外结合能发生可见免疫反应。由于抗体主要存在于血清中，故称为血清学反应。

在体内发生的抗原抗体反应是体液免疫应答的效应作用。体外的抗原抗体结合反应主要用于检测抗原或抗体，用于免疫学诊断。血清学试验具有高度的特异性，广泛应用于微生物的鉴定、传染病及寄生虫病的诊断和监测。

2. 影响血清学试验的因素

（1）电解质。特异性抗原与抗体表面均带有许多极性基团，它们相互结合而失去亲水性，变成疏水系统，此时易受电解质作用失去电荷而互相凝集，发生凝集或沉淀反应。因此，血清学反应须在适当浓度的电解质参与下，才出现可见反应。若无电解质参加，则不出现可见反应。为了促使沉淀物或凝集物的形成，常用 0.85%~0.9%（人、畜）或 8%~10%（禽）的氯化钠或各种缓冲液（免疫标记技术）作为抗原和抗体的稀释液或反应液。

（2）温度。在一定温度范围内，温度越高，抗原、抗体分子运动速度越快，这可以增加其碰撞的机会，加速抗原抗体结合和反应现象的出现。故通常将抗原抗体混合后，放置于 37℃ 温箱或 56℃ 水浴箱中，保持一定时间，促进反应。但有的抗原抗体结合则需长时间在低温下，才能使反应完成的比较充分、彻底，如有的补体结合试验在 0~4℃ 冰箱结合效果更好。

（3）酸碱度。血清学试验要求在一定的 pH 下进行，常用的 pH 为 6~8，过酸或过碱都可使复合物重新解离。若 pH 降至抗原或抗体的等电点时，会发生非特异性的酸凝集，造成假象。

（4）振荡。适当的机械振荡能增加分子或颗粒间的相互碰撞概率，加速抗原抗体的结合反应，但强烈的振荡可使抗原抗体复合物解离。

（5）杂质和异物。试验介质中如有与反应无关的杂质、异物存在时，会抑制反应的进行或引起非特异性反应，故每批血清学试验都应设阳性和阴性对照试验，证明试验结果的特异性。

3. 血清学试验的类型 根据抗原的性质、参与反应的介质及反应现象的不同，血清学试验可分为凝集试验、沉淀试验、补体结合试验、中和试验和免疫标记技术等。

（1）沉淀试验。可溶性抗原与相应的抗体结合，在适量电解质存在下，经过一定时间，形成肉眼可见的白色沉淀，称为沉淀试验。参与沉淀试验的抗原称沉淀原，有蛋白质、多糖及脂类，如细菌的外毒素、菌体裂解液、病毒、异体血清和组织浸出液等。抗体称为沉淀素。

常用的沉淀试验有环状沉淀试验、琼脂扩散试验和免疫电泳技术。

①环状沉淀试验。环状沉淀试验是将抗原与血清在试管内混合，在电解质存在的情况下，抗原与抗体相接触的界面出现白色环状沉淀带，称为环状沉淀反应。

方法：在小试管中加入已知抗血清，然后小心地沿管壁加入待检抗原，使两者之间形成清晰的两层分界面，数分钟后在两层液面交界处出现白色环状沉淀，即为阳性反应。试验中要设阴性、阳性对照。本法主要用于抗原的定性试验，如诊断炭疽的 Asccoli 试验、链球菌的血清型鉴定、血迹鉴定等。

②琼脂扩散试验。简称琼扩试验，琼脂是一种含有硫酸基的多糖，加热溶解于水，冷却后凝固成凝胶。琼脂凝胶是一种多孔结构，小于孔径的抗原或抗体分子可在琼脂凝胶中自由扩散，由近及远形成浓度梯度，当二者在比例适当处相遇时，即可发生沉淀反应，因形成的抗原抗体复合物为大于凝胶孔径的颗粒，不能在凝胶中再扩散，就在凝胶中形成肉眼可见的沉淀带，称为琼脂扩散试验。

琼脂扩散可分为单扩散（抗原抗体中一种成分扩散，另一种成分均匀分布于凝固的琼脂凝胶中）和双扩散（抗原抗体两种成分在凝胶内彼此都扩散）。根据扩散的方向不同又分为单向扩散和双向扩散。向一个方向直线扩散者称为单向扩散，向四周辐射扩散者，称为双向扩散。故琼脂扩散可分为单向单扩散、单向双扩散、双向单扩散和双向双扩散 4 种类型。其中以双向单扩散、双向双扩散应用最广泛。

双向单扩散：实验在平皿或玻板上进行，用 2% 缓冲琼脂盐水，加热融化，待冷却后加入预热的抗血清（用 1∶5～1∶10 倍稀释），混合后倒入平皿或玻板上，厚 2～3mm。凝固后在凝胶板上打孔，孔径 2～3mm，孔内滴加抗原液，放置湿盒中 37℃下扩散。抗原在孔内向四周辐射扩散，在比例最适时与凝胶中的抗体结合形成白色沉淀环。此法在兽医临床已用于传染病的诊断，如鸡马立克氏病的诊断。

双向双扩散：此法系采用 1% 琼脂倒于平皿或玻片上，制成凝胶板，可按需要打孔，孔径一般为 3mm，孔间距一般为 3～5mm。封底后在相邻孔（槽）内分别滴加抗原和抗体，放置湿盒中，在 37℃湿箱中 24～72h 后观察，可见在抗原与抗体孔间形成沉淀带。此沉淀带一经形成，就像一道特异性屏障一样，继续扩散而来的相同抗原抗体，只能使沉淀带加浓加厚，而不能再向外扩散，但对其他抗原抗体系统则无屏障作用，它们可以继续扩散。若沉淀线靠近抗原孔，表示抗体含量较大；若沉淀线靠近抗体孔，说明抗原含量较大。不出现沉淀线则表明抗体抗原不对应或抗原过量。

每一种抗原成分只出现一条沉淀带。如两个相邻孔之间抗原相同，则沉淀带融合；抗原不同，则互相交叉；部分相同则部分融合，另外不同部分则交叉。目前此法在兽医临床上广泛用于细菌、病毒的鉴定，抗血清效价的测定，抗原组分的分析及传染病的诊断等，如马传染性贫血、口蹄疫、禽白血病、马立克氏病、禽流感、传染性法氏囊病等的诊断。

③免疫电泳技术。琼脂扩散与电泳技术结合起来称免疫电泳。由于抗原颗粒带电荷不同，在同一电场中，其泳动速度不同，从而迁移率不同，因而通过电泳可将抗原成分分开，停止电泳后，加抗血清进行扩散，如有一对抗原抗体就出现一条沉淀线，这就大大加强了免疫扩散的分辨率及敏感性。此法可应用于抗原成分及含量成分的分析、免疫球蛋白纯度的鉴定以及传染病的快速诊断等。

（2）凝集试验。细菌、红细胞等颗粒状态的抗原与相应的抗体结合后，在适量电解质存在时，经过一定的时间，相互凝集形成絮片状团块，称为凝集试验。参与凝集反应的抗原叫凝集抗原，参与反应的抗体称为凝集素。凝集试验有直接凝集试验和间接凝集试验两种。

①直接凝集试验。颗粒性抗原与相应抗体在电解质的参与下直接结合并出现凝集现象的试验，称直接凝集试验。按其操作方法可分为玻片法和试管法。

玻片法为定性试验。在玻璃板或瓷片上进行。将已知的抗血清1~2滴，滴于清洁玻片上，取待检菌液（抗原）加于其上，混合均匀，数分钟后可出现颗粒状或絮片状凝集，称之为阳性反应。此法简单、迅速，多用于细菌鉴定或分型，如用已知的沙门氏菌血清，鉴定沙门氏菌的抗原组分以定型。也可用已知的诊断抗原悬液，检测待检血清中是否存在相应的抗体，如布鲁氏菌的玻片凝集试验和鸡白痢全血平板凝集试验等。

试管法是一种定性与定量相结合的方法。在试管中进行，用已知抗原检测血清中是否存在相应抗体和检测抗体的效价（滴度），应用于临床诊断或流行病学调查。如布鲁氏菌病的试管凝集试验。操作时用一列试管，将待检血清用0.5%石炭酸生理盐水作10倍递进稀释，每管维持量为0.5mL，一管不加血清作对照。每管中加入一定浓度的抗原0.5mL，混合均匀，在37℃或室温下静置数小时，观察液体的亮度及沉淀物，视不同的凝集程度记录为++++（100%菌体凝集），+++（75%凝集），++（50%凝集），+（25%凝集）和-（不凝集）。

根据每管内细菌的凝集程度判定血清中抗体的含量。凡能与一定量抗原发生50%凝集（++）的血清最高稀释度，为血清的凝集价或效价（滴度）。在试验时，必须建立抗原及阴性、阳性血清对照管。

②间接凝集试验。将可溶性抗原（或抗体）吸附于与免疫无关的载体表面，此吸附了抗原（或抗体）的载体与相应抗体（或抗原）结合，于电解质溶液中发生凝集反应。这种反应称为间接凝集试验，或称为被动凝集反应。用于吸附抗原（或抗体）的载体有动物的红细胞、聚苯乙烯乳胶、活性炭、白陶土、离子交换树脂等。

将抗原吸附于载体颗粒，然后与相应的抗体反应产生的凝集现象，称为正向间接凝集反应，又称正向被动间接凝集反应。将特异性抗体吸附于载体颗粒表面，再与相应的可溶性抗原结合产生的凝集现象，称为反向间接凝集反应。

间接凝集反应可用于检测细菌、病毒、寄生虫、螺旋体等感染机体后所产生的微量抗体，有利于疾病的早期诊断。

（3）中和试验。病毒或毒素与相应的抗体结合，抗体中和了病毒或毒素，使其失去了对易感动物的致病力，这种试验称为中和试验。中和试验极为特异和敏感，既能定性又能定量，主要用于病毒感染的血清学诊断、病毒分离株的鉴定、病毒抗原性的分析、疫苗免疫原性的评价、血清抗体效价的检测等。

中和试验可在体内进行也可在体外进行。体内中和试验也称保护试验，试验时先对实验动物主动免疫（接种已知疫苗）或被动免疫（接种已知抗血清），间隔一定时间后，再用一定量病毒攻击，最后根据动物是否得到保护来判定结果。常用于疫苗免疫原性的评价和抗血清的质量评价。

体外中和试验是将病毒悬液与抗病毒血清按一定比例混合，在适当条件下作用一定时间后，然后接种易感动物、鸡胚或细胞培养物。根据保护效果的差异，判断该病毒是否已被中和，并可计算中和指数，即中和抗体的效价。

毒素和抗毒素也可进行中和试验。其方法与病毒的中和试验基本相同。

（4）补体结合试验。补体是存在于正常动物血清中的一组蛋白质，它能与任何抗原抗体复合物相结合。可溶性抗原与相应抗体结合后，能结合补体，但往往不出现可见反应，这一过程称为溶菌反应（或称反应系统），如加入一定量的补体，则在反应系统作用过程中补体全部被结合，无游离补体存在，此时再加入红细胞和溶血素（即溶血系统或指示系统）则不发生溶血反应。若溶菌系统中的抗原与抗体是不相对应的，则补体不参与作用，而游离于溶液中，加入溶血系统后则发生溶血。这种利用溶血系统作指示剂来检测溶菌系统的抗原与抗体是否相对应的试验，称为补体结合试验。

补体结合试验具有高度的特异性和敏感性，可测出微量的抗原和抗体，在生产中常用于很多传染病如马传染性贫血、鼻疽及钩端螺旋体病的诊断以及口蹄疫病毒等抗原的定型。

补体结合试验操作常分两个阶段进行：第一步为反应系统作用阶段，由倍比稀释的待检血清加最适浓度的抗原和补体。混合后 37℃ 水浴作用 30～90min 或 4℃ 冰箱过夜。第二步是溶血系统作用阶段，在上述管中加入致敏红细胞，置于 37℃ 水浴作用 30～60min，观察是否有溶血现象。若最终表现是不溶血，说明待检的抗体与相应的抗原结合了，反应结果是阳性；若最终表现是溶血，则说明待检的抗体不存在或与抗原不相对应，反应结果是阴性。

（5）免疫标记技术。免疫标记技术是指将某一个特定的易于检测的分子或原子，联结在抗体或抗原上，利用抗体（或抗原）能与相应的抗原（或抗体）结合的特性，从而检测抗原或抗体的存在及所在部位。它不仅可以用于抗原抗体的定性、定量，还可用于抗原抗体的定位。免疫标记技术主要有免疫荧光技术、免疫酶技术、放射免疫测定技术和生物素-亲和素标记技术等。

免疫荧光技术是将荧光染料标记在抗体球蛋白分子上，制成荧光抗体。当荧光抗体与相应抗原结合时，就形成带有荧光的抗原抗体复合物，在荧光显微镜下，可观察到此复合物发出的荧光。利用已知荧光抗体染色就能检测标本中某种抗原是否存在（定性）或抗原所在的部位（定位）。

免疫酶技术是通过化学方法将酶与抗体结合起来。酶标抗体与抗原结合后，形成酶标抗体抗原复合物。复合物上的酶，在遇到相应的底物时，催化底物分解，使底物中的供氧体由无色的还原型变成有色的氧化型，呈现颜色反应。

由于免疫标记技术其反应的特异性、敏感性高，不但在诊断疾病时广为应用，亦可应用于生物领域其他方面。

八、免疫学的应用

利用微生物、寄生虫及其组织成分或代谢产物以及动物或人的血液与组织液等生物材料为原料，通过生物学、生物化学以及生物工程学的方法制成的，用于传染病或其他疾病的预防、诊断和治疗的生物制剂称为生物制品。狭义的生物制品是指利用微生物及其代谢产物或免疫动物而制成的，并用于传染病及其他有关疾病的预防、诊断和治疗的各种抗原或抗体制剂。主要包括疫苗、免疫血清和诊断液三大类。

1. 生物制品概述

（1）疫苗。

①疫苗的概念。利用病原微生物、寄生虫及其组分或代谢产物制成的，用于人工主动免疫的生物制品称为疫苗。通过接种疫苗，刺激动物机体产生免疫应答，从而抵抗特定病原微生物或寄生虫的感染，达到预防疾病的目的。

②疫苗的种类。疫苗概括起来主要分为活疫苗、灭活疫苗、代谢产物和亚单位疫苗以及生物技术疫苗。其中生物技术疫苗又分为基因工程苗、合成肽疫苗、抗独特型疫苗、基因工程活疫苗以及DNA疫苗等。

活疫苗：简称活苗，指在一定条件下，使病原微生物毒力减弱或丧失，但仍保持良好的免疫原性，用该种活的、变异的病原微生物制成的疫苗称为活苗或弱毒苗。有强毒苗、弱毒苗和异源苗3种。弱毒苗是目前使用最广泛的疫苗。弱毒苗的毒力已经致弱，但仍然保持着原有的抗原性，并能在体内繁殖，可用较少的免疫剂量诱导产生坚实的免疫力，而且不需要使用佐剂，免疫期长，应用成本低，不影响动物产品（肉类）的品质。缺点是弱毒苗有散毒的可能或有一定的组织反应，制成联苗难度大，运输保存条件要求高，现多制成冻干苗。

灭活疫苗：简称死苗，是选用免疫原性强的细菌、病毒等经人工培养后用理化方法将其杀死后制成的疫苗，通常需加佐剂以提高免疫力，如鸡传染性法氏囊油乳剂灭活苗。灭活苗的优点是研制周期短、使用安全、易于保存和运输、容易制成联苗或多价苗，如油乳剂灭活苗、氢氧化铝灭活苗等；缺点是由于死苗接种后不能在动物体内增殖，因此接种剂量大、免疫期短，常需多次免疫且只能注射免疫。

代谢产物和亚单位疫苗：细菌的代谢产物如毒素、酶等，可制成疫苗。破伤风毒素、白喉毒素、肉毒毒素等经甲醛灭活后制成的类毒素有良好的免疫原性，可作为主动免疫制剂，如预防破伤风用的破伤风类毒素就是成功的例子。亚单位疫苗是利用微生物的一种或几种亚单位或亚结构制成的疫苗。此类疫苗没有病原微生物的遗传信息，可免除全微生物苗的一些副作用，保证了疫苗的安全性，如A族链球菌M蛋白疫苗及大肠杆菌菌毛疫苗等。

基因工程疫苗：是利用分子生物学技术，通过基因操作，增加或切除细菌、病毒等微生物固有的基因片段，或将目的基因结合到无关病毒等载体上，使活载体进入动物内表达出抗原成分，发挥与传统的人工主动免疫相同的免疫预防效果；或者将载体导入受体细胞中（如大肠杆菌、酵母菌及哺乳类动物细胞），使之在体外表达出具有免疫原性的蛋白质，经纯化后制成疫苗。这些都属于基因工程疫苗。目前，主要的基因工程疫苗有基因工程活载体苗、基因缺失苗和基因工程多决定簇疫苗等。

多价苗和联苗：多价苗是指同种微生物不同型或株所制成的疫苗，如巴氏杆菌多价苗、大肠杆菌多价苗、口蹄疫O与A型双价苗。联苗是指不同种微生物或其代谢产物组成的疫苗，一次免疫可达到预防几种疾病的目的。如鸡新城疫-鼻炎-传染性支气管炎灭活苗。联苗或多价苗的应用可简化接种程序，减少接种动物应激反应的次数，因而有利于畜牧生产管理。

寄生虫疫苗：由于寄生虫大多有复杂的生活史，具有功能抗原和非功能抗原，其虫体抗原极其复杂并具有高度多变性，因而较为理想的寄生虫疫苗不多。多数研究者认为，只有活的虫体才能诱发机体产生保护性免疫。目前，国际上已应用并收到良好免疫效果的寄生虫疫苗有犬钩虫疫苗及抗球虫活苗等，随后又相继出现了旋毛虫虫体组织佐剂苗、猪全囊虫匀浆苗、弓形虫佐剂苗和伊氏锥虫致弱苗等。

（2）免疫血清。动物经反复多次注射同一种病原微生物等抗原后，机体体液中尤其血清中产生大量抗体，由此分离所得的血清称为免疫血清、高免血清或抗血清。免疫血清注入机体后免疫力产生快，但免疫持续期短，只适用于紧急治疗与紧急预防，属人工被动免疫。临诊上应用的抗炭疽血清及抗猪瘟血清、抗小鹅瘟血清等均属此类。

（3）诊断液。诊断液是根据免疫学原理，利用微生物、寄生虫或其代谢产物以及含有其特异性的血清制成的，用于诊断疾病、鉴定病原微生物以及机体免疫状态检测用的生物制品。诊断液通常包括诊断抗原和诊断抗体（血清）。如鼻疽菌素、结核菌素及鸡白痢全血凝集反应抗原；鸡白痢阳性血清、炭疽沉淀素血清及大肠杆菌因子血清等。此外标记抗体、单克隆抗体等也已作为诊断制剂而得到广泛应用。研制出的诊断试剂盒也日益增多。

2. 生物制品的保存和使用

（1）疫苗的保存和使用。

①疫苗的质量。首先，疫苗应购自国家批准的生物制品厂家。购买及使用前应检查是否过期，其色泽、外观、透明度等是否与说明书及标签相符，并剔除破损、封口不严、无标签或标签不清的疫苗。

②疫苗的运输与保存。疫苗运输的理想温度应与保存的温度一致，在疫苗运输过程中需注意防止高温、暴晒和冻融。

一般来说，灭活苗要保存于2~15℃的阴暗环境中，非经冻干的活菌苗（湿苗）要保存于4~8℃的冰箱中。冻干的弱毒苗，一般都要求低温冷冻-15℃以下保存，并且保存温度越低，疫苗病毒（或细菌）死亡越少。如猪瘟兔化弱毒冻干苗在-15℃可保存1年，0~8℃保存6个月，25℃约保存10d。

③疫苗的稀释与及早使用。必须选择符合要求的稀释剂来稀释疫苗，稀释液不得含有异物，且须放在冷暗处保存。疫苗应于临用前由冰箱内取出，稀释后的疫苗应尽快使用。一般来说，马立克氏病疫苗应于稀释后1~2h内用完，其他疫苗也应于2~4h内用完，超过此时间的要灭菌后废弃。

④疫苗的型别与疫病的型别应一致。有些传染病的病原有多种血清型，并且各血清型之间无交互免疫性，因此对于这些传染病的预防就需要对型免疫或用多价苗。

⑤防止药物的干扰。使用活菌苗前后10d不得使用抗生素或磺胺类药物，也不能将活菌苗和活病毒苗随意混合使用。

⑥防止不良反应的发生。用疫苗接种时，应注意被免疫动物的年龄、体质和特殊的生理时期（如怀孕和产蛋期）。幼龄动物应选用毒力弱的疫苗免疫；对体质弱或正患病的动物应暂缓接种；对怀孕母畜和产蛋期的家禽使用弱毒疫苗，可导致胎儿的发育障碍和产蛋下降。因此，生产中应在母畜怀孕前、家禽产蛋前做好各种疫病的免疫工作，必要时，可选择灭活疫苗，以防引起流产和产蛋下降等不良后果。免疫接种完毕，应注意观察动物的状态和反应，有些疫苗使用后会出现短时间的轻微反应，如发热、局部淋巴结肿大等，属正常反应。如出现剧烈或长时间的不良反应，应及时治疗。

（2）免疫血清的保存和使用。

①免疫血清的保存。免疫血清一般保存于2~8℃的冷暗处，冻干制品在-15℃以下保存。

②免疫血清的使用。

早期使用：使用免疫血清治疗时，愈早愈好，以便使毒素和病毒在未达到侵害部位之前，就被中和而失去毒性。

途径适当：使用免疫血清适当的途径是注射，而不能经口途径。注射时以选择吸收较快者为宜。静脉吸收较快，但易引起过敏反应，应用时要注意预防。另外，也可选择皮下注射或肌内注射。

多次足量：应用免疫血清治疗其效力维持时间短，因此必须多次足量注射才能收到好的效果。一般大动物预防用量为10～20mL，中等动物用量为5～10mL，家禽预防用量为0.5～1mL。

防止过敏：使用异种动物制备的免疫血清时可能会引起过敏反应，要注意预防，最好用提纯制品。给大动物注射异种血清时，可采取脱敏疗法注射，必要时应准备好抢救措施。

3. 免疫防治　应用免疫制剂、免疫调节剂来建立、增强或抑制机体的免疫应答，调节免疫功能，达到预防和治疗疾病的目的，称为免疫学防治。

（1）免疫预防。是根据特异性免疫应答的原理，采用人工方法将抗原（疫苗、类毒素等）或抗体（免疫血清、丙种球蛋白等）制成各种制剂，接种于动物体内，使其产生特异性免疫力，达到预防某些疾病的目的。

（2）免疫治疗。是指针对机体低下或亢进的免疫状态，人为的增强或抑制机体的免疫功能，从而达到治疗疾病目的的治疗方法。根据治疗的性质和对免疫系统的作用特点，可将免疫治疗分为免疫增强和免疫抑制两大类。

单元三　主要病原微生物

（一）主要病原细菌

1. 大肠杆菌　大肠埃希氏菌，俗称大肠杆菌，是人和动物肠道正常菌群成员之一，某些血清型可引起畜禽的疾病。

（1）形态。革兰氏阴性直杆菌，中等大小，两端钝圆，散在或成对存在，无芽孢。大多数菌株具有鞭毛和菌毛，少数菌株兼有性菌毛。除少数菌株外，通常无可见荚膜。

（2）培养及生化特性。兼性厌氧，最适生长温度为37℃，最适生长为pH为7.2～7.6。在普通琼脂上生长良好，形成圆形、凸起、光滑、湿润、半透明、灰白色菌落；在肉汤中呈均匀混浊生长，管底有黏性沉淀，液面管壁有菌环；在麦康凯琼脂上形成红色菌落，伊红美蓝琼脂上形成黑色带金属光泽的菌落；SS琼脂上一般不生长或生长较差，生长者呈红色，血平板培养，一些致病性菌株常呈β溶血。

能分解葡萄糖、乳糖、麦芽糖、甘露醇，产酸产气。靛基质试验和甲基红试验呈阳性，V-P试验呈阴性，不能利用枸橼酸盐，不产生硫化氢。

（3）抗原及血清型。主要有菌体（O）抗原、荚膜（K）抗原和鞭毛（H）抗原3种主要抗原。可用O∶K∶H排列表示其血清型。如：$O_8∶K_{23}∶H_{19}$，表示该菌具有O抗原8，K抗原23，H抗原19。

（4）致病性。根据毒力因子与发病机制的不同，可将与动物疾病有关的病原性大肠杆菌分为5类：产肠毒素大肠杆菌、产类志贺毒素大肠杆菌、肠致病性大肠杆菌、败血性大肠杆菌及尿道致病性大肠杆菌。产肠毒素大肠杆菌是一类致人和幼畜腹泻最常见的病原性大肠杆菌。产类志贺毒素大肠杆菌可致猪的水肿病，以头部、肠系膜和胃壁浆液性水肿为特征，常伴有共济失调、麻痹或惊厥等神经症状，发病率低但致死率很高。

（5）检查。对败血症病例可无菌操作采集其病变的内脏组织，直接在血琼脂或麦康凯平板上划线分离培养。对幼畜腹泻及猪水肿病例应取其各段小肠内容物或黏膜刮取物以及相应肠段的肠系膜淋巴结，分别在麦康凯平板和血平板上分离培养。挑取可疑菌落进一步做生化试验和血清学测定。在此基础上，通过对毒力因子的检测便可确定其属于何类致病性大肠杆菌。

2. 沙门氏菌 沙门氏菌种类繁多，目前已发现2 000多个血清型，且不断有新的血清型被发现。它们主要寄生于人类及各种温血动物肠道，有些专对动物致病，也有些对人和动物都能致病。

（1）形态。呈直杆状，革兰氏染色呈阴性；除鸡白痢和鸡伤寒沙门氏菌外，其余各菌周生鞭毛，绝大多数具有菌毛。

（2）培养及生化特性。培养特性与埃希氏菌属相似；鸡白痢、鸡伤寒、羊流产和甲型副伤寒等沙门氏菌在普通琼脂上生长贫瘠。培养基中加入血清、葡萄糖、硫代硫酸钠、胱氨酸、脑心浸液和甘油等均有助于本菌生长；麦康凯琼脂上大多形成无色菌落；SS平板上，形成黑色菌落。本菌属有S-R变异。

不发酵乳糖和蔗糖；能发酵葡萄糖、麦芽糖和甘露醇，产酸产气；V-P试验呈阴性；不水解尿素，不产生靛基质；产生硫化氢。

（3）抗原结构。沙门氏菌抗原结构复杂，可分为菌体（O）抗原、鞭毛（H）抗原、毒力（Vi）抗原3种。血清型以O：H：Vi形式表示。目前本菌属至少已有2 300个血清型。

（4）致病性。最常侵害幼、青年动物，发生败血症、胃肠炎及其他组织局部炎症；成年动物多引起散发性沙门氏菌病；发生败血症的怀孕母畜可表现流产。许多环境条件，如卫生不良、过度拥挤、气候恶劣、内服皮质类激素、分娩、长途运输、发生病毒或寄生虫感染等，均可增加易感动物发生沙门氏菌病的概率。

（5）检查。检查沙门氏菌需采集病料（如粪便、肠内容物、阴道分泌物、精液、血液和脏器）。血液及穿刺液需先进行增菌培养。粪便及肠内容物等病料，可接种鉴别培养基，经37℃ 24h培养后，挑取可疑菌落，进一步作生化试验和血清学鉴定。

3. 多杀性巴氏杆菌 多杀性巴氏杆菌是畜禽巴氏杆菌病的病原，能使多种畜禽发生出血性败血症或传染性肺炎。

（1）形态。本菌为球杆状或短杆状，两端钝圆，单个存在，有时成双排列。无鞭毛，不形成芽孢，新分离的强毒株具有荚膜。病畜的血液涂片或组织触片经美蓝染色或瑞氏染色时，可见典型的两极着色，革兰氏染色呈阴性。

（2）培养及生化特性。需氧或兼性厌氧菌，对营养要求较严格，在普通培养基上生长贫瘠，在加有血液、血清或微量血红蛋白的培养基上生长良好。最适温度为37℃，pH为7.2～7.4。在血清琼脂平板上培养24h，可形成淡灰白色、闪光的露珠状小菌落。在血琼脂平板上，长成水滴样小菌落，无溶血现象。在血清肉汤中培养，开始轻度混浊，4～6d后液体变清朗，管底出现黏稠沉淀，振摇后不分散，表面形成菌环。

本菌可分解葡萄糖、果糖、蔗糖、甘露糖和半乳糖，产酸不产气；大多数菌株可发酵甘露醇；一般不发酵乳糖；可产生吲哚；甲基红试验和 V-P 试验均为阴性；不液化明胶；产生硫化氢；触酶和氧化酶均为阳性。

（3）分型。本菌主要以其荚膜抗原和菌体抗原区分血清型，前者有 A、B、D、E 和 F 5 型，后者有 12 个型。若将 K、O 两种抗原组合在一起，迄今已有 16 个血清型。

（4）致病性。本菌对鸡、鸭、鹅、野禽、猪、牛、羊、马、兔等都有致病性。家畜中以猪最敏感，致猪肺疫；禽类中以鸭最易感，其次是鹅、鸡，致禽霍乱。急性型呈出血性败血症迅速死亡；亚急性型于黏膜、关节等部位，发生出血性炎症等；慢性型则呈现萎缩性鼻炎（猪，羊）、关节炎及局部化脓性炎症等。实验动物中小鼠最易感。

（5）检查。

①镜检。采取新鲜病料（渗出液、心血、肝、脾、淋巴结、骨髓等）涂片或触片，用碱性美蓝或瑞特氏染色液染色，镜检，如发现典型的两极浓染的短杆菌，即可作初步诊断。

②分离培养。将病料接种于血琼脂平板上，24h 可形成水滴样小菌落，不溶血，革兰氏染色阴性球杆菌。此菌接种在三糖铁培养基上可生长，使底部变黄。必要时可进一步做生化反应鉴定。

③动物试验。用病料研磨制成 1∶10 乳剂或 24h 肉汤培养液 0.2～0.5mL，皮下注射小鼠、家兔或鸽，动物多于 24～48h 死亡；由于健康动物呼吸道内常可带菌，所以应参照患畜的生前临床症状和剖检变化，结合分离菌株的毒力试验，做出最后诊断。

4. 炭疽杆菌 炭疽芽孢杆菌，俗称炭疽杆菌，人畜共患病原体。

（1）形态。革兰氏阳性杆菌，长且粗大，无鞭毛。在机体内常呈单个或短链状，似竹节状，相连的菌端平截或微凹，游离端钝圆，在病料可形成荚膜，不形成芽孢。在人工培养基中或外界环境中易形成芽孢，普通培养基上不形成荚膜。

（2）培养特性及生化特性。炭疽杆菌是需氧菌，最适温度为 37℃，pH 为 7.2～7.6，营养要求不高，普通培养基上生长良好，强毒株菌落为粗糙型，弱毒株或无毒株则多形成光滑型菌落。一般不溶血，个别菌株轻微溶血。肉汤培养 24h，上清液透明清朗，管底有絮状沉淀，不形成菌膜和菌环；可液化明胶，沿穿刺线向四周呈放射状生长，形似倒立的松树状，明胶上部逐渐液化呈漏斗状，在含青霉素（0.5IU/mL）的液体培养基中，易形成原生质体而相互连接成串珠状，称为"串珠反应"。

可分解葡萄糖，V-P 试验呈阳性，还原硝酸盐，不产生吲哚、硫化氢，过氧化氢酶呈阳性。

（3）抗原结构。炭疽杆菌的抗原主要有：菌体多糖抗原，存在于细胞壁及菌体内的一种半抗原，与毒力无关，属于保护性抗原，是炭疽毒素的成分，有抗原性，可刺激机体产生免疫反应，荚膜抗原，与毒力有关，仅见于有毒菌株，芽孢抗原。

（4）致病性。绵羊、牛、鹿最易感，呈急性败血性，尸僵不全、血凝不良、天然孔出血、臌气；脾急剧肿胀，比平常大 3～4 倍；马属、骆驼、猪、山羊次之，多为慢性局部感染，如咽部；犬、猫及食肉动物抵抗力较大，多表现肠炭疽；禽类通常无易感性。所致疾病分为皮肤炭疽、肺炭疽、肠炭疽和败血性炭疽。

（5）检查。

①采取标本。按不同病型采取标本，动物尸体仅能割尾、耳或舌尖。一般常取水疱、脓疱内容物、焦痂、咯痰、粪及血液、脑脊液等供检。

②细菌检查。直接镜检和分离培养鉴定。

③抗原检测。环状沉淀试验，将病畜皮革或尸体组织切碎后，加水煮沸过滤，取滤液滴加于小管内的免疫血清面上，室温或37℃放置10min后，如见两液接触面出现白色沉淀环，即为阳性，证明滤液中有炭疽杆菌的多糖质抗原。此法可对腐败尸体及皮革进行追补诊断，但特异性不高，可以出现假阳性反应。

④抗体检查。比较恢复期和急性期血清特异性抗体升高情况，确诊或流行病学调查用。

5. 结核分枝杆菌 结核分枝杆菌，俗称结核杆菌，是引起结核病的病原菌，可侵犯全身各器官，但以肺结核最为多见。

(1) 形态。结核杆菌细长略弯曲，单个或分枝状排列，无荚膜、无鞭毛、无芽孢。在陈旧的病灶和培养物中，形态常不典型，可呈颗粒状、串球状、短棒状、长丝形等。

(2) 培养特性。结核杆菌为专性需氧菌。营养要求高，在含有蛋黄、马铃薯、甘油和天门冬素等的固体培养基上才能生长。最适pH为6.5~6.8，最适温度为37℃。生长比较缓慢，接种后培养3~4周才出现肉眼可见的菌落。菌落干燥、坚硬，表面呈颗粒状、乳酪色或黄色，形似菜花样。在液体培养基内呈粗糙皱纹状菌膜生长。

(3) 致病性。结核杆菌可通过呼吸道、消化道和破损的皮肤黏膜进入机体，侵犯多种组织器官，引起相应器官的结核病，其中以肺结核、内脏（如肠道等）结核较为严重。

(4) 检查。根据结核菌感染的类型，应采取病灶部位的适当标本。如肺炎结核可采取咯痰（最好取早晨第1次咯痰，挑取带血或脓痰）；肾或膀胱结核以无菌导尿或取中段尿液；肠结核采取粪便标本；结核性脑膜炎进行腰脊穿刺采取脑脊液；脓胸、肋膜炎、腹膜炎或骨髓结核等穿刺取脓汁。病料可直接涂片，用萋钠氏抗酸性染色法染色，若镜检找到抗酸性杆菌，可能是结核杆菌，确诊需进一步分离培养鉴定。我国常用变态反应法进行诊断，有皮内注射和点眼两种方法。

6. 布鲁氏菌 布鲁氏菌是一类革兰氏阴性的短小杆菌，可引起母畜传染性流产。人类接触带菌动物或食用病畜及其乳制品，均可被感染。

(1) 形态。革兰氏染色阴性，球杆状或细小短杆状，多单独存在，无芽孢、无鞭毛，毒力菌株有菲薄的微荚膜。病料中或初次分离的形态较小，传代培养后，猪种和牛种逐渐变为杆状，而羊种仍呈球杆状。柯氏染色可将本菌染成红色，其他组织细胞与杂菌均呈绿色或蓝色。

(2) 培养特性。本菌为严格需氧菌，最适温度为37℃，最适的pH为6.6~7.2。营养要求高，生长时需硫胺素、烟草酸、生物素和泛酸钙等，普通琼脂上生长贫瘠，实验室常用肝汤琼脂、马铃薯浸汁琼脂、胰蛋白胨琼脂、改良厚氏培养基进行培养。肝汤琼脂或胰蛋白胨琼脂培养4d，呈细小、柔软、湿润、圆形隆起、透明和闪光的露滴状菌落，菌落大小不等；血琼脂上形成灰白、隆起的细小圆形菌落，不溶血。

(3) 致病性。本菌可产生毒性较强的内毒素。在自然条件下，除羊、牛、猪对本菌敏感外，还可传染马、骡、水牛、骆驼、鹿、犬和猫等。通过皮肤、消化道、呼吸道、眼结膜等途径传播，引起母畜流产、公畜睾丸炎、关节炎。本菌感染多为慢性，症状多不明显，致死率低，但较长时间经乳、粪、尿和子宫分泌物排菌，传染人畜，危害较大。

(4) 检查。本菌所致疾病症状复杂，多不典型，难与其他疾病区别，故微生物检查较为重要。主要采用细菌学诊断、血清学诊断、变态反应诊断。

①细菌学诊断。取流产胎儿的胃内容物、肺、肝和脾以及流产胎盘和羊水等作为病料，直接涂片，革兰氏和科兹洛夫斯基染色镜检。若发现革兰氏染色阴性、柯氏染色法为红色的球状杆菌或短小杆菌，即可作出初步诊断。

②血清学诊断。动物在感染布鲁氏菌7~15d可出现抗体，检测血清中的抗体是布鲁氏菌病诊断和检疫的主要手段。最常用的方法是平板凝集试验和试管凝集试验。也可进行补体结合试验、间接血凝试验和乳汁环状试验。

③变态反应诊断。家畜感染布鲁氏菌20~25d后，常可出现变态反应阳性，并且持续时间较长，我国通常用注射布鲁氏菌水解素来诊断绵羊和山羊的布鲁氏菌病，但此法不宜作为早期诊断。

7. 葡萄球菌 葡萄球菌是最常见的化脓性球菌，也是医源性感染的重要病原。

（1）形态。呈球形或稍呈椭圆形，排列成葡萄状。葡萄球菌无鞭毛，无芽孢，除少数菌株外一般不形成荚膜，革兰氏染色为阳性。

（2）培养特性。需氧或兼性厌氧，少数专性厌氧，28~38℃均能生长，致病菌最适温度为37℃，最适pH为7.4。营养要求不高，在普通培养基上生长良好，在含有血液和葡萄糖的培养基中生长更佳，在肉汤培养基中24h后呈均匀混浊生长，在琼脂平板上形成圆形凸起、边缘整齐、表面光滑、湿润、不透明的菌落。不同种的菌株产生不同的色素，如金黄色、白色、柠檬色。葡萄球菌在血琼脂平板上形成的菌落较大，有的菌株菌落周围形成明显的全透明溶血环（β溶血），也有不发生溶血者。凡溶血性菌株大多具有致病性。

（3）生化反应。多数葡萄球菌能分解葡萄糖、麦芽糖和蔗糖，产酸不产气，致病性菌株能分解甘露醇；过氧化物酶阳性。

（4）分类与抗原结构。根据细胞组成、血浆凝固酶、产生毒素的不同、生化反应以及产生色素不同，可分为金黄色葡萄球菌、表皮葡萄球菌和腐生葡萄球菌3种。其中金黄色葡萄球菌多为致病菌，表皮葡萄球菌偶尔致病，腐生葡萄球菌一般不致病。

（5）致病性。金黄色葡萄球菌可产生血浆凝固酶、葡萄球菌溶血素、杀白细胞素、肠毒素、表皮溶解毒素、毒性休克综合征毒素Ⅰ等多种毒素与酶，所致疾病有：侵袭性疾病主要引起化脓性炎症，如皮肤软组织感染、内脏器官感染、全身感染；中毒性疾病如食物中毒、烫伤样皮肤综合征、毒性休克综合征、伪膜炎肠炎等。

（6）检查。

①直接涂片镜检。取标本涂片，革兰氏染色后镜检，根据细菌形态、排列方式和染色性可做出初步诊断。

②分离培养与鉴定。将标本接种于血琼脂平板、甘露醇和高盐培养基中进行分离培养，孵育后挑选可疑菌落进行涂片、染色、镜检。致病性葡萄球菌的主要特点：凝固酶试验阳性，可产生金黄色素，有溶血性，发酵甘露醇。

8. 链球菌 链球菌是化脓性球菌的另一类常见细菌，广泛存在于自然界、人及动物的消化道、上呼吸道和尿生殖道。

（1）形态。革兰氏染色阳性；球形或卵圆形。呈链状排列，短者由4~8个细菌组成，长者由20~30个细菌组成。多数菌株在血液或血清培养基上的幼龄培养菌或病料中的菌体常见荚膜。无芽孢；无鞭毛（D群一些菌株除外）。

(2) 培养特性。需氧或兼性厌氧，有些为厌氧菌。最适温度为37℃，最适pH为7.4～7.6。营养要求较高，普通培养基中需加有血液、血清、葡萄糖等才能生长。血琼脂平板上形成细小露滴状、灰白色、圆而微凸、表面光滑、边缘整齐的菌落；不同菌株有不同溶血现象。在血清肉汤中培养后，有黏稠或絮状沉淀，上液清朗。

(3) 生化反应。能发酵简单的糖类，产酸不产气。一般不分解菊糖，不被胆汁或1%去氧胆酸钠所溶解。

(4) 致疾性。可引起动物和人类的多种疾患。猪、牛、羊、马、犬、猫、鸡及实验动物和野生动物的化脓性炎症、败血症和脓毒血症等；人类感染链球菌，可引起猩红热、风湿热、急性肾小球肾炎、丹毒等疾病。

(5) 检查。根据链球菌所致疾病不同，可采取脓汁、咽拭、血液等标本送检。取脓汁涂片，革兰氏染色、镜检，发现革兰氏阳性呈链状排列的球菌，就可以做出初步诊断。确诊需进行实验室诊断，将脓汁或棉拭直接划线接种在血琼脂平板上，培养后观察有无链球菌菌落以及溶血性情况。有β溶血的菌落，应与葡萄球菌区别。疑有败血症的血标本，应先在葡萄糖肉汤中增菌后再在血平板上分离鉴定。生化实验以及动物实验（小鼠、家兔）有助于链球菌的鉴定。

(二) 主要动物病毒

1. 猪瘟病毒 只侵害猪，使之发病，死亡率高，对养猪业造成极为严重的危害，为OIE规定的A类传染病之一。

(1) 病毒特性。猪瘟病毒属于黄病毒科瘟病毒属。病毒粒子形态近似球形，直径为40～50nm，有囊膜。该病毒只有一个血清型，有毒力强弱之分。

猪瘟病毒对环境抵抗力不强，猪粪便内20℃可存活2周，4℃存活6周，而含毒的猪肉数月后仍有感染性。60℃加热10min可使细胞培养液病毒失去感染性，但60℃加热30min不能杀死脱纤血内的病毒。2%氢氧化钠或石灰乳消毒15～60min能杀死病毒。乙醚、氯仿和去氧胆酸盐可很快使病毒失活。

(2) 致病性。猪瘟病毒仅感染猪和野猪，其他动物均不发生明显感染症状。感染猪可经口、鼻和泪腺分泌物、尿和粪便排毒，易感猪通过接触而感染发病，此病毒可经胎盘垂直传播给仔猪，导致死胎、木乃伊胎等。

(3) 检查。根据临床及剖检典型病变（脾梗死、喉头、淋巴结、肾出现针尖大小出血点）可做出比较准确的诊断。实验室诊断主要有病毒抗原检查、病毒分离和特异性抗体检测。

2. 口蹄疫病毒 是口蹄疫的病原体，口蹄疫是OIE规定的重要传染病，主要侵害牛、猪、羊等偶蹄动物。以口腔黏膜、蹄部及乳房皮肤发生水疱为主要特征，有时甚至引起死亡。

(1) 病毒特性。口蹄疫病毒属于小RNA病毒科口蹄疫病毒属。病毒颗粒无囊膜，呈球形或六角形，直径为17～20nm。有7个血清型，分别命名为O、A、C、SAT1、SAT2、SAT3（南非1、2、3）及Aisa1型，每个型又有亚型，目前已发现65个亚型，每年可能还有新的亚型出现。各型之间没有交叉免疫性，各亚型间也有明显的抗原差异。

口蹄疫病毒对外界抵抗力较强，耐干燥，在pH为7.0～9.0较稳定。在自然情况下，含毒组织、污染的饲料等可保持感染性数周或数月。对酸、碱比较敏感，2%氢氧化钠、5%

的福尔马林、0.2%～0.5%的过氧乙酸、5%的次氯酸钠等均可将其杀灭。病毒在85℃ 1min、60℃15min可灭活。

(2) 致病性。口蹄疫病毒可侵害多种动物，主要发生于偶蹄兽，其中以牛最易感（尤其是奶牛、牦牛），其次是猪，再次为羊和骆驼等。野生偶蹄兽也能发生，人也能感染。病毒可在某些康复动物咽部存活很长时间，牛、羊可长期带毒，其中羊因患病期症状轻微，不易被重视而成为长期的传染源。

(3) 检查。病料可采集水疱液、水疱皮和血清等。可使用反向间接血球凝集试验、琼脂扩散试验、对流免疫电泳、微量病毒中和试验和阻断 ELISA 等进行诊断，其中 ELISA 为 OIE 推荐的国际贸易指定的口蹄疫诊断方法。也可采用 RT-PCR 方法检测样品中的病毒。

3. 狂犬病病毒 狂犬病是由狂犬病病毒引起的一种可怕的传染病，一旦发病，几乎全部死亡，是重要的人畜共患病之一。

(1) 病毒特性。狂犬病病毒属弹状病毒科狂犬病病毒属。病毒颗粒呈子弹状或试管状，有囊膜及纤突。病毒的糖蛋白能诱导产生中和抗体，还具有血凝性，可凝集鹅和1日龄鸡红细胞。根据血清型和抗原关系可分为4个血清型。

病毒不耐湿热，56℃ 15～30min、100℃ 2min 可灭活，1%～2%肥皂水、50%～90%乙醇或乙醚、0.01%碘液、1%来苏儿等可破坏病毒；对低温和冷冻抵抗力较强，在4℃可存活数月，能抵抗自溶和腐败。

(2) 致病性。几乎所有的温血动物（包括蝙蝠）都有易感性，在自然界内主要感染犬科和猫科动物。本病主要由患病动物咬伤或伤口感染含有狂犬病病毒的唾液而感染。是否发病取决于所咬伤的部位，一般头面部咬伤要比躯干、四肢咬伤发病率高，且伤口愈深，发病率愈高。

(3) 检查。根据临床诊断比较困难，必须依靠实验室进行检验。实验室检测包括病毒分离、直接染色检测内基氏小体和血清学检验。

4. 痘病毒 痘病毒是引起各种家畜、家禽和人类的一种急性、热性、接触性传染病的病原体，以皮肤和黏膜发生痘疹为特征。在动物痘病毒感染中，以绵羊痘和鸡痘最为严重，病死率较高。

(1) 病毒特性。痘病毒属于痘病毒科。痘病毒对温度有高度抵抗力，在干燥的痂块中可以存活几年，但病毒很容易被氯化剂或对硫基有作用的物质所破坏，有的对乙醚敏感。

(2) 致病性。痘病毒可引起人和多种动物的痘病。在家畜家禽中，绵羊痘是各家畜痘病中危害最严重的一种热性接触性传染病。禽痘和猪痘也比较常见，山羊痘、牛痘、马痘等很少发生，传染性也较小。

(3) 诊断。根据临诊表现和流行病学情况可做出初步诊断。对于非典型病例，可采取丘疹组织涂片，用莫洛佐夫镀银法染色镜检，细胞质内可见深褐色球菌样圆形小颗粒即为原生小体。也可使用姬姆萨染色镜检细胞质内包含体，呈紫红色或淡青色。另可用健康的本动物或试验动物（如家兔或豚鼠等）做皮肤划痕接种试验进行诊断。

5. 猪圆环病毒 猪圆环病是由猪圆环病毒（PCV）引起的猪的一种新的传染病，其中 PCV-2 型是断乳仔猪多系统衰竭综合征的病原。

(1) 病毒特性。圆环病毒属圆环病毒科圆环病毒属，病毒粒子呈球形，无囊膜，是已知的最小动物病毒之一。圆环病毒分为两种基因型，即 PCV-1 和 PCV-2，只有 PCV-2 对猪有致病性，PCV-1对猪没有致病性。

圆环病毒对外界环境的抵抗力较强，在酸性环境及氯仿中可以存活较长时间，在高温环境（72℃）下也能存活一段时间。

(2) 致病性。圆环病毒可使各种年龄、不同性别的猪感染，但主要感染断乳后仔猪，一般本病集中于断乳后2～3周和5～8周龄的仔猪。

(3) 检查。取肺、肾、淋巴结等，将病料研磨制成1∶10乳剂，经3 000r/min离心30min，取上清液经0.22μm滤膜过滤，接种PK_{15}培养，结合免疫荧光、PCR等检测病毒。也可用ELISA检测PCV抗体。

6. 猪繁殖与呼吸综合征病毒　猪繁殖与呼吸综合征病毒是引起猪的繁殖障碍和呼吸道疾病的病原体。该病以发热、厌食、怀孕后期发生流产、木乃伊胎、死胎、弱仔等以及仔猪的呼吸道症状、免疫机能障碍为特征。1987年在美国首次发现本病，又因患病猪的耳朵等处发绀，故又称"猪蓝耳病"。

(1) 病毒特性。猪繁殖与呼吸综合征病毒属动脉炎病毒科动脉炎病毒属。病毒粒子呈卵圆形，有囊膜。猪繁殖与呼吸综合征病毒有两个基因型，欧洲型(LV株)和美洲型(VR-2332株)。

该病毒对热敏感，37℃ 48h、56℃ 45min即完全失去感染力，4℃仅存活1个月。在pH低于5或高于7的环境下很快被灭活。

(2) 致病性。本病毒主要侵害母猪和仔猪，成年猪发病比较温和，对其他家畜和动物还未见发病报道。母猪怀孕后期受病毒感染后，病毒可经胎盘垂直感染给胎儿。怀孕母猪发生流产、早产、木乃伊胎。部分感染母猪的耳尖、四肢末端、尾巴及乳头呈蓝紫色，多发生于症状出现后5～7d，以耳尖变蓝最常见。耐过母猪以后可重新怀孕，但窝产数和仔猪存活率下降。公猪主要表现为咳嗽、喷嚏、精神不振、呼吸急促、性欲下降等。小猪以2～28日龄感染后症状明显，病死率达80%，发病后主要表现为呼吸困难、肌肉震颤、共济失调等。

(3) 检查。用病猪的肺、脾、胎儿血清、母猪血液、鼻拭子和粪便等进行病毒分离，并用间接荧光抗体染色法进行病毒鉴定。可用ELISA方法检测抗体，间接ELISA敏感性和特异性比较好。另外，用RT-PCR可直接检测精液和细胞培养内的病毒。

7. 新城疫病毒　新城疫病毒（NDV）在1926年在爪哇首次发现，同年在英国新城（Newcastle）发现。因此得名。本病毒可引起鸡和火鸡的急性高度接触性传染病，发病急、致死率高，是世界养禽业最重要的疾病之一，是OIE规定的A类传染病。

(1) 病毒特性。新城疫病毒属于副黏病毒科腮腺炎病毒属。病毒在直射阳光下，经30min可死亡，60℃30min灭活。对pH稳定，pH3～10不被破坏。对乙醚、氯仿敏感，对消毒剂、日光及高温的抵抗力不强，常用的消毒剂如2%氢氧化钠、5%漂白粉、70%酒精在20min即可将NDV杀死。真空冻干的病毒30℃可保存30d。

新城疫病毒囊膜上纤突含有血凝素和神经氨酸酶（HN），能吸附于鸡、火鸡、鸭、鹅及某些哺乳动物（人、豚鼠）的红细胞表面，并引起红细胞凝集（HA）。这种血凝现象能被NDV的抗体（HI）所抑制，因此可用HA和HI来鉴定病毒和进行流行病学调查。

(2) 致病性。鸡、火鸡和野鸭对NDV都易感，但鸡最敏感。各种年龄鸡的易感性有差异，雏鸡和中雏鸡易感性最高。2年以上的鸡易感性较低。病毒主要通过饲料、饮水传播，也可由呼吸道或皮肤外伤而使鸡感染。

(3) 检查。以无菌技术采取病鸡的肺、脾、脑等组织器官，制成1∶20～1∶10悬浮液，离心取上清液经 0.22μm 滤膜过滤除菌，接种 10 日龄的 SPF 或非免疫鸡胚尿囊腔，收获尿囊液用 HA 和 HI 试验进行鉴定。也可用病毒中和试验、ELISA、琼脂扩散试验以及免疫组化技术等。

8. 禽流感病毒 禽流行性感冒（简称禽流感），是由禽流感病毒（AIV）引起的，呈急性败血症、呼吸道感染和隐性感染等多种病症。由高致病性禽流感病毒感染所引起的，称为高致病性禽流感（HPAI），死亡率接近 100%。而其他各型统称为中低致病性禽流感（MPAI）。

（1）病毒特性。禽流感病毒属于正黏病毒科甲型（A 型）流感病毒属。该病毒对紫外线、甲醛、乙醚等敏感，对碘液特别敏感。56℃ 30min、60℃ 20min 可使病毒失活。病毒在 4℃ 可存活 30d 以上，-70℃ 冻干可保存数年。一般消毒剂和消毒方法，如 0.1% 新洁尔灭、1% 氢氧化钠、2% 甲醛溶液、0.5% 过氧乙酸等浸泡以及阳光照射、堆积发酵等可将其杀灭。

（2）致病性。禽流感病毒可使多种禽类感染，家禽中以鸡和火鸡最易感，鸭、鹅和其他水禽的易感性较低，鸽的自然发病不常见。某些野禽也能感染，并能成为传染源而感染家禽，禽流感病毒能感染人。

（3）检查。

①病毒分离与鉴定。从气管或泄殖腔中采取病料，用生理盐水制成 1∶10 悬液，离心，上清液经 0.22m 滤膜过滤，接种 9～11 日龄鸡胚尿囊腔或羊膜腔中，37℃ 孵育 5d，取鸡胚尿囊液做血凝试验，若为阳性，则证明有病毒繁殖，然后再用血凝抑制试验分别做病毒毒型和亚型鉴定。

②血清学试验。结合病毒分离可进行补体结合试验（定型）和血凝抑制试验（定亚型）或 ELISA 等。

9. 传染性法氏囊病病毒 传染性法氏囊病病毒（IBDV）是引起幼鸡的一种急性、高度传染性疾病——传染性法氏囊病的病原体，幼鸡感染后，可导致免疫抑制，并诱发其他疾病或使其他疫病疫苗免疫失败。传染性法氏囊病是严重危害养鸡业的主要疫病之一。

（1）病毒特性。IBDV 属于双股双节 RNA 病毒科。本病毒有 1 型和 2 型两个血清型。病毒对外界环境稳定，56℃ 3h 活力不受影响、60℃ 90min 不能灭活病毒，70℃ 30min 可将病毒灭活。病毒对乙醚和氯仿不敏感。在鸡舍中可存活 2～4 个月，高度抗酸（pH 为 2），但对甲醛、过氧化氢、氯胺、复合碘胺类消毒药敏感。

（2）致病性。各种品种的鸡均有很强的致病性，火鸡、鸭和珍珠鸡也可感染。本病毒主要侵害 2～15 周龄的鸡，最易侵害 3～6 周龄鸡。成年鸡多呈隐性经过。肉用鸡的饲养周期一般为 8 周，故最为常见，受害最重，发病鸡和有反应的鸡数达 80%～90%，死亡率在 30% 左右，严重的达 50%～70%。

（3）检查。

①病毒分离鉴定。取法氏囊和脾，制成（1∶5）悬液，离心取上清液，经绒毛尿囊膜接种 9～11 日龄鸡胚（SPF 或无 IBDV 母源抗体），接种 3～5d 可出现死亡，可见胚胎水肿、出血，再用已知的阳性血清在鸡胚成纤维细胞上进行中和试验。

②鸡胚接种。取病料悬液经无菌处理后，离心取上清液，经滴鼻或胸肌内注射 21～25 日龄易感鸡（0.2mL/只），48～72h 后出现症状，剖检可见特征性病变。

③琼脂扩散试验常用于 IBDV 的诊断。

④使用 ELISA、RT-PCR、标记技术等也可进行诊断。

10. 马立克氏病病毒 马立克氏病病毒又名禽疱疹病毒 2 型，是鸡的重要传染病病原，临床以外周神经、性腺、虹膜、各种内脏器官、肌肉和皮肤的单独或多发的淋巴样细胞浸润为特征，可引起瘫痪、多发性神经炎、神经淋巴瘤病、灰眼、虹膜炎、内脏淋巴瘤病和皮肤型白血病等。

（1）病毒特性。马立克氏病病毒属于疱疹病毒科。该病毒对外界环境抵抗力较强，污染的垫料、皮屑和羽毛在室温下 4~8 个月和 4℃至少 10 年仍具有感染性，常用化学消毒剂 10min 内可使病毒失活，每立方米用 2g 福尔马林可作为环境消毒。

（2）致病性。鸡是最重要的自然宿主，致病性较强的毒株可引起火鸡发病。雏鸡在育雏室内感染可引起很高的发病率和死亡率。严重病例多见于 8~9 周龄以上鸡，种鸡和产蛋鸡在 16~20 周龄出现临床症状，甚至晚至 24~30 周龄或 60 周龄以上。急性爆发鸡群死亡率为 10%~80%，甚至全群死亡。鸡一旦感染可长期带毒排毒。

（3）检查。根据临床症状，可做出初步诊断。实验室诊断主要有以下几种。

①动物试验。用病鸡血液和肿瘤细胞悬液接种 1 日龄雏鸡，经 2~4 周，神经节、神经干和一些内脏器官中出现病变，3~6 周肉眼可见到病变。

②琼脂扩散试验。用已知的高免血清检查待检鸡羽毛囊中的病毒抗原。此外，还可以用 PCR 技术、免疫荧光抗体试验和 ELISA 试验。

11. 犬瘟热病毒 由犬瘟热病毒引起的犬瘟热是犬最重要的病毒病，在全世界范围内存在。该病是目前对我国养犬业、毛皮动物养殖业和野生动物保护业危害最大的疫病之一。

（1）病毒特性。犬瘟热病毒属于副黏病毒科麻疹病毒属。病毒粒子呈圆形或不整形，有时呈长丝状，有囊膜和纤突。犬瘟热病毒只有一个血清型，但有很多的毒株。

本病毒对热和干燥敏感，50~60℃ 30min 即可灭活。对紫外线、乙醚和氯仿等有机溶剂敏感。在 pH 为 4.5~9.0 条件下均可存活，最适 pH 为 7.0。病毒在 −70℃ 可存活数年，冻干可长期保存。3% 福尔马林、5% 石炭酸以及 3% 氢氧化钠等对本病毒都具有良好的消毒作用。

（2）致病性。犬最易感，不同年龄、性别和品种的犬均可感染，3~12 月幼犬最易感。纯种犬和警犬比土种犬的易感性高，且病情严重，死亡率高。人、小鼠、豚鼠、鸡、仔猪和家兔等对本病无易感性。病犬早期表现双相热、急性鼻卡他，随后以支气管炎、卡他性肺炎、严重的胃肠炎和神经症状为特征，部分病犬鼻和足垫可发生过度的角质化。

（3）检查。

①病毒分离与鉴定。分离病毒可用犬肾细胞、幼犬肺巨噬细胞和鸡胚成纤维细胞等。另外，取病犬肝、脾、粪便等病料，用电子显微镜可直接观察到病毒粒子，或采用免疫荧光试验从血液白细胞、结膜、瞬膜以及肝、脾涂片中查出犬瘟热病毒抗原。

②血清学诊断。中和试验、荧光抗体法、琼脂扩散试验、ELISA、RT-PCR 和核酸探针等方法都可用来诊断本病。

12. 兔出血症病毒 兔出血症病毒是引起兔病毒性出血症的病原体。兔出血症又称"兔瘟"，是一种急性、高度接触性传染病，本病发病率、病死率极高，给养兔业带来极大的经济损失。

（1）病毒特性。病毒颗粒无囊膜，有纤突。病毒可凝集人的 O 型红细胞，不凝集兔、鸡、牛、羊、猪、犬等动物的红细胞，其凝集性稳定性很强，除被抗兔出血症病毒血清抑制外，不受其他条件的影响。

病毒对外界环境抵抗力强，紫外线、干燥等不能杀死病毒，50℃ 40min 不能灭活。对氯仿和乙醚不敏感，耐酸。1%氢氧化钠 4h、1%～2%甲醛、1%次氯酸钠 3h 才能灭活病毒。

（2）致病性。本病毒只感染兔和野兔，不同品种、性别的兔均可感染发病，长毛兔比皮肉兔更易感。2月龄以内的仔兔易感性差，未断乳的幼兔基本不发病。临床以肝坏死、呼吸系统出血、实质脏器水肿、出血和瘀血为特征。

（3）诊断。根据流行病学特点，典型的临床症状，可做出初步诊断。确诊需进行病原学检查和血清学试验。血清学检查主要为血凝试验和血凝抑制试验。另外，ELISA、间接血凝试验、RT-PCR 等技术都可用于诊断该病。

模块六

动物传染病

单元一　动物传染病概述

（一）动物传染病学常用术语

1. 感染与传染病

（1）感染。病原微生物侵入动物机体，在一定的部位生长繁殖，从而引起机体一系列的临床症状和病理变化，这个过程称为感染。

（2）传染病。凡是由病原微生物引起，具有一定的潜伏期和临诊表现，并具有传染性的疾病，称为传染病。

2. 流行过程的强度　在家畜传染病的流行过程中，根据一定时间内发病率的高低和传染范围大小（即流行强度）可将动物群体中疾病的表现分为下列4种表现形式。

（1）散发性。是指疾病发生无规律性，随机发生，局部地区病例零星地散在发生，各病例在时间与空间上没有明显的关系。

（2）地方流行性。是指在一定的地区和畜群中，疫病流行规模较小并带有局限性的特性。

（3）流行性。是指在一定时间内一定畜群中某种疫病的发病率超过预期水平的现象，它没有一个病例的绝对数界限，而仅仅是指疾病发生频率较高的一个相对名词。暴发是指在局部范围的一定动物群中，短期内突然出现较多病例的现象，实际上是流行的一种特殊形式。

（4）大流行。是一种规模非常大的流行，流行范围可扩大至全国，甚至可涉及几个国家或整个大陆。如口蹄疫、牛瘟和流感等都曾出现过大流行。

3. 群体中疾病发生的度量　描述疾病在动物群体中的分布，常用疾病在不同时间、不同地区及不同动物群体中的分布频率来表示。

（1）发病率。是指一定时期内动物群体中发生某病新病例的百分比。

（2）死亡率。是指某动物群体在一定时间内死亡动物总数与该群体同期动物平均数之比率。

（3）病死率。是指一定时期内某种疫病的患病动物发生死亡的比率。

（4）患病率。指某个时间内某病的新老病例数与同期群体平均数之间的比率。

（5）感染率。某些传染病感染后不一定发病，但可以通过微生物学、血清学及其他免疫学方法测定是否感染。

4. 流行过程的地区性

（1）疫源地。指具有传染源及其排出病原体污染的地区，除包括传染源外，还有被污染的物体、房舍、牧地、活动场所以及这个范围内所有可能被传染的可疑动物和储存宿主。

（2）自然疫源性。指某些疾病的病原体在一定地区的自然条件下，由于存在某种特有的传染源、传播媒介和易感动物而长期生存，当人或动物进入这一生态环境也可能被感染的特性。具有自然疫源性的疾病，称为自然疫源性疾病。存在自然疫源性疾病的地区，称为自然疫源地。

（二）传染病的一般特征

1. 由病原微生物引起 传染病都是在一定条件下由病原微生物与机体相互作用所引起的。每一种传染病都有其特定的致病性微生物存在，如狂犬病是由狂犬病病毒所引起的，没有狂犬病病毒就不会发生狂犬病。

2. 传染病具有传染性和流行性 所有传染病的患病动物都会通过一定的方式向体外排出病原微生物，这些病原微生物又会通过一定的途径侵入另一个具有易感性的健畜体内，引起其他动物感染，表现出相同的症状，这就是传染性。当环境条件适宜时，在一定时间内，某一地区易感动物群中可能有许多动物被感染，致使传染病蔓延散播，就会形成流行。

3. 被感染的动物机体发生特异性免疫反应 几乎所有的病原微生物都具有抗原性，在传染发展过程中由于病原微生物的抗原刺激作用，机体会产生特异性抗体和变态反应等。

4. 耐过动物能获得特异性保护 动物耐过传染病后，在大多数情况下体内都会产生一定量的特异性免疫效应物质（如抗体、淋巴因子等），这些效应物质可使机体在一定时期内或终生不再患该种传染病。

5. 具有特征性的症状和病理变化 由于一种病原微生物侵入易感动物体内，其侵害部位相对一致，因此大多数传染病都具有该种病特征性的症状和病理变化。

6. 传染病的发生具有明显的阶段性和一定的流行规律 传染病的发生通常具有潜伏期、前驱期、明显期和转归期4个阶段，各种传染病的发生在群体内流行也通常具有相对稳定的病程和特定的流行规律。

（三）传染病的流行过程

1. 传染病流行过程3个基本环节 家畜传染病的流行过程，就是从家畜个体感染发病发展到家畜群体发病的过程，也就是传染病在畜群中发生、蔓延和终止的过程。传染病在畜群中蔓延流行，必须具备3个条件，即传染源、传播途径及易感动物。这3个条件统称为传染病流行过程的3个基本环节，这3个条件必须同时存在并相互联系才会造成传染病的发生。

（1）传染源。亦称传染来源，是指有某种传染病的病原体在其中寄居、生长、繁殖，并能够将病原体排出体外的动物机体。具体说就是指受感染的动物，包括传染病病畜和带菌（毒）动物。

（2）传播途径。传播途径是指病原体由传染源排出后，通过一定的方式再侵入其他易感动物所经的途径。传播途径可分两大类。一是水平传播，二是垂直传播。

①水平传播。即传染病在群体之间或个体之间以水平形式横向平行传播。在传播方式上可分为直接接触传播和间接接触传播两种。

直接接触传播：是指在没有外界因素参与的前提下，病原体通过被感染的动物与易感动物通过交配、舐咬等方式而引起的传播。

间接接触传播：是指病原体必须在外界因素的参与下，通过传播媒介使易感动物发生感染。传播媒介是指从传染源将病原体传播给易感动物的各种外界因素。间接接触传播主要包括以下几种方式：经空气传播；经饲料和饮水传播；经土壤传播；经活媒介传播。

②垂直传播。即亲代到子代的传播，它包括以下几种方式。

经胎盘传播：已经被感染的妊娠动物经胎盘血流将病原微生物传播给胎儿，使其受到感染称为胎盘传播。可经胎盘传播的疾病有猪瘟、猪细小病毒感染、牛黏膜病、蓝舌病、伪狂犬病、布鲁氏菌病、衣原体病、钩端螺旋体病等。

经卵传播：卵细胞携带有病原微生物，在发育时使胚胎受到感染称为经卵传播，主要见于禽类。可经卵传播的病原微生物有禽白血病病毒、禽腺病毒、鸡传染性贫血病毒、禽脑脊髓炎病毒、鸡白痢沙门氏菌等。

经产道传播：病原微生物经妊娠动物阴道通过子宫颈口到达绒毛膜或胎盘引起胎儿感染；或胎儿从无菌的羊膜腔穿出而暴露于严重污染的产道时，胎儿经皮肤、呼吸道、消化道感染母体的病原微生物。可经产道传播的病原微生物有大肠杆菌、葡萄球菌、链球菌、沙门氏菌和疱疹病毒等。

（3）动物的易感性。动物的易感性是指家畜对于某种传染病病原体感受性的大小，是抵抗力的反面。

家畜易感性的高低虽与病原微生物的种类和毒力强弱有关，但主要还是由畜体的遗传性状等内在因素、特异免疫状态决定。影响动物易感性的因素主要包括以下几个方面。

①动物群体的内在因素。不同种动物对于病原微生物的感受性具有很大的差异，这是由动物的遗传性所决定的。动物的年龄也与抵抗力有一定的关系，一般初生动物和老龄动物抵抗力较弱，年轻动物抵抗力较强。

②动物群体的外在因素。动物生活过程中的一切环境因素都会影响到动物的抵抗力，如温度、湿度、光线、有害气体等。

③动物的特异性免疫状态。在传染病流行过程中，一般易感性高的动物个体容易染病，病情严重。相对而言，易感性低的动物个体症状较为缓和。

2. 影响流行过程的因素

（1）自然因素。

①作用于传染源。季节变换、气候变化引起机体抵抗力的变动，如气喘病的隐性病猪，在寒冷潮湿的季节里病情恶化，咳嗽频繁，排出病原体增多，散播传染的机会增加。反之，在干燥、温暖的季节里，加上饲养情况较好，病情容易好转，咳嗽减少，散播传染的机会也小。

②作用于传播媒介。自然因素对传播媒介的影响非常明显。例如，夏季气温上升，在吸血昆虫滋生的地区，作为传播流行性乙型脑炎等病的媒介昆虫蚊类的活动增强，因而乙型脑炎病例增多。日光和干燥对多数病原体具有致死作用，反之，适宜的温度和湿度则有利于病原体在外界环境中较长期的保存。当温度降低湿度增大时，有利于气源性感染，因此呼吸道传染病在冬春季发病率常有增高的现象。

③作用于易感动物。自然因素对易感动物这一环节的影响首先是增强或减弱机体的抵抗力。例如，低温高湿的条件下，不但可以使飞沫传播媒介的作用时间延长，同时也可使易感动物易于受凉、降低呼吸道黏膜的屏障作用，有利于呼吸道传染病的流行。在高气温的影响下，肠道的杀菌作用降低，使肠道传染病增加。应激可导致畜禽的病理性损害。畜舍的建筑结构、通风设施、垫料种类等都是影响疾病发生的因素。

（2）社会因素。影响家畜疫病流行过程的社会因素主要包括社会制度、生产力和人民的经济、文化、科学技术水平以及贯彻执行法规的情况等。

总之，流行过程是多因素综合作用的结果。传染源、宿主和环境因素不是孤立地起作用，而是相互作用引起传染病的流行。

（四）传染病的防制措施

1. 防疫措施　家畜传染病的流行是由传染源、传播途径和易感动物这3个因素相互联系而造成的复杂过程。因此，采取适当的防疫措施来消除或切断造成流行的3个因素的相互联系作用，就可以使疫病不能继续传播。

针对传染源主要是消除传染源，包括对病原体污染的物体进行消毒；对患畜、可疑患畜及病原携带者采取扑杀、深埋或焚烧处理；对以慢性病原携带者为主的传染源，如布鲁氏菌病牛和结核病牛，主要采取定期检疫，阳性牛进行扑杀或送隔离区酌情处理。

对传播途径的主要防疫措施是消毒、检疫、隔离和培育SPF动物。

对易感畜群的主要防疫措施是增强易感畜群的免疫水平，即进行免疫接种；其次是抗病育种和饲料中添加抗生素药物。但是只进行一项单独的防疫措施是不够的，必须采取包括"养、防、检、治"4个基本环节的综合性措施。

2. 免疫接种　有组织有计划地进行免疫接种，是预防和控制畜禽传染病的重要措施之一。根据免疫接种进行的时机不同，可分为预防接种和紧急接种两类。

（1）预防接种。在经常发生某些传染病的地区，或有某些传染病潜在的地区，或受到邻近地区某些传染病威胁的地区，为了防患于未然，在平时有计划地给健康畜群进行的免疫接种，称为预防接种。预防接种通常使用疫苗、菌苗、类毒素等生物制剂作抗原激发免疫。

（2）紧急接种。紧急接种是在发生传染病时，为了迅速控制和扑灭疫病的流行，而对疫区和受威胁区尚未发病的畜禽进行的应急性免疫接种。

3. 药物预防　药物预防是为了预防某些疫病，在畜群的饲料饮水中加入某种安全的药物进行集体的化学预防，在一定时间内可以使受威胁的易感动物不受疫病的危害，这也是预防和控制畜禽传染病的有效措施之一。

长期使用化学药物预防，容易产生耐药性菌株，影响防治效果，因此应经常进行药物敏感试验，选择有高度敏感性的药物用于防治。

单元二　常见多种动物共患病

（一）大肠杆菌病

大肠杆菌病是由致病性大肠杆菌引起的多种动物和人共患的一种肠道性传染病，主要侵害幼儿和幼畜，临诊主要表现为严重腹泻和败血症。

1. 病原　大肠杆菌广泛存在于自然界中以及正常动物和人的肠道中，有一些大肠杆菌具有致病性，能产生内毒素和肠毒素，从而使动物发病。

本菌对外界因素抵抗力不强，常用来苏儿等消毒药将其杀死。50℃经30min、60℃经15min即可死亡。

2. 流行病学　幼龄畜禽对本病最易感。

病畜（禽）和带菌者是本病的主要传染源。经消化道感染。牛也可经子宫内或脐带感染，鸡也可经呼吸道感染，或病菌经人孵种蛋裂隙使胚胎发生感染。本病一年四季均可发生，但犊牛和羔羊多发于冬春舍饲时期。

3. 症状及病变

(1) 仔猪。

①黄痢型。又称仔猪黄痢。常发于出生后1周以内，潜伏期短，生后12h以内即可发病，长的也仅1～3d。一窝仔猪出生时体况正常，经一定时间，突然有1～2头表现全身衰弱，迅速死亡，以后其他仔猪相继发病，排出黄色浆状稀粪，内含凝乳小片，很快消瘦、昏迷而死。剖检尸体严重脱水，皮下伴有水肿；肠道膨胀，有大量黄色液状内容物和气体；肠黏膜呈急性卡他性炎症变化，以十二指肠最严重；肠系膜淋巴结有弥漫性小点出血；肝、肾有凝固性小坏死灶。

②白痢型。又称仔猪白痢。多发于出生后10～30d，病猪突然发生腹泻，排出乳白色或灰白色的浆状、糊状粪便，具有腥臭味。病程2～3d，长的1周左右，能自行康复，死亡的很少。剖检尸体外表苍白、消瘦、肠黏膜有卡他性炎症变化，肠系膜淋巴结轻度肿胀。

③水肿型。又称猪水肿病。主要见于断乳仔猪，体况健壮、生长快的仔猪最为常见。发病后病猪静卧一隅，肌肉震颤，不时抽搐，四肢划动呈游泳状，触动时表现敏感，发呻吟声或嘶哑的鸣叫。站立时背部拱起，前肢如发生麻痹，则站立不稳；后躯麻痹，则不能站立。行走时四肢无力，共济失调，步态摇摆不稳，盲目前进或作圆圈运动。脸部、眼睑、结膜、齿龈、颈部和腹部的皮下等处出现明显的水肿。剖检病变主要为水肿。

(2) 犊牛。生后10d以内多发，潜伏期很短，仅几个小时。

①败血型。病犊表现发热，精神不振，食欲降低或废绝，间有腹泻，常于症状出现后数小时至一天内急性死亡。有时病犊未见腹泻即死亡。

②肠毒血型。较少见，常突然死亡。有症状者，则可见到典型的中毒性神经症状，先是不安、兴奋，后来沉郁、昏迷，以至于死亡。死前多有腹泻症状。

③肠炎型。病初体温升高达40℃，数小时后开始下痢，粪便初如粥样、黄色，后呈水样、灰白色，混有未消化的凝乳块、凝血及泡沫，有酸败气味。后期患畜排粪失禁，常有腹痛。病程长的，可出现肺炎及关节炎症状。

败血症或肠毒血症死亡的病犊，常无明显的病理变化。伴有腹泻的病犊，真胃有大量的凝乳块，黏膜充血、水肿，覆有胶状黏液，皱褶部有出血；肠管迟缓、缺乏弹性，肠内容物常混有血液和气泡，恶臭，小肠黏膜充血、出血，部分黏膜上皮脱落；直肠也可见有同样变化；肠系膜淋巴结肿大；肝和肾苍白，被膜下可见出血点，胆囊内充满黏稠暗绿色胆汁；心内膜有出血点；病程长的病例在关节和肺也有病变。

(3) 羔羊。潜伏期数小时至1～2d。

①败血型。主要发生于2～6周龄至三月龄的羔羊。病初体温升高达41.5～42℃，病羔精神委顿，结膜充血、潮红，呼吸浅表；随后出现中枢神经系统紊乱，病羔口吐白沫，四肢僵硬，运步失调，头常弯向一侧，视力障碍，继之卧地、磨牙，头向后仰，一肢或数肢作划水动作。病羔很少下痢，少数排出带血的稀粪。死前可视黏膜发绀，腹部肿胀，肛门外凸，多于发病后4～12h死亡。剖检可见胸、腹腔和心包大量积液，内混有纤维蛋白；某些关节，尤其是肘和腕关节肿大，滑液混浊，内含纤维素性脓性絮片；脑膜充血，有很多小出血点，大脑沟常含有大量脓性渗出物。

②肠炎型。主要发生于7日龄以内的幼羔。病初体温升高到40.1～41℃，随后出现下痢，粪便先呈糊状，由黄色变为灰色，以后粪呈液状，带气泡，有时混有血液和黏液。病羊

腹痛，拱背，委顿，虚弱，卧地，如不及时救治，常在24～36h死亡。剖检尸体严重脱水，真胃及肠内容物呈黄灰色半液状，黏膜充血；肠系膜淋巴结肿胀发红；有的肺呈肺炎病变。

（4）兔。主要侵害20日龄及断乳前后的仔兔和幼兔。

最急性者突然死亡。多数病兔初期腹部膨胀，粪便细小、成串，外包有透明、胶冻状黏液，随后出现水样腹泻，肛门周围、后肢、下腹等处被毛沾有大量的水样便，腥臭。病兔四肢发冷，磨牙，流涎，眼眶下陷，迅速消瘦，1～2d内死亡。

剖检见胃膨大，充满液体和气体；胃黏膜充血、出血；小肠黏膜明显充血，内部充满半透明胶冻样液体，并混有气泡；结肠和盲肠黏膜充血、出血；肠系膜淋巴结肿大；肝呈铜绿色或暗褐色；肾肿大，呈暗褐色或土黄色，表面和切面有大量出血点；肺充血或出血。

（5）禽。常发生于3～6周龄，潜伏期从数小时至3d不等。

急性者体温上升，常无腹泻而突然死亡。经卵感染或在孵化后感染的鸡胚，出壳后几天内即可发生大批急性死亡。慢性者呈剧烈腹泻，粪便灰白色，有时混有血液，死前有抽搐和转圈运动，病程可拖延十余天，有时见全眼球炎。成年鸡感染后，多表现为关节滑膜炎、输卵管炎和腹膜炎。

剖检病死禽尸体，因病程、年龄不同，常呈现急性败血症、气囊炎、关节滑膜炎、全眼球炎、输卵管炎和腹膜炎、肉芽肿等多种病理变化。

4. 防制 控制本病重在预防。平时应加强饲养管理，搞好环境卫生，减少应激。用分离鉴定到的大肠杆菌血清型制备多价活苗或灭活苗进行免疫接种，可获得良好的免疫效果。

发生本病时可使用对大肠杆菌有抑制作用的抗生素和磺胺类药物进行治疗。条件允许时可对分离到的大肠杆菌进行药敏试验，筛选出高敏药物，并辅以对症治疗。

（二）沙门氏菌病

沙门氏菌病，又名副伤寒，是由沙门氏菌属细菌引起的各种动物疾病总称。临诊上多表现为败血症和肠炎，也可使怀孕母畜发生流产。

1. 病原 沙门氏菌属细菌是血清学相关的革兰氏阴性杆菌。

本属细菌对干燥、腐败、日光等因素具有一定的抵抗力，在外界条件下可以生存数周或数月。对于化学消毒剂的抵抗力不强，一般常用消毒剂和消毒方法均能达到消毒目的。

2. 流行病学 各种年龄畜禽均可感染，但幼年畜禽较成年者易感。

病畜和带菌者是本病的主要传染源。主要经消化道感染。病畜与健畜交配或用患本病公畜的精液人工授精也可发生感染。在禽类最常见的是通过带菌卵而传播。本病一年四季均可发生。但猪在多雨潮湿季节发病较多，成年牛多于夏季放牧时发生，马多发生于春、秋两季，育成期羔羊常于夏季和早秋发病，孕羊则主要在晚冬、早春季节发生流产。

3. 症状及病变

（1）猪。又称猪副伤寒。

①急性型。又称败血型，多发生于断乳前后的仔猪，常突然死亡。病程稍长者，表现体温升高（41～42℃），腹痛，下痢，呼吸困难，耳根、胸前和腹下皮肤有紫斑，多以死亡告终。病变主要为败血症变化。脾常肿大，色暗带蓝，坚度似橡皮，切面呈蓝红色，脾髓质不软化；肠系膜淋巴结索状肿大，其他淋巴结也有不同程度的增大，软而红，类似大理石状；肝、肾肿大、充血和出血，有时肝实质可见糠麸状，极为细小的黄灰色坏死小点；全身各黏膜、浆膜均有不同程度的出血斑点，胃肠黏膜可见急性卡他性炎症。

②亚急性和慢性型。为常见病型。表现体温升高（40.5～41.5℃），精神不振，寒战，喜钻垫草，堆叠一起，眼结膜发炎，有脓性分泌物；初便秘后腹泻，排淡黄色或灰绿色粪便，恶臭；病猪很快消瘦，皮肤有痂状湿疹；病程持续可达数周，最终死亡或成为僵猪。特征性病变为坏死性肠炎，多见于盲肠、结肠，有时波及回肠后段；肠黏膜上覆有一层灰黄色腐乳状物，强行剥离则露出红色、边缘不整的溃疡面；如滤泡周围黏膜坏死，常形成同心轮状溃疡面；肠系膜淋巴结索状肿大，有的干酪样坏死；脾稍肿大；肝有可见灰黄色坏死灶；有时肺发生慢性卡他性炎症，并有黄色干酪样结节。

（2）成年牛。以急性和亚急性比较常见。急性型表现为突然发病，高热（40～41℃）、精神沉郁、食欲废绝、产乳量下降；大多数病牛发病后12～24h，粪便中带有血块，不久即变为下痢，粪便恶臭，带血或含有纤维素絮片，间杂有黏膜，下痢开始后体温降至正常或较正常略高；病期延长者可见迅速脱水和消瘦，眼窝下陷，黏膜充血和发黄；病牛腹痛剧烈，常用后肢蹬踢腹部。未经治疗病例，死亡率可高达75%，治疗后可降至10%。怀孕母牛多数发生流产。亚急性比较缓和，病牛体温有不同程度升高或不升高，愈后情况良好。

犊牛。有些病牛生后48h内即表现拒食、卧地、迅速衰竭等症状，常于3～5d内死亡。多数犊牛常于10～14日龄以后发病，病初体温升高（40～41℃），24h后排出灰黄色液状粪便并混有黏液和血丝，一般于病状出现后5～7d内死亡，病死率有时可达50%。病期延长时，腕和跗关节可能肿大，有的还有支气管炎和肺炎症状。

成年牛的病变主要表现为急性黏液性、坏死性或出血性肠炎，特别是回肠和大肠。可见肠壁增厚，肠黏膜潮红，常杂有出血，大肠黏膜脱落，有局限性坏死区；肠系膜淋巴结肿大；脾肿大。死于急性败血症的犊牛，可见广泛性的黏膜和浆膜下出血；病程稍长的病例体质消瘦，小肠出现黏液性或出血性肠炎；肠系膜淋巴结水肿、充血、极度肿大；部分病例可见肾和肝有出血点。

（3）羊。以断乳龄或断乳不久的最易感。
①下痢型。病羊体温升高达40～41℃，食欲减退，腹泻，排黏性带血稀粪，有恶臭，往往死于败血症或者严重脱水，有的经两周后可康复。剖检可见真胃和肠道空虚，黏膜充血，有半液状内容物；肠道黏膜水肿，有黏液，并含有小的血块；肠系膜淋巴结增大充血；胆囊黏膜水肿；心内、外膜下有小出血点。
②流产型。怀孕绵羊于怀孕期后4～6周发生流产或死产。在此之前，病羊体温上升至40～41℃，部分羊有腹泻症状；流产前和流产后数天，阴道有分泌物流出；病羊产下的活羔，表现衰弱，委顿，卧地，并可有腹泻，不吮乳，往往于1～7d内死亡；病母羊也可在流产后或无流产的情况下死亡。死亡母羊剖检可见有急性子宫炎，流产或死产者其子宫肿胀，常含有坏死组织、浆液性渗出物和滞留的胎盘；流产的、死产的胎儿或生后1周内死亡的羔羊，表现败血症病变。

（4）兔。以腹泻和流产为特征。腹泻型通常经1～7d死亡。流产后未死而康复的母兔多不易受孕。

剖检超急性死亡病例见多个脏器瘀血，胸、腹腔积液；急性病例肝有小坏死灶；脾肿大；肠淋巴结水肿，肠黏膜有淋巴滤泡肿胀，坏死后形成溃疡；有的病例肠黏膜瘀血、出血、黏膜下水肿；流产母兔有化脓性子宫炎。

（5）禽。禽沙门氏菌病依病原体的抗原结构不同可分为3种：由鸡白痢沙门氏菌所引起的称为鸡白痢，由鸡伤寒沙门氏菌引起的称为禽伤寒，由其他有鞭毛、能运动的沙门氏菌所引起的禽类疾病则统称为禽副伤寒。

①鸡白痢。以2~3周龄以内雏鸡的发病率与病死率为最高，呈流行性。成年鸡感染呈慢性或隐性经过。

雏鸡和雏火鸡两者的症状相似。出壳后感染的雏鸡，多在孵出后几天才出现明显症状。发病雏鸡呈最急性者，无症状迅速死亡。稍缓者表现精神委顿，绒毛松乱，两翼下垂，缩颈闭眼昏睡，不愿走动，聚成一团。病初食欲减少，而后停食，多数出现软嗉症状。同时腹泻，排稀薄如糨糊状粪便，肛门周围绒毛被粪便污染，有的因粪便干结封住肛门周围，影响排粪。由于肛门周围炎症引起疼痛，故病雏鸡排便时常发出尖锐叫声。最后因呼吸困难及心力衰竭而死。有的病雏鸡出现眼盲或肢关节肿胀，呈跛行症状。

成年鸡感染常无临诊症状。极少数病鸡腹泻，产卵停止。有的因卵黄囊炎引起腹膜炎，腹膜增生而呈"垂腹"现象，有时成年鸡可呈急性发病。

②禽伤寒。成年鸡易感，潜伏期一般为4~5d。年龄较大的鸡和成年鸡，急性经过者突然停食，排黄绿色稀粪，体温上升1~3℃，病鸡可迅速死亡。雏鸡和雏鸭发病时，其症状与鸡白痢相似。

③禽副伤寒。家禽中以鸡和火鸡最常见。经带菌卵感染或出壳雏禽在孵化器感染病菌，常呈败血症经过，往往不显任何症状迅速死亡。年龄较大的幼禽则常取亚急性经过，主要表现水样下痢。病程为1~4d。1月龄以上幼禽一般很少死亡。

死于鸡白痢的雏鸡，如日龄短，发病后很快死亡，则病变不明显。病期延长者，肝、脾和肾肿大、充血，有时肝可见大小不等的坏死点；卵黄吸收不良，内容物呈奶油状或干酪样；有呼吸道症状的雏鸡肺可见有坏死或灰白色结节；心包增厚，心脏可见有坏死和结节；肠道呈卡他性炎症，盲肠臌大。

成年母鸡，最常见的病变为卵子变形、变色，呈囊状，有腹膜炎。有些卵自输卵管逆行而坠入腹腔，引起广泛的腹膜炎及腹腔脏器粘连。常有心包炎。成年公鸡的病变，常局限于睾丸及输精管，睾丸极度萎缩，有小脓肿，输精管管腔增大，充满浓稠渗出液。

死于禽伤寒的雏鸡（鸭）病变与鸡白痢所见相似。成年鸡，最急性者眼观病变轻微或不明显，急性者常见肝、脾、肾充血肿大；亚急性和慢性病例，特征病变是肝肿大呈青铜色，肝和心肌有灰白色粟粒大坏死灶，卵子及腹腔病变与鸡白痢相同。

死于鸡副伤寒的雏鸡，最急性者无可见病变；病期稍长的，消瘦、脱水、卵黄凝固；肝、脾充血，有条纹状或针尖状出血和坏死灶；肺及肾出血；心包炎；常有出血性肠炎。成年鸡，肝、脾、肾充血肿胀；有出血性或坏死性肠炎、心包炎及腹膜炎；产卵鸡的输卵管坏死、增生、卵巢坏死、化脓。

4. 防制　关于菌苗免疫，目前国内已研制出猪、牛和马的副伤寒菌苗。对禽沙门氏菌病，目前尚无有效菌苗可供利用，防制本病必须严格贯彻消毒、隔离、检疫、药物预防等综合性措施；在有病鸡群，应定期用凝集试验进行检疫，将阳性鸡及可疑鸡全部剔出淘汰，使鸡群净化。治疗可通过药敏试验选取高效抗生素进行治疗，并辅以对症治疗。

（三）巴氏杆菌病

巴氏杆菌病又名出血性败血症，是由多杀性巴氏杆菌引起的，发生于各种家畜、家禽、野生动物和人类的一种传染病的总称。该病的特征是急性者表现为败血症和炎性出血等变化，慢性者则表现为皮下、关节以及各脏器的局灶性化脓性炎症。

1. 病原 多杀性巴氏杆菌是两端钝圆、中央微凸的短杆菌，革兰氏染色呈阴性，病料涂片用瑞氏、姬姆萨氏法或美蓝染色呈明显的两极浓染，培养物的两极着色则不明显。不形成芽孢，无鞭毛，新分离的强毒菌株具有荚膜。需氧或兼性厌氧，在加有血液或血清的培养基中生长良好。

本菌对物理因素和化学因素的抵抗力比较低。普通消毒药常用浓度对本菌都有良好的消毒力，但克辽林对本菌的杀菌力很差。

2. 流行病学 多杀性巴氏杆菌对多种动物（家畜、野兽、禽类）和人均有致病性。家畜中以牛、猪发病较多；绵羊也易感，鹿、骆驼和马亦可发病，但较少见；家禽和兔也易感染。

患病动物和带菌动物为主要传染源。主要经过消化道和呼吸道传染，也可经皮肤、黏膜的损伤和吸血昆虫叮咬感染，健康带菌者在抵抗力降低时也可发生内源性感染。本病的发生一般无明显的季节性，但以冷热交替、气候剧变、闷热、潮湿、多雨的时期发生较多。一般为散发性，家禽，特别是鸭群发病时，多呈流行性。

3. 症状及病变

(1) 猪。又称猪肺疫。

①最急性型。俗称"锁喉风"，突然发病，迅速死亡。病程稍长、病状明显的可表现体温升高（41～42℃），食欲废绝，全身衰弱，呼吸高度困难，心跳加快；颈下咽喉部发热、红肿、坚硬，严重者波及耳根和胸前；病猪呼吸极度困难，常作犬坐势，伸长头颈呼吸，有时发出喘鸣声；口鼻流出泡沫，可视黏膜发绀；腹侧、耳根和四肢内侧皮肤出现红斑，最后窒息而死。剖检可见皮肤、皮下组织、浆膜和黏膜有大量出血点，咽喉部及其周围组织发生出血性浆液浸润；全身淋巴结肿大、出血，切面红色；肺急性水肿，胸、腹腔和心包腔内液体增多。

②急性型。较常见的病型，多呈现急性胸膜肺炎。体温升高（40～41℃），初发生痉挛性干咳，后变为湿咳，咳时有痛感，触诊胸部有剧烈的疼痛；病势发展后，呼吸更感困难，张口吐舌，作犬坐姿势，可视黏膜蓝紫，常有黏脓性结膜炎；鼻流黏稠液，有时混有血液；听诊有啰音和摩擦音；初便秘，后腹泻；皮肤瘀血和小出血点；病猪消瘦无力，卧地不起，多因窒息而死。剖检除全身黏膜、浆膜、实质器官、淋巴结呈出血性病变外，特征性病变为纤维素性肺炎。

③慢性型。多见于流行后期，主要表现慢性肺炎或慢性胃肠炎症状。剖检可见尸体极度消瘦、贫血；肺有多处坏死灶，内含干酪样物质；胸膜及心包有纤维素性絮状物附着，肋膜变厚，常与病肺粘连；支气管周围淋巴结、肠系膜淋巴结以及扁桃体、关节和皮下组织见有坏死灶。

(2) 牛。又名牛出血性败血病。

①败血型。病初发高烧，可达41～42℃，精神沉郁，食欲废绝，呼吸困难，黏膜发绀，鼻流带血泡沫，腹泻，粪便带血，一般于24h内因虚脱而死亡，甚至突然死亡。剖检时往往没有特征性病变，只见黏膜和内脏表面有广泛的出血点。

②水肿型。除呈现全身症状外，在颈部、咽喉部及胸前的皮下结缔组织，出现迅速扩展的炎性水肿，同时伴发舌及周围组织的高度肿胀，舌伸出齿外，呈暗红色；患畜呼吸高度困

难，皮肤和黏膜普遍发绀，眼红肿、流泪。往往因窒息而死，病期多为12～36h。死后可见肿胀部呈现出血性胶样浸润。

③肺炎型。最常见。病牛呼吸困难，痛性干咳，鼻流无色或带血泡沫；叩诊胸部，一侧或两侧浊音区；听诊有支气管呼吸音和啰音，或胸膜摩擦音；严重时，高度呼吸困难，头颈前伸，张口伸舌，病牛迅速窒息死亡；2岁以下小牛常伴有带血的剧烈腹泻。主要病变为纤维素性胸膜肺炎。

（3）羊。本病多发于幼龄绵羊和羔羊。

①最急性型。多见于哺乳羔羊。突然发病，呈现寒战、虚弱、呼吸困难等症状，可于数分钟至数小时内死亡。

②急性型。精神沉郁，食欲废绝，体温升高至41～42℃；呼吸急促，咳嗽，鼻孔常有出血，有时血液混杂于黏性分泌物中；初期便秘，后期腹泻，有时粪便全部变为血水；颈部、胸下部发生水肿；病羊常在严重腹泻后虚脱而死，病期2～5d。剖检皮下有液体浸润和小点状出血；胸腔内有黄色渗出物；肺瘀血、小点状出血和肝变；胃肠道出血性肠胃炎；其他脏器呈水肿或瘀血，间有点状出血。

③慢性型。病羊消瘦、不思饮食；流黏液脓性鼻液，咳嗽，呼吸困难；有时颈部和胸下部发生水肿；有角膜炎；病羊腹泻。临死前极度衰弱，四肢厥冷，体温下降。剖检病羊尸体消瘦，皮下胶冻样浸润，纤维素性胸膜肺炎，肝有坏死灶。

（4）兔。巴氏杆菌病是引起9周龄至6月龄的兔死亡的主要原因之一。

①鼻炎型。是常见的一种病型，其临诊特征是流浆液性、黏液性或脓性鼻液；经常打喷嚏、咳嗽，鼻部的刺激常使兔用前爪擦揉外鼻孔，使该处被毛潮湿并缠结；上鼻和闭口周围皮肤发炎、红肿，黏液、脓性鼻液在鼻孔周围结痂并可能堵塞鼻孔，致使呼吸困难而发出鼾声。剖检可见鼻黏膜潮红、肿胀或增厚，有时发生糜烂，鼻窦和副鼻窦黏膜也充血、红肿，鼻腔和副鼻窦内有大量分泌物。

②地方流行性肺炎。常呈急性经过，患兔很快死亡，表现食欲不振、体温升高、精神沉郁，有时会出现腹泻或关节肿胀症状。病变多发生于肺的尖叶、心叶、膈叶前下部，表现为肺充血、出血、实变、膨胀不全、脓肿和出现灰白色小结节病灶；肺胸膜、心包膜覆盖有纤维素；鼻腔和气管黏膜充血、出血，有黏稠的分泌物；淋巴结充血肿大。

③败血型。死亡迅速，通常不见临诊症状。剖检死兔，病程稍长的呈全身性出血、充血或坏死；鼻腔黏膜充血，鼻腔内有许多黏性、脓性分泌物；喉头、气管黏膜充血、出血、水肿；肺严重充血、出血、高度水肿；心内、外膜有出血斑点，肝变性、肿大、瘀血，并有许多坏死小点；肠黏膜充血、出血；脾和淋巴结肿大、出血；胸、腹腔有较多淡黄色液体。

④中耳炎型。又称斜颈病（歪头症）。严重的患兔，向着头倾斜的一方翻滚，一直到被物体阻挡为止；由于两眼不能正视，患兔饮食极度困难，因而逐渐消瘦；如脑膜和脑实质受损，则可出现运动失调和其他神经症状。剖检可见，初期鼓膜和鼓室内膜成红色，病程稍长者，一侧或两侧鼓室腔内充满白色、奶油状渗出物；若炎症向脑部蔓延，这时可造成化脓性脑膜炎。

（5）禽。又名禽霍乱。

①最急性型。常见于流行初期，以产蛋高的鸡最常见。病鸡常无前驱症状，有时见病鸡精神沉郁，倒地挣扎，拍翅抽搐，病程短者数分钟，长者也不过数小时，即归于死亡。该病

型看不到明显病理变化。

②急性型。最为常见。病鸡体温升高到43～44℃，全身症状明显。常有腹泻，排出灰黄色或绿色稀粪；减食或不食，渴欲增加；呼吸困难，口、鼻分泌物增加；鸡冠和肉髯发绀，呈青紫色，有的病鸡肉髯肿胀，有热痛感；产蛋鸡停止产蛋。最后衰竭、昏迷而死亡。病死率很高。剖检变化是皮下组织、腹部脂肪和肠系膜常见大小不等的出血点；心包变厚，心包积有淡黄色液体并混有纤维素，心外膜、心冠脂肪有出血点；肝肿大、质脆，呈棕红色或棕黄色或紫红色，表面广泛分布针尖大小、灰白色或灰黄色、边缘整齐、大小一致的坏死点；肠道黏膜红肿，呈暗红色，有弥漫性出血或溃疡，肠内容物含有血液。

③慢性型。多见于流行后期。以慢性肺炎、慢性呼吸道炎和慢性胃肠炎较多见。病变因侵害部位不同而有差异，一般可见到鼻腔、气管和支气管内有大量黏性分泌物；肺硬变；关节肿大变形，有炎性渗出物和干酪样坏死；公鸡的肉髯肿大，内有干酪样的渗出物；母鸡的卵巢明显出血，有时在卵巢周围有一种坚实、黄色的干酪样物质，附着在内脏器官的表面。

4. 防制 平时应注意饲养管理，消除可能降低机体抗病力的因素，定期消毒。每年定期进行预防接种。由于多杀性巴氏杆菌有多种血清群，各血清群之间不能产生完全的交叉保护，因此，应选用来自同一畜（禽）种的相同血清群菌株制成的疫苗进行预防接种。

发生本病时，应将病畜（禽）隔离，严格消毒，发病禽群还应实行封锁。同群的假定健康畜（禽），可用高免血清进行紧急预防注射，隔离观察1周后，如无新病例出现，再注射疫苗。如无高免血清，也可用疫苗进行紧急预防接种，但应做好潜伏期病畜发病的紧急抢救准备。发病禽群，可试用禽霍乱自场脏器苗，紧急预防接种。

病畜（禽）发病初期可用高免血清治疗，效果良好。青霉素、链霉素、四环素族抗生素或磺胺类药物也有一定疗效。抗生素和高免血清联用，疗效更佳。鸡对链霉素敏感，用药时应慎重，以避免中毒。大群治疗时，可将四环素族抗生素混在饮水或饲料中，连用3～4d。

（四）布鲁氏菌病

布鲁氏菌病简称布病，是由细菌引起的急性或慢性人畜共患病。临诊主要表现流产、睾丸炎、不育、腱鞘炎和关节炎，病理特征为全身弥漫性网状内皮细胞增生和肉芽肿结节形成。

1. 病原 布鲁氏菌属共分6个种，分别是羊布鲁氏菌、猪布鲁氏菌、牛布鲁氏菌、犬布鲁氏菌、沙林鼠布鲁氏菌和绵羊布鲁氏菌。羊布鲁氏菌主要感染绵羊、山羊，也能感染牛、猪、鹿、骆驼等；猪布鲁氏菌主要感染猪，也能感染鹿、牛和羊；牛布鲁氏菌主要感染牛、马、犬，也能感染水牛、羊和鹿；其他3种布鲁氏菌除感染本动物外，对其他动物致病力很弱或无致病力。

本菌对自然因素的抵抗力较强。在患病动物内脏、乳汁内、毛皮上能存活4个月左右。布鲁氏菌对热敏感，70℃经10min即可死亡；阳光直射1h死亡；在腐败病料中迅速失去活力；1%来苏儿、2%福尔马林或5%生石灰乳需15min将其杀死。对链霉素、庆大霉素、卡那霉素及四环素等敏感。

2. 流行病学 本病的易感动物种类很多。家畜中羊、牛和猪最易感。一般性成熟动物较幼龄动物易感。

传染源主要是患病动物和带菌动物。本病主要由动物摄食被污染的饲料和饮水而经消化道感染，其次是通过皮肤、黏膜和交配感染，也可通过吸血昆虫的叮咬而感染。患睾丸炎的公畜精液中含有病菌，可随交媾而传播。本病无明显季节性，但在产仔季节多发。母畜感染后一般只发生一次流产，以后多不再流产（带菌免疫），使本病的流行有一定的特点，即初发流产时流产率高，以后则逐年减少。

3. 症状及病变

（1）牛。母牛最明显的症状是流产，通常发生于妊娠后的第6～8个月，也可发生于妊娠的其他任何时期。流产胎儿多为死胎、弱胎，弱胎出生后不久死亡。如引起子宫内膜炎，病牛可长期不育。如流产后胎衣不滞留，病牛可迅速康复并再次受孕。公牛感染后主要发生睾丸炎和附睾炎。病变为胎膜水肿增厚，表面覆以纤维蛋白絮片和脓汁；绒毛膜有坏死灶，表面覆以黄色坏死物；胎儿皮下及肌间结缔组织出血性浆液性浸润，胸腹腔积液，浆膜下出血；真胃内有淡黄色或白色黏液絮状物，黏膜下出血；淋巴结、肝和脾肿大，有时有坏死灶；脐带常呈浆液性浸润，肥厚。公畜的睾丸和附睾有炎性坏死灶和化脓灶。

（2）绵羊及山羊。流产发生在妊娠后第3个月或第4个月。流产前2～3d，体温升高、食欲减退、精神委顿、有的长卧不起，由阴道流出黄色黏液等。其他症状可能还有乳房炎、支气管炎、关节炎及滑液囊炎等，发生关节炎及滑液囊炎常引起跛行。乳山羊发生乳房炎时，乳汁有结块，乳量可能减少，乳腺组织有结节性变硬。有的山羊流产2～3次，有的则不发生流产。公羊还可发生睾丸炎、附睾炎。

（3）猪。大多呈隐性经过，少数呈现典型症状，表现为流产、不孕、睾丸炎、后肢麻痹及跛行、短暂发热或无热，很少发生死亡。常见病变是睾丸、附睾、前列腺和子宫等处脓肿。

4. 防制 采取"预防为主"的原则。最好办法是自繁自养，必须引进种畜或补充畜群时，要严格执行检疫。清净的畜群，还应定期检疫（至少一年一次），一经发现，即应淘汰。疫苗接种是控制本病的有效措施。

畜群中如果发现流产，应隔离流产畜和消毒环境及流产胎儿、胎衣，并加强检疫尽早确诊，同时隔离、控制传染源，切断传播途径。

本病尚无特效疗法，一般采用淘汰病牛的方法以阻止本病的流行和散播。

（五）坏死杆菌病

坏死杆菌病是由坏死梭杆菌引起各种哺乳动物和禽类的一种慢性传染病。病的特征是在受损伤的皮肤和皮下组织、消化道黏膜发生组织坏死，有的在内脏形成转移性坏死灶。

1. 病原 坏死梭杆菌为多形性的革兰氏阴性菌，小者呈球杆状或短杆状，大者呈长丝状。幼龄培养菌着色均匀，老龄培养菌着色不匀，似串珠状；本菌无荚膜、鞭毛和芽孢。本菌为严格厌氧菌，在培养基中加入血液、血清、葡萄糖、肝块等可助其生长。在血液琼脂平板上，呈β溶血。在血清琼脂或葡萄糖血液琼脂上经48～72h培养，形成圆形或椭圆形菌落。本菌能产生多种毒素，如杀白细胞素、溶血素，能致组织水肿，内毒素能引起组织坏死。

本菌对理化因素抵抗力不强，常用消毒药均有效，但在污染的土壤中和有机质中能存活较长时间。

2. 流行病学 多种畜禽和野生动物均有易感性，家畜中以猪、绵羊、山羊、牛、马最易感，禽易感性较小，实验动物中兔和小鼠易感，豚鼠次之，人也可感染。

本病传染源主要为患病和带菌动物。主要经损伤的皮肤和黏膜而感染，新生畜有时经脐带感染。人多经外伤感染。本病多发生于低洼潮湿地区，常发于炎热、多雨季节，一般散发或呈地方流行性。

3. 症状和病变 病型因受害部位不同而有所不同，常见以下几种。

（1）腐蹄病。多见于成年牛、羊，有时也见于马、鹿。病初跛行，厌立喜卧。蹄部肿胀或溃疡，叩、压患部时有痛感，蹄底可见小孔或创洞，流出恶臭的脓汁。病变如向深部扩展，则可波及腱、韧带和关节、滑液囊，引起化脓性关节炎或腱鞘炎，严重者可出现蹄壳脱落。重症者有全身症状，如发热、厌食，进而发生脓毒败血症死亡。

（2）坏死性皮炎。多见于仔猪和架子猪，其他家畜也有发生。其特征为体表皮肤及皮下发生坏死和溃烂。多发生于体侧、头部和四肢，初为突起的小丘疹，局部发痒，盖有干痂的结节，触之硬固、肿胀，进而痂下组织迅速坏死、腐烂，积有大量灰黄色或灰棕色恶臭液体，最后皮肤也发生溃烂。少数病例，其病变深达肌肉乃至波及骨骼，也有病猪发生耳及尾的干性坏死，最后脱落。个别病猪全身或大块皮肤干性坏死，如盔甲般覆盖体表，最后从其边缘逐渐脱落。母畜还可发生乳头和乳房皮肤坏死，甚至乳腺坏死。

（3）坏死性口炎。又称"白喉"，多见于犊牛、羔羊或仔猪，有时亦见于仔兔或雏鸡。病初厌食，发热，流涎，有鼻汁，气喘。口腔黏膜红肿，在舌、齿龈、上颚、颊、喉头等处黏膜上附有粗糙、污秽的灰褐色或灰白色伪膜，强力剥脱伪膜，可见其下露出不规则的溃疡面，易出血。发生在咽喉者，颌下水肿，呼吸困难，不能吞咽，病变蔓延至肺部或坏死物被吸入肺内或转移他处，常导致病畜死亡。

（4）坏死性肠炎。常与猪瘟、副伤寒等病并发或继发，临床表现严重腹泻，排便带血、脓样或有坏死黏膜。

死于坏死杆菌病的动物，除在体表有病变外，一般在内脏也有蔓延性或转移性坏死灶。多在肺内形成数量和大小不等的灰黄色结节，圆而硬固，切面干燥。其他实质器官也可能坏死。坏死性肠炎可见肠黏膜有固膜性坏死和溃疡，严重时波及肠壁全层甚至穿孔，胃壁也受到侵害。

4. 防制 平时应加强饲养管理，搞好环境卫生和消除发病诱因，避免皮肤和黏膜损伤。防止动物互相啃咬，不到低洼潮湿不平的泥泞地放牧，牛、羊、马要正确护蹄，在多发季节，可在饲料中加抗生素类药物进行预防。

畜群中一旦发生本病，应及时隔离治疗，彻底消毒。在采用局部治疗的同时，要根据不同病型辅以全身疗法，如肌肉或静脉注射磺胺类药物、四环素、土霉素、金霉素、螺旋霉素等，可控制本病进一步发展和防止继发感染。此外还应配合强心、解毒、补液等对症疗法，以提高治愈率。

对腐蹄病的治疗，应用清水洗净患部并清创，再用1%高锰酸钾或5%福尔马林或用10%的硫酸铜冲洗消毒，然后在蹄底的孔内或洞内填塞硫酸铜、水杨酸粉或高锰酸钾、磺胺粉，创面可涂敷木焦油福尔马林合剂或5%高锰酸钾或10%甲醛酒精液或龙胆紫，牛、羊可通过5%福尔马林或10%硫酸铜进行蹄浴。对软组织可用磺胺软膏、碘仿鱼石脂软膏等药物。

对"白喉"病畜，应先除去伪膜，再用1%高锰酸钾冲洗，然后用碘甘油每天涂2次至痊愈，或用硫酸钾轻擦患处至出血为止，隔日1次，连用3次。

(六) 结核病

结核病是由分枝杆菌引起的一种人畜共患的慢性传染病，其病理特征是在多种组织器官形成结核性肉芽肿（结核结节），继而结节中心干酪样坏死或钙化。

1. 病原 本病的病原是分枝杆菌属的3个种，即结核分枝杆菌、牛分枝杆菌和禽分枝杆菌。

结核分枝杆菌是直或微弯的细长杆菌，呈单独或平行相聚排列，多为棍棒状，另有分枝状。牛分枝杆菌稍短粗，且着色不均匀。禽分枝杆菌短而小，为多形性。本菌不产生芽孢和荚膜，也不能运动，革兰氏染色阳性。分枝杆菌为专性需氧菌，在培养基上生长缓慢。

本菌对干燥和湿冷的抵抗力很强，但对热的抵抗力差，60℃经30min即可死亡。在直射阳光下经数小时死亡。对消毒药抵抗力较强，5％石炭酸、5％来苏儿需24h能将其杀死，10％漂白粉、70％酒精中很快死亡。本菌对链霉素、异烟肼、对氨基水杨酸和环丝氨酸等敏感。

2. 流行病学 家畜中牛最易感，猪和家禽易感性也较强。牛型结核杆菌主要侵害牛，其次是猪、鹿和人，再次是马、犬、猫、绵羊和山羊。禽型结核杆菌主要侵害家禽和鸟类，其次是猪和绵羊，人及犬、猫、牛极少见。

患病畜禽，其痰液、粪尿、乳汁和生殖道分泌物中都可带菌，通过污染饲料、食物、饮水、空气和环境而散播传染。本病主要经呼吸道、消化道感染。畜舍通风不良、拥挤、潮湿、阳光不足、缺乏运动等，可促进本病的发生。

3. 症状及病变 潜伏期长短不一，短者十几天，长者数月甚至数年。

（1）牛。常表现为肺结核、乳房结核和淋巴结核，有时可见肠结核、生殖器结核、脑结核、浆膜结核及全身性结核。肺结核时病初食欲、反刍无变化，但易疲劳，常发短而干的咳嗽，随着病情发展咳嗽加重、频繁且表现痛苦；呼吸次数增多或发气喘；病畜日渐消瘦、贫血。有的牛体表淋巴结肿大，常见于肩前、股前、腹股沟、颌下、咽及颈淋巴结等；纵隔淋巴结肿大可压迫食道，病牛有慢性臌气症状。病势恶化可发生全身性结核，即粟粒性结核；胸膜腹膜发生结核病灶即所谓的"珍珠病"，胸部听诊可听到摩擦音。乳房结核时乳房上淋巴结肿大，乳房有局限性或弥散性硬结，无热无痛；泌乳量减少，乳汁初无明显变化，严重时呈水样稀薄。生殖器官结核，可见性机能紊乱；发情频繁，性欲亢进，慕雄狂与不孕；孕畜流产，公畜副睾丸肿大，阴茎前部可发生结节、糜烂等。肠道结核多见于犊牛，表现消化不良，食欲不振，顽固性下痢，迅速消瘦。中枢神经系统主要是脑与脑膜发生结核病变，常引起神经症状，如癫痫样发作、运动障碍等。

剖检在肺或其他器官常见有很多突起的白色结节，切面为干酪样坏死，有的见有钙化，切开时有沙粒感。有的坏死组织溶解和软化，排出后形成空洞。胸腔或腹腔浆膜可发生密集的粟粒大至豌豆大、半透明、灰白色、坚硬的结节，形似珍珠，即所谓的"珍珠病"。胃肠黏膜可能有大小不等的结核结节或溃疡。乳房结核，剖开乳房可见有大小不等的病灶，内含有干酪样物质，还可见到急性渗出性乳房炎的病变。

（2）禽结核病。成年鸡和老龄鸡多发。临诊表现贫血、消瘦、鸡冠萎缩、跛行以及产蛋减少或停止。病程持续2~3个月，有时可达一年。病禽因衰竭或因肝变性破裂而突然死亡。主要病变为各部位的肠段可发生溃疡，形成的结核结节如同肿瘤样物质突出于肠管的表面。肝脾等器官肿大，切开后可见其内充满干酪样物质。

4. 防制 防疫应采取综合性措施，即引进动物时应加强检疫，经结核菌素变态反应确认阴性时方可解除隔离，混群饲养；每年定期对牛群进行结核病检疫，淘汰变态反应阳性病牛，尤其是奶牛；加强消毒工作，每年进行2～4次预防性消毒，每当畜群出现阳性病牛后，都要进行一次大消毒。患病动物应及时淘汰处理，不主张治疗。

（七）钩端螺旋体病

钩端螺旋体病（简称钩体病）是由钩端螺旋体（简称钩体）引起的一种人畜共患性传染病，动物多为隐性感染，有时可表现为复杂多样的临床症状，如发热、黄疸、血红蛋白尿、皮肤黏膜坏死、水肿及妊娠动物流产等。

1. 病原 钩端螺旋体属于螺旋体目密螺旋体科钩端螺旋体属。钩端螺旋体属分为两个种，即问号钩端螺旋体和双曲钩端螺旋体，本病病原为问号钩端螺旋体。钩端螺旋体形态纤细，有12～18个螺旋，菌体两端弯曲呈钩状。

钩端螺旋体对外界环境具有一定的抵抗力，在污染的河水、池塘水和潮湿泥土中可存活数月，在尿液中可存活2d左右。钩端螺旋体对热、酸、干燥都敏感。一般消毒剂和常用消毒方法都可将其杀灭。该菌对链霉素及四环素药物较敏感。

2. 流行病学 各种年龄动物均可感染，但以幼龄动物发病较多。发病和带菌动物是主要的传染源。该病通过直接或间接方式传播，主要途径是皮肤，其次为消化道、呼吸道及生殖道黏膜。吸血昆虫叮咬、人工授精及交配等也可传播本病。本病一年四季均可发生，但在夏、秋多雨、洪水泛滥季节为流行高峰。一般为散发或者地方性流行。饲养管理不善、导致机体抵抗力下降的各种因素都可促进本病的发生，甚至引起死亡。

3. 症状及病变

（1）猪。急性型：表现为发热，厌食，皮肤干燥，全身皮肤和黏膜黄染，浓茶样尿或血尿。几天内，有时数小时内突然惊厥而死。

亚急性和慢性型：病初有不同程度的体温升高，眼结膜潮红，有时有浆液性鼻漏，食欲减退，精神不振。几天后，有的上下颌、头部、颈部甚至全身水肿，指压凹陷。尿液变黄，出现茶尿、血红蛋白尿甚至血尿。有时粪干硬，有时腹泻，病猪逐渐消瘦、无力。个别病例有脑膜炎症状。病死率为50%～90%。

孕猪突然发生大批流产则可能是猪群暴发钩端螺旋体病的一个重要先兆。

（2）牛。急性型：多见于犊牛，表现为突然发热、黄疸、血红蛋白尿和贫血等症状，并常见有皮肤干裂、坏死和溃疡变化。妊娠母牛感染出现流产或"弱犊综合征"，尤其是青年牛多发。

亚急性：常见于奶牛，主要表现为体温升高，食欲减少，黏膜黄染，产乳量迅速下降，乳汁黏稠呈初乳状、色黄并且含有血凝块。病牛很少死亡，经6～8周产乳量可能逐渐恢复。某些牛群感染时，主要表现为"产乳下降综合征"，有时则表现为繁殖失败或不孕。

（3）羊。临床症状与牛相似，但发病率较低。

病变：各种动物的病理变化基本相似，主要表现在皮肤、皮下组织、浆膜和黏膜明显黄染、出血，皮肤干裂和坏死；口腔黏膜溃疡；肝肿大，呈棕黄色，胆囊充盈，瘀血；肺、脾等实质器官有斑点状出血；肾肿大，有出血点和散在的灰白色坏死灶；膀胱黏膜出血，内积有黄色或红色尿液；肠系膜出血，肠系膜淋巴结肿大；胸腔和心包有黄色积液，心脏、心内膜出血；有些病例可见头、颈、下颌、背部及胃壁等水肿。

4. 防制 应搞好综合性防疫措施，包括加强饲养管理、防止环境污染、消除带菌动物、药物预防及免疫接种等。

发生本病时应及时采取相应措施控制和消灭疫情，防止疫病蔓延。发病初期可采取抗生素治疗，常用的抗生素有青霉素和链霉素等，同时可辅以对症疗法，如强心、利尿、补充葡萄糖和维生素C等。对受威胁动物可利用钩端螺旋体多价苗进行紧急预防接种。同时搞好消毒、处理病尸工作。

（八）流行性感冒

流行性感冒（简称流感），是由流行性感冒病毒（简称流感病毒）引起的人和动物的一种急性、高度接触性传染病。在人和哺乳动物，此病以发热和伴有急性呼吸道症状为特征，在禽类则可有急性败血症、呼吸道感染以至隐性经过等多种临诊表现。

1. 病原 流感病毒分为A、B、C 3型，分别属于正黏病毒科下设的A型流感病毒属、B型流感病毒属和C型流感病毒属。能凝集马、驴、猪、羊、牛、鸡、鸽、豚鼠和人的红细胞，不凝集兔红细胞。

流感病毒对干燥和低温的抵抗力强，在-70℃稳定，冻干可保存数年。60℃ 20min可使病毒灭活。一般消毒剂对病毒均有作用。

2. 流行病学 各种动物不分年龄、品种和性别均可感染，但以猪、马、鸡、火鸡和人的发病较为严重。患病动物是主要的传染源，其次是康复或隐性带毒动物。本病一般只能水平传播，传播途径主要是呼吸道，动物通过咳嗽、打喷嚏等随呼吸道分泌物排出病毒，经飞沫感染其他易感动物，由于禽类感染还可随粪便排出病原，因此禽流感的传播途径还包括消化道。流感病毒也可进行直接接触传播。本病多发生于天气骤变的晚秋、早春以及寒冷的冬季。外界环境的改变、营养不良和内外寄生虫侵袭可促进本病的发生和流行。

3. 症状和病变

（1）猪。常突然发病，病猪体温突然升高到40.5~41.5℃或更高。食欲减退，甚至废绝，精神极度委顿，常卧地不愿起立、跛行。呼吸急促，腹式呼吸，夹杂阵发性痉挛性咳嗽。眼和鼻流出黏性分泌物，有时鼻分泌物带有血色。粪便干硬。妊娠母猪可能发生流产。病程较短，如无并发症，多数病猪可于6~7d后康复。如有继发性感染，则可使病势加重，死亡率升高。个别病例可转为慢性，持续咳嗽、消化不良、发育缓慢、消瘦等，最终常以死亡告终。

剖检可见喉、气管及支气管充满含有气泡的黏液，时而混有血液，黏膜充血、肿胀；肺间质增宽；淋巴结肿大，充血；脾肿大；胃肠黏膜有卡他出血性炎症；胸腹腔、心包腔蓄积含纤维素物质的液体。

（2）禽。根据临床症状可分为高致病性禽流感和低致病性禽流感。

①高致病性禽流感。也叫鸡瘟，多见于鸡和火鸡。高致病力病毒感染时，体温迅速升高（达41.5℃以上），食欲废绝；病鸡很快陷于昏睡状态；产蛋大幅度下降或停止；呼吸高度困难，不断吞咽、甩头，口流黏液，叫声嘶哑；头颈部水肿，无毛处皮肤和鸡冠、肉髯等发绀；流泪；拉黄白、黄绿或绿色稀粪；后期两腿瘫痪，伏卧于地。致死率可达100%。

②低致病性禽流感。可表现为不同程度的呼吸症状、消化道症状、产蛋量下降或隐性感染等。

高致病性禽流感病变表现为皮下、浆膜下、黏膜、肌肉及各内脏器官广泛性出血，尤其是腺胃黏膜有点状出血；腺胃与食道交界处、腺胃与肌胃交界处有出血带或溃疡；喉头、气管有不同程度的出血，管腔内有大量黏液或干酪样分泌物；整个肠道从浆膜层即可看到肠壁有大量黄豆至蚕豆大出血斑或坏死灶；盲肠及盲肠扁桃体肿胀、出血、坏死；卵巢和卵子充血、出血，输卵管内有大量黏性或干酪样物；胰明显出血或坏死；肾肿大；法氏囊肿大，内有黏液；肝、脾出血、肿大；腿部可见充血、出血，脚趾肿胀，伴有瘀斑性变色；鸡冠、肉髯极度肿胀并伴有眶周水肿。

低致病性禽流感主要表现为呼吸道及生殖道内有较多黏液或干酪样物，输卵管和子宫质地柔软易碎。个别病例可见呼吸道、消化道黏膜出血。

4. 防制　对畜禽来说，一般性的兽医卫生措施仍是目前防制本病的主要手段，必要时可对疫区实行封锁措施。治疗本病尚无特效药物。解热镇痛等对症疗法可减轻症状，使用抗生素或磺胺类药物可控制继发感染。

（九）口蹄疫

口蹄疫俗名"口疮""蹄癀"，是由口蹄疫病毒引起的偶蹄动物的一种急性、热性、高度接触性传染病。其特征为口腔黏膜、蹄部和乳房皮肤发生水疱和溃烂。

1. 病原　本病由口蹄疫病毒引起，该病毒具有多型性和易变异性特点，各主型之间无交叉免疫。该病毒对外界环境的抵抗力很强，尤其在低温情况下可长期存活，血液及粪便中的病毒可存活120～170d。阳光直射下60min即可杀死；加热85℃15min、煮沸3min即可死亡。对紫外线、酸、碱的作用敏感，1%～2%氢氧化钠、30%热草木灰、1%～2%甲醛、0.2%～0.5%过氧乙酸等都是良好消毒剂。

2. 流行病学　易感动物主要是偶蹄动物，其中奶牛、黄牛最易感；马、牦牛、水牛和猪次之；骆驼、绵羊、山羊再次之。一般幼龄动物较成年动物易感。患病动物和带毒动物是最主要的传染源，患病动物通过水疱液、水疱皮、唾液、眼泪、尿液、粪便、呼出的气溶胶以及发热期的乳汁等排除病毒。潜伏期和康复后的动物是本病危险的传染源。本病通过直接接触和间接接触传播，经过呼吸道、消化道、损伤的皮肤和黏膜感染。常呈流行性或大流行性，自然条件下每隔1～2年或3～5年流行一次，往往沿交通线蔓延扩散，也可跳跃式地远距离传播。单纯性猪口蹄疫仅猪发病，不感染牛、羊。

3. 症状及病变

（1）牛。病牛体温可升高到40～41℃，精神沉郁，闭口，流涎，开口时有吸吮声。发病1～2d后，病牛齿龈、舌面、唇内面可见到蚕豆大到核桃大的水疱。此时涎液增多并呈白色泡沫状挂于嘴边，采食及反刍停止。水疱破裂后，形成边缘整齐、浅表红色溃疡。以后体温逐渐降至正常，溃烂会逐渐愈合。趾间及蹄冠的柔软皮肤上也发生水疱，病牛跛行。如不继发感染，则逐渐愈合。如蹄部继发细菌感染，局部化脓坏死，严重者可使蹄匣脱落。有时在乳头皮肤上也可见到水疱。有些病牛在水疱愈合过程中，病情突然恶化，全身衰弱，肌肉发抖，心跳加快、节律不齐，食欲废绝、反刍停止，行走摇摆、站立不稳，往往因心脏麻痹而突然死亡。犊牛发病时多呈恶性，往往看不到特征性水疱，主要表现为出血性胃肠炎和心肌炎，死亡率很高，病死率高达60%～90%。

（2）羊。潜伏期一周左右，病状与牛大致相同，但感染率较牛低。多在齿龈、硬腭和舌面形成小的水疱。最明显的症状是跛行。羔羊感染后多因出血性胃肠炎和心肌炎而死亡。

（3）猪。潜伏期1～2d，病猪以蹄部水疱为主要特征。病初体温升高至40～41℃，精神不振，食欲减少或废绝。口腔黏膜及鼻周围形成小水疱或糜烂。蹄冠、蹄叉、蹄踵等部出现红、热、痛或敏感区域，不久逐渐形成米粒大、蚕豆大的水疱，水疱破裂后表面出血，形成糜烂。如有继发感染，严重者可致蹄叶、蹄壳脱落，患肢不能着地，病猪常卧地不起。病猪鼻镜、乳房也常见到烂斑，尤其是哺乳母猪，乳头上的皮肤病灶较为常见，但也发于鼻面上。吃乳仔猪的口蹄疫，通常呈急性胃肠炎和心肌炎而突然死亡，病死率可达60%～80%。

患病动物除口腔和蹄部病变外，在咽喉、气管、支气管、食道和瘤胃黏膜还可见到有圆形水疱和烂斑，真胃和大、小肠黏膜有出血性炎症，肺呈浆液性浸润，心包内有大量混浊而黏稠的液体，心包膜有弥漫性或点状出血；恶性口蹄疫可在心肌切面上见到灰白色或淡黄色条纹与正常心肌相伴而行，如同虎皮状斑纹，俗称"虎斑心"。

4. 防制　平时要积极预防、加强检疫，禁止从疫区购入动物及动物产品、饲料、生物制品等；购入动物必须隔离观察，确认健康方可混群。常发地区要定期注射相应病毒型的口蹄疫疫苗。

发生口蹄疫时，应立即上报疫情，及时采取病料，迅速送检确诊定型，划定并封锁疫点、疫区，捕杀患病动物及同群动物，尸体焚烧或化制；对污染的环境和用具进行彻底消毒；对疫区内的假定健康动物及受威胁区的易感动物进行紧急免疫接种。待最后一头病畜消灭之后，3个月内不出现新的病例，经过终末大消毒后解除封锁。

家畜发生口蹄疫后，一般经10～14d自愈。为了缩短病程，防止继发感染，使病牛早日痊愈，在隔离及加强护理条件下，应同时给以对症治疗：口腔病变可用清水、食盐水或0.1%高锰酸钾液清洗，后涂以1%～2%明矾溶液或碘甘油，也可涂洒中药冰硼散于口腔病变处；蹄部病变可先用3%来苏儿清洗，后涂擦龙胆紫溶液、碘甘油、鱼石脂软膏、青霉素软膏等，用绷带包扎；乳房病变可用肥皂水或2%～3%硼酸水清洗，后涂以青霉素软膏或其他刺激性小的防腐软膏。恶性口蹄疫除局部治疗外，可应用强心剂和补液，如安钠咖、葡萄糖生理盐水等。

在紧急情况下，还可应用口蹄疫高免血清或康复动物血清进行被动免疫，免疫期约2周。

（十）炭疽

炭疽是由炭疽杆菌引起的一种人畜共患的急性、热性、败血性传染病。其病变的特点是脾显著肿大，皮下及浆膜下结缔组织出血性浸润，血液凝固不良，呈煤焦油样。

1. 病原　炭疽杆菌为革兰氏阳性杆菌，无鞭毛，不运动。在病料中多散在或呈2～3个短链排列，有荚膜，在培养基中一般不形成荚膜。患病动物体内和未剖开的尸体中不形成芽孢，但暴露于充足氧气和适当温度下能形成芽孢。兼性需氧，对培养基要求不严。

炭疽杆菌菌体对外界理化因素的抵抗力不强，但芽孢则有坚强的抵抗力，在干燥的状态下可存活50年以上，150℃干热60min方可杀死。现场消毒常用20%的漂白粉、0.1%升汞和0.5%过氧乙酸。

2. 流行病学　草食兽最易感，以绵羊、山羊、马、牛易感性最强，骆驼和水牛及野生草食兽次之。猪的感受性较低，犬、猫、狐狸等肉食动物很少见感染，家禽几乎不感染，许多野生动物也可感染发病。本病的主要传染源是患畜，当患畜处于菌血症时，可通过粪、尿、唾液及天然孔出血等方式排菌。主要通过消化道感染，但经呼吸道和吸血昆虫叮咬而感染的可能性也存在。地方性流行，干旱或多雨、洪水涝积、吸血昆虫多都是促进炭疽暴发的因素。此外，从疫区输入病畜产品，如骨粉、皮革、羊毛等也常引起本病暴发。

3. 症状及病变 本病主要呈急性经过，多以突然死亡、天然孔出血、血呈酱油色不易凝固、尸僵不全、左腹膨胀为特征。

（1）牛。体温升高常达41℃以上，可视黏膜呈暗紫色、心动过速、呼吸困难。呈慢性经过的病牛，在颈、胸前、肩胛、腹下或外阴部常见水肿；皮肤病灶温度增高，坚硬，有压痛，也可发生坏死，有时形成溃疡；颈部水肿常与咽炎和喉头水肿相伴发生，致使呼吸困难加重。急性病例一般经24～36h后死亡，亚急性病例一般经2～5d后死亡。

（2）羊。多表现为最急性（猝死）病症，摇摆、磨牙、抽搐、挣扎、突然倒毙，有的可见从天然孔流出带气泡的黑红色血液。病程稍长者也只持续数小时后死亡。

严禁在非生物安全条件下进行疑似炭疽动物、炭疽动物的尸体剖检。剖检可见动物可视黏膜发绀、出血；血液呈暗紫红色，凝固不良，黏稠似煤焦油状；皮下、肌间、咽喉等部位有浆液性渗出及出血；淋巴结肿大、充血，切面潮红；脾高度肿胀，达正常数倍，脾髓呈黑紫色。

4. 防制 在疫区或常发地区，每年对易感动物进行预防注射；加强检疫和大力宣传有关本病的危害性及防治办法；禁止疫区内牲畜交易和输出畜产品及草料；禁止食用病畜乳、肉。

发生本病时，应尽快上报疫情，划定疫点、疫区，采取隔离封锁等措施；对病畜要隔离治疗，禁止病畜的流动；对发病畜群要逐一测温，凡体温升高的可疑患畜可用青霉素等抗生素或抗炭疽血清注射，两者同时注射效果更佳；对发病羊群可全群预防性给药；受威胁区及假定健康动物作紧急预防接种，逐日观察至2周。

发病动物天然孔及切开处，用浸泡过消毒液的棉花或纱布堵塞，连同粪便、垫草一起焚烧，尸体可就地深埋，病死畜躺过的地面应除去表土15～20cm并与20％漂白粉混合后深埋。畜舍及用具场地均应彻底消毒。

（十一）破伤风

破伤风又名"强直症"，是由破伤风梭菌经创伤感染后引起的急性、中毒性传染病，以骨骼肌持续性痉挛和对刺激反射兴奋性增高为特征。

1. 病原 破伤风梭菌，又称强直梭菌，为一种大型厌气性革兰氏阳性杆菌，多单个存在。本菌在动物体内外均可形成芽孢，其芽孢在菌体一端，似鼓槌状或球拍状，多数菌株有周鞭毛，能运动。不形成荚膜。

本菌繁殖体抵抗力与其他细菌相似，但芽孢抵抗力强大。在土壤中可存活数十年，能耐煮沸40～50min。对青霉素敏感，磺胺类药物有抑菌作用。

2. 症状及病变 患病动物主要表现为两耳竖立、鼻孔开大、瞬膜外露、头颈伸直、牙关紧闭、流涎、腹部紧缩、尾根翘起、四肢强直状如木马等典型的肌肉痉挛、强直症状。牛常发生瘤胃臌气或子宫积液和积气，羊常出现角弓反张，猪常尖叫。患病动物神志清楚，对外界刺激反射兴奋性增高，但牛患病后应激性增高不明显。体温一般正常，仅在临死前体温上升达42℃以上。

一般没有特征性的病理变化，仅在黏膜和浆膜及脊髓等处可见小出血点；肺充血、水肿；骨骼肌变性或具有坏死灶以及肌间结缔组织水肿等非特异变化。

3. 防制 本病是经创伤感染发病的，所以，平时应该注意饲养管理和使役卫生，防止动物受伤。一旦发生外伤，尤其是严重创伤时，应及时进行严格的外科处理，或注射破伤风抗毒素血清。断脐、断尾、阉割及外科手术时应严格消毒，并在手术前后注射青霉素或破伤风抗毒素，以预防本病。对本病多发地区，可每年定期给动物免疫接种精制破伤风类毒素。

发现患病动物时应对其加强护理，将其置于光线较暗的安静处并给予易消化的饲料和充足的饮水。对感染的创伤，应进行清创和扩创手术，然后用3%过氧化氢溶液或3%碘酊进行消毒，再用碘仿硼酸合剂撒布于伤口内，同时创口周围可以用青霉素、链霉素分点封闭；尽早注射破伤风抗毒素，首次注射剂量应加倍，同时使用镇静解痉药物进行对症治疗。

（十二）附红细胞体病

附红细胞体病简称附红体病，是由附红细胞体引起的一种人兽共患传染病，其临床特征是呈现急性黄疸性贫血、全身皮肤发红和发热，故又称红皮病。

1. 病原 该病原体常寄生于红细胞和血浆中，其形态为多形性，如球形、盘形、哑铃形、球拍形及逗号形等。无鞭毛，大小波动较大。附红细胞体的抵抗力不强，在60℃水浴中1min后即停止运动，100℃水浴中1min全部灭活。对常用消毒药物一般很敏感，可迅速将其杀灭，但在低温冷冻条件下可存活数年之久。

2. 流行病学 易感染动物有猪、绵羊、牛、犬、猫和其他动物。主要由吸血昆虫传播，注射针头、交配、手术器械也可能传播本病。目前国内发病主要是猪，吮乳仔猪、母猪、育成猪均可感染，呈地方性流行。一般多发于温暖的夏季，尤其是雨后湿度大的时候，气候干旱时本病少发生。

3. 症状及病变

（1）猪。本病以高热稽留、皮肤发红、黄疸和母猪繁殖障碍为主要特征，仔猪和生长猪死亡率较高。病猪厌食、嗜睡、体温升高、贫血、黄疸。可视黏膜初充血、后苍白，黄染，尿黄。全身皮肤发红，指压不褪色，最后变为青紫色。粪便干结，有时便秘、下痢交替。耳发绀、变干，边缘向上卷起，血液稀薄，血凝不良，后期血液黏稠，呈紫褐色。也有的后肢麻痹、呼吸困难、咳嗽等，严重的眼睑粘连，发绀。公猪可出现尿鞘积尿。部分怀孕母猪早产、流产、死胎，偶见母猪乳房或外阴水肿、不发情或屡配不孕。病猪最后卧地不起，全身循环系统失调，衰竭死亡。剖检可见全身脂肪和内脏器官显著黄染，肝、胆、脾、淋巴结肿大，心包及胸腹腔积液，血液稀薄似水样。

（2）牛。发病初期体温正常，采食正常，产乳量突然下降，有少量浆液性鼻液从鼻孔中呈细线状流下。发病中期体温39.5～41℃，采食量较少，反刍次数减少，咀嚼无力，有大量浆液性鼻液从鼻孔中流出，排水样稀粪。发病晚期体温正常，食欲废绝，停止，瘤胃蠕动音微弱，排少量软粪，含水较多，并杂有黏液和黏膜组织，乳房表皮及外生殖器皮肤呈黄疸色，静脉采血，血液稀薄如水。

（3）羊。病初体温升高达42℃；病羊体质较差，精神沉郁，食欲减少，消瘦，反刍次数减少，被毛粗乱，下颌肿大；有的四肢无力，步态不稳，喜卧；眼结膜黄染，有时腹泻，并伴有轻微呼吸道症状，流涕。中期贫血、黄疸。后期眼球下陷，结膜苍白，极度消瘦，精神萎靡，个别有神经症状，最后衰竭而死。对病死羊只进行剖检，可见畜体明显消瘦；血液稀薄，有的呈酱油色，有的呈淡黄色或淡红色，血液凝固不良；肺的表面有出血点，切开有大量泡沫；心脏质软，心外膜和冠状脂肪出血和黄染；肝肿大变性，呈土黄色或黄棕色，并有出血点；肾肿大变性，有贫血性梗死区；膀胱黏膜黄染并有深红色出血点；脾肿大并有出血点。

4. 防制　切断传播途径，消灭传播媒介。夏季在畜舍内定期喷洒药物，消灭蚊蝇等吸血昆虫，散养户可在畜舍外罩上防蚊网。防重于治，定期采血化验，做到早发现、早治疗。定期在饲料中添加预防量的四环素、强力霉素、金霉素，对本病有很好地预防效果。四环素、卡那霉素、强力霉素、黄色素、血虫净（贝尼尔）等可用于治疗本病。

（十三）狂犬病

狂犬病是自古以来即为欧亚人民所熟知的一种可怕的人畜共患病。由于其症状明显而严重，病死率极高，一旦发病，几乎全部死亡。

1. 病原　狂犬病病毒属于弹状病毒科的狂犬病病毒属。病毒可被各种理化因素灭活，不耐湿热，56℃ 15～30min 或 100℃ 2min 均可使之灭活，但在冷冻或冻干状态下可长期保存病毒。在50%甘油缓冲溶液保存的感染脑组织中病毒至少存活1个月，在4℃以下低温可保存数月之久。病毒能抵抗自溶及腐败，在自溶的脑组织中可保持活力达7～10d。

2. 流行病学　在自然界中主要的易感动物是犬科和猫科动物，以及翼手类（蝙蝠）和某些啮齿类动物。患狂犬病的犬是使人感染的主要传染源，其次是患狂犬病的猫，也有外貌健康而携带病毒的动物可起到传染源的作用。多数患病动物唾液中带有病毒，由患病动物咬伤或伤口被含有狂犬病病毒的唾液直接污染是本病的主要传播方式。

3. 症状

（1）犬。初期病犬精神沉郁，常躲在暗处，不愿和人接近，强迫牵引则咬畜主。性情、食欲反常，喜吃异物。意识模糊，呆立凝视，但对反射的兴奋性明显增高，在受到光线、音响或抚摸等刺激时，表现高度惊恐或跳起。病犬在野外游荡，多半不归，到处咬伤人畜。随后病犬出现狂躁症状，到处乱跑可远达几十千米，或表现为高度兴奋、性情狂躁，常攻击人和动物。病犬行为凶猛，表现出一种特殊的斜望和惶恐表情，间或神志清醒、重新认识主人。后期下颌、咽喉和尾部等处神经麻痹。麻痹症状急速发展，下颌下垂，舌脱出口外，流涎显著，不久后躯及四肢麻痹，卧地不起，最后因呼吸中枢麻痹或衰竭而死亡。

（2）牛。病初见精神沉郁，反刍、食欲降低，不久表现起卧不安，用蹄刨地，有阵发性兴奋和冲击动作，如试图挣脱绳索、冲撞墙壁、跃踏饲槽等，磨牙、流涎。一般少有攻击人和动物的现象。当兴奋发作后，往往有短暂停歇，以后再度发作。并逐渐出现麻痹症状，如吞咽麻痹、流涎、有饮食欲但又不能咽下、反刍停止并发瘤胃臌气等。最后倒地不起，衰竭而死。

（3）羊。较少见，症状与牛相似，多无兴奋症状或兴奋期较短，末期常麻痹而死。

（4）猪。病猪表现为兴奋不安，横冲直撞，叫声嘶哑，大量流涎，反复用鼻掘地，攻击人及其他动物。在发作间歇期常钻入垫草中，稍有音响则立即跃起，无目的地乱跑，最后常麻痹而死。

4. 防制　犬是人类狂犬病的主要传染源，因此对犬狂犬病的控制，是预防人狂犬病最有效的措施。对家犬大面积的预防免疫是控制和消灭狂犬病的根本措施。

被病犬咬伤后应及时妥善地处理伤口，伤口应用大量肥皂水或 0.1%新洁尔灭和清水冲洗，再局部应用75%酒精或2%～3%碘酒消毒。在局部清洗的同时，如条件还可应用抗狂犬病免疫血清或人源抗狂犬病免疫球蛋白（RIGH）围绕伤口局部作浸润注射。

凡已出现典型症状的动物，应立即捕杀，并将尸体焚化或深埋。不能肯定为狂犬病的可疑动物，在咬人后应捕获隔离观察10d；捕杀或在观察期间死亡的动物，脑组织应进行实验室检验。

(十四)白血病

1. 禽白血病 禽白血病是由禽 C 型反录病毒群的病毒引起的禽类多种肿瘤性疾病的统称,主要是淋巴细胞性白血病,其次是成红细胞性白血病、成髓细胞性白血病。此外还可引起骨髓细胞瘤、结缔组织瘤、上皮肿瘤、内皮肿瘤等。大多数肿瘤侵害造血系统,少数侵害其他组织。

(1)病原。禽白血病病毒属于反录病毒科禽 C 型反录病毒群。禽白血病病毒与肉瘤病毒紧密相关,因此统称为禽白血病/肉瘤病毒。禽白血病/肉瘤病毒对脂溶剂和去污剂敏感,对热的抵抗力弱。病毒材料需保存在-60℃以下,在-20℃很快失活。本群病毒在 pH 为 5~9 稳定。

(2)流行病学。鸡是本群所有病毒的自然宿主。不同品种或品系的鸡对病毒感染和肿瘤发生的抵抗力差异很大。母鸡的易感性比公鸡高,多发生在 18 周龄以上的鸡。传染源是病鸡和带毒鸡。在自然条件下,本病主要以垂直传播方式进行传播,也可水平传播,但比较缓慢。本病的感染虽很广泛,但临床病例的发生率相当低,一般多为散发。饲料中维生素缺乏、内分泌失调等因素可促进本病的发生。

(3)症状及病变。该病毒群引起的肿瘤种类很多,其中对养禽业危害较大、流行较广的白血病类型包括淋巴细胞性白血病、成红细胞性白血病、成髓细胞性白血病、骨髓细胞瘤、血管瘤、肾瘤和肾胚细胞瘤、肝癌、骨石化病、结缔组织瘤等。各病型的表现虽有差异,但总体来看,禽白血病病鸡无特异的临床症状,有的甚至可能完全没有症状。

剖检可见肝、法氏囊和脾几乎都有眼观肿瘤,病鸡肝比正常鸡肝增大几倍,这是本病的主要特征。肾、肺、性腺、心、骨髓和肠系膜也可受害。肿瘤大小不一,可为结节型、颗粒型或弥漫型。

(4)防制。由于本病的垂直传播特性,水平传播仅占次要地位,所以疫苗免疫对防制的意义不大,目前也没有可用的疫苗。该病的防制策略和方法是通过对种鸡检疫、淘汰阳性鸡,以培育出无白血病的健康鸡群,也可通过选育对禽白血病有抵抗力的鸡种,结合其他综合性防疫措施来实现。目前通常是通过 ELISA 检测并淘汰带毒母鸡以减少感染,彻底清洗和消毒孵化器、出雏器、育雏室,在多数情况下均能奏效。

2. 牛地方流行性白血病 牛地方流行性白血病是牛的一种慢性肿瘤性疾病,其特征为淋巴样细胞恶性增生,进行性恶病质和高度病死率。

(1)病原。本病病原为牛白血病病毒,属于反录病毒科。本病毒具有凝集绵羊和鼠红细胞的作用。该病毒的抵抗力较弱,在实验中超速离心或一次冻融等常规处理都能使病毒的毒力大大减弱。病毒可在 56℃ 30min 完全灭活,乳中的病毒也可被巴氏消毒温度灭活。病毒对各种有机溶剂敏感。

(2)流行病学。本病主要发生于牛,尤以 4~8 岁的牛最常见。病牛和带毒牛是主要的传染源。本病主要是通过牛的相互接触而传播,同时也存在呼吸道感染的可能性。可进行垂直传播和水平传播,病毒可以通过胎盘感染胎儿,这种感染主要发生在母牛怀孕 6 个月以后,感染本病的母牛所生的犊牛有 3%~20%在出生时已被感染。犊牛通过吸吮感染母牛的初乳也可被感染,但这种感染的发病率较低。

吸血昆虫是传播牛白血病病毒的重要媒介,虻、蝇、蚊、蜱、螨和吸血蝙蝠都可传播本病。另外注射、手术等也可机械性地传播本病。输血可能是本病传播最直接的途径。外科手术及打耳号等都可通过污染的器具把感染的淋巴细胞从一个动物传递给另一个动物。

(3) 症状及病变。本病有亚临床型和临床型两种表现。亚临床型无肿瘤的形成，其特点是淋巴细胞增生，可持续多年或终身，这样的牲畜有些可进一步发展为临床型。此时，病牛消化紊乱，生长缓慢，体重减轻，产乳量下降；体温一般正常，有时略为升高；从体表或经直肠可摸到某些淋巴结呈一侧或对称性增大，触摸时能够移动；单侧肩前淋巴结增大，病牛的头颈可向对侧偏斜；眶后淋巴结增大可引起眼球突出；血液中出现大量异形淋巴细胞。出现临床症状的牛，通常均取死亡转归。

尸体常消瘦、贫血。剖检可见淋巴结及其他组织器官的淋巴细胞浸润，最常受侵害的器官有皱胃、右心房、脾、肠道、肝、肾、肺、瓣胃和子宫等。

(4) 防制。本病尚无特效疗法。防制本病应采取以严格检疫、淘汰阳性牛为中心，包括定期消毒，驱除吸血昆虫，杜绝因手术、注射可能引起的交互传染等在内的综合性措施。发现阳性牛立即淘汰，但不得出售，阴性牛也必须隔离3~6个月方能混群。

单元三　鸡的常见传染病

(一) 新城疫

新城疫也称亚洲鸡瘟或伪鸡瘟，是由新城疫病毒（NDV）引起的鸡和火鸡急性高度接触性传染病，常呈败血症经过。主要特征是呼吸困难、下痢、神经紊乱、黏膜和浆膜出血。

1. 病原　NDV属于副黏病毒科腮腺炎病毒属。NDV能吸附于鸡、火鸡、鸭、鹅及某些哺乳动物（人、豚鼠）的红细胞表面，并引起红细胞凝集（HA）。

新城疫病毒对乙醚、氯仿敏感。病毒在60℃ 30min失去活力，真空冻干病毒在30℃，可保存30d，在直射阳光下，病毒经30min死亡。病毒在冷冻的尸体可存活6个月以上。常用的消毒药如2%氢氧化钠、5%漂白粉、70%酒精，20min即可将病毒杀死。对pH稳定，pH在3~10不被破坏。

2. 流行病学　鸡、火鸡、珠鸡及野鸭对本病都有易感性，鸡最易感。水禽（鸭、鹅）对本病有抵抗力。哺乳动物对本病有很强的抵抗力，但人可感染，表现为结膜炎或类似流感症状。病鸡以及在流行间歇期的带毒鸡为主要传染源。本病主要经呼吸道和消化道传播，鸡蛋也可带毒而传播本病。创伤及交配也可引起传染。非易感的野禽、外寄生虫、人畜均可机械地传播病原。本病一年四季均可发生，但以春秋两季较多发。

3. 症状及病变

(1) 最急性型。多见于流行初期和雏鸡。突然发病，常无特征症状而迅速死亡。

(2) 急性型。病初体温升高达43~44℃，食欲减退或废绝，有渴感，精神萎靡，不愿走动，垂头缩颈或翅膀下垂，眼半开或全闭，状似昏睡，鸡冠及肉髯渐变为暗红色或暗紫色。母鸡产蛋停止或产软壳蛋。随着病程的发展，出现比较典型的症状，病鸡咳嗽，呼吸困难，张口呼吸。嗉囊内充满液体内容物，倒提时常有大量酸臭液体从口内流出。粪便稀薄，呈黄绿色或黄白色，有时混有少量血液，后期排出蛋清样的排泄物。有的病鸡还出现神经症状，如翅、腿麻痹等，最后体温下降，不久在昏迷中死亡。

(3) 亚急性或慢性。多发生于流行后期的成年鸡，初期症状与急性相似，不久后逐渐减轻，但同时出现神经症状，患鸡翅腿麻痹，跛行或站立不稳，头颈向后或向一侧扭转，常伏地旋转，动作失调，反复发作，最终瘫痪或半瘫痪，一般经 10~20d 死亡。

本病的主要病变是全身黏膜和浆膜出血，淋巴系统肿胀、出血和坏死，尤其以消化道和呼吸道最为明显；嗉囊充满酸臭味的稀薄液体和气体；腺胃黏膜水肿，其乳头或乳头间有鲜明的出血点，或有溃疡和坏死，这是比较特征的病变；肌胃角质层下也常见有出血点；肠黏膜有多处枣核形的出血或坏死区，略突出于黏膜表面；盲肠扁桃体常见肿大、出血和坏死；气管出血或坏死，周围组织水肿。

4．防制 合理做好预防接种；建立严格的卫生防疫制度，防止一切带毒动物和污染物品进入鸡群，进入人员和车辆严格进行消毒；饲料来源要安全，不从疫区购进；不从疫区购入种蛋和鸡苗；新购进的鸡必须接种新城疫疫苗，并隔离观察两周以上，证明健康者方可混群。

一旦发生新城疫，应对场地、物品、用具等进行严格消毒，并将死禽深埋或焚烧。新疫区应将同群禽进行全群扑杀；对周围禽群进行疫苗紧急接种。

（二）鸡毒支原体感染

鸡毒支原体感染可引起呼吸道症状为主的慢性呼吸道病，其特征为咳嗽、流鼻液、呼吸道啰音和张口呼吸。

1．病原 鸡毒支原体，呈细小球杆状。需氧和兼性厌氧，在液体培养基中培养 5~7d，可分解葡萄糖产酸。在固体培养基上，生长缓慢，能凝集鸡和火鸡红细胞。鸡毒支原体对外界抵抗力不强，离开禽体即失去活力。对干热敏感，45℃ 1h 或 50℃ 20min 即被杀死，冻干后保存于 4℃ 冰箱可存活 7 年。对紫外线抵抗力极差，在阳光照射下很快失去活力。一般消毒药也可很快将其杀死。对链霉素、红霉素、泰乐菌素敏感，但也易产生耐药性。

2．流行病学 鸡和火鸡对本病有易感性，4~8 周龄鸡和火鸡最敏感，纯种鸡比杂种鸡易感。病鸡和隐性感染鸡是本病的传染源。病原体可通过飞沫经呼吸道传播，也可以通过饮水、饲料、用具传播。另外，配种时也可传播。本病一年四季均可发生，以寒冷季节流行严重，成年鸡则多表现散发。

3．症状及病变 潜伏期为 4~21d。幼龄鸡发病，症状较典型，表现为浆液性或黏液性鼻液，使鼻孔堵塞影响呼吸，频频摇头、喷嚏、咳嗽，还见有窦炎、结膜炎和气囊炎。当炎症蔓延下部呼吸道时，则喘气和咳嗽更为显著，有呼吸道啰音。病鸡食欲不振，生长停滞。后期可因鼻腔和眶下窦中蓄积渗出物而引起眼睑肿胀。成年鸡很少死亡，幼鸡如无并发症，病死率也低。产蛋鸡感染后，只表现产蛋量下降和孵化率低，孵出的雏鸡活力降低。病鸡明显消瘦，剖检可见鼻道、气管、支气管和气囊内含有混浊的黏稠渗出物；气囊壁变厚和混浊，严重者有干酪样渗出物。

4．防制 平时应加强饲养管理，消除引起鸡抵抗力下降的一切因素。感染本病的鸡多为带菌者，很难彻底消灭病原，故必须采取措施建立无支原体病的种鸡群。在引种时，必须从无本病鸡场购买。进行免疫接种对于控制该病的感染有一定效果。

目前认为泰乐菌素、壮观霉素、链霉素和红霉素对本病有相当疗效。抗生素治疗时，停药后往往复发，因此应考虑几种药轮换使用。

（三）鸡马立克氏病

马立克氏病是最常见的一种鸡淋巴组织增生性传染病，由一种疱疹病毒引起，以外周神经、性腺、虹膜、各种脏器肌肉和皮肤的单核性细胞浸润为特征。

1. 病原 鸡马立克氏病病毒属于疱疹病毒科α疱疹病毒亚科的马立克氏病毒属。该病毒对理化因素作用的抵抗力不强，对热、酸、有机溶剂及消毒药抵抗力较弱。5%福尔马林、3%来苏儿、2%火碱、甲醛蒸汽熏蒸等均可杀死病毒。

2. 流行病学 鸡是最重要的自然宿主，致病力强的毒株可对火鸡造成严重损害。不同品种或品系的鸡均可感染。感染时鸡的年龄对发病有很大影响，特别是育雏室的早期感染可导致很高的发病率和死亡率。母鸡比公鸡对该病更易感。病鸡和带毒鸡是主要的传染源，病毒通过直接接触或间接接触经气源传播。

3. 症状及病变

（1）神经型。常侵害周围神经，坐骨神经和臂神经最易受侵害。当坐骨神经受损时病鸡一侧腿发生不全或完全麻痹，站立不稳，两腿前后伸展，呈"劈叉"姿势，为典型症状。当臂神经受损时，翅膀下垂；支配颈部肌肉的神经受损时病鸡低头或斜颈；迷走神经受损鸡嗉囊麻痹或膨大，食物不能下行。一般病鸡精神尚好，并有食欲，但往往由于饮不到水而脱水，吃不到饲料而衰竭，或被其他鸡只践踏，最后均死亡，多数情况下病鸡被淘汰。病变表现为受损害神经（常见于腰荐神经、坐骨神经）的横纹消失，变成灰色或黄色，或增粗、水肿，比正常的大2～3倍，有时更大，多侵害一侧神经，有时双侧神经均受侵害。

（2）内脏型。常见于50～70日龄的鸡，病鸡精神委顿，食欲减退，羽毛松乱，鸡冠苍白、皱缩，有的鸡冠呈黑紫色，黄白色或黄绿色下痢，迅速消瘦，胸骨似刀锋，触诊腹部能摸到硬块。病鸡脱水、昏迷，最后死亡。内脏型病变主要表现为内脏多种器官如肝、脾、性腺、肾、心脏、肺、腺胃、肌胃等出现肿瘤，肿瘤多呈结节性，为圆形或近似圆形，数量不一，大小不等，略突出于脏器表面，呈灰白色，切面呈脂肪样。有的病例肝上不具有结节性肿瘤，但肝异常肿大，比正常大5～6倍，正常肝小叶结构消失，表面呈粗糙或颗粒性外观。性腺肿瘤比较常见，甚至整个卵巢被肿瘤组织代替，呈花菜样肿大。腺胃外观有的变长，有的变圆，胃壁明显增厚或薄厚不均，切开后腺乳头消失，黏膜出血、坏死。

（3）眼型。在病鸡群中很少见到，一旦出现则病鸡表现瞳孔缩小，严重时仅有针尖大小；虹膜边缘不整齐，呈环状或斑点状，颜色由正常的橘红色变为弥漫性的灰白色，呈"鱼眼状"。轻者表现对光线强度的反应迟钝，重者对光线失去调节能力，最终失明。

（4）皮肤型。较少见，往往在禽类加工厂屠宰鸡只时褪毛后才发现，主要表现为毛囊肿大或皮肤出现结节。

4. 防制 疫苗接种是防制本病的关键，但必须结合综合卫生防疫措施。

（四）传染性法氏囊病

本病是由传染性法氏囊病病毒引起幼鸡的一种急性、高度接触性传染病。以突然发病、病程短、发病率高、腹泻、法氏囊水肿、出血、有干酪样渗出物为特征。

1. 病原 本病病原为传染性法氏囊病病毒，无凝集红细胞的特性。病毒在外界环境极为稳定，能够在鸡舍内长期存在。病毒特别耐热，56℃ 3h病毒效价不受影响，60℃ 90min病毒不被灭活，70℃ 30min可灭活病毒。

2. 流行病学 自然感染仅发生于鸡，各种品种的鸡都能感染，3～6周龄的鸡最易感。成年鸡一般呈隐性经过。病鸡是主要传染源，其粪便中含有大量病毒，可通过直接接触和间接接触进行传播。小粉甲虫蚴是本病传播媒介。

3. 症状及病变 本病潜伏期为2～3d，最初发现有些鸡啄自己的泄殖腔。病鸡羽毛蓬松，采食减少，病鸡畏寒，常打堆在一起，精神委顿。随即病鸡出现腹泻，排出白色黏稠和水样稀粪。严重者病鸡头垂地，闭眼呈昏睡状态。在后期体温低于正常，严重脱水，极度虚弱，最后死亡。

病死鸡表现脱水，腿部和胸部肌肉出血。法氏囊内黏液增多，法氏囊水肿和出血，体积增大，重量增加，比正常重2倍，5d后法氏囊开始萎缩，切开后黏膜皱褶多混浊不清，黏膜表面有点状出血或弥漫出血。严重者法氏囊内有干酪样渗出物。肾有不同程度的肿胀。腺胃和肌胃交界处见有条状出血点。

4. 防制 加强环境卫生的消毒工作是控制本病的关键措施。生产中应提高种鸡的母源抗体水平，保护子代雏鸡避免早期感染。对雏鸡应进行免疫接种，常用的疫苗有活疫苗或灭活疫苗。

鸡群发病后，必须立即清除患病鸡、病死鸡，深埋或焚烧。对鸡舍、鸡体表周围环境进行彻底消毒。病鸡的同群鸡可使用双倍剂量的中等毒力的活疫苗进行紧急免疫接种。投服抗生素或磺胺类药品，防止继发感染。同时，应加强饲养管理，降低饲料中的蛋白质含量，提高维生素含量。供应充足的饮水，或在饮水中加入口服补盐液，有利于减少对肾的损害。

（五）传染性支气管炎

鸡传染性支气管炎是由鸡传染性支气管炎病毒引起的鸡的一种急性、高度接触传染性的呼吸道疾病。其特征是病鸡咳嗽、喷嚏和气管发生啰音，在雏鸡还可出现流涕，在产蛋鸡可出现产蛋减少。

1. 病原 鸡传染性支气管炎病毒属于冠状病毒科冠状病毒属中的一个代表种。该病毒对乙醚敏感。多数病毒株在56℃15min可灭活。病毒对一般消毒剂敏感，在1%来苏儿溶液、1%福尔马林溶液及0.01%高锰酸钾溶液中3min即被灭活。

2. 流行病学 各种年龄的鸡都可发病，但雏鸡最为严重。过热、严寒、拥挤、通风不良以及维生素、矿物质和其他营养缺乏以及疫苗接种等均可促进本病的发生。本病主要经呼吸道传播。此外，通过饲料、饮水等，也可经消化道传染。本病无季节性，传播迅速。

3. 症状及病变

（1）呼吸型。潜伏期为36h或更长一些。病鸡突然出现呼吸症状，并迅速波及全群。4周龄以下鸡常表现伸颈、张口呼吸、喷嚏、咳嗽、啰音，病鸡全身衰弱，精神不振，食欲减少，羽毛松乱，昏睡、翅下垂。个别鸡鼻窦肿胀，流黏性鼻汁，眼泪多，逐渐消瘦。成年鸡出现轻微的呼吸道症状，产蛋鸡产蛋量下降，并产软壳蛋、畸形蛋或粗壳蛋，蛋的质量变差。病程一般为1～2周，雏鸡的死亡率可达25%，6周龄以上的鸡死亡率很低。

（2）肾型。呼吸道症状轻微或不出现，或呼吸症状消失后，病鸡沉郁、持续排白色粪便或水样下痢、迅速消瘦、饮水量增加。雏鸡死亡率为10%～30%，6周龄以上鸡死亡率在0.5%～1%。

呼吸型主要病变是气管、支气管、鼻腔和窦内有浆液性、卡他性和干酪样渗出物。气囊可能混浊或含有黄色干酪样渗出物。在大的支气管周围可见到局灶性肺炎。产蛋鸡的腹腔内可以发现液状卵黄物质，卵泡充血、出血、变形。

肾型病变主要表现为肾肿大出血，多数呈斑驳状的"花肾"，肾小管和输尿管因尿酸盐沉积而扩张。在严重病例，白色尿酸盐沉积可见于其他组织器官表面。

4. 防制 严格执行卫生防疫措施。鸡舍要注意通风换气，防止过挤，注意保温，加强饲养管理，补充维生素和矿物质，增强鸡体抗病力。应用疫苗进行免疫接种，常用 M_{41} 型的弱毒苗如 H_{120}、H_{52} 及其灭活油剂苗。

（六）传染性喉气管炎

传染性喉气管炎是由传染性喉气管炎病毒引起鸡的一种急性呼吸道传染病，其特征为呼吸困难，咳嗽，咳出含有血液的渗出物，喉部和气管黏膜肿胀、出血并形成糜烂。传播快，死亡率较高。

1. 病原 传染性喉气管炎病毒，属于 α 疱疹病毒亚科中的鸡疱疹病毒 1 型。本病毒的抵抗力很弱，55℃只能存活 10～15min，37℃存活 22～24h，但在 13～23℃中能存活 10d。对一般消毒剂都敏感，如 3%来苏儿或 1%苛性钠溶液，1min 即可杀死。

2. 流行病学 在自然条件下，主要侵害鸡，不同年龄的鸡均易感，但以成年鸡的症状最为特征。病鸡和康复后的带毒鸡是主要传染源。病毒存在于气管和上呼吸道分泌液中，通过咳出血液和黏液而经上呼吸道传播。污染的垫料、饲料和饮水，也可成为传播媒介。易感鸡与接种活苗的鸡长时间接触，也可感染本病。

3. 症状及病变 急性病例的特征症状是鼻孔有分泌物和呼吸时发出湿性啰音，继而咳嗽和喘气。严重病例，呈现明显的呼吸困难，咳出血痰和带有血液的黏性分泌物，有时还能咳出干酪样的分泌物。检查口腔时，可见喉部黏膜上有淡黄色凝固物附着，不易擦去。病鸡迅速消瘦，鸡冠发紫，有时排绿色稀粪，衰竭死亡。病程为 5～7d 或更长。温和型多表现为生长迟缓、产蛋减少、流泪、结膜炎，死亡率较低。

典型的病变为喉和气管黏膜充血和出血。喉部黏膜肿胀，有出血斑，并覆盖有黏液性分泌物，有时这种分泌物呈干酪样伪膜，可能会将气管完全堵塞。

4. 防制 严格坚持隔离、消毒等措施，封锁疫点，禁止可能污染的人员、饲料、设备和鸡只的移动。野毒感染和疫苗接种都可造成传染性喉气管炎病毒潜伏感染，因此避免将康复鸡或接种疫苗的鸡与易感鸡混群饲养尤其重要。药物仅是对症疗法，可使呼吸困难的症状缓解。

目前有两种疫苗可用于免疫接种。一是弱毒疫苗，经点眼、滴鼻免疫。一种是强毒苗，可涂擦于泄殖腔黏膜，4～5d 后，黏膜出现水肿和出血性炎症，表示接种有效，但排毒的危险性很大，一般只用于发病鸡场。

（七）产蛋下降综合征

本病是由禽腺病毒Ⅲ群中的病毒引起鸡的以产蛋下降为特征的一种传染病，主要表现为鸡群产蛋量骤然下降，软壳蛋和畸形蛋增加，褐色蛋蛋壳颜色变淡。

1. 病原 产蛋下降综合征病毒属于禽腺病毒Ⅲ群。该病毒对乙醚、氯仿不敏感，对 pH 适应谱广，0.3%福尔马林 48h 可使病毒完全失活。

2. 流行病学 本病除鸡易感外，自然宿主为鸭、鹅和野鸭。主要侵害 26～32 周龄鸡，35 周龄以上较少发病。本病传播方式主要是垂直传播。水平传播也不可忽视，因为从鸡的输卵管、泄殖腔、粪便、肠内容物都能分离到病毒，它可向外排毒经水平传播给易感鸡。

3. 症状 感染鸡无明显症状，主要表现为突然性群体产蛋量下降，比正常下降 20%～38%，甚至达 50%。病初蛋壳色泽变淡，紧接着产畸形蛋，蛋壳粗糙呈砂粒样，蛋变薄易破损，软壳蛋增多，占 15%以上。

4. 防制 严格执行兽医卫生措施，加强鸡场和孵化厅消毒工作，在日粮配合中，注意氨基酸、维生素的平衡。本病主要经胚垂直传播，所以应从非疫区鸡群中引种，引进种鸡要严格隔离饲养，产蛋后经 HI 试验监测，HI 抗体阴性者，才能留作种鸡用。用油佐剂灭活苗对鸡免疫接种可起到良好的保护作用。

（八）传染性鼻炎

本病是由鸡副嗜血杆菌引起鸡的急性呼吸系统疾病，主要症状为鼻腔和窦的炎症，表现流涕、面部水肿和结膜炎。

1. 病原 鸡副嗜血杆菌，属于巴氏杆菌科嗜血杆菌属，本菌两端钝圆，不形成芽孢，无荚膜，无鞭毛。对营养的需求较高，兼性厌氧。鲜血琼脂或巧克力琼脂可满足本菌的营养需求，经 24h 后可形成露滴样小菌落，不溶血。本菌的抵抗力很弱，对热及消毒药很敏感。

2. 流行病学 本病可发生于各种年龄的鸡，4 周龄至 3 年的鸡最易感，但个体差异较大。病鸡及隐性带菌鸡是传染源。可由飞沫及尘埃经呼吸道传染，也可通过污染的饲料和饮水经消化道感染。鸡群拥挤、不同年龄的鸡混群饲养、通风不良、鸡舍内闷热、氨气浓度高、鸡舍寒冷潮湿、缺乏维生素 A、受寄生虫侵袭等都能促使鸡群发病。鸡群接种禽痘疫苗引起的全身反应，也常常是传染性鼻炎的诱因。本病多发生于冬、秋两季。该病传播迅速，几天内可传播全鸡群。

3. 症状及病变 病鸡的明显变化是颜面肿胀、肉垂水肿，鼻腔有浆液性或黏液性分泌物。其次可见结膜炎和窦炎。食欲及饮水减少，或有下痢，体重减轻。仔鸡生长不良；成年母鸡产卵减少甚至停止；公鸡肉髯常见肿大。如炎症蔓延至下呼吸道，则呼吸困难并有啰音，病鸡常摇头欲将呼吸道内的黏液排出，最后常窒息而死。

主要病变在鼻腔、鼻窦和眼睛。鼻腔和窦黏膜呈急性卡他性炎，黏膜充血肿胀，被覆有大量黏液，窦内有渗出物凝块，后成为干酪样坏死物。结膜充血肿胀，眼睑、脸部及肉髯皮下水肿。严重时可见气管黏膜炎症，偶有肺炎、气囊炎和卵泡变性、坏死和萎缩。

4. 防制 加强饲养管理、改善鸡舍通风、避免过密饲养、带鸡消毒等措施可减轻发病。康复带菌鸡是主要的传染源，因此不应从疾病情况不明的鸡场购进种公鸡或生长鸡。

免疫接种用多价灭活油剂菌苗，可于 3～5 周龄和开产前分两次接种，预防本病有效。发病群也可作紧急接种，并配合药物治疗，对饮水和鸡舍带鸡消毒，可以较快地控制本病。

本菌对多种抗生素及磺胺类药物有一定敏感性。

（九）鸡葡萄球菌病

鸡葡萄球菌病是由金黄色葡萄球菌引起鸡的一种多型性常见传染病。

1. 病原 金黄色葡萄球菌为革兰氏阳性菌，无鞭毛，不形成芽孢和荚膜。需氧或兼性厌氧菌，在普通培养基上生长良好。葡萄球菌对外界环境的抵抗力较强。在尘埃、干燥的脓血中能存活几个月，加热 80℃ 30min 才能杀死。对龙胆紫、青霉素、红霉素、庆大霉素敏感，但易产生耐药菌株。

2. 流行病学 各种家禽不分品种、年龄、性别均可感染。各种途径均可感染，破裂和损伤的皮肤黏膜是主要的入侵门户。

3. 症状和病变 主要表现为急性败血症、关节炎和脐炎三大类型。40～60 日龄的雏禽多呈败血症型，中雏发生皮肤病，成鸡发生关节炎和关节滑膜炎。脐炎多发生在刚孵出不久的幼雏。败血症型特征性症状是在翼下皮下组织出现浮肿，进而扩展到胸、腹及股内，呈泛发性浮肿。外观呈紫黑色，内含血样渗出液，皮肤脱毛坏死，有时出现破溃，流出污秽血水，并带有恶臭味。有的病禽在体表发生大小不一的出血灶和炎性坏死，形成黑紫色结痂。关节炎型则表现受害关节肿大，呈黑紫色，内含血样浆液或干酪样物，以趾和跖关节常见。脐炎型为雏禽脐孔发炎肿大，有时脐部有暗红色或黄色液体。病程稍长则变成干涸的坏死物。

4. 防制　加强饲养管理，防止因环境因素的影响而使鸡抗病力降低；防止皮肤外伤，圈舍、笼具和运动场地应经常打扫，注意清除带有锋利尖锐的物品。

发病鸡群可使用青霉素、链霉素、红霉素及磺胺类药物治疗，同时应对环境及鸡群进行全面消毒。选用抗生素进行治疗时最好进行药敏试验选取高敏药物。

单元四　猪的常见传染病

（一）猪瘟

猪瘟俗称"烂肠瘟"，是由猪瘟病毒引起的一种急性接触性传染病，特征为高热稽留和小血管壁变性引起广泛出血、梗塞和坏死，对养猪业的发展危害严重，我国把猪瘟列为一类动物疫病。

1. 病原　猪瘟病毒是黄病毒科瘟病毒属的一个成员。该病毒对环境的抵抗力不强，乙醚、氯仿和去氧胆酸盐等脂溶剂可很快使病毒失活。2%氢氧化钠仍是最合适的消毒药。

2. 流行病学　猪是本病唯一的自然宿主，病猪和带毒猪是最主要的传染源，传播方式主要为直接接触传播。感染猪在发病前即可从口、鼻及泪腺分泌物、尿和粪中排毒，并延续整个病程。康复猪在出现特异抗体后停止排毒。本病一年四季均可发生，一般以春、秋季较为严重。

3. 症状及病变

（1）最急性型。生前无明显症状，突然死亡。

（2）急性型。高热稽留（体温为40.5~42℃），行动迟缓、怕冷、寒战、互相堆叠在一起。脓性结膜炎。病猪在耳、四肢内侧、腹下等处皮肤出现大小不等的红色出血点，指压不褪色。口渴、喜饮脏水。先便秘、后腹泻或腹泻、便秘交替发生，排出稀的或带有肠黏膜、黏液和血丝的恶臭粪便。后肢无力，站立或行走时歪歪倒倒。部分病猪表现神经症状，四肢呈游泳状划动。

（3）慢性型。由急性转变而来，主要表现消瘦，体温时高时低，食欲不振，便秘和腹泻交替进行，被毛粗乱，步行无力，体表有紫红色出血点。

病变表现为喉头、会厌软骨及扁桃体出血，肠系膜淋巴结条状肿大、淋巴结切面周边出血，脾梗死，肾及膀胱浆膜、黏膜点状出血，回盲口、盲肠、结肠或直肠黏膜上有"钮扣状溃疡"。心外膜和肺表面急性出血。

4. 防制　严格执行疫苗接种程序，加强平时的预防措施可有效地减少本病的发生。

发生疫情后要对可疑病猪立即隔离或扑杀，病猪接触的所有物品均需充分消毒，疫区封锁，受威胁区进行紧急接种。

临床出现猪瘟症状后可使用黄芪多糖注射液经肌内注射进行初步治疗，同时考虑口服抗生素预防或治疗继发感染。

（二）猪丹毒

猪丹毒是由猪丹毒杆菌引起的一种急性、热性传染病。急性型呈败血症经过，亚急性型在皮肤上出现特异性紫红色疹块，慢性型常发生心内膜炎和关节炎。

1. 病原 猪丹毒杆菌属于丹毒杆菌属，是一种纤细的小杆菌，不运动，无荚膜，不产生芽孢，革兰氏染色呈阳性。本菌为微需氧菌，在血琼脂或血清琼脂上生长更佳。本菌对盐腌、烟熏、干燥、日光和腐败等自然因素的抵抗力较强。在消毒药如2％福尔马林、1％漂白粉、1％氢氧化钠或5％石灰乳中很快死亡。但对石炭酸的抵抗力较强。对热的抵抗力较弱。

2. 流行病学 各年龄猪均可感染，以架子猪发病率最高。主要经消化道、损伤皮肤、吸血昆虫传播。一年四季均可发生，5～9月是流行高峰。

3. 症状及病变

（1）急性败血型。以突然爆发为主，死亡率高。病猪表现精神不振，体温升高达40～42℃或更高，呈稽留热，虚弱、卧地，不食，有时呕吐。结膜充血。粪便干结，常附有黏液，有时下痢。耳、颈、背皮肤潮红、发紫。病程为3～4d，病死率为80％左右，不死者转为亚急性疹块型或慢性型。剖检呈全身败血性变化，在各个组织器官都可见到弥漫性出血。

（2）亚急性疹块型。病较轻，1～2d在身体不同部位，尤其胸侧、背部、颈部至全身出现界限明显、圆形、四边形、有热感的疹块，俗称"打火印"，指压褪色。疹块大小为1cm至数厘米，干枯后形成棕色痂皮。

（3）慢性型。常由急性型、亚急性疹块型转变而来，常见关节炎、心内膜炎和皮肤坏死等。剖检可见溃疡性心内膜炎、增生，二尖瓣上有灰白色菜花赘生物，瓣膜变厚，肺充血，肾梗塞，关节肿大、变形。

4. 防制 加强饲养管理，对圈舍、用具定期消毒。引进猪时应严格进行检疫，并隔离观察21d。种公、母猪每年春、秋两季两次进行猪丹毒氢氧化铝甲醛苗免疫。发生疫情时隔离治疗、消毒。未发病猪可用青霉素进行注射。

（三）猪链球菌病

猪链球菌病是由C、D、E、L等血清型链球菌引起猪多种疾病的总称。急性型常为出血性败血症和脑炎，慢性型以关节炎、内膜炎、淋巴结化脓及组织化脓等为特征。

1. 病原 本菌呈圆形或卵圆形，常排列成链状。大多数链球菌在幼龄培养物中可见到荚膜，不形成芽孢，多数无鞭毛，革兰氏染色呈阳性。需氧或兼性厌氧菌。多数致病菌的生长要求较高，在普通琼脂上生长不良，在加有血液、血清的培养基中生长良好，在菌落周围可形成α型或β型溶血环。链球菌对热和普通消毒药抵抗力不强。0～4℃可存活150d，冷冻6个月特性不变。

2. 流行病学 各种年龄猪均易感，以刚断乳猪至出栏育肥猪多见。患病和病死动物是主要传染源。各种途径均可感染。

3. 症状及病变 根据发病的部位、病变情况以及病程分为败血型、心内膜炎型、脑膜脑炎型、关节炎型、化脓性淋巴结炎型。

（1）败血型。以成年猪多发，最急性的突然死亡。病程稍长的病猪，体温升高达40.5～42.0℃，耳、颈、腹下等皮肤出现紫红色斑，少数病猪出现多发性关节炎或共济失调、昏睡等精神症状。

（2）心内膜炎型。多发生于仔猪。突然死亡或呼吸困难，皮肤苍白或体表发绀。

（3）脑膜脑炎型。多发生于哺乳仔猪。病初体温升高，显热性病症，继而出现神经症状。有的病猪出现多发性关节炎，蹄出现异常。呼吸急促，严重者腹式呼吸，表现出肺炎症状。不吮乳、不吃料、叫声嘶哑、步态不稳、转圈、空嚼、磨牙。继而出现后肢麻痹、前肢爬行、四肢游泳状划动或昏迷不醒、运动障碍等症状，一般在几个小时或1～2d死亡。耐过不死者，一个或几个关节肿胀，表现痛感、化脓、跛行或不能站立，成为残废猪。

（4）关节炎型。病猪发生一个或多个关节肿胀，肿胀部位先硬，后在局部发生小点状破溃，流出血性、脓性渗出物，形成深入关节腔的瘘管。

（5）化脓性淋巴结炎型。颌下淋巴结、咽部淋巴结和颈部淋巴结高度肿胀，坚硬有热痛感，严重者肿胀部软化、破溃，流出脓汁。

败血型死后剖检呈败血症变化和全身浆膜炎变化。脑膜脑炎型剖检主要是脑膜充血、出血。关节炎型除关节瘘管坏死外，有的病猪还可见到心内膜炎。

4. 防制 应用疫苗进行免疫接种，对预防和控制本病传播效果显著。平时应建立和健全消毒隔离制度。引进动物时须经检疫和隔离观察，确证健康时方能混群饲养。对发病动物可选用抗生素进行治疗。

（四）猪流行性腹泻

本病是由猪流行性腹泻病毒引起猪的一种急性接触性肠道传染病，其特征为呕吐、腹泻和脱水。

1. 病原 猪流行性腹泻病毒属于冠状病毒科冠状病毒属。本病毒对乙醚、氯仿敏感。

2. 流行病学 哺乳仔猪、架子猪或育肥猪的发病率很高，尤以哺乳仔猪受害最为严重，多发生于寒冷季节。病猪是主要传染源。主要经消化道感染。

3. 症状及病变 主要的临床症状为水样腹泻，或者在腹泻时有呕吐症状。1周龄内新生仔猪发生腹泻后3～4d，呈现严重脱水而死亡。病猪体温正常或稍高，精神沉郁，食欲减退或废绝。断乳猪、母猪常呈现精神委顿、厌食和持续腹泻，并逐渐恢复正常。少数猪恢复后生长发育不良。肥育猪在同圈饲养感染后都发生腹泻，1周后康复，偶有死亡病例。成年猪症状较轻，有的仅表现呕吐，重者水样腹泻3～4d可自愈。剖检仅见小肠扩张，内充满黄色液体，肠系膜充血，肠系膜淋巴结水肿，小肠绒毛缩短。

4. 防制 本病应用抗生素治疗无效。在本病流行地区可对怀孕母猪在分娩前2周，以病猪粪便或小肠内容物进行人工感染，刺激其产生母源抗体，以缩短本病在猪场中的流行。

预防可选用猪流行性腹泻病毒甲醛氢氧化铝灭活疫苗和猪流行性腹泻（PED）和猪传染性胃肠炎（TGE）二联灭活苗免疫妊娠母猪，乳猪通过初乳获得保护。

（五）猪痢疾

猪痢疾是由致病性猪痢疾蛇形螺旋体引起猪的一种肠道传染病，其特征为大肠黏膜发生卡他性出血性炎症，有的发展为纤维素坏死性炎症，临床表现为黏液性或黏液出血性下痢。

1. 病原 本病的病原体为猪痢疾蛇形螺旋体，有4～6个弯曲，两端尖锐，革兰氏染色呈阴性。

猪痢疾蛇形螺旋体对外界环境抵抗力较强，在粪便中5℃存活61d、25℃存活7d，在土壤中4℃能存活102d。对消毒药抵抗力不强，过氧乙酸、来苏儿和氢氧化钠均为很好的消毒剂。

2. 流行病学 不同年龄、品种的猪均易感，但以7～12周龄的幼猪多发。病猪和带菌猪是主要传染源，本病主要经过消化道进行传染。本病一年四季均可发生。各种应激因素如饲养管理不当、饲料不足、阴雨潮湿、气候多变、拥挤、饥饿等均可促进本病的发生和流行。

3. 症状及病变

（1）最急性型。往往突然死亡。病初精神稍差，食欲减少，粪便变软，表面附有条状黏液。以后迅速下痢，粪便呈黄色或水样。重病例在1～2d间粪便充满血液和黏液。随着病程的发展，病猪精神沉郁，体重减轻，迅速消瘦，弓腰缩腹，起立无力，极度衰弱，最后死亡。

（2）亚急性和慢性型。病情较轻，下痢，粪便中黏液及坏死组织碎片较多，血液较少。病期较长，病猪呈进行性消瘦，生长迟滞。病变局限于大肠、回盲结合处。大肠黏膜肿胀，并覆盖着黏液和带血块的纤维素。大肠内容物软至稀薄，并混有黏液、血液和组织碎片。病情进一步发展时，黏膜表面坏死，形成伪膜，剥去伪膜露出浅表糜烂面。有时黏膜上只有散在成片的薄而密集的纤维素。

4. 防制 猪场实行全进全出制，进猪前应严格对猪舍进行消毒。严禁从疫区引进生猪，必须引进时，应隔离检疫2个月。平时应加强饲养管理，保持舍内外干燥，防鼠灭鼠，粪便及时无害化处理，饮水应加含氯消毒剂处理。发病猪场最好全群淘汰，彻底清理和消毒，空舍2～3个月，再引进健康猪。

（六）猪传染性胃肠炎

猪传染性胃肠炎是猪的一种高度接触性肠道疾病，以呕吐、严重腹泻和失水为特征。

1. 病原 猪传染性胃肠炎病毒属于冠状病毒科冠状病毒属。本病毒对乙醚、氯仿及去氧胆酸钠敏感，对0.5％胰酶能抵抗7h。病毒不耐热，56℃ 45min或65℃ 10min死亡。在阳光下曝晒6h即被灭活，紫外线能使病毒迅速失活。pH为2.5时可被灭活。

2. 流行病学 各种年龄都可发病，10日龄以内仔猪病死率很高，5周龄以上猪的死亡率很低，成年猪几乎不死亡。病猪和带毒猪是本病的主要传染来源，主要为直接接触传播，也可以通过呼吸道传播。粪便带有病毒可经口、鼻感染传播。我国多流行于冬、春寒冷季节，发病高峰为1～2月份。

3. 症状及病变 仔猪的典型表现是突然呕吐，接着出现急剧的水样腹泻，粪水呈黄色、淡绿色或发白。病猪迅速脱水，体重下降，精神萎靡，被毛粗乱无光。吃乳减少或停止吃乳、战栗、口渴、消瘦，于2～5d死亡；病愈仔猪增重缓慢，生长发育受阻，甚至成为僵猪。架子猪、肥猪及成年母猪主要是食欲减退或消失，水样腹泻，粪水呈黄绿、蛋灰或褐色，混有气泡；哺乳母猪泌乳减少或停止，3～7d病情好转随即恢复，极少死亡。尸体脱水明显。病变主要在胃和小肠，胃内充满凝乳块，胃底黏膜充血，偶有出血点；小肠肠壁变薄，肠内充满黄绿色或白色液体，含有气泡和凝乳块；小肠肠系膜淋巴管内缺乏乳糜；脾和淋巴结肿大。

4. 防制 首先应加强检疫防止将潜伏期病猪或病毒携带者引入健康猪群。饲养管理过程中，应注意防止猫、犬和狐狸等动物出入猪场。及时进行疫苗免疫接种是控制该病的有效方法之一。目前尚无特效的治疗方法，唯一的对症治疗就是减轻脱水、酸中毒和防止继发感染。此外，为感染仔猪提供温暖、干燥的环境，供给可自由饮用的饮水或营养性流食能够有效地降低仔猪的死亡率。

(七) 猪繁殖与呼吸综合征

猪繁殖与呼吸综合征是由繁殖与呼吸综合征病毒引起的以母猪的繁殖障碍和仔猪的呼吸困难及高死亡率为主要特征的病毒性传染病，又称"蓝耳病"。

1. 病原 猪繁殖与呼吸综合征病毒归属于动脉炎病毒科动脉炎病毒属。病毒在-70℃可保存18个月，4℃保存1个月，37℃ 48h，56℃ 45min完全失去感染力。对乙醚和氯仿敏感。

2. 流行病学 本病主要侵害繁殖母猪和仔猪，育肥猪发病比较温和。病猪和带毒猪是本病的主要传染源。主要经呼吸道感染，也可垂直传播。

3. 症状 病猪主要表现为体温升高，食欲不振，部分猪双耳、体表及乳房皮肤发绀。母猪流产或产死胎、弱仔、木乃伊胎，新生仔猪呼吸困难，死亡率可达80%~90%。青年猪和公猪的症状较轻。

4. 防制 疫苗免疫是控制本病的有效途径。种猪和健康猪可用灭活疫苗免疫接种。正在暴发或暴发过本病的商品猪场可用弱毒疫苗紧急预防接种或免疫预防。严把种猪引进关，严禁从疫场引进种猪，引进的种猪要隔离观察两周以上，发现疫情，及时处理。定期对种母猪、种公猪进行本病的血清学检测，及时淘汰可疑病猪。

(八) 猪细小病毒感染

猪细小病毒可引起的繁殖障碍性疾病，其特征为感染母猪流产或产出死胎、畸形胎、木乃伊胎及病弱仔猪，母猪本身无明显症状。

1. 病原 猪细小病毒属于细小病毒科细小病毒属。本病毒耐热性强，56℃ 48h、80℃ 5min才失去感染力和血凝活性。对乙醚、氯仿不敏感。

2. 流行病学 主要发生于初产母猪。该病的传染源包括感染的母猪、公猪和持续性感染的外表健康猪。本病除经胎盘感染和交配感染外，通过呼吸道和消化道感染也是非常重要的途径。

3. 症状及病变 母猪主要表现繁殖障碍，发情不正常，久配不孕，感染的母猪可能重新发情而不分娩。怀孕30~50d感染时，主要是产木乃伊胎；怀孕50~60d感染多出现死胎；怀孕70d以上则多能正常产仔。本病还可引起产仔瘦小、弱胎。弱仔生后半小时在耳尖、颈胸、腹下、四肢内侧出现瘀血、出血斑，短时间内皮肤全部变为紫色而死亡。剖检病变为母猪子宫内膜有轻微炎症，胎盘有部分钙化，胎儿在子宫有被溶解、吸收的现象。感染胎儿还可见充血、水肿、出血、体腔积液、脱水（木乃伊化）及坏死等病变。

4. 防制 本病尚无特效的治疗方法。在预防时主要采取以下措施：引进猪时应加强检疫；一旦发病，应将发病母猪、仔猪隔离或淘汰；猪场环境及用具应严格消毒，并用血清学方法对全群猪进行检查，对阳性猪采取隔离或淘汰；在母猪配种前1~2个月选用灭活疫苗进行免疫接种，可预防本病发生。

(九) 猪气喘病

本病又称猪地方流行性肺炎，俗称猪气喘病，是由猪肺炎支原体引起猪的一种慢性呼吸道传染病。主要症状为咳嗽和气喘，病变的特征是肺的尖叶、心叶、中间叶和膈叶前缘呈肉样或虾肉样实变。

1. 病原 病原体为猪肺炎支原体，属支原体科支原体属成员。多形性，有环状、球状、点状、杆状和两极状等。猪肺炎支原体对自然环境抵抗力不强，圈舍、用具上的支原体，一般在2~3d失活，病料悬液中支原体在15~20℃放置36h，即丧失致病力。对消毒剂比较敏感，常用的化学消毒剂均能达到消毒目的。

2. 流行病学 各种品种、年龄、性别的猪均可感染。病猪和带菌猪是本病的传染源，主要经呼吸道感染。本病一年四季均可发生，但在寒冷、多雨、潮湿或气候骤变时较为多见。

3. 症状及病变

（1）急性型。主要见于新疫区和新感染的猪群，病初精神不振，头下垂，病猪呼吸困难，严重者张口喘气，发出哮鸣声，有明显腹式呼吸。体温一般正常，如有继发感染则可升到40℃以上。病死率较高。

（2）慢性型。常见于老疫区的架子猪、育肥猪和后备母猪。主要症状为咳嗽，站立不动，拱背，颈伸直，头下垂，用力咳嗽多次，严重时呈连续的痉挛性咳嗽。食欲变化不大，病势严重时食量减少或完全不食。病期较长的小猪，身体消瘦而衰弱，生长发育停滞。病程长，可拖延2~3个月，甚至长达半年以上。

（3）隐性型。有的猪只在较好的饲养管理条件下，感染后不表现症状，但用X射线检查或剖解时发现肺炎病变，在老疫区的猪只中本型占相当大比例。

剖检典型病变为肺的尖叶、心叶、中间叶和膈叶前缘呈肉样或虾肉样实变。

4. 防制 坚持自繁自养的原则，防止购入隐性感染猪。确需引进种猪时，应远离生产区隔离饲养三个月，经检疫证明无疫病，方可混群饲养。尽量减少仔猪寄养，避免不同来源的猪只混群。从分娩、保育、到生长育成均严格采用"全进全出"的饲养方式。每批猪出栏后猪舍须经严格冲洗消毒，空置几天后再转入新的猪群。

（十）猪水疱病

猪水疱病是由一种由肠道病毒引起猪的急性传染病，以蹄部、口部、鼻端和腹部、乳头周围皮肤和黏膜发生水疱为特征。

1. 病原 猪水疱病病毒，属于小核糖核酸病毒科肠道病毒属。病毒对环境和消毒药有较强抵抗力，在50℃ 30min仍不失感染力，60℃ 30min和80℃ 1min即可灭活。病毒在污染的猪舍内可存活8周以上。在低温中可长期保存，病猪的肌肉、皮肤、肾保存于－20℃经11个月，病毒滴度未见显著下降。病猪肉腌制后3个月仍可检出病毒。3%NaOH溶液在33℃ 24h能杀死水疱皮中病毒，1%过氧乙酸60min可杀死病毒。

2. 流行病学 在自然流行中，本病仅发生于猪。病猪、潜伏期的猪和病愈带毒猪是本病的主要传染源。可通过接触、饲喂含病毒而未经消毒的泔水和屠宰下脚料、生猪交易、运输工具（被污染的车、船）而发生感染。病毒可通过受伤的蹄部、鼻端皮肤、消化道黏膜而进入体内。

3. 症状及病变 病猪体温可升高至40~42℃，蹄冠、蹄叉或副蹄出现水疱和溃烂，跛行，喜卧；严重者蹄壳脱落；5%~10%的病猪鼻端、口腔黏膜出现水疱和溃烂；8%哺乳母猪乳房上也出现水疱。局部淋巴结出血和心内膜偶有条纹状出血。特征性病变为在蹄部、鼻盘、唇、舌面、乳房出现水疱。个别病例在心内膜有条状出血斑。

4. 防制 用猪水疱病高免血清和康复血清进行被动免疫有良好效果，免疫期达1个月以上。防止将病原带到非疫区，应特别注意监督牲畜交易和转运的畜产品。运输时对交通工具应彻底消毒，屠宰下脚料和泔水经煮沸方可喂猪。在收购和调运时，应逐头进行检疫，一旦发现疫情立即向主管部门报告。对疫区和受威胁区的猪只，可采用被动免疫或疫苗接种。病猪及屠宰猪肉、下脚料应严格实行无害化处理。环境及猪舍进行严格消毒。

（十一）猪传染性萎缩性鼻炎

猪传染性萎缩性鼻炎是由支气管败血波氏杆菌和产毒素多杀性巴氏杆菌引起的猪的一种慢性呼吸道传染病，临床上以鼻甲骨萎缩、颜面部变形、慢性鼻炎、生长迟缓等为特征。

1. 病原 Ⅰ相支气管败血波氏杆菌（简写为 Bb）和多杀性巴氏杆菌毒素源性菌株（简写为 Pm）是原发性感染因子。Bb 为球杆菌，呈两极染色，革兰氏染色呈阴性，不产生芽孢，有的有荚膜，有周鞭毛。Pm 所产生的耐热毒素，能使皮肤坏死，并能致死小鼠（腹腔注射）。本菌抵抗力不强，常用消毒剂对其都可致死。

2. 流行病学 任何年龄猪都可发生本病，但以仔猪易感性最大，多发生于 6～8 周龄仔猪，1 周龄少见，发病率一般随年龄增长而下降。病猪和带菌猪是主要传染源。其他动物及人均可带菌。主要通过飞沫传播，经呼吸道感染仔猪。

3. 症状及病变 早期病例的表现是 3～9 周龄仔猪出现喷嚏，少数病猪出现浆液性、黏液性鼻卡他以及一过性的单侧或两侧鼻出血。随着病情发展，严重病例可出现呼吸困难，鼻痒拱地，前肢抓鼻；由于鼻泪管阻塞而由眼泪和灰尘在内眦部形成半月状条纹的泪斑。病情再进一步发展，病猪打喷嚏时会喷出黏稠分泌物。鼻甲骨发病后 3～4 周开始萎缩，致使鼻腔和面部变形，是该病特征性症状。两侧鼻甲骨病损相同时，外观鼻短缩，若一侧鼻甲骨萎缩严重，则使鼻弯向另一侧。体温一般正常，病猪生长停滞，难以育肥，有的成为僵猪。

病变一般局限于鼻腔和邻近组织，最特征的病变是鼻腔的软骨和鼻甲骨的软化和萎缩，特别是下鼻甲骨的下卷曲最为常见。

4. 防制 及时淘汰发病猪，根除传染源；实行全进全出制，将患病猪群肥育后集中屠宰，猪舍彻底消毒，重新引进种猪；严格检疫引进猪；改善环境卫生，消除应激因素，饲喂含有药物的饲料；母猪和仔猪可免疫接种。治疗可选用卡那霉素、新霉素、庆大霉素等药物。用大剂量磺胺类药物拌料，连用 30～45d，有利于减少猪群发病。

（十二）猪圆环病毒感染

本病是由猪圆环病毒引起猪的一种新的传染病。主要感染 8～13 周龄猪，其特征为体质下降、消瘦、腹泻、呼吸困难。

1. 病原 猪圆环病毒属于圆环病毒科圆环病毒属。该病毒可抵抗 pH 为 3 的酸性环境和 56～70℃ 的高温环境，经氯仿处理也不失活。

2. 流行病学 本病主要感染断乳后仔猪，哺乳猪很少发病。如果采取早期断乳的猪场，10～14 日龄断乳猪也可发病。饲养条件差、通风不良、饲养密度高、不同日龄猪混养等应激因素，均可加重病情的发展。

3. 症状及病变 猪圆环病毒侵害猪体后可引起多系统进行性功能衰弱，在临床表现为生长发育不良和消瘦、皮肤苍白、肌肉衰弱无力、精神差、食欲不振、呼吸困难。有 20% 的病例出现贫血、黄疸，具有诊断意义。但慢性病例难于察觉。

典型病例死亡的猪尸体消瘦，有不同程度贫血和黄疸。淋巴结肿大 4～5 倍，在胃、肠系膜、气管等淋巴结尤为突出，切面呈均质苍白色。肺部有散在隆起的橡皮状硬块。严重病例肺泡出血，在心叶和尖叶有暗红色或棕色斑块。脾肿大。肾苍白，有散在白色病灶，被膜易于剥落，肾盂周围组织水肿。胃在靠近食管区常有大片溃疡形成。盲肠和结肠黏膜充血、有出血点，少数病例见盲肠壁水肿而明显增厚。

4. 防制　目前尚无有效疗法，主要加强饲养管理和兽医防疫卫生措施。一旦发现可疑病猪及时隔离，并加强消毒，切断传播途径，杜绝疫情传播。

单元五　牛、羊的常见传染病

（一）牛流行热

牛流行热是由牛流行热病毒引起的一种急性热性传染病，其特征为突发高热、传播快、消化道和呼吸道发生严重的卡他性炎症及四肢和关节运动障碍。

1. 病原　本病由牛流行热病毒引起，其属弹状病毒科暂时热病毒属，呈子弹形或圆锥形。病毒主要存在于病牛的血液、脾、全身淋巴结、肺、肝等处。该病毒对外界抵抗力不强，对热敏感，56℃ 10min、37℃ 18h可灭活。对一般消毒剂敏感。

2. 流行病学　本病主要侵害奶牛和黄牛，水牛较少感染。以3～5岁牛多发，1～2岁牛及6～8岁牛次之，犊牛及9岁以上牛少发，6月龄以下的犊牛不显有临床症状。肥胖的牛病情较严重。母牛尤以怀孕牛发病率略高于公牛。产乳量高的母牛发病率高。病牛是本病的主要传染源，吸血昆虫是重要的传播媒介。本病的发生具有明显的季节性，一般在夏末到秋初、高温炎热、多雨潮湿、蚊蠓多生的季节流行。

3. 症状及病变　病初症状不明显，发病突然，体温高达40～42℃，稽留2～3d。体温升高时病牛精神委顿，肌肉震颤，皮毛逆立，皮温不整。结膜充血、水肿，流泪，怕光。多数病牛鼻腔流出浆液性或黏液性鼻涕。口腔发炎，流涎，口角有泡沫。粪便干燥，有时下痢。部分病牛因四肢关节浮肿、疼痛而呆立、跛行，最后因起立困难而伏卧。奶牛泌乳减少甚至停止。少数怀孕后期的奶牛可发生流产。后期如并发肺炎、胃肠炎或出血性败血症者，治疗不当，往往导致死亡。

病死牛剖检可见胸部、颈部和臀部及肌肉间有出血斑点。胸腔积有大量暗紫红色液，肺充血、水肿，并有明显的肺间质气肿现象。气管内积有大量的泡沫状黏液，黏膜呈弥漫性红色，支气管管腔内积有絮状血凝块。胃肠道黏膜瘀血呈暗红色。心内膜及冠状沟脂肪有出血点。淋巴结充血、肿胀和出血。各实质器官混浊肿胀。

4. 防制　本病治疗无特效药物，根据病情可对症治疗，对症疗法可给予退热药，停食时间长可适当补充生理盐水及葡萄糖溶液。另外根据病情还可给予强心解毒、镇静剂等，用抗菌药物防治并发症和继发感染。

在本病常发区需要做好消毒、消灭蚊蠓等吸血昆虫，切断本病的传播途径。发生本病时，要对病牛及时隔离、及时治疗，对假定健康牛群及受威胁牛群，可采用高免血清进行紧急接种。

（二）牛病毒性腹泻-黏膜病

本病简称牛病毒性腹泻或牛黏膜病，是由牛病毒性腹泻-黏膜病病毒引起的一种传染病。其特征为黏膜发炎、糜烂、坏死和腹泻。

1. 病原　牛病毒性腹泻-黏膜病病毒，又名黏膜病病毒，是黄病毒科瘟病毒属的成员。本病毒对乙醚、氯仿、胰酶等敏感。

2. 流行病学　本病毒可感染黄牛、水牛、牦牛、绵羊、山羊、猪、鹿及小袋鼠。患病动物和带毒动物是本病的主要传染源。病畜和隐性病畜可从鼻液、泪水、粪便中排出病毒，主要通过消化道和呼吸道感染，也可通过胎盘感染。本病常年均可发生，通常多发生于冬末和春季。

3. 症状及病变 急性病例牛体温突然升高到40～42℃，持续4～7d，有的还有第2次升高；病畜精神沉郁，厌食。鼻眼流出浆液性分泌物，呼吸加快，轻度咳嗽；随后鼻镜及口腔黏膜表面糜烂，流涎，呼气带臭味；在口内发生损害之后，常发生严重腹泻，开始为水样，以后混有黏液和血液；部分牛于发病后1～2周死亡。慢性病牛很少有明显的发热症状，但体温可能有高于正常的波动；鼻镜糜烂，此种糜烂可在全鼻镜上连成一片；眼常有浆液性分泌物；门齿齿龈通常发红；由蹄叶炎及趾间皮肤糜烂坏死而致的跛行是最明显的症状。大多数患牛均死于2～6个月内。妊娠母牛发生流产，有的产出有先天性缺陷的犊牛，最常见的缺陷是小脑发育不全。

主要病变在消化道和淋巴组织。鼻镜、鼻孔黏膜、齿龈、上颚、口腔黏膜有糜烂和浅溃疡，严重病例咽喉部黏膜有溃疡及弥散性坏死。特征性病变是食道黏膜糜烂，呈大小不等形状与直线排列。瘤胃黏膜偶见出血和糜烂，真胃、肠黏膜水肿、糜烂及溃疡。

4. 防制 平时预防要加强口岸检疫，从国外引进种牛、种羊、种猪时必须进行血清学检查，防止引入带毒牛、羊和猪。一旦发生本病，对病牛要隔离治疗或急宰。应用弱毒疫苗或灭活疫苗可预防和控制本病。

本病在目前尚无有效疗法。应用收敛剂和补液疗法可缩短恢复期，减少损失。用抗生素和磺胺类药物，可减少继发性细菌感染。

（三）气肿疽

牛气肿疽俗称黑腿病或鸣疽，是一种由气肿疽梭菌引起的反刍动物的一种急性败血性传染病，牛的急性传染的特征为跛行，肌肉丰富的部位发生气性炎症，中心坏死变黑，压之有捻发音，又名黑腿病。

1. 病原 本病病原是气肿疽梭菌，革兰氏阳性，有周身鞭毛能运动，在体外可形成芽孢，专性厌氧，芽孢的抵抗力极强，在土壤中可存活3年以上，在液体中的芽孢可耐受20min煮沸，0.2%升汞在10min内杀死芽孢，3%福尔马林15min杀死，芽孢盐腌肌肉可存活2年以上，在腐败肌肉中可存活6个月。

2. 流行病学 在自然条件下，气肿疽主要危害黄牛。发病年龄为0.5～5岁，尤以1～2岁多发，死亡居多。本病的传染源主要是病畜，传递因素是土壤，病畜体内的病菌进入土壤，以芽孢形式长期生存于土壤，动物采食被这种土壤污染的饲料和饮水，经口腔和咽喉创伤侵入组织，也可由松弛或微伤的胃肠黏膜侵入血流而感染全身。本病呈地方性流行，有一定季节性，夏季放牧（尤其在炎热干旱时）容易发生，这与蛇、蝇、蚊活动有关。

3. 症状及病变 牛发病多为急性经过，潜伏期为3～5d，往往突然发病，体温达41～42℃，呼吸困难，脉搏快而弱，最后体温下降或再稍回升。早期出现轻度跛行，食欲和反刍停止。后相继在肌肉多的部位发生肿胀，初期热而痛，后来中央变冷无痛。患病部皮肤干硬呈暗红色或黑色，有时形成坏疽，触诊有捻发音，叩诊有明显鼓音。切开患部皮肤，从切口流出污红色带泡沫酸臭液体，这种肿胀发生在腿上部、臀部、腰、荐部、颈部及胸部。此外局部淋巴结肿大。若病灶发生在口腔、腮部，肿胀有捻发音。发生在舌部时，舌肿大伸出口外。老牛发病症状较轻，中等发热，肿胀也轻，有时有疝痛臌气，可能康复。

病畜尸体迅速腐败和膨胀，天然孔常有带泡沫血样的液体流出，患部肌肉呈黑红色，肌间充满气体，呈疏松多孔之海绵状，有酸败气味。局部淋巴结充血、出血或水肿。肝、肾呈暗黑色，常因充血稍肿大，还可见到豆粒大至核桃大的坏死灶；切面有带气泡的血液流出，呈多孔海绵状。其他器官常呈败血症的一般变化。

4. 防制 病畜应立即隔离治疗，死畜禁止剥皮吃肉，应深埋或焚烧。病畜厩舍围栏、用具或被污染的环境用3%福尔马林或0.2%升汞液消毒，粪便、污染的饲料、垫草均应焚烧。

在流行的地区及其周围，每年春、秋两季进行气肿疽甲醛菌苗或明矾菌苗预防接种。

早期全身治疗可用抗气肿疽血清150~200mL，重症患者8~12h后再重复一次。

（四）蓝舌病

蓝舌病是以昆虫为传染媒介的反刍动物的一种病毒性传染病。主要发生于绵羊，其临床特征为发热、消瘦，口、鼻和胃黏膜有溃疡性炎症变化。

1. 病原 蓝舌病病毒属于呼肠孤病毒科环状病毒属。病毒对乙醚、氯仿、0.1%去氧胆酸钠有耐受力，对胰酶敏感。可被过氧乙酸、3%氢氧化钠灭活。在pH为5.6~8.0稳定，在pH为3.0以下被迅速灭活。60℃ 30min可被杀死。在干燥的血液、血清中和腐败的肉、下水中，可长期存活。

2. 流行病学 绵羊易感，不分品种、性别和年龄，以1岁左右的绵羊最易感，吃乳的羔羊有一定的抵抗力。牛和山羊的易感性较低，多为隐性感染。病畜及带毒动物是本病的传染源。本病主要通过库蠓传递，绵羊虱蝇也能机械传播本病。公牛感染后，可通过交配和人工授精传染给母牛。病毒也可通过胎盘感染胎儿。该病的发生有严格的季节性，多发生在湿热的夏季和早秋，特别是池塘、河流较多的低洼地区。

3. 症状及病变 病初体温升高达40.5~41.5℃，稽留2~4d。表现厌食，精神委顿，落后于羊群。流涎，口唇水肿可蔓延到面部、耳部、颈部和腹部。口腔黏膜充血后发绀呈青紫色，随后口腔连同唇、齿龈、颊、舌黏膜糜烂，致使吞咽困难。随着病情发展，在溃疡损伤部位渗出血液，唾液呈红色，口腔恶臭。鼻流黏性分泌物，鼻孔周围结痂，引起呼吸困难和鼾声。有时蹄冠、蹄叶发生炎症，触之敏感，呈不同程度的跛行、膝行或卧地不动。病羊后期消瘦、衰弱，常因继发细菌性肺炎或胃肠炎而死亡。妊娠母羊可经胎盘感染胎儿，造成流产、死胎或胎儿先天性异常，严重时可使整个羊群的全部羔羊死亡或受损。

山羊的症状与绵羊相似，但一般比较轻微。

牛通常缺乏症状。约有5%的病例可显示轻微症状，其临床表现与绵羊相同。

病变主要表现在口腔、瘤胃、心、肌肉、皮肤和蹄部。口腔出现糜烂和深红色区，舌、齿龈、硬腭、颊黏膜和唇水肿。瘤胃黏膜有深红色区和坏死灶。呼吸道、消化道和泌尿道黏膜及心肌、心内膜、心外膜均有小点出血。蹄冠周围皮肤出现线状充血带。严重病例，消化道黏膜有坏死和溃疡，脾肿大，肾和淋巴结充血肿大。有时有蹄叶炎变化。

4. 防制 严防用带毒精液进行人工授精。定期进行药浴、驱虫，控制和消灭本病的媒介昆虫（库蠓），作好牧场的排水工作。在流行地区可在每年发病季节前1个月接种疫苗；在新发病地区可用疫苗进行紧急接种。

该病目前尚无有效的治疗方法，主要是加强营养，精心护理，对症治疗。对病畜要精心护理，严格避免烈日风雨，给以易消化的饲料，每天用温和的消毒液冲洗口腔和蹄部。预防继发感染可用磺胺类药物或抗生素。有条件时病畜或分离出病毒的阳性畜应予以扑杀；血清学阳性畜，要定期复检，限制其流动，就地饲养使用，不能留作种用。

（五）羊梭菌性疾病

羊梭菌性疾病是由梭状芽孢杆菌属中的微生物所致的一类疾病，包括羊快疫、羊肠毒血症、黑疫、羔羊痢疾等病。

1. 羊快疫　羊快疫是主要发生于绵羊的一种急性传染病，发病突然，病程极短，其特征为真胃呈出血性、炎性损害。

（1）病原。羊快疫的病原是腐败梭菌，单在或两三个相连的粗大杆菌，可产生芽孢。一般消毒药物均能杀死腐败梭菌的繁殖体，但芽孢的抵抗力很强，3‰福尔马林能迅速杀死芽孢。可应用20％的漂白粉、3％～5％的氢氧化钠进行消毒。

（2）流行病学。绵羊对羊快疫最易感，以2岁以内的羊发病较多。山羊、鹿也可感染本病。一般经消化道感染。本病一般呈地方流行，多发于秋、冬和初春气候骤变、阴雨连绵季节；于低洼地、潮湿地、沼泽地放牧的羊只易患本病。

（3）症状及病变。6～18月龄体质肥壮的羊无任何症状突然死亡，有的死前有疝痛症状。病程稍长者，精神沉郁，离群独立，不愿走动，或运动失调；有的表现虚弱；口内排泡沫血样唾液，腹部胀满，有腹痛症状，有的排黑色稀便或软便；有的在死前因结膜显著发红，而呈"红眼"；体温有的正常，有的升高到40℃以上；病羊最后极度衰弱，昏迷，磨牙，24h内死亡。

剖检病变主要是真胃出血性炎症变化，胃底部幽门附近的黏膜和十二指肠黏膜充血、出血、甚至发生坏死，黏膜下组织常水肿。胸腔、腹腔和心包有大量的积液，心内膜和心外膜有点状出血。肝肿大、质脆、呈煮熟状，胆囊扩张，充满胆汁。

（4）防制。由于本病病程短促，往往来不及治疗，因此，必须加强平时的防疫措施。本病常发地区，每年定期注射羊快疫、猝狙、肠毒血症三联苗或羊快疫、猝狙、肠毒血症、羔羊痢疾、黑疫五联苗。当本病严重发生时，转移牧地，可收到减弱和停止发病的效果。

发病后及时隔离病羊，对病死羊严禁剥皮利用，尸体及排泄物应深埋。被污染的圈舍和场地、用具用3％的烧碱溶液或20％的漂白粉溶液消毒。对病羊的同群羊进行紧急预防接种，并口服2％的硫酸铜，每只羊100mL。

对病程较长的病例可给予对症治疗，使用强心剂、肠道消毒药、抗生素及磺胺类药物。

2. 羊肠毒血症　羊肠毒血症是由产气荚膜梭菌在羊肠道内繁殖产生的毒素所引起的一种急性、高度致死性传染病。由于该病患畜死后的肾如软泥样，故称之"软肾病"。

（1）病原。病原为D型产气荚膜梭菌，又称产气荚膜杆菌，为厌气性粗大杆菌，革兰氏阳性，无鞭毛，在动物体内能形成荚膜、芽孢。一般消毒药均易杀死本菌繁殖体，但芽孢抵抗力较强，在95℃下2.5h方可杀死。本菌能产生强烈的外毒素，具有酶活性，不耐热，有抗原性，用化学药物处理可变为类毒素。

（2）流行病学。本病的发生具有明显的季节性和条件性，多呈散发。绵羊发生较多，山羊较少，其中2～12月龄的羊最易发病，发病的羊多为膘情较好的。

（3）症状及病变。膘情较好的羊突然出现四肢强烈的划动，肌肉抽搐，眼球运动，磨牙，口水过多，随后头颈显著抽缩，往往死于2～4h内。有的病羊开始步态不稳，并有感觉过敏，继以昏迷，角膜反射消失；有的病羊发生腹泻，通常在3～4h内静静地死去。

病变常见于消化道、呼吸道、心血管系统,心包内可见 50~60mL 的灰黄色液体和纤维素絮块,肺充血水肿,肾像脑髓软化,肠道某些区段急性发红。

(4) 防制。平时加强饲养管理。农区和牧区春夏多发病期间少抢青、抢茬,实行牧草场轮换放牧。秋季避免吃过量结籽饲草。经常给羊饮用 0.1% 高锰酸钾溶液。常发病期定期注射羊三联苗或五联苗。

病程缓慢的病羊可用以下药物治疗:庆大霉素按每千克体重 1 000U~1 500U 肌内注射,每日 2 次;磺胺脒 8~12g,第 1 天 1 次灌服,第 2 天分 2 次灌服;病情严重者将 10% 安那咖 10mL 加入 500~1 000mL 5% 葡萄糖溶液中静脉滴注。

3. 羊猝狙 羊猝狙是由 C 型产气荚膜梭菌所引起的一种毒血症,以急性死亡、腹膜炎或溃疡性肠炎为特征。

(1) 流行病学。发生于成年绵羊,以 1~2 岁的绵羊发病较多。常见于低洼、沼泽地区,多发生于冬、春季节,常呈地方流行性。

(2) 症状及病变。病程短促,常未发现症状即突然死亡。有时发现病羊掉群、卧地、不安、衰弱和痉挛,在数小时内死亡。

病变主要见于消化道和循环系统。十二指肠和空肠黏膜严重充血、糜烂,有的区段可见大小不等的溃疡。胸腔、腹腔和心包腔积液,浆膜上有小点出血。病羊刚死时骨骼肌表现正常,但在死后 8h 内,细菌在骨骼肌增殖,使肌间隔积聚血样液体,肌肉出血,有气性裂孔。

(3) 防制。可参照羊快疫和羊肠毒血症的防制措施进行。

4. 羊黑疫 羊黑疫又名传染性坏死性肝炎,是绵羊和山羊的一种急性高度致死性毒血症,病的特征是肝实质坏死。

(1) 病原。本病病原为诺维氏梭菌,为革兰氏阳性杆菌,严格厌氧,能形成芽孢,不产生荚膜,具周身鞭毛,能运动。本菌抵抗力与一般致病梭菌相似,有的芽孢能耐 100℃ 5min。

(2) 流行病学。能使 1 岁以上的绵羊感染,以 2~4 岁的绵羊发生最多。山羊也可感染,牛偶可感染。发病羊多为营养良好的肥胖羊只。本病主要在春、夏季节发生于肝片形吸虫流行的低洼潮湿地区。

(3) 症状及病变。大多数情况下羊突然发生死亡。少数病例病程稍长,可拖延 1~2d,但不超过 3d。病羊掉群,不食,呼吸困难,体温达 41.5℃ 左右,呈昏睡俯卧状态,并保持在这种状态下毫无痛苦地突然死去。

病羊尸体皮下静脉显著扩张,其皮肤呈暗黑色外观。胸部皮下组织经常水肿,浆膜腔有液体渗出,液体常呈黄色,暴露于空气易凝。腹腔液略带血色。肝充血肿胀,从表面可看到或摸到有一个到多个凝固性坏死灶,灰黄色,不整圆形,周围常被一条鲜红色的充血带围绕,坏死灶直径可达 2~3cm。

(4) 防制。该病发病急、死亡快,常常来不及治疗,因此只能以预防为主。在发病季节,将羊群及时转移到高燥地区。每年定期注射厌气菌五联疫苗,免疫期可达 1 年。羊发病时,对发病羊和羊群注射抗诺维氏梭菌血清进行治疗。病死羊一律烧毁或深埋,污染场地和羊舍用 20% 漂白粉溶液彻底消毒。

5. 羔羊痢疾 羔羊痢疾是由 B 型产气荚膜梭菌引起初生羔羊的一种急性毒血症,以剧烈腹泻和小肠发生溃疡为特征。

(1) 流行病学。主要发生于7日龄以内的羔羊,尤以2~5日龄羔羊发病为多。羔羊生后数日,B型产气荚膜梭菌可通过吮乳、羊粪或饲养人员手指进入消化道,也可通过脐带或创伤感染。在不良因素的作用下,羔羊抵抗力减弱,病菌可在小肠大量繁殖,产生毒素(主要为β毒素),引起发病。

(2) 症状及病变。病初精神委顿,低头拱背,不吃乳。不久腹泻,粪便恶臭,有的稠如面糊,有的稀薄如水,后期含有血液,直到成为血便。病羔逐渐虚弱,卧地不起。若不及时治疗,常在1~2d内死亡,只有少数可能自愈。有的病羔腹胀而不下痢,或只排少量稀粪(也可能带血或呈血便),但主要表现为神经症状,四肢瘫软,卧地不起,呼吸急促,口流白沫,最后昏迷,头向后仰,体温降至常温以下。病情严重,病程很短,若不加紧救治,常在数小时到十几个小时内死亡。

剖检尸体严重脱水,尾部污染有稀粪。最显著的变化在消化道,真胃内有未消化的乳凝块;小肠尤其是回肠黏膜充血发红,常可见直径1~2mm的溃疡病灶,溃疡灶周围有一条充血、出血带环绕,肠系膜淋巴结肿胀充血,间或出血;心包积液,心内膜可见有出血点;肺常有充血区或出血斑。

(3) 防制。对怀孕母羊做到产前抓膘增强体质,产后保暖,防止受凉。合理哺乳,避免饥饱不均。做好圈舍及用具的消毒工作。一旦发病应及时隔离病羊。对未发病羊要及时转圈饲养。在常发疫点可采取药物预防。发病羊只可选用土霉素、青霉素、链霉素等进行治疗。在使用药物进行治疗的同时适当采取对症治疗措施,如强心、补液、镇静等。

(六) 山羊关节炎-脑炎

山羊关节炎-脑炎是一种病毒性传染病,临诊特征是成年羊为慢性多发性关节炎,间或伴发间质性肺炎或间质性乳房炎,羔羊常呈现脑脊髓炎症状。

1. 病原 山羊关节炎-脑炎病毒,属于反转录病毒科慢病毒属。本病毒在环境中相对较脆弱,56℃ 1h可以完全灭活羊乳中的病毒。

2. 流行病学 在自然条件下,只在山羊间互相传染发病,绵羊不感染。感染途径以消化道为主,病毒经乳汁感染羔羊。被污染的饲草、饲料、饮水等可成为传播媒介。

3. 症状及病变

(1) 脑脊髓炎型。病羊精神沉郁、跛行,进而四肢强直或共济失调。一肢或多肢麻痹、横卧不起、四肢划动,有的病例眼球震颤、惊恐、角弓反张。有时面神经麻痹、吞咽困难或双目失明。病程半月至一年。

(2) 关节炎型。病羊腕关节和跗关节肿大,并跛行。开始关节周围的软组织水肿、湿热、疼痛,有轻重不一的跛行,进而关节肿大如拳,活动不便,常见前膝跪地前行。有时病羊肩前淋巴结肿大。透视检查,轻型病例关节周围软组织水肿;重症病例软组织坏死,纤维化或钙化,关节液呈黄色或粉红色。

(3) 肺炎型。患羊进行性消瘦,咳嗽,呼吸困难,胸部叩诊有浊音,听诊有湿啰音。

主要病变见于中枢神经系统、四肢关节及肺,其次是乳腺。一侧脑白质有一个棕色区。肺轻度肿大,质地硬,呈灰色,表面散在灰白色小点,切面有大叶性或斑块状实变区。支气管淋巴结和纵隔淋巴结肿大,支气管空虚或充满浆液和黏液。关节周围软组织肿胀波动,皮下浆液渗出。关节囊肥厚,滑膜常与关节软骨粘连。关节腔扩张,充满黄色、粉红色液体,其中悬浮纤维蛋白条索或血凝块。滑膜表面光滑,或有结节状增生物。透过滑膜可见到组织中的钙化斑。乳腺炎。少数病例肾表面有1~2mm的灰白小点。

4. 防制 尚无有效疗法和疫苗。主要以加强饲养管理和防疫卫生工作为主。定期检疫，及时淘汰血清学反应阳性羊。引入羊只实行严格检疫，特别是引进国外品种，除执行严格的检疫制度外，入境后还要单独隔离观察，定期复查，确认健康后，才能转入正常饲养繁殖或投入使用。在无病地区还应提倡自繁自养，严防本病由外地带入。

单元六 其他动物的常见传染病

（一）犬瘟热

犬瘟热是由犬瘟热病毒引起的一种高度接触性传染病，传染性极强，死亡率可高达80%以上，以早期表现双相热、急性鼻卡他以及随后的支气管炎、卡他性肺炎、严重的胃肠炎和神经症状为特征，少数病犬的鼻和足垫可发生角化过度。

1. 病原 犬瘟热病毒属副黏病毒科麻疹病毒属成员，只有一个血清型。病毒对紫外线和乙醚、氯仿等有机溶剂敏感。最适pH为7.0，在pH为4.5~9.0条件下均可存活。病毒在-70℃可存活数年，冻干可长期保存。对热和干燥敏感，50~60℃ 30min灭活。3%福尔马林、5%石炭酸溶液以及30%苛性钠等对本病都具有良好的消毒作用。

2. 流行病学 犬瘟热病毒的自然宿主为犬科动物和鼬科动物。病犬是最重要的传染源。主要经呼吸道和消化道感染，也可经眼结膜和胎盘传染。本病多发生于寒冷季节（10月到第2年的2月），似有一定的周期性，每2~3年流行一次，但现在有些地方这种周期性不明显，常年发生。

3. 症状及病变 病犬最初精神委顿，食欲不振或废绝。眼、鼻流出浆黏性分泌物，以后变为脓性，有时混有血丝、发臭。发热39.5~41℃，约持续2d，以后下降到常温。2~3d后再次发热持续数周之久，即所谓的双相型发热，此时，病情又趋恶化。鼻镜、眼睑干燥甚至龟裂；厌食，常有呕吐和发生肺炎。严重病例发生腹泻，粪呈水样，恶臭，混有黏液和血液。病犬消瘦、脱水。体重不断下降，脚垫和鼻过度角质化。

神经症状一般多发生在感染后3~4周，全身症状好转后几天至十几天才出现。经胎盘感染的幼犬可在4~7周龄时发生神经症状。神经症状因病毒侵害中枢神经系统的部位不同而有差异，或呈现癫痫、转圈，或共济失调、反射异常，或颈部强直、肌肉痉挛。咬肌群反复节律性的颤动是本病常见的神经症状。

仔犬于7日龄内感染时常出现心肌炎，双目失明。

病变以心肌变性、坏死和矿化作用为特征，并伴有炎性细胞浸润。新生幼犬通常表现为胸腺萎缩。成年犬多表现为结膜炎、鼻炎、气管支气管炎和卡他性肠炎。具有神经症状的犬通常可见鼻和脚垫的皮肤角化病。中枢神经系统的病变主要包括脑膜充血、脑室扩张和因脑水肿所致的脑脊液增多。

4. 防制 平时严格兽医卫生防疫措施。发现疫情应立即隔离病犬，深埋或焚毁病死犬尸，彻底消毒污染环境、场地、犬舍以及用具等。对未出现症状的同群犬和其他受威胁的易感犬进行紧急接种。

（二）犬传染性肝炎

犬传染性肝炎是由犬腺病毒Ⅰ型引起的犬的一种急性败血性传染病。

1. 病原 犬传染性肝炎病毒为犬腺病毒Ⅰ型。本病毒的抵抗力强，在污染物上能存活10~14d，在冰箱中保存9个月仍有传染性。冻干可长期保存。37℃可存活2~9d，60℃ 3~5min灭活。对乙醚和氯仿有耐受性，在室温下能抵抗75%酒精达24h。苯酚、碘酊及烧碱是常用的有效消毒剂。

2. 流行病学 犬和狐对本病易感性高，山犬、浣熊、黑熊也有易感性。犬不分年龄、性别、品种均可发病，但1岁以内的幼犬多发，刚断乳的小犬最易发病。传染源主要是病犬和康复犬。传播途径主要是通过直接接触病犬和接触污染的用具而传播，也可发生胎内感染造成新生幼犬死亡。本病可发生于任何季节。

3. 症状和病变 病犬食欲废绝，渴欲增加，常见呕吐、腹泻，常有腹痛（剑状软骨部位）和呻吟。病犬体温升高到40~41℃，持续1d。然后降至接近常温，持续1d，接着又第2次体温升高，呈所谓马鞍型体温曲线。扁桃体常急性发炎肿大，心搏增强，呼吸加速，很多病例出现蛋白尿。病犬血液不易凝结，如有出血，往往流血不止，出血时间较长的转归不良。特征性症状为角膜混浊、水肿，称为"肝炎性蓝眼"病，病犬表现眼睑痉挛、羞明和浆液性眼分泌物。幼犬患病时，常于1~2d内突然死亡，如耐过48h，多能康复。成年犬多能耐过，可产生坚强的免疫力。

剖检可见各脏器组织尤其心内膜、脑膜、脑脊髓膜、唾液腺、胰腺和肺点状出血。浅表淋巴结和颈部皮下组织水肿。腹腔积液，暴露空气常可凝固。肠系膜可有纤维蛋白渗出物。肝略肿大，包膜紧张，肝小叶清楚。胆囊黑红色，胆囊壁常水肿、增厚、出血，有纤维蛋白沉着。脾肿大。胸腺点状出血。

4. 防制 预防本病主要依靠定期进行免疫接种和实施一般的兽医卫生措施。

（三）犬细小病毒感染

犬细小病毒感染是由犬细小病毒引起的犬的一种急性传染病，特征为出血性肠炎或非化脓性心肌炎，多发生于幼犬，病死率为10%~50%。

1. 病原 犬细小病毒是细小病毒科细小病毒属成员。本病毒对外界环境具有较强的抵抗力。在室温下能存活3个月，在60℃能活1h。pH为3处理1h并不影响其活力。对甲醛、β丙内酯、羟胺和紫外线敏感，能使之灭活。对氯仿、乙醚等有机溶剂则不敏感。

2. 流行病学 各种年龄和不同性别的犬都有易感性，但小犬的易感性更高。断乳前后的仔犬易感性最高，其发病率和病死率都高于其他年龄组，往往以同窝暴发为特征。

感染犬和康复带毒犬是传染源。病犬从粪便、尿液、唾液和呕吐物中排毒；康复犬可能从粪尿中长期排毒，污染饲料、饮水、垫草、食具和周围环境。本病主要由直接接触或间接接触而传染，传染途径以消化道为主。本病的发生无明显的季节性，一般夏、秋季多发。天气寒冷、气温骤变、拥挤、卫生水平差和并发感染，可加重病情和提高病死率。

3. 症状及病变

（1）肠炎型。多见于青年犬。往往先突然发生呕吐，后出现腹泻。粪便先黄色或灰黄色，覆以大量黏液和伪膜，接着排带有血液呈番茄汁样稀粪，具有难闻的恶臭味。病犬精神沉郁，食欲废绝，体温升到40℃以上，迅速脱水，急性衰竭而死。白细胞数减少具有特征性，尤其在病初的4~5d内。成年犬发病一般不发热。

（2）心肌炎型。多见于8周龄以下的幼犬，常突然发病，数小时内死亡。感染犬精神、食欲正常，偶见呕吐，或有轻度腹泻和体温升高。或有严重呼吸困难，持续20~30min，脉快而弱。可视黏膜苍白。听诊心律不齐，心电图 R 波降低，S-T 波升高。

肠炎型病死犬极度脱水，可视黏膜苍白、腹腔积液。小肠以空肠和回肠病变最为严重，内含酱油色恶臭分泌物，肠壁增厚，黏膜下水肿。浆膜呈暗红色，浆膜下充血出血，黏膜坏死、脱落、绒毛萎缩。肠腔扩张，内容物水样，混有血液和黏液。肠系膜淋巴结充血、出血、肿胀。心肌炎型表现为心脏扩张，左侧房室松弛，心肌和心内膜可见非化脓性坏死灶。

4. 防制 疫苗接种是预防本病的有效措施。发病后病犬应立即隔离饲养，对犬舍及用具等用 2%～4% 的氢氧化钠溶液或 10%～20% 的漂白液消毒。对病犬加强护理，采用对症疗法、支持疗法和防止继发感染等治疗措施，可能获得痊愈或好转。

（四）犬冠状病毒病

犬冠状病毒病是由犬冠状病毒引起的一种急性肠道性传染病，以呕吐、腹泻、脱水及易复发为特性。

1. 病原 犬冠状病毒属冠状病毒科冠状病毒属成员。该病毒对氯仿、乙醚、脱氧胆酸盐敏感，对热也敏感。用甲醛、紫外线能灭活。对胰蛋白酶和酸有抵抗力。

2. 流行病学 本病可感染犬、貉和狐狸等犬科动物，不同品种、性别和年龄犬都可感染，但幼犬最易感，发病率几乎为 100%，病死率约为 50%。病犬和带毒犬是主要传染源。病毒通过直接接触和间接接触经呼吸道和消化道传染给健康犬及其他易感动物。本病一年四季均可发生，多见于冬季。气候突变、卫生条件差、犬群密度大、断乳转舍及长途运输等可诱发本病。

3. 症状及病变 潜伏期为 1～5d，临床症状轻重不一。主要表现为呕吐和腹泻，严重病犬精神不振，呈嗜眠状，食欲减少或废绝，多数无体温变化。口渴，鼻镜干燥，呕吐。持续数天后出现腹泻，粪便呈粥样或水样，为红色或暗褐色或黄绿色，恶臭，混有黏液或少量血液。白细胞数正常。有些病犬尤其是幼犬发病后 1～2d 内死亡，成年犬很少死亡。

剖检病变主要是胃肠炎。肠壁菲薄、肠管内充满白色或黄绿色、紫红色血样液体，胃肠黏膜充血、出血和脱落，胃内有黏液。其他如肠系膜淋巴结肿大，胆囊肿大。

4. 防制 目前本病尚无特效疗法和有效疫苗预防。预防主要是加强一般的兽医卫生防疫措施，减少各种诱因，对犬舍、用具和工作服坚持定期消毒，禁止外人参观。一旦发生本病，立即隔离病犬，并用 0.2%～1% 甲醛或 1∶30 漂白粉，彻底消毒场地。对病犬可进行对症治疗。

（五）猫泛白细胞减少症

猫泛白细胞减少症又称猫瘟热或猫传染性肠炎，是由猫泛白细胞减少症病毒引起猫及猫科动物的一种急性、高度接触性传染病。临床表现以患猫突发高热、呕吐、腹泻、脱水及循环血液中白细胞减少为特征。

1. 病原 猫泛白细胞减少症病毒属细小病毒科细小病毒属。该病毒对乙醚、氯仿、胰蛋白酶、0.5% 石炭酸溶液及 pH 为 3.0 的酸性环境具有一定抵抗力。50℃ 1h 可被灭活。低温或甘油缓冲液内能长期保持感染性。0.2% 甲醛溶液处理 24h 即可失活。次氯酸对其有杀灭作用。

2. 流行病学 各种年龄的猫均可感染，1 岁以下的幼猫较易感，感染率可达 70%，死亡率为 50%，最高可达 90%。成年猫感染，常无临床症状。自然条件下可通过直接接触或间接接触而传播。妊娠母猫还可通过胎盘垂直传播给胎儿。处于病毒血症期的感染动物，可从粪、尿、呕吐物及各种分泌物排出大量病毒，污染饮食、器具及周围环境而经口传播。康复猫和水貂可长期排毒达1年之久。本病在秋末至春季多发，尤以3月份发病率最高。饲养条件急剧改变、长途运输或来源不同的猫混杂饲养等不良因素常可导致急性暴发性流行。

3. 症状及病变 本病潜伏期为2～9d，最急性型动物不显临床症状而立即倒毙，往往被误认为中毒。急性型24h内死亡。亚急性型病程为7d左右。第一次发热体温为40℃左右，24h左右降至常温，2～3d后体温再次升高，呈双相热型，体温达40℃。病猫精神不振，被毛粗乱，厌食，持续呕吐，呕吐物常常带有胆汁。腹泻，粪便为水样。黏液性或带血等出血性肠炎和脱水症状比较明显。眼、鼻流出脓性分泌物。妊娠母猫感染可造成流产和死胎。怀孕末期或出生后头2周感染可对中枢神经系统造成永久性损伤，引起小脑发育不全。感染幼犬出现进行性运动失调，伸展过度，侧摔，趴卧等。

病变以出血性肠炎为特征。胃肠空虚，整个胃肠道的黏膜面均有程度不同的充血、出血、水肿及被纤维素性渗出物覆盖，其中空肠的病变尤为突出，肠壁严重充血、出血、水肿，致肠壁增厚似乳胶管样，肠腔内有灰红色或黄绿色的纤维素性坏死性伪膜或纤维素条索。肠系膜淋巴结肿大，切面湿润，呈红、灰、白相间的大理石样花纹，或呈一致的鲜红色或暗红色。肺充血、出血、水肿。肝肿大呈红褐色。胆囊充盈，胆汁黏稠。脾出血。长骨髓变成液状，完全失去正常硬度。

4. 防制 预防可选用甲醛灭活的同种组织苗、弱毒苗等进行免疫接种。对2周龄大的幼猫可让其通过食用初乳获得母源抗体保护。除进行免疫接种预防本病外，平时应搞好猫舍卫生，对于新引进的猫，必须免疫接种并观察60d后，方可混群饲养。

对病猫可进行特异性疗法，猫瘟免疫血清通过临床使用效果尚好。特异性疗法的同时应配合对症疗法，如止吐、消炎、解热、止血、补糖等。

（六）兔梭菌性下痢

兔梭菌性下痢是由A型产气荚膜梭菌引起的兔的一种以消化道为主的全身性疾病，特征为水样腹泻和脱水死亡。

1. 病原 A型产气荚膜梭菌属梭状芽孢杆菌属成员，革兰氏阳性，有荚膜，可产生芽孢。本菌为厌氧菌，接种在厌氧肉汤中37℃培养，培养基很快出现一致性混浊，产生气体。在羊血琼脂平板厌氧培养可形成溶血环。

2. 流行病学 各品种、各年龄的兔均可感染发病，但以1～3月龄的仔兔发病率最高，一般在冬、春季节青饲料缺乏时容易发病。

3. 症状及病变 该病潜伏期较短，短的为2～3d，长的为10d。急剧腹泻是本病的典型症状。病初排灰褐色软便，随后出现水泻。粪便呈黄绿色、黑褐色或腐油色，呈水样或胶冻样，具特殊的腥臭味。病兔体温一般偏低，精神沉郁，拒食，消瘦，脱水，大多于出现水泻的当天或次日死亡，少数可拖一周，极个别的拖一个月最终死亡。

尸体肛门附近和后肢飞节下端被毛染有黑褐色或绿色稀粪，剖开腹腔可嗅到特殊臭味。胃多充满饲料，胃底黏膜脱落，常见有出血或黑色溃疡点。小肠内充满气体和稀薄内容物，肠壁菲薄透明。盲结肠内充满黑绿色水样内容物，具腐败味。肠黏膜弥漫性充血或出血。肝质脆，脾呈深褐色，膀胱积有茶色尿。

4. 防制 平时加强兔场的饲养管理，减少应激因素，做好兽医防疫卫生工作，可以减少发病。对发病兔只及早用抗血清配合抗菌药物（如抗生素、磺胺类、黄连素等）、收敛药和补液治疗，可收到良好的效果。

（七）兔病毒性出血症

兔病毒性出血症俗称"兔瘟"，是兔的出血症病毒引起家兔的一种急性、高度接触性传染病，以呼吸系统出血、肝坏死、实质脏器水肿、瘀血、出血和高死亡率为特征。

1. 病原 兔出血症病毒属杯状病毒科兔病毒属。本病毒在感染家兔血液中4℃存活9个月，或感染脏器组织中20℃ 3个月仍保持活性。肝含毒病料－8～－20℃ 560d仍然具有致病性。能耐pH3.0和50℃ 40min处理。对紫外线及干燥等不良环境抵抗力较强。对乙醚、氯仿等有机溶剂抵抗力强。在1%氢氧化钠溶液4h、1%～2%的甲醛溶液或1%的漂白粉悬液3h才被灭活，常用0.5%次氯酸钠溶液消毒。

2. 流行病学 本病主要危害青年兔和成年兔，40日龄以下幼兔和部分老龄兔不易感，哺乳仔兔不发病。病兔和带毒兔为本病的传染源。本病的主要传播途径是消化道。一年四季均可发生，以春、秋、冬季发病较多，炎热夏季也有发病。

3. 症状及病变

（1）最急性型。健康兔感染病毒后10～20h即突然死亡，死亡不表现任何病状，只是在笼内乱跳几下，即刻倒地死亡。死后勾头弓背或"角弓反张"，少数兔鼻孔流出红色泡沫样液体，肛门松弛，肛周有少量淡黄色黏液附着。此类常发生在新疫区。

（2）急性型。病程一般12～48h，体温升高至41℃左右，精神沉郁，不愿动，食欲减退，喜饮水，呼吸迫促。临死前突然兴奋，在笼内狂奔，然后四肢伏地，后肢支起，全身颤抖倒向一侧，四肢乱划或惨叫几声而死。少数死兔鼻孔流出少量泡沫状血液。此类多发生在流行中期。

（3）慢性型。一般发生在流行后期，多发生2月龄以内的幼兔，兔体严重消瘦，被毛无光泽，病程2～3d或更长，后死亡。

剖检最多见的变化是全身实质器官瘀血、水肿和出血。气管软骨环瘀血，气管内有泡沫状血液。胸腺水肿，并有针帽至粟粒大小出血点。肺有出血、瘀血、水肿、大小不等的出血点。肝肿大、间质变宽、质地变脆、色泽变淡。胆囊充满稀薄胆汁；脾肿大、瘀血呈黑紫色。部分肾瘀血、出血。十二指肠、空肠出血，肠腔内有黏液。怀孕兔子宫充血、瘀血和出血。多数雄性睾丸瘀血。

4. 防制 以预防为主，严禁从疫区购入种兔，定期对兔舍、兔笼及食盆等进行消毒。死兔应深埋或烧毁，带毒的病兔应绝对隔离，排泄物及一切饲养用具均需彻底消毒。繁殖母兔使用双倍量疫苗注射。其他成年兔使用单苗或多联苗免疫注射，一年两次。紧急预防应用3～4倍量单苗进行注射，或用抗兔瘟高免血清每兔皮下注射4～6mL，7～10d后再注射疫苗。

模块七

动物寄生虫病

单元一 概 述

(一) 寄生虫及宿主的类型

在自然界中，两种生物在一起生活的现象很普遍，寄生生活是两个生物体之间的一种特殊生活方式，其中一个生物体生活在另一种生物体的体表或体内，吸取营养，并造成损害。营寄生生活的动物称为寄生虫，被寄生虫寄生的动物称为宿主。如猪蛔虫生活在猪的小肠中，猪蛔虫就是寄生虫，猪则是它的宿主。

1. 寄生虫的类型 动物寄生虫的种类繁多，数量庞大。根据其寄生部位、适应程度及寄生虫在宿主体内或体外寄生时间的长短等，可概括分为下列类型。

(1) 内寄生虫与外寄生虫。凡是寄生在宿主体内的寄生虫称为内寄生虫；寄生在宿主体表的寄生虫称为外寄生虫。

(2) 长久性寄生虫与暂时性寄生虫。在宿主的体表或体内度过一生的寄生虫称为长久性寄生虫；只是在采食时才与宿主接触的寄生虫称为暂时性寄生虫，如蚊子等。

(3) 单宿主寄生虫与多宿主寄生虫。整个发育过程中只需要一个宿主的寄生虫称为单宿主寄生虫；整个发育过程中需要多个宿主的寄生虫称为多宿主寄生虫。

(4) 专一宿主寄生虫与非专一宿主寄生虫。有些寄生虫只寄生于一种特定的宿主，对宿主有严格的选择性，称为专一宿主寄生虫，如鸡球虫只感染鸡；有些寄生虫能寄生于多种宿主，称为非专一宿主寄生虫，如旋毛虫可以寄生于猪、犬、人等。

(5) 专性寄生虫与兼性寄生虫。只能营寄生生活的寄生虫称为专性寄生虫；既可营自由生活，又可营寄生生活的寄生虫，称为兼性寄生虫。

2. 宿主的类型 寄生虫的发育过程复杂，按寄生虫发育的特性将宿主分为以下几种类型。

(1) 终末宿主。寄生虫的成虫或有性繁殖阶段寄生的宿主称为终末宿主，如人是猪带绦虫的终末宿主。

(2) 中间宿主。寄生虫的幼虫期或无性繁殖阶段寄生的宿主称为中间宿主，如猪是猪带绦虫的中间宿主。

(3) 补充宿主。某些寄生虫在发育过程中需要两个中间宿主，第2个中间宿主称为补充宿主。

(4) 贮藏宿主。有些寄生虫的虫卵或幼虫可进入某种动物体内，在其体内保存生命力和感染力，但不能继续进行发育，该动物称为贮藏宿主，如蚯蚓是鸡蛔虫的贮藏宿主。

(5) 保虫宿主。某些寄生虫以多种动物作为终末宿主时，把那些不常被寄生的动物称为保虫宿主。

(6) 带虫宿主。宿主被寄生虫感染后，由于机体抵抗力增强或经药物治疗，宿主处于隐性感染状态，体内仍有一定数量的寄生虫，这种宿主称为带虫宿主。该宿主不表现症状，对同种寄生虫的再感染具有一定的免疫力。

（二）寄生虫和宿主的相互作用

1. 寄生虫对宿主的致病作用　寄生虫对宿主的作用主要表现在以下几方面。

（1）夺取营养。寄生虫的营养由宿主供给，寄生虫夺取营养的方式有两种类型：一是有消化器官的寄生虫，用口摄取宿主的血液、体液、组织和食糜，经消化器官消化和吸收；二是无消化器官的寄生虫，通过体表摄取营养物质。寄生虫所需的营养物质非常全面，除蛋白质、糖类和脂肪三大营养物质外，还需要大量维生素、矿物质和微量元素。

（2）机械损伤。寄生虫寄生于宿主，在固着、移行、寄生的过程中都可给机体带来损伤。

①固着。寄生虫利用吸盘、小钩、叶冠、齿等器官，固着于寄生部位，造成器官组织的损伤，甚至引起出血和炎症。

②移行。各种寄生虫都有固定的寄生部位，寄生虫从进入机体到达寄生部位的过程称为移行。移行过程中形成的虫道破坏了所经器官的完整性，造成组织损伤。

③压迫。某些寄生虫体积较大，压迫宿主的器官，造成组织萎缩和功能障碍，如棘球蚴寄生于肝，压迫肝发生萎缩。有些寄生虫虽然体积不大，但由于寄生在宿主的重要生命器官，也可因压迫而引起严重的疾病，如囊尾蚴寄生于脑等。

④阻塞。寄生于消化道、呼吸道等处的寄生虫，常因数量过多引起这些器官阻塞，发生严重疾病。

⑤破坏。在宿主细胞内寄生的原虫，在繁殖过程中大量破坏宿主的组织细胞，引起疾病，如梨形虫造成红细胞破坏而引起机体贫血。

（3）继发感染。

①接种病原。某些昆虫叮咬动物时，将病原微生物注入其体内，如某些蚊虫传播日本乙型脑炎等。

②携带病原。某些蠕虫在感染宿主时，将病原微生物或其他寄生虫携带到宿主体内，如猪毛首线虫携带副伤寒杆菌。

③协同作用。某些寄生虫的侵入可以激活宿主体内处于潜伏状态的病原微生物和条件性致病菌，还可为病原微生物的侵入打开门户、降低宿主抵抗力促进传染病的发生。

（4）毒性作用。寄生虫的分泌物、排泄物和死亡虫体的分解产物对宿主均有毒性作用，能引发局部或全身反应。有些寄生虫还可引起机体的过敏反应。

2. 宿主对寄生虫的作用　寄生虫进入宿主体内后，寄生虫及其产物对宿主均为异物，可激发机体对其产生免疫应答反应。免疫反应是宿主对寄生虫作用的主要表现，包括非特异性免疫和特异性免疫。

（1）非特异性免疫。非特异性免疫又称先天性免疫，是动物先天建立的天然防御能力，它受遗传因素控制，具有相对稳定性，对寄生虫的感染均具有一定程度的抵抗作用，但没有特异性，一般也不强烈。宿主对寄生虫的抵抗，包括自然抵抗力和恢复力。自然抵抗力是指宿主在寄生虫感染之前就已存在，而且被感染后也不再提高的抵抗力。主要是指宿主的皮肤、黏膜的阻挡作用；溶菌酶、干扰素的作用；非特异性吞噬作用和炎性反应等。恢复力是指被寄生虫感染后的个体对损伤恢复和补偿的能力。这种特性由遗传因素决定。

（2）特异性免疫。寄生虫侵入宿主后，由抗原物质刺激宿主的免疫系统而出现的免疫，又称为获得性免疫。这种免疫具有特异性，往往只对激发动物产生免疫的同种寄生虫起作用，包括由免疫球蛋白介导的体液免疫和由致敏淋巴细胞介导的细胞免疫。特异性免疫的结果一是宿主能完全消除体内的寄生虫，并对再感染具有特异性抵抗力，称为消除性免疫，这种免疫状态较为少见；二是寄生虫感染宿主后，虽可诱导宿主对再感染产生一定程度的抵抗力，但对体内原有的寄生虫则不能完全清除，维持在较低的感染状态，使宿主的免疫力维持在一定的水平上，如果残留的寄生虫被清除，宿主的免疫力也随之消失，这种免疫称为非消除性免疫，这种免疫状态为带虫免疫。

寄生虫免疫具有与微生物免疫不同的特点，由于绝大多数寄生虫是多细胞动物，结构复杂，寄生虫生活史十分复杂，不同发育阶段具有不同的组织结构，这些决定了寄生虫抗原的复杂性，因而其免疫反应也十分复杂。寄生虫免疫的另一特点就是带虫免疫，这种免疫在寄生虫感染中常见，虽然在一定程度上抵抗再感染，但这种抵抗力不十分强大和持久。

3. 宿主与寄生虫相互作用的结果 宿主与寄生虫相互作用，其结果一般有3种可能。

（1）完全清除。宿主清除了体内的寄生虫，症状消失，而且对再感染具有一定时间的抵抗力。

（2）带虫免疫。宿主自身作用或经过治疗，清除了大部分的寄生虫，使感染处于低水平状态，但对再感染具有一定的抵抗力，并且寄生关系可维持相当长时间，宿主不表现症状。这种现象在寄生虫感染中极为普遍。

（3）机体发病。宿主不能阻止寄生虫的生长或繁殖，当其数量或致病性达到一定程度时，宿主即可表现出症状和病理变化而发病。

（三）寄生虫的生活史

寄生虫完成一代生长、发育和繁殖的过程称为生活史，也称发育史。根据寄生虫在生活史中有无中间宿主，大体可分为两种类型。

1. 直接发育型 寄生虫完成生活史不需要中间宿主，虫卵和幼虫在外界发育到感染期后直接感染动物或人，此类寄生虫称为土源性寄生虫。

2. 间接发育型 寄生虫完成生活史需要中间宿主，虫卵和幼虫在中间宿主体内发育到感染期后再感染动物或人，此类寄生虫称为生物源性寄生虫。

（四）动物寄生虫病的流行病学

1. 动物寄生虫病流行的基本环节 某种寄生虫病在一个地区流行必须同时存在3个基本环节，即感染来源、感染途径和易感宿主。

（1）感染来源。感染来源一般是指有某种寄生虫寄生的终末宿主、中间宿主、补充宿主、贮藏宿主、保虫宿主、带虫宿主及生物传播媒介等。它们中的虫卵、幼虫、成虫经一定的方式或途径感染易感宿主。

（2）感染途径。感染途径是指寄生虫感染易感宿主的方式，主要有以下几种。

①经口感染。多种寄生虫在感染期可以通过污染的饲料、牧草、饮水或存有寄生虫的中间宿主，经口进入宿主体内，这是最常见的感染方式。

②经皮肤感染。感染期幼虫从宿主皮肤钻入而使宿主感染。

③接触感染。病畜和带虫动物与健康动物直接接触或间接接触感染。

④经胎盘感染。又称垂直感染，在妊娠动物体内，寄生虫通过胎盘进入胎儿体内发生

感染。

⑤经生物媒介感染。寄生虫通过节肢动物的叮咬、吸血将感染期寄生虫注入宿主体内而感染。

⑥自身感染。某些寄生虫产生的虫卵或幼虫在原宿主体内使其再次被感染。

(3) 易感宿主。易感宿主是指对某种寄生虫具有易感性的动物。寄生虫一般只有感染对其具有易感性的动物，才有可能引起疾病。动物的种类、品种、年龄、性别、饲养方式、营养状况等都和其对某种寄生虫的易感性有关。

2. 动物寄生虫病的流行特点

(1) 地方性。寄生虫病的流行与分布常有明显的地方性。主要与下列因素有关：与气候条件有关，如多数寄生虫病在温暖潮湿的地方流行且分布较广泛；与中间宿主或媒介节肢动物的地理分布有关，如吸虫的流行区与其中间宿主的分布有密切关系；与社会因素有关，如猪带绦虫病与牛带绦虫病多流行于吃生的或未煮熟的猪、牛肉的地区，华支睾吸虫病流行于习惯吃生鱼或未煮熟鱼的地区；与动物种群的分布有关，动物种群分布不同，决定了与其相关的寄生虫的分布。

(2) 季节性。寄生虫病的流行往往有明显的季节性。多数寄生虫在外界环境中完成一定的发育阶段需要一定的条件，如温度、适度光照等，这些因素均受季节的影响，因而使寄生虫病的发生具有季节性。生活史中需要节肢动物作为宿主或传播媒介的寄生虫，此类寄生虫病的流行季节与有关节肢动物的季节消长相一致。因此由生物源性寄生虫引起的寄生虫病季节性更为明显。

(3) 自然疫源性。在寄生虫病中，有的寄生虫病即使没有人和易感动物的参与仍可长期在自然界中循环，这种寄生虫病称为疫源性寄生虫病。这种地区称为自然疫源地。寄生虫病的这种自然疫源性说明了某些寄生虫病在流行病学和防治方面的复杂性。

(4) 慢性和隐性。动物寄生虫病多呈慢性和隐性经过，不表现症状或症状轻微，只是引起动物生产性能下降。这主要是因为寄生虫感染宿主后，只有原虫和少数其他寄生虫可通过繁殖增加数量，而多数寄生虫只是继续完成其个体发育过程。

(5) 多寄生性。是指一种动物体内同时寄生两种以上寄生虫的现象。

3. 影响动物寄生虫病流行的因素

(1) 自然因素。包括温度、湿度、雨量、光照等气候因素，以及地理环境和生物种群等。气候因素影响寄生虫在外界的生长发育，如温暖潮湿的环境有利于在土壤中的蠕虫卵和幼虫的发育；气候影响中间宿主或媒介节肢动物的滋生、活动与繁殖，同时，也影响在其体内的寄生虫的发育生长；温度影响寄生虫的侵袭力。地理环境与中间宿主的生长发育及媒介节肢动物的滋生和栖息均有密切关系，可间接影响寄生虫病流行。土壤性质则直接影响土源性蠕虫的虫卵或幼虫的发育。

(2) 生物因素。间接发育型的寄生虫，其中间宿主或节肢动物的存在是这些寄生虫病流行的必需条件，如我国血吸虫病的流行在长江以南地区，与钉螺的地理分布一致。

(3) 社会因素。包括社会制度、经济状况、科学水平、文化教育以及人民的生产方式和生活习惯等。这些因素对寄生虫病流行的影响日益受到重视。一个地区的自然因素和生物因素在某一个时期内是相对稳定的，而社会因素往往是可变的，尤其随着政治经济状况的变动，并可在一定程度上影响着自然和生物因素。经济文化的落后必然伴有落后的生产方式和生活方式，以及不良的卫生习惯和卫生环境。因而不可避免造成许多寄生虫病的广泛流行，严重危害人体健康。因此，社会因素对寄生虫病流行的影响至关重要。

（五）寄生虫病的诊断方法

寄生虫病的诊断，遵循在流行病学调查及临诊诊断的基础上，检查出病原体的基本原则进行。

1. 流行病学调查　流行病学调查可为寄生虫病的诊断提供重要依据。调查内容包括以下几个方面。

（1）基本情况。当地耕地数量及性质、草原数量、土壤和植物特性、地形地势、河流与水源、降水量及季节分布、野生动物的种类与分布等。

（2）被检动物群概况。动物的数量、品种、性别和年龄组成、补充来源等；产乳量、产肉量、产蛋率、繁殖率等生产性能；饲养方式、饲料来源、质量、水源及卫生状况、环境及卫生状况等饲养管理情况。

（3）动物发病背景资料。主要为近2～3年动物发病情况，包括发病率、死亡率、发病与死亡原因、采取的措施及效果、平时的防制措施等。

（4）动物发病现状资料。该次发病动物营养状况、发病率、死亡率、临诊症状、剖检结果、发病时间、死亡时间、转归、是否诊断及结论、已采取的措施及效果、平时的防制措施等。

（5）中间宿主和传播媒介。中间宿主和传播媒介以及其他各类型宿主的存在和分布情况。与犬、猫有关的疾病，应调查犬、猫的饲养数量、营养状况和发病情况等。

（6）居民情况。怀疑为人兽共患病时，应了解当地居民的饮食及卫生习惯、人的发病数及诊断结果等。

2. 临诊检查诊断　临诊检查主要是检查动物的营养状况、临诊表现和疾病的危害程度。对于具有典型症状的疾病基本可以确证；对于某些外寄生虫病发现病原体而建立诊断；对于非典型疾病，可获得有关临诊资料，为下一步采取其他的诊断方法提供依据。

寄生虫病的临诊检查，应以群体为单位进行大批动物的逐头检查，动物数量过多时，可抽查其中部分动物。群体检查时，注意从中发现异常和病态动物。一般检查时，重点注意营养状况，体表有无寄生虫、肿瘤、脱毛、出血、皮肤异常变化和淋巴结肿胀。系统检查时，按照临诊诊断的方法进行。将收集到的症状分类，统计各种症状的比例，提出可疑寄生虫病的范围。检查中发现可疑症状或怀疑为某种寄生虫时，应随时采取相应病料进行实验室检查。

3. 实验室检查诊断　实验室检查诊断一般在流行病学调查和临诊检查的基础上进行。包括病原学诊断、免疫学诊断和其他实验室常规检查。

（1）病原学诊断。主要有粪便检查、皮肤及刮下物检查、血液检查、尿液检查、生殖器官分泌物检查、肛门周围刮取物检查、痰及鼻液检查和淋巴液穿刺物检查等。必要时可进行动物接种实验，多用于上述实验室检查不易检查出病原体的某些原虫病。

（2）免疫学诊断。免疫学诊断是利用免疫反应的原理，在体外进行抗原或抗体检测的一种诊断方法。这虽然是寄生虫病诊断有价值的方法，但尚不能与病原体诊断和寄生虫学剖检的价值同等对待。寄生虫病的免疫学诊断方法基本与诊断传染病的免疫学方法相似。

（3）分子生物学诊断。已经在寄生虫学上应用的分子生物学技术主要有：核型分型、

DNA 限制性内切酶酶切图谱分析、限制性 DNA 片段长度多态性分析、DNA 探针技术、DNA 聚合酶链反应（PCR）、核酸序列分析等。这些技术具有高度的灵敏性和特异性。

4. 寄生虫学剖检诊断　寄生虫学剖检诊断是可靠而常用的方法，尤其适合群体动物的诊断。剖检可用自然死亡的动物、急宰的患病动物或屠宰的动物。它在病理解剖的基础上进行，既要检查各器官的病理变化，又要检查各器官寄生的寄生虫并分别采集，确定寄生虫的种类和感染强度，以便确诊。

5. 药物诊断　药物诊断是对疑有寄生虫病的患病动物，用对该寄生虫病的特效药物进行驱虫或治疗而进行的诊断方法。适用于生前不能或无条件用实验室检查进行诊断的寄生虫病。

（1）驱虫诊断。用特效驱虫药物对疑似动物进行驱虫，收集驱虫后 3d 以内排出的粪便，肉眼观察粪便中的虫体，确定其种类及数量，以达到确诊的目的。适用于绦虫病、线虫病等胃肠道寄生虫病。

（2）治疗诊断。用特效抗寄生虫药对疑似动物进行治疗，根据治疗效果来进行诊断。治疗效果以死亡停止、症状缓解、全身状态好转以至痊愈等表现评定。多用于原虫病、蜱病以及组织器官内蠕虫病。

（六）寄生虫病的危害

1. 引起动物大批死亡　在动物寄生虫病中，有些可以在某些地区广泛流行，引起动物急性发病和死亡，如牛、羊的梨形虫病、泰勒虫病，鸡、兔的球虫病等；有些虽然呈慢性经过，但在强度大时也可引起动物大批发病和死亡，如牛、羊片形吸虫病，猪、鸡的蛔虫病，牛、羊消化道线虫病等。

2. 降低动物的生产性能　动物寄生虫病虽然多呈慢性经过，甚至不出现症状，但可明显地降低动物的生产性能。如螨病可使羊毛损失 50%～100%；鸡感染蛔虫病，严重时可使产蛋量下降 5%～20%。

3. 影响动物的生长发育和繁殖　幼龄动物易受到寄生虫感染，使生长发育受阻。种用动物感染寄生虫后，配种率和受胎率受到影响；妊娠动物易流产和早产，其后代的生命力弱或成活率下降，母乳分泌不足；有些寄生虫还直接侵害动物的生殖系统，直接降低繁殖能力。

4. 动物产品的废弃　按照卫生检验检疫法规的规定，有些寄生虫病的肉品及脏器不能利用，甚至完全废弃，除直接的经济损失外，还有饲养期间的间接经济损失，如猪囊尾蚴病、猪旋毛虫病、棘球蚴病、细颈囊尾蚴病等。

（七）寄生虫病的防制措施

1. 控制和消除传染源

（1）动物驱虫。动物驱虫一方面是治疗患病动物；另一方面是减少患病动物和带虫者向外界散播病原体，可对健康动物产生预防作用。在防治寄生虫病中，通常是实施预防性驱虫，即按照寄生虫病的流行规律定时投药，而不论其发病与否。预防性驱虫尽可能实施成虫期前驱虫，因为这时寄生虫尚未产生虫卵或幼虫，可以最大限度地防止散播病原体。再驱虫中尤其要注意寄生虫易产生抗药性，应有计划地经常更换驱虫药物。驱虫后 3d 内排出的粪便应进行无害化处理。

（2）保虫宿主。某些寄生虫病的流行，与犬、猫、野生动物和鼠类等保虫宿主关系密切,因此应对犬、猫严加管理,控制饲养,对患寄生虫病和带虫的犬和猫要及时治疗和驱虫,粪便深埋或烧毁。应设法对野生动物驱虫,最好的方法是在它们活动的场所放置驱虫食饵。鼠在自然疫源地中起到感染来源的作用,应搞好灭鼠工作。

(3) 加强卫生检验。某些寄生虫病可以通过被感染的动物性食品传播给人类和动物;某些寄生虫病可通过吃入患病动物的肉和脏器在动物之间循环,因此,要加强卫生检验工作,对患病动物的胴体和脏器以及含有寄生虫的鱼、虾、蟹等,按有关规定销毁或无害化处理,杜绝病原体的扩散。

(4) 外环境除虫。外环境除虫的主要内容是处理粪便,有效的办法是粪便生物热发酵。随时把粪便集中在固定场所,经 10~20d 发酵后,粪堆内的温度可达到 60~70℃,几乎可以完全杀死其中的虫卵、幼虫或卵囊。另外要及时清除粪便、打扫圈舍和定期用化学药物消毒,避免粪便对饲料和饮水的污染。

2. 阻断传播途径

(1) 轮牧。放牧时动物粪便污染草地,在粪便中的虫卵、幼虫或卵囊还未发育到感染期时,即把动物转移到新的草地,可有效地避免动物感染。在原草地上的感染期的虫卵和幼虫,经过一段时间未能接触到易感动物而自行死亡,草地得到净化。不同种寄生虫在外界发育到感染期的时间不同,转换草地的时间也应不同。不同地区和季节对寄生虫发育到感染期的时间影响很大,在制定轮牧计划时应予以考虑。

(2) 消灭中间宿主和传播媒介。对生物源性的寄生虫,消灭其中间宿主和传播媒介可以阻止寄生虫的发育,起到消除感染源和阻断传播途径的双重作用。消灭的中间宿主和传播媒介指那些经济意义较小的动物。具体方法有:

①物理方法。主要是改造生态环境,使中间宿主和传播媒介失去必需的栖息场所,如排水、交替升降水位、疏通沟渠增加水的流速、消除隐蔽物等。

②化学方法。使用化学药物杀死中间宿主和传播媒介,在动物圈舍、河流、溪流、池塘、草地等喷洒杀虫剂。但要注意环境污染和对有益生物的危害,必须在严格控制下实施。

③生物方法。养殖捕食中间宿主和传播媒介的动物对其捕食,如养殖鸭及食螺鱼灭螺等;还可利用中间宿主和传播媒介的习性,设法回避或加以控制,如为避开在雨后和阴雨天活动活跃的地螨可将放牧的时间避开这些时间段,减少动物接触地螨的机会。

④生物工程法。培育雄性不育节肢动物,使其与同种雌虫交配,产出不发育的卵,导致该种群数量减少。

3. 增强动物抗病力

(1) 全价饲养。在全价饲养的条件下,能保证动物机体营养状况良好,以获得较强的抵抗力,可防止寄生虫的侵入或阻止侵入后继续发育,甚至将其包围或致死,使感染维持在最低水平,使机体与寄生虫之间处于暂时的相对平衡状态,制止寄生虫病的发生。

(2) 搞好饲养卫生。被寄生虫病原体污染的饲料、饮水和圈舍,常是动物感染的重要原因,因此在饲养的过程中要注意饲养卫生,如圈舍要保持干燥、光线要充足、通风良好,动物饲养密度适宜,及时清除粪便和垃圾,不从低洼地、潮湿地带、水池旁割饲草,禁止引用不流动的浅水等。

(3) 保护幼年动物。幼龄动物由于抵抗力弱而容易感染,而且发病严重,死亡率较高。因此要重点保护。如断乳后立即分群,安置在经过除虫处理的圈舍。放牧时先放牧幼年动物，转移后再放牧成年动物。

（4）免疫预防。目前国内外已成功研制了牛羊肺线虫、血矛线虫、毛圆线虫、泰勒虫、旋毛虫、弓形虫、鸡球虫等的虫苗，但寄生虫病的免疫接种还不普遍。

（八）寄生虫的分类及命名

1. 寄生虫的分类　寄生虫的分类也遵循界、门、纲、目、科、属、种的分类原则。与动物医学有关的寄生虫均属动物界，主要隶属扁形动物门吸虫纲、绦虫纲；线虫动物门线虫纲；棘头动物门棘头虫纲；节肢动物门蛛形纲、昆虫纲；环节动物门蛭纲；还有原生动物亚界原生动物门等。

为了表述方便，习惯上将吸虫纲、绦虫纲、线虫纲、棘头虫纲的寄生虫统称为蠕虫；昆虫纲的寄生虫称为昆虫；原生动物门的寄生虫称为原虫；蛛形纲的寄生虫主要为蜱、螨。由蠕虫、昆虫、原虫引起的寄生虫病分别称为动物蠕虫病、动物昆虫病、动物原虫病。

2. 命名　寄生虫的命名按照国际公认的双名制法命名，属名在前，种名在后。寄生虫病的命名原则上以引起疾病的寄生虫属名定为病名，如阔盘属的吸虫引起的寄生虫病称为阔盘吸虫病。在某属寄生虫只引起一种动物发病时，通常在病名前冠以动物种名，如鸭鸟蛇线虫病。

单元二　多种动物常见的共患寄生虫病

（一）囊尾蚴病

囊尾蚴病是由囊尾蚴寄生于动物组织中引起的寄生虫病。常见的主要是猪囊尾蚴病和牛囊尾蚴病。

1. 猪囊尾蚴病　又叫猪囊虫病，是由猪（肉）绦虫的幼虫（猪囊尾蚴）寄生于猪引起的疾病。其成虫寄生于人的小肠内引起人的绦虫病，人也可感染猪囊尾蚴病，是一种重要的人畜共患病。

（1）病原体。猪（肉）带绦虫，呈乳白色扁平长带状，长2～7m。头节呈球形，其上有四个吸盘，有顶突，顶突上有两排小钩，故也称有钩绦虫。节片多，有700～1 000个，未成熟节片宽而短，成熟节片长宽几乎相等，呈正方形，孕卵节片长度大于宽度。每个节片内含有一套生殖系统，生殖孔交替开口于体节两侧。

猪囊尾蚴，又称猪囊虫，成熟的猪囊尾蚴为椭圆形，白色半透明的囊泡状，其大小为6～8mm×5mm，囊壁上有一个内嵌的头节，头节形态与成虫相同，囊内充满液体。

虫卵为圆形或椭圆形，有一层薄的卵壳，外层常为胚膜或胚层，胚膜较厚，具有辐射状的花纹，内含有3对小钩的六钩蚴。

（2）发育史。人是猪（肉）带绦虫的终末宿主，猪（肉）带绦虫寄生在人的小肠，其孕卵节片不断脱落，随人粪便排出体外，节片自行收缩挤压或破裂而排出大量虫卵。猪吞食孕卵节片或虫卵而感染，虫卵的胚膜被胃液和小肠液消化，六钩蚴在肠内逸出，钻入肠壁的小血管，被血液带到全身各组织中，主要在肌肉纤维间，约经2个月发育为成熟的囊尾蚴。人误食了未熟的或生的带有囊尾蚴的猪肉感染，囊虫的包囊在人的胃肠内被消化，头节伸出，用吸盘及小钩固着在肠壁上，经2～3个月发育为成虫。

人也可感染猪囊尾蚴病，成为中间宿主。常见于误食被猪（肉）带绦虫虫卵污染的食物而感染或因绦虫病患者发生胃肠逆蠕动时，小肠内的孕节或虫卵逆行到胃内，卵膜被消化，逸出的六钩蚴返回到肠道钻入肠壁血管而发生自身感染。寄生于人体的囊尾蚴多见于脑、眼、皮下组织及肌肉等部位。

（3）流行病学。本病在东北、华北、西北、西南等地区危害严重，其发生与流行和下列因素有关。

①感染来源和感染途径。猪（肉）带绦虫病的患者或带虫者是该病的感染来源。人的厕所及粪便管理和使用不合理，使猪吃入病人的粪便或被粪便污染的饲料和饮水而感染，有的地区养猪习惯于散养或猪圈与人的厕所相联通，更易造成猪食人粪便的机会。

②人的食肉习惯。不合理的烹调和加工方法，使人吃入未熟的病肉和肉制品；使用被病肉污染的而未清洗的炊具和餐具；个别地区有生食肉的习惯等均可造成感染。

③肉品卫生检验制度。有的地区对肉品缺乏严格的检验或食品卫生法执行不严格，病肉处理不合理，成为本病流行的重要因素。

④绦虫的繁殖力和虫卵的抵抗力。猪肉带绦虫繁殖力很强，患者每月可由粪便排出 200 多个孕卵节片，每个节片含虫卵平均为四万个。虫卵在外界抵抗力较强，一般存活 1～6 个月。

（4）症状与危害。猪囊尾蚴的致病作用主要取决于虫体的寄生部位。一般在临床上很少出现症状，只有在深度感染时或某个器官受损严重时才会出现症状，多呈现营养不良，生长发育受阻。寄生于眼部，可引起视力障碍甚至失明；寄生于脑部常可引起神经症状，甚至死亡；肌肉内寄生大量囊尾蚴时呈现两肩明显外张或臀部不正常肥胖等。

人感染绦虫病后，表现消瘦、异食、消化不良、腹痛、恶心呕吐等。人感染囊尾蚴病则依寄生部位不同症状不同，寄生于皮下及肌肉则病人表现肌肉酸痛、全身无力；寄生于眼部表现眼球突出，视力障碍甚至失明；寄生于脑可呈现癫痫样发作及较大范围的肌肉痉挛，严重者预后不良。

该病对人类健康威胁很大，是重要的人畜共患病，病肉不能合理利用，造成巨大的经济损失。

（5）诊断。猪囊尾蚴病生前诊断较为困难，对严重感染的猪，可视外形及检查舌部有无囊状突起确诊。目前多用免疫学诊断方法，如间接血凝试验、免疫酶联吸附试验、对流免疫电泳试验等。死后诊断，检查咬肌、腰肌、肩胛外侧肌等部位发现囊虫确诊。人绦虫病通过粪便检查发现孕节和虫卵确诊。

（6）治疗。吡喹酮，每千克体重 50mg，混料饲喂，连用 3d 为 1 个疗程。也可用 5 倍液体石蜡溶解后肌内注射，连用 2d 为 1 个疗程；丙硫咪唑，每千克体重 20mg，混料饲喂，每隔 2d 服 1 次，3d 为 1 疗程。也可用植物油配成 6％混悬液 1 次肌内注射。绦虫病人可用南瓜子槟榔合剂、氯硝柳胺、甲苯咪唑及吡喹酮等治疗。囊尾蚴病人可用吡喹酮和丙硫咪唑治疗。

（7）预防。为了预防本病必须兽医、人医和食品卫生部门密切配合，加强宣传，开展群众性综合防治工作。加强肉品卫生检验，定点屠宰，病肉化制处理；对人群普查和驱虫治疗，排出的虫体和粪便深埋或焚烧；加强人粪管理和改变猪的饲养管理方法，做到粪便入厕，猪圈养，切断传播途径；加强宣传教育，提高人们对猪囊尾蚴的危害性和感染途径与方式的认识；改变饮食卫生习惯，不吃生肉和半熟肉，生熟炊具分开使用；养成良好的卫生习惯，杜绝本病流行。

2. 牛囊尾蚴病 又叫牛囊虫病，是由肥胖带绦虫的幼虫（牛囊尾蚴）寄生于牛体肌肉内引起的疾病。羊和鹿偶有感染。

（1）病原体。成虫是肥胖带绦虫，长4～8m，头节上仅有四个吸盘，无顶突和小钩，也称无钩绦虫。牛囊尾蚴与猪囊尾蚴形态相似，大小为5～9mm×3～6mm，呈椭圆形半透明囊泡状，内含一个乳白色内嵌的头节，头节形态与成虫相同。虫卵呈略圆形，与猪（肉）带绦虫卵相似。

（2）发育史。发育史基本同猪肉带绦虫，经3～6个月发育成牛囊尾蚴。人感染后经3个月发育为成虫。

（3）流行病学。本病无严格地区性，其流行主要取决于食肉习惯，城市污水处理方法，人粪管理和牛的饲养管理方式等。牛食入被虫卵污染的饲料和饮水而感染，母牛妊娠后期也可通过胚胎感染胎儿。牛（肉）带绦虫繁殖力强，每个孕卵节片含卵10万个以上，平均每日排卵可达72万个。虫卵在水中存活4～5周，液状粪便中存活10周，干燥牧场8～10周，低温牧场可达20周。成虫寄生于人的小肠中，人是其唯一的终末宿主。

（4）症状与危害。牛感染牛囊尾蚴病，通常无症状。重度感染急性期，在感染后30～50d表现体温升高、咳嗽、肌肉震颤、运动障碍，以后转为慢性过程，症状逐渐消失。鹿感染后只在脑内发育，表现脑炎症状。人患绦虫病症状和猪肉带绦虫相同，但幼虫几乎不感染人。

（5）诊断。基本同猪囊尾蚴病。因牛囊尾蚴寄生数量少，且在肌肉深层，不易发现，所以在肉品卫生检验时应特别注意。

（6）治疗。吡喹酮，每千克体重30mg口服，连用7d。芬苯达唑，每千克体重25mg口服，连用3d。绦虫病人可用氯硝柳胺、丙硫咪唑及吡喹酮等治疗。

（7）防制措施。做好人群中肥胖带绦虫病的普查和驱虫工作；加强人粪便的管理工作，避免污染牛的饲料、草场、饮水；加强卫生监督检验工作，病肉严格按照有关规定处理；加强宣传工作，改变生食牛肉的习惯。

（二）棘球蚴病

棘球蚴病又称包虫病，是一类重要的人畜共患的寄生虫病。是棘球绦虫的幼虫寄生于牛、羊、猪、人及其他动物的肝、肺及其他器官中引起的寄生虫病。

1. 病原体 常见的有两种：

（1）细粒棘球蚴。又称单房型棘球蚴，是细粒棘球绦虫的幼虫，为一独立包囊状构造，内含液体。形状不一，形状常因寄生部位不同而有变化，大小常从豌豆大到人头大。一般近球形，直径为5～10cm。囊内胚层生有许多原头蚴，还可向腔内芽生出许多小泡，称为生发囊，生发囊内壁上生成数量不等的原头蚴，生发囊和原头蚴可从胚层上脱落于囊液中，称为"棘球砂"。

（2）多房型棘球蚴。又称泡球蚴，是多房棘球绦虫的幼虫，由无数囊泡聚集而成，囊泡大小为2～5mm，呈灰白色，半透明，被膜薄。

2. 发育史 成虫寄生于犬、狼、狐狸等肉食动物的小肠，孕卵节片随粪便排出体外污染饲料、饮水，当牛、羊、猪等中间宿主吃入虫卵后，六钩蚴在消化道内逸出，钻入肠壁血管内，随血液循环进入肝、肺等处，经5～6个月即可发育成成熟的棘球蚴。当终末宿主吞食含有棘球蚴的脏器后，原头蚴在其小肠内经 6～7 周发育成为成虫。

3. 流行病学 患病或带虫的肉食动物是主要的感染来源，尤其是犬。我国大部分省区均有发生，以牧区最为多见。易感动物常因食入被犬粪便污染的饲料或饮水而发生感染；将不宜食用而废弃的患病脏器喂犬，造成本病在犬和羊等动物之间的循环感染。人感染多因直接接触犬，致使虫卵粘在手上再经口感染；通过蔬菜、水果、饮水，误食虫卵也可遭感染。一条棘球绦虫每昼夜可产卵 400～800 个，一个终末宿主可同时寄生数万条虫体。虫卵抵抗力很强，在外界环境中可长期生存，对化学药物也有较强的抵抗力。

4. 症状 轻度感染症状不明显，严重感染时绵羊消瘦、脱毛、被毛逆立、黄疸、腹水、咳嗽、倒地不起，终因恶病质或窒息而死亡。牛与其相似，猪的症状不如牛、羊的明显。各种动物均可因囊泡破裂而产生严重过敏反应，突然死亡。成虫对犬的致病作用不明显，寄生数千条也无临床症状。

5. 诊断 对动物生前诊断比较困难，剖检时才可发现。间接血凝试验和酶联免疫吸附试验对动物和人有较高的检出率。

6. 治疗 手术摘除棘球蚴为最可靠有效的治疗方法。注意包囊绝对不可破裂。药物治疗可选用丙硫咪唑，每千克体重 90mg，连服 2 次；也可选用吡喹酮，每千克体重 25～30mg，1 次口服。

7. 防制措施 对犬定期驱虫，氢溴酸槟榔碱，每千克体重 2mg；吡喹酮，每千克体重 5mg。驱虫后犬粪应深埋或焚烧；患病动物脏器应无害化处理后方可作为肉食动物的饲料；保持畜舍、饲草、和饮水卫生，防止犬粪污染；人与犬等动物接触，应注意个人卫生。

（三）旋毛虫病

旋毛虫病是由毛形科毛形属的旋毛线虫引起的疾病。人、猪、犬、猫、鼠类、狐狸、狼、野猪等均能感染，是重要的人畜共患病。

1. 病原体 旋毛虫为小型线虫，肉眼几乎难以辨认，虫体前部较细，后部较粗，雌雄异体，雌虫阴门开口于虫体前部的中央。胎生。成虫寄生于哺乳动物的肠道，称肠旋毛虫；幼虫寄生于肌纤维间，卷曲并形成包囊，包囊呈圆形、椭圆形或梭形，长为 0.5～0.8mm，称肌旋毛虫。

2. 发育史 旋毛虫属生物源性寄生虫，成虫和幼虫寄生于同一宿主，宿主感染时先为终末宿主，后变为中间宿主。宿主因摄食了含有包囊幼虫的动物肌肉而感染，包囊在胃内被溶解，释出幼虫，之后幼虫到小肠内，经两昼夜变为性成熟的肠旋毛虫，雌雄交配后不久，雄虫死去，雌虫钻入肠腺中发育。雌虫于感染后第 7～10 天，开始产幼虫，每条雌虫可产 1 000～10 000 条幼虫，幼虫随淋巴经胸导管、前腔静脉入心脏，然后随血循散布到全身，只有到横纹肌的幼虫才能继续发育。感染后 3 周开始形成包囊，7～8 周后幼虫在囊内呈螺旋状盘曲，此时即有感染能力。6 个月后包囊开始钙化，全部钙化后虫体死亡，否则幼虫可长期生存，保持生命力由数年至 25 年之久。

3. 流行病学 旋毛虫病分布于世界各地，宿主主要包括人、猪、鼠、犬、猫、熊、狐狸、狼、貂和黄鼠等，几乎所有哺乳动物，甚至某些昆虫也能感染旋毛虫。患病或带虫的猪、犬、猫、鼠等哺乳动物是本病的主要感染来源，猪感染旋毛虫主要是吞食老鼠或用未经处理的厨房废弃物喂猪。人感染旋毛虫病多与食用腌制与烧烤不当的猪肉制品有关；个别地区有吃生肉或半生不熟肉的习惯；切过生肉的菜刀、砧板均可能黏附有旋毛虫的包囊，也可能污染食品而造成食源性感染。旋毛虫包囊幼虫的抵抗力很强，对低温、高温、盐腌、腐败均有一定的抵抗力。

4. 症状 动物对旋毛虫有较大的耐受性。猪感染时，往往不显症状；严重感染时，初期有食欲不振、呕吐和腹泻的肠炎症状，随后出现肌肉疼痛、步伐僵硬，呼吸和吞咽也有不同程度的障碍。有时眼睑、四肢水肿。很少死亡，症状可自行恢复。

人感染旋毛虫后症状明显。成虫侵入肠黏膜时引起肠炎，严重带血性腹泻。幼虫进入肌肉后引起急性肌炎，表现发热和肌肉疼痛；同时出现吞咽、咀嚼、行走和呼吸困难，眼睑水肿，食欲不振，极度消瘦。严重感染时多因呼吸肌麻痹、心力衰竭、毒血症等死亡。

5. 诊断 生前诊断困难，可采用间接血凝试验和酶联免疫吸附试验等免疫学方法。死后诊断可用肌肉压片法和消化法检查幼虫。

6. 治疗 可用丙硫咪唑、甲苯咪唑、氟苯咪唑等。人可用甲苯咪唑或噻苯唑。

7. 防制措施 加强肉品卫生检验，旋毛虫病肉化制处理；猪圈养，不用未经处理的厨房废弃物喂猪；人改变不良的食肉方法，不食生肉或半生不熟的肉类制品；禁止用生肉喂猫、犬等动物；生熟分开；做好猪舍的灭鼠工作。

（四）球虫病

球虫病是由各种球虫寄生于各种畜禽所引起的一种原虫病。球虫病对畜禽危害严重，尤其是幼龄动物，常可发生该病的流行和大批死亡。

1. 病原体 球虫卵囊呈椭圆形、圆形或卵圆形，囊壁两层，卵囊内含一团原生质。孢子化卵囊构造因种类不同而不同，如艾美耳属的卵囊内含 4 个孢子囊，每个孢子囊含 2 个子孢子；等孢属的卵囊内含 2 个孢子囊，每个孢子囊含 4 个子孢子等。

2. 发育史 宿主吞食孢子化卵囊而感染，子孢子在消化液的作用下逸出卵囊，多数种的子孢子侵入特定的肠段上皮细胞内进行裂殖生殖。只有少数种类侵入肝胆管上皮细胞或肾上皮细胞。经过数代无性繁殖后，一部分裂殖子转化为小配子体，形成小配子（雄性），另一部分转化为大配子体，形成大配子（雌性）。大小配子结合为合子，形成卵囊。卵囊随宿主粪便排至体外，在适宜的条件下，发育为孢子化卵囊，即感染性卵囊。外界的孢子化卵囊若被宿主吞食，又重复上述发育过程。球虫的裂殖生殖和配子生殖在宿主体内进行，称为内生性发育，而孢子生殖在外界环境中进行，称为外生性发育。

3. 鸡球虫病 主要由柔嫩艾美耳球虫和毒害艾美耳球虫分别寄生于鸡盲肠和小肠中段引起。多发生于 15～50 日龄雏鸡，其次为 2～3 月龄幼鸡。北方多见于 4～9 月，7～8 月为高峰期，南方及密闭式现代化养鸡场一年四季均可发病，但以温暖、潮湿季节多发。鸡舍潮湿拥挤、通风不良、饲料品质差、缺乏维生素 A 和维生素 K 等能促使本病的发生。病鸡、耐过鸡和带虫鸡可持续排出卵囊，通过污染饮水、饲料经消化道感染鸡，饲养员及饲养工具、鸟、昆虫等可机械性传播本病。急性病例见于 50 日龄以内的雏鸡，病鸡精神委顿、食欲减退、渴欲增强、嗉囊积液、粪便稀软带血，后为血便；死亡率可达 50%～80%。慢性病例见于 2 月龄以上的幼鸡，表现为间歇性下痢，生长发育受阻。特征性病理变化为出血性肠炎，病变黏膜涂片镜检，可见卵囊或裂殖体和裂殖子。粪便检查可用漂浮法。鸡球虫病常用的治疗药有：磺胺二甲基嘧啶，0.1% 饮水，连用 2d，或按 0.05% 饮水，连用 4d，休药 10d；磺胺喹噁啉，按 0.1% 混入饲料，用 3d，停 3d 后 0.05% 混入饲料，用 2d 后停药 3d，再给药 2d；磺胺氯吡嗪，按 0.03% 混入饮水，连用 3d；氨丙啉，按 0.012%～0.024%

混入饮水，连用3d；百球清，2.5%溶液，按0.002 5%混入饮水，连用3d。对于鸡球虫的预防，除采用笼养或网上养殖方式外，主要是药物预防和免疫接种。药物预防从雏鸡出壳后第1天开始用抗球虫药，预防药物主要有：氨丙啉，按0.012 5%混入饲料，鸡整个生长期均可用；氯苯胍，按0.000 3%混入饲料，休药5d；尼卡巴嗪，按0.012 5%混入饲料，休药5d；马杜拉霉素按0.005%～0.007%混入饲料，无休药期；莫能菌素，按0.000 1%混入饲料，无休药期。各种抗球虫药物易产生抗药性，使用过程中应注意穿梭用药和轮换用药。目前国内外均有多种球虫疫苗可以应用，但都存在免疫剂量不易控制均匀的缺点。

4. 兔球虫病 家兔的一种常见病，多发于3月龄内的幼兔，死亡率很高。通常是多种球虫混合感染，温暖潮湿季节多发。晴雨交替、饲料骤变或单一可促进本病爆发。鼠和苍蝇等可机械性传播本病。病兔精神沉郁，食欲减退或废绝，消瘦、贫血明显。唾液分泌增加，下痢，排尿频繁或常作排尿状；肝受损时，可视黏膜黄染，腹围增大，肝区触诊有痛感。病末期出现神经症状，四肢痉挛和麻痹。死后剖检肝肿大，有白色或淡黄色的结节性病灶；肠黏膜出血，有卡他性炎症和灰白色结节，结节压片可见虫体。生前用漂浮法作粪检，发现卵囊可确诊。治疗药物同鸡球虫病。除发病季节用药物预防外，仔兔断乳后，即与母兔分笼饲养，兔舍保持干燥、卫生和良好的通风。兔笼和饲槽等每周应用火焰或热碱水消毒一次。勤换垫草。防止饲料单一或突然更换饲料，注意补充蛋白质和维生素。

5. 牛、羊球虫病 是由多种球虫寄生于牛、羊肠道上皮细胞内引起的疾病。各品种、年龄的牛、羊均易感，犊牛和羔羊最易感，成年牛、羊多为带虫者。犊牛和羔羊多在春、夏、秋较温暖的季节感染，特别是夏秋多雨的季节更易发病，在潮湿、多沼泽的牧场上放牧时也易感染发病。哺乳期乳房被粪便污染时容易引起犊牛和羔羊发病。突然更换饲料、应激反应、肠道疾病及消化道线虫病时均易诱发本病。犊牛多呈急性经过，病初体温略升高或正常，粪便稍带血液。约7d后，体温升高至40～41℃，喜躺卧，瘤胃蠕动减弱，肠蠕动增强；排带血稀便，便中带有纤维薄膜，恶臭，后期粪便呈黑色，几乎全为血液；可视黏膜苍白，体温下降，衰竭而死。慢性病牛一般在3～5d逐渐好转，但下痢和贫血可持续数日，诊治不及时也可死亡。一岁以下羔羊多为急性型，体温升高至40～41℃，消瘦、贫血，腹泻，便中带血并有脱落的肠黏膜。慢性型表现长时间腹泻，生长发育受阻。犊牛的病变主要为直肠出血、纤维素性坏死性炎症。羔羊病变主要在小肠，小肠黏膜有淡白色或黄色的圆形结节，粟粒至豌豆大，成簇分布，十二指肠和回肠有卡他性炎症和点状或带状出血。粪便检查采用漂浮法，发现大量卵囊才能确诊。治疗药物同鸡球虫病，另外需要配合抗菌消炎、止泻、强心、补液等对症疗法。预防牛、羊的球虫病应注意犊牛和羔羊与成年牛、羊分开饲养；及时清理粪便并发酵处理；哺乳母牛和母羊的乳房要经常擦洗，保持清洁；饲草和饮水避免被粪便污染；更换饲料时要逐渐过渡；在发病季节应进行药物预防。

（五）弓形虫病

弓形虫病是由弓形虫科弓形虫属的龚地弓形虫寄生于动物和人的有核细胞中引起的疾病。是重要的人畜共患病。

1. 病原体 龚地弓形虫只有一个种。根据其发育阶段的不同可分为5种虫型。

（1）速殖子。又称滋养体。呈月牙形或香蕉形，一端较尖，一段钝圆。胞核位于钝圆的一端。速殖子主要出现在急性病例的肝、脾、肺和淋巴结等有核细胞内或腹水中。有时众多速殖子积聚在宿主细胞内形成假囊。

（2）包囊。又称组织囊。呈卵圆形，有较厚的囊壁，内含有数十个形似滋养体的慢殖子。多见于慢性或耐过急性期的病例的脑、眼和肌肉组织中。

（3）裂殖体。见于终末宿主肠上皮细胞内。呈圆形，内含4~20个裂殖子。游离的裂殖子前尖后钝。

（4）配子体。见于终末宿主。裂殖子经过数代裂殖生殖后变为配子体，大小配子结合形成合子，最后发育为卵囊。

（5）卵囊。在终末宿主小肠绒毛上皮细胞中产生。卵囊为圆形，随终末宿主的粪便排出。孢子化后为近圆形。含有2个椭圆形孢子囊，每个孢子囊内有4个子孢子。

2. 发育史 弓形虫的全部发育过程需要两种宿主。猫是其唯一的终末宿主，中间宿主有200多种动物和人。终末宿主吞食孢子化的卵囊或滋养体和包囊后，游离的滋养体或子孢子一部分侵入肠道以外的其他器官组织内进行无性繁殖，另一部分则侵入肠上皮细胞内，先经数代裂殖生殖后，转为配子生殖，最后形成卵囊。卵囊随宿主粪便排出体外，经2~4d，发育为孢子化卵囊。

中间宿主可因吞食孢子化卵囊、滋养体或包囊而感染。虫体进入中间宿主后，可通过淋巴血液循环侵入全身有核细胞，在细胞内反复进行无性繁殖，产生许多滋养体，有时滋养体簇集在一个囊内，称之为假囊。当宿主产生了免疫力时，虫体繁殖速度减缓，一部分滋养体被消灭，另一部分滋养体则在宿主细胞的脑和肌肉组织中形成包囊。

3. 流行病学 病畜和带虫动物均为感染来源。猫多因吃了感染弓形虫的鼠和其他病畜的肉而感染；草食动物主要是吃了被卵囊污染的牧草而感染；其他家畜和人可因吃入含弓形虫的乳、肉和脏器，以及被卵囊污染的食物和饮水而感染。急性期病畜的分泌物和排泄物中均可能含有弓形虫，可引起环境污染而造成各种动物的感染。卵囊抵抗力强，一般消毒药无效。感染途径主要是消化道，也可通过呼吸道、皮肤和眼感染。有些动物和人还可经胎盘感染。各种动物均可感染，幼龄动物易感性最高，其次为免疫力低下或体况不良的动物。3~5月龄的猪呈急性发作。本病冬、春季多发。

4. 症状 本病主要引起神经、呼吸及消化系统症状，此外还有流产和死胎。在临床中重症病例较少，多见轻症和隐性感染。

（1）猪。以仔猪症状明显，多呈急性发作，病初高热稽留40~42℃，持续7~10d，精神沉郁，结膜高度发绀，皮肤出现紫红斑块、鼻镜干燥，流出浆液性、黏液性或脓性鼻液，呼吸困难、咳嗽，全身发抖，食欲减退或废绝，粪便干硬，粪便表面覆有黏液，有的病猪后期下痢，排水样或黏液性或脓性恶臭粪便。后期衰竭，卧地不起，重者于一周左右死亡。隐性感染的母猪，怀孕后发生早产或产出发育不全的仔猪或死胎。

（2）羊。羔羊体温升高，呼吸困难，流鼻液，多有转圈运动，最后陷于昏迷。成年羊多为隐性感染，怀孕时常于分娩前4~6周流产。

（3）牛。少有发病。犊牛呈呼吸困难、咳嗽、发热，头部震颤。成年牛病初有兴奋表现，其他症状与犊牛相似。

（4）猫。幼猫多为急性，高热，厌食，嗜睡，流鼻液，下痢，贫血，消瘦。成年猫多为慢性，发热，厌食，偶见神经症状，孕猫易流产。

5. 病理变化 剖检见病猪的全身淋巴结肿大、切面多汁，有灰黄色坏死灶和出血点；肺间质水肿，切面流出大量带泡沫液体；肝混浊肿胀，有小出血点及大小不等的坏死灶；胸腔和腹腔积水。牛为肺水肿。猫为肺水肿，有散在小结节；肝肿大，有小坏死灶；心肌出血，有坏死灶。

6. 诊断 弓形虫病的确诊必须检查出病原体或特异性抗体。

（1）病原检查。急性病例可用肺、淋巴结和腹水作成涂片，瑞氏染色，检查有无滋养体。

（2）动物试验。将肺、肝、淋巴结等组织研碎，加入10倍生理盐水，室温下放置1h，取其上清液0.5～1mL接种于小鼠腹腔，观察是否出现症状，1周后剖杀取腹腔液镜检，阴性者需传代至少3次。

（3）血清学诊断。主要有染料试验、间接血凝试验、间接免疫荧光抗体试验、酶联免疫吸附试验等。

7. 治疗 尚无特效药物。急性病例用磺胺类药物有一定疗效。

磺胺-6-甲氧嘧啶，每千克体重60～100mg，口服；或按每千克体重加甲氧苄氨嘧啶增效剂14mg，口服，每日1次，连用4次。

磺胺嘧啶，每千克体重70mg，或二甲氧苄氨嘧啶，每千克体重14mg，口服，每日2次，连用3～4d。

8. 防制措施 主要防止猫粪污染食物、饲料、饮水；消灭鼠类，防止野生动物进入牧场；病死动物和流产胎儿要深埋或高温处理；发现患病动物及时隔离治疗；禁止用未煮熟的肉喂猫和其他动物；防止饲养动物与猫、鼠接触；加强饲养管理，提高动物抗病能力。

（六）肉孢子虫病

肉孢子虫病是由肉孢子虫科肉孢子虫属的肉孢子虫寄生于多种动物和人横纹肌所引起的疾病，是重要的人畜共患病。

1. 病原体 肉孢子虫有100余种，无严格的宿主特异性，可以相互感染。同种虫体寄生于不同宿主时，其形态和大小有显著差异。肉孢子虫在中间宿主肌纤维和心肌以包囊形式存在，在终末宿主小肠上皮细胞内或肠腔以卵囊或孢子囊形式存在。

（1）包囊。乳白色，多呈圆柱形、纺锤形，也有椭圆形或不规则形，最大可达10mm，小的需显微镜才可看到。包囊壁由两层组成，内层向囊内延伸，将囊腔隔成许多小室。小室内含有多个呈香蕉形的慢殖子。

（2）卵囊。哑铃形，内含2个椭圆形的孢子囊，每个孢子囊内有4个子孢子。

2. 发育史 生物源性寄生虫，中间宿主十分广泛，有哺乳类、鸟类、爬行类和鱼类。偶尔寄生于人。终末宿主为食肉动物、人、猪、猫等。终末宿主吞食含有包囊的中间宿主肌肉后，包囊被消化，慢殖子逸出，侵入小肠上皮细胞发育为大配子和小配子，大、小配子结合为合子，合子再发育为卵囊，卵囊在肠壁内发育为孢子化卵囊。成熟卵囊多自行破裂，孢子囊和卵囊随粪便排出体外。卵囊或孢子囊被中间宿主吞食后，子孢子脱囊而出，在血管内皮细胞及血液中进行3次裂殖生殖，第三代裂殖子随血液侵入横纹肌内发育为包囊。

3. 流行病学 本病终末宿主和中间宿主均经口感染，亦可经胎盘感染。患病或带虫的中间宿主和终末宿主是主要的感染源。各种年龄动物的感染率无明显差异，但牛、羊随年龄增长而感染率增高。

4. 症状 成年动物多为隐性感染。幼年动物感染后，经20～30d出现症状。犊牛表现发热，厌食，流涎，淋巴结肿大，贫血，消瘦，尾尖脱毛，发育迟缓；羔羊与犊牛症状相似，但体温变化不明显；仔猪表现精神沉郁、腹泻、发育不良，严重感染时表现不安、腰无力、肌肉僵硬和短时间的后肢瘫痪等。孕畜易发生流产。犬、猫等肉食动物感染后症状不明显。人作为中间宿主时症状不明显，少数病人发热，肌肉疼痛。人作为终末宿主时，有厌食、恶心、腹痛和腹泻症状。

5. 病理变化 在后肢、腹侧、腰肌、食道、心脏、膈肌等处可见顺着肌纤维方向有大量的白色包囊。镜检包囊可见包囊完整，也可见由包囊释放出的慢殖子。在心脏时引起心肌炎。

6. 诊断 生前诊断困难，可用间接血凝试验，结合症状和流行病学综合诊断。慢性病例于死后剖检发现包囊确诊。最常寄生部位：牛为食道肌、心肌、膈肌。猪为心肌和膈肌。绵羊为食道肌和心肌。禽为头颈部肌肉、心肌和肌胃。取病变肌肉压片，检查香蕉形的慢殖子，也可染色后观察。注意与弓形虫区别，肉孢子虫染色质少，着色不均；弓形虫染色质多，着色均匀。

7. 治疗 目前尚无特效药物。可试用抗球虫如盐霉素、莫能菌素、氨丙啉、常山酮等预防。

8. 防制措施 加强肉品卫生检验，带虫肉应无害化处理；严禁用病肉喂犬、猫等；防止犬猫粪便污染饲料和饮水；人注意饮食卫生，不吃生肉或未煮熟的肉类商品。

（七）梨形虫病

梨形虫病是由孢子虫纲梨形虫亚纲梨形虫目中的巴贝斯科和泰勒科的多种原虫所引起的血液原虫病总称。

1. 巴贝斯虫病 巴贝斯虫病是由巴贝斯属的原虫寄生于马、牛、羊、猪、犬等的红细胞内引起的疾病。

（1）病原体。巴贝斯虫种类很多，有较强的宿主特异性，不同种具有不同的宿主动物，其中某些种可感染人。各种巴贝斯虫在红细胞中的形态均呈多样性，有梨籽形、圆形、卵圆形、环形、阿米巴形等形态。我国主要有双芽巴贝斯虫、牛巴贝斯虫、卵形巴贝斯虫、莫氏巴贝斯虫、马巴贝斯虫、驽巴贝斯虫、吉氏巴贝斯虫等。

（2）发育史。巴贝斯虫需要转换2种宿主才能完成其发育。一种是马、牛、羊、猪、犬等哺乳动物，一种是蜱。整个发育过程中需经历裂殖生殖、配子生殖和孢子生殖3个阶段。当含虫体的红细胞被蜱吸食后，虫体在蜱的肠腔中逸出，并在蜱体内进行配子生殖和孢子生殖，当带虫的蜱在哺乳动物体上吸血时，虫体随蜱的唾液注入哺乳动物体内，进入红细胞的虫体以二分裂或出芽生殖方式进行繁殖。当红细胞破裂之后，虫体逸出，再侵入新的红细胞内重复其分裂繁殖。

（3）牛巴贝斯虫病。主要由双芽巴贝斯虫和牛巴贝斯虫寄生于牛而引起的疾病。

①流行病学。病牛、带虫牛和带虫蜱均为感染来源。我国双芽巴贝斯虫的传播媒介是微小牛蜱，牛巴贝斯虫的传播媒介是镰形扇头蜱和硬蜱属的某些种。各种牛均可感染但良种牛和外来牛易感性高，病情重。在一般情况下，双芽巴贝斯虫病以2岁以下的牛发病率高，但症状轻，死亡很少，而成年牛发病率低，但症状重，死亡率高，尤其是老年或使役过重的牛；牛巴贝斯虫病则多见于7月龄以内的犊牛。病愈牛有带虫免疫现象，但不稳定，容易复发。本病与蜱的活动有密切关系。每年春、夏、秋季均可发病，但高峰期在5～9月份。牛多在放牧时感染。本病多见于南方。

②症状与病理变化。牛感染后潜伏期为12～15d，病牛体温升高40～42℃，稽留热，精

神沉郁、厌食、消瘦、贫血、黄疸、呼吸粗厉、心律不齐、便秘或腹泻及血红蛋白尿。怀孕母牛感染后常见流产。剖检可见尸体消瘦、尸僵明显；可视黏膜黄染；皮下组织充血、黄染、水肿；脾肿大2~3倍，髓质软化，被膜有少量出血点；肝肿大呈棕黄色，被膜有时见少量出血点；胃肠黏膜水肿，有出血斑；尿液为红色；心肌软化，内外膜有小出血点。

③诊断。诊断可根据流行病学、症状和血液学检查确诊。也可进行药物诊断和免疫学诊断。注意与钩端螺旋体病鉴别，钩端螺旋体病多发于夏、秋季，幼牛患病严重、黄疸显著，皮肤有坏死灶。

④治疗。治疗该病要早期使用抗梨形虫药物，同时配合对症治疗和加强护理。常用药物有：贝尼尔，牛每千克体重3.5~3.8mg，配成5%~7%水溶液肌内注射，每天1次，连用3d。水牛对该药敏感，一般只用药1次，不连续使用。硫酸喹啉脲，每千克体重0.6~1mg，配成5%水溶液皮下注射，个别牛有副作用，一般在4h内消失，必要时可用阿托品解救。咪唑苯脲，每千克体重1~2mg，配成10%水溶液肌内注射或皮下注射。黄色素，每千克体重3~4mg，配成0.5%~1%生理盐水溶液静脉注射，必要时隔1~2d再用药1次。台盼蓝，每千克体重5mg，配成1%生理盐水溶液静脉注射。必要时隔1~2d重复用药1~2次。该药对牛巴贝斯虫无效。

⑤防制措施。搞好灭蜱工作，实行科学轮牧；在蜱流行季节，牛尽量不到蜱大量滋生的草场放牧，必要时改为舍饲；加强检疫，禁止病牛和带蜱牛进入本区，外地调入牛需隔离观察并经严格检查确认健康后方能混群饲养，若为疫区，应定期检疫，发现病牛，隔离治疗；发病季节可用药物预防，每隔15d用贝尼尔预防注射，剂量为每千克体重2mg，也可用咪唑苯脲，剂量同治疗量，预防期为2~10周。

(4) 犬巴贝斯虫病。由吉氏巴贝斯虫寄生于犬的红细胞内引起。在我国江苏和河南的部分地区呈地方性流行，对良种犬，尤其是军、警犬和猎犬危害严重。吉氏巴贝斯虫的传播媒介为长角血蜱、镰形扇头蜱和血红扇头蜱。吉氏巴贝斯虫病常呈慢性经过。病初精神沉郁，喜卧厌动，活动时四肢无力，身躯摇晃。发热（40~41℃），持续3~5d后，有5~10d体温正常期，呈不规则间歇热型。渐进性贫血，结膜、黏膜苍白，食欲减少或废绝，营养不良，消瘦。触诊脾肿大，肾单侧或双侧肿大且疼痛，尿液黄色至暗褐色，少数病犬有血尿。轻度黄疸。部分病犬呈现呕吐，鼻漏清液，眼有分泌物等症状。治疗可用下列药物，硫酸喹啉脲，每千克体重0.5mg，皮下注射或肌内注射，有时需隔日重复注射1次。对早期急性病例疗效显著。用药后有的病犬可出现副作用，如兴奋、流涎、呕吐等，剂量降低至每千克体重0.3mg，可减轻不良反应，故可多次低剂量给药。三氮脒，每千克体重11mg，1%溶液皮下注射或肌内注射，间隔5d连用2次。咪唑苯脲，每千克体重5mg，10%溶液皮下注射或肌内注射，间隔24h再用1次。氧二苯脒，每千克体重15mg，5%溶液皮下注射，连用2d。同时应对症治疗。诊断、预防参阅牛巴贝斯虫病。

2. 泰勒虫病　泰勒虫病是指泰勒科泰勒属的各种原虫寄生于牛、羊和其他野生动物的巨噬细胞、淋巴细胞和红细胞内所引起的疾病总称。

(1) 病原体。主要有环形泰勒虫、瑟氏泰勒虫、山羊泰勒虫等。

①环形泰勒虫。寄生于红细胞内的虫体很小，形态多样。有圆环形、杆形、卵圆形、梨籽形、逗点形、十字形等各种形状。但以圆环形、卵圆形为主。寄生于巨噬细胞和淋巴细胞中的虫体为裂殖体，也称石榴体。石榴体大小不一，内含许多小的裂殖子或染色质颗粒。

②瑟氏泰勒虫。是寄生于红细胞中的虫体，也呈多形性。但以杆形和梨籽形为主。

③山羊泰勒虫。形态与牛环形泰勒虫相似，但以圆形最多见，一般一个红细胞中只有一个虫体，有时可见到2～3个。裂殖体的形态与牛环形泰勒虫相似，可在淋巴结、脾、肝等的涂片中查到。

(2) 发育史。泰勒虫需要转换2种宿主才能完成其发育。一种是牛、羊等动物，一种是蜱。整个发育过程中需经历裂殖生殖、配子生殖和孢子生殖3个阶段。在蜱体内进行配子生殖和孢子生殖，在牛体内进行裂殖生殖。感染泰勒虫的蜱在牛体吸血时，子孢子随蜱的唾液进入牛体，首先侵入局部淋巴结的巨噬细胞和淋巴细胞内进行裂殖生殖，形成大裂殖体。大裂殖体成熟后释放许多大裂殖子，又侵入其他巨噬细胞和淋巴细胞内，重复上述裂殖生殖过程。与此同时，部分大裂殖子随淋巴和血液循环扩散到全身，侵入其他脏器的巨噬细胞和淋巴细胞再进行裂殖生殖，经若干代后，形成小裂殖体，小裂殖体发育成熟后，释放出小裂殖子，进入红细胞发育为配子体，蜱吸食牛血液时将配子体吸入体内，配子体由红细胞中逸出，变为大、小配子，二者结合形成合子，继续发育为动合子，在蜱体内进行孢子生殖，产生许多子孢子。在蜱吸血时子孢子接种到牛体内，重新开始在牛体内的发育和繁殖。

(3) 流行病学。环形泰勒虫的传播蜱在我国主要是璃眼蜱；瑟氏泰勒虫的传播蜱是长角血蜱、青海血蜱；羊泰勒虫的传播蜱为青海血蜱。上述泰勒虫在蜱体内均不能经卵传播。蜱对病原体的传播为期间传播。环形泰勒虫、瑟氏泰勒虫主流行于西北、华北、东北等地区。山羊泰勒虫在四川、甘肃、青海均有发现。环形泰勒虫病主要流行于5～8月，6～7月是发病高峰期，多发生于舍饲牛。瑟氏泰勒虫病主要流行于5～10月，6～7月是发病高峰期，多发生于放牧牛。在流行区，1～3岁牛多发，且病情较重，从非疫区引入的牛、纯种牛、羊及杂交改良牛、羊易发病。羊泰勒虫病主要流行于4～6月，5月为发病高峰期，1～6月龄放牧羊多发，且病死率高。

(4) 症状。多呈现急性经过。病初表现高热稽留，体温高达40～42℃，体表淋巴结肿大，有痛感。眼结膜初充血、肿胀，后贫血黄染。心跳加快，呼吸增数。食欲降低，有的出现啃土等异嗜现象，个别出现磨牙（尤其是羊）。颌下、胸腹下水肿。中后期可视黏膜、肛门、阴门、尾根及阴囊等处出现出血点或出血斑。血液稀薄。

(5) 病理变化。尸体消瘦，血液稀薄呈粉红色。全身皮下、肌间、黏膜和浆膜上有大量出血点和出血斑。全身淋巴结出血、肿大，甚至可见灰白色结节，周围胶样浸润。皱胃黏膜可见出血、溃疡，有的胃底部黏膜可见灰白色结节。肝、肾、脾等实质器官变性，实质中可见灰白色泰勒虫结节。

(6) 诊断。本病根据流行病学、临诊症状、病理变化，以及淋巴结穿刺液涂片和血液涂片检查发现泰勒虫，即可确诊。

(7) 治疗。磷酸伯氨喹啉（PMQ），每千克体重0.75～1.5mg，口服或肌内注射，3～5d为1个疗程；三氮脒，每千克体重7mg，配成7%水溶液，肌内注射，每日1次，3～5d为1个疗程，副作用大应慎用；另外配合给予强心、补液、止血、健胃等对症、支持疗法，为控制继发感染，还应配合应用抗生素类药物。

(8) 防制措施。消灭传播媒介蜱，避免山地、次生林地等蜱滋生地放牧；免疫接种环形泰勒虫裂殖体胶冻细胞苗，对环形泰勒虫有效，接种20d后产生免疫力，免疫期1年以上；在流行区内，在发病季节在发病前用药物预防，预防期为1个月；在引进牛、羊时，加强检疫，检查体表有无蜱的寄生和血液中是否有虫体。

（八）疥螨病

疥螨病是由疥螨科疥螨属的疥螨寄生于动物皮肤内所引起的疾病。

1. 病原体 疥螨，虫体微黄色，大小为 0.2～0.5mm。呈龟形，背面隆起，腹面扁平；四对肢粗而短，第 3、4 对肢不突出体缘。雄虫的第 1、2、4 对肢末端有吸盘，第 3 对肢末端有刚毛。雌虫第 1、2 对肢末端有吸盘，第 3、4 对肢末端有刚毛。

2. 发育史 疥螨属于不完全变态，其发育过程有卵、幼虫、若虫和成虫 4 个阶段。雌螨与雄螨交配后，雌螨在宿主表皮内挖掘隧道，以角质层组织和渗出的淋巴液为食，在隧道内每 2～3d 产卵一次，卵经 3～8d 发育为幼螨，幼螨很活跃离开隧道爬到皮肤表面，然后钻入皮内在其中蜕皮变为若螨，若螨有大、小两型，大型的为雌螨的若虫，经 2 期蜕化为成虫；小型的为雄螨的若虫，只有 1 期经 3d 蜕化为成虫。

3. 流行病学 本病可感染羊、猪、牛、骆驼、马、犬、猫、兔等多种动物。幼龄动物易患螨病且病情严重，成年动物有一定的抵抗力，但往往成为感染来源。通过动物直接接触或通过被污染的物品及工作人员间接接触传播。多发于秋、冬季，动物舍潮湿，饲养密度过大，皮肤卫生状况不良时容易发病。尤其秋末后，毛长而密，阳光直射动物时间少，皮温恒定，湿度增高，有利于螨的生长繁殖。夏季少发。

4. 症状与病理变化 疥螨多寄生于皮肤薄、被毛短而稀少的部位。各种动物的寄生部位不同，山羊主要发生于口周围、眼圈、鼻梁和耳根部，可蔓延到腋下、腹下和四肢内侧无毛及少毛部位。绵羊主要在头部明显，嘴唇周围、口角两侧、鼻子边缘和耳根下面。猪一般始于头部，以后蔓延到背部、躯干两侧及后肢内侧。牛主要在颈部两侧、垂肉和肩胛两侧，严重时蔓延到全身。兔多见于口、鼻孔周围和脚爪部位。动物感染疥螨后，表现剧痒，尤其是皮温增高时，痒觉更加剧烈。局部皮肤损伤、发炎、形成水疱和结节，破溃干燥后结痂，脱毛，皮肤增厚。患病动物烦躁不安，日渐消瘦，甚至衰竭而死。

5. 诊断 根据流行病学、临诊症状和皮肤刮下物实验室检查即可诊断。注意与虱病、秃毛癣、湿疹等皮肤病鉴别。

6. 治疗 1%～3%的敌百虫溶液喷洒或局部涂布；0.025%～0.05%蝇毒磷喷洒；0.025%螨净喷洒 0.05%双甲脒喷洒；虫克星注射液，每千克体重 0.02mL，1 次皮下注射；1%伊维菌素，每千克体重 0.02mL，1 次皮下注射。羊可选用药浴疗法，药浴药物可选用 0.05%双甲脒、0.05%蝇毒磷、0.025%螨净等。

7. 防制措施 圈舍保持干燥，光线充足，通风良好，动物饲养密度适宜；定期进行动物体检查和灭螨，流行区的群养动物要定期用药物预防；引进动物要严格检疫，确定无螨的寄生后，经杀螨药喷洒后再混群；注意对被污染的圈舍和用具用杀螨剂处理，螨病羊毛妥善放置和处理，饲养管理人员应注意经常消毒，以避免通过手、衣服和用品散布病原。每年夏季剪毛后对羊只进行药浴。

单元三 鸡常见的寄生虫病

（一）鸡蛔虫病

鸡蛔虫病是由禽蛔科禽蛔属的鸡蛔虫寄生于鸡小肠内引起的疾病。主要特征为引起小肠黏膜发炎、下痢、生长缓慢和产蛋率下降。

1. 病原体 鸡蛔虫，是鸡体的 1 种大型线虫，黄白色，头端有 3 个唇片。雄虫长 2.7～7cm，尾端有明显的尾翼和尾乳突，有 1 个圆形或椭圆形的肛前吸盘，交合刺近于等长。雌虫长 6.5～11cm，阴门开口于虫体中部。虫卵椭圆形，壳厚而光滑，深灰色，内含单个胚细胞。虫卵大小为 70～90μm×47～51μm。

2. 发育史 成虫寄生于鸡小肠，虫卵随粪便排出体外，在适宜条件下经 8～15d 发育为感染性虫卵。鸡吞食被感染性虫卵污染的饲料和饮水而感染。幼虫在胃内破壳而出，侵入肠黏膜发育一段时间后，返回肠腔发育为成虫。自感染到发育为成虫所需时间为 35～50d。成虫生存期为 9～14 个月。

3. 流行病学 鸡蛔虫病易感性和感染强度与鸡的年龄有关，3～4 个月以内的雏鸡易遭受侵害，病情严重，成年鸡多为带虫者，散布病原。饲养管理条件与感染鸡蛔虫有极大的关系，饲料中含丰富的蛋白质，全价饲喂，特别是含有足够的多种维生素，使鸡对本病有较强的抵抗力。虫卵对外界的环境因素和消毒药有较强的抵抗力，在阴暗潮湿环境中可长期生存，但在高温和干燥的条件下，特别是在直射阳光下，可迅速死亡。蚯蚓是鸡蛔虫的贮藏宿主，在本病严重污染区蚯蚓感染率可达 70%～80%，在蚯蚓体内可长期保持其生命力和感染力，鸡蛔虫卵依靠蚯蚓可避免干燥和直射日光的不良影响。

4. 症状 鸡蛔虫对雏鸡危害严重，雏鸡表现生长发育不良、行动迟缓、呆立不动、翅下垂、消瘦贫血、消化障碍，下痢便秘交替发生，衰竭而死。成虫寄生数量多时常引起肠阻塞，甚至肠破裂。成鸡症状不明显。

5. 诊断 用漂浮法粪便检查发现大量虫卵及剖检发现虫体可确诊。

6. 治疗 哌吡嗪，每千克体重 200～300mg；丙氧咪唑，每千克体重 40mg；左咪唑，每千克体重 30mg；丙硫咪唑，每千克体重 10～20mg；甲苯咪唑，每千克体重 30mg，均混于饲料喂服。

7. 防制措施 成、雏鸡应分群饲养；鸡舍和运动场上的粪便逐日清除，集中发酵处理；饲槽用具定期消毒；加强饲养管理，增强雏鸡的抵抗力；在蛔虫病流行的鸡场，每年进行 2～3 次定期驱虫。雏鸡在 2 月龄左右进行第 1 次驱虫，在冬季进行第 2 次驱虫；成年鸡第 1 次驱虫在 10～11 月份，第 2 次驱虫在春季产蛋前 1 个月进行。

（二）鸡绦虫病

鸡绦虫病是由戴文科戴文属和赖利属的多种绦虫寄生于鸡的小肠中引起的疾病。

1. 病原体 主要有 4 种。

（1）节片戴文绦虫，虫体短小，长 0.5～3mm，有 2～9 个节片组成。头节小，顶突和吸盘均有小钩，但易脱落。成节中有一组生殖器官，生殖孔规则地交替开口于每个体节的侧缘前半部。

（2）棘沟赖利绦虫，虫体长 34cm，吸盘圆形，上有 8～10 圈小钩，顶突上有 200 多个小钩，排成两圈。生殖孔位于节片一侧的边缘上。

（3）四角赖利绦虫，虫体长 25cm，头节较小，吸盘椭圆形，上有 8～10 圈小钩，顶突上有 90～130 个小钩，排成 1～3 圈。成节中有一组生殖器官，生殖孔位于节片同侧。

（4）有轮赖利绦虫，虫体较小，一般不超过 4cm。头节大，顶突宽而厚，形似轮状，突出于前段，有 400～500 个小钩排成 2 圈。吸盘上无小钩。生殖孔在体缘不规则交替开口。

2. 发育史 均为生物源性寄生虫，节片戴文绦虫的中间宿主为蛞蝓和陆地螺；棘沟赖利绦虫的中间宿主为蚂蚁；四角赖利绦虫的中间宿主为家蝇和蚂蚁；有轮赖利绦虫的中间宿主为家蝇、金龟子、步行虫等昆虫。成虫在鸡小肠内脱落孕卵节片，随粪便排出体外，被中间宿主吞食后，六钩蚴经14～21d发育为似囊尾蚴。含似囊尾蚴的中间宿主被鸡吞食后，在小肠内经12～20d发育为成虫。

3. 流行病学 本病分布广泛。不同年龄的鸡均可感染本病，但以幼禽感染较为严重，25～40日龄幼禽死亡率最高。常为几种绦虫混合感染。

4. 症状 病鸡食欲下降，渴欲增强，行动迟缓，羽毛蓬乱，粪便稀且有黏液，贫血，消瘦。有时有神经症状。产蛋鸡产蛋量下降或停止。雏鸡生长缓慢或停止。

5. 诊断 根据流行病学、症状和粪便检查见到虫卵或节片诊断，剖检见到肠黏膜增厚、出血，内容物含有大量脱落的黏膜和虫体确诊。粪便检查用漂浮法。

6. 治疗 丙硫咪唑，每千克体重10～20mg；吡喹酮，每千克体重10～20mg；氯硝柳胺，每千克体重80～100mg。均1次口服。

7. 防制措施 搞好鸡场防蝇、灭蝇工作；定期检查鸡群，治疗病鸡，以减少病原扩散；雏鸡在2月龄左右进行第1次驱虫，以后每隔1.5～2个月驱虫1次，转舍或上笼之前必须驱虫；及时清除鸡粪便并作无害化处理。

（三）鸡羽虱

鸡羽虱是由长角羽虱科和短角羽虱科的虫体寄生于鸡体表引起的寄生虫病。

1. 病原体 羽虱，体长0.5～1mm，体型扁而宽或细长形，头端钝圆，头部宽度大于胸部。咀嚼式口器。触角分节。雄性尾端钝圆，雌性尾端分两叉。鸡羽虱主要有长羽虱属广幅长羽虱、鸡翅长羽虱；圆羽虱属鸡圆羽虱；角羽虱属鸡角羽虱；鸡虱属鸡虱；体虱属鸡体虱。

2. 发育史 发育属不完全变态，鸡羽虱的全部发育过程都在宿主体上完成，包括卵、若虫、成虫3个阶段。交配后2～3d雌虱开始产卵，产卵于鸡体表，卵呈椭圆形，淡黄色。若虫约经2周从卵内孵出，若虫经3次蜕皮，变为成虫，整个发育约为1个月。

3. 生活习性 大多数羽虱主要是啮食羽毛和皮屑，鸡体虱可刺破柔软羽毛根部吸血，并嚼咬表皮下层组织。常混合感染，秋冬季羽毛浓密，体表温度较高，适宜羽虱的发育和繁殖。虱的正常寿命为几个月，一旦离开宿主只能活5～6d。

4. 主要危害 虱采食过程中造成禽体搔痒，并伤及羽毛及皮肉，表现不安，食欲下降，消瘦，生产力降低。严重的可造成雏鸡生长发育停滞，体质衰弱，导致死亡。

5. 防制措施 治疗可用拟除虫菊酯类药喷洒鸡体、垫料、鸡舍、槽架等，如溴氰菊酯或杀灭菊酯。在鸡体患部涂擦70%酒精、碘酊或5%硫黄软膏，效果良好。涂擦1次即可杀灭虫体，病灶逐渐消失，数日后痊愈。平时预防应注意不同鸡舍之间应禁止人员和器具的流动；鸡舍保持清洁、干燥、光线充足，饲养密度适宜；经常更换垫草并烧毁；经常检查鸡群发现病鸡及时治疗，治疗鸡体和处理鸡舍应同时进行，处理鸡舍时应将鸡撤出。

（四）住白细胞虫病

鸡住白细胞虫病是由疟原虫科住白细胞虫属的住白细胞虫寄生于鸡所引起的疾病，又称"白冠病"。

1. 病原体 主要有两种，沙氏住白细胞虫和卡氏住白细胞虫。不同发育阶段的住白细胞虫形态各异，在鸡体内发育的最终状态是成熟的配子体。

（1）沙氏住白细胞虫，配子体见于白细胞内。呈长圆形，大配子体胞质深蓝色，核较小。小配子体胞质浅蓝色，核较大。宿主细胞呈纺锤形，细胞核被挤压呈狭长带状，围绕于虫体一侧。

（2）卡氏住白细胞虫，配子体见于白细胞和红细胞内。大配子体近于圆形，细胞质较多，呈深蓝色，细胞核呈红色，居中较透明。小配子体呈不规则圆形，细胞质少，呈浅蓝色，核呈浅红色，占据虫体大部分。宿主细胞呈圆形，细胞核被挤压呈狭长带状围绕于虫体，有时消失。

2. 发育史　发育过程包括无性繁殖和有性繁殖，无性繁殖在鸡体内进行，有性繁殖在吸血昆虫体内完成。当吸血昆虫在病鸡体上吸血时，将含有配子体的血细胞吸进胃内，虫体在其体内进行配子生殖和孢子生殖，产生许多子孢子并进入唾液腺。当吸血昆虫再次到鸡体上吸血时，将子孢子注入鸡体内，经血液循环到达肝，侵入肝实质细胞进行裂殖生殖，其裂殖子一部分重新侵入肝细胞，另一部分随血液循环到各种器官的组织细胞，再进行裂殖生殖。经数代裂殖生殖后，裂殖子侵入白细胞，尤其是单核细胞，发育为大配子体和小配子体。卡氏住白细胞虫到达肝之前，可在血管内皮细胞内裂殖生殖，也可在红细胞内形成配子体。

3. 流行病学　患病鸡和带虫鸡的血液中存在病原体，是主要的感染源。本病的发生具有季节性，且与其传播媒介活动的季节性一致，沙氏住白细胞虫的传播媒介是蚋，卡氏住白细胞虫的传播媒介是库蠓。一般发生在4～10月。沙氏住白细胞虫多发生在南方；卡氏住白细胞虫多发生在中部地区。本病主要危害幼雏，发病率和死亡率都高，中雏发病率低，成年鸡多为带虫者。

4. 症状　1月龄以内的雏鸡发病严重，表现发热，厌食，精神沉郁，流涎，贫血、冠髯苍白，下痢、粪便呈绿色，双足轻瘫。病程数日，严重者死亡。中雏和成年鸡症状轻微，表现贫血，排绿色粪便，生长缓慢，产蛋量下降或停止，偶有死亡。卡氏住白细胞虫引起的病鸡还见咯血和皮下出血。

5. 病理变化　尸体消瘦，冠和肉髯苍白或变为淡黄色。病鸡口角常有血液痕迹或口腔内有血凝块。全身肌肉多处见有出血点或出血斑，尤其以胸肌、腿部肌肉常见。内脏的出血变化也明显，尤其是肾和肺出血特别严重，常有大片血凝块覆盖。骨髓颜色变黄，血液稀薄，凝固缓慢。一些病例可发现肌肉和一些器官内有针尖大小或更大一些的灰白色结节状病灶。

6. 诊断　根据流行病学、症状和病理变化初步诊断。采取鸡外周血液或脏器涂片，姬姆萨染色镜检，发现虫体即可确诊。脏器中小结节压片，染色后可见到许多裂殖子。

7. 治疗　泰灭净，0.01%拌料，连用2周；或0.5%连用3d，再按0.05%连用2周。磺胺二甲基嘧啶，用0.05%饮水2d，然后再用0.03%饮水2d。克球粉，按0.025%混入饲料，连续服用。乙胺嘧啶，按0.0004%配合磺胺二甲基嘧啶0.004%混入饲料，连用1周。

8. 防制措施　杀灭传播媒介，鸡舍环境用0.1%敌杀死、0.05%辛硫磷或0.01%速灭杀丁定期喷雾，每隔3～5d喷1次；淘汰病鸡，在冬季对当年患病鸡群彻底淘汰，以免翌年再次发病及扩散病原；药物预防，在流行季节到来之前进行药物预防。泰灭净，按0.0025%～0.0075%混入饲料，连用5d，停用2d为1个疗程。磺胺二甲基嘧啶，按0.0025%～0.0075%混入饲料或饮水。乙胺嘧啶，按0.0001%混入饲料。痢特灵，按

0.01%混入饲料。

(五) 组织滴虫病

组织滴虫病是由火鸡组织滴虫寄生于鸡的盲肠和肝引起的原虫性疾病,又称"盲肠肝炎"或"黑头病"。

1. 病原体　火鸡组织滴虫,虫体形态随寄生部位和发育阶段的不同而有很大差别。在盲肠寄生的虫体呈变形虫样,直径为 5～30μm。虫体细胞外质透明,内质呈颗粒状,细胞核呈泡状。有 1～2 根鞭毛,做钟摆样运动。肝组织中的虫体为单个或成堆存在,呈圆形、卵圆形或变形虫样,常无鞭毛。在病鸡的粪便中,这两种形态的组织滴虫都可看到,它们存活的时间通常不会很久。

2. 发育史　以二分裂法繁殖。寄生于盲肠内的组织滴虫,可进入异刺线虫体内,在卵巢中繁殖,并进入其卵内。随异刺线虫的卵到外界,受其卵壳的保护。

3. 流行病学　本病主要由病鸡排出的粪便污染了饲料、饮水、用具及土壤,健康的鸡经消化道感染。本病主要发生于 2 周龄至 4 月龄的幼龄鸡,成年鸡感染时多为隐性经过,能较长时间地传播和携带病原。蚯蚓在传播该病方面具有重要意义,蚯蚓吞食土壤中的异刺线虫卵时,火鸡组织滴虫可随虫卵生存于蚯蚓体内,当雏鸡吃了这种蚯蚓,就被滴虫感染。该病的发生无明显的季节性,但在温暖潮湿的夏季发生较多。此外,本病的发生与鸡场卫生和管理条件关系密切。鸡群过分拥挤、鸡舍运动场不清洁,通风和光照不足,饲料营养缺乏,尤其是缺乏维生素 A,都是诱发和加重该病流行的重要因素。

4. 症状　病鸡精神不振,食欲减少甚至停止,羽毛粗乱,翅膀下垂、身体蜷缩、怕冷、下痢、排淡黄色或淡绿色粪便。严重者粪中带血,甚至排出大量血液。疾病末期,鸡冠、肉髯发绀呈暗黑色,故称"黑头病"。病程一般 1～3 周。

5. 病理变化　一侧或两侧盲肠发生病变,在最急性病例中,盲肠仅表现严重的出血性炎症变化,肠腔内充满大量血液。而病变典型的病例,则见盲肠肿大,肠腔被坚硬干酪样的栓子堵塞,盲肠黏膜出血、坏死,形成溃疡,溃疡面覆盖干酪样坏死物。溃疡严重可使肠壁穿孔,引起腹膜炎。肝的特征病变是肝表面有数个或较多圆形或不规则形病灶。病灶大小不一,呈黄白色或黄绿色,中央稍凹陷,边缘隆起,周边绕以红晕。有些病例,肝表面散在较多小坏死灶,使肝呈斑驳状。

6. 诊断　根据流行病学、症状和特征性病理变化进行综合性诊断。采集新鲜盲肠内容物,用加温到 40℃ 的生理盐水稀释后,制成悬滴标本镜检,检到能活动的火鸡组织滴虫即可确诊。注意与鸡盲肠球虫病鉴别,但这两种原虫病有时可以同时发生。

7. 治疗　痢特灵,按 0.04% 混入饲料,连用 7d;卡巴砷,按 0.015%～0.02% 混入饲料;甲硝唑,按 0.025% 混入饲料,连用 5d。

8. 防制措施　注意幼鸡与成鸡分群饲养,定期对鸡群进行鸡异刺线虫的驱虫;鸡舍、运动场应经常定期用苛性钠消毒;鸡与火鸡隔离饲养;加强饲养管理,保持鸡舍通风干燥。

单元四　猪常见的寄生虫病

(一) 猪蛔虫病

猪蛔虫病是蛔科蛔属的猪蛔虫寄生于猪小肠内引起的疾病。仔猪最易感染。

1. 病原体 猪蛔虫,形如蚯蚓的粉红稍带黄色的大型线虫,虫体呈圆柱形,头端有3个唇片,排列成"品"字形。雄虫长15~25cm,尾端向腹面弯曲,具有一对较粗大等长的交合刺。雌虫长30~35cm,尾端直,阴门开口于虫体前1/3处,生殖器为双管型。虫卵黄褐色,卵壳厚,有4层膜,最外层为波浪形的蛋白膜。

2. 发育史 猪蛔虫属直接发育型。成虫寄生于猪小肠,雌虫受精后,产出大量虫卵,随猪粪便排出体外,在适宜的条件下经3~5周发育为感染性虫卵。感染性虫卵被猪吞食后,卵内幼虫孵出,钻入肠壁血管,多数幼虫随血液循环经门静脉进入肝,经右心、肺动脉,钻出肺毛细血管到肺泡,继续逆行进入细支气管、支气管、气管,随黏液一起到达咽部,被咽下后进入小肠,在小肠内发育为成虫。自感染性虫卵被猪吞食到在小肠内发育为成虫需2~2.5个月,成虫生命期为7~10个月。

3. 流行病学 猪吃入感染性虫卵污染的饮水、饲料或土壤感染,母猪乳房沾染虫卵,仔猪在哺乳时感染。以3~6月龄的仔猪感染严重,成年猪多为带虫者,是重要的感染来源。雌虫的繁殖力很强,一条雌虫一昼夜可产卵10万~20万个。因此,凡有本病存在的猪场,猪舍内外地面会被虫卵大量污染。虫卵对各种化学药物有较强的抵抗力,常用浓度的消毒药不能杀死虫卵,只有60℃以上的3%~5%的热碱水或20%~30%热草木灰水才能杀死虫卵。猪蛔虫病的发生与环境卫生条件和饲养管理方式有密切关系。饲养管理不良,卫生条件差,缺乏营养,特别是缺乏维生素和矿物质的情况下,仔猪易感染,患病较重。蚯蚓可为本虫的贮藏宿主,在传播疾病上起重要作用。

4. 症状 仔猪在感染早期,表现肺炎,有轻度湿咳,体温升高至40℃左右。较为严重者,精神沉郁,食欲缺乏,异嗜,营养不良,被毛粗糙。有的发育不良成为僵猪。感染严重时呼吸困难,常伴发声音沉重而粗厉的咳嗽,并有呕吐、流涎和腹泻等。蛔虫过多,肠道阻塞时,病猪表现疝痛,有时可能因肠破裂而死亡。成年猪症状不明显,主要是食欲不振、磨牙和增重缓慢。

5. 病理变化 初期肺组织致密,表面有大量出血点或暗红色斑点。肝、肺、支气管等处可发现大量幼虫。成虫寄生时小肠黏膜卡他性炎症,并可发现虫体。肠破裂时伴发腹膜炎及腹腔出血。胆道蛔虫时,可见蛔虫钻入胆管,胆管阻塞。

6. 诊断 生前诊断主要靠粪便检查,粪便检查采用直接涂片法或漂浮法。1g粪便中虫卵数达1 000时,即可诊断为蛔虫病。死后剖检发现虫体即可确诊。哺乳仔猪的蛔虫病不能用粪便检查做出生前诊断,若为蛔虫病,剖检时,在病猪的肺部可见大量出血点;将肺组织撕碎,用幼虫分离法处理时,可以发现大量的蛔虫幼虫。

7. 治疗 左咪唑,每千克体重10mg,口服或混料喂服;丙硫咪唑,每千克体重10mg,1次口服;甲苯咪唑,每千克体重10~20mg,混料喂服;伊维菌素,每千克体重0.3mg,1次皮下注射。

8. 防制措施

(1) 定期驱虫。对散养的育肥猪,仔猪断乳后驱虫1次,4~6周后再驱虫1次。母猪怀孕前和产仔前1~2周驱虫。育肥猪在3月龄和5月龄各驱虫1次。引入的种猪进行驱虫。对规模化养猪场,对全群猪驱虫后,以后每年对公猪至少驱虫2次,母猪产前1~2周驱虫1次,仔猪转圈、群时驱虫1次,后备猪在配种前驱虫1次。新引入的猪驱虫后再合群。

(2) 减少虫卵的污染。圈舍要及时清理,勤冲洗,勤换垫草,粪便和垫草发酵处理;产房和猪舍进猪前要彻底清洗和消毒；母猪转入产房前要用肥皂水清洗；运动场保持平整，排水良好。

（二）猪结节虫病

猪结节虫病是由食道口属的多种线虫寄生于猪的结肠内引起的疾病。

1. 病原体 主要有3种。有齿食道口线虫，寄生于结肠。虫体乳白色，口囊浅，头泡膨大。长尾食道口线虫，寄生于盲肠和结肠。虫体暗红色，口领膨大，口囊壁下部向外倾斜。短尾食道口线虫，寄生于结肠。

2. 发育史 虫卵随猪粪便排出体外经6～8d发育为披壳的感染性幼虫，被猪吞食后，幼虫在小肠内脱壳，然后移行到结肠黏膜深层，使肠壁形成结节，幼虫在结节内蜕化变为第4期幼虫，返回肠腔变为第5期幼虫，最后发育为成虫。进入猪体内的感染性幼虫发育为成虫需30～60d。

3. 流行病学 患病猪和带虫猪为主要感染来源，经口感染。感染性幼虫为披壳幼虫，有很强的抵抗力，可在外界越冬。虫卵和幼虫对干燥敏感。

4. 主要症状 一般无明显症状。严重感染时，发生顽固性腹泻，粪便中带有脱落的黏膜，表现腹痛、腹泻，高度消瘦，发育障碍。继发感染时，发生化脓性结节性大肠炎。

5. 病理变化 典型变化为肠黏膜形成结节。初次感染时结节很少，但多次感染后，肠壁形成粟粒状结节。肠壁增厚，有卡他性炎症。感染细菌时可能继发弥漫性大肠炎。

6. 诊断 用漂浮法检查粪便中是否有虫卵或发现自然排出的虫体可确诊。

7. 治疗 参照猪蛔虫病。

8. 防制措施 参照猪蛔虫病。

（三）猪后圆线虫病

猪后圆线虫是由后圆科后圆属的线虫寄生于猪的细支气管、支气管内引起的疾病，又称"猪肺线虫病"。

1. 病原体 猪后圆线虫，虫体呈乳白色或灰白色丝状，又叫肺丝虫。口囊小，其前缘有一对三叶唇。雄虫尾端交合伞不发达，背叶小，有一对细长的交合刺，其末端有钩。雌虫阴门靠近肛门，覆有阴门盖。常见的病原体有长刺后圆线虫、复阴后圆线虫、萨氏后圆线虫。

2. 发育史 猪后圆线虫为卵胎生，生物源性寄生虫。成虫寄生于猪的支气管中，雌虫在此产卵，虫卵随黏液转到口腔被咽下进入消化道，再随粪便排到外界。虫卵被中间宿主蚯蚓吞食后，在其体内孵化，孵出的幼虫在蚯蚓体内发育为感染性幼虫，猪吞食此种蚯蚓而被感染。感染性幼虫钻入猪小肠壁，经淋巴系统进入心脏、肺，自感染后约24d，在肺细支气管、支气管中发育为成虫。

3. 流行病学 各种年龄的猪均可感染，但以6～12月龄的猪多发。低湿地区、多雨年份夏季感染最重，呈地方性流行。干旱、冬季和春季少有感染。

4. 主要症状 轻度感染时症状不明显，但影响猪的生长。严重感染时，猪发育不良，阵发性咳嗽，尤其是早晚运动或遇冷空气刺激时，咳嗽尤为剧烈；消瘦、贫血，被毛无光泽，鼻孔流出脓性分泌物，呼吸困难，肺部有啰音，体温升高。最后表现为胸下、四肢和眼睑浮肿，甚至极度衰弱死亡。

5. 病理变化 在肺膈叶后缘和外缘，可见界限明显的灰白色隆起，常呈楔状或长三角形,似局部肺气肿,触摸时可感其质地较实硬。切开病部从支气管内流出黏稠分泌物和白色丝状虫体,支气管壁增厚。肺组织较致密,边缘区肺泡气肿。

6. 诊断　根据流行病学、临床症状和粪便检查综合确诊。粪便检查用漂浮法。只有检出大量虫卵才可认定。

7. 治疗　可用丙硫咪唑、苯硫咪唑或伊维菌素等药物驱虫。对出现肺炎的猪,应采用抗生素治疗,以防继发感染。

8. 防制措施　在流行地区,春、秋季各进行1次驱虫;猪实行圈养,防止采食蚯蚓;及时清除粪便,进行生物热发酵。

(四) 冠尾线虫病

冠尾线虫病是由冠尾科冠尾属的有齿冠尾线虫寄生于猪的肾盂、肾脂肪囊和输尿管壁等处引起的疾病。又称"肾虫病"。

1. 病原体　有齿冠尾线虫,虫体粗壮,形似火柴杆样。新鲜虫体呈灰褐色,体壁较透明,隐约可见内部器官。口囊呈杯状,口缘肥厚,周围有一圈细小的叶冠和6个角质隆起,口囊底部有6个小齿。雄虫长20~30mm,交合伞不发达,交合刺两根,等长或不等长。雌虫长30~45mm,阴门靠近肛门。虫卵呈长椭圆形,较大,灰白色,卵壳薄,内含32~64个圆形卵细胞。

2. 发育史　雌虫在肾或输尿管内产卵,虫卵经输尿管随尿液排出体外,虫卵在外界环境中,在适宜的条件下,24~36h孵出幼虫,经4d发育为感染性幼虫。感染性幼虫钻入猪皮肤或猪吞食进入猪体。钻入猪皮肤的感染性幼虫移行到腹肌,沿淋巴系统进入心脏,再随血流到达肝。被猪吞食的幼虫在胃内侵入胃壁,经门脉系统进入肝。虫体在肝停留3个月以上。幼虫在肝离开血管在肝实质内穿行直到肝包膜下,钻出肝包膜进入腹腔,在肾脂肪囊中停留下来,并钻通输尿管壁,然后在此处形成一个与输尿管相通的包囊,在此发育为成虫。从感染性幼虫侵入机体到发育为成虫需6~12个月。

3. 流行病学　猪冠尾线虫病的流行程度,随气候条件的不同而变化,在温暖多雨的季节适于幼虫的发育,容易流行;炎热干旱的季节,阳光强烈,不容易流行。密集,潮湿的猪舍可促使本病流行。在我国南方,该病多在每年的3~5月和9~11月发生。而北方则多发生于5~10月。感染性幼虫多分布于猪舍的墙根和猪排尿的地方,其次是运动场的潮湿处。

4. 症状　初期幼虫钻入皮肤,出现皮肤炎症,有丘疹和红色小结节,体表局部淋巴结肿大。继之,病猪后肢无力,跛行,走路时左右摇摆,尿液中常有白色黏稠的絮状物或脓液,有的后躯麻痹或后肢僵硬,不能站立,卧地爬行;有的眼睑与鼻面部、下颌与颈部、雄性生殖器与尿道口周围等部位发生水肿。仔猪发育停滞,母猪不孕或流产,公猪性欲降低或失去交配能力,严重时衰竭死亡。

5. 病理变化　腹部皮肤皮下水肿和结节形成,甚至化脓性皮肤炎,局部淋巴结肿大。肝出血、坏死,肝中有幼虫形成的结节,病程长的肝硬化。肾盂黏膜、肾脂肪囊、输尿管壁等处形成肾虫性结节,结节中含有虫体。

6. 诊断　根据临床症状,对可疑病猪进行尿中虫卵检查。采取晨尿静置或离心后取尿沉渣镜检虫卵。对死亡的病猪进行尸检,观察肾、肝及输尿管等处有无虫体、包囊等,以便最后确诊。

7. 治疗　确诊后早期治疗,可选用左咪唑、丙硫咪唑、氟苯咪唑和伊维菌素等。

8. 防制措施 加强饲养管理，给予富有营养的饲料，尤其注意补充维生素和矿物质；搞好猪舍和运动场的卫生，防止尿液污染饲料和饮水，保持地面清洁和干燥；定期消毒；定期驱虫。

单元五 牛羊常见的寄生虫病

（一）片形吸虫病

片形吸虫病是由片形科片形属的肝片形吸虫和大片形吸虫寄生于牛、羊等反刍动物的肝胆管中所引起的疾病。

1. 病原体 主要有两种，以肝片形吸虫最为常见。

（1）肝片形吸虫。虫体背腹扁平如榆树叶状，新鲜虫体棕红色。长21~41mm，宽9~14mm。虫体前段有一个三角形的锥状突起，其底部较宽似"肩"，从"肩"往后逐渐变窄。口吸盘位于锥状突起前端，腹吸盘略大于口吸盘，位于肩水平线中央稍后方。生殖孔在口吸盘和腹吸盘之间。消化系统由口吸盘底部的口孔开始，其后为咽和食道及两条盲端肠管，肠管有许多分枝。2个高度分枝状的睾丸前后排列于虫体的中后部。1个鹿角状的卵巢位于腹吸盘后右侧。卵模位于睾丸前中央。子宫位于卵模和腹吸盘之间，曲折重叠，内充满虫卵，一端通向卵模，另一端通向生殖孔。卵黄腺呈颗粒状分布于虫体两侧，与肠管重叠，卵黄管汇合成卵黄囊通入卵模。无受精囊。体后部中央有纵行的排泄管。

虫卵较大，呈椭圆形，金黄色，卵壳薄而光滑，半透明，分两层，卵内充满卵黄细胞和1个卵胚细胞。

（2）大片形吸虫。体形较大，长25~75mm，宽12mm。虫体两侧缘较平行，肩部不明显。后端钝圆。虫卵较前种大。

2. 发育史 均为生物源性寄生虫。肝片形吸虫的主要中间宿主为小土窝螺，还有椭圆萝卜螺。大片形吸虫的主要中间宿主为耳萝卜螺。成虫寄生于动物肝胆管内，产出的虫卵随胆汁进入肠腔，经粪便排出体外。虫卵在适宜的条件下，经11~12d孵出毛蚴，毛蚴游动于水中，遇到适宜的中间宿主，即钻入其体内。毛蚴在螺体内经胞蚴、雷蚴、尾蚴几个发育阶段，尾蚴离开螺体，在水中或水生植物上，脱掉尾部形成囊蚴。终末宿主饮水或吃草时吞食囊蚴而感染，囊蚴在十二指肠中脱囊，从胆管开口处或钻入肠黏膜经肠系膜静脉或穿过肠壁进入腹腔由肝包膜3条途径进入肝胆管发育为成虫。进入终末宿主的囊蚴发育为成虫需2~3个月。成虫在终末宿主体内可存活3~5年。

3. 流行病学 病畜和带虫畜是主要的感染来源。肝片形吸虫病在我国普遍流行，大片形吸虫病主要见于南方。凡流行地区多发生于地势低洼、潮湿、多沼泽及水源丰富的放牧地区。感染多在夏秋季节，幼虫引起的疾病多在秋末冬初，成虫引起的疾病多见于冬末和春季。虫卵对干燥抵抗力差，不能越冬。对常用消毒药抵抗力较强。囊蚴的抵抗力较强，但对干燥和直射阳光敏感。

4. 症状 分急性型和慢性型。

（1）急性型。由幼虫引起，多发生于绵羊和犊牛，见于秋末冬初。患畜表现体温升高，精神沉郁，食欲减退，结膜苍白和黄染，触诊肝区有疼痛感，多在出现症状后3~5d死亡。

（2）慢性型。由成虫引起，多见于冬末和春季。患畜表现精神沉郁，渐进性消瘦、贫血，食欲不振，眼睑和下颌水肿，有时波及胸、腹部，早晨明显，运动后减轻或消失。孕畜易流产或早产。间歇性瘤胃鼓气和前胃迟缓、腹泻。严重者衰竭而死。

5. 病理变化　急性型肝肿大，充血，表面有纤维素沉着和2～5mm的暗红色虫道。肝质软，切开挤压时从胆管流出黏稠暗黄色胆汁和童虫。慢性型尸体消瘦，贫血，肝肿大，肝病变区胆管呈绳索样突出于肝表面，胆管壁发炎、粗糙，肝实质萎缩硬化，切开胆管可见成虫。

6. 诊断　根据流行病学结合临床症状初步判断，通过粪便检查和剖检发现虫体确诊。粪便检查用沉淀法。

7. 治疗　可选用下列药物。三氯苯唑（肝蛭净），牛每千克体重10mg，羊每千克体重12mg，1次口服，该药对成虫和童虫均有效果，休药期为14d。硝氯酚，牛每千克体重3～4mg，羊每千克体重4～5mg，1次口服。应用针剂时，牛每千克体重0.5～1.0mg，羊每千克体重0.75～1.0mg，深部肌内注射，该药只对成虫有效。溴酚磷，牛每千克体重12mg，羊每千克体重16mg，1次口服，该药对成虫和童虫均有良好效果。丙硫咪唑，牛每千克体重10mg，羊每千克体重15mg，1次口服，该药对成虫效果良好，对童虫效果较差。

8. 防制措施

（1）定期驱虫，注意粪便无害化处理。北方全年可进行两次驱虫，第1次在冬末春初（3～4月份），由舍饲转为放牧之前进行；第2次在秋末冬初（11～12月份），由放牧转为舍饲之前进行。南方每年可进行3次驱虫。

（2）科学放牧。尽量不到低洼、潮湿地方放牧。牧区实行轮牧，每月轮换1块草地。避免饮用非流动水，在低洼地收割的牧草晒干后再作饲料。

（3）消灭中间宿主。可用喷洒药物、兴修水利、改造低洼地、饲养水禽等措施灭螺。药物灭螺在每年3～5月进行，用1∶50 000的硫酸铜或氨水，粗制氯硝柳胺等。

（二）双腔吸虫病

双腔吸虫病是由双腔科双腔属的双腔吸虫寄生于反刍动物的肝胆管和胆囊内引起的疾病。

1. 病原体　主要有两种，矛形双腔吸虫和中华双腔吸虫。矛形双腔吸虫，虫体扁平，狭长呈"矛形"，活体呈棕红色。口吸盘位于前端，腹吸盘位于体前1/5处。中华双腔吸虫形态与矛形双腔吸虫相似，但虫体较宽。

2. 发育史　成虫在牛、羊等的胆管及胆囊内产卵，虫卵随胆汁进入肠道，再随粪便排出体外。虫卵被中间宿主陆地螺吞食后，在其体内经毛蚴、母胞蚴、子胞蚴、尾蚴几个发育阶段，尾蚴离开螺体，黏附于植物叶及其他物体上，被补充宿主蚂蚁吞食后，很快在其体内形成囊蚴。牛、羊等终末宿主吞食了含囊蚴的蚂蚁而感染，囊蚴脱囊后，由十二指肠经总胆管进入胆管及胆囊内发育为成虫。囊蚴进入终末宿主体内发育为成虫需72～85d。

3. 流行病学　该病呈地方性流行。南方可全年流行，北方发病多在冬、春季。成年动物易感，而且随年龄的增长，感染率和感染强度也逐渐增加。

4. 症状　轻度感染症状不明显。严重感染时，尤其是早春症状明显。表现慢性消耗性疾病症状，精神沉郁，消瘦，可视黏膜苍白、黄染，下颌水肿，腹泻，行动迟缓，喜卧等。

5. 病理变化　胆管卡他性炎症，胆管壁增厚，肝肿大。

6. 诊断　根据流行病学资料，结合临诊症状、粪便检查和剖检发现虫体综合诊断。粪便检查用沉淀法。因带虫现象普遍，只有发现大量虫卵才可确诊。

7. 治疗 可选用下列药物。三氯苯丙酰嗪（海涛林），牛每千克体重30～40mg，羊每千克体重40～50mg，配成2%混悬液，经口灌服。丙硫咪唑，牛每千克体重10～15mg，羊每千克体重30～40mg，1次口服。用其油剂腹腔注射，效果良好。六氯对二甲苯（血防846），牛、羊均按每千克体重200～300mg，1次口服，连用2次。吡喹酮，牛每千克体重35～45mg，羊每千克体重60～70mg，1次口服。

8. 防制措施 每年秋末和冬季进行两次驱虫，粪便发酵处理；改良牧场和放养趁机消灭中间宿主和补充宿主。

（三）前后盘吸虫病

前后盘吸虫病是由前后盘科前后盘属的前后盘吸虫寄生于反刍动物的瘤胃引起的疾病。

1. 病原体 鹿前后盘吸虫，虫体呈"鸭梨形"，活体呈粉红色，口吸盘位于虫体前端，腹吸盘位于虫体后端，大小约为口吸盘的两倍。

2. 发育史 成虫在反刍动物的瘤胃内产卵，虫卵随粪便排出体外落入水中，在适宜条件下孵出毛蚴，毛蚴在水中遇到椎实螺、扁卷螺等中间宿主钻入其体内，经胞蚴、雷蚴、尾蚴几个发育阶段，尾蚴离开螺体，附着在水草上形成囊蚴，牛、羊等终末宿主吞食沾有囊蚴的水草而感染。囊蚴在肠道内脱囊，童虫在小肠、皱胃和其黏膜下以及胆囊、胆管和腹腔等处移行，经3个月左右到达瘤胃内发育为成虫。

3. 流行病学 该病多流行于江河流域、低洼潮湿等水源丰富地区。南方可常年感染，北方主要在5～10月份感染。幼虫引起的急性感染多发生于夏、秋季，成虫引起的慢性感染多发生于冬、春季。多雨年份易造成流行。

4. 症状 急性型，由幼虫在宿主体内移行引起，犊牛多见。表现体温升高，精神沉郁，顽固性下痢，粪便带血、恶臭，有时可见幼虫。重者消瘦，衰竭而死。慢性型，由成虫引起。主要表现为食欲减退、消瘦、贫血、颌下水肿、腹泻等消耗性症状。

5. 病理变化 童虫在小肠、皱胃、胆囊和腹腔移行处有"虫道"，这些器官和黏膜上有出血点，肝瘀血，胆汁稀薄，病变处见有大量幼虫。慢性病例可见瘤胃壁黏膜肿胀，其上有大量成虫。

6. 诊断 根据流行病学、临诊症状、粪便检查和剖检发现虫体综合诊断。粪便检查用沉淀法。因带虫现象普遍，只有发现大量虫卵才可确诊。注意排出的粪便中常混有虫体。

7. 治疗 氯硝柳胺（灭绦灵），牛每千克体重50～60mg，羊每千克体重70～80mg，1次口服。硫双二氯酚，牛每千克体重40～50mg，羊每千克体重80～100mg，1次口服。两种药物对成虫作用明显，对童虫和幼虫效果较好。

8. 防制措施 参照片形吸虫病。

（四）日本分体吸虫病

日本分体吸虫病是由分体科分体属的日本分体吸虫寄生于人和牛、羊等多种动物的门静脉系统的小血管中引起的疾病。又称为"血吸虫病"。

1. 病原体 日本分体吸虫，呈线状。雌雄异体，常呈合抱状态。腹吸盘大于口吸盘。雄虫为乳白色，短而粗，从腹吸盘起向后，虫体两侧向腹面卷曲，形成抱雌沟，雌虫常位于此沟内。雌虫细长，呈暗褐色。

2. 发育史 日本分体吸虫寄生于人和牛、羊等动物的门静脉和肠系膜静脉内，雌雄交配后，雌虫产出虫卵，一部分随血流到达肝，一部分在肠壁上形成结节，虫卵在肝和肠壁逐渐发育成熟，由卵细胞变为毛蚴，在卵内毛蚴的作用下，虫卵进入肠腔，随宿主粪便排出体外。虫卵在水中，于适宜条件下孵出毛蚴，毛蚴在水中遇到中间宿主钉螺，钻入螺体内继续发育，经母胞蚴、子胞蚴、尾蚴几个发育阶段后，尾蚴离开螺体，遇终末宿主后从皮肤侵入，经小血管或淋巴管随血流经右心、肺、体循环到达肠系膜静脉和门静脉内经40～50d发育为成虫。

3. 流行病学 该病主要的感染来源是患病的和带虫的牛和人。经皮肤感染是主要的感染途径，亦可经口腔黏膜感染，还可经胎盘感染胎儿。钉螺的存在对本病的流行起着重要的作用。钉螺能适应水、陆两种生活环境，多生活于雨量充沛、气候温和、土地肥沃地区，多见于江河边、沟渠旁、湖岸、稻田、沼泽地等。因此该病广泛分布于长江流域及南方地区。钉螺阳性率与人、畜的感染率呈正相关，病人、病畜的分布与钉螺的分布相一致，具有明显的地区性。黄牛的感染率和感染强度高于水牛。黄牛年龄越大，阳性率越高。而水牛随着年龄增长，其阳性率则有所降低，并有自愈现象。但水牛在传播本病上可能起主要作用。

4. 症状 犊牛症状较重，羊症状较轻，黄牛比水牛明显。幼龄比成年表现严重，成年水牛多为带虫者。犊牛多呈急性经过，主要表现为食欲不振，精神沉郁，体温升高至40～41℃，可视黏膜苍白，水肿，运动无力，消瘦，因衰竭死亡。慢性病例表现消化不良，发育迟缓甚至完全停滞，食欲不振，下痢，粪便含有黏液和血液。母牛不孕、流产。

5. 病理变化 尸体消瘦、贫血、腹水增多。急性病例肝肿大，被膜光滑，表面及切面可见粟粒大至黄豆大灰白色或灰黄色结节（虫卵结节）。慢性病例呈肝硬化。肝体积缩小，质地变硬，被膜增厚。切面可见灰白色纤维素性条索。门静脉血管增厚，在门静脉血管内可见呈合抱状态的雌雄虫体。肠道表现为肠管增粗，肠壁增厚，肠腔狭窄，肠黏膜充血肿胀，浆膜面及黏膜均可见细颗粒状突起的灰白色虫卵结节，在肠系膜静脉内常可见成虫。肺表面和切面也有白色虫卵结节及程度不同的出血。脾瘀血、肿大。

6. 诊断 根据流行病学资料，尤其注意是否存在中间宿主，结合临诊症状、粪便检查和病理变化进行综合诊断。粪便检查采用尼龙筛袋集卵法和毛蚴孵化法，剖检发现虫体和虫卵结节等病理变化可以确诊。诊断还可用免疫学诊断法。

7. 治疗 吡喹酮，每千克体重30mg，1次口服，最大用药量黄牛不超过9g，水牛不超过10.5g，为治疗人和牛、羊等血吸虫病的首选药。六氯对二甲苯（血防846），用于急性期病例，黄牛每千克体重120mg，水牛每千克体重90mg，口服，每天1次，连用10d。黄牛每日极量为36g，水牛为36g。20%油溶液，按每千克体重40mg，每日注射1次，5d为1疗程，15d后再注射一次。硝硫氰胺（7507），每千克体重60mg，1次口服，最大用量黄牛不能超过18g，水牛不能超过24g。也可配成1.5%～2%的混悬液，黄牛按每千克体重2mg，水牛每千克体重1.5mg，1次静脉注射。硝硫氰醚（7804），牛每千克体重5～15mg，瓣胃注射，也可按每千克体重20～60mg，1次口服。

8. 防制措施 消除感染来源。流行区每年都应对人和易感动物进行普查，对患病者和带虫者进行及时治疗，加强终末宿主粪便管理及无害化处理；饮水卫生。严禁人和易感动物接触"疫水"，对被污染的水源应作出明显标志，疫区要建立易感动物安全饮水池；消灭中间宿主。可采用化学、物理、生物等方法灭螺。常用化学灭螺，在钉螺滋生处喷洒药物，如茶子饼、生石灰、溴乙酰胺等。

（五）牛羊绦虫病

牛羊绦虫病是由裸头属、副裸头属、莫尼茨属、曲子宫属、无卵黄腺属的多种绦虫寄生于牛、羊小肠内引起的疾病总称。

1. 病原体

（1）扩展莫尼茨绦虫。虫体呈乳白色长带状，长1～6m，头节球形，有4个吸盘，无顶突和小钩。体节宽度大于长度，每个成熟体节内有两组生殖器官，各向一侧开口。

（2）贝氏莫尼茨绦虫。形态与扩展莫尼茨绦虫相似，但节片更宽，节间腺呈密集条带状，集中分布于每个节片后缘中央部分。

（3）盖氏曲子宫绦虫。虫体长1～2m，宽12mm，每个节片只有一组生殖器官，左右不规则的交互排列。虫体外观边缘不整齐，子宫呈弯曲的横列管状。

（4）中点无卵黄腺绦虫。虫体长2～3m，宽2～3mm。每个成熟的体节内有1组生殖器官，左右不规则交替排列。子宫呈囊状，位于节片中央，外观虫体中央构成一条纵向白线。无卵黄腺。

2. 发育史 莫尼茨绦虫孕节随宿主粪便排出体外，被中间宿主——地螨吞食，一般经100～200d在其体内发育为似囊尾蚴，含似囊尾蚴的地螨被牛、羊吞食后，在其小肠内经40～50d发育为成虫。成虫的生命期为2～6个月。盖氏曲子宫绦虫、中点无卵黄腺绦虫的发育史与莫尼茨绦虫相似。盖氏曲子宫绦虫的中间宿主也为地螨。中点无卵黄腺绦虫的中间宿主尚有争议，有人认为是弹尾目昆虫中的跳虫，也有人认为是地螨。

3. 流行病学 莫尼茨绦虫多感染羔羊和犊牛，盖氏曲子宫绦虫对成畜和幼畜均可感染；中点无卵黄腺绦虫则多见于成年羊和牛。莫尼茨绦虫病和盖氏曲子宫绦虫病分布于全国各地，中点无卵黄腺绦虫病主要分布于高寒、干燥地区。莫尼茨绦虫在北方于5月开始感染，6月和9～10月达到感染高峰，而南方2～3月开始感染，4～6月达到高峰。盖氏曲子宫绦虫春、夏、秋季都能感染，而中点无卵黄腺绦虫只秋季发生感染。

4. 症状 轻度感染和成年动物感染时一般症状不明显。犊牛和羔羊感染及成年动物重度感染时症状明显，表现消化紊乱，腹痛，肠臌气、下痢，下痢粪便中常混有脱落的绦虫节片。逐渐消瘦、贫血，有的可出现痉挛、空口咀嚼、口吐白沫等神经症状。幼畜发育受阻，死亡率较高。

5. 病理变化 尸体消瘦，肠黏膜出血，有时有肠阻塞或扭转。

6. 诊断 根据流行病学、临床症状和粪便检查结果确诊。粪便检查用饱和盐水漂浮法发现虫卵。流行病学注意是否为放牧牛、羊，是否为地螨的活跃期，是否幼龄多发。亦可通过诊断性驱虫和死后剖检发现虫体确诊。

7. 治疗 氯硝柳胺（灭绦灵），牛每千克体重50mg，羊每千克体重60～75mg，1次口服；丙硫咪唑，牛每千克体重10mg，羊每千克体重15mg，1次口服；吡喹酮，牛每千克体重5～10mg，羊每千克体重10～15mg，1次口服。

8. 防制措施 消灭中间宿主。对地螨滋生场所，采取深耕土壤、开垦荒地、种植牧草等措施，减少地螨的数量；科学放牧。感染季节避免在低湿地放牧，并尽量不在清晨、黄昏和阴雨天放牧，以减少感染。有条件的地方可进行轮牧和预防性驱虫。对羔羊和犊牛在春季放牧后4～5周进行成虫期前驱虫，间隔2～3周后再驱虫1次。成年牛、羊每年可进行2～3次驱虫。注意驱虫后粪便的发酵处理。

（六）脑多头蚴病

脑多头蚴病是由带科带属的多头带绦虫的幼虫寄生于牛、羊等反刍动物脑内引起的疾病。又称为"脑包虫病"。

1. 病原体 脑多头蚴，呈圆形或椭圆形，乳白色半透明的囊泡，黄豆大至鸡蛋大。囊壁两层，外层是角质层，内层是生发层，生发层上有许多原头蚴。

2. 发育史 脑多头蚴的终末宿主是犬、狼、狐等肉食动物。多头带绦虫的孕节随犬、狼、狐的粪便排到体外，牛、羊等中间宿主吃入多头带绦虫的虫卵而感染。卵内的六钩蚴在牛、羊的小肠中逸出，钻入肠壁血管，随血液循环到达脑、脊髓等处，经2～3个月发育为多头蚴。终末宿主吃到病脑及脊髓而感染，经1.5～2.5个月发育为成虫，成虫生命期为6～8个月至数年。

3. 流行病学 该病分布广泛，但以西北、东北、内蒙古等牧区严重。2岁前的羔羊多发。牧羊犬和狼在疾病传播中起重要作用。

4. 症状 急性型症状以羔羊最为明显，表现体温升高，脉搏和呼吸加快，反应敏感或迟钝，无目的地行走或长时间沉郁。重症病例流涎、磨牙、斜视、头颈弯向一侧，做圆圈运动。有些病例经5～7d死亡，不死的转为慢性。慢性病例在一定时期内症状不明显。随着脑多头蚴的发育，逐渐出现明显神经症状。其表现因多头蚴寄生部位不同而异。虫体寄生于大脑额区，表现头低垂于胸前，行走时高举前肢或向前冲，遇到障碍物时，将头抵住物体不动或倒地；虫体寄生于大脑一侧表面时，病羊向着患侧做圆圈运动，虫体越大，转圈越小，对侧眼睛视力障碍或消失；虫体寄生于小脑时，病羊站立或运动失去平衡，步态蹒跚。虫体寄生于枕骨区时，头高举；虫体寄生于脊髓时，后躯无力或麻痹，呈犬坐姿势。

5. 病理变化 急性病例剖检时可见脑膜充血和出血，脑膜表面有六钩蚴移行所致虫道。慢性病例外观头骨，有时会出现变薄、变软，并有隆起，打开头骨可见虫体，寄生部位周围组织出现萎缩、变性、坏死等。

6. 诊断 急性病例生前诊断比较困难。慢性病例可根据典型症状和流行病学资料初步确诊。死后剖检在寄生部位发现虫体确诊。

7. 治疗 虫体寄生于大脑表面时，可采取外科手术的方法摘除。对急性病例可用吡喹酮和丙硫咪唑试治。吡喹酮，牛、羊每千克体重100～150mg，1次口服，连用3d为1个疗程；也可按每千克体重10～30mg，以1∶9的比例与液体石蜡混合，做臀部深层肌内注射，3d为1个疗程。

8. 防制措施 对牧羊犬和散养犬定期驱虫，排出的粪便发酵处理；对犬拴养，避免污染饲料和饮水；病羊的脑和脊髓及时无害化处理，防止犬等吃入。

（七）胃肠道线虫病

牛、羊胃肠道线虫病是由许多科、属的线虫寄生于牛、羊等反刍动物消化道内引起的寄生虫病。

1. 病原体

（1）血矛属线虫。常见的有捻转血矛线虫，虫体呈毛发状、淡红色、口囊内有一个矛状小齿。虫体长2～3cm，雄虫稍短。雌虫白色的卵巢缠绕于含血肠管呈红白相间的麻花状。此属线虫寄生于皱胃。

(2) 毛圆属线虫。是毛圆科中最小的线虫，虫体细小，一般不超过 7mm，呈淡红色或褐色。此属线虫主要寄生于反刍动物的小肠及皱胃。

(3) 奥斯特属线虫。也称棕色胃虫。主要寄生于反刍动物的皱胃和小肠。虫体长 10~12mm。

(4) 马歇尔属线虫。主要寄生于反刍动物的皱胃，偶见于十二指肠。其形态与奥斯特线虫相似。

(5) 食道口属线虫。我国常见的有辐射食道口线虫（寄生于牛结肠）、甘肃食道口线虫（寄生于羊结肠）。前部弯曲，雄虫长 14.5~16.5mm，雌虫长 18~22mm。

(6) 仰口属线虫。包括羊仰口线虫和牛仰口线虫。寄生于小肠。羊仰口线虫虫体呈乳白色或淡红色，口囊大，底部有一个大的背齿，牛仰口线虫口囊底部有两对齿。

(7) 毛尾属线虫。寄生于盲肠。虫体乳白色，前部细长呈毛发状，后部粗短，外形似鞭，又称为鞭虫。雄虫尾部弯曲有一根交合刺。

2. 发育史 牛、羊消化道线虫的发育过程基本相似，均属直接发育型。消化道线虫虫卵随粪便被排到外界，发育为感染性幼虫或感染性虫卵（毛尾线虫），牛、羊通过食入污染的牧草和饮水而感染（仰口线虫主要经皮肤感染），感染性虫卵在牛、羊的消化道内逐渐发育为成虫。

3. 流行病学 消化道线虫病在我国各地广泛分布。通常在比较潮湿的牧场放牧的牛、羊流行严重。一般在春、秋季节牛、羊易发生感染。

4. 症状 患病牛、羊表现高度营养不良，渐进性消瘦，贫血，可视黏膜苍白，下颌及腹下水肿，下痢、便秘。犊牛、羔羊发育受阻，死亡率高。

5. 病理变化 尸体消瘦、贫血、水肿；胃、肠黏膜发炎有出血点，肠内容物呈褐色或血红色；食道口线虫可引起肠壁结节；胃、肠道内发现大量虫体。

6. 诊断 应根据流行病学、临诊症状、粪便检查和剖检发现虫体进行综合诊断。粪便检查用漂浮法。只有发现大量虫卵才可确诊。

7. 治疗 左咪唑，牛、羊每千克体重 6~10mg，1 次口服，奶牛、乳羊休药期不得少于 3d；丙硫咪唑，牛、羊每千克体重 10~15mg，1 次口服；甲苯咪唑，牛、羊每千克体重 10~15mg，1 次口服；伊维菌素或阿维菌素，牛、羊每千克体重 0.2mg，1 次口服或皮下注射。对重症病例，应配合对症、支持疗法。

8. 防制措施 定期驱虫，一般在春、秋两季各进行 1 次驱虫。北方地区可在冬末、春初进行驱虫，可有效防止"春季高潮"。对驱虫后的粪便进行发酵处理。科学放牧，放牧牛、羊尽量避开潮湿地或进行轮牧。注意饲料、饮水卫生，合理补充精料、维生素、矿物质，增强机体抵抗力。

(八) 肺线虫病

牛、羊肺线虫病是由一些网尾科、原圆科的多种线虫寄生于牛、羊等反刍动物肺内引起的疾病。

1. 病原体

(1) 丝状网尾线虫。较大，呈细线状、乳白色，肠管好似一条黑线穿行体内。寄生于绵羊和山羊的支气管内，也可见于气管和细支气管。

(2) 胎生网尾线虫。形态与丝状网尾线虫相似，寄生于牛的气管和支气管。

(3) 毛样缪勒线虫。是分布最广的一种,寄生于羊的肺泡、细支气管、胸膜下结缔组织和肺实质中。

(4) 柯氏原圆线虫。为褐色纤细线虫,寄生于羊的细支气管和支气管。

2. 发育史 网尾肺线虫为直接发育型。成虫在寄生部位产卵,随牛、羊的咳嗽进入口腔被咽下,在消化道中孵出第一期幼虫并随粪便排出体外。在适宜条件下,发育为感染性幼虫,牛、羊吃草时食入感染性幼虫,幼虫在小肠中脱鞘发育为第四期幼虫,继而沿淋巴和血流经心脏到肺,发育为成虫。原圆线虫为间接发育型,中间宿主为陆地螺和蛞蝓。其他发育过程与网尾肺线虫相似。

3. 流行病学 丝状网尾线虫多见于潮湿地区,常呈地方性流行。主要危害羔羊,但成年羊比幼年羊感染率高,对犊牛危害较小。胎生网尾线虫在西北、西南许多地区广泛流行,是放牧牛群,尤其是牦牛春季死亡的主要原因之一。肺线虫的幼虫均耐低温、干燥,可在粪便中过冬。

4. 症状 群发性咳嗽,尤其是夜间和驱赶时更为明显。常咳出黏液团块,常从鼻孔排出黏液分泌物,在鼻孔周围结痂,经常打喷嚏,逐渐消瘦、贫血,呼吸困难。

5. 病理变化 尸体消瘦、贫血。网尾线虫病患畜肺膈叶后缘有大小不一的肝变区。肝变区的支气管中有脓性黏液、混有血丝的分泌物团块、缠绕的虫体。支气管扩张,管壁增厚,黏膜肿胀、充血、出血。周围有程度不同的肺膨胀不全和肺气肿。原圆线虫可引起灰黄色圆锥形小叶性肺炎,常见于膈叶背缘和后缘。局部肺胸膜可能发生纤维素性炎症。毛样缪勒线虫在膈叶和胸膜下引起结节病变,初红色后变为绿黄色,最后为灰白色。

6. 诊断 根据流行病学、临诊症状、粪便检查和剖检变化以及发现虫体进行综合诊断。粪便检查用幼虫分离法,检出第一期幼虫即可确诊。剖检发现虫体和相应病变即可确诊。

7. 治疗 左咪唑,每千克体重 $8\sim10mg$,1 次口服;丙硫咪唑,每千克体重 $10\sim15mg$,1 次口服;伊维菌素或阿维菌素,每千克体重 $0.2mg$,1 次口服或皮下注射。

8. 防制措施 定期驱虫。由放牧转为舍饲前进行 1 次驱虫,2 月初再进行 1 次驱虫。对驱虫后的粪便发酵处理;划区轮牧,成年畜和幼龄畜分群放牧。注意避开中间宿主,尽可能避免在雾天和早晚螺最活跃时放牧。

(九) 牛皮蝇蛆病

牛皮蝇蛆病是由牛皮蝇、纹皮蝇的三期幼虫寄生于牛背部皮下组织引起的疾病。

1. 病原体 主要有两种,其中牛皮蝇最多见。牛皮蝇外形似蜂,全身被有绒毛,成虫体长约 $15mm$。第三期幼虫体粗壮,颜色随虫体的成熟程度而呈现淡黄、黄褐及棕褐色。纹皮蝇的形态与牛皮蝇基本相似。但身体上有 4 条黑色纵纹,纹上无绒毛。

2. 发育史 两种皮蝇的发育基本相似,均属完全变态,经虫卵、幼虫、蛹和成虫 4 个阶段。牛皮蝇的成蝇多在夏季出现,雌、雄蝇交配后,雄蝇死亡。雌蝇在牛的四肢上部、腹部、乳房和体侧被毛上产卵。纹皮蝇产卵于球节、前胸、颈下皮肤等处。卵经 $4\sim7d$ 发育为第一期幼虫,第一期幼虫经毛囊钻入牛皮下,牛皮蝇的第一期幼虫沿外周神经的外膜组织移行到腰荐部椎管硬膜外的脂肪组织,蜕皮变成第二期幼虫,然后从椎间孔钻出移行至背部皮下蜕皮变成第三期幼虫。纹皮蝇的第一期幼虫沿疏松结缔组织向胸腹腔移行,在食道壁停留蜕皮变成第二期幼虫,然后再移行至背部皮下蜕皮变成第三期幼虫。第三期幼虫在皮下停留 $2\sim3$ 个月后,从皮肤上的小孔蹦出,落地钻入土壤经 $3\sim4d$ 化蛹。蛹期为 $1\sim2$ 个月,后羽化为成蝇。

3. 流行病学 本病主要流行于我国西北、东北及内蒙古地区。主要危害牧场上放牧的牛只，舍饲牛一般不受害。成蝇多在夏季晴朗炎热无风的白天出现。纹皮蝇出现于4～6月份，牛皮蝇出现于6～8月份。

4. 症状 成蝇飞翔季节，虽不叮咬牛只，但引起牛惊恐不安，踢蹶和狂奔。严重影响牛采食、休息，造成消瘦、外伤、流产，产乳量下降。幼虫钻入皮下时引起疼痛、皮肤瘙痒、不安，有时幼虫移行伤及延脑或大脑出现神经症状。

5. 病理变化 病牛消瘦。牛背部皮下形成多个肿瘤状凸起的包块。包块突起于皮肤表面，局部脱毛、质地坚硬。幼虫钻出局部形成孔眼，局部皮肤水肿、增厚，皮下出血和浆液性炎。如有感染，局部形成脓肿或化脓，甚至形成化脓性瘘管。

6. 诊断 根据临诊症状、流行特点和病理变化综合确诊。当幼虫寄生于背部皮下时易于诊断，最初可在背部摸到长圆形的硬结，过一段时间可看到隆起，中间有一个小孔，内有一条幼虫，即可确诊。

7. 治疗 伊维菌素或阿维菌素，每千克体重0.2mg，皮下注射；蝇毒灵，每千克体重10mg，肌内注射。2%敌百虫水溶液300mL，在牛背部皮肤涂擦。也可选用倍硫磷、皮蝇磷等。

8. 防制措施 在流行区感染季节对牛只体表喷洒敌百虫、蝇毒灵等，每10d用药1次，防止成蝇产卵或杀死第一期幼虫。

（十）羊狂蝇蛆病

羊狂蝇蛆病又称羊鼻蝇蛆病，是由羊鼻蝇的幼虫寄生于羊的鼻腔及附近的腔窦内引起的疾病。

1. 病原体 羊鼻蝇形如蜜蜂，呈淡灰色，略带金属光泽。头大呈黄色，胸部黄棕色，翅透明。腹部有褐色及银白色的斑点。第三期幼虫呈棕褐色，长约30mm，背面拱起，腹面扁平。

2. 发育史及习性 成蝇野居于自然界中，不营寄生生活，也不叮咬羊只。成蝇一般在夏季出现，雌、雄蝇交配后，雄蝇死亡。雌蝇生活到体内幼虫形成后，择晴朗无风的白天活动，寻找羊群，遇羊后突然冲向羊鼻孔，将幼虫产于鼻腔及鼻孔周围。刚产下的第一期幼虫爬入鼻腔，以口钩固着于鼻黏膜上，并逐渐向深部移行，在鼻腔、鼻窦、额窦及角窦内发育为第二期幼虫，再蜕皮发育为第三期幼虫。到第2年春天，发育成熟的第三期幼虫开始向鼻孔外侧移行。当患羊打喷嚏时，幼虫掸于地面，钻入土中变为蛹，1～2个月羽化为成蝇。

3. 流行病学 羊狂蝇蛆病主要危害绵羊，对山羊危害较轻。本病在我国西北、内蒙古、华北和东北等地区的羊只中多见。羊狂蝇活动于夏、秋季，尤以夏季为最多。

4. 症状 成蝇产幼虫时，羊群骚动、惊慌不安，相互拥挤，频频摇头、喷鼻，奔跑，低头，将鼻孔抵于地面或以鼻孔擦地，或将头藏于其他羊只的腹下，严重扰乱羊只的采食和休息。幼虫寄生时，羊表现呼吸困难，打喷嚏、摇头、摩擦鼻部，日渐消瘦，眼睑水肿、流泪。有的幼虫进入颅腔，引起神经症状。最后病羊衰竭而死。

5. 病理变化 在鼻腔、鼻窦、额窦内可发现羊狂蝇成熟幼虫。黏膜充血、出血、水肿、发炎甚至出现糜烂和溃疡。病羊鼻腔中有大量浆液性、黏液性或脓性鼻液，从鼻孔流出后形成硬痂。

6. 诊断 根据羊临诊症状、流行特点和病理学检查可做出确诊。生前早期去做确诊,可治疗性诊断。

7. 治疗 伊维菌素或阿维菌素,每千克体重0.2mg,口服或皮下注射,连用2～3次;氯氰碘柳胺钠,5%注射液按每千克体重5～10mg,皮下注射或肌内注射;5%混悬液,按每千克体重10mg,1次口服;敌百虫,3%水溶液,向两侧鼻腔内喷射,可杀灭鼻腔中的幼虫,效果很好,剂量为每侧7～10mL;或按每千克体重75mg,配成水溶液口服;或以5%溶液肌内注射。

8. 防制措施 北方地区可在11月份进行1～2次治疗,杀灭第一期和第二期幼虫,避免发育为第三期幼虫,以减少危害。

模块八

动物中毒病

单元一 中毒病概述

(一) 毒物与中毒

1. 毒物 毒物最早定义为"以很小的剂量内服或以任何方式应用于有机体,能损害健康或完全毁坏生命的任何物质"。现在认为,任何物质(固体、液体、气体)进入动物机体,干扰和破坏机体的正常生理机能,导致暂时或持久的病理过程,甚至危害生命者,都应该称为毒物。

以上这些毒物概念是相对的,有些引起中毒的物质原本不是毒物,只是进入机体的数量过大或途径错误,也可发生毒害作用。如作为动物三大营养素之一的蔗糖,食入过多会引起反刍动物的瘤胃酸中毒;食盐是畜禽日粮的必需添加剂,而添加过量可导致猪禽食盐中毒;眼镜蛇的毒液口服无毒,注射则可使动物迅速死亡。鉴于此,有学者把少量进入体内即可损伤机体的化学物质称为真正的毒物,而把那些需要较大的量或较高的浓度才能损害机体的物质,称为广义的毒物。

2. 中毒 中毒是由毒物引起的疾病的总称。毒物以其来源分为外源性毒物和内源性毒物两大类,在一定条件下,从自然环境进入机体的毒物称为外源性毒物,而在动物体内形成的毒物称为内源性毒物。故广义的中毒应包括内源性毒物和外源性毒物所引起动物机体的病理过程。

(二) 中毒的原因

畜禽中毒的原因有自然因素和人为因素两个方面,归纳起来一般有以下几种。

1. 饲料加工和贮存不当 在饲料调配、调制、加工过程中,由于方法不当或不注意卫生条件,从而产生某些有毒物质,如亚硝酸盐中毒、霉败饲草中毒等。有些原料需脱毒处理才能作为饲料,如未能进行有效的脱毒,或饲喂量较大均可造成中毒,如菜籽饼中毒、棉籽饼中毒及苜蓿草中毒等。有时饲料添加剂使用不当或过多亦会引发中毒。

2. 农药、毒鼠药及化肥的使用、保管和运输不当 多见于农药、化肥管理和使用粗放或农药对器具、饮水的污染,造成家畜有机会接触而误食、误饮;家畜采食或饲喂喷洒使用过农药而未过残毒期的农作物或牧草;也有将农药和化肥当作药物和添加剂使用不当所致中毒。此外,由于食物链的作用,误食某些农药中毒的动物尸体,也可造成食肉动物的中毒。

3. 草场退化、天气干旱、水源不足等生态环境恶化 一方面造成天然草场有毒植物超常生长和蔓延。另一方面,因牧草短缺,动物饥饿而采食有毒植物造成中毒。

4. 生物地球化学因素 某些地区土壤和水源中一些元素的含量过高,导致这些元素在饲料和牧草中的含量超过动物的耐受量而发生中毒。如慢性氟中毒、地方性钼中毒等。

5. 工业污染 工厂排出的"三废"(废水、废气、废渣)污染周围环境,特别是一些重金属污染物可长期残留在环境中,通过食物链系统进入人和动物体内产生毒害作用。如铅、镉、汞、砷等中毒。

6. 动物毒素 畜禽被蜜蜂、毒蛇螫咬后可引起蜂毒、蛇毒等动物毒素中毒，其中包括人工养蜂、养蝎、养蜈蚣所引起的中毒。

7. 人为投毒 罪犯或出于某种报复性目的投毒，对动物所用的毒物种类和投毒方式更是多种多样。

（三）中毒的诊断

1. 病史调查 病史调查包括询问病史和现场调查。首先，应详细了解病畜有无接触毒物的可能性，有可能摄入毒物或可疑饲料或饮水的时间、总量，同群饲喂、放牧而发病家畜的性别、年龄、体重及种类，发病数与死亡数，发病后的主要症状，以及已往病史与诊疗登记等情况。在初步了解病史的基础上，到厩舍、牧场、水源等发病现场，进行必要的现场针对性调查，以发现可能的毒源，如有毒植物、饲草料及饮水是否被毒物污染，加工或贮存是否得当等。从而可提出中毒病的怀疑诊断，指出涉嫌有关毒物线索或怀疑性毒物。

2. 临床检查 症状学检查对中毒病具有初步诊断的意义，尤其在那些表现有特征症状的中毒病中更显得重要。现将常见中毒病的症状与相关的中毒列举如下。

（1）黏膜发绀。常见于亚硝酸盐、一氧化碳、马铃薯素、菜籽饼、氨肥、尿素等中毒。

（2）腹痛。常见于黄曲霉毒素、铵盐、亚硝酸盐、氯酸盐、磷化锌、砷、铜、铅、汞、强酸和强碱、栎树叶、夹竹桃、杜鹃花属等中毒。

（3）贫血。常见于镉、铜、铅、羽衣甘蓝等中毒。

（4）厌食。常见于黄曲霉毒素、磷化锌、四氯化碳、铬酸盐、铅、汞、棉酚、氯化钠等中毒。

（5）腹泻。常见于四氯化碳、铬酸盐、氯酸盐、砷、镉、铅、钼、汞、亚硝酸盐、棉酚、栎树叶、蓖麻籽、马铃薯素等中毒。

（6）呕吐。常见于砷、镉、铅、钼、汞、磷、锌、安妥、硫黄、水杨酸盐、灭鼠灵、蓖麻籽、杜鹃花属、毒芹属、马铃薯素等中毒。

（7）流涎。常见于砷、铜、磷、氰化物、有机氯、有机磷、草酸盐、士的宁、氯化钠（猪）、毛茛属、毒芹属、杜鹃花属、马铃薯素等中毒。

（8）口渴。常见于铬酸盐、氯酸盐、砷、氯化钠（猪）等中毒。

（9）运动失调。常见于黄曲霉毒素、铵盐、亚硝酸盐、氯酸盐、磷化锌、砷、汞、钼、氯化钠（猪）、磷化锌、四氯化碳、棉酚、一氧化碳、巴比妥酸盐、氯丙嗪、烟碱、蕨、蓖麻籽、毛茛属、疯草、杜鹃花属及蛇毒等中毒。

（10）跛行。常见于氟、硒、灭鼠灵、三甲苯磷、麦角、牛尾草、羊茅属等中毒。

（11）肌肉震颤。常见于阿托品、煤油、有机氯、有机磷、亚硝酸盐、氯化钠（猪）、铅、钼、磷、士的宁、棉酚、紫杉属、毒芹属、蕨、蛇毒等中毒。

（12）痉挛与惊厥。常见于氯化钠（猪）、有机氯、有机磷、亚硝酸盐、草酸盐、酚、硫化氢、咖啡因、士的宁、安妥、紫杉属、麦角、串珠镰刀菌素（霉玉米）等中毒。

（13）麻痹。常见于有机磷、氰化物、烟碱、一氧化碳、铜、硒、三甲苯磷等中毒。

（14）昏迷。常见于氰化物、烟碱、一氧化碳、氯丙嗪、有机氯、有机磷、巴比妥酸盐、磷化锌、酚、硫化氢、乙二醇、低聚乙醛、烟碱、马铃薯素等中毒。

（15）抑郁和衰弱。常见于黄曲霉毒素、砷、铜、汞、四氯化碳、棉酚、煤油、亚硝酸盐、草酸盐、苯氧乙酸除莠剂、一氧化碳、乙二醇、氯丙嗪、烟碱、蕨、蓖麻籽、栎树叶、杜鹃花属及蛇毒等中毒。

(16) 呼吸困难。常见于铵盐、阿托品、一氧化碳、安妥、氰化物、硫化氢、铬酸盐、煤油、有机磷、草酸盐、硫黄、灭鼠灵、紫杉属、铁杉属等中毒。

(17) 黄疸。常见于黄曲霉毒素、砷、铜、磷、四氯化碳、酚噻嗪、狗舌草、羽扇豆等中毒。

(18) 血尿。常见于氯酸盐、铜、汞、灭鼠灵、雨衣甘蓝、毛茛属、栎树叶、油菜等中毒。

(19) 失明。常见于黄曲霉毒素、阿托品、铅、汞、砷、氯化钠（猪）、油菜、麦角、毛茛属、疯草等中毒。

(20) 感光过敏。常见于荞麦、苜蓿、金丝桃、猪屎豆、芸薹属、羽扇豆属、三叶草、酚噻嗪、蚜虫等中毒。

(21) 瞳孔散大。常见于阿托品、巴比妥酸盐、士的宁、铁杉属、毒芹属、蛇毒等中毒。

3. 病理学检查　中毒病的病理剖检和组织学检查，对中毒病的诊断有重要的价值，有些中毒病仅靠病理剖检就能提供确定诊断的依据。

(1) 皮肤和黏膜的色泽变化。亚硝酸盐中毒时，皮肤和黏膜均呈现暗紫色（发绀）；氢氰酸中毒或氰化物中毒时，黏膜为樱桃红色，皮肤则是桃红色；而硝基化合物中毒时黏膜却表现为黄色。

(2) 胃肠道变化。胃内可看到不同的食入性毒物，如栎树叶、黑斑病甘薯等有毒植物碎片；带苦杏仁味的氰化物，大蒜臭味的有机磷、磷化锌、砷化合物；有些毒物可使胃内容物发生着色变化，如磷化锌将内容物染成灰黑色，铜盐将内容物染成蓝色或灰绿色，二硝基甲酚和硝酸盐将内容物染成黄色；强酸、强碱、重金属盐类及斑蝥、芫花等可引起胃肠道的充血、出血、糜烂和炎症变化。

(3) 血液的变化。氰化物和一氧化碳中毒时，血液为鲜红色；亚硝酸盐中毒时血液为暗褐色；砷、氰化物及亚硝酸盐中毒时血液皆凝固不良；草木樨、敌鼠、灭鼠灵、华法令等中毒时，为全身广泛性出血变化等。

(4) 肝、肾变化。大多数中毒过程中，作为解毒器官的肝和毒物排出器官的肾，都会发生不同程度的一系列病理变化。如黄曲霉毒素、重金属、苯氧羧酸类除草剂及氨中毒时，肝肿大，有充血、出血和变性变化；栎树叶、氨、斑蝥等中毒时，肾出现炎症、肿胀、出血等病变。

(5) 肺和胸腔变化。安妥中毒时肺水肿和胸腔积液是特征性的病理变化；氨肥和尿素中毒时，呼吸道黏膜发生充血、出血变化，肺发生充血、出血和水肿；还有各种有毒气体（如二氧化硫、一氧化碳）、挥发性液体（如苯、四氯化碳）、液态气溶胶（如硫酸雾）吸入性中毒时均可表现有气管和肺的炎症性病变。

(6) 骨、牙等硬组织变化。慢性无机氟化物中毒时，牙齿为对称性斑釉齿、缺损变化，骨骼呈现白垩色、表面粗糙、骨赘增生、肋骨骨膜出血、增生等。

(7) 组织学观察。羊疯草中毒时，脑、肝、肾、脾、淋巴结和肾上腺等内分泌腺发生细胞空泡变性；牛黄曲霉毒素中毒，肝的损害是纤维化硬变、胆管上皮增生、胆囊扩张，最后形成广泛性硬变，在家禽还会形成肝癌结节；栎树叶中毒时，出现肾曲细管变性和坏死，管腔中有透明管型和颗粒管型,也有表现为肾小球性肾炎变化;猪食盐中毒时,出现典型的嗜伊红白细胞性脑膜炎变化。

4. 治疗性诊断　在以上初步诊断的基础上,及时采取试验性治疗,具有进一步验证诊断及获得早期防治效果的双重意义,可争取救治时间,减少中毒损失。与此同时,可采集样品进行实验室检查,为确诊提供理论依据。如怀疑或初步诊断为有机磷中毒时,在送检可疑材料的同时,进行试验性的有机磷特效解毒治疗,若出现症状减轻、病情缓解,则可验证初步诊断,并立即开展大群、全群防治。反之,则应纠正诊断,及时调整抢救方案。

治疗性诊断既适合于个别动物中毒,亦适宜于大群动物发病。只是个别动物中毒时,试验性治疗要从小剂量开始为宜;大群动物则应选部分病例为试验小组,在实施试验治疗和观察之后,才可作为全群防治措施再推广到大群动物中去。

5. 毒物分析　根据病史调查、中毒症状、剖检变化等综合分析,确定检测项目和方法,收集可疑检材和采集有关病理组织样品,如胃内容物、土壤、水、饲草料和可疑物质,有时还需采集血液、尿液、被毛和脏器组织等,及时送交有关实验室进行物理化学检验分析,必要时还需进行生物学方法的检查分析。

毒物分析一般分为定性分析和定量分析。定性分析结果必须和临床症状、病理剖检及病史相结合进行综合推理,以免误诊。如有些毒物虽被检出为阳性,但是并非真正致病原因,如氟、硒、铜及硝酸盐少量存在时并不能引起相应的中毒;而定性结果阴性也不能作出否定的结论,因为有些毒物可在体外检材中挥发、分解,或在体内经过代谢转化、排出而不被检出。定量分析结果,不仅可作为确诊中毒病的可靠依据,而且对判定预后有重要意义。如氨中毒时,血氨氮值在 20mg/L 以内者,则虽病情严重但仍可能治愈,而达到 50mg/L 以上者往往死亡。

6. 动物实验(人工复制病例)　动物实验是在试验条件下,采集可疑毒物或用初步提取物对相同动物或敏感动物进行人工复制与自然病例相同的疾病模型,通过对临床症状、病理变化的观察及相关指标的测定和毒物分析等,与自然中毒病例进行比较,为诊断提供重要依据。由于影响中毒的因素很多,动物个体对毒物的敏感性差异很大,有时复制动物模型不一定成功。因此,在动物实验过程中要尽可能控制条件,使实验结果真实、可靠。

复制动物模型,对一些尚无特异的检测方法,有毒成分尚不明确,难以提取或目前不能进行毒物分析的中毒病的诊断(如某些有毒植物中毒、霉菌毒素中毒等),具有很重要的不可取代的价值。

与此同时,通过对试验动物中毒的治疗试验,可为自然中毒的防治提供依据。

试验动物应选择与自然中毒相同的动物,复制模型要有生物统计学意义的动物数量,并设立相应的对照组,其结果才比较能够如实反映实际中毒的情况。也可以选用家兔、小鼠、大鼠、豚鼠等实验动物,其多用于毒物的毒性试验,如急性中毒试验、亚急性中毒试验、慢性中毒试验或致畸试验、致癌试验等。

(四)中毒的预防

1. 开展经常性调查研究　中毒性疾病的种类繁多,随着生产的发展,外界条件不断地变化,中毒性疾病更趋于复杂。因此必须从调查入手,切实掌握中毒性疾病的发生、发展动态及其规律,以便制订切实有效的防治方案并贯彻执行。

2. 各有关部门的大力协作　中毒性疾病的发生及其防治,同动物饲养管理、农业生产、植物保护、医疗卫生、毒物检验、工矿企业以及粮食仓库和加工厂等都有广泛的直接联系，况且许多中毒也是人、畜共患疾病，为了进行彻底的防治，必须统筹兼顾，分工协作，全面地采取有效措施。

3. 饲料饲草的无毒处理 对某些已变质的饲料和饲草进行必要的无毒处理，是预防畜禽中毒性疾病的重要手段。事实上霉稻草、黑斑病甘薯以及霉烂谷物与糟粕类饲料、饲草等，如不利用，则会造成经济上的浪费，必须设法研究切实可行的去毒处理方法。目前的方法有翻晒、拍打、切削、浸洗、漂洗、发酵、碱化、蒸煮、物理吸附以及添加氧化剂、硫酸镁、生石灰或与其他饲料搭配使用等。

4. 农药、杀鼠药和化肥的保管和使用 要加强农药、杀鼠药和化肥的组织管理，健全保管、运输、领取和使用制度，克服麻痹大意思想。对喷洒过农药的作物应作明显的标志，在有效期间严防畜禽偷食。装过农药的瓶子，污染农药的器械以及盛过农药的其他容器应收回统一处理，不可乱堆乱放。运输过农药和化肥的车、船，堆放过农药和化肥的房舍，必须彻底清扫，才能运输和贮存饲料。农药和化肥仓库应远离饲料仓库，避免污染。作为杀鼠的毒饵，应妥善放置，防止畜禽误食。

5. 宣传和普及有关中毒性疾病及其防治知识 发动群众进行检毒防毒活动是大牧场或地区性防治中毒性疾病的有效措施。加强公共环境卫生的研究，贯彻执行环境保护法规，及时处理工业"三废"（废水、废气、废渣）；加强高效低毒农药新产品的研制，限制或停止使用高毒性、残效期长的农药；防止滥用农药造成对饲料的污染。

6. 提高警惕，加强安全措施，坚决制止任何破坏事故的发生

（五）中毒的治疗原则

畜禽中毒性疾病，尤其是急性中毒，其发生和发展一般很快，应当抓紧时机尽早采取救治措施，切忌优柔寡断、拖延时日而造成不可弥补的损失。即使在不明确病因或毒物的情况下，也应在尽快作出诊断的同时，进行一般性排毒处理和支持对症治疗，目的在于保护及恢复重要器官的功能，维持机体的正常代谢状况，提高中毒动物的存活率。家畜中毒病的共同治疗原则为一般性急救措施、解毒与排毒治疗、对症与支持疗法。

1. 一般性急救措施 主要目的是除去毒源、防止毒物继续侵入和被动物机体吸收，以中断毒害过程，减轻中毒的进一步影响。可采取的急救措施有以下几种。

（1）除去毒源。立即停止采食和饮用一切可疑饲料、饮水，收集、清除甚至销毁可疑饲料、呕吐物、毒饵等，清洗、消毒饲饮用具、厩舍、场地；如怀疑为吸入或接触性中毒时，应迅速将动物撤离中毒现场。中毒病畜供给新鲜饮水和优质饲草饲料，保持吸入新鲜空气并保证安静舒适的环境，尽量营造有利于康复护理的条件。

（2）清除消化道毒物。可通过催吐、洗胃和泻下等措施，尽早、尽快地排除已进入胃肠道的毒物，以减少和阻止毒物的继续被吸收。

①催吐。适合于清除猪、犬、猫等动物的胃内容物，多选用中枢性催吐剂，如阿扑吗啡、吐根糖浆等，也可用吐酒石、硫酸铜等刺激性催吐药。

②洗胃。一般在毒物进入消化道4~6h者效果较好，牛的洗胃疗效比马属动物、猪和羊要好。在病因不明时，最好用清洁常水洗胃为宜，已明确毒物性质时，可选用针对性药液洗胃导胃。

③下泻。对不适合洗胃导胃的动物，或者毒物已下行肠道时，为加速毒物从胃肠道排

除，应采用轻泻药或缓泻药进行治疗。通常可采用盐类或石蜡油等泻剂，忌用强刺激性泻剂。

（3）阻止和延缓消化道对毒物的吸收。对已有腹泻症状或不宜急泻的病例，在导胃洗胃之后，或投服泻下药之前，内服吸附剂、粘浆剂或沉淀剂，以阻止毒物从肠道吸收入血。

①吸附剂。可选用活性炭或木炭末、白陶土、滑石粉等，能吸附胃肠中各种有毒物质，如砷、锑、铅、汞、磷、有机磷化合物、草酸盐、生物碱及发酵产物等。剂量为每千克体重3g为宜。

②粘浆剂。常用的有蛋清、牛乳、豆浆等，其附着于胃肠黏膜之上形成保护性被膜，既能防止毒物被胃肠黏膜吸收，又可保护消化道黏膜免受毒物的刺激性侵害。

③沉淀剂。主要为鞣酸、碘化钾、依地酸钙钠（EDTACa-Na）等药物，发挥沉淀或络合作用，使毒物形成不被吸收的大分子不溶性复合体，随粪便排出，从而延缓或阻止机体吸收毒物。

（4）清除体表的毒物。对于皮肤上的毒物，应及时用大量清水洗涤（忌用热水，以防加速吸收），必要时可剪去被毛以利彻底洗涤；对油溶性毒物的洗涤，可适当用酒精或肥皂水等有机溶剂快速局部擦洗，要边洗边用干物揩干，以防加速吸收。对于溅入眼内的毒物，立即用生理盐水或1%硼酸溶液充分冲洗，而后滴以抗菌眼药水、膏等，以防感染发炎。

2. 解毒与排毒治疗 如毒物已通过胃肠、呼吸道或皮肤黏膜等途径而被吸收入血，则应积极地采取解毒和排毒措施，以减少毒物在各组织、器官分布的总量，最大限度地降低其危害和影响。

（1）排毒途径。促使毒物通过肾过滤后随尿液排出；经肝随胆汁分泌至肠道，随粪便排出体外；也可通过放血直接随血排出。

①利尿。可使用速尿、双氢克尿塞等化学利尿剂，也可用甘露醇、山梨醇等高渗性利尿剂。利尿同时注意补充水和电解质，以防代谢失调。

②放血。对体壮病例和中毒初期病畜，可用颈静脉穿刺放血法，让部分血中毒物随血排出体外，其适合于治疗高铁血红蛋白血症、巴比妥类、水杨酸钠和一氧化碳中毒。放血后应及时补充营养，有条件时最好输以健康同种动物的新鲜血液。

③透析。适合于钾、钠、氯、钙、氨、尿素、苯丙胺、酚类、胍类及抗生素、磺胺类等小分子毒物中毒，常用于动物的透析疗法主要为腹膜透析法和结肠透析法，血液透析法因成本高而难以普及应用。

腹膜透析是将透析液注入腹腔，停留1h后再引出液体；接着再注入新配制的渗透液，再于1h后抽出，这样反复进行多次，以连续12h不间断为1个疗程。结肠透析则是将透析液灌入结肠中，每次注入后保留15~30min后导出。

④其他。主要用螯合剂类药物结合或提取组织中的毒物，使其无毒化或毒性降低，然后一并从体内排出。如硫酸铝和氧化铝等铝制剂，能使骨、牙等硬组织中的氟含量减少45%；青霉胺可提取组织或骨骼中的重金属残毒；苯巴比妥可加速排除体脂内的有机氯残毒。

（2）解毒治疗。通过物理、化学或生理拮抗作用，使已吸收的毒物灭活及排出的治疗措施。常根据毒物性质可采用以下解毒疗法。

①特效解毒剂的应用。虽属理想的解毒方法，但由于毒物多种多样，实际可用的特效解毒剂较少。

典型的特效解毒剂有：肟类化合物，如解磷定、双解磷、氯磷定、双复磷都可恢复胆碱酯酶的活性，从而解除有机磷化合物的中毒；阿托品与乙酰胆碱竞争受体，可用于治疗有机磷中毒；解氟灵（乙酰胺）可竞争性解除剧毒农药有机氟化合物的中毒；二巯基丙醇、二巯基丁二酸钠、二巯基丙磺酸钠及乙地酸钙钠、青霉胺等，可与组织中的重金属结合形成稳定无毒的络合物，再经肾排除，又称为"驱汞疗法"；小剂量的1%美蓝或甲苯胺蓝，通过其氧化还原作用，使高铁血红蛋白还原为血红蛋白，以此解除亚硝酸盐、苯胺、氯酸类等毒物中毒。

②非特效解毒剂的应用。即所谓一般性解毒，或广谱解毒药物疗法。对一些无特效解毒剂的中毒病、或不明毒物及未能确定诊断的中毒，可选用这一类解毒剂进行试探性治疗，其疗效虽不及特效解毒剂，却强于束手待毙，有时还能获得意想不到的疗效，同样达到解毒的目的。首选的通用解毒剂是硫代硫酸钠，其与多种毒物结合形成稳定的络合物，使毒物的毒性降低或消失，所形成的络合物最终可随尿液、胆汁排出体外；维生素C参与胶原蛋白和组织细胞间质的合成，并具有强还原性，也可用作通用解毒剂，对维持某些酶的巯基（—SH）于还原状态，Fe^{3+}生成Fe^{2+}，叶酸加氢还原为四氢叶酸有重要作用，使变性血红蛋白还原成氧合血红蛋白，还有抗氧化解毒功能；葡萄糖醛酸内酯（甘泰乐）能与肝中的芳香族碳氢化合物结合，变为无毒的葡萄糖醛酸结合物，经肾排出，故有解毒保肝作用；其他如硫酸亚铁、硫酸镁、氧化镁、碳酸氢钠等亦有结合金属和非金属毒物的作用。此外，传统中兽医学与民间所常用的甘草水、绿豆汤等也可用于此类解毒。

3. 对症与支持疗法 很多毒物至今尚无有效拮抗剂及特效的解毒疗法，抢救措施主要依赖于及时排除毒物及合理的支持与对症治疗，目的在于保护及恢复重要脏器的功能，维持机体的正常代谢过程。根据中毒病例表现的临床症状，选用相应的对症与支持治疗措施。

（1）预防和治疗惊厥。应用巴比妥类制剂，同时配合肌肉松弛剂（如氯丙嗪等）或安定剂，疗效要比单用巴比妥稳定安全。

（2）维持呼吸机能。可采用人工呼吸法或呼吸兴奋剂（尼可刹米或山根菜碱），同时注意清除分泌物，保证呼吸道畅通。

（3）维持体温。应随时注意体温的变化，并迅速用物理方法或药物纠正体温，以防体温过高或过低使机体对毒物的敏感性增加，或导致脱水，影响毒物的代谢率。

（4）治疗休克。可采取补充血容量，纠正酸中毒和给予血管扩张药物（如苯苄胺、异丙肾上腺素）。美国新药速补18有一定的预防和治疗作用。

（5）调节电解质和体液平衡。对腹泻、呕吐或食欲废绝的中毒动物，常静脉注射5%葡萄糖、生理盐水、复方氯化钠注射液等，脱水严重时要注意补钾（KCl）。

（6）维持心脏功能。可注射5%～10%葡萄糖溶液，配合安钠咖、维生素C等。

（7）缓解疼痛与镇静。适时给予镇静剂及止痛药物，如氯丙嗪、安乃近等。

单元二 动物常见中毒病

一、饲料中毒

（一）亚硝酸盐中毒

亚硝酸盐中毒是植物中的硝酸盐在体外或体内转化形成亚硝酸盐，进入血液后使血红蛋白氧化为高铁血红蛋白而失去携氧能力，引起以黏膜发绀、呼吸困难为临床特征的一种中毒性疾病。多种畜禽均可发生，常见于猪和反刍动物，俗称"猪饱潲病""烂菜叶中毒"等。

1. 病因

（1）蔬菜性饲料煮后焖放或腐败、霉变，是猪亚硝酸盐中毒的常见病因。据实验，1kg鲜青菜约含硝酸盐 0.1mg，焖放 5～6h 即有危险，12h 毒性最高；1kg 鲜青菜腐烂 6～8d 硝酸盐含量可达 340mg。1kg 甜菜含硝酸盐 0.04mg，煮后焖放可增至 25.7mg，达 500 倍。霉变食品中，亚硝胺的含量可增高 25～100 倍，而亚硝酸盐的毒性比硝酸盐大 6～10 倍。

（2）反刍兽摄入的硝酸盐超过其还原能力时，即可引起中毒。正常情况下，反刍兽瘤胃可将硝酸盐分步彻底还原为氨，使中间还原物亚硝酸盐不致蓄积，维持这种还原能力的平衡要受以下 3 个条件的制约。

①瘤胃内微生物群的状况。一定数量的含氢化酶和硝酸盐还原酶的微生物就能将硝酸盐定量地还原为亚硝酸盐，如琥珀酸弧菌、溶纤维丁酸弧菌等。

②供氢。糖类分解后生成的乳酸、琥珀酸、苹果酸、葡萄糖、甘油和甘露醇可提供氢的来源。故饲喂适量的糖类能降低亚硝酸盐的蓄积。

③瘤胃的 pH。饲料中糖类少时，瘤胃 pH 保持在 7 左右，能促进硝酸盐还原为亚硝酸盐，抑制亚硝酸盐还原为氨的过程，从而使亚硝酸盐蓄积；饲料中糖类多时，瘤胃 pH 下降，硝酸盐还原为亚硝酸盐的过程受抑制，却促进了亚硝酸盐还原为氨的过程，故不能使亚硝酸盐蓄积。

当动物营养不良、饥饿、瘤胃机能障碍，维生素 A、维生素 E 缺乏，饲料中糖类不足时，瘤胃的菌群失调、供氢不足、pH 升高，从而其还原能力失去平衡，亚硝酸盐蓄积，同时动物对亚硝酸盐中毒的耐受性也降低。

（3）误投药品。硝酸盐肥料、工业用硝酸盐（混凝土速凝剂）或硝酸盐药品等酷似食盐，被误投混入饲料或误食而中毒。

（4）饮水。经常饮入含过量硝酸盐的水。

（5）腌制食品。伴侣动物食入腌制不良的食品。

2. 临床症状 亚硝酸盐中毒多为急性中毒。猪一次食入大量含外源性生成的亚硝酸盐饲料后，多在 0.5h 内发病；牛、羊在食入硝酸盐或含硝酸盐饲料 5h 左右才出现中毒症状。

（1）猪急性中毒。初期表现沉郁，呆立不动，食欲废绝，轻度肌肉颤动，呕吐，流涎，呼吸、心跳加快；继而不安，转圈，呼吸困难，口吐白沫，体温低于正常，末梢发凉，黏膜发绀。严重中毒者，皮肤苍白，瞳孔散大，肌肉震颤，衰弱，卧地不起，有时呈阵发性抽搐，惊厥，最后窒息而死。

（2）牛急性中毒。表现精神沉郁，凝视，头下垂，步态蹒跚，呼吸急促，心跳加快，尿频，体温低于正常，可视黏膜发绀，流涎。瘤胃迟缓，轻度臌气，腹痛与腹泻。四肢无力，行走摇摆，至后肢麻痹，卧地不起，肌肉颤动，最后全身痉挛，虚脱而死。

（3）鸡表现不安或精神沉郁，食欲减少或废绝，嗉囊膨大。站立不稳，两翅下垂，口黏膜与冠、髯发绀，口内黏液增多。呼吸困难，体温正常，最后死于窒息。

（4）最急性中毒者常无前驱症状即突然死亡，且主要发生于猪。

（5）慢性中毒者表现的症状多种多样。牛的"低地流产"综合征，就是因摄入含高硝酸盐的杂草所致，其他动物也表现有流产、分娩无力、受胎率低等综合征。较低或中等量的硝酸盐还可引起维生素 A 缺乏症和甲状腺肿等。而畜禽虚弱，发育不良，增重缓慢，泌乳量少，慢性腹泻，步态强拘等则是多种动物常见的症状。

动物一次摄入大量的硝酸盐，可直接刺激消化道黏膜引起急性胃肠炎，表现为流涎，呕吐，腹泻及腹痛。

3. 病理变化 亚硝酸盐中毒的特征性病理变化是血液呈咖啡色或黑红色、酱油色，凝固不良。其他表现有皮肤苍白、发绀，胃肠道黏膜充血，全身血管扩张，肺充血、水肿，肝、肾瘀血，心外膜和心肌有出血斑点等。

一次性过量硝酸盐中毒胃肠黏膜充血、出血，胃黏膜容易脱落或有溃疡变化，肠管充气，肠系膜充血。

4. 诊断 亚硝酸盐急性中毒的潜伏期为 0.5～1h，3h 达到发病高峰，之后迅速减少，并不再有新病例出现。这一发病规律可结合病史调查，如饲料种类、质量、调制等资料，提出怀疑诊断。

根据可视黏膜发绀、呼吸困难、血液呈褐色、抽搐、痉挛等特征性临床症状，结合病理剖检实质脏器充血、浆膜出血、血色呈暗红色至酱油色变化等，即可作出初步诊断。

毒物分析及变性血红蛋白含量测定，有助本病的诊断。美蓝等特效解毒药进行抢救治疗，疗效显著时即可确诊。

急性硝酸盐中毒可根据急性胃肠炎与毒物检验作出诊断。

5. 治疗 特效解毒药为美蓝（亚甲蓝）和甲苯胺蓝，可迅速将高铁血红蛋白还原为正常血红蛋白而达解毒目的。美蓝是一种氧化还原剂，其在低浓度小剂量时为还原剂，先经体内还原型辅酶Ⅰ（NADPH）作用变成白色美蓝，再作为还原剂把高铁血红蛋白还原为正常血红蛋白。而在高浓度大剂量时，还原型辅酶Ⅰ不足以将其还原为白色美蓝，于是过多的美蓝则发挥氧化作用，反使正常血红蛋白变为高铁血红蛋白，加重亚硝酸盐中毒的症状，故治疗亚硝酸盐中毒时须严控美蓝剂量。美蓝的标准剂量，猪每千克体重为 1～2mg，反刍动物每千克体重为 8mg；使用浓度为 1%，配制时先用 10mL 酒精溶解 1g 美蓝，后加灭菌生理盐水至 100mL。用药途径为静脉注射或深部肌肉分点注射。

甲苯胺蓝可用于不同动物，剂量为每千克体重 5mg，配成 5% 溶液进行静脉注射或肌内注射。还可用硫堇、维生素 C 作为还原剂进行解毒治疗，前者以每千克体重 30mg 静脉注射；后者以 25% 浓度静脉注射，剂量分别为马、牛 40～100mL，猪、羊 10～15mL。

以上药物解毒治疗需重复进行，同时配合以催吐、下泻、促进胃肠蠕动和灌肠等排毒治疗措施，以及高渗葡萄糖输液治疗。对重症病畜还应采用强心、补液和兴奋中枢神经等支持疗法。

其他疗法简介如下。

（1）剪耳放血与泼冷水治疗，对轻症病畜有效。

（2）市售蓝墨水，以 40～60mL/头剂量给猪分点肌内注射，同时肌内注射安钠咖，在偏远乡村应急解毒抢救有一定疗效。

（3）家禽中毒时灌服 0.1% 高锰酸钾溶液 10～50mL，可减轻中毒症状。

（4）中药疗法，雄黄 30g，小苏打 45g，大蒜 60g，鸡蛋清 2 个、新鲜石灰水上清液 250mL，将大蒜捣碎，加雄黄、小苏打、鸡蛋清，再倒入石灰水，每日灌服两次。

急性硝酸盐中毒按急性胃肠炎治疗即可。

6. 预防 为防止饲用植物中硝酸盐蓄积，在收割前要控制无机氮肥的大量施用，可适当使用钼肥以促进植物氮代谢。青绿菜类饲料切忌堆积放置而发热变质，使亚硝酸盐含量增加，采取青贮方法或摊开敞放可减少亚硝酸盐含量。

提倡生料喂猪，试验证明除黄豆和甘薯外，多数饲料经煮熟后营养价值降低，尤其是几种维生素被破坏，且增加燃料费。若要熟喂，青饲料在烧煮时宜大火快煮，并及时出锅冷却后再饲喂，切忌小火焖煮或煮后焖放过夜饲喂。对已经生成过量亚硝酸盐的饲料，或弃之不用，或以每15kg猪潲加入化肥碳酸氢铵15～18g，可消除亚硝酸盐。牛、羊可能接触或不得不饲喂含硝酸盐较高饲料时，要保证含有适当糖类的饲料量，再加入四环素（每千克饲料添加30～40mg），以提高对亚硝酸盐的耐受性和减少硝酸盐变成亚硝酸盐的概率。

禁止饮用长期潴积污水、粪池与垃圾附近的积水和浅层井水，或浸泡过植物的池水与青贮饲料渗出液等，亦不得用这些水调制饲料。

（二）氢氰酸中毒

氢氰酸中毒是家畜采食富含氰苷的青饲料植物，在体内水解生成氢氰酸，引起以呼吸困难、震颤、惊厥为特征的中毒性疾病。本病主要见于牛和羊，马、猪和犬也可发生。

1. 病因与流行病学 本病主要是动物采食富含氰苷的植物所致。常见含氰苷的饲料植物有玉米和高粱幼苗、亚麻籽（包括亚麻饼）、豆类、木薯及蔷薇科植物（桃、李、梅、杏等）的叶和种子等。

动物接触无机氰化物（氰化钾、氰化钠、氰化钙）和有机氰化物（乙烯基腈等），如误饮冶金、电镀、化纤、染料、塑料等工业排放的废水，或误食或吸入氰化物农药等均可引起中毒。

猪、犬、马等单胃动物由于胃液可破坏转化水解氰苷为氢氰酸的酶类，因此易感性较低。反刍动物的瘤胃为氰苷的转化提供了适宜的环境，有利于微生物发酵和酶的作用，使得牛、羊易感性增高而多发氢氰酸中毒。长期饥饿、缺乏蛋白质时，可大大降低对氢氰酸的耐受性。

2. 临床症状 家畜严重中毒者在数分钟至2h内死亡，人食入过量的苦杏仁后多数在1～2h内出现症状，而动物大量食入木薯后一般0.5h即出现症状。

中毒病畜开始表现兴奋不安，站立不稳，全身肌肉震颤，呼吸急促，可视黏膜鲜红，静脉血液亦呈鲜红色。短时间内发生呼吸极度困难，心动过速，流涎，流泪，排粪，排尿，后肢麻痹而卧地不起，肌肉自发性收缩，甚至发展为全身性抽搐，出现前弓反张和角弓反张。后期全身极度衰弱，体温下降，眼球颤动，瞳孔散大，张口呼吸，终因呼吸麻痹而死亡。症状出现2h以上的动物大多可恢复。

3. 病理变化 剖检变化为早期血液鲜红色，凝固不良，尸体亦为鲜红色，尸僵缓慢，不易腐败。延迟死亡的慢性病例血液则为暗红色（这是由于中毒时间持续延长，呼吸中枢抑制阻止了血红蛋白与氧的结合所致），血凝缓慢。胃内容物有苦杏仁味，胃与小肠黏膜充血、出血，心内膜、心外膜下出血。气管内有泡沫状液体，肺充血水肿。实质器官变性。

4. 诊断 根据采食生氰植物的病史，发病突然且病程进展迅速，黏膜和静脉血鲜红、呼吸极度困难，神经肌肉症状明显，体温正常或偏低等，即可作出初步诊断。

氢氰酸定性与定量检验是确定诊断的依据。由于氢氰酸易挥发损失，故取样和检测应及时、尽快进行，一般采集可疑植物和瘤胃内容物、肝、肌肉等样品。肝和瘤胃内容物应在死后 4h 内采集，肌肉样品取样不超过 20h，所有样品必须密封，或浸泡在 1%～3%氯化汞溶液中送检。

检验结果分析，以氢氰酸含量在可疑饲料（植物）1kg 中超过 200mg，瘤胃内容物 1kg 中超过 10mg，肝 1kg 达 1.4mg 以上，肌肉浸液含 0.63mg/L 时即可确定为氢氰酸中毒。

用特效解毒药及时抢救，若疗效显著则可验证诊断。

另外，临床上应与以下疾病相鉴别。

（1）急性亚硝酸盐中毒。静脉血呈酱油色，因其为变性血红蛋白，经试管震荡酱油色不褪；氢氰酸中毒晚期虽静脉血也表现暗红色，但经试管震荡可恢复成氧合血红蛋白而变鲜红。

（2）硫化氢中毒。血液和组织的色泽变深，尸体发出硫化氢气味，全身广泛性出血为区别特征。

（3）尿素中毒。有剧烈的疝痛及感觉过敏症状，黏膜发绀，瘤胃内容物散发氨味，血氨氮值明显升高。

5. 治疗 病畜应尽早应用特效解毒药，同时配合以排毒与对症、支持疗法。首选亚硝酸钠或大剂量美蓝与硫代硫酸钠进行特效配伍解毒，亚硝酸钠按每千克体重 15～25mg 溶解于 5%葡萄糖溶液，配制成 1%的亚硝酸钠溶液静脉注射。也可静脉注射 1%～2%美蓝溶液，剂量为每千克体重 2～5mg。数分钟后，再静脉注射 25%硫代硫酸钠溶液，剂量为每千克体重 5～10mg。1h 后可重复应用一次。其作用原理是，亚硝酸钠或大剂量美蓝可使部分血红蛋白氧化成高铁血红蛋白，后者在体内达到一定浓度（20%～40%）时，即夺取与细胞色素氧化酶结合的氰基，生成高铁氰化血红蛋白，使细胞色素氧化酶的活力得以恢复；为防止高铁氰化血红蛋白又能释放出氰基而复发，再用硫代硫酸钠作为供硫体，在肝中经硫氰酸酶的催化下，使之转化为稳定的无毒的硫氰化物，经肾随尿排出体外。

对不同动物也可按下列处方比例混合一次静脉注射。牛：亚硝酸钠 3g、硫代硫酸钠 15g、蒸馏水 200mL。猪、羊：亚硝酸钠 1g、硫代硫酸钠 2.5g、蒸馏水 50mL。注射前须过滤消毒。

促进毒物排出与防止毒物吸收可选用或合用以下催吐、洗胃和口服中和剂、吸附剂的方法。

（1）猪、犬内服 1%硫酸铜或吐根酊 20～50mL 催吐后，再内服 10%亚硫酸铁 10～15mL。硫酸亚铁可与氰基生成低毒且不易吸收的普鲁士蓝，随粪排出体外。

（2）大家畜初期应及时用 0.5%高锰酸钾溶液或 3%双氧水洗胃，再内服 10%亚硫酸铁 80～100mL。

（3）口服活性炭阻止肠道对毒物的吸收，其剂量为猪、羊 15～50g，牛、马 250～500g。

中毒严重者配合对症和支持疗法，可根据循环系统与呼吸机能状态，进行兴奋呼吸（尼可刹米）、强心（樟脑、安钠咖）；注射升血压药（肾上腺素）可防治应用亚硝酸盐引起的低血压；静脉注射大剂量的葡萄糖溶液，还能在支持治疗的同时，使葡萄糖与氰离子结合生成低毒的腈类。

其他治疗经验与处方简介如下。

（1）α-酮戊二酸每千克体重 2g，用氢氧化钠调 pH 至 7.7；然后静脉注射。

（2）对二甲氨基苯酚（4-DMAP）每千克体重 10mg，配成 10%溶液进行静脉注射或肌内注射,可与硫代硫酸钠配伍应用。

(3) 牛口服或瘤胃内注入 30g 硫代硫酸钠,1h 后重复给药,可阻止胃肠内氢氰酸的吸收。

6. 预防 尽量限用或不用氢氰酸含量高的植物饲喂动物,不可避免时,可采取以下处理措施。

(1) 氰在 40~60℃时易分解为氢氰酸,其在酸性环境中易挥发,故对青菜、叶类可蒸煮后加醋以减少所含氰基。

(2) 薯、豆类饲料在饲用前,须用流水或池水浸渍、漂洗 1d 以上;或者边煮边搅拌至熟后利用,以使氰苷酶灭活、氢氰酸蒸发。

(3) 麻籽饼应粉碎后干喂,或者进行敞盖搅拌煮熟后现煮现喂,避免较长时间的浸泡软化使氢氰酸产生过多。

二、霉败饲料中毒

黄曲霉毒素中毒

黄曲霉毒素是黄曲霉的一系列代谢产物的总称,具有致癌作用。动物大剂量摄入黄曲霉毒素会发生急性肝病、失血症而死亡;长期摄入低剂量的黄曲霉毒素可引起体重下降、生产力降低、肝损伤和肝癌。牛摄入黄曲霉毒素后,由于分泌的乳汁中有黄曲霉毒素 M_1 和 M_2,直接危害人类的健康。动物对黄曲霉毒素的易感性由高到低依次为:小鸭>小鸡>小猪>犊牛>肥育猪>成年牛>绵羊。生产中动物的霉玉米中毒就是黄曲霉毒素中毒。

1. 病因 黄曲霉和寄生曲霉广泛存在于自然界,农田作物是它们寄生的适宜场所。花生、玉米、黄豆、棉籽、麦类、大米等植物种子及其副产品中,最容易分离到菌株。此类菌株最适宜繁殖的相对湿度为 80% 以上,温度为 24~30℃,在 2~5℃以下和 40~50℃以上即不能繁殖。黄曲霉毒素相对稳定,通常加热不易被破坏,黄曲霉毒素 B_1 可耐 200℃的高温,只有加热到 268~269℃才能分解。黄曲霉毒素对酸稳定,强酸也不能破坏,遇碱能迅速分解,但在酸性条件下又可恢复;但次氯酸钠、过氧化氢等可将其破坏。畜禽黄曲霉毒素中毒是由食用被黄曲霉和寄生曲霉污染的种子及其副产品的饲料所致。

2. 临床症状 黄曲霉毒素中毒分急性中毒和慢性中毒两种。

(1) 猪。常在采食发霉饲料后 5~15d 出现症状。猪急性中毒可在运动中突然发生死亡,或发病后 2d 内死亡。病猪表现为精神委顿,厌食,消瘦,后躯衰弱,走路蹒跚,黏膜苍白,体温正常,呼吸急促,心音节律不齐,心力衰竭,粪便干燥,直肠出血,严重时全身出现红斑,有时站立一隅或头抵墙下。慢性中毒则表现为精神委顿,走路僵硬。出现异嗜癖者,喜吃稀食和生青饲料,甚至啃食泥土、瓦砾,常离群独处,头低垂,拱背,卷腹,粪便干燥。有时也表现兴奋不安,冲跳,狂躁,体温正常,黏膜黄染而出现"黄膘病",有的病猪先鼻发红,后变蓝。黄疸,有时还出现痉挛。临床病理学变化为早期红细胞数明显减少,后期可减少到 30%~45%,凝血时间延长,白细胞总数增多。肝功能检查,急性病例转氨酶和凝血酶原活性升高,慢性病例碱性磷酸酶、谷草转氨酶和异柠檬酸脱氢酶活性升高。血清白蛋白、α-球蛋白及 β-球蛋白水平降低,γ-球蛋白水平正常或升高。

(2) 奶牛慢性中毒表现厌食,消瘦,精神委顿,一侧或两侧角膜混浊,尤其是犊牛。任何年龄的牛中毒时都出现腹水，间歇性腹泻。奶牛产乳量下降或停止，有时发生流产。少数病例呈现中枢神经兴奋症状，突然转圈运动，最后昏厥、死亡。

（3）雏鸡、雏鸭一般为急性中毒。雏鸡多发生于2～6周龄，食欲不振，生长缓慢，衰弱，贫血，鸡冠苍白，排血色粪便。雏鸭表现为厌食，脱毛，常打鸣，步态强拘，严重跛行，死亡时角弓反张，死亡率极高。成年鸭的耐受性比雏鸭强，急性中毒时与雏鸭相似；慢性中毒时症状不明显，主要表现为食欲减退，消瘦衰弱，贫血，恶病质。中毒病程长久者，可发生肝癌。

（4）犬急性中毒表现严重的胃肠功能紊乱，厌食或食欲废绝，消瘦，有时出现腹水，气管内出血，浆膜和肠系膜出血。慢性中毒者表现精神委顿，食欲减退，偶尔腹泻。随着病程的发展，肝损伤加重，黏膜和皮下组织出现明显黄疸。

（5）羊对黄曲霉毒素的抵抗力较强，一般为慢性中毒。绵羊对黄曲霉毒素的抵抗力较强。自然病例比较少见，在实验条件下，长期饲喂含黄曲霉毒素的花生饼粉（每千克体重含黄曲霉毒素1.77mg），会出现与猪慢性中毒相似的症状，并出现肝病和鼻癌。

（6）兔、小鼠、猫、雪貂、仓鼠等动物都对黄曲霉毒素比较敏感，症状和其他动物中毒时肝病的症状相似，严重时会导致死亡。

3. 诊断 根据病史和饲料样品的检查，结合临床症状（黄疸、出血、水肿、腹水、消化障碍及神经症状）和病理学变化（肝细胞变性、坏死或增生，脂肪肝，肝癌），进行综合分析。必要时进行黄曲霉毒素测定和病原菌分离。

4. 治疗 尚无特效解毒药，中毒动物应立即停喂霉败饲料，供给富含糖类的青饲料和高蛋白饲料，减少含脂肪丰富的饲料的供给。轻度中毒者可自行恢复。重度中毒时，用硫酸钠、人工盐等泻剂加速胃肠道毒物的排出。保肝和止血用20%～50%葡萄糖液、维生素C、葡萄糖酸钙或10%氯化钙溶液静脉注射。同时用强心剂防止心衰。为了防止继发感染，可用抗生素，但切忌使用磺胺药。

5. 预防 本病没有特效解毒药，所以预防对该病来说显得尤为重要，主要包括以下几个方面。

（1）防止饲草料霉变。饲草、玉米、花生等收获时必须充分晒干，种子或油饼切勿放置阴暗潮湿处而致其发霉。已被污染的，可将门窗密闭，采用福尔马林、高锰酸钾水溶液熏蒸（每立方米空间用福尔马林25mL、高锰酸钾25g、水12.5mL的混合液）或过氧乙酸喷雾（每立方米空间用5%溶液2.5mL）可以防霉。在存放饲料湿度比较大的地区或场所，可在1t饲料中添加丙酸钠、丙酸钙1～2kg，一般可存放2个月左右而不发霉。

（2）霉饲料的消毒。如发现饲料发霉，可用水洗法、化学法、物理法和微生物法去毒。水洗法就是将饲料粉碎，用无污染的清水浸泡漂洗数次，直至浸泡的水无色即可。化学法是在碱性条件下，使黄曲霉毒素结构中的内酯环破坏，形成香豆素钠盐，再用水冲洗可除去毒素，具体方法是用石灰水（6.5%）浸泡霉败饲料4h，再用清水漂洗，风干后可以食用；也可用12.5g/kg（以体重计）氨水饲料，在密闭容器中处理4d，饲喂前使余气挥发，去毒效果可达90%以上。在饲料中加入活性炭、白陶土、高岭土、沸石等，可以阻止胃肠对毒素的吸收，研究发现，在鸡和猪饲料中添加0.5%的沸石不仅可以去毒，还可促进生长发育。用无根根霉、米根霉、橙色杆菌处理，对除去种子黄曲霉毒素有良好效果。即使用上述方法处理，但仍需与其他无污染的饲料配合使用。

（3）定期监测饲料。已有许多国家制定了饲料黄曲霉毒素标准允许量。对所用饲料进行定期检测，尤其是存放于相对湿度比较高的地区和场所的动物饲料。我国的黄曲霉毒素 B_1 标准见表 8-1。

表 8-1　我国和欧盟饲料黄曲霉毒素 B_1 的允许量

（单位：每千克体重含的毫克数）

饲料种类	最大允许量
玉米	0.05
花生饼	0.05
肉仔鸡配合料	0.01
产蛋鸡配合料	0.01
生长鸡配合料	0.02
育成猪混合料	0.02
成年牛和绵羊精料补充料	0.01

三、农药中毒

（一）有机磷农药中毒

有机磷农药中毒是由于有机磷化合物进入动物体内，抑制胆碱酯酶的活性，导致乙酰胆碱大量积聚，引起以流涎、腹泻和肌肉痉挛等为特征的中毒性疾病。

1. 分类　目前我国生产使用的有机磷农药已有数十种之多，根据大鼠经口的急性半数致死量（LD_{50}）可分为以下 4 类。

（1）剧毒类（$LD_{50}<10mg/kg$）。如甲拌磷（3911）、丙氟磷（DFP）、毒鼠磷、苏化 203（治螟磷）、特普、内吸磷（1059）等。

（2）高毒类（LD_{50} 为 10～100mg/kg）。如氧乐果、敌敌畏、速灭磷（磷君）、马拉氧磷、水胺硫磷（羟氨磷）、稻瘟净、保棉丰（亚砜）、谷硫磷（保棉磷）、杀扑磷、乙硫磷（1240）等。

（3）中毒类（LD_{50} 为 100～1 000mg/kg）。如乐果、敌百虫、乙酰甲胺磷（高灭磷）、除草磷、除线磷、二嗪农（地亚农）、倍硫磷、杀螟松、稻丰散（甲基乙酯磷）等。

（4）低毒类（LD_{50} 为 1 000～5 000mg/kg）。如马拉硫磷（4049）、辛硫磷、氯硫磷、四硫特普、独效磷、矮形磷等。

2. 病因　有机磷化合物主要用于农作物杀虫剂、环卫灭蝇及动物驱虫，在保管不当、应用不慎或造成环境、饲料及水源污染时，易引起动物中毒。常见的原因有以下几种。

（1）家畜饲养管理粗放。家畜采食、误食或偷食喷洒过农药不久的农作物、牧草、蔬菜类，或拌、浸有农药的种子。

（2）管理与使用不当。如在运输和保管过程中，有破损包装漏出农药污染地面，甚或污染饲料和饮水。在同一库房贮存农药和饲料，或在饲料库中配制农药或拌种，造成农药污染饲料。

（3）饮水或饮水器具被有机磷农药污染。如在水源上风处或在池塘、水槽、涝池等饮水处配制农药，洗涤有机磷农药盛装器具和工作服等。农药厂排放废水可使局部地表水受到较严重的污染，使鱼类和其他水生动物中毒死亡。

（4）农业、林业、及环境卫生防疫工作中喷雾或农药厂生产的有机磷杀虫剂废气可污染局部或较远距离的环境空气，畜禽吸入挥发的气体或雾滴可致中毒。

（5）有些有机磷化合物作为兽药防治家畜疾病所致中毒。如治疗马属动物肠阻塞时应用敌百虫过量引起中毒；滥用或过量应用敌百虫、乐果治疗皮肤病、内寄生虫病与外寄生虫病而引起的中毒等。

（6）有时发生人为的蓄意投毒，造成动物中毒。

3. 临床症状 有机磷农药的安全范围很窄，急性中毒发生于口服或吸入农药 10min 至 2h 内，且病情发展迅速。经体表吸收者则需较长时间的潜伏期，病情较轻且缓慢。中毒症状因有机磷制剂的种类、毒性、摄入量及动物品种、年龄等不同而有一定差异。临床根据病情程度可分为以下 3 种。

（1）轻度中毒。病畜精神沉郁或不安，食欲减退或废绝，猪、犬等单胃动物恶心呕吐，牛、羊等反刍动物反刍停止，流涎，微出汗，肠音亢进，粪便稀薄。全血胆碱酯酶活力为正常的 70% 左右。

（2）中度中毒。除上述症状更为严重外，表现瞳孔明显缩小，腹痛，腹泻，骨骼肌纤维震颤，严重时全身抽搐、痉挛，继而发展为肢体麻痹，最后因呼吸肌麻痹而窒息死亡。

（3）重度中毒。主要以中枢神经症状为主，表现体温升高，全身震颤、抽搐，大小便失禁，继而突然倒地、四肢作游泳状划动，随后瞳孔缩小，心动过速，很快死亡。

牛主要以毒蕈碱样症状为主，表现不安，流涎，鼻液增多，反刍停止，粪便往往带血，并逐渐变稀，甚至出现水泻。肌肉痉挛，眼球震颤，结膜发绀，瞳孔缩小，不时磨牙，呻吟。呼吸困难或迫促，听诊肺部有广泛性湿啰音。心跳加快，脉搏增数，肢端发凉，体表出冷汗。最后因呼吸肌麻痹而窒息死亡。怀孕牛流产。血液检查，红细胞数在生理值的最低值，并出现红细胞大小不均和异型红细胞症，嗜酸性粒细胞明显减少，大淋巴细胞减少并含有嗜碱性颗粒。

羊病初表现神经兴奋，病羊奔腾跳跃，狂暴不安，其余症状与病牛基本一致。

猪烟碱样症状明显，表现肌肉发抖，眼球震颤，流涎。进而行走不稳，身躯摇摆，不能站立，病猪侧卧或伏卧。呼吸困难或迫促，部分病例可遗留失明和麻痹后遗症。

鸡病初表现不安，流泪，流涎。继而食欲废绝，下痢带血，常发生嗉囊积食，全身痉挛逐渐加重，最后不能行走而卧地不起，麻痹，昏迷而死亡。

4. 病程及预后 病程的长短以数小时至数天不等，与接触农药的次数、摄入量及救治时机有关。一般在发病后 12h，病情不再恶化加重并继续耐过 24h 者，多预后良好，但至完全康复则需要一周左右。若病情继续恶化，虽救治而无显效者，则预后不良。严重病例痊愈后可留下视力障碍、后躯麻痹等后遗症。

5. 诊断 有机磷农药中毒的诊断必须根据病史、临床症状、病理变化和实验室检验综合分析。诊断要点包括以下几点。

（1）动物在 48h 内有接触有机磷农药的病史。

（2）病畜表现以胆碱能神经持续兴奋为主的临床症状，如肌纤维震颤、痉挛，瞳孔缩小，流涎，腹痛，腹泻，肠音增强，呼吸困难，肺水肿等。

(3) 病畜呼出气体、呼吸道分泌物和胃内容物有大蒜臭味。

(4) 测定全血和脑组织胆碱酯酶活性可提供重要的辅助诊断指标。全血胆碱酯酶活性为正常的50%～70%为轻度中毒,30%～50%为中度中毒,低于30%为重度中毒。

(5) 对可疑饲料、饮水、胃内容物、呕吐物、尿液、被污染皮肤洗提液等进行有机磷的定性和定量检验,可为确诊本病提供依据。

(6) 通过阿托品和解磷定进行的治疗试验,可验证诊断。静脉注射一般治疗量的硫酸阿托品,10h后观察,如病畜发生口干,瞳孔散大,心率加快等"阿托品化"现象时,即可否定有机磷中毒。反之,如出现心跳由快变缓,其他毒蕈碱样症状亦有所减轻时,则可确认为有机磷中毒。静脉注射治疗量的解磷定后,病情出现明显好转,症状减轻时,可确定为有机磷中毒。

6. 治疗 病畜应立即停止饲喂可疑饲料和饮水,让其迅速脱离污染环境,并积极采取以下抢救措施。

(1) 清除毒物和防止毒物继续吸收。

①清洗皮肤和被毛。如果是经皮肤用药或受农药污染体表时,可用微温水或凉水、淡中性皂水清洗局部或全身皮肤,但不能刷拭皮肤。

②洗胃和催吐。如果经口接触,时间小于2h,可用催吐疗法,猪、犬可用0.01%～0.05%的硫酸铜溶液50mL催吐,如果动物呈抑制状态,禁用催吐疗法。硫特普、八甲磷、二嗪农、敌百虫毒用1%醋酸或食醋等酸性溶液洗胃,其他有机磷可用2%的碳酸钠、0.2%～0.5%高锰酸钾或生理盐水、1%过氧化氢液洗胃。

③缓泻与吸附。可灌服硫酸镁、硫酸钠或人工盐等盐类泻剂轻泻胃肠内容物,用量以大家畜150～250g,猪30～50g为宜。灌服活性炭(每千克体重3～6mg)可吸附有机磷,并促进其从粪便中排出,由于动物从瘤胃内容物中可持续吸收有机磷,因此活性炭对反刍动物效果甚佳。注意禁用油泻剂,其可加速有机磷溶解而被肠道吸收。

(2) 特效解毒剂。有机磷中毒的特效解毒剂包括生理拮抗剂和胆碱酯酶复活剂两类,二者合用则疗效更好。

①阿托品。牛首次每千克体重0.15～0.5mg,猪、羊一次总量5～10mg,鸡每30只1mg,首次静脉注射,经0.5h后不出现瞳孔散大、口干、皮肤干燥、心率加快、肺湿啰音消失等"阿托品化"症状时,应重复用药,给药途径可改为皮下注射或肌内注射,直至出现明显的"阿托品化"表现后,则减少用药次数和剂量,以巩固疗效。当症状不再反复,经观察10h左右病情仍无恶化者,方可考虑停药。在治疗过程中,如出现瞳孔散大、神志模糊、烦躁不安、抽搐、昏迷和尿潴留等,提示阿托品中毒,应立即停药。

②解磷定、氯磷定、双复磷和双解磷等。

a. 解磷定和氯磷定:对内吸磷、对硫磷、甲胺磷、甲拌磷等中毒的疗效好,对敌百虫、敌敌畏等中毒疗效差,对乐果和马拉硫磷中毒疗效可疑。

解磷定静脉注射,剂量为每千克体重20～40mg,加入到10%的葡萄糖溶液中,或用生理盐水配成5%的溶液,缓慢注射,若同时配以适当减量的阿托品则疗效更佳。因解磷定在体内分解与排泄较快,故必须每隔2h注射一次,才能巩固疗效,待症状缓解后可减少用量或停药。

氯磷定静脉注射或肌内注射,用量同解磷定。氯磷定和解磷定在碱性溶液中易水解为剧毒的氰化物，故二者忌与碱性药物配伍应用。

b. 双复磷：对敌敌畏和敌百虫中毒效果较解磷定好。对慢性胆碱酯酶抑制的疗效不理想。对胆碱酯酶疗效不好的病畜，应以阿托品治疗为主或二者合用。

c. 双解磷：对胆碱酯酶的复活作用较解磷定强3.5~6倍，水溶性更高，可配成5%溶液肌内注射或用葡萄糖生理盐水溶解后静脉注射，剂量为解磷定的一半。

d. 双复磷：对缓解毒蕈碱样、烟碱样及中枢神经症状都较好，水溶性亦高，可肌内注射或静脉注射，副作用小，剂量同双解磷。

(3) 对症治疗。有机磷农药中毒的主要死亡原因是肺水肿、呼吸肌麻痹、呼吸中枢衰竭、休克、脑水肿和心脏损伤，在应用特效解毒剂的同时，配合以对症和辅助治疗，有利于病情的稳定和疾病的恢复。常用的对症治疗措施有以下几种。

①输液疗法。常用高渗葡萄糖加维生素C静脉注射，可加强肝解毒机能和改善肺水肿状况。中毒初期，或严重腹泻脱水时，用大量等渗葡萄糖生理盐水缓慢静脉注射，既可稀释毒物使其有利于排出，又可保持水盐代谢平衡，如已发生肺水肿时则须慎用。

②镇静解痉。当病畜狂暴不安、痉挛抽搐时，应用苯巴比妥类镇静解痉药物，但禁用吗啡、氯丙嗪等安定药，因前者可造成呼吸麻痹，而后者会加重胆碱酯酶的抑制。

③强心和兴奋呼吸。为了维护心脏功能和防治呼吸困难，应用10%安钠咖注射液、25%尼可刹米、樟脑磺酸钠或山梗菜碱，但禁用洋地黄、肾上腺素。

④防治肺水肿。若出现肺水肿症状，可应用地塞米松等肾上腺皮质激素治疗，亦可用高渗葡糖、山梨醇或甘露醇等。

⑤其他治疗。为防止继发肺炎，可配合抗生素治疗。有条件的可应用输血疗法和输氧疗法。

7. 预防 为防止动物有机磷农药中毒，应采取以下措施。

(1) 认真执行《剧毒农药安全使用规程》，妥善保管和使用有机磷农药。

(2) 喷洒过有机磷农药的田地，7d内不让畜禽进入。喷洒过有机磷的青草，1个月内禁止畜禽采食。

(3) 严格按《兽医药典》规定应用有机磷杀虫剂治疗有关疾病，不得滥用或过量使用。动物经口服用有机磷杀虫剂之前，要先供给充足的清洁饮水。

(4) 加强农药厂废水的处理和综合利用，对环境进行定期检测，以便有效地控制有机磷化合物对环境的污染。

(二) 有机氟化合物中毒

有机氟化合物中毒是有机氟化合物进入机体后，通过"渗入作用"干扰三羧酸循环，引起的一种中毒性疾病，临床上以抽搐、惊厥和心律失常等为主要症状。各种动物均可发病，常见于犬和猫。

有机氟化合物是高效、剧毒、内吸性杀虫剂与杀鼠剂，是生产中应用最为广泛的农药之一。目前常用的有机氟制剂有N-甲基-N-萘基氟乙酸盐、氟乙酰苯胺和氟乙酸等。此外，南非和西非一些地区的野生植物也含有氟乙酸和简单的衍生物，当地人叫"gifblaar"（毒汁），可使绵羊发生同样的中毒。

1. 病因 有机氟化合物主要经消化道进入机体，亦可经破损的皮肤和呼吸道进入动物体内。畜禽常因误食毒饵或误食、误饮被有机氟制剂处理或污染的植物、饲料或饮水而引起中毒。肉食动物和禽类因采食被有机氟毒死的动物尸体，也可造成间接中毒死亡。例如在1975年，甘肃省某县一个生产队的家畜，因氟乙酸中毒全部死亡后，用病畜尸体饲喂的十几条犬相继在短期内发病死亡。内蒙古某县曾经连续使用氟乙酰胺大面积草原灭鼠，引起了每年6 000多只猪中毒死亡。与此同时，鼠类的天敌猫、猫头鹰、犬、黄鼠狼、狐狸等因吃鼠尸而几乎全被毒死。

2. 临床症状 有机氟化物进入机体后，需经活化、渗透、假合成等过程，因此动物摄入毒物后经过一定的潜伏期才出现临床症状，一般马的潜伏期为0.5～2h，牛、羊更长。动物一旦出现症状，病情发展很快。临床上主要表现中枢神经系统和心血管系统损害的症状，因动物品种不同，症状有一定的差异。

牛、羊主要表现心血管症状，有急性与慢性两种。急性型又称为突然发病型，无前驱症状，摄入农药后9～18h，突然倒地，剧烈抽搐，惊厥或角弓反张，迅速死亡。有的病例虽可暂时恢复，但心动过速，心律不齐，卧地颤抖，迅速复发，口吐白沫死亡。慢性型又称潜伏发病型，一般在摄入毒物5～7d后发病，初期食欲不振，反刍废绝，离群或单独倚墙而立或卧地，肘肌震颤，有时轻微腹痛，个别病畜排恶臭稀粪，心率加快（60～120次/min），节律不齐，缩期杂音，心房纤颤。有的在静卧中死去，有的则可康复。有些病例在中毒次日，表现精神沉郁，食欲、反刍减少，经3～5d，因外界刺激或无明显外因而突然发作惊恐，全身震颤，吼叫，狂奔，呼吸急促，头颈伸直或屈曲于胸部，持续3～6min后逐渐缓解，但又可重复发作，往往在抽搐中，因呼吸抑制、循环衰竭而死亡。死前四肢痉挛，角弓反张，口吐白沫，瞳孔散大，呻吟。在整个病程中，体温正常或低于正常。

猪在摄入毒物后数小时发作，初期狂奔乱冲，不避障碍，或跳高转圈，继而卧地痉挛、抽搐，尖声吼叫，流涎，呕吐，呼吸急促，心动过速，瞳孔散大，很快死亡。

犬、猫直接摄入有机氟化合物30min后出现症状，吞食鼠尸或其他动物尸体4～10h后发作，表现兴奋，狂奔，嚎叫，喜往暗处钻，心动过速，强直性痉挛。排粪排尿频繁，猫有时出现心室纤维性颤动。后期对外界刺激反应迟钝，呼吸困难，在症状出现后数小时因循环和呼吸衰竭而死亡。

马主要表现精神沉郁，黏膜发绀，呼吸急促，心率加快（80～140次/min），心律失常，肢端发凉，肌肉震颤。有时表现轻度腹痛，最后惊恐，鸣叫，倒地抽搐，很快死亡。

3. 病理变化 常无特征性剖检变化，一般尸僵迅速，心脏扩张，心肌变性，心内外膜有出血。肝、肾瘀血，肿胀。有些病例可见卡他性或出血性胃肠炎，黏膜脱落。组织学检查显示脑水肿和血管周围淋巴细胞浸润。有些动物胃内可发现有鼠尸残骸。

4. 病程与预后 本病除牛、羊有慢性型外，其余动物大多为急性经过，其中犬、猫病程最短，一般数分钟至数十分钟。猪次之，病程在数小时至24h以内。预后与病程有关，病程越短则预后越差，最急性的往往来不及救治即死亡。牛、羊慢性中毒时，如抢救及时，预后一般良好，有些病例有可能自愈。

5. 诊断 根据接触有机氟农药的病史，结合病畜神经兴奋、心律失常等主要临床症状，可作出初步诊断。确诊需测定血液柠檬酸含量和对可疑样品进行毒物分析。

（1）血液生化测定。主要测定血液中氟、柠檬酸和血糖含量。有机氟化合物中毒时血糖、氟和柠檬酸含量明显升高。

（2）毒物分析。取可疑饲料、饮水、呕吐物或胃内容物进行有机氟化合物的定性和定量分析，阳性结果为确诊提供依据。

另外，本病与有机磷、有机氯和士的宁中毒及急性胃肠炎等症状相似，应进行鉴别诊断。

6. 治疗 对病畜应及时采取清除毒物和应用特效解毒药相结合的治疗方法。

（1）清除毒物。及时通过催吐、洗胃、缓泻以减少毒物的吸收。犬、猫和猪使用硫酸铜催吐，牛可用0.05%~0.1%高锰酸钾洗胃，其他动物则用硫酸钠、石蜡油下泻治疗。经皮肤染毒者，尽快用温水彻底清洗。

（2）特效解毒。

①解氟灵（50%乙酰胺），每天的用药剂量为每千克体重0.1g，肌内注射，首次用药量为每日量的1/2，每天3~4次，连续3~4d，至抽搐症状完全消失为止。再出现抽搐，可重复给药。

②乙二醇乙酸酯，又名醋精，100mL溶于500mL水中口服，也可按每千克体重0.125mL肌内注射。

③95%酒精100~200mL，加适量常水，1次/d口服，或用5%乙醇和5%醋酸，按每千克体重2mL口服。

（3）对症治疗。

①解除肌肉痉挛。因有机氟中毒常出现血钙降低，故可用葡萄糖酸钙或柠檬酸钙静脉注射。

②镇静。用巴比妥、水合氯醛口服或氯丙嗪肌内注射。

③兴奋呼吸。可用山梗菜碱（洛贝林）、尼可刹米、可拉明解除呼吸抑制。

④利尿消肿。用20%甘露醇或5%山梨醇溶液，亦可用50%高渗葡萄糖溶液静脉注射，以控制脑水肿。

⑤纠正酸中毒。静脉注射5%碳酸氢钠或11.2%乳酸钠溶液，还可同时改善心肌收缩能力，减轻血压过高反应。

⑥使用辅助解毒剂。应用三磷酸腺苷、辅酶A、细胞色素A及B族维生素，效果更好。

7. 预防

（1）严加管理剧毒有机氟农药的生产、经销、保管和使用。

（2）喷洒过有机氟化合物的农作物，从施药到收割期必须经60d以上的残毒排除时间，方可作饲料用，禁止饲喂刚喷洒过农药的植物叶、瓜果以及被污染的饲草饲料。

（3）有机氟化合物中毒死亡的动物尸体应该深埋，以防其他动物食入。

（4）已发生中毒或有中毒可疑的家畜，暂停使役，应加强饲养管理，同时普遍内服绿豆浆解毒。

四、灭鼠药中毒

（一）灭鼠灵中毒

灭鼠灵（又称华法令）中毒是动物摄入灭鼠灵而引起的一种中毒性疾病，临床上以广泛性致死性出血为特征。

1. 病因 灭鼠灵属抗凝血杀鼠药，由4-羟基香豆素和苯丙酮缩合而成，化学名为3-

(a-乙酰甲基苄基)4-羟基香豆素。纯品是白色粉末，无味，难溶于水，熔点为159~161℃，不易使鼠惊恐。一般以0.025%~0.05%的浓度作成毒饵，多次投放。动物误食灭鼠毒饵发生中毒，或吞食被抗凝血毒鼠药毒死的鼠类而造成的二次中毒（犬、猫、猪）。华法令作为抗凝血药物，临床应用时用量过大、疗程过长，或配伍保泰松等能增强其毒性的药物，则可引起马、犬和猫中毒。

2. 临床症状　急性中毒可因发生脑、心包腔、纵隔或胸腔内出血，无前驱症状而很快死亡。

亚急性中毒者主要表现吐血、便血和鼻衄，广泛性皮下血肿，特别在易受创伤的部位。有时可见巩膜、结膜和眼内出血。偶尔可见四肢关节内出血而外观肿胀和僵硬。可视黏膜苍白，心律失常，呼吸困难，步态蹒跚，卧地不起。脑脊髓以及硬膜下腔或蛛网膜下腔出血时，则出现痉挛、轻瘫、共济失调而很快死亡。反刍兽对灭鼠灵耐受性较大，但可引起流产。

临床病理学显示血浆内凝血酶原、凝血因子Ⅶ、凝血因子Ⅸ、凝血因子Ⅹ等维生素K依赖性凝血因子含量降低。内、外途径凝血的各项检验如凝血时间、凝血酶原时间、激活的凝血时间及激活的部分凝血活酶时间都显著异常，分别延长为正常的2~10倍。在整个病程中，出血时间、血小板计数、血块收缩、凝血酶时间及纤维蛋白含量无明显异常。

3. 病理变化　以大面积出血为特征。常见出血部位为胸腔、纵隔间隙、血管外周组织、皮下组织、脑膜下和脊髓、胃肠及腹腔。心脏松软，心内膜、心外膜出血，肝小叶中心坏死。

4. 诊断　根据灭鼠灵接触史，组织器官大面积出血的临床表现，以及内、外途径凝血障碍的检验结果，可做出初步诊断。检测血浆中双香豆素的含量（须在接触灭鼠灵1~3d内采集病料），并参考用维生素K疗效显著，即可确定诊断。死后可测定胃肠内容物、肝及肾的双香豆素含量。

本病与牛蕨中毒、草木樨中毒等出血性疾病症状相似，应加以鉴别。

牛蕨中毒有长期采食蕨类植物的生活史，病牛消瘦，贫血，各器官出血，便血、血尿或血红蛋白尿。尿中除红细胞外，还有白细胞、膀胱上皮细胞或肾上皮细胞。血液凝固时间延长，红细胞、白细胞数减少，血小板减少，凝血酶原时间延长，血块回缩率下降。

草木樨中毒有采食霉败草木樨的生活史，皮下组织、肌间、浆膜下出血，不易止血。

血小板减少性紫癜病畜的肢体各部皮肤、口、鼻、阴道黏膜有出血点或出血斑，黏膜下或皮下大片出血，形成血肿，粪、尿和胸腹腔液混有血液。血小板减少，畸形。

5. 治疗　治疗要点是消除凝血障碍，恢复血容量及调整血管外血液蓄积所造成的器官功能紊乱。病畜保持安静，尽量避免创伤，在凝血酶原时间未恢复之前不要施行任何手术。

消除凝血障碍，可应用维生素K。一般选用维生素K_1，马150~200mg，犬10~15mg，猫2~5mg混于葡萄糖溶液中静脉注射，每12h 1次，连续2~3次，效果显著。可同时口服维生素K_3，以巩固疗效。

急性严重出血的病例，为恢复血容量，可按每千克体重10~20mL输入新鲜全血，半量迅速输入，半量缓慢输入。

此外，还应进行必要的对症治疗。

(二) 敌鼠中毒

敌鼠中毒是敌鼠钠盐进入机体后，干扰肝对维生素 K 的利用，影响凝血酶原的合成，导致血管通透性升高而引起的一种中毒性疾病，临床上以全身出血为主要特征。

敌鼠，又名二苯乙酰基茚酮，化学名为 2-（二苯基乙酰基）-1,3-茚二酮，纯品是黄色结晶，无臭无味，能溶于乙醇和氯仿，不溶于水，其钠盐可溶于水。市售产品为 1‰敌鼠粉剂和 1‰敌鼠钠盐。

1. 病因 误食拌药毒饵是引起家畜中毒的主要原因，如饲料仓库投放毒饵后未及时清理，致使毒饵混入饲料。犬猫捕食已吃过毒饵的活鼠和死鼠，或吃了中毒死亡的猪、鸡内脏，可发生二次中毒。

2. 临床症状 家畜误食毒饵后，多数在第 3 天发病。中毒的共同特征是鼻衄、血尿、粪便带血。注射部位肿胀，出血不止，凝血时间延长。

牛病初精神沉郁，食欲减退或废绝。脉搏、呼吸增数，唇、齿龈和舌背黏膜有出血斑点。瘤胃臌气，肠蠕动增强，不断排出少量带血粪便，血尿。后期站立不稳，或卧地不起，全身肌肉震颤，出汗，呼吸极度困难，突然倒地，呻吟死亡。

马精神不振，舌背部黏膜有出血点，结膜黄染，瞳孔散大，视力减退。呼吸增数，肺部听诊有湿啰音，脉搏增加到 100 次/min，心音混浊，心律不齐。肠蠕动增强，粪便混血或排紫黑色粪便，血尿。后期全身肌肉震颤，拱背，磨牙，全身出汗，呼吸困难，突然倒地死亡。

猪食欲减退或废绝，呕吐，后肢无力，行走摇晃，喜钻窝内，腹痛拱背，下痢，有的有血便。呼吸急促，结膜和唇部有出血斑、出血点，皮肤上有大块青紫斑，鼻孔不断流血，粪便呈酱油色，严重者出现头歪向一侧、转圈等神经症状，不久即死亡。

犬病初兴奋不安，前肢刨地，乱跑，哀鸣，继而站立不稳。精神高度沉郁，食欲废绝，恶心，呕吐。结膜苍白，结膜和黏膜有出血点。呼吸急促，心律不齐。从嘴角流出血样液体，尿液呈酱油色，排带血粪便。

猫流涎，呕吐，腹泻，粪便带血，行走摇晃无力，四肢刨地，号叫不安，阵发性痉挛。

家兔突然发病，精神沉郁，食欲废绝，常蹲伏于兔笼一隅，肌肉轻度震颤，鼻流血样液体，粪便染血，血尿。

鸡食欲减退，粪便先干后稀、有恶臭，嗉囊空虚或略有食物，腹痛，后期腹部臌胀，精神沉郁，孤立一隅。皮肤和可视黏膜黄染。产蛋停止，后期站立呈蹲坐样。

3. 病理变化 天然孔流血，结膜苍白，血液凝固不良或不凝固。全身皮下和肌肉间有出血斑。心包、心耳和心内膜有出血点，心腔内充满未凝固的稀薄血液，呈鲜红色或煤焦油色。肝、肾、脾、肺均有不同程度出血，气管和支气管内充满血样泡沫状液体。胃肠黏膜脱落，弥漫性出血或混血内容物，腹腔有大量血样液体。有的病例全身淋巴结、膀胱、尿道出血。

4. 病程与预后 本病潜伏期较长，一般在 3~10d。症状出现后进展迅速，病程多为 2h~5d，预后不良。犬在 3~7d 死亡，兔多在 1~2d 死亡。

5. 诊断 根据误食敌鼠毒饵的病史，结合口鼻流血、粪便染血、血尿等症状以及死后血液凝固不良和各内脏器官出血为主的病理变化，无传染性，可做出初步诊断。确诊应取呕吐物、胃内容物、肝或残剩饲料进行毒物检验。

6. 治疗 病畜应立即停喂可疑饲料，进行催吐或洗胃，然后立即投服盐类泻剂。迅速应用维生素 K_1（推荐剂量为每千克体重 2.5～5mg），马、牛 100～200mg，羊、猪 8～40mg，皮下注射（应用最小的针头多点注射，可以减少出血，并加快吸收），每天 2～3 次，持续 3～5d。同时给予足量的维生素 C 和可的松类激素。有条件时可进行输血。

7. 预防 加强灭鼠药、毒饵的保管和使用，严防坏人蓄意投毒。毒饵投放地区应严加防范，尤其是敌鼠及其类似物须多次投放，更应采取有效防止家畜误食的措施。要及时清理未被鼠吃食的残剩毒饵。中毒死亡的鼠尸及其他家畜的尸体、内脏严禁饲喂犬、猫或作为猪的饲料，以防二次中毒。配制毒饵的场地在进行无毒处理前禁止堆放饲料或用于饲养家畜。

模块九 动物代谢病

单元一 糖、脂肪、蛋白质代谢障碍疾病

动物代谢疾病包括糖、脂肪、蛋白质代谢障碍疾病,矿物质代谢障碍疾病,维生素缺乏症及微量元素缺乏症4个部分。

(一)酮病

酮病是由动物糖类物质不足所致脂肪代谢障碍疾病。患该病时产生大量酮体积聚于体内,出现酮血症、酮尿症、酮乳症和低糖血症,以呼出气、尿液和乳汁中有酮体气味为主要特征。

1. 病因 精料过多,可溶性糖类及优质干草缺乏;采食量与泌乳高峰不一致,干乳期奶牛过肥;日粮中糖类少,生糖物质补充不足;胰岛素分泌不足。

2. 症状

(1) 消耗型症状表现。便秘,粪便覆有黏液;凝视,精神沉郁;产乳量降低,迅速消瘦,体重显著下降;皮下脂肪大量消耗,皮肤弹性降低;病牛呈拱背姿势,有轻度腹痛;尿呈浅黄色,水样,易形成泡沫。

(2) 神经型症状表现。突然发病,初期兴奋,精神高度紧张、不安;流涎、磨牙、空嚼、顽固性舔吮饲槽或其他物品;视力下降,走路不辨方向,横冲直撞;有的全身肌肉紧张,步履踉跄,站立不稳,四肢叉开或相互交叉;有的震颤、吼叫、感觉过敏。这种兴奋多呈间断性发作,每次发作约1h,间隔8~10h再重新发作。严重者不能站立,头弯向颈侧,昏睡。

(3) 特征性症状表现。病畜呼出气、尿液和乳汁中含有特殊的类似烂苹果的气味,加热后更加明显。乳汁、尿液易形成大量泡沫。

3. 诊断 根据以下要点可以做出诊断。

(1) 发病时间与胎次。本病主要发生在舍饲高产奶牛,产后第1个泌乳月,尤以产后3周最为多见,3~5胎次母牛发病较多。全年发病,冬、春季发病较多。以3~5胎次、产后8周以内处于泌乳盛期的牛多见。

(2) 原发性酮病诊断。在牛产犊后几天至几周内发病,测定血清酮体含量在3.44mmol/L(200mg/L)以上结合临床症状可做出诊断。

(3) 酮体测定。血中酮体含量超过3.44mmol/L(200mg/L),乳酮含量为0.5mmol/L(约29.1mg/L),血糖浓度从正常时2.8mmol/L(500mg/L)降至1.12~2.24mmol/L(65.12~130.23mg/L)。尿酮呈阳性反应。根据测定结果,结合临床症状可以确诊。

(4) 快速简易定性检测法。亚硝基铁氰化钠1份、硫酸铵20份、无水碳酸钠20份,混合研末,取其粉末0.2g放在载玻片上,加待检样品2~3滴,若含酮体则立即出现紫红色。依此快速确定血液、尿液和乳汁中有无酮体存在。这些测定结果必须结合病史和临床症状进

行综合分析，方可做出诊断。

（5）亚临床酮病的诊断。必须根据实验室检验结果进行诊断，其血清酮体含量在1.72～3.44mmol/L（100～200mg/L）。

（6）继发性酮病的诊断。可根据血清酮体水平增高、原发病本身的特点以及对葡萄糖或激素治疗效果而诊断。

4. 治疗 根据病因调整饲料，增加糖类饲料及优质牧草。对于继发性酮病，应重点治疗原发病。

（1）代替疗法。50％葡萄糖注射液500mL，地塞米松磷酸钠注射液40mg，5％碳酸氢钠注射液500mL，辅酶A 500IU，一次静脉注射，连用3d。口服丙酸钠，120～240g/d，在牛显效略慢；口服乳酸钙或乳酸钠360g/d，首次量加倍，连用7d；1:1服醋酸钠125～250g/d；口服乳酸钙200g/d，连用5d。

（2）激素疗法。促肾上腺皮质激素200～600IU，肌内注射，疗效确实，使用方便，适用于体质好的病牛。

（3）水合氯醛疗法。牛首次剂量为30g，以后每次7g，2次/d，加水口服，连用5d。若首次剂量50g，通常用胶囊剂投服，剂量较小时可放在蜜糖或水中灌服。

（4）氯酸钾疗法。30g溶于250mL水中，2次/d，灌服，应用广泛，抗酮体有特效，但易引起腹泻，使用时应注意。

5. 预防

（1）科学管理，合理调配日粮。对易发病的高产奶牛，日粮中糖类必须充足，从分娩前40d，日粮中添加丙酸钠100g或甘油350g。为保持体况，使奶牛既不要过肥，也不宜过瘦，日粮中蛋白质含量应达到16％，给足优质粗纤维性饲料。

（2）饲喂产丙酸日粮。用苜蓿干草配合玉米片、大麦片等谷物饲料，加工成产丙酸日粮，产前和产后各饲喂35～40d可有效防止酮病发生。

（3）定期检测高产奶牛尿酮含量，动态监控，可以早发现、早治疗、减少损失。

（二）禽脂肪肝综合征

禽脂肪肝综合征是由于体内脂肪代谢发生障碍，大量脂肪蓄积于肝、腹腔及皮下脂肪组织内，引起肝发生脂肪变性，造成产蛋下降，并常伴有小血管出血为特征的疾病，多发生于笼养产蛋鸡。

1. 病因

（1）日粮中能量物质过多，又缺乏运动。

（2）日粮中胆碱、含硫氨基酸（蛋氨酸、丝氨酸）缺乏或不足。

（3）饲料中脂肪过多或加进了一些酸败脂肪使胆碱消耗过多。

（4）应激。密度过大，通风不良，热应激或突然更换饲料等。

（5）发生某些传染病及中毒病时亦可引起肝的脂肪变性，但这不是一种独立的疾病。

2. 症状

（1）肥胖，体重增加，产蛋下降。

（2）下腹部可摸到厚实的脂肪组织。

（3）鸡冠、肉髯颜色变淡，甚至发绀，继而变黄、萎缩。

（4）当拥挤、驱赶、捕捉或抓提方法错误可引起肝破裂死亡。

(5) 剖检腹腔内有大量脂肪，有时有血凝块，肠系膜、心包、肝表面及卵巢上充满脂肪颗粒。

3. 诊断 根据病因、发病特点、临床症状、临床病理学检验结果和病理学特征即可作出诊断。

4. 防治

(1) 降低能量和蛋白质含量的比例。通过限饲，或在饲料中掺入一定比例的粗纤维（如苜蓿粉），或添加富含亚麻酸的花生油等来降低能量的摄入。同时增加蛋白质含量，特别是含硫氨基酸，饲料中蛋白质水平可提高 1%～2%。

(2) 减少应激因素。保持舍内环境安静，控制饲养密度，夏季做好通风降温，补喂热应激缓解剂，如杆菌肽锌等。

(3) 添加某些营养物质。在饲料中供应足够的氯化胆碱、叶酸、生物素、维生素 E、硒、蛋氨酸（每千克体重 0.5g）、磷脂酰胆碱、维生素 B_{12}、肌醇等，同时做好饲料保管工作，防止霉变。

(4) 控制日增重。在 8 周龄时严格控制机体质量，不宜过肥。

(5) 治疗。每吨饲料中补加氯化胆碱 1 000g、维生素 E 1000IU、维生素 B_{12} 12mg、肌醇 900g，连续饲喂 10～15d；或每只鸡喂服氯化胆碱 0.1～0.2g，连续 10d。

（三）营养性衰竭症

营养性衰竭症是营养物质摄入不足或能量消耗过多所致的一种以慢性进行性消瘦为临床特征的营养不良综合征，又称"瘦弱病"。

1. 病因 本病主要由机体营养供给与消耗之间呈现负平衡所致。

(1) 黄牛和水牛。放牧时间不充分、青绿饲料不充足、秋季补料不足、冬季保膘不及时、使役不当、劳役负担过重或是病牛原先已患有慢性消耗性疾病和慢性化脓病，都容易发生本病。

(2) 奶牛。以高产奶牛多见。营养不足又挤乳过度，或患有结核病、布鲁氏菌病等慢性消耗性疾病及脓毒性子宫炎和乳房炎、创伤性网胃-腹膜炎、肾盂肾炎、肝脓肿、严重腐蹄病等慢性化脓病时都可发生，严重的白血病和球虫病中也可见到。

2. 症状

(1) 进行性消瘦。是最典型的症状，随着病程发展，全身骨架显露；被毛蓬乱、易脱落、丧失固有光泽；皮肤干枯多屑、弹性降低；黏膜呈淡红、苍白、发暗或有黄疸。

(2) 骨骼肌萎缩。骨骼肌发生萎缩，肌腱紧张度下降，肌纤维性震颤，站立不稳。病程长者卧地不起。

(3) 其他表现。仍有食欲和饮欲，体温变动不明显。有时体温偏低，皮温不整，末梢器官发凉。动物易于疲劳，安静休息时呼吸慢而无力，强迫运动时发喘。脉搏微弱，心音亢进，后期发生充血性心力衰竭，喘气或四肢浮肿。死亡前食欲废绝，胃肠弛缓，或由便秘转为腹泻。

3. 治疗

(1) 补充营养，提高能量代谢。口服酵母片，饮水中加入少量人工盐、碳酸氢钠，给予麸皮粥、豆浆、麦糊等容易消化的饲料，少量多次。

(2) 药物治疗。25%葡萄糖注射液，牛 500～1 000mL，1 次/d，连用 7～10d。

（四）仔猪低血糖病

新生仔猪肝糖原储备少，肝糖异生机能尚未建立，当饥饿时间过长，糖来源缺乏时导致血糖过低，临床上以全身绵软呈昏睡状态为特征。仔猪在出生后1周内不能进行糖异生作用，而羔羊、犊牛、马驹在出生时糖异生作用发育较完善，耐饥饿能力较强，这可能是仔猪容易发生低血糖病的原因。

1. 病因 仔猪饥饿时间过长和妊娠母猪营养不全为主要原因，其次为寒冷因素的影响。

（1）妊娠母猪营养不全。发病多在冬、春季节，此时妊娠母猪缺乏青绿饲料，且饲料比较单一，特别是蛋白质、矿物质和维生素缺乏，从而导致胚胎发育不良。新生仔猪比较衰弱、生活力低下，母猪营养状态也差，乳少或乳中营养成分不足易引起仔猪发病。

（2）仔猪饥饿。新生仔猪吃不饱和饥饿时间过长，是仔猪低血糖症的直接原因。有的由于同窝个体相差较大，弱者吃不上乳或本身吃乳有困难。有的为两次喂乳时间间隔过长，从而造成不同程度的饥饿。

（3）环境寒冷、空气湿度过高使机体受寒是发病的诱因。新生仔猪所需的临界温度为23～35℃，由于仔猪出生1～2周缺乏皮下脂肪，体热很容易丧失。处在阴冷潮湿环境中的小猪，体温的维持需要迅速利用血中的葡萄糖和糖原储备，假如又吃不到足够的乳，这时就发生低血糖病，并立即死亡。

（4）低血糖。饥饿所致的血糖来源不足，不能由体内的蛋白质、脂肪的分解来进行糖的异生，从而导致低血糖难以得到补救和缓解。低血糖可导致全身组织能量缺乏，特别是血糖低到198.2mg/L，可使中枢神经系统大脑的功能发生障碍，导致昏迷、全身绵软。低到68mg/L时，很快引起死亡。血糖和能量缺乏可引起蛋白质分解加强，使组织器官的结构和功能产生障碍，以及血液非蛋白氮含量升高达1 500mg/L。高血氮可促进中枢神经系统功能的紊乱，加速死亡。

2. 症状 多在出生后2d内发病，也有的在3～4d，甚至个别的在1周后发病。病初多有不安、发抖、被毛逆立、尖叫、不吮乳、怕冷、喜欢钻在母猪腹下或互相挤钻症状。继而卧地不起、四肢绵软无力、大多数卧地后呈现阵发性神经症状、头向后仰、四肢作游泳状划动。有时四肢伸直，出现微弱的怪叫声，也有四肢向外叉开伏卧在地或如蛤蟆状俯卧地上，完全瘫软。瞳孔散大，眼球不活动，发呆，但仍有角膜反射。口腔微张，从口角流出少量泡沫。当发生痉挛性收缩时，体表感觉迟钝或消失，针刺除耳、蹄部稍有反射外，其他部位则无痛感。

血液检查，钙、磷、酮体正常，只有血糖明显降低，非蛋白氮升高。血糖水平由正常的4.995～7.215mmol/L下降到0.278～0.833mmol/L。当下降到2.775mmol/L以下时，通常就有明显的临床症状。

3. 病变 血液凝固不良。肝的变化最为特殊，呈橘黄色，边缘变锐，切开肝血液流出后，呈淡黄色，质地极柔软类似嫩豆腐一样，稍碰即破，肝小叶分界不明显。胆囊常膨大，内充满半透明胆汁。肾颜色变淡，呈土黄色，常有小出血点，髓质呈暗红色，与皮质分界清楚。膀胱也有出血点，脾呈樱桃红色，边缘变锐。有的脾干瘪，切面平整，切开不见有血液流出。胃肠常充气。

4. 诊断

（1）症状诊断。根据血糖浓度明显下降，体温降低，全身虚弱无力，对葡萄糖治疗反应迅速且良好可基本做出诊断。应与新生仔猪的细菌性败血症、病毒性脑炎、伪狂犬病、李氏杆菌病、链球菌感染等相区别。主要鉴别症状是血糖浓度降低，体温下降。

(2) 测定血糖含量。血糖浓度降到 2.775mmol/L 血液以下，血液中尿素和氮水平升高，即可确诊。

5. 治疗

(1) 药物治疗。10%葡萄糖注射液 10～15mL，维生素 C 0.1mL，混匀后腹腔注射，每隔 4～6h 注射 1 次，直至仔猪可以人工哺乳或能吃到母猪乳汁为止；25%葡萄糖注射液 5～10mL，灌服，或喂饮白糖水；50%葡萄糖注射液 20mL，一次静脉注射，1 次/d。维生素 B_{12} 注射液 2～3mL，1 次肌内注射，1 次/d。

(2) 精心护理。仔猪出生后应精心照料，必要时可进行人工哺乳。妊娠后期应注意母猪的营养与保健，以防止产后无乳或缺乳。如母猪乳汁不足，还可将小猪寄养给其他哺乳母猪，注意保暖、防寒。

单元二　矿物质代谢病

(一) 佝偻病

佝偻病是幼龄动物较为常发的一种营养性骨病。是由于维生素 D 及钙、磷的不足或缺乏而引起机体钙、磷代谢障碍。其特点是生长骨骼钙化不良，软骨持久性肥大，骺端软骨增大和骨骼弯曲变形。临床表现为消化紊乱、异食癖、跛行、四肢呈罗圈腿或八字形外展。本病多发于冬、春季节，一般以断乳期舍饲的动物和生长发育快速的幼畜较易发生。

1. 病因

(1) 钙、磷不足或比例失调。动物饲料中钙、磷比例是 1:1～2:1，如比例低于 1:1 或超过 2:1，则可影响钙的吸收与利用而发生佝偻病。

(2) 维生素 D 摄入量不足。维生素 D 对钙的吸收、利用，特别是在成骨细胞钙化过程中起着很重要的作用，在饲料中钙磷比例失调、维生素 D 摄入量不足的情况下极易引起佝偻病。

(3) 乳中维生素 D 含量不足。母畜长期采食未经太阳晒过的干草，同时阳光照射不足，导致乳中维生素 D 含量严重不足，造成哺乳期的幼畜发生维生素 D 缺乏症。

(4) 维生素 A、维生素 C 缺乏。维生素 A 参与骨骼有机母质中黏多糖的合成，其是胚胎、幼畜骨骼生长发育所必需的；维生素 C 是羟化酶的辅助因子，能促进有机质的合成。因此，缺乏维生素 A、维生素 C 会使动物发生骨骼畸形。

(5) 微量元素缺乏。如铁、铜、锌、锰、硒等缺乏，会促使佝偻病的发生。

2. 症状　各种动物佝偻病的临床症状基本相似，主要表现为精神沉郁、食欲降低、消化不良、异嗜、生长发育缓慢、喜卧、被毛粗糙、无光泽、换毛时间推迟；出牙时间延长、牙齿的形状和排列不规则、齿质钙化不完全、容易磨牙；关节肿胀易变形，站立时四肢频频交换负重，运步时步态强拘，有时跛行。骨骼变形是本病的重要症状，关节肿大，骨端增粗，肋骨扁平，胸廓狭窄，脊柱弯曲。消瘦、贫血，但体温、脉搏及呼吸一般无明显变化。

犊牛表现为低头、拱背、站立时姿势异常、前肢腕关节屈曲向外前方凸出，呈 O

形，后肢跗关节内收，呈"八"字形叉开。

仔猪前肢屈曲呈跪地姿势，腿发抖，不能迈步，重则可见硬腭肿胀而导致口腔不能闭合。

雏鸡多见喙变软、弯曲、变形，因长期不能运动而导致腿肌、胸肌萎缩。

3. 诊断

（1）症状诊断。低发病年龄，精神沉郁，食欲减退，消化不良，骨骼变形，异嗜，生长发育障碍，牙齿生长不良；动物喜卧，不愿行走。仔猪以蹄尖着地，点头运步，后以腕部着地行走。犊牛站立时拱背，后肢跗关节内收，呈"八"字形叉开。雏鸡常卧地采食，驱赶时勉强行走几步后，又很快卧地。

（2）实验室诊断。血清碱性磷酸酶的活性升高，血清钙、磷水平降低。

（3）特殊诊断。X射线检查，骨密度降低，长骨末端呈"羊毛状"或"蚀斑状"，骨端扁、凹，骨骺变宽且不规则。

4. 治疗

（1）补充维生素D，调整钙、磷比例。

（2）药物治疗。维生素AD制剂，马、牛20～60mL，猪、羊10～30mL，犬5～10mL；禽1～2mL；一次内服。维生素AD注射液，驹、犊牛、羊、猪2～5mL；仔猪、羔羊0.5～1mL；马、牛5～10mL，1次肌内注射。浓维生素AD，100kg体重0.4～0.6mL，1次内服。维生素D胶性钙注射剂，马、牛2.5万～10万IU；猪、羊0.5万～2万IU；犬0.25万～0.5万IU，1次肌内注射或皮下注射。维生素D_3注射液，每千克体重0.15万～0.3万IU，肌内注射。骨化醇液，按每千克体重200～300IU给药，内服，每周1次。

5. 预防

（1）保证维生素D需要。防治佝偻病的关键是保证机体能获得充足的维生素D。为了提高母乳的质量，应按机体对维生素D的需要量在日粮中给予合理的补充。

（2）增加光照，饲喂优质饲草。保证冬季舍饲期得到足够的日光照射，提供足够优质干草。舍饲和笼养动物，定期利用紫外线灯照射，灯高距动物1～1.5m，照射时间5～15rain/次。

（3）注意钙、磷平衡。日粮应由多种饲料组成，注意钙、磷平衡（比例为1.2∶1～2∶1）。骨粉、鱼粉、甘油磷酸钙等是最好的补充物。除幼驹外，不应单纯补充含磷极低的南京石粉、蛋壳粉或贝壳粉等。

（4）使用优质鱼粉。犊牛和幼驹每天饲喂20～100g，仔猪和羔羊每天饲喂10～30g。

（二）骨软病

骨软病是成年动物因钙、磷代谢障碍而引起的骨营养不良性疾病，主要病变是骨质疏松及未钙化，临床上以消化紊乱、异嗜、跛行、骨质疏松及骨变形为特征。

1. 病因

（1）饲料中钙、磷不足或比例失调。动物饲料中钙、磷不足是引起骨软病的主要原因。饲料中正常钙、磷比例为：马1.2∶1.0，黄牛2.5∶1.0，奶牛0.8∶0.7，猪1.0∶1.0，鸡2∶1.0～2.5∶1.0。长期单一饲喂含钙量高或含磷量高的饲料，导致一方含量过高而另一方含量不足，造成钙、磷比例严重失调，不利于钙的吸收、利用。

（2）钙消耗过多。母畜妊娠后期胎儿的发育需要消耗大量钙盐，或母畜产仔过多，大量泌乳，大量的钙进入乳汁，可造成母畜缺钙。

（3）钙的代谢紊乱。甲状旁腺机能亢进，甲状旁腺素促使间叶细胞转化为破骨细胞，导致骨盐的溶解，引起骨质疏松。

（4）消化机能障碍。钙主要是通过肠道吸收的，如长期患慢性肠道疾病则可影响钙的正常吸收。

2. 症状 本病特征症状是消化紊乱、异嗜、跛行、骨骼变形、疏松。早期，患畜消化紊乱，有异食癖，采食泥土、砖头、舔墙或吞食胎衣等。中期，病畜出现跛行症状，迈步不灵，肢体僵直，行走时后躯摇摆，或出现跛行。拱背、喜卧。有时患畜腿部肌肉颤抖，后肢伸展呈拉弓姿势。母猪不愿运动，常作匍匐状，特别是产后跛行加重，甚至引发后肢瘫痪。

后期，病畜出现四肢关节疼痛，外观异常，骨盆变形，肋骨、肋软骨接合部肿胀，易断。牛还可见尾椎骨移位、变形，重者导致尾椎骨变软。病羊会出现明显的脊柱弯曲。病畜骨盆严重变形时还可引起难产。

血液检查，病牛可见血钙浓度升高，血磷浓度降低，血清碱性磷酸酶水平升高。

3. 诊断

（1）症状诊断。临床上病畜出现跛行、消化紊乱、骨变形、关节肿痛、易骨折。结合日粮调查可诊断。但要与骨折、腐蹄病、关节炎、肌肉风湿、慢性氟中毒等疾病相区别。

原发性骨折，发病前无消化不良、骨骼及关节变形的前驱症状。

原发性腐蹄病多因场地污秽、地面不整，护蹄不良出现创伤后被感染，通过削蹄检查可确诊。

风湿症，背部、四肢疼痛明显，运动后则可减轻。

慢性氟中毒，除骨变形、易骨折等症状外，还有特征性的齿斑及长骨柄增粗等病变。

（2）实验室诊断。血磷浓度降低，血钙浓度正常或略高，血清碱性磷酸酶活性升高。

（3）特殊诊断。X射线透视，患畜长骨皮质层变薄，骨密度降低。额骨穿刺检查，因骨质硬度降低而容易刺入。

4. 治疗

（1）治疗原则。注意日粮配合，保证钙、磷供给及比例适宜。

（2）药物治疗。20%磷酸二氢钠注射液400mL，牛静脉注射，1次/d，连用3～5d。维丁胶性钙注射液10万IU，牛1次肌内注射；羊2万IU，1次肌内注射。煅牡蛎20g，煅骨头30g，炒食盐15g，小苏打10g，苍术7g，炒茴香3g，黄豆15g。共同研成细末，牛90～150g/d，连用30～40d。

（3）补充骨粉。牛、羊在早期出现异食癖，可从饲料中补充骨粉；病牛每天给骨粉250g，5～7d为1个疗程，跛行消失后，再维持1～2周。

（三）笼养蛋鸡疲劳征

笼养蛋鸡疲劳征是笼养产蛋鸡因钙、磷代谢障碍，缺乏运动等因素所致的骨质疏松症。临床上以站立困难、骨骼变形和易发生骨折，软壳蛋增加，蛋的破损率增高为特征。

1. 病因

（1）钙消耗过多。高产蛋鸡的钙代谢率相当高，年产250～300枚蛋需要600～700g的钙，其中60%由消化道吸收，40%来自骨骼。一个产蛋周期所消耗的碳酸钙相当于蛋鸡体重的2倍,这本身就可引起生理性骨质疏松。

(2) 日粮钙、磷缺乏或比例失调。产蛋鸡日粮中钙、磷的正常比例为5∶1,如过高过低均可造成钙的摄入不足。用低钙、低磷、低维生素D日粮可实验性复制本病。低钙和维生素D缺乏日粮可引起产蛋严重下降,而低磷仅产生轻度下降。

(3) 日粮维生素D缺乏可导致钙的吸收和在骨骼中的沉着障碍。

(4) 缺乏运动、高密度笼中饲养、缺乏足够的运动空间,可导致严重的骨质疏松。

(5) 日粮缺乏颗粒石灰石。产蛋期饲料中50%钙要以颗粒(直径为3~5mm)形式供给,可延长钙在消化道内的时间,提高利用率,调节钙的摄入量。如果日粮缺乏好的颗粒石灰石(碳酸钙),易诱发本病。

(6) 消化道疾病。肠道疾病导致维生素A、维生素D和钙、磷的吸收障碍,易发生本病。

2. 症状 病鸡两腿无力,喜蹲伏,站立困难,跛行,瘫倒在地,采食、饮水困难,脱水,产蛋严重减少。尸检可见腿、翼和胸骨易骨折,胸骨变形,龙骨突呈S状弯曲,肋骨特征性向内弯曲(细小骨骨折所致),肋骨头形成串珠状结节,骨皮质变薄,髓质骨减少,卵巢退化,甲状腺肿大。

3. 病变 肉髯、冠和泄殖腔充血,肌肉苍白,肺、肝、脾、输卵管和卵巢严重充血,心脏、右心房显著扩大,暴发后期心脏大于正常数倍,并有大量心包积液,肝稍肿大,其他脏器无明显病变。

4. 诊断 根据临床症状及病理变化,结合病因调查及发病规律,不难作出诊断,必要时可进行细菌和病毒的鉴别诊断。

5. 防治措施 防治本病的关键是在产蛋高峰期鸡或高产蛋鸡的饲料中适当增加钙磷和维生素D的比例,饲料含钙不低于3.5%,有效磷保持在0.4%~0.42%。产蛋末期将日粮中含钙量增至6%,可增加骨骼的强度。此外,夏季要做好防暑降温工作。发病鸡移到地面饲养,并增加饲料中钙磷和维生素D的含量,调整钙磷比例,同时让鸡接受日光照射,多数病鸡可经3~5d恢复正常。

(四) 异食癖

异食癖是由动物缺乏某种营养物质或神经、内分泌机能异常而引起的一种以采食正常食物以外的异物为主要表现的综合征。异食癖本身不是一种独立的疾病,而是伴发或继发于其他疾病的一种症状。临床上以舔食、啃咬异物为特征。各种畜、禽均可发生,冬季和早春舍饲的动物多见。

1. 病因

(1) 矿物质摄入不足。如铜、铁、钠、锰、钴、钙、硫等矿物质摄入不足,特别是钠盐缺乏,容易发生本病。

(2) 动物机体缺乏蛋白质或某些氨基酸。动物长期单一饲喂品质低劣的低蛋白饲料,特别是产后的母畜因消化机能尚未完全恢复,更易发生。动物缺乏某些氨基酸,如蛋氨酸、胱氨酸、半胱氨酸等也可引起本病。

(3) 动物机体缺乏某些维生素。如B族维生素不足,可使机体的代谢机能紊乱而导致异食癖。

(4) 环境不良。如饲养密度过大,动物之间过度拥挤及空气流通不良,常导致动物间发生争斗，相互啄咬，引起诸如啄肛癖、啄羽癖等后果。光照过强或光线不当，引起畜禽的神经兴奋性升高或机能紊乱，而发生啄癖。另外，畜舍通风不良，畜舍内有害气体（如氨气、二氧化硫、硫化氢及二氧化碳等）浓度过高，引起畜禽神经机能异常而出现异食癖。

（5）动物患有慢性消化道疾病及代谢性疾病。如肝胆疾病、胃肠道疾病及胰腺疾病等，可因代谢紊乱、消化吸收不良而导致营养缺乏，最终发生采食异物的现象。

（6）其他因素。蓝狐、水貂等生性胆小但护仔心较强的小型动物，在极其紧张的情况下也会诱发自咬毛皮或吞食幼仔的现象。

2. 症状 患病动物发病初期一般多表现为消化机能紊乱，如食欲不振，消化不良，便秘或腹泻等症状。后期逐渐出现异食症状，舔食、啃咬砖块、石头、泥土等，有的出现舔食粪便、尿液或污水。产后母畜吞食胎衣。

家禽表现为相互啄食羽毛、肛门或咬斗、啄蛋等恶癖，常导致部分家禽发生脱肛或肠管脱出而发生炎症，甚至引起死亡。种用水禽特别是成年种鸭，在饲养密度过大（每平方米超过4只）的情况下，常发生交配时种公鸭阴茎被其他鸭啄咬的现象。这种情况下，病鸭死亡率不高，但因种鸭被淘汰而造成严重的经济损失。

异食癖常可继发严重的后果。一些异物如动物毛发、羽毛等常形成毛球，阻塞胃肠，引起严重消化机能障碍，甚至发生急性胃扩张、肠阻塞而致死亡。尖锐异物则可刺伤胃肠引起炎症甚至使胃肠穿孔。如果食入腐肉、胎衣等，则其易在胃肠内腐败、发酵产生大量有害物质，引起动物自体中毒、死亡。

3. 诊断 根据临床有采食异物的现象可得出诊断。但要从饲料调查、既往病史方面进行分析，找出原发病及其病因，以利防治。

4. 防治 加强饲养管理，给予全价饲料，尤其应注意蛋白质、维生素和矿物元素的含量和比例。多喂青草、青干草，补充谷芽、麦芽、酵母等含维生素高的饲料。控制日粮中色氨酸不低于0.2%。羊、禽饲料中添加氯化钴、硫酸钙、硫酸亚铁、硫酸铜、硫酸锰等，保证供水，保持笼舍卫生。

单元三　微量元素缺乏病

（一）铜缺乏症

铜缺乏症又称为低铜病，可分为原发性铜缺乏症和继发性铜缺乏症两种，是动物体内铜含量不足而引起的以贫血、腹泻、运动失调和被毛褪色为特征的一种营养代谢性疾病。本病呈地方性流行，牛、羊多发。自然条件下，原发性铜缺乏症可发生于牛、羊、猪、马及许多其他食草动物。继发性铜缺乏症多发生于牛，其次是绵羊、鹿和猪。

1. 病因

（1）原发性铜缺乏症。土壤中铜含量通常为每千克体重18～22mg，植物中铜含量为每千克体重11mg。但在沙土地、土壤严重贫瘠的地区、表土太薄的地区、海岸、沼泽地中，土壤中铜含量仅为每千克体重0.1～2mg，植物中铜含量仅为每千克体重3～5mg。有些土壤中形成不溶性有机铜化合物，不利于植物的吸收与利用。

（2）继发性铜缺乏症。常由土壤中钼和硫酸盐含量过多而引起。土壤中锌、铁含量太高，也可诱发铜缺乏症。

吸吮母乳的犊牛，2～3月龄后，就可发生铜缺乏症。人工喂养的犊牛因可吃到已补充了铜的饲料，不会发生铜缺乏症。一旦转入低铜草地，或高钼草地放牧，待体内铜耗竭时很快产生铜缺乏症。1岁龄犊牛缺铜现象比2岁龄以上牛更严重。缺铜母羊所生的羊羔，生后不久就可产生先天性摇背症。

2. 症状

（1）原发性铜缺乏症。患畜表现为精神不振，产乳量减少，贫血。被毛缺乏光泽、粗乱，变为淡锈钉色、黑色，黑色毛变成淡灰色。犊牛生长缓慢，腹泻，易骨折，特别是骨盆骨、四肢骨。驱赶运动时行动不稳，甚至呈犬坐姿势。稍作休息后，则恢复"正常"，有些牛有痒感，舔毛，步态强拘，屈肌腱挛缩。

（2）继发性铜缺乏症。主要症状与原发性铜缺乏症的相似，但贫血现象少见，腹泻现象明显，腹泻程度与钼摄入量成正比。

（3）牛铜缺乏症。

①牛摔倒病。以突然伸颈、吼叫、跌倒并迅速死亡为特征。病程多在24h内结束，心肌贫血、缺氧、传导阻滞。

②泥炭泻。在高钼泥炭地草场放牧数天后，排出稀水样粪便。粪便无臭味，经常不自主性排便，久之后躯污秽，被毛粗乱。铜制剂治疗显效。

③消瘦病。慢性经过，开始步态强拘，关节硬性肿大，屈肌腱挛缩，犊牛生长不良，关节变大，消瘦，虚弱，被毛粗乱、褪色，多在4～5个月后死亡。

（4）羊铜缺乏症。原发性铜缺乏症时，被毛绒化，卷曲消失，形成直毛或钢丝毛，毛纤维易断。不同品种的羊对缺铜的敏感性不一样，如羔羊摇背症，是先天性营养缺铜症，表现为生后即死，或不能站立，不能吮乳，快步运动时后躯摇晃。继发性铜缺乏症的特点是运动失调，多发生于1～2月龄，少数于生后即出现，运动不稳，后躯萎缩，驱赶或行走时易跌倒，后肢软弱而坐地。持续3～4d后，多数患病羔羊可存活，但易骨折，少数病例可表现为腹泻。如波及前肢，则动物不能站立而卧地不起。

（5）鹿铜缺乏症。与羔羊铜缺乏症类似，仅发生于年轻的未成年鹿。临床上表现为运动不稳，后躯摇晃，呈犬坐姿势。

（6）猪铜缺乏症。病猪表现为轻瘫，运动不稳，跗关节过度屈曲，呈犬坐姿势，用铜制剂治疗，效果显著。

3. 诊断

（1）症状诊断。临床上患病动物表现为贫血、腹泻、消瘦、关节扩大、关节滑液囊增厚。补饲铜制剂后疗效显著，可以初步诊断。

（2）剖检诊断。剖检可见患畜消瘦，贫血，肝、脾、肾内有过多的血铁黄蛋白沉着。犊牛原发性缺铜时，腕、跗关节囊纤维增生，骨骼疏松。大多数有摇背症病羊，不仅有脱髓鞘现象，而且有急性脑水肿、脑白质破坏和空泡形成，但无血铁黄蛋白沉着。牛的摔倒病，病牛心脏松弛，苍白，肌纤维萎缩并为纤维组织取代，肝、脾肿大。

（3）实验室诊断。血铜浓度小于0.4mg/L，超氧化物歧化酶活性下降，可作为铜缺乏症诊断的可靠指标。

4. 治疗 主要防治措施是补铜。常用硫酸铜，2～6个月龄犊牛4g，成年牛和骆驼8～10g，羊1～2g，内服，每周1次，连用3～5周。在日粮中添加铜，使每克日粮中硫酸铜的含量达到 25~30mg，连喂 2 周。可将矿物质混合剂中硫酸铜的水平提高至 3%~5%，自由舔食或按 1% 剂量加入到日粮中饲喂动物。

5. 预防

（1）补充土壤铜含量。在缺铜地区，每年按每公顷 5.6kg 施用硫酸铜可以保证饲料含铜量达到正常水平，满足家畜的基本需要量。

（2）补饲硫酸铜。缺铜地区的母羊可自妊娠第 2~3 个月开始至分娩后 1 个月期间，应用 1% 硫酸铜液 30~50mL，每间隔 10~15d 给药 1 次。出生的羔羊可灌服 10~20mL 药液。

（3）应用硫酸铜舔盐。舔盐的含铜量，牛为 2%，羊为 0.25%~0.5%。

（4）定期注射含铜药剂。乙二胺四乙酸钙铜、氨基乙酸铜或甘氨酸铜与无菌蜡和油混合，剂量为牛 400mg，绵羊 150mg，肌内注射。

（二）锌缺乏症

锌缺乏症是动物机体因锌含量不足而引起的以生长停滞、饲料利用率降低、皮肤角化不全、骨骼发育异常及繁殖机能障碍为特征的营养代谢性疾病，各种动物均可发生，常见于猪、羊、犊牛、鸡等。

1. 病因

（1）土壤和饲草料中锌含量不足。土壤和饲草料中锌含量不足是动物锌缺乏症的主要原因。一般认为，每千克土壤中锌含量低于 30mg 或每千克饲草料中锌含量低于 20mg 即可发病。绝大多数草食动物和家禽，锌需要量的范围为每千克体重 40~100mg，动物最低锌需要量随年龄、生理状况、环境因素及健康情况而变化。随年龄增大和生长速度变慢，锌吸收率降低。青年比老年或生长慢的动物需要更多的锌。怀孕和泌乳应激也会影响动物对锌的需求量，产乳量较高的泌乳动物需锌量也增加。

（2）高钙日粮影响动物对锌的吸收。饲料中钙与锌比在 100:1~150:1 较为适宜。一般认为，猪饲料中钙含量达 0.5%~1.5% 时，锌含量在每千克体重 30~40mg 容易发生锌缺乏症。奶牛日粮中钙含量达 0.3%，锌需求量则为每千克体重 45mg，每增加 0.1% 的钙，每千克体重需补锌 16mg。另外，铜、铁、锰、镉、钼等元素过多时，与锌具有拮抗作用，影响锌的吸收，也会诱发锌缺乏症。

（3）饲料中植酸含量过多。饲料中植酸能与锌形成不溶解、难吸收的化合物，使动物对锌的利用率降低，从而继发锌缺乏症。

2. 症状 锌缺乏症的特征症状是动物生长停滞，饲料利用率降低，皮肤角化不全，骨骼发育异常，繁殖机能障碍。

（1）反刍动物锌缺乏症的早期，采食量减少，生长速度、饲料转化率、繁殖率降低，泌乳量减少，皮肤角化不全是最明显的表现。

（2）绵羊和山羊锌缺乏症的症状与牛的相似，绵羊还表现为羊毛脱落、变脆，皮肤变厚、起皱、发红。公羔羊睾丸发育障碍，精子生成完全停止。动物对感染和应激的抵抗力下降。

（3）猪锌缺乏症的主要临床症状是皮肤损伤，出现红斑、丘疹，真皮形成鳞屑、皱裂而过度角化，严重者真皮结痂。食欲降低、生长缓慢、腹泻、呕吐。

（4）各种家禽均可发生锌缺乏症。成年鸡症状较轻，主要影响生长速度、饲料转化率和产蛋率。雏鸡可发生严重的锌缺乏症状，尤其是母鸡缺锌时孵化出的小鸡。出现胚胎畸形，如短腿、脊柱弯曲、无趾、肢体缺损等。有的孵化出小鸡，但虚弱不能采食、饮水和站立。

出生后主要表现为生长发育缓慢，腿骨变短，跗关节增大，皮肤有鳞屑，羽毛发育不良，鸡冠发育停滞，颜色变淡，皮肤过度角化，初产期明显推迟，严重者则死亡。

（5）犬锌缺乏症时则表现为口唇、眼周围、下颌、关节、睾丸、包皮或阴户的皮肤脱落，角化不全，有的形成结痂。

3. 诊断

（1）症状诊断。生长发育迟缓，病畜食欲减退，营养不良，被毛粗乱，消瘦。皮肤角化不全，骨骼发育异常、长骨变粗、变短，腿弯曲，关节粗大。繁殖机能障碍，公畜睾丸、附睾、前列腺发育受阻，精子形成障碍；母畜性周期紊乱，早产、流产、死胎、不育。鸡产蛋量下降，孵化率降低，鸡胚死亡率增高。

（2）剖检诊断。尸体剖检无特征性的病理变化，主要表现为皮肤增厚、坚实、切割困难。皮肤过度角化或不完全角化，真皮和血管周围的结缔组织细胞浸润，消化道上皮细胞角化。

（3）实验室诊断。测定血清、被毛、肋骨锌含量和血清碱性磷酸酶的活性是诊断锌缺乏症的有价值的指标。一般认为，牛血清锌含量为 0.6~1.0mg/L 属于轻度缺乏，0.4~0.6mg/L 是严重缺乏；绵羊血清锌含量低于 0.39mg/L 为锌缺乏的标志。每千克健康绵羊被毛锌含量为 84~142mg，内蒙古患"脱毛症"绵羊每千克被毛锌含量降至 67mg。动物锌缺乏时，血清、组织中碱性磷酸酶活性降低，肋骨锌含量显著下降。

（4）鉴别诊断。应与疥螨病、渗出性皮炎相鉴别。

4. 防治 消除妨碍锌吸收和利用的因素，调整饲料日粮组成，适当补给锌盐（硫酸锌、碳酸锌或氧化锌等），以提高机体含锌水平。

（1）牛、羊的治疗。通常应用硫酸锌或碳酸锌，剂量为 100kg 体重 0.11g。牛、羊内服硫酸锌或氧化锌，剂量为每千克体重 1mg，连用 10~15d，配合使用维生素 A 效果更好。反刍动物可用锌和铁粉混合制成的缓释丸，投入胃内缓慢释放锌，以满足需求。

（2）家禽的治疗。给予氧化锌的醋酸溶液亦能获得预防效果。

（3）猪的防治。生长猪日粮钙含量控制在 0.5%~0.6%，同时每千克饲料中添加锌达 30~50mg，能预防猪锌缺乏症的发生。猪出现锌缺乏症时饲料补锌是最有效的途径，应使每千克饲料中锌达到 50mg（每千克饲料中添加硫酸锌或碳酸 200mg），并使钙含量维持在 0.65%~0.75%，连续饲喂 3~5 周。

（三）锰缺乏症

锰缺乏症是由动物体内锰含量不足引起的以生长缓慢、骨骼发育异常和繁殖机能障碍为主要特征的一种营养代谢性疾病。本病可发生于任何动物，以家禽为最易感，其次是仔猪、犊牛、羔羊等。

1. 病因 畜禽缺锰可能是由机体对锰的吸收发生障碍所致。已确证，饲料中钙、磷、铁以及植酸盐含量过多，可影响机体对锰的吸收、利用。动物机体患慢性胃肠道疾病，也可妨碍对锰的吸收、利用。

2. 症状 缺锰动物主要表现为生长发育受阻，骨骼畸形，繁殖机能障碍，新生动物运动失调以及脂质和糖代谢紊乱等症状。

（1）骨骼畸形。病畜表现为跛足、短腿（桡骨、尺骨、胫骨、腓骨短缩）、弯腿以及关节延长等症状。

（2）繁殖机能障碍。母牛、山羊发情期延长，不易受胎，早期发生原因不明的隐性流产、死胎和不育。

3. 诊断

（1）症状诊断。根据骨骼变化、母畜繁殖机能障碍等症状可初步诊断。锰缺乏时，能量代谢紊乱、固醇类物质合成障碍、软骨生长、骨骼生成与钙化、耳前庭内软骨发育等受到影响，导致终身平衡失调，特别在运动时可就地翻转。

（2）实验室诊断。根据对土壤、日粮和体内锰含量的分析，同时分析钙、磷、铁等元素的含量，有助于本病的诊断。病畜补充锰后的反应是确诊锰缺乏症的良好指标。

4. 防治

（1）硫酸锰，牛 2g，羊 0.5g，内服，用于锰缺乏地区的牛、羊。

（2）1 000kg 饲料中添加硫酸锰 242g，可满足各种动物的需要。

（3）1：3 000 高锰酸钾溶液，家禽饮用，连用 2～3d，停药 2～3d 后再用 2d。

（4）硫酸锰舔砖（每千克盐砖含锰 6g）自由舔食。

（5）氯化胆碱 50～60g，多维素 20g，添加于 50kg 饲料中，饲喂家禽。

（四）硒缺乏症

硒缺乏症是指因饲料和饮水中硒供给不足或缺乏，引起的以多种器官组织萎缩、变性、细胞坏死等为特征的一系列营养障碍性疾病。临床上常以肌肉营养性坏死、心肌出血、肝坏死及繁殖机能紊乱为特征。本病又称为硒反应性疾病。

实际上，硒和维生素 E 在动物机体抗氧化作用过程中有很大的协同性，二者缺乏引起动物组织的病理变化及临床症状也极为相似，且临床上单纯的硒缺乏症或维生素 E 缺乏症并不多见，故临床上将二者的缺乏症合称为硒-维生素 E 缺乏综合征。

1. 病因

（1）动物机体硒缺乏。主要是由饲料、牧草中硒含量不足或缺乏引起。日粮中不饱和脂肪可引起条件性维生素 E 缺乏。妊娠母畜缺硒也可引起胎儿的先天性硒缺乏症。低硒环境（土壤）是硒缺乏症的根本原因，低硒饲料是直接病因，水-土壤-食物链是基本的致病途径。

（2）继发因素。饲料中维生素 E 缺乏，会使硒的消耗加大。维生素 E 可抑制或减慢体内多价不饱和脂肪酸的氧化，减少游离根和超过氧化物的产生，从而防止含多价不饱和脂肪酸的细胞膜脂类物质过氧化，达到保护作用。因此，维生素正在抗氧化作用方面与硒元素有一定的协同作用，所以维生素 E 缺乏可促进硒缺乏症的发生。

2. 发病机理 硒和维生素 E 是一种天然的抗氧化剂，可保护细胞免受体内代谢产生的过氧化物的破坏。研究表明，维生素 E 的抗氧化作用是通过抑制多价不饱和脂肪酸产生的离子对细胞膜的脂质过氧化来实现的，硒的抗氧化作用是通过谷胱甘肽过氧化物酶和清除不饱和脂肪酸来实现的，谷胱甘肽过氧化物酶能清除体内产生的过氧化物和自由基，保护细胞膜免受损害。

在生理情况下，机体内自由基不断地生成，但又不断地被清除，其生成速度和清除速度保持相对平衡，因而不会出现自由基对机体的氧化损伤或生理破坏作用。机体硒缺乏时，自由基的产生或清除失去了平衡和稳定，这些化学性质十分活泼的自由基对机体迅速作用，破坏蛋白质、核酸、糖类和花生四烯酸的代谢，在细胞内堆积，促进细胞衰老。另外，自由基使细胞脂质过氧化发生链式反应，破坏细胞膜，造成细胞结构和功能的损害。肌肉组织、肝、胰腺、淋巴器官和微血管是最易受损伤的主要组织器官。

硒还与维生素E在抗氧化作用方面有协同作用，硒可增强维生素E的抗氧化作用。在治疗硒-维生素E缺乏综合征时，补充硒和维生素E可纠正各自的缺乏症，并且硒在很大程度上可取代维生素E，而维生素E则不能取代硒。

3. 症状 共同症状是生长发育停滞，营养不良，贫血；运动障碍，腰背拱起，四肢僵硬，运步强拘，共济失调；心律不齐，呼吸困难，伴有消化机能紊乱。

(1) 猪的症状表现。多见于3周龄左右的仔猪，生长快、体况发育良好的猪更易发病。常无早期症状而突然抽搐，尖叫数声后死亡。病程长者，体温不高，精神沉郁，皮肤、黏膜苍白，步态强拘，站立困难，前腿跪下或呈犬坐姿势；心跳、呼吸加快，肺部听诊有湿啰音，尿液呈红棕色。

(2) 鸡的症状表现。全身软弱无力，贫血，站立不稳，腿肌麻痹，卧地不起。共济失调，翅膀下垂，头、颈、胸部成片脱毛，胸腹下皮肤呈蓝绿色。

(3) 牛、羊的症状表现。表现为肌肉无力，全身颤抖，行走困难；可视黏膜苍白，呼吸急促，心跳加快。最后卧地不起，角弓反张，衰竭死亡。

4. 病理变化 病理变化的特征是肌肉变性、坏死。呈苍白色。

(1) "桑葚心"：猪心室扩张，沿心肌走向出血而呈红紫色，外观似桑葚，称"桑葚心"。

(2) "花肝"：正常红褐色肝小叶与白色或淡黄色坏死的肝小叶混杂在一起，使肝外观呈现花斑状，称"花肝"。

(3) 肌肉坏死：鸡表现明显，胸、腹部皮下水肿，有蓝绿色胶冻样物。胸及股内侧不同程度地瘀血、出血。

5. 诊断 根据地方性缺硒病史、临床表现（运动障碍、心力衰竭）、病理剖检变化、饲料及体内硒含量的分析和血液肌酸磷酸激酶、谷草转氨酶、谷胱甘肽过氧化物酶活性变化可得出诊断。

(1) 症状诊断。根据临床表现出的生长发育停滞，运动障碍，共济失调，心律不齐，呼吸困难，消化机能紊乱可初步诊断。

(2) 实验室诊断。肝和肾是动物硒营养状况的敏感指标，与血硒含量和谷胱甘肽过氧化物酶活性一起作为诊断硒缺乏症的依据。

6. 防治

(1) 0.1%亚硒酸钠注射液：马、牛30～50mg；幼驹、犊牛5～8mg；仔猪、羔羊1～2mg；1次肌内注射或皮下注射，10～20d重复1次。病情严重者，5d注射1次，共2～3次。

(2) 亚硒酸钠维生素E注射液：马、牛30～50mL；驹、犊牛5～8mL；仔猪、羔羊1～2mL；一次肌内注射。家禽0.05mg（1mL用纯净水稀释20倍，每只禽注射1mL），皮下注射或肌内注射；取1mL混入100mL饮水中，供自由饮用。

(3) 维生素E注射液：犊牛、幼驹300～500mg；羔羊、仔猪100mg肌内注射。

(4) 饲料添加：亚硒酸钠0.4g，维生素E 5g，碳酸钙994.6g，畜禽1 000kg饲料加本品500～1 000g。也可在饮水中按1mg/L用量添加亚硒酸钠，同时配合肌内注射维生素E。在缺硒地区或饲料中硒含量不足的情况下应添加硒，使每千克饲料中硒达0.1mg、维生素E达到100IU，能有效地预防鸡渗出性素质和肝变性的发生。

7. 预防措施 从富硒地区购入部分饲料，与本地饲料调剂使用，特别在发病季节到来之前，可望获得满意的效果。

(1) 母畜怀孕期间补硒。怀孕中后期可用最低剂量注射 1~2 次，产后再补充 1 次，以提高乳汁中硒含量。

(2) 土壤改良。土壤中补充亚硒酸钠或硒肥。

(3) 饲料中添加硒。一般日粮硒含量达每千克体重 0.1mg 即可满足动物对硒营养的需求，也可使用微量元素添加剂进行补充。

(五) 钴缺乏症

钴缺乏症是因饲料和饮水中缺少钴而引起的以厌食、极度消瘦和贫血为特征的慢性消耗性疾病，牛、羊多发。主要是由土壤和饲料中钴含量不足引起的。临床症状表现为贫血、生长发育迟缓、消瘦、衰弱、造成营养性不孕或孕畜流产。缺钴使瘤胃合成维生素 B_{12} 减少，影响瘤胃正常生理功能导致消化不良、流产、应激反应加剧等。可用氯化钴 5~30mg 制成水溶液灌服、肌内注射维生素 B_{12} 100~200μg 等方法治疗。

单元四　维生素缺乏症

(一) 维生素 A 缺乏症

维生素 A 缺乏症是指动物饲料中维生素 A 或胡萝卜素不足导致体内维生素 A 含量不足而引起的疾病，临床上主要表现为共济失调、夜盲、皮肤干燥、干眼、成年动物繁殖机能降低、禽痛风。幼畜、家禽多发生本病。

1. 病因　饲料中维生素 A 不足，动物生理需求量增大，母体内维生素 A 不足和肝胆疾病是本病发生的主要原因。

2. 症状

(1) 夜盲症。夜盲症是维生素 A 缺乏症早期症状之一（猪除外），在黎明、黄昏或月光下看不见物体，行走时常出现跌撞现象，瞳孔对光反应迟钝。

(2) 干眼病。犊牛、犬角膜角化呈云雾状，眼睑内有黏液，眼角常有气泡。严重者角膜溃疡，甚至穿孔而失明。

(3) 角膜软化。在严重缺乏维生素 A 的情况下，成年鸡鼻孔、眼睛出现大量水样分泌物，常导致上下眼睑粘连而睁不开眼睛，且不久眼中出现乳白色干酪样渗出物，严重者则可见角膜软化，最终引起角膜穿孔而失明。小鸡眼睑水肿，流泪，眼睑下出现干酪样分泌物。

(4) 黏膜炎症。因机体黏膜抵抗力下降，动物极易发生支气管炎、肺炎、胃肠炎及尿路感染等。

(5) 皮肤病变。主要表现为类似皮炎症状，患畜皮肤干燥、皮屑增多、脱屑、被毛蓬乱无光泽，脱毛，甚至大面积秃毛，蹄、角生长不良，蹄壳干燥并有纵行皲裂，马最明显。鸡喙、腿部皮肤黄色消失。

(6) 繁殖机能障碍。公畜精液品质不良。母畜发情紊乱，受胎率下降。胎儿发育不全、先天性缺陷、畸形、孕畜流产、早产、死产。仔畜体质虚弱，容易死亡。新生仔猪常有唇裂、腭裂、无眼等畸形以及后肢变形、皮下囊肿、心脏缺陷、膈疝、脑室积水等。

(7) 神经症状。幼畜最明显，犊牛、仔猪常见。无目的地行走、转圈，有时前肢跪地后又举起，共济失调，甚至出现休克和晕厥。

(8) 不同动物的症状特点。

①犊牛。病初呈夜盲症，后继发干眼病，甚至失明。同时并发唾液腺炎、角膜炎、脑脊液压升高，共济失调、痉挛，或阵发性惊厥，视神经萎缩。

②羔羊。体质孱弱，视力障碍，支气管炎和肺炎。脑脊液压升高，出现阵发性痉挛、共济失调，后肢瘫痪，死亡率高。

③仔猪。视力减弱，脂溢性皮炎。因脑脊液压升高，导致共济失调，后肢麻痹，惊厥。仔猪出生后呈小眼畸形、腭裂，容易继发肺炎、胃肠炎、佝偻病等。

④家禽。出现水样或黏液性鼻液，干酪样分泌物积聚并粘连眼睑，羞明流泪，严重者角膜软化，甚至穿孔、失明。特征性变化是口、咽、上腭及喉部有白色伪膜附着，易剥离。母鸡维生素A缺乏时所产种蛋孵出的雏鸡经5～7d开始发病，神经症状明显，感觉过敏，头颈扭转或呈后退动作，共济失调。眼炎，干眼，消瘦。

3. 诊断

（1）症状诊断。初生仔畜突然出现神经症状，夜盲，母畜出现流产、死胎、胎儿畸形增多，可怀疑为维生素A缺乏症。

（2）剖检诊断。视神经乳头水肿。眼黏膜涂片检查，角化上皮细胞数量增多。剖检可见唾液腺、喉头、气管内有伪膜生成，可提示诊断。

（3）实验室诊断。测定血浆、肝中维生素A及胡萝卜素含量，若含量明显减少者可诊断为本病。

（4）鉴别诊断。本病应与低镁血症、脑灰质软化症、产气荚膜梭菌毒素D中毒、伪狂犬病、散发性脑炎和脑脊髓炎等相区别。

4. 防治

（1）治疗原则。在动物日粮中应添加维生素A，动物妊娠、泌乳、催肥时对维生素A的需求量是通常需求量的2倍。按需求量计（每千克体重）：牛12～24μg，羊9～24μg，猪12～24μg，鸡364～727μg，鸭、珍珠鸡、火鸡需求量比鸡高20%左右。

（2）治疗措施。

维生素AD油：马、牛20～60mL，猪、羊10～15mL，犬5～10mL，禽1～2mL，1次内服。

维生素AD注射液：幼驹、犊牛、羊、猪2～5mL，仔猪、羔羊0.5～1mL，马、牛5～10mL，1次肌内注射。

（二）B族维生素缺乏症

B族维生素缺乏症是由饲料中B族维生素含量不足而引起的一种代谢性疾病，常见于幼畜和家禽。

1. 病因

（1）饲料中B族维生素缺乏。B族维生素广泛存在于青绿饲料、酵母、米糠、麸皮以及发芽的谷物中。另外，动物肠道中的微生物也能合成一定量的B族维生素，一般情况下不会引起缺乏。如果长期单一饲喂缺乏B族维生素的饲料，或饲料中B族维生素添加量不足，就会导致B族维生素缺乏。

（2）继发性因素。饲料久贮后霉变，B族维生素受到破坏；天气闷热、应激反应、磺胺类药物的使用等会使动物体内的B族维生素消耗量增大；胃肠炎、消化机能障碍等疾病会使B族维生素的吸收量减少，从而继发本病。

2. 症状

（1）维生素 B_1 缺乏症。

①犊牛。发病年龄为 30d 以内，平均为 21d。以神经症状为主，兴奋、痉挛、惊厥、四肢抽搐、坐地、倒地、眼球震颤甚至失明、牙关紧闭、角弓反张。有的犊牛呈现脑灰质软化症，用维生素 B_1 治疗效果明显。

②羔羊。共济失调，转圈，无目的地奔跑，倒地抽搐，昏迷死亡。

③家禽。病初两腿无力，体重减轻，麻痹，消化不良，体温下降。羽毛蓬松，步态不稳，鸡冠发青，翅膀下垂，腿前伸，尾部着地，头颈后仰，呈"观星姿势"。小公鸡睾丸发育受抑制，母鸡卵巢萎缩。

④犬、猫。引起对称性脑灰质软化症。猫对维生素 B_1 的需求量比犬多，猫主要因喂给全鱼性食物、犬喂给熟肉而发生。主要表现为厌食，平衡失调，惊厥，勾颈，头向腹侧弯，知觉过敏，瞳孔扩大，运动神经麻痹，四肢呈进行性瘫痪，惊厥，四肢强直，昏迷，死亡。

⑤猪。因食用生杂鱼而引起维生素 B_1 缺乏症。主要表现为呕吐，腹泻，后肢跛行，四肢肌肉痉挛、抽搐、瘫痪、间或出现强直性痉挛，最后因麻痹死亡。

（2）维生素 B_2 缺乏症。

①家禽。精神沉郁，不愿走动，下痢，消瘦，贫血，鸡冠苍白。足趾向内弯曲，飞节着地，行走困难是本病的重要特征。母禽因饲料单一，缺乏维生素 B_2 时，本身症状不明显，但所产种蛋孵化率降低，或雏禽出壳时瘦小、水肿、趾爪弯曲。

②犬、猫。皮屑增多，胸部、后躯皮肤出现红斑、水肿，后肢肌肉无力，脑、脊神经变性，痉挛，平衡失调，易惊厥。

③猪。生长缓慢，腹泻，被毛粗乱无光泽，体表出现大量脂性渗出物，鬃毛脱落。跛行，不愿走动，眼结膜损伤，眼睑肿胀呈卡他性炎症，甚至晶体混浊，失明。母猪缺乏则导致不孕或流产、早产，仔猪秃毛，有的仔猪出生后不久即死亡。

④犊牛。厌食、生长不良、流涎、流泪、腹泻、脱毛、口角炎、口腔炎等。

（3）烟酸缺乏症。患病动物主要表现为食欲减退、厌食、消化不良、腹泻、消化道黏膜炎症、大肠坏死、溃疡。被毛粗糙，形成鳞屑。运动失调，反射紊乱，麻痹，癫痫。

①家禽。羽毛生长不良，跗关节增生，发炎，骨短粗，股骨弯曲，罗圈腿。鼻腔黏膜、喙角、眼睑、皮肤炎症。

②猪。食欲下降，严重腹泻，平衡失调，四肢麻痹。特征性皮肤病变是先从头、颈部出现斑块状病变，逐渐蔓延至身体两侧，病变部皮肤增厚，干燥开裂，并附黑色痂皮，局部常脱毛。逐渐消瘦，死亡。剖检可见胃、十二指肠出血，大肠溃疡，回肠、结肠局部坏死。

③犬、猫。口腔舌部变化明显，开始是红色，以后为蓝色素沉着，俗称黑舌病。唾液臭味明显，口腔溃疡，腹泻。精子生成减少，精子活力降低。有神经症状，虚弱、惊厥、昏迷。

（4）维生素 B_{12} 缺乏症。患病动物一般表现为食欲减退，生长缓慢或不良，可视黏膜苍白，皮肤湿疹，神经兴奋性增高，触觉过敏，共济失调，晚期继发肺炎、胃肠炎等疾病。

①家禽。缺乏时，产蛋量下降，肌胃糜烂。种鸡缺乏时则种蛋的孵化率大幅度下降，并且鸡胚胎出现畸形，多在孵化后死亡。

②犬、猫。缺乏时容易引起贫血、厌食，幼龄时发生脑水肿。

③猪。表现为厌食，生长停滞，运动失调，皮肤粗糙。成年猪繁殖机能紊乱，容易引起流产、死胎，胎儿发育不全、畸形，产仔数减少、仔猪活力减弱、生后不久死亡。

④犊牛。生长停止，行走时摇摆不稳，运动失调等。

(5) 叶酸缺乏症。叶酸缺乏与维生素 B_{12} 缺乏时症状相似，表现为食欲不振，消化不良，腹泻，皮肤粗糙，脱毛，贫血。此外，动物易患肺炎和胃肠炎，母猪受胎率与泌乳量减少等。

3. 诊断

(1) 维生素 B_1 缺乏症。根据临床上出现神经症状，禽出现进行性麻痹，颈前肌肉麻痹，呈观星姿势等可初步诊断。但应与雏鸡传染性脑脊髓炎相区别，该病有头颈震颤，晶状体震颤，仅发生于雏鸡，不发生成年鸡等特点。

(2) 维生素 B_2 缺乏症。根据鸡出现特征性腿肌麻痹，爪蜷曲，坐骨神经干肿大，可初步诊断为本病。但应与马立克氏病神经型相区别，其他动物上皮变化应与维生素 A 缺乏症相区别。

(3) 烟酸缺乏症。动物饲料中因烟酸含量绝对或相对不足而导致烟酸缺乏症，根据临床上以皮肤和黏膜代谢障碍、消化功能紊乱、被毛粗糙、皮屑增多和神经症状为特征，可初步诊断为本病。

(4) 维生素 B_{12} 缺乏症。根据病史、饲料分析，维生素 B_{12} 含量降低，临床上患病动物表现为贫血、皮疹、消化不良、消瘦、黏膜苍白、尿中甲基丙二酸浓度增高而诊断，但应与泛酸、叶酸、钴缺乏症等相区别。

(5) 叶酸缺乏症。根据病史、临床上出现巨红细胞性贫血、白细胞减少、特异性骨髓内出现巨母红细胞等现象，再配合临床治疗性试验而诊断。叶酸缺乏症与维生素 B_{12} 缺乏症在临床上无法区别。

4. 防治

(1) 防治原则。改善营养，除了在饲料中添加青绿饲料、酵母、麸皮、米糠外，还应在每 1 000kg 饲料中添加维生素 B_1 100～300mg，维生素 B_2 1.5～3g，维生素 B_{12} 2～5mg，烟酸 10g，叶酸 4mg，以预防本病发生。

(2) 治疗措施。根据不同病因，有针对性地补充各种维生素。

①维生素 B_1 注射液。马、牛 100～200mg，猪、羊 25～50mg，犬 10～25mg，鸡 5～10mg，1 次肌内注射或静脉注射。

②丙酸硫胺注射液。马、牛 0.1～0.5g，猪、羊 25～50mg，犬、猫、貂 5～20mg，1 次肌内注射。

③呋喃硫胺注射液。马、牛 0.1～0.2g，猪、羊 10～30mg，禽 0.2～2mg，1 次肌内注射。

④复合维生素 B 注射液。马、牛 10～20mL，猪、羊 2～6mL，犬、猫、兔 0.5～1mL，一次肌内注射，1～2 次/d。

⑤维生素 B_2 注射液。马、牛 100～150mg，猪、羊 20～30mg，犬 0～20mg，猫 5～10mg，1 次皮下注射或肌内注射，7～10d 为 1 个疗程。

⑥核黄素。犊牛 30～50mg，猪 50～70mg，仔猪 5～6mg，雏禽 1～2mg，1 次内服或混于饲料中饲喂，连用 8～15d。

⑦烟酸。家畜每千克体重 3~5mg，1 次内服。供给富含维生素 B_{12} 的饲料。如全乳、脱脂乳、鱼粉、肉粉、大豆副产品等，也可补加氯化钴等钴化合物。

⑧维生素 B_{12}（氰钴胺）注射液。马、牛 1~2mg，猪、羊 0.3~0.4mg，犬、猫 0.1mg，鸡 2~4mg，仔猪 20~30mg，1 次肌内注射，1 次/d。

⑨叶酸。每千克体重 10~20mg，混饲。动物饲喂以鱼粉和肉粉为主要蛋白质原料的日粮，或饲料颗粒化后，应在日粮中添加叶酸或补充叶酸含量较高的其他饲料。

(三) 维生素 E 缺乏症

维生素 E 又称生育酚，天然维生素 E 有 8 种，以 α-生育酚活性最强。维生素 E 缺乏，会导致成年动物繁殖力下降，幼畜肌肉营养不良，雏鸡小脑软化等营养性缺乏症。临床上幼畜表现为跛行、平衡失调，母畜表现不孕、流产和胎衣不下等症状。各种动物都可发生，尤以幼年动物发病较多。

1. 病因

（1）饲料中维生素 E 缺乏。长期饲喂经过暴晒、品质不良的干草、干稻草，或饲料高温下长期贮存，维生素 E 受到破坏或饲料中维生素 E 添加量不足等原因都可导致本病。

（2）饲料中其他成分的影响。饲料中不饱和脂肪酸的游离根与维生素 E 结合，使维生素 E 的有效含量降低。或饲料中含有鱼粉、鱼脂等维生素 E 的拮抗成分，使体内维生素 E 消耗过多，导致维生素 E 缺乏。硒可通过硒酶或硒蛋白的形式，参与机体的抗氧化功能，可促进或协同维生素 E 的抗氧化功能。因此，饲料中硒缺乏，也会使维生素 E 被破坏。

（3）继发性因素。慢性消化道疾病，肝胆功能障碍，胆汁分泌不足或排泄受阻等都会影响到维生素 E 的吸收与利用。

2. 症状

（1）主要表现。精神不振，采食减少，共济失调，步态不稳，时而冲撞，盲目运动。公畜睾丸萎缩、变性、繁殖力下降，母畜不孕。

（2）猪。大量喂给鱼粉或变质的高脂肪类食物，如蚕蛹等缺乏维生素 E，会使猪发生黄脂病。

（3）家禽。维生素 E 缺乏时可产生小脑软化症及使产蛋母鸡的产蛋量降低，孵化率下降。脑软化症多发生于 5 周龄家禽，早期表现为行走蹒跚如醉酒一样，常跌倒在地上翻转，并出现明显的运动不协调，痉挛、抽搐、颈部扭曲，沿身体纵轴旋转，进而瘫痪，并很快死亡。耐过的鸡常留下终身不治的后遗症。头颈扭曲、跌倒，尤其在受惊时表现更明显。

3. 病理变化　以肌肉变性、脑软化和渗出性素质为特点。猪肝营养不良，胃的贲门部溃疡，心外膜、心内膜及心肌斑点状出血。鸡小脑软化、水肿，有出血点，切面有出血点和黄绿色的坏死区。皮下水肿，有蓝绿色胶冻样物质，心包及腹腔积液。胸肌、腿肌有灰白色条纹并有出血点，肌胃、心肌苍白、柔软。成年公鸡维生素 E 缺乏时睾丸肿大，精子生成障碍，精子活力降低、运动异常甚至不产生精子。母鸡维生素 E 缺乏时，卵巢机能下降，性周期异常，受精率降低或受精卵死亡，或胚胎发育不全，死亡率升高。

4. 诊断　本病诊断要点为神经症状、运动障碍、脑软化、肌肉变性和渗出性素质。

（1）症状诊断。根据患病动物出现神经症状，运动障碍等症状可初步诊断。

（2）剖检诊断。根据肌肉变性、脑软化和渗出性素质等特征性病变进行诊断。

（3）治疗诊断。小脑软化症时补充硒治疗几乎无效，繁殖机能障碍补充硒治疗效果不理想，唯用维生素 E 治疗效果确实。注意与传染性脑脊髓炎、中毒性脑病、肝病和单纯硒缺乏症相区别。

5. 防治

（1）治疗原则。仔细查明原因，及时更换饲料，增加供给维生素 E 含量较高的大麦芽、绿豆芽等或及时补充维生素 E。

（2）治疗措施。夏季给予新鲜青绿饲料，冬季给予青草粉、苜蓿粉和微量元素硒。每千克饲料中硒达 0.2～0.25mg。除去日粮中品质不好的脂肪，发霉、变质的鱼粉，酸败发酵的含脂丰富的饼粕等。

①维生素 E 注射液。幼驹、犊牛 0.5～1.5g，仔猪 0.1～0.5g，犬 0.03～0.1g，1 次肌内注射，1 次/d。

②亚硒酸钠维生素 E 注射液。驹、犊牛 5～8mL，仔猪 1～2mL，1 次肌内注射，1 次/d，连用 2～3d。

③维生素 E。成年鸡 3～5mg/只，雏鸡每千克饲料含维生素 E 5mg，同时补充适量硒，可防止硒-维生素 E 缺乏综合征。

模块十

动物内科病

单元一 消化系统疾病

(一) 口咽和食道疾病

1. 口炎 口炎是口腔黏膜炎症，包括舌炎、腭炎和齿龈炎。临床上以流涎、采食、咀嚼障碍为特征。口炎按其炎症性质可分为卡他性口炎、水疱性口炎、溃疡性口炎、脓疱性口炎、蜂窝织炎性口炎、丘疹性口炎等。其中以卡他性口炎、水疱性口炎和溃疡性口炎较为常见。各种家畜都可能发生。

(1) 病因。原发性的口炎主要由黏膜遭受机械性、化学性等刺激引起。如采食粗硬、有芒刺或刚毛或含有异物饲料及不正确地使用口衔、开口器直接损伤口腔黏膜；抢食过热的饲料或灌服过热的药液；不适当地口服刺激性或腐蚀性药物或长期服用汞、砷和碘制剂；采食冰冻饲料或霉败饲料；当受寒或过劳，防卫机能降低时，可因口腔内的条件病原菌，如链球菌、葡萄球菌、螺旋体等侵害而引起口炎。

此外还常继发于咽炎、消化障碍、佝偻病和氟中毒或口蹄疫、马疱疹病毒性口炎、猪水疱病、牛瘟、猪瘟、犬瘟热、猫鼻气管炎、坏死杆菌病、放线菌病等传染病以及某些维生素缺乏症。

(2) 症状。各种类型的口炎，都具有采食、咀嚼缓慢或不敢咀嚼，流涎，口黏膜红肿、疼痛，口温增高等共同症状。但每种类型的口炎还有其特有的临床症状。

①卡他性口炎。口黏膜弥漫性或斑块状红肿；有的病例出现散在的小结节和烂斑；或口腔内的不同部位形成大小不等的丘疹，其顶端呈针头大的黑点、触之坚实、敏感；舌苔为灰白色或草绿色。病情严重时，唇、齿龈、颊部、腭部黏膜肿胀甚至发生糜烂，大量流涎。

②水疱性口炎。有轻微的体温升高，在口黏膜上有散在或密集的粟粒大至蚕豆大的透明水疱，水疱破溃形成鲜红色烂斑。

③溃疡性口炎。多发生于肉食动物，病畜表现为门齿和犬齿的齿龈部分肿胀，呈暗红色，疼痛，出血。1~2d后变为暗黄色或黄绿色糜烂性坏死。炎症蔓延邻近部位，导致溃疡、坏死甚至颌骨外露，散发出腐败臭味；流涎，混有血丝并带恶臭。

(3) 诊断。根据病史及口腔黏膜炎症变化，可做出诊断。但注意与咽炎、口蹄疫、牛丘疹性口炎、牛恶性卡他热、牛传染性水疱性口炎、猪水疱病等疾病进行鉴别诊断。

(4) 治疗。治疗原则以除去病因，加强护理，净化口腔，收敛、消炎、止痛为主。

①消除病因，加强护理。如摘除刺入口腔黏膜中的异物，修整锐齿等。给予病畜柔软而易消化的饲料，并多给饮水。采食或咀嚼障碍的动物，应及时补糖输液。

②净化口腔，收敛、消炎、止痛。口炎初期，可用1%食盐水或2%硼酸溶液洗涤口腔；炎症重有口臭时，可用0.1%高锰酸钾溶液洗涤。不断流涎时，则用1%明矾溶液或1%鞣

酸溶液、0.1%黄色素溶液冲洗口腔。溃疡性口炎，病变部涂擦10%硝酸银溶液后，用灭菌生理盐水充分洗涤，再涂1%磺胺或甘油擦碘甘油（5%碘酊1份、甘油9份）于患部；病情严重时，除局部处理外，还应使用磺胺类药物或抗生素。

③中兽医疗法。中兽医可用青黛散：青黛15g，薄荷5g，黄连、黄柏、桔梗、儿茶各10g，研为细末，装入小布袋内，在温水中浸湿衔于口内，给食时取下，吃完后再衔上，每日或隔日换药一次。

（5）预防。搞好饲养管理，正确使用口衔和开口器；不喂发霉变质的饲草、饲料；防止尖锐的异物、有毒的植物混于饲料中；服用带有刺激性或腐蚀性的药物时，一定按要求使用；定期检查口腔。

2. 咽炎 咽炎是咽黏膜、黏膜下组织的炎症。以吞咽障碍，流涎为特征。各种家畜都可发生。

（1）病因。原发性咽炎多由机械性、化学性及温热刺激引起的，如采食粗硬、过冷、过热的饲料或霉败的饲料；或受刺激性强的药物、强烈的烟雾、气体的刺激和损伤；受寒或过劳引起动物机体抵抗力下降，防卫能力减弱，受条件性致病菌的侵害导致疾病发生。

继发性咽炎多继发于口炎、感冒、炭疽、口蹄疫、恶性卡他热、犬瘟热、猪瘟及维生素A缺乏等疾病。

（2）症状。病畜表现采食、咀嚼缓慢，吞咽困难，头颈伸展，流涎。猪、犬、猫出现呕吐或干呕。炎症波及喉时，病畜咳嗽；触诊咽喉部，病畜敏感。咽部的黏膜、扁桃体红肿。出现化脓时，病畜咽痛拒食，高热，精神沉郁，脉搏增快，呼吸急促，鼻孔流出脓性鼻液。咽部黏膜肿胀、充血，有黄白色脓点和较大的黄白色突起。血液检查：白细胞数增多，中性粒细胞显著增加，核左移。

（3）诊断。根据病畜头颈伸展、流涎、吞咽障碍以及咽部视诊的特征病理变化明显，可做出诊断。

（4）治疗。治疗原则是加强护理，抗菌消炎。

①加强护理。停喂粗硬饲料，草食动物多喂多汁易消化饲料；肉食动物和杂食动物可给予稀粥、牛乳等，多给饮水。对于咽痛拒食的动物，应及时补糖输液。

②抗菌消炎。可选用青霉素与磺胺类药物，或其他抗生素，如链霉素、庆大霉素、土霉素等联合应用。并适时应用解热止痛剂，如安乃近、氨基比林。并酌情使用肾上腺皮质激素。亦可用0.25%普鲁卡因溶液（牛50mL、猪20mL）与青霉素（牛100万IU、猪40万IU）进行咽部封闭疗法。

③局部处理。病初，咽喉部先冷敷，后热敷，每日3～4次，每次20～30min。用复方醋酸铅膏剂（醋酸铅10g、明矾5g、薄荷脑1g、白陶土80g）外敷。小动物可用碘酊甘油涂布咽部黏膜或用碘片0.6g，碘化钾1.2g，薄荷油0.25mL，甘油30mL，制成擦剂，直接涂抹于咽黏膜。

（5）预防。搞好平时的饲养管理工作，防止咽部黏膜损伤，搞好圈舍卫生，防止受寒、感冒、过劳，增强防卫机能；及时治疗咽部邻近器官炎症，以防炎症的蔓延。

3. 食管阻塞 食管阻塞，俗称"草噎"，是由食管被食物或异物阻塞引起，临床上以突然发病，吞咽障碍为特征的疾病。本病常见于牛、马、猪、犬，羊偶发。

（1）病因。原发性食管阻塞通常是动物处于饥饿状态，采食体积过大的萝卜、甘薯、马铃薯等块根块茎饲料或未拌湿均匀的粉料时，采食过急，大口采食，咀嚼不全，唾液混合不充分，匆忙吞咽或突然受到惊吓，吞咽过急，从而导致阻塞；猪采食混有骨头、鱼刺的饲料，犬争食软骨、骨头和不易嚼烂的肌腱而引起。

继发性食管阻塞，常继发于食管狭窄或食管憩室、食管麻痹、食管炎等疾病。

（2）症状。病畜表现采食中突然发病，停止采食，恐惧不安，头颈伸展，张口伸舌，大量流涎，呈现吞咽动作，呼吸急促。颈部食管阻塞时，外部触诊可感阻塞物；胸部食管阻塞时，在阻塞部位上方的食管内积满唾液，触诊能感到波动并引起哽噎运动。用胃导管进行探诊，当触及阻塞物时，感到阻力，不能推进。食道完全阻塞时，反刍动物有瘤胃臌胀现象；病马不安，前肢刨地，饲料与唾液从鼻孔逆出，咳嗽。猪食管阻塞时，试图饮水、采食，但饮进的水立即逆流出口腔。病犬采食或饮水后，出现食物反流。干呕和咽下困难。部分阻塞时，液体和流质食物可通过食管进入胃。

（3）诊断。根据病史和大量流涎，呈现吞咽动作等症状，结合食管外部触诊，胃管探诊或用 X 射线等检查可以获得正确诊断。注意与食道痉挛、食道狭窄鉴别。

①食道痉挛。食道壁肌肉强烈挛缩，吞咽障碍，大量流涎，左颈静脉沟可见到挛缩的食道。

②食道狭窄。水、液体饲料一般能通过，但当饲料到一定量时，则能引起狭窄上方的阻塞。

（4）治疗。治疗原则是除去阻塞物，疏通食管，消除炎症，预防并发症的发生。阻塞食管起始部时，大家畜使用开口器张开口腔，徒手取出。颈部与胸部食管阻塞时，应根据阻塞物的性状及其阻塞的程度，采取缓解疼痛及痉挛、润滑管腔等相应的治疗措施。

①挤压法。牛、马采食胡萝卜等块根、块茎饲料而阻塞于颈部食管时，将病畜保定好，先向食管内灌入植物油或液体石蜡，然后以手掌抵于阻塞物下端，朝咽部方向挤压，将阻塞物挤压到口腔，即可排除。谷物与糠麸引起的颈部食管阻塞，用双手手指从左右两侧挤压，将阻塞物压碎，促进阻塞物软化，使其自行咽下。

②疏导法。主要用于胸部食管阻塞和腹部食管阻塞。先向食管内灌入植物油（或液体石蜡）100～200mL，然后将胃管插入食管内抵住阻塞物，缓缓把阻塞物推入胃中。颗粒状或粉状饲料时，可插入胃管，用清水反复抽吸，以便把阻塞物溶化、洗出，或者将阻塞物冲下。

③药物疗法。先向食管内灌入植物油（或液体石蜡）100～200mL，然后皮下注射 3% 盐酸毛果芸香碱 3mL，促进食管肌肉收缩和分泌，经 3～4h 奏效。猪皮下注射盐酸阿扑吗啡 0.05g，促使呕吐，使阻塞物呕出。

④手术疗法。当采取上述方法不见效时，应施行手术疗法。颈部食管阻塞，采用食管切开术。在靠近膈的食管裂孔的胸部食管及腹部食管阻塞，可采用剖腹按压法治疗；在牛，若此法不见效时，还可施行瘤胃切开术，通过贲门将阻塞物排除。

⑤加强护理。牛、羊食管阻塞，当继发瘤胃臌气时，应及时施行瘤胃穿刺放气，并向瘤胃内注入防腐消毒剂。病程较长者，应注意消炎、强心、补液，维持机体营养，增进治疗效果。排除阻塞物后，应使用抗菌药物 1～3d，防治食管炎。

（5）预防。平时加强饲养管理，定时定量饲喂。防止饥饿与过急采食，块根块茎饲料饲喂动物时，应先切碎。

（二）嗉囊疾病

嗉囊病包括软嗉病和硬嗉病两种，软嗉病又称嗉囊卡他，是嗉囊黏膜表层的炎症，以嗉囊显著膨胀和柔软为特征；硬嗉病又称嗉囊阻塞病，由于食物积滞于嗉囊内而以嗉囊膨大坚硬为特征。嗉囊病以幼鸡多发，常见的有嗉囊炎、嗉囊阻塞和嗉囊下垂3种。

1. 嗉囊炎

（1）病因。主要是由于突然更换饲料或喂给鸡发霉变质和易腐败发酵的饲料；另外，鸡舍温度不稳定、忽高忽低或经常温度较低，某些传染病、慢性病、内脏疾病也可诱发本病。家禽特别是幼鸡，采食发霉变质饲料和容易发酵的饲料，或采食异物中腐败发酵和产生大量气体，引起嗉囊发炎，失去收缩能力、明显膨胀或将食道塞住而发病。当胃肠炎或全身性重剧疾病和慢性消耗性疾病，胃肠消化机能减退，嗉囊内的食物停留时间过长，则引起自然发酵、产生气体，也会引起软嗉病，还可能由磷、砷、食盐以及汞的化合物中毒而引起发病。

（2）症状。病鸡少食或不食；精神欠佳。羽毛松乱，不喜欢活动或步伐无力，并发出有气无力的叫声。嗉囊内的饲料发酵产气，致嗉囊膨胀似皮球，充满黄色或白色液体，用力触压病鸡便有液体从口腔流出来。最后因呼吸极度困难而死亡。

（3）诊断。根据饲养环境变化、病史以及临床症状可以进行初步诊断。

（4）治疗。停止给鸡饲喂腐败变质难消化的饲料，治疗原则是排除嗉囊内容物并进行消炎。用0.5%高锰酸钾水溶液或1.5%碳酸氢钠溶液冲洗嗉囊并排出其内容物，喂少量抗生素，同时给些助消化药，停食1d后再喂给易消化饲料，并加上酵母片，可取得较好疗效。轻轻挤压病鸡嗉囊，排除嗉囊内容物，饲时进行药物治疗。在饮水中加入少量小苏打，或以每千克体重喂给土霉素0.05～0.07g，或者青霉素5 000IU，连喂3d；也可自由饮用0.02%的呋喃唑酮水溶液5d，也可喂给磺胺类药物，3～5d可治愈。

2. 嗉囊阻塞

（1）病因。又称硬嗉症，引起发病的原因很多，因频繁换饲料而发生嗉囊弛缓，喂给粗劣的粗纤维饲料、发霉变质饲料或某些谷类、粉类饲料或因鸡采食稻草、鸡毛、麻绳、破布等异物发生阻塞而引起；另外日粮配比不合理、成分突然改变、饱饿不均等均为诱发该病的原因。不论任何品种和年龄的鸡都可能患病，而且秋、冬和早春多发。雏鸡患病较多，如不及时采取正确的治疗措施，死亡率较高。

（2）症状及诊断。病鸡嗉囊膨大坚挺，长时间不能消化，食欲减退甚至废绝，萎靡不振，病鸡鸡冠青紫，翅膀下垂，不爱活动。用手触摸嗉囊感知有异物，且病鸡嗉囊中有气体，并从口腔中发出腐败气味，便稀或便秘，最后会导致死亡。

（3）治疗。主要应加强饲养管理，饲料配合要适当，喂量要适中，喂块根饲料应切碎，并防止鸡采食过长的饲料和异物等，加强鸡群饮水和运动。

按摩嗉囊并注入植物油或生理盐水使阻塞物软化并排除，此法虽有一定效果，但常收不到十分满意的疗效。最好采取手术疗法，将术部羽毛拔掉，用酒精或碘酊消毒后，切开1～2cm小口（注意避开嗉囊的血管），取出内容物后，对嗉囊作连续缝合，皮肤作结节缝合，之后涂以碘酊消毒。一般患鸡于术后1～2d即可恢复。

3. 嗉囊下垂

（1）病因。鸡的嗉囊常会发生膨大和垂落，称为嗉囊下垂或嗉囊垂落。本病主要由鸡采食过量的异物造成的，如稻草、金属片、玻璃片、骨片等，且异物长时间蓄积在嗉囊内。如果鸡长时间采食不到沙粒，使消化机能减退，一旦见到砂子、煤渣等容易过食，从而导致嗉囊的位置异常而引起本病。嗉囊下垂呈袋状，食物不能移行到胃，长期蓄积在嗉囊内腐败发酵，导致消化受阻。

由于金属片、砂子、骨片、煤渣等异物比较重，导致嗉囊下垂呈袋状，食物不能移行到胃内，蓄积在嗉囊内引起腐败发酵。最后嗉囊松弛、扩张而完全失去收缩力，而引起发病。

（2）症状及诊断。一般常见病鸡精神沉郁，羽毛松乱，步调不稳而无力，食欲减退或废绝，最后因衰竭而死。触诊嗉囊内容物及位置可作出诊断。

（3）治疗。本病采用药物治疗难以奏效，一般用手术疗法。对于嗉囊下垂只能进行手术取出异物，先剪掉术部羽毛，用酒精或碘酊消毒（注意避开嗉囊的血管），并将多余的嗉囊切除，缩至正常大小，将嗉囊用0.1%高锰酸钾溶液冲洗干净，先缝合嗉囊，再缝合表皮，最后涂以碘酊消毒。手术后，患鸡在12h内禁止饮水或采食，12h后喂给少量易消化食物，治愈率可达95%。加强饲养管理可控制本病的发生。

（三）反刍动物前胃疾病

1. 前胃弛缓 前胃弛缓，中兽医称为"脾虚慢草"，是由各种病因导致前胃神经兴奋性降低，肌肉收缩力减弱，瘤胃内容物运转缓慢，微生物区系失调，异常发酵，产生大量腐败的物质，引起食欲、反刍减退、消化障碍乃至全身机能紊乱的综合征。

（1）病因。前胃弛缓的病因较为复杂，归纳起来，可分为原发性前胃弛缓和继发性前胃弛缓两种。

原发性前胃弛缓又称单纯性消化不良，其病因主要是饲养与管理不当。

①饲养不当。凡能改变瘤胃环境的食物性因素均可引起原发性前胃弛缓。例如，采食过量不易消化的粗饲料；突然食入过量精饲料或适口性好的饲料；饲喂冰冻变质饲料或青贮饲料、糟渣饲料等都可引起本病；突然改变饲料；误食化纤布、塑料袋；日粮配合不当，矿物质和维生素缺乏等，均可引起本病的发生。

②管理不当。突然改变饲养方式如由放牧迅速转变为舍饲或舍饲突然转为放牧；使役不当，受寒，圈舍阴暗、潮湿；经常调换圈舍或牛床，都会破坏前胃正常消化反射，造成前胃机能紊乱，导致前胃弛缓的发生。

③应激反应。由于断乳、离群、恐惧、感染与中毒等因素或手术、创伤、剧烈疼痛的影响，引起应激反应，从而发生前胃弛缓。

继发性前胃弛缓，病因复杂，是反刍动物的一种临床综合征。一般常见口炎、创伤性网胃腹膜炎、瓣胃阻塞、皱胃阻塞、酮病、骨软症、子宫内膜炎、乳房炎、牛流行热、布鲁氏菌病、结核、前后盘吸虫病、梨形虫病和锥虫病等疾病。临床治疗，长期内服大剂量磺胺类或抗生素类制剂，瘤胃内正常微生物区系受到破坏，消化机能紊乱，造成医源性前胃弛缓，都属于继发性因素。

（2）症状。前胃弛缓按其病情发展过程，可分为急性和慢性两种类型。

①急性型。多表现急剧的应激状态，见于热性病、中毒与感染，多呈现急性消化不良，精神萎靡，神情不活泼。食欲减退或消失，反刍缓慢或停止，时而嗳气；体温、呼吸、脉搏一般无明显异常；瘤胃收缩力减弱，蠕动次数减少。瘤胃内容物胀满、黏硬或呈粥状，随后粪便变得干硬，颜色变暗，被覆黏液。如果伴发前胃炎或酸中毒时，病情急剧恶化，呻吟、磨牙，排棕褐色糊状恶臭粪便；黏膜发绀，皮温不整，体温下降，脉率增快，呼吸困难，鼻

镜干燥，眼窝凹陷，呈现脱水现象。

②慢性型。通常由急性前胃弛缓因治疗不及时转变而来。病情时而好转，异嗜，反刍短促、无力或停止；嗳气减少，嗳出的气体带臭味。时而恶化，日渐消瘦；精神不振，周期性消化不良，体质虚弱。腹泻与便秘交替出现。潜血反应，有时呈阳性；后期，瓣胃秘结，继发瘤胃臌气。脉搏疾速，呼吸困难，鼻镜龟裂，结膜发绀，病情险恶，呈现贫血与衰竭，常有死亡。

继发性前胃弛缓，病情发展随原发病而定。多数病例，病程缓慢，反复发生瘤胃臌气或肠气胀，有时抽搐或痉挛，预后不良。

（3）诊断。前胃弛缓的诊断，根据病畜的临床表现结合病史和饲养管理情况可建立诊断。但须与奶牛酮病、创伤性网胃腹膜炎、瘤胃积食、皱胃左方变位、酮血症及妊娠毒血症等疾病进行鉴别。

①创伤性网胃腹膜炎。病牛姿势异常，体温升高，腹壁触诊有疼痛反应，中性粒细胞增多、淋巴细胞减少，血象异常。

②瘤胃积食。由于过食，急性瘤胃扩张，内容物充满、坚硬，瘤胃运动与消化机能障碍，形成脱水和毒血症现象。

③皱胃变位。多见于分娩后奶牛，左腹肋下部可听到特殊性金属音，并于左侧第9～11肋间下1/3部，进行穿刺，可采取到皱胃液。

④酮血症及妊娠毒血症。常见于产犊后1～3周内的奶牛，尿中酮体升高，呼吸气体带酮味。

（4）治疗。本病治疗原则，在于排除病因，兴奋前胃蠕动，制止腐败发酵，促进食欲和反刍的恢复，改善饲养管理，防止脱水和自体中毒。

①除去病因。病初绝食1～2d，给予充足的清洁饮水，再饲喂适量的易消化的饲草。轻症病例可在1～2d内自愈。

②兴奋前胃蠕动。兴奋副交感神经，促进瘤胃蠕动和反刍，可用氨甲酰胆碱，牛1～2mg、羊0.25～0.5mg；或新斯的明，牛10～20mg、羊2～4mg；也可用毛果芸香碱，牛30～50mg、羊5～10mg，皮下注射。但对病情重剧、心脏功能不全、伴发腹膜炎的病牛，特别是妊娠的母牛，禁止应用，以防虚脱和流产。同时也可应用促反刍液（5%葡萄糖生理盐水注射液500～1 000mL、10%氯化钠注射液100～200mL、5%氯化钙注射液200～300mL、20%安钠咖注射液10mL），一次静脉注射；并配合维生素B_1肌内注射。

③清理胃肠。为了促进胃肠内容物的运转与排除，可用硫酸钠（或硫酸镁）300～500g、鱼石脂20g、酒精50mL、温水6 000～10 000mL，一次内服，或用液体石蜡1 000～3 000mL、苦味酊20～30mL，一次内服。对于采食大量精饲料而症状又比较重的病牛，可采用洗胃的方法，排除瘤胃内容物；洗胃后应向瘤胃内接种纤毛虫。重症病例应先强心、补液，再洗胃。

④改善瘤胃内环境。当瘤胃内容物pH降低时，宜用碳酸氢钠50g，常水适量，一次内服。也可应用碳酸盐缓冲剂（碳酸钠50g、碳酸氢钠350～420g、氯化钠100g、氯化钾100～140g）、常水10L，牛一次内服，每日1次；pH升高时，可用稀醋酸20～40mL，或常醋适量，内服。必要时采取健康牛瘤胃液，即先用胃管给健康牛灌服生理盐水10 000mL、酒精50mL，然后以虹吸引流的方法取出瘤胃液，给病牛灌服接种，更新瘤胃内微生物群

系,提高纤毛虫的存活率,增进疗效。

⑤防止脱水和自体中毒。病畜出现轻度脱水和自体中毒时,应用25%葡萄糖注射液500~1 000mL、40%乌洛托品注射液20~50mL、20%安钠咖注射液10~20mL,静脉注射;并用胰岛素100~200IU,皮下注射,并配合应用抗生素药物。

继发性前胃弛缓,着重治疗原发病,并配合前胃弛缓的相关治疗,促进病情好转。

⑥中兽医治疗。根据辨证施治原则,对脾胃虚弱、消化不良的牛,着重健脾胃,补中益气。宜用加味四君子汤:党参100g,白术75g,茯苓75g,炙甘草25g,陈皮40g,黄芪50g,当归50g,大枣200g,共为末,开水冲调,候温灌服,每日一剂,连服2~3剂。牛久病虚弱,气血双亏,应补中益气,养气益血为主。宜用加味八珍散:党参、白术、当归、熟地、黄芪、山药、陈皮各50g,茯苓、白芍、川芎各40g,甘草、升麻、干姜各25g,大枣200g,共为末,开水冲调,候温灌服,每日一剂,连服数剂。病牛口色淡白,耳鼻俱冷,口流清涎,水泻,应温中散寒,补脾燥湿,宜用加味厚朴温中汤:厚朴、陈皮、茯苓、当归、茴香各50g,草豆蔻、干姜、桂心、苍术各40g,甘草、广木香、砂仁各25g,共为末,灌服,每日一剂,连服数剂。此外也可以用红糖250g、胡椒粉30g、生姜200g(捣碎),开水冲,候温内服。具有和脾暖胃,温中散寒的功效。

对病牛可采用土办法如洗口、放痧。洗口:将大蒜、生姜、葱头等捣烂,加适量食盐或锅烟灰等,反复揉擦舌面。放痧:即用无锈并消毒的三棱针或注射针头,也可用小宽针刺破左右舌底穴。原则:春刺边,夏刺尖,心经热毒刺中间。即春天刺舌体边缘静脉上,夏天刺舌底末梢静脉上,高热中暑刺中间粗大静脉上。针治:舌底、脾俞、百合、关元俞等穴。

(5)预防。改进饲养方法,注意饲料调配,不可突然变换饲料,冬季休闲,动物亦应适当运动或任意加料;防止各种应激因素的影响。

2. 瘤胃臌胀 瘤胃臌胀又称瘤胃臌气,是采食了容易发酵的饲料,在瘤胃内微生物的作用下,异常发酵,产生大量气体,引起瘤胃急剧膨胀,膈与胸腔脏器受压迫,呼吸与血液循环障碍,发生窒息现象的一种疾病。临床上以腹围增大、腹痛、血液循环障碍及呼吸困难为特征。瘤胃臌胀按病因分为原发性瘤胃臌胀和继发性瘤胃臌胀;按病的性质分为泡沫性瘤胃臌胀和非泡沫性瘤胃臌胀。本病多发生于牛和绵羊,山羊少见。

(1)病因。原发性瘤胃臌胀由反刍动物采食大量容易发酵的饲草、饲料后引起的。泡沫性瘤胃臌胀是由反刍动物采食了大量新鲜的豌豆蔓叶、苕子蔓叶、花生蔓叶、苜蓿、红三叶、紫云英等含蛋白质、皂苷、果胶等物质的豆科牧草或者喂饲较大量的谷物性饲料所致。非泡沫性瘤胃臌胀主要是采食幼嫩多汁的青草、沼泽地区的水草等或采食堆积发热的青草、霉败饲草或者经雨淋、水浸渍、霜冻的饲料、品质不良的青贮饲料等而引起。

继发性瘤胃臌胀常继发于食管阻塞、食管痉挛、前胃弛缓、瓣胃阻塞、创伤性网胃炎等疾病。

(2)症状。急性瘤胃臌胀,常在采食不久发病,病畜腹部迅速膨大,左肷窝明显突起,严重者高过背中线。腹壁紧张而有弹性,叩诊呈鼓音;瘤胃蠕动音初期增强,常伴发金属音,后减弱或消失。病畜表现不安,回顾腹部,发出呻声。反刍和嗳气停止,食欲废绝,呼吸急促甚至头颈伸展,张口呼吸,呼吸数增至60次/min以上;脉搏增数,可达100次/min以上,心悸。病的后期,心力衰竭,血液循环障碍,静脉怒张,呼吸困难,黏膜发绀;站立不稳,步态蹒跚甚至突然倒地,痉挛、抽搐,因窒息和心脏麻痹而死亡。

慢性瘤胃臌胀，多为继发性因素。常为间歇性反复发作。经治疗虽能暂时消除臌胀，但极易复发。

（3）诊断。本病多因采食易发酵饲料后而发病，病情急剧时，肚腹迅速膨胀，血液循环障碍，呼吸极度困难，容易确诊。在临床实践中尚须同前胃弛缓、瘤胃积食、创伤性网胃腹膜炎、食管梗塞等疾病，予以论证和鉴别。

（4）治疗。本病的治疗以排除瘤胃气体、制止发酵、消除泡沫和恢复瘤胃运动机能为治疗原则。

①排除瘤胃气体。病情轻的病例，使病畜立于斜坡上，保持前高后低姿势，不断牵引其舌或在木棒上涂煤油或菜油后给病畜衔在口内，同时按摩瘤胃，促进气体排出。急性瘤胃膨气，应迅速排除瘤胃内的气体，可使用胃管插入胃内排气，或使用套管针穿刺瘤胃放气穿刺部位为左侧髋结节与最后肋骨边线的中点，或选用瘤胃隆起最高点穿刺，放气后从套管针筒内注入 0.25% 普鲁卡因液 50~100mL，青霉素 400mL。

②制止发酵。为了制止发酵，可内服止酵剂，如鱼石脂 15~30g，酒精 100mL，或松节油 30~40mL，来苏儿 15~30mL（牛）等。

③消除泡沫。泡沫性臌气以消沫为目的，宜采用表面活性药物，如二甲基硅油（牛 2~2.5g，羊：0.5~1g）内服，也可用松节油 30~40mL（羊 3~10mL），液体石蜡 500~1 000mL（羊 30~100mL），常水适量，一次内服，或者用菜籽油（豆油、棉籽油、花生油亦可）300~500mL（羊 30~50mL），温水 500~1 000mL（羊 50~100mL）制成油乳剂，一次内服，都具有消除泡沫的功能。当药物治疗效果不显著时，应立即施行瘤胃切开术，取出其内容物。

④恢复瘤胃运动机能。排除胃内容物，可用盐类或油类泻剂。皮下注射毛果芸香碱或新斯的明，促进瘤胃蠕动，有利于反刍和嗳气。此外调节瘤胃内容物 pH，可用 3% 碳酸氢钠溶液洗涤瘤胃。在治疗过程中，应注意全身机能状态，及时强心补液，增进治疗效果。

慢性瘤胃臌胀多为继发性瘤胃臌胀，除应用急性瘤胃臌胀的疗法，缓解臌胀症状外，必须治疗原发病。

⑤中兽医疗法。以行气消胀、通便止痛为主。牛用消胀散：炒莱菔子 15g，枳实、木香、青皮、小茴香各 35g，玉片 17g，二丑 27g，共为末，加清油 300mL，大蒜 60g（捣碎），水冲服。也可用木香顺气散：木香 30g，厚朴、陈皮各 10g，枳壳、藿香各 20g，乌药、小茴香、青果（去皮）、丁香各 15g，共为末，加清油 300mL，水冲服；针治：脾俞、百会、苏气、山根、耳尖、舌阴、顺气等穴。

（5）预防。本病的预防要着重搞好饲养管理。舍饲转为放牧时，应限制放牧时间及采食量。不到雨后或有露水、下霜的草地上放牧。应避免饲喂霉败、易发酵的或磨细谷物制作的饲料。

3. 瘤胃积食 瘤胃积食又称急性瘤胃扩张，是反刍动物贪食大量粗纤维饲料或容易臌胀的饲料引起瘤胃扩张，瘤胃容积增大，内容物停滞和阻塞以及前胃机能障碍，形成脱水和毒血症的疾病。本病是牛、羊的多发病，特别是耕牛和奶牛较为常见。

（1）病因。瘤胃积食主要是由采食大量富含粗纤维的饲料，如豆秸、苜蓿、紫云英、花生蔓、谷草、稻草、麦秸等，缺乏饮水，难于消化所致。当突然变换可口的饲料，常常造成采食过多，或者由放牧转为舍饲，采食难于消化的干枯饲料而发病。长期舍饲的牛、羊，运动不足，影响消化功能，引起本病的发生。

当饲养管理和环境卫生条件差时，受到各种不利因素刺激和影响，如过度紧张、过于肥胖或因中毒与感染等，产生应激反应，也能引起瘤胃积食。

此外在前胃弛缓、创伤性网胃腹膜炎、瓣胃秘结以及皱胃阻塞等病程中，也常常继发瘤胃积食。

(2) 症状。常在饱食后数小时内发病，病畜表现腹痛症状，如不安、目光凝视、拱背站立、回顾腹部或后肢踢腹，不断起卧。食欲废绝、反刍停止、虚嚼、磨牙、时而努责，常有呻吟、流涎、嗳气，有时作呕或呕吐。触诊瘤胃，病畜不安，内容物坚实或黏硬，有的病例呈粥状；腹部膨胀。腹部听诊，瘤胃蠕动音减弱或消失；肠音微弱或沉寂。病畜便秘，粪便干硬，色暗；间或发生腹泻。排泄淡灰色带恶臭稀便或软便，直肠检查，瘤胃扩张、容积增大，充满黏硬的内容物。

病的末期，病情急剧恶化，肚腹胀满、呼吸急促，脉搏加快，皮温不整，四肢、角根及耳冰凉，黏膜发绀，并呈现脱水和心力衰竭症状，陷于循环虚脱状态。

(3) 诊断。根据病史和临床症状可以确诊。但须与前胃弛缓、急性瘤胃臌胀、创伤性网胃炎、皱胃阻塞、肠套叠、生产瘫痪等疾病进行鉴别。

(4) 治疗。本病治疗原则主要是排除瘤胃内容物，恢复瘤胃运动机能，防止脱水与自体中毒。

①清肠消导，促进前胃蠕动。一般病例，首先禁食，多次灌服温水，并进行瘤胃按摩，每次 5～10min，每隔 30min 一次。也可先灌服酵母 250～500g（或神曲 400g、食母生 200 片、红糖 500g），再按摩瘤胃。牛可用硫酸镁（或硫酸钠）300～500g，液体石蜡（或植物油）500～1000mL，鱼石脂 15～20g，酒精 50～100mL，常水 6～10L，一次内服。应用泻剂后，可皮下注射毛果芸香碱或新斯的明，以兴奋前胃神经，促进瘤胃内容物运转与排除。

②促进反刍，防止自体中毒。可静脉注射 10%氯化钠注射液 100～200mL，或者先用 1%温食盐水 20～30L 洗涤瘤胃后，用 10%氯化钙注射液 100mL、10%氯化钠注射液 100mL、20%安钠咖注射液 10～20mL，静脉注射，改善病畜中枢神经系统调节功能，促进反刍，防止自体中毒。病程长的病例，反复洗胃后，可用 5%葡萄糖生理盐水注射液 2 000～3 000mL、20%安钠咖注射液 10～20mL、5%维生素 C 注射液 10～20mL，静脉注射，每日 2 次，达到强心补液，维护肝功能，促进新陈代谢，防止脱水的目的。必要时，接种健康牛的瘤胃液。对危重病例，药物治疗效果不佳，病畜体况尚好时，应及早施行瘤胃切开术，取出内容物，并用 1%温食盐水冲洗。

③中兽医疗法。中兽医治疗以健脾开胃、消食行气、泻下为主。牛用加味大承气汤：大黄 60～90g，枳实 30～60g，厚朴 30～60g，槟榔 30～60g，芒硝 150～300g，麦芽 60g，藜芦 10g，共为末，开水冲调，候温灌服，服用 1～3 剂。

(5) 预防。加强饲养管理，防止过食或突然变换饲料；避免外界各种不良因素的影响和刺激。

4. 瘤胃酸中毒 瘤胃酸中毒，主要是因过食富含糖类的谷物饲料，于瘤胃内高度发酵产生大量乳酸后引起，临床上消化障碍、瘤胃胀满、神志昏迷、毒血症、脱水和休克状态而死亡为特征的急性代谢性酸中毒。奶牛、肉牛、绵羊、乳山羊乃至犊牛，都有本病发生。可造成重大经济损失。

（1）病因。主要是采食大量谷物（如大麦、小麦、玉米及甘薯干），特别是粉碎过细的谷物，饲养管理不当，任意加料或喂料不匀，造成个别牛、羊采食精料过多，采食后饮水，易引起发病。

（2）症状。最急性的病例，采食后无明显症状突然死亡。急性病例，肚腹胀满，呈现腹痛症状。病畜表现神情恐惧，反刍减退，食欲废绝，流涎、磨牙、虚嚼。瘤胃运动减弱或消失，内容物胀满、黏硬，下痢，粪便呈淡灰色，部分病例，瘤胃膨胀，很少下痢。病畜还具有一定中枢神经系统兴奋症状，如横冲直闯，狂暴不安，甚至企图攻击人、畜。有的病畜甩头，呈游泳样运动。有的病牛视觉障碍，作直奔或转圈运动。随着病情发展，后肢麻痹、瘫痪、卧地不起，头贴地昏睡；角弓反张，眼球震颤。病后期，神志不清，眼睑反射减退或消失，瞳孔对光反射不敏感。皮肤紧缩，血液浓稠，黏膜发绀，呼吸急促，尿量少或无尿，pH下降，酸度升高，血钙降低，呈现脱水状态。

多数病例体温正常或偏低。少数病例体温升高，有的可达41℃以上。呼吸数每分钟60～80次，气喘，甚至呼吸极度困难。心跳疾速，每分钟可达100次。病情严重的病例，病情急剧恶化，心力衰竭，心跳增至每分钟120～140次，呈现循环虚脱状态。

（3）诊断。瘤胃酸中毒的诊断，应根据过食谷物饲料的病史及其临床病征和实验室检查，病畜瘤胃胀满，中枢神经系统兴奋，卧地不起即可作出正确诊断。但在临床实践中，必须注意与瘤胃积食、皱胃阻塞和变位、急性弥漫性腹膜炎、生产瘫痪、牛酮血症、奶牛妊娠毒血症等疾病予以论证和鉴别。

（4）治疗。本病的治疗原则是缓解酸中毒，强心输液，调节电解质，镇静安神，促进前胃运动，增强前胃机能。

①缓解酸中毒。可用5%碳酸氢钠溶液1 000～2 000mL，静脉注射。每日1～2次，可以口服小苏打或石灰水，用氧化镁（氢氧化镁亦可），按每千克体重用1g剂量，加温水10L，借助水泵投入瘤胃内，促进乳酸中和与吸附有毒物质。实践证明，先用镇静安神制剂，再用10%硫代硫酸钠溶液200mL，静脉注射效果更好。有的病例，用药后经30min左右，病情稳定，全身症状逐渐好转。

②强心输液，调节电解质。应用5%葡萄糖氯化钠注射液3 000～5 000mL，20%安钠咖注射液10～20mL，40%乌洛托品注射液40mL，静脉注射，增强心脏功能，促进血液循环，防止病情恶化。同时还可应用维生素B_1，牛2～4g，蒸馏水20mL，静脉注射或肌内注射，也可内服酵母片50～100g，以促进丙酮酸氧化脱羧，增强乳酸代谢。出现休克症状时，宜用地塞米松，牛10～30mg，羊2～5mg，静脉注射或肌内注射，用10%葡萄糖酸钙注射液500mL，静脉注射，亦具有抗过敏及降低渗透作用。

③镇静安神。发生神经症状时，安溴注射液100mL，静脉注射，具有镇静安神，增强中枢神经系统保护性抑制作用；同时应用10%维生素C注射液30mL，肌内注射，增进氧化还原反应。必要时应用甘露醇或山梨醇，按每千克体重0.5～1g剂量，用5%葡萄糖氯化钠注射液1∶4比例配制，静脉注射，降低颅内压，防止脑水肿，缓解神经症状。

④恢复胃肠运动。皮下注射毛果芸香碱或新斯的明，促进瘤胃蠕动，有利于反刍和嗳气。

（5）预防。加强饲养管理，饲料搭配要适当，防止过食谷物精料。

5. 创伤性网胃炎 创伤性网胃炎是由于金属异物混杂在饲料内，被误食后进入网胃，导致网胃和腹膜损伤及炎症。本病主要发生于舍饲的奶牛和肉牛以及半舍饲半放牧的耕牛，偶尔发生于羊。

(1) 病因。主要是饲草、饲料内混入尖锐的异物如铁钉、缝针、细铁丝、发针、玻璃碎片等，被牛误食落入网胃内，由于网胃收缩力强，尖锐异物刺伤胃壁，或可刺伤横膈膜、心脏、肺、肝、脾等器官，造成病理损害和炎症。

(2) 症状。发病突然，病初表现食欲减少或废绝，呈现瘤胃收缩力减弱，反刍减少或消失；瘤胃膨胀，胃肠蠕动显著减弱等前胃弛缓症状。病情严重时，病畜不愿走动，走路小心，站立时肘头外展，肘肌纤维性震颤，牵病牛行走时，不愿上下坡、跨沟或急转弯。当强迫其下坡，表现痛苦、呻吟。用手提捏鬐甲部皮肤时，病牛敏感，背部下凹或呻吟，用拳头顶压网胃区时，即剑状软骨左后部腹壁，病牛疼痛，呈现不安，发出痛苦的呻吟，躲避或反抗，回头顾腹。金属异物穿过网胃，损伤脏器和腹膜，病畜全身症状明显，体温升高至40～41℃，脉率增快至90～140次/min，呼吸数可达40～80次/min。伤及心包时，在病的前期或心包渗出液少时，可听到心包磨擦音；其后由于心包渗出液增多时而呈现心包拍水音，由于静脉瘀血，病畜静脉怒张，胸下、颌下及胸前等处发生水肿。

实验室检查：病的初期，白细胞总数升高；中性粒细胞增至45%～70%、淋巴细胞减少至30%～45%，核左移。慢性病例，血清球蛋白升高，白细胞总数中度增多，中性粒细胞增多，单核细胞持久地升高达5%～9%，缺乏嗜酸性粒细胞。

(3) 诊断。创伤性网胃腹膜炎，通过临床症状，网胃区的叩诊与强压触诊检查，金属探测器检查、药物治疗无效可做出诊断。应与前胃弛缓、酮病、背部疼痛等疾病进行鉴别。

(4) 治疗。治疗原则是及时摘除异物，抗菌消炎，恢复胃肠功能。

本病治疗根本方法是及早施行瘤胃切开术，伸入网胃取出金属异物。或用金属异物摘除器从网胃中吸取胃中金属异物或投服磁铁笼，以吸附固定金属异物；同时应用抗生素（如青霉素、四环素等）与磺胺类药物；补充钙剂，控制炎症和加速创伤愈合。抗生素治疗必须持续3～7d，以确保控制炎症和防止脓肿的形成。若发生脱水时，可进行输液。

(5) 预防。防止金属异物混杂在饲料中，远离工矿区、建筑工地、垃圾堆放牧，喂牛的草料和精料仔细检查。

6. 瓣胃阻塞 瓣胃阻塞又称瓣胃秘结，主要是因前胃弛缓，瓣胃收缩力减弱，瓣胃内容物滞留，水分被吸收，致使瓣胃秘结并且扩张的疾病。本病常见于牛。

(1) 病因。

①因长期饲喂甘薯或花生蔓、青干草、豆秸等含坚韧粗纤维的饲料或饲喂糠麸、粉渣、酒糟等，或含有泥沙的饲料，均可能导致瓣胃阻塞的发生。

②放牧转为舍饲或突然变换饲料，饲养不正规，饲料中缺乏蛋白质、维生素以及微量元素，喂后饮水不足以及缺乏运动等都可引起本病发生。

③继发于前胃弛缓、瘤胃积食、皱胃阻塞、皱胃变位、皱胃溃疡、生产瘫痪、黑斑病甘薯中毒和血液原虫病等疾病。

(2) 症状。本病除前胃弛缓一般症状外，还有排粪减少，粪便干硬，呈黑色，似算盘珠；粪便表面附有黏液，粪球切开颜色深浅不均，且分层明显，中后期完全停止排粪。鼻镜干燥、龟裂，口色赤干，触诊瓣胃呈坚实感；病畜疼痛不安，磨牙，呻吟，躲闪，听诊蠕动音极弱或消失。晚期病例，精神沉郁，体温升高0.5～1℃，皮温不整，结膜发绀。食欲废绝，排粪停止或排出少量黑褐色藕粉样恶臭黏液。尿量减少、呈黄色或无尿。呼吸急促，心悸，脉率可达100～140次/min，脉搏节律不齐，毛细血管再充盈时间延长，体质虚弱，卧地不起。直肠检查：直肠内空虚，有黏液，并有少量暗褐色粪便附着于直肠壁。

(3) 诊断。根据病史、临床症状及结合瓣胃检查，可以确诊。

(4) 治疗。治疗原则是软化瓣胃内容物，增强瓣胃收缩力和恢复前胃的运动机能。

①软化瓣胃内容物。可服硫酸钠（400～500g）或液体石蜡（或植物油）1 000～2 000mL等泻剂，或瓣胃内一次注入10%硫酸钠溶液2 000～3 000mL，液体石蜡（或甘油）300～500mL，普鲁卡因2g，盐酸土霉素3～5g。依据临床实践，在确诊后施行瘤胃切开术，用胃管插入网瓣孔，冲洗瓣胃，效果较好。

②促进前胃运动。软化瓣胃内容物同时，皮下注射新斯的明或毛果芸香碱，或用10%氯化钠溶液100～200mL，安钠咖注射液10～20mL，静脉注射，以增强前胃神经兴奋性，促进前胃内容物运转与排除。

③防止脱水和自体中毒。及时输糖补液，缓和病情，应用5%葡萄糖生理盐水注射液1 000～20 000mL，5%碳酸氢钠注射液40～120mL，静脉注射，每日1～2次。同时应用庆大霉素、链霉素等抗生素。

④中兽医疗法。瓣胃阻塞在中兽医称为百叶干，治以养阴润胃、清热通便为主。宜用藜芦润肠汤：藜芦、常山、二丑、川芎各60g，当归60～100g，水煎后去渣，加滑石90g，石蜡油1 000mL，蜂蜜250g，一次内服。

(5) 预防。应加强护理，避免长期应用混有泥沙的糠麸、糟粕饲料喂养，同时注意适当减少坚硬的粗纤维饲料；注意补充蛋白质与矿物质饲料；充分饮水，给与青绿饲料，发生前胃弛缓时，应及早治疗，以防止发生本病。

(四) 反刍动物真胃疾病

1. 皱胃阻塞 皱胃阻塞是由于迷走神经调节机能紊乱或受损，导致皱胃弛缓，内容物滞留，胃壁扩张而形成阻塞。临床上以严重消化机能障碍、瘤胃积液、脱水和自体中毒为特征。本病常见于黄牛、水牛和奶牛。

(1) 病因。原发性皱胃阻塞是由于冬、春季节缺乏青绿饲料，长期饲喂谷草、麦秸、玉米稿秆等粗硬且种类单一的饲料；或者饲草铡碎及添加磨碎的谷物精料；或饲养失调，饮水不足；或舔食破布、塑料薄膜甚至食入胎盘等异物，均可发生皱胃阻塞。

继发性皱胃阻塞多继发于前胃弛缓、创伤性网胃腹膜炎、皱胃溃疡、皱胃炎，小肠秘结等疾病。

(2) 症状。病初，呈现前胃弛缓症状，食欲、反刍减退，鼻镜干裂，便秘。随着病情发展，食欲废绝，反刍停止，瘤胃蠕动音减弱，瓣胃音低沉，腹围显著增大，瘤胃内容物充满或积有大量液体，常呈现排粪姿势，排出少量糊状、棕褐色的恶臭粪便，混有黏液或紫黑色血丝和血凝块；尿量少、黄而浓稠，具有强烈的臭味。肋骨弓的后下方皱胃区做冲击式触诊，则病牛有躲闪、蹴踢或抵角等敏感表现；听诊同时手指轻轻叩击左侧倒数第一至第五肋骨或右侧倒数第一、二肋骨，即可听到类似叩击钢管的金属音。直肠检查：直肠内有少量粪便和成团的黏液，混有坏死黏膜组织。实验室检查：皱胃液pH为1～4；瘤胃液pH多为7～9，病的末期，病牛精神极度沉郁，虚弱，皮肤弹性减退，鼻镜干燥，眼窝凹陷；结膜发绀，舌面皱缩，血液黏稠，心率为100次/min以上，呈现严重的脱水和自体中毒症状。

（3）诊断。根据右腹部皱胃区膨隆，结合叩诊与肋骨弓进行听诊，呈现类似叩击钢管的金属音。皱胃穿刺测定其内容物的pH为1～4，即可确诊。但须与前胃疾病、皱胃变位、肠变位等疾病进行鉴别。

（4）治疗。治疗原则是促进皱胃内容物排除，防腐止酵，防止脱水和自体中毒。

①促进皱胃内容物排除，防腐止酵：可用硫酸钠300～400g、液体石蜡（或植物油）500～1 000mL、鱼石脂20g、酒精50mL、常水6～10L，内服。皱胃注射25％硫酸钠溶液500～1 000mL、液体石蜡500～1 000mL、乳酸8～15mL或皱胃注射生理盐水1 500～2 000mL。

②恢复胃肠机能，强心，防止脱水和自体中毒：在病程中，可应用10％氯化钠溶液200～300mL、20％安钠咖溶液10mL，静脉注射。当发生自体中毒、脱水时，应根据脱水程度和性质进行输液，通常应用5％葡萄糖生理盐水2 000～4 000mL、20％安钠咖注射液10mL、40％乌洛托品注射液30～40mL、5％碳酸氢钠注射液40～120mL，静脉注射。用10％维生素C注射液30mL，肌内注射。此外可适当地应用抗生素或磺胺类药物，防止继发感染。

③中兽医疗法：以宽中理气，通便下泻为主。早期病例可用加味大承气汤：大黄、郁李仁各120g，牡丹皮、川楝子、桃仁、白芍、蒲公英、二花各100g，当归160g，一次煎服，连服3～4剂。如积食过多，可加川朴80g，枳实140g，莱菔子140g，生姜150g。

（5）预防。加强饲养管理，按合理的日粮饲喂，注意粗饲料和精饲料的调配，清除饲料中异物。

2. 皱胃变位　皱胃的正常解剖学位置改变，称为皱胃变位。绝大多数病例是左方变位。即皱胃通过瘤胃下方移到左侧腹腔，置于瘤胃和左腹壁之间。临床上以消化障碍，叩诊结合听诊变位区，可听到类似叩击钢管的金属音为特征。高产奶牛的发病率高，发病高峰在分娩后6周内。

（1）病因。皱胃左方变位的确切病因目前仍然不清楚，可能与下列因素有关。

①饲养不当，日粮中含谷物，如玉米等易发酵的饲料较多以及喂饲较多的含高水平酸性成分饲料，促进变位的发生。

②一些营养代谢性疾病或感染性疾病，如酮病、低钙血症、生产瘫痪、牛妊娠毒血症、子宫炎、乳房炎、胎膜滞留和消化不良等，均可诱发皱胃变位。

（2）症状。食欲减退，病畜表现精神沉郁，轻度脱水，若无并发症，其体温、呼吸和脉率基本正常。通常排粪量减少，呈糊状、深绿色。从尾侧视诊可发现左侧肋弓突起，若从左侧观察肋弓突出更为明显；瘤胃蠕动音减弱或消失。在左侧肩关节和膝关节的连线与第11肋间交点处听诊，能听到与瘤胃蠕动时间不一致带金属音调的流水音。在听诊左腹部的同时进行叩诊，可听到高亢类似叩击钢管的铿锵音。在左侧肋弓下进行冲击式触诊时听诊，能听到真胃内液体的振荡音。严重病例的皱胃臌胀区域向后超过第13肋骨，从侧面视诊可发现䏚窝内有半月状突起。犊牛的皱胃左方变位，表现为慢性或间歇性臌气。直肠检查：可发现瘤胃背囊明显右移和左肾出现中度变位。有的病牛可出现继发性酮病，表现出酮尿症、酮乳症，呼出气体和乳中带有酮味。

（3）诊断。在听诊与叩诊结合听到砰砰声，穿刺检查，穿刺液呈酸性反应（pH为1～4），棕褐色，缺乏纤毛虫，可做出明确诊断。

(4) 治疗。目前治疗皱胃左方变位的方法有药物与滚转相结合的保守疗法与手术疗法。

①保守疗法。可口服缓泻剂与制酵剂，应用促反刍药物和拟胆碱药物，以促进胃肠蠕动，加速胃肠排空。同时可进行滚转法，其步骤为：牛右侧横卧 1min，然后转成仰卧 1min，随后以背部为轴心，先向左滚转 45°，回到正中，再向右滚转 45°，再回到正中；如此来回地向左右两侧摆动若干次，每次回到正中位置时静止 2～3min，此时真胃常"悬浮"于腹中线并回到正常位置。

此外还应静脉注射钙剂和口服氯化钾。治疗后，让动物尽可能地采食优质干草，以增加瘤胃容积，从而达到防止左方变位的复发和促进胃肠蠕动的目的。

②手术疗法。当保守疗法无效时，必须进行手术复位。其方法为：在左腹部腰椎横突下方 25～35cm，距第 13 肋骨 6～8cm 处，作垂直切口，导出皱胃内的气体和液体。然后，牵拉皱胃寻找大网膜，将大网膜引至切口处，用长约 1m 的肠线，一端在真胃大弯的大网膜附着部作褥式缝合；带有缝针的另一端放在切口外备用。纠正皱胃位置后，右手掌心握着带肠线的缝针，紧贴左内腹壁伸向右腹底部，并按助手在腹壁外指示真胃正常体表位置处，将缝针向外穿透腹壁，由助手将缝针拔出，慢慢拉紧缝线。然后，缝针从原针孔刺入皮下，距针孔处 1.5～2.0cm 处穿出皮肤，引出缝线，将其与入针处留线在皮肤外打结固定，剪去余线；腹腔内注入青霉素和链霉素溶液，缝合腹壁。

(5) 预防。合理配制日粮，以满足动物的各种营养需要量；对发生乳房炎或子宫炎、酮病等疾病的病畜及时治疗。

（五）胃肠炎

胃肠炎是胃肠壁表层和深层组织的剧烈炎症。临床上以胃肠机能障碍和自体中毒为特征。胃肠炎按病程经过分为急性胃肠炎和慢性胃肠炎；按炎症性质分为黏液性胃肠炎、出血性胃肠炎、化脓性胃肠炎、纤维素性胃肠炎。胃肠炎是各种畜禽常见的多发病，尤其以马、牛、猪和犬常见。

(1) 病因。原发性胃肠炎的病因与急性胃肠卡他基本相同，其致病作用强烈，作用时间持久。此外滥用抗生素，一方面细菌产生抗药性；另一方面在用药过程中造成肠道的菌群失调引起二重感染，如犊牛、幼驹在使用广谱抗生素治愈肺炎后不久，由于胃肠道的菌群失调而引起胃肠炎。

继发性胃肠炎，常继发于急性胃肠卡他、肠便秘、肠变位、幼畜消化不良、化脓性子宫炎、瘤胃炎、创伤性网胃炎，也继发于如牛瘟、牛结核、牛副结核、羔羊出血性毒血症、猪瘟、猪副伤寒、鸡新城疫、鸭瘟等传染病和猪球虫等寄生虫病。中毒病也能导致胃肠炎的发生。

(2) 症状。急性胃肠炎，病畜精神沉郁，食欲减退或废绝，体温升高，心率增快，呼吸加快，眼结膜暗红或发绀。口腔干燥，口臭；腹泻，粪便稀呈粥样或水样，腥臭，粪便中混有黏液、血液、脱落的黏膜组织或脓液。有腹痛症状。反刍动物的嗳气、反刍减少或停止，鼻镜干燥。病的初期，肠音增强，随后逐渐减弱甚至消失；当炎症波及直肠时，排粪呈现里急后重；病至后期，肛门松弛，排粪呈现失禁。出血性胃肠炎时，伴有腹痛，排出少量暗红酱样腥臭的粪便，潜血检查呈阳性。纤维素性胃肠炎，在腹泻时，排出大量膜状索状或筒状黄白色纤维素膜块。病畜出现自体中毒时，脉搏微弱甚至脉不感于手，体表静脉萎陷，精神高度沉郁甚至昏睡或昏迷。

发生胃肠炎的病犬表现食欲废绝，呕吐不止，腹泻，粪便混有黏液或血液。如果以胃炎为主的病犬，频频呕吐，呕吐物中有时带血，腹痛。

慢性胃肠炎，病畜精神不振，衰弱，食欲时好时坏，异嗜。便秘与腹泻交替，并有轻微腹痛，肠音不整。体温、脉搏、呼吸常无明显改变。

(3) 治疗。治疗原则是消除炎症、清理胃肠、预防脱水、维护心脏功能、解除中毒、增强机体抵抗力。

①抑菌消炎。牛、马一般可灌服 0.1% 高锰酸钾溶液 2 000~3 000mL。各种家畜可内服诺氟沙星（剂量为每千克体重 10mg），磺胺类药物，或者肌内注射庆大霉素（剂量为每千克体重 1 500~3 000U）或庆大-小诺霉素（剂量为每千克体重 1~2mg）、环丙沙星（剂量为每千克体重 2.0~5mg）等抗菌药物，严重病畜，可采用较大剂量青霉素和链霉素滴注。

②清理胃肠。在粪干、颜色发暗或便秘时，应采取缓泻。常用液体石蜡（或植物油）500~1 000mL，鱼石脂 10~30g，酒精 50mL，内服。也可以用硫酸钠 100~300g（或人工盐 150~400g），鱼石脂 10~30g，酒精 50mL，常水适量，内服。在用泻剂时，要注意防止剧泻。当病畜粪稀如水，频泻不止，腥臭气不大，不带黏液时，应止泻。可用药用炭 200~300g（猪、羊 10~25g）加适量常水，内服；或者用鞣酸蛋白 20g（猪、羊 2~5g）、碳酸氢钠 40g（猪、羊 5~8g），加水适量，内服。

③防止脱水，纠正酸中毒。胃肠炎所引起的脱水是混合性脱水，即水盐同时丧失，先用复方氯化钠注射液或 5% 葡萄糖生理盐水，大家畜每次以 1 500~3 000mL 为宜，小家畜以 300~1 000mL 为宜，每天 2~4 次。在输液过程中加入 5% 碳酸氢钠 300~500mL 或单独静脉注射 5% 碳酸氢钠，马、牛 1 000~2 000mL，每日 1~2 次。如有条件可给病畜输入全血或血浆、血清。

④对症治疗。为了维护心脏功能，静脉注射时可同时加入 10% 安钠咖 10~20mL 一并注入。对伴有腹痛，可肌内注射 30% 安乃近 20~30mL，或 10% 安痛定 10~20mL。胃肠道出血时，可用 10% 氯化钙 100~150mL 静脉注射，或肌内注射维生素 K_3 10~15mL。

犬、猫胃肠炎以消炎、补液、解毒为主及对症疗法。输液时青霉素剂量为每千克体重 2 万~4 万 IU，生理盐水或 5% 糖盐水每千克体重 3~5mL，5% 碳酸氢钠每千克体重 3mL，一次静脉注射。口服补盐液，处方：氯化钠 3.5g，碳酸氢钠 2.5g，氯化钾 5g，葡萄糖 20g，常水 1 000mL。出血性胃肠炎可应用止血药。

⑤中兽医疗法。中兽医称肠炎为肠黄，治则以清热解毒、消黄止痛、活血化淤为主。宜用郁金散（郁金 36g，大黄 50g，栀子、诃子、黄连、白芍、黄柏各 18g，黄芩 15g）或白头翁汤（白头翁 72g，黄连、黄柏、秦皮各 36g）。

(4) 预防。搞好饲养管理工作，不用霉败饲料喂家畜，不让动物采食有毒物质和有刺激、腐蚀的化学物质；防止各种应激因素的刺激；搞好畜禽的定期预防接种和驱虫工作。当病畜 4~5d 未吃食物时，可灌炒面糊或小米汤、麸皮大米粥。开始采食时，应给予易消化的饲草、饲料和清洁饮水，然后逐渐转为正常饲养。

(六) 急性实质性肝炎

急性实质性肝炎是在致病因素作用下，肝发生以肝细胞变性、坏死为主要特征的一种炎症。

(1) 病因。主要由传染性因素和中毒性因素引起。常见传染性因素有以下几种。

①细菌性。链球菌、葡萄球菌、坏死杆菌、沙门氏菌、化脓棒状杆菌等。

②病毒性。犬病毒性肝炎病毒、鸭病毒性肝炎病毒、马传染性贫血病毒、鸡包含体肝炎病毒等。

③寄生虫因素。弓形虫、球虫、肝片吸虫、血吸虫等。病原体进入肝不仅引起肝组织破坏而产生毒性物质，还在过程中自身释放大量毒素或者造成肝组织机械性损伤，导致肝细胞变性、坏死。

④常见中毒性因素有。霉菌毒素如黄曲霉菌、镰刀菌等；植物毒素如蕨类植物、野百合等；化学毒素如砷、磷、汞、铜、氯仿、苯酚等化学物质；代谢产物如机体代谢障碍产生大量中间代谢产物造成自体中毒。

（2）症状。食欲减退，精神沉郁，体温升高，可视黏膜黄染；呕吐，腹痛，尿色发黄；严重情况时后肢无力，共济失调，甚至昏迷。急性转为慢性时，则表现为长期消化机能紊乱、营养不良、消瘦。

（3）诊断。尿液检查：尿胆红素增加，尿中有蛋白，尿沉渣中出现蛋白管型及肾上皮细胞。生化检查：肝指标升高。实验室检查结合临床检查可初步诊断。

（4）防治。治疗原则是排除病因、加强护理、保肝利胆、促进消化机能。

停止饲喂发霉或变质食物，积极治疗原发病，如使用抗生素或抗寄生虫药物。保持病畜安静，避免刺激。饲喂富含维生素、易消化的糖类饲料，给予优质草料。常采用25%葡萄糖注射液进行保肝利胆。必要时给予肝泰乐注射液保护肝功能。给予复合维生素片和酵母片改善新陈代谢、促进消化机能。对于黄疸明显的病畜可使用退黄药如天冬氨酸钾镁；病畜表现疼痛或狂躁不安时应给予镇静止痛药。

本病预防，应加强饲养管理，防止饲料霉变，加强防疫卫生，防止感染。加强肝功能，保证家畜健康。

（七）禽肌胃糜烂病

禽肌胃糜烂也称为肌胃溃疡，又称黑吐病。

（1）病因。在禽肌胃糜烂病中，饲料是最主要且是引起发病最多的因素。鱼粉在饲料原因中是引起肌胃糜烂病最多的一种。鱼蛋白中含有的氨基酸，在细菌的作用下形成各种组织胺，这些组织胺通过氢气受体作用于胃黏膜而使胃酸分泌亢进，从而造成肌胃的糜烂和溃疡；鱼粉加工过程中高温造成过量游离组氨酸与酪蛋白结合形成组氨酸的酪蛋白混合物，这种混合物可破坏肌胃黏膜表面的类角素保护层，使砂囊腺的分泌紊乱，从而导致肌胃糜烂和溃疡的发生。

临床上本病的发生多是由于饲料中鱼粉质量低劣或数量过多。鱼粉中一般都含有一些组织胺及其化合物，不同的鱼粉质量不等。组胺在饲料中达到0.4%，就可引起典型的肌胃糜烂。如果鱼粉腐败、发霉、变质或掺假，往往会含有多种有害物质，亦会导致本病的发生。另外，饲料中必需脂肪酸长期缺乏，影响机体对脂溶性维生素的吸收利用，以及禽舍养殖密度过大、卫生状况不良等，对本病的发生都有协同作用。

（2）症状。病禽的主要出现精神沉郁、食欲减退、闭眼缩颈喜蹲伏等症状，触诊嗉囊或倒提病鸡即从口内流出黑褐色黏液，腹泻，粪便呈棕黑色，病鸡生长基本停滞，逐渐消瘦、贫血、瘫痪、死亡。死亡数量逐日增加。

（3）病理变化与诊断。剖检可见病死鸡口中有黑色残留物，嗉囊、腺胃、肌胃及肠道内有暗棕色或黑色液体；腺胃松弛，黏膜上有一层白色黏性分泌物覆盖；肌胃壁变薄、松软，胃内空虚或有极少砂粒，肌胃角质膜初期粗糙、增厚、颜色加深，随后皲裂、暴起，呈树皮样，易剥脱，严重时皱襞深部出现出血点，逐渐扩大糜烂而成溃疡。溃疡向深部发展，常在近十二指肠端穿孔，黏膜出血、坏死、脱落。诊断根据饲料的保存状态、近期有无更换饲料的情况、日粮中鱼粉含量、发病特点以及特征性的临床症状和病理变化作出诊断。亦可通过更换饲料或鱼粉等防治性措施协助诊断。

（4）防治。对病鸡立即更换饲料，一般经3～5d可控制病情，死亡数量递减，不再新增病例，随后鸡群逐渐恢复正常。药物治疗如下。

①饮水或饲料中加入0.2%～0.4%的碳酸氢钠，早晚各一次，连用2～3d。

②每千克体重用4～5mg西咪替丁混合于饲料中，连用3～5d，控制胃酸分泌，保护胃黏膜，以促进肌胃糜烂和溃疡面愈合。

③同时补充葡萄糖及多维素，以增强鸡的抵抗力。选用优质鱼粉，其在饲料中比例不超过8%，尽可能选用其他蛋白质饲料替代鱼粉。改善饲养管理。排除饲养密度过大、空气污染、热应激、饥饿和摄入发霉的饲料及垫料等诱因。

（八）腹膜炎

腹膜炎是由细菌感染、化学刺激或损伤所引起的一种腹腔局限性或弥漫性炎症。多数是继发性腹膜炎，源于腹腔的脏器感染、坏死穿孔或外伤等。其主要临床表现为腹痛、腹肌紧张以及呕吐、全身发热，严重时可产生全身中毒性反应，如未能及时治疗可死于中毒性休克。

（1）病因。原发病因是受寒、过劳或某些理化因素，使机体防御能力降低，抵抗力下降，受到大肠杆菌、沙门氏菌、链球菌等条件致病菌侵害而发生腹膜炎。猫可由传染性腹膜炎病毒引起。继发性腹膜炎多由胃肠及其他脏器破裂或穿孔所致，或由腹壁创伤、手术感染引起。也见于腹腔脏器炎症的蔓延以及炭疽、肠结核、猪瘟、马腺疫等疾病。

（2）症状。腹膜炎的临床症状因家畜的种类、炎症的性质和范围不同而有所不同。

①急性。多为脓毒性弥漫性腹膜炎。体温升高，呼吸呈胸式而快促，心搏亢进，精神不振，头垂，喜卧，有时呈腹痛不安，常回顾腹部，食欲渐减，有时口渴贪饮而发生呕吐，随后食欲消失，腹泻，腹围的下半部增大下垂。

②慢性。多为局限性，病程缓慢，一般体温、呼吸、食欲等均为正常，当炎症范围扩张时，可出现体温短期的轻度上升，同时由于患部结缔组织的增生，腹膜增厚，与附近器官发生粘连等，甚至触诊时可摸到表面不光滑的瘤状肿块。

③脓毒性。弥漫性腹膜炎体温升高，胸式呼吸快而促迫，心跳快，精神差，喜卧，轻微走动就有腹痛表现，有的病例腹部紧缩，有的1/3腹围增大。慢性局限性腹膜炎病程缓慢，临床上不见明显症状，吃食不长膘，逐渐消瘦，腹部紧缩，在术口处触诊，发现结缔组织增生有硬肿块，压迫腹部紧张，用手推压，发现内脏与腹膜粘连。

（3）诊断。根据病史和症状可作出诊断，必要时可以做腹腔穿刺进行检查。应与肠变位、牛创伤性网胃炎、肝硬化等疾病进行鉴别。

（4）防治。治疗原则是加强护理、消炎止痛、保护心脏功能、增强病畜的抵抗力。

在进行腹腔手术及助产过程中应注意消毒卫生工作，以防止病菌的感染。经常做好饮水与青饲料的清洁卫生工作，以防止寄生虫的侵袭。

对有全身症状者，用青霉素 80 万～160 万 IU，一次肌内注射，2～3 次/d，连用 2～3d。配合静脉注射葡萄糖生理盐水 500～1 000mL，一次静脉注射，一次/d，连用 2～3d。青霉素 80 万 IU、氢化可的松注射液 2mL、0.25%普鲁卡因 20mL、蒸馏水 100mL，混合后一次腹腔内注入。

增效磺胺嘧啶钠，肌内注射量，每千克体重 25mg，2 次/d，连用 3～5d。

化脓性腹膜炎或有炎性渗出液时，应及时进行腹腔穿刺术，将渗出液或脓液抽出，必要时可应用生理盐水、0.1%呋喃西林，或 0.1%雷佛奴耳溶液进行腹腔洗涤，随即注入青霉素或链霉素 100 万 IU 的稀释液。

有腹痛症状时，可皮下注射或肌内注射阿托品 2～3mg，或灌服颠茄酊 1～2mL，当肠道臌气时禁用以上药物，可内服鱼石脂 1～5g 等制酵剂，如大便干燥或便秘时，可运用蓖麻油 50～100mL 等泻剂，或用温肥皂水灌肠。本病预防应避免各种不良因素的刺激和影响；在进行导尿、直检、灌肠、腹腔穿刺等操作以及去势、子宫整复、难产手术等手术时均应按照操作规程进行，防止腹腔感染。

（九）肉鸡腹水综合征

肉鸡腹水综合征是危害快速生长幼龄肉鸡的以浆液性液体过多地积聚在腹腔，右心扩张肥大，肺部瘀血水肿和肝病变为特征的非传染性疾病。

1. 病因 引起腹水综合征的原因较为复杂，主要包括以下几个方面。

（1）缺氧。由于冬季门窗关闭，通风不良，一氧化碳、二氧化碳、氨、尘埃等有害气体浓度增高，致使氧气减少，导致氧气吸入减少，在腹水综合征发生过程中也有同上的致病性。

（2）遗传因素。主要与肉鸡的品种和年龄有关。肉鸡生长发育快，对能量的需要量高，携氧和运送营养物的红细胞比蛋鸡明显大，能量代谢增强，致使右心衰竭，血液回流受阻，血管通透性增强，引起腹水综合征。

（3）饲养环境寒冷和管理不当。由于供热保温，通风降到最低程度，因而鸡舍内一氧化碳浓度增加，形成慢性缺氧，加之天气寒冷，肉鸡代谢增加，耗氧量多，随后可发生腹水综合征，且死亡率明显增加。

（4）营养和中毒因素。某些营养元素缺乏或过盛等引起腹水综合征，如硒、维生素 E、磷的缺乏；日粮或饮水中食盐含量过高，呋喃唑酮、莫能菌素过量都可诱发腹水综合征。有的毒物可使毛细血管的脆性和通透性加强，有的可破坏凝血因子或损伤骨髓造成贫血性缺氧。

（5）疾病因素。应激、曲霉菌性肺炎、大肠杆菌、沙门氏菌等都可以引起呼吸系统、心脏、肝的疾病，从而继发腹水综合征。

2. 症状 病鸡食欲减少、体重下降或突然死亡。最典型的临床症状是病鸡腹部膨大，腹部皮肤变薄发亮，用手触诊有波动感，病鸡不愿站立，以腹部着地，行动缓慢，呈企鹅状运动，体温正常。羽毛粗乱，两翼下垂，生长滞缓，反应迟钝，呼吸困难和发绀。抓鸡时可突然抽搐死亡。用注射器可从腹腔抽出不同体积的液体。

3. 病理变化 腹腔中积有大量透明而淡黄色的液体，右心显著扩张，心肌柔软，壁变薄，心肌色淡，并带有白色条纹。肝肿大、柔软，肝静脉明显扩张，肝表面不平滑，常有一层灰白色或淡黄色胶冻样物质附着。肾肿大充血。肠道及黏膜瘀血、肠壁增厚，腿肌瘀血及皮下水肿。

4. 诊断 根据病鸡腹部膨大，腹部皮肤变薄发亮和站立腹部着地，行走呈企鹅状等特征性临床症状，结合腹水、右心扩张、肝疾病及病史分析，可初步诊断。必要时可作血液检查，做出确诊。

5. 防治 治疗原则是改善饲养，加强心、肺功能，减缓或终止腹水形成及对症治疗。

（1）在饲料中添加维生素C、维生素E、氯化胆碱（每吨饲料加5%氯化胆碱1 000g）、硒和抗生素等对症治疗，能显著控制腹水症的发生和发展，对减少发病和死亡有一定的作用。

（2）选用双氢克尿噻，每羽4～5mg，口服，2次/d，连用3d。

（3）在每千克饲料中添加125mg脲酶抑制剂，在日粮中添加1%的亚麻油，可降低腹水症的死亡率。

（4）改善孵化和饲养环境，合理搭配饲料按照肉鸡生长需要供给优质饲料，减少高油脂饲料，按营养要求适当添加食盐、磷和钙，不用发霉变质的饲料。

（5）合理使用药物和消毒剂，防止对心、肝和肺造成损害。

（6）控制大肠杆菌、沙门氏菌等的感染。

单元二　呼吸系统疾病

（一）感冒

感冒是机体受风寒侵袭而引起的以上呼吸道炎症为主一种的急性热性全身性疾病，以流清涕、羞明流泪、呼吸增快、皮温不均为特征。无传染性，一年四季都可发生，但以早春和晚秋、气候多变季节多发。各种家畜均可发生。

1. 病因 本病主要是由寒冷的突然袭击所致，如厩舍条件差，受风吹袭；舍饲的家畜突然在寒冷的气候条件下露宿；使役出汗后被雨淋风吹等。寒冷因素作用于全身时，机体防御机能降低，上呼吸道黏膜的血管收缩，分泌减少，气管黏膜上皮纤毛运动减弱，致使呼吸道正常菌大量繁殖，由于细菌产物的刺激，上呼吸道黏膜出现炎症，因而出现咳嗽、流鼻涕，甚至体温升高等现象。

2. 症状 病畜精神沉郁，食欲减退，体温升高，结膜充血，甚至羞明流泪，眼睑轻度浮肿，耳尖、鼻端发凉，皮温不整。鼻黏膜充血，鼻塞不通，初期流水样鼻液，随后转为黏液或黏液脓性。咳嗽、呼吸加快。并发支气管炎时，则出现干性、湿性啰音。心跳加快，口黏膜干燥，舌苔薄白。牛的感冒除以上症状外，还出现鼻镜干燥，并出现反刍减弱、瘤胃蠕动减慢等。猪多怕冷，仔猪尤为明显。如治疗不及时，特别是幼畜则易继发支气管肺炎。

3. 诊断 根据受寒病史，季节特点，有发热、皮温不均、流鼻液、咳嗽等主要临床表现可以诊断。在鉴别诊断上，要与流行性感冒相区别。

流行性感冒，体温突然升高达40～41℃，有高度的传染性，可与本病区别。

4. 治疗 本病治疗应以解热镇痛为主，为预防继发感染，可适当使用抗生素。

（1）药物治疗。复方氨基比林、安乃近、柴胡等注射液，牛、马20～50mL，猪、羊5～10mL。为预防继发感染，在使用解热镇痛剂后，体温仍不下降或症状没有减轻时，可适当使用磺胺类药物或抗生素疗法，能及时静脉输液，效果更好。治疗期间，病畜应充分休息，多给饮水，适当增加精料，有助于康复。

（2）中药治疗。以解表清热为原则。风热感冒发热重，恶冷轻，口干舌燥，口色偏红，舌苔薄白或薄黄，治宜辛凉解表、清泻肺热为主。可用桑菊银翘散。桑叶21g，菊花15g，连翘15g，杏仁15g，桔梗15g，甘草12g，薄荷15g，牛蒡15g，生姜30g，共为细末，开水冲，候温灌服（牛、马）。风寒感冒发热轻，恶寒重，耳鼻凉，肌肉颤抖，无汗，舌苔薄白，治宜辛温解表、散肺寒和镇咳为主。可用杏苏散：杏仁18g，桔梗30g，紫苏30g，半夏15g，陈皮21g，前胡24g，甘草12g，枳壳21g，茯苓30g，生姜30g，葱白3根为引，共为末，开水冲，候温灌服（牛、马）。

5. 预防　加强饲养管理，做好防寒保温工作。

（二）上呼吸道疾病——支气管炎

支气管炎是支气管黏膜表面或深层的炎症。临床上以不定型热、咳嗽、流鼻液，听诊有干、湿啰音为特征。依病程可分为急性支气管炎和慢性支气管炎，根据炎症部位可分为弥漫性支气管炎、大支气管炎和细支气管炎。发生于各种畜禽，尤以幼畜多见，春、秋两季发病率高，有时具有流行性。

（1）病因。

①原发性原因。主要是受寒感冒导致畜体抵抗力降低引起的。吸入刺激性气体、尘埃、霉菌、芽孢、污浊液体或粉末饲料，吞咽困难时的误咽，经鼻投药时的误投，药液流入气管时也能发生本病。营养不良、过劳、维生素A和维生素C的缺乏，常成为支气管炎发病的诱因。

②继发性原因。见于某些传染病、寄生虫病，如流行性感冒、腺疫、出血性败血症、羊痘、口蹄疫、犬瘟热、肺丝虫、猪蛔虫病等，或由邻近器官疾病的蔓延引起。

（2）症状。

①急性病例主要症状是咳嗽。病初是短而疼痛的干咳，以后变为湿长而不痛的咳嗽。常有大量鼻液流出，鼻液初为白色黏液，后变为黏性、脓液，体温正常或轻度升高（0.5～1℃），呼吸加快，严重者出现吸气性呼吸困难，可视黏膜呈蓝紫色。胸部听诊，病初肺泡呼吸音增强，2～3d后，可听到干啰音，随着炎症的发展，则听到水泡音。当支气管炎发展为细支气管炎或弥漫性支气管炎时，全身症状加重，体温升高1～3℃，且持续不退，并出现呼吸困难，眼结膜发绀，呼吸、脉搏增数，食欲废绝，精神萎靡等。肺部听诊有捻发音及水泡音。

②慢性病例。急性支气管炎如未得到及时治疗，因病因长期反复作用可转为慢性支气管炎，一般没有明显的全身症状。持久咳嗽，拖延数月甚至数年，早晚或运动后加重，多为痉挛性咳嗽。将少量渗出物咳出以后，咳嗽即停止。鼻液时多时少，肺部听诊多见干啰音，极易继发肺气肿。脉搏、体温常无变化，时间一长，病畜消瘦无力，老龄牲畜更为严重。

（3）诊断。根据是频发咳嗽，流鼻液，肺部出现干啰音或湿啰音等临床症状可以确诊。在鉴别诊断时，必须与以下疾病区别。

①喉炎。触诊喉部疼痛、肿胀，肺部叩诊、听诊无变化。

②支气管肺炎。弛张热型，胸部有岛屿状浊音区，听诊病变部肺泡呼吸音减弱或消失，或有小水泡音或捻发音。

③肺充血和肺水肿。有红色或淡黄色泡沫样鼻液。呼吸高度困难，肺部听诊有湿啰音和

捻发音。

④肺气肿。二段呼气,出现喘沟。肋间隙增宽,肺部有鼓音,两肺叩诊界后移。

(4)治疗。本病治疗原则是消除炎症,祛痰止咳,制止渗出和促进炎性渗出物吸收。加强饲养管理,注意畜舍清洁卫生,防止吸入尘埃及不清洁空气,注意预防感冒,常可避免发生本病。

①消除炎症。采用抗生素及磺胺类药物。抗生素有青霉素和链霉素。可用青霉素 400 万~800 万 IU(羊、猪减半)肌内注射,2~3 次/d,但以青霉素、链霉素联合应用效果显著。青霉素、链霉素各 100 万 IU,溶于 0.25%~0.5%盐酸普鲁卡因溶液或蒸馏水 10~20mL 中,气管内注射,每日一次,4~5 次为 1 个疗程,也有较好效果。可选用四环素、卡那霉素、庆大霉素或红霉素等。磺胺类药物,常用 SD 或长效磺胺类,并配合增效剂(TMP),如 SMP-TMP,SD-TMP 注射液,每千克体重 20~25mg,12~24h 一次。

②祛痰止咳。对咳嗽频繁、支气管分泌物黏稠的家畜,为稀释痰液,可用祛痰剂。如氯化铵,牛、马 10~20g,猪、羊 0.2~2g。出现痉挛性咳嗽,无痰或痰不多时,可选用镇痛止咳剂,如复方樟脑酊,牛、马 30~50mL,猪、羊 5~10mL,内服,每日 1~2 次;复方甘草合剂,牛、马 100~150mL,猪、羊 10~20mL,内服,每日 1~2 次等。

③制止渗出和促进炎性渗出物吸收。可用氯化钙或葡萄糖酸钙静脉注射,以制止渗出。也可用碘化钾内服或碘化钙溶液静脉注射,以促进炎性渗出物的吸收。对心脏衰弱时,可注射强心剂。

④中药治疗。主要清热降火,止咳祛痰,可用款冬花散:款冬花 30g,知母 24g,贝母 24g,马兜铃 18g,桔梗 21g,杏仁 18g,双花 24g,桑皮 21g,黄药子 21g,郁金 18g,共为细末,开水冲调,候温灌服(牛、马)。

(5)预防。加强平时的饲养管理,常保持圈舍卫生,增强动物的抵抗力。免受风、寒、雨侵袭,以防感冒;避免机械的或化学的致病因素的刺激;及时治疗易引起支气管炎的原发病。

(三)肺炎

1. 支气管肺炎 支气管肺炎,又称为小叶性肺炎。是肺的小叶或小叶群的炎症,由于患病畜的肺泡充满卡他性炎症渗出物及脱落的上皮细胞,因此又名卡他性肺炎。临床上以弛张热、呼吸增数、叩诊有岛屿状浊音区、听诊有捻发音等为特征。各种动物均可发病,特别是老龄、幼畜以及营养不良、缺乏锻炼动物更易发病,春、秋两季发病率高。

(1)病因。很多原因都可以引起支气管肺炎,大致可以分为以下几种原因。

①饲养管理不当。受寒感冒,饲养管理不当,某些营养物质缺乏,长途运输,物理、化学因素,过度劳役等,使机体抵抗力降低,特别是呼吸道的防御机能减弱,导致呼吸道黏膜上的寄生菌大量繁殖及外源性病原微生物入侵,成为致病菌而引起炎症过程。

②血源感染。主要是病原微生物经血流至肺,先引起间质的炎症,而后波及支气管壁,进入支气管腔,即经由支气管周围炎、支气管炎,最后发展为支气管肺炎。

③继发原因。继发性支气管肺炎,常继发于流行性感冒、牛恶性卡他热、口蹄疫、猪气喘病、肺丝虫病、犬瘟热、猪肺疫、猪瘟等。

(2)症状。病初,体温升高 1.5~2.0℃,呈弛张热型。表现干而短的疼痛咳嗽,逐渐变为湿而长的咳嗽,疼痛减轻或消失,并有分泌物被咳出。脉搏增加(60~100 次/min),

呼吸数增加（40～100 次/min），严重者出现呼吸困难。流少量浆液性、黏液性或脓性鼻液。可视黏膜潮红或发绀。胸部叩诊病灶部位，出现多个局灶性的浊音区，听诊病灶部，肺泡呼吸音减弱或消失，在其他健康部位，则肺泡音增强。出现捻发音和支气管呼吸音，并常可听到干啰音或湿啰音；病灶周围的健康肺组织，肺泡呼吸音增强。血液学检查，白细胞总数增多，出现核左移现象。

（3）诊断。本病根据弛张热型、叩诊有局灶性浊音区及听诊捻发音和啰音等典型症状，结合血液学变化，即可诊断。本病与细支气管炎和大叶性肺炎有相似之处，应注意鉴别。

（4）治疗。本病以加强护理，抗菌消炎，祛痰止咳，制止渗出和促进渗出物吸收及对症疗法为治疗原则。

①抗菌消炎。常采用抗生素、磺胺类药物。青霉素、链霉素合用，有较好疗效。必要时，可选用红霉素、四环素、土霉素、林可霉素。多采用静脉注射方式，按常规剂量，配于葡萄糖液或生理盐水中，一日 1～2 次。磺胺类药物，常用长效磺胺类（如 SM、SMZ、SMM、SMP 等），并配合增效剂（TMP），剂量为每千克体重 20～25mg，12～24h 一次。葡萄糖 50g，安钠咖 2g，乌洛托品 10g，SD 10g，溶于 1L 蒸馏水中，灭菌后大动物静脉注射，一日一次，连用 3～4d，疗效良好，对控制感染及促进炎性渗出物的消散有明显作用。当分泌物黏稠，咳嗽严重时，可应用止咳祛痰剂。

②制止渗出。可静脉注射 10%氯化钙溶液，剂量为马、牛 100～150mL，每日 1 次。促进渗出物吸收和排出，可用利尿剂。对心脏功能减弱者，也可用 10%安钠咖溶液 10～20mL 肌内注射。

③对症疗法。体温过高时，可用解热药。常用复方氨基比林或安痛定注射液，剂量为马、牛 20～50mL，猪、羊 5～10mL，犬 1～5mL，肌内注射或皮下注射。对体温过高、出汗过多引起脱水者，应适当补液，纠正水、电解质和酸碱平衡紊乱。避免发生心力衰竭和肺水肿，输液量不宜过多，速度不宜过快。对病情危重、全身毒血症严重的病畜，静脉注射氢化可的松或地塞米松等糖皮质激素。

④中药疗法。可选用加味麻杏石甘汤：麻黄 15g，杏仁 8g，生石膏 90g，二花 30g，连翘 30g，黄芩 24g，知母 24g，元参 24g，生地 24g，麦冬 24g，花粉 24g，桔梗 21g，共为研末，蜂蜜 250g 为引，马、牛一次开水冲服（猪、羊酌减）。

（5）预防。加强保温工作，供给全价日粮，完善免疫接种制度，减少应激因素刺激，增强机体的抗病能力。

2. 大叶性肺炎 大叶性肺炎又称纤维素性肺炎，是肺泡内以纤维蛋白渗出为主的急性炎症。病变起始于局部肺泡，并迅速波及整个或多个大叶。临床上以稽留热型、铁锈色鼻液和肺部出现广泛性浊音区为特征。本病可发生于马、牛、羊、猪等动物。

（1）病因。本病的发生，可分为传染性纤维素性肺炎和非传染性纤维素性肺炎两种。

①非传染性纤维素性肺炎。多为散发，其致病微生物主要是肺炎双球菌，还有链球菌、绿脓杆菌、巴氏杆菌等常在菌。但病的发生要有条件性致病因素的同时作用。如过度劳役、治疗的药浴；胸廓的暴力施压、畜舍卫生环境不佳、吸入烟尘或刺激性气体等，对促进本病的发生有重要作用。

②传染性纤维素性肺炎。其病原比较明确，如牛出血性败血症和猪肺疫以及犬、猫、兔等的巴氏杆菌引起的纤维素性肺炎。在某些疾病过程中，作为继发症或伴随症状，也会有纤

维素性肺炎的发生，如猪瘟、炭疽、血斑病、犊牛副伤寒、禽霍乱等。

（2）病理变化。

①充血水肿期。发病1~2d。剖检变化为病变肺叶间质与实质高度充血与水肿，肺毛细血管扩张充血，肺泡上皮肿胀脱落，同时大量浆液、纤维蛋白、白细胞和红细胞渗出，沉积于细支气管和肺泡内，重量增加，呈暗红色，挤压时有淡红色泡沫状液体流出，切面平滑，有带血的液体流出。肺泡壁毛细血管显著扩张，充血，肺泡腔内有较多浆液性渗出物，并有少量红细胞、中性粒细胞和肺泡巨噬细胞。

②红色肝变期。发病后3~4d。剖检发现肺叶肿大，充塞于肺泡和支气管内的大量纤维蛋白、红细胞、白细胞等渗出物发生凝固，呈暗红色，肺泡组织致密，肺叶质实，切面稍干燥，呈粗糙颗粒状，近似肝，故有"红色肝变"之称。

③灰色肝变期。发病后5~6d。剖检发现肺叶仍肿胀，质实，切面干燥，颗粒状，红细胞崩解，血红蛋白被吸收，红色消退，凝固物中以白细胞及纤维蛋白为主，实变区颜色由暗红色逐渐变为灰白色，投入水中可完全下沉。

④溶解期。发病后1周左右，凝固于支气管和肺泡内的纤维蛋白，被白细胞及组织液所形成的蛋白溶解酶作用而溶解液化，剖检发现肺叶体积复原，质地变软，病变肺部呈黄色，挤压有少量脓性混浊液体流出，胸膜渗出物被吸收或有轻度粘连。

另外，动物的大叶性肺炎在发病过程中，往往造成淋巴管受害，肺泡腔内的纤维蛋白等渗出物不能完全被吸收清除，则由肺泡间隔和细支气管壁新生的肉芽组织加以机化，使病变部分肺组织变成褐色肉样纤维组织，称为肺肉质变。大叶性肺炎常同时侵犯胸膜，引起浆液-纤维素性胸膜炎，表现为胸膜粗糙。

（3）症状。病畜精神沉郁，食欲减退或废绝，反刍停止，泌乳降低。体温迅速升高至40~41℃，呈稽留热型，6~9d后渐退或骤退至常温。脉搏加快（60~100次/min），呼吸迫促，频率增加（60次/min以上），严重时呈混合性呼吸困难，鼻孔开张，呼出气体温度较高。黏膜潮红或发绀。初期出现短而干的痛咳，溶解期则变为湿咳。病初期，有浆液性、黏液性或黏液脓性鼻液，在肝变期鼻孔中流出铁锈色鼻液。

胸部叩诊，充血渗出期，叩诊呈现过清音或鼓音；肝变期，呈大片半浊音或浊音；溶解期，重新呈过清音或鼓音；随着疾病的痊愈，叩诊音恢复正常。肺部听诊，充血渗出期，并出现干啰音；以后随肺泡腔内浆液渗出，听诊可听到湿啰音或捻发音，肺泡呼吸音减弱；肝变期出现支气管呼吸音。溶解期支气管呼吸音逐渐消失，出现湿啰音或捻发音。最后随疾病的痊愈，呼吸音恢复正常。

血液学检查，白细胞总数显著增加，中性粒细胞比例增加，呈核左移，严重的病例，白细胞减少，表示病畜机体抗病力差，多预后不良。

X射线检查，充血期仅见肺纹理增重，肝变期发现肺有大片均匀的浓密阴影，溶解期表现散在不均匀的片状阴影，2~3周后，阴影完全消散。

（4）诊断。根据稽留热型，铁锈色鼻液，不同时期肺部叩诊和听诊的变化，即可诊断。本病应与小叶性肺炎和胸膜炎相鉴别。

胸膜炎热型不定，听诊有胸膜摩擦音。当有大量渗出液时，叩诊呈水平浊音，听诊呼吸音和心音均减弱，胸腔穿刺有大量液体流出。传染性胸膜肺炎有高度传染性。

（5）治疗。治疗原则为抗菌消炎，控制继发感染。

①抗菌消炎。用青霉素、链霉素联合应用效果显著。青霉素400万～800万IU，链霉素200万～400万IU（羊、猪减半）混合肌内注射，1～2次/d。也可选用土霉素或四环素，剂量为每千克体重10～30mg，每日1次，溶于5%葡萄糖溶液500～1 000mL，分2次静脉注射，效果显著。可用10%磺胺嘧啶钠溶液100～150mL，5%葡萄糖溶液500mL，混合后马、牛一次静脉注射（猪、羊酌减），1次/d。

②制止渗出和促进吸收。可静脉注射10%氯化钙或葡萄糖酸钙溶液。促进炎性渗出物吸收可用利尿剂。当渗出物消散太慢，为防止机化，可用碘制剂，如碘化钾，马、牛5～10g；或碘酊，马、牛10～20mL（猪、羊酌减），加在流体饲料中或灌服，2次/d。

③对症治疗。体温升高时，可先复方氨基比林、安痛定注射液等解热镇痛药。剧烈咳嗽时，可选用祛痰止咳药。心力衰竭时用强心剂。

④中兽医治疗。可用清瘟败毒散：石膏120g，水牛角30g，黄连18g，桔梗24g，淡竹叶60g，甘草9g，生地30g，山栀30g，丹皮30g，黄芩30g，赤芍30g，元参30g，知母30g，连翘30g，水煎，马、牛一次灌服。

（6）预防。为预防本病的发生和蔓延要做到隔离病畜，积极治疗；病畜痊愈后单独饲养一周以上；新购入的家畜最好隔离一周，经检查无病时，方可混群饲养。

（四）胸膜炎

胸膜炎是胸膜发生渗出与纤维蛋白沉积的而引起的炎症，临床上以胸部疼痛和胸部听诊出现磨擦音为特征。按病变的情况，可分为局限性与弥散性；按渗出物的性质可分为干性、湿性、浆液性、浆液-纤维蛋白性、出血性、化脓性、化脓-腐败性等；按病程时间的长短，可分为急性与慢性。各种动物均可发生。

1. 病因 原发性胸膜炎不常见，肺炎、败血症、肺脓肿、肋骨骨折、胸膜腔肿瘤等病可引起发病。剧烈运动、长途运输、外科手术及麻醉、寒冷侵袭及呼吸道病毒感染等应激因素可成为发病的诱因。

胸膜炎常继发或伴发于某些传染病的过程中，例如多杀性巴氏杆菌和溶血性巴氏杆菌引起的吸入性肺炎、结核病、创伤性心包炎、纤维素性肺炎、马传染性贫血、流行性感冒、支原体感染等。

2. 症状 病初，常有精神不振，被毛蓬乱，食欲减少，体温升高，出现腹式呼吸，脉搏加快。胸壁叩诊或触诊，病畜即闪躲与震颤，疼痛。站立时两肘外展，不愿活动，有的病畜胸腹部及四肢皮下水肿。胸部听诊，在呼气或吸气时可听到摩擦音。伴有肺炎时，可听到拍水音或捻发音，同时肺泡呼吸减弱或消失，出现支气管呼吸音。当渗出液大量积聚时，胸部叩诊呈水平浊音。

慢性胸膜炎表现食欲减退，消瘦，间歇性发热，呼吸困难，动物乏力，反复发作咳嗽，呼吸机能的某些损伤可能长期存在。渗出期，尿量减少，吸收期则尿量增多。当渗出液量多压迫心脏时，可发生心功能障碍，出现胸腹下部、阴囊和牛的肉垂部水肿。发生粘连时，肺泡呼吸音减弱、短促，工作时容易疲乏和出汗及进行性消瘦等。

胸腔穿刺时，穿刺液混浊，有腐败臭味或脓汁时，表示病情恶化，胸膜已化脓坏死。

血液检查，白细胞总数增多，中性粒细胞比例增加，淋巴细胞比例减少。慢性病例呈轻度贫血。

X射线检查，少量积液时，心膈三角区变钝或消失，密度增高。积液时，出现广泛性浓密阴影。

3. 诊断　根据胸膜炎的主要特征是胸壁有疼痛，有时断时续的胸膜摩擦音或水平浊音，X射线检查，纤维素性胸膜炎，患病部位显现均匀的暗影；渗出性胸膜炎，显现上界水平明显的大面积暗影确诊。应注意与心包炎、大叶性肺炎相区别。

4. 治疗　治疗原则为抗菌消炎，制止渗出，促进渗出物的吸收与排除。

（1）首先病畜加强护理。给予柔软、富营养的饲料。饮水宜加以适当限制。

（2）抗菌消炎。可选用磺胺类药物或广谱抗生素。如青霉素、链霉素、庆大霉素、土霉素、环丙沙星等。

（3）制止渗出。可静脉注射5％氯化钙溶液或10％葡萄糖酸钙溶液，每日1次。

（4）促进渗出物吸收和排除。可用利尿剂、强心剂。当胸腔有大量液体存在时，穿刺抽出液体。并可将抗生素直接注入胸腔。

（五）肺气肿

肺气肿是由于肺泡过度扩张，超过生理限度，使肺泡壁弹力减退，肺泡内充满大量气体的疾病。临床上以胸廓扩大，肺叩诊界后移和呼吸困难为主要症状。临床上分肺泡气肿（气体充满肺泡）和间质性肺气肿（当肺泡气肿使肺泡破裂，气体窜入叶间组织而引起的肺气肿）。肺泡气肿按病程可分为急性和慢性两种。各种动物均可发生。

1. 病因及发病机理

（1）急性肺泡气肿。有弥漫性和局限性之分，急性弥漫性肺泡气肿因重度劳役、长时间挣扎或鸣叫等致使呼吸紧张。用力呼吸使肺泡过分充满空气，肺泡扩张，新鲜空气进入量不足，因而发生呼吸困难。尤其老龄家畜因肺泡壁弹性降低，更易发生。急性局限性肺泡气肿，多继发于局灶性肺炎或一侧气胸，这是一部分肺组织失去呼吸机能，其周围的或对侧的肺组织发生代偿性呼吸所致。此时由于肺泡过分充气，积气扩张，新鲜空气进入量不能满足需要而出现呼吸困难。

（2）慢性肺泡气肿。多见于长期繁重劳役，不断地剧烈吸气，引起肺泡积气扩张的结果。慢性支气管炎和上呼吸道慢性炎症所引起的气道狭窄而继发，造成管腔不完全阻塞，使吸入肺泡的空气难以排除，积滞于肺泡内，如此反复呼吸反复积滞而使肺泡扩张，新鲜空气进入肺泡量减少，发生呼吸困难。由于肺泡积气扩张，整个肺体积增大，随之胸廓扩大，肋间隙变宽，形如桶状。本病的特点是渐进性呼吸困难，最终死于右心衰竭或呼吸衰竭。

（3）间质性肺气肿。多见于牛，常因某些中毒（甘薯黑斑病中毒等）、吸入刺激性气体和液体、肺被异物刺伤及肺线虫损伤或变态反应引起。肺在这些病理过程中，导致机体发生痉挛性咳嗽或用力的深呼吸，肺泡内气压突然升高，空气进入肺间质，沿间质分布于整个肺，部分还汇合成大的气泡。并沿纵隔到达胸腔入口处，再沿血管、气管进入颈部皮下，最后经肩胛下而到全身皮下，引起全身皮下气肿。

2. 症状

（1）急性肺泡气肿。急性弥漫肺泡气肿患畜主要表现突然发病，呼吸困难，张口呼吸，结膜发绀，气喘，胸外静脉怒张。有的病畜出现弱的咳嗽、呻吟、磨牙等胸部叩诊出现过清音或鼓音，肺叩诊界后移，心浊音区缩小。胸部听诊，肺泡呼吸音初期增强，后减弱，呼吸道有感染时，分泌物增多而出现湿性啰音。局限性肺泡气肿病畜发病缓慢，呼吸困难不断加重。

(2) 慢性肺泡气肿。发病慢，病初无明显症状，主要表现呼气呼吸困难，呈现二段式呼气，呼气时腹肌强烈收缩，沿肋弓间隙凹陷出现喘沟，而且这种呼吸困难是渐进性的，随病的发展日益加重。病畜两鼻孔开张，腰背拱起，肷及肛门凸出。随着病程延长，由于肺扩大，病畜胸廓随之扩张呈桶状，肋间隙增宽。随病的发展，心脏扩张，肺动脉第二心音高朗，心功能不全时，出现全身瘀血，下腹、会阴及四肢水肿。

(3) 间质性肺气肿。常突然发病，迅速出现呼吸困难，病畜张口呼吸，伸舌，流涎，惊恐不安。由于空气从破裂的肺泡窜入叶间组织，经肺纵隔到颈侧、背部及肩胛区，出现皮下气肿，触诊有捻发音。

胸部叩诊音高朗，呈过清音，肺叩诊界并发肺泡气肿时后移，不并发肺泡气肿无变化。听诊肺泡呼吸音减弱，但可听到碎裂性啰音及捻发音。在肺组织被压缩的部位，可听到支气管呼吸音。有合并感染时，出现湿啰音。

3. 诊断 根据病史，高度呼气性呼吸困难，呼气时出现喘沟，肋间隙凹陷，胸廓呈桶状，肺叩诊界后移。叩诊过清音或鼓音，听诊肺泡呼吸音减弱等，可以诊断。但应与肺水肿、气胸鉴别。

4. 治疗 治疗原则为加强护理，缓解呼吸困难，治疗原发病。病畜应置于通风良好和安静的畜舍，给营养丰富的饲料和清洁饮水。缓解呼吸困难，可用1%硫酸阿托品、2%氨茶碱或0.5%异丙肾上腺素雾化吸入，每次2～4mL。也可用皮下注射1%硫酸阿托品溶液，剂量为大动物1～3mL，小动物0.2～0.3mL。慢性肺泡气肿，应减轻劳役，采用对症疗法。有感染时，可用磺胺类药物或抗生素治疗。

中药治疗：白芨120g，白蔹90g，枯矾120g，硼砂30g，香油120mL，鸡蛋10个，前四味研成细末，混合香油、鸡蛋清加水调和，于饲后2h内灌服，夏天加生石膏60g。

单元三 其他系统疾病

(一) 心力衰竭

心力衰竭又称心脏衰弱、心功能不全，是因心肌收缩力减弱或衰竭，心脏排血量减少，动脉压降低，静脉回流受阻等而呈现全身血液循环障碍综合征或并发症。临床上以呼吸困难、皮下水肿、发绀、甚至心搏骤停和突然死亡为特征，心力衰竭按病程分为急性心力衰竭和慢性心力衰竭；按发病原因可分为原发性心力衰竭和继发性心力衰竭。各种动物均可发生，马和犬发病居多。

1. 病因

(1) 急性原发性心力衰竭。主要发生于使役不当或过重的役畜，尤其是饱食逸居的家畜突然进行重剧劳役；猪长途驱赶等；治疗过程中，静脉输液量超过心脏的最大负荷量，或向静脉过快地注射对心肌有较强刺激性药液，如钙制剂或砷制剂等。

(2) 急性继发性心力衰竭。多由病原菌或毒素直接侵害心肌所致。多继发于马传染性贫血、口蹄疫、猪瘟等急性传染病，弓形虫病、住肉孢子虫病等寄生虫病，肠便秘、胃肠炎、日射病等内科疾病以及各种中毒性疾病的过程中。

(3) 慢性心力衰竭。除长期重剧使役外，本病常继发或并发于多种亚急性和慢性感染，如心脏本身的疾病、中毒病、幼畜白肌病、慢性肺泡气肿、慢性肾炎等。

2. 症状

（1）急性心力衰竭。病的初期，病畜精神沉郁，食欲不振，可视黏膜轻度发绀，体表静脉怒张；心搏动亢进，第一心音增强，脉搏细数，有时出现心内杂音和节律不齐。呼吸加快，眼球外突，肺泡呼吸音增强，病情进一步加重时，心搏动震动全身，第一心音高朗，伴发阵发性心动过速，脉细不感于手。肺水肿，胸部听诊有广泛的湿啰音；两侧鼻孔流出大量无色细小泡沫状鼻液。四肢呈阵发性抽搐，有的步态不稳，倒地数分钟死亡。

（2）慢性心力衰竭。其病情发展缓慢，病程长。精神沉郁，食欲减退，易于疲劳、出汗。黏膜发绀，体表静脉怒张。垂皮、腹下和四肢下端水肿，触诊有捏粉样感觉。

3. 诊断 根据发病原因，静脉怒张，脉搏增数，呼吸困难，垂皮和腹下水肿，第一心音增强等症状可做出诊断。同时也要注意急性或慢性，原发性或继发性的鉴别诊断。

4. 治疗 治疗原则是减轻心脏负担，增强心肌收缩力和排血量以及对症疗法等。

（1）加强心脏营养，减轻心脏负担。大动物可用25％葡萄糖溶液500～1 000mL，同时配合维生素C 5～6g缓慢静脉注射。也可根据患畜体质，酌情放血（贫血患畜切忌放血），放血后解除呼吸困难。也可使用ATP、辅酶A、细胞色素C、维生素B_6和葡萄糖等营养合剂，改善心肌对营养的利用率，增加心肌线粒体ATP的合成，改善心脏功能。

（2）缓解呼吸困难。为缓解呼吸困难，可用樟脑兴奋心肌和呼吸中枢，常用10％樟脑磺酸钠注射液10～20mL，皮下注射或肌内注射。除心肌发炎损害引起的心力衰竭外，为了增加心肌收缩力，增加心排血量，用洋地黄类和强心苷制剂。对于心率过快的马、牛等大家畜用复方奎宁注射液10～20mL 肌内注射，2～3次/d；犬用心得宁 2～5mg 内服，3次/d，有良好效果。

（3）消除水肿和钠、水滞留。可给予利尿剂，常用速尿按每千克体重2～3mg内服或0.5～1.0mg肌内注射，1～2次/d，连用3～4d，停药数日后再用数日。也可用双氢克尿噻，马、牛0.5～1.0g；猪、羊0.05～0.1g；犬25～50mg内服。

犬、猫心力衰竭，可使用醛固酮拮抗剂，如安体舒通每千克体重10～50mg内服，3次/d，兼有利尿效果。血管紧张素转移酶抑制剂，如甲巯丙脯酸每千克体重0.5～1.0mg内服，3次/d，有缓解症状，延长存活时间的功效。

（4）对症疗法。应针对出现的症状，给予健胃、缓泻、镇静等制剂作辅助治疗。

（5）中兽医法。对心力衰竭，多用"参附汤"和"营养散"治疗。

①参附汤。党参60g，熟附子32g，生姜60g，大枣60g，水煎2次，候温灌服于牛、马。

②营养散。当归16g，黄芪32g，党参25g，茯苓20g，白术25g，甘草16g，白芍19g，陈皮16g，五味子25g，远志16g，红花16g，共为末，开水冲服，每天一剂，7剂为一疗程。

5. 预防 加强护理，动物适当运动，提高适应能力，合理使役，防止过劳。对于其他疾病而引起的继发性心力衰竭，应及时治疗。

（二）贫血

贫血指外周血液中单位容积内红细胞数、血红蛋白低于正常值，产生以运氧能力降低、血容量减少为主要特征的临床综合征。临床上主要表现为皮肤和可视黏膜苍白，心率加快，心搏增强，肌肉无力等各种症状。贫血不是一种独立的疾病，而是一种临床综合征。按其原因可分为：出血性贫血、溶血性贫血、营养性贫血和再生障碍性贫血4类。下面主要介绍仔猪营养性贫血。

1. 病因 引起营养性贫血的原因主要是低蛋白血症，微量元素铁、铜、钴等缺乏症及维生素B_{12}、叶酸、烟酸、硫胺素、核黄素等的缺乏。仔猪出生时，体内的铁、铜等的储存极为有限，而母猪乳汁中含铁量较少，或者用不全价饲料饲养的母猪，特别是饲料中缺乏红细胞生成的原料（铁、铜、钴等），使仔猪在母畜体内血红蛋白和肌红蛋白生成减弱。仔猪供料不足，或所补精饲料质量不佳，料中缺乏铁、铜、钴等，仔猪患慢性消化道疾病，影响从乳汁及饲料中吸收营养，都可引起发病。

2. 症状 本病发展缓慢，病初仔猪一般外表肥壮，但精神沉郁，呼吸增快，心搏增加，脉搏微弱，易于疲劳，仔猪出生8～9d时出现贫血症状，皮肤及可视黏膜苍白，活力显著下降，吮乳能力下降。仔猪发生营养不良，机体衰弱，精神不振，被毛粗乱，影响生长发育。出现异食，有的病猪在腹下、颌下出现水肿，仔猪极度消瘦，消化障碍，出现周期性下痢及便秘。有的仔猪不消瘦，生长发育较快，经3～4周后在奔跑中突然死亡。

3. 诊断 根据仔猪日龄、生活的环境条件、血红蛋白量显著减少、红细胞数量下降等临床特征不难诊断。

4. 治疗 治疗原则以补充铁剂，加强母畜饲养与管理并尽早给幼畜补铁为主，辅以其他治疗。

（1）补充铁制剂。内服硫酸亚铁75～100mg，或内服焦磷醇铁，300mg/d，连用7d；也可用0.05%硫酸亚铁溶液及等量的0.1%硫酸铜溶液，5mL/d，内服或涂于母猪乳头上。4～10日龄仔猪可后肢深部肌内注射葡聚糖铁钴注射液2mL，重症隔2d同剂量重复一次。

（2）其他疗法。用健壮的马、牛或羊的抗凝血皮下注射或肌内注射，乳猪为每千克体重2～3mL，2月龄以上的猪为每千克体重1～2mL，3～5d一次，2～3次为一个疗程。也可用健猪抗凝血，每千克体重0.2mL，肌内注射，也有一定疗效。

（三）肾炎

肾炎是指肾小球、肾小管或肾间质组织发生炎症的病理过程。临床上以水肿、肾区敏感与疼痛、尿量改变及尿液中含大量肾上皮细胞和各种管型为特征。按其病程分为急性和慢性两种。各种家畜均可发生，而间质性肾炎主要发生在牛。

1. 病因 肾炎的发病原因目前认为与感染、中毒和变态反应等有关。

（1）感染因素。主要继发于炭疽、牛出血性败血症、传染性胸膜肺炎、猪瘟等传染病的经过之中。

（2）中毒因素。由内源性毒素和外源性毒素由肾排出时产生强烈刺激引起的。这些毒素包括：一些有毒植物；霉败变质的饲料或被农药和重金属污染的饲料及饮水；误食有强烈刺激性的药物或长期使用氨苄青霉素、先锋霉素、噻嗪类及磺胺类等药物；内源性毒物或疾病中所产生的毒素与组织分解产物等。

（3）其他因素。过劳、创伤、营养不良和受寒感冒均为肾炎的诱发因素。此外，邻近器官炎症的蔓延和致病菌通过血液循环进入肾组织也可引起发病。

2. 症状

（1）急性肾炎。病畜表现体温升高，食欲减退，精神沉郁。由于肾区敏感、疼痛，病畜不愿行动。站立时腰背拱起，后肢叉开或齐收腹下。强迫行走时腰背弯曲，后肢僵硬，运步困难，步样强拘；病畜频频排尿，但每次尿量较少，严重者无尿。尿色浓暗，相对密度增高，甚至出现血尿、蛋白尿。肾区触诊，病畜有痛感，直肠触摸，手感肾肿大。重症病例，眼睑、颌下、胸腹下、阴囊部及牛的垂皮处发生水肿。后期，病畜出现尿毒症，全身功能衰竭，呼吸困难，嗜睡，昏迷。

尿液检查，蛋白质呈阳性；镜检尿沉渣，可见管型、白细胞、红细胞及大量的肾上皮细胞。血液检查，血液稀薄，血浆蛋白含量下降，血液非蛋白氮含量明显增高。

(2) 慢性肾炎。典型病例主要表现为水肿、血压升高和尿液异常。病畜逐渐消瘦，血压升高，脉搏增数。后期，眼睑、颌下、胸前、腹下或四肢末端出现水肿，重症者出现体腔积水。尿量不定，尿中有少量蛋白质，尿沉渣中有大量肾上皮细胞和各种管型。最终出现尿毒症而死亡。

(3) 间质性肾炎。初期尿量增加，后期减少。尿中可见少量蛋白质及各种细胞。有时可见透明及颗粒管型。大动物直肠检查和小动动脉肾区触诊，可摸到肾表面不平，体积缩小，质地坚实，无疼痛感。

3. 病理变化 急性肾炎的病变为肾体积轻度肿大，充血，质地柔软，被膜紧张，容易剥离，表面和切面皮质部见到散在的针尖状小红点。慢性肾炎的病变为肉眼可见肾体积增大，色苍白，表面不平或呈颗粒状，质地坚硬，被膜剥离困难，切面皮质变薄，结构致密。晚期，肾缩小和纤维化。间质性肾炎由于肾间质增生，可见间质呈宽厚，肾质地坚硬体积缩小，表面不平或呈颗粒状，苍白，被膜剥离困难，切面皮质变薄。

4. 诊断 根据典型的临床特征：少尿或无尿，肾区敏感，疼痛，水肿，尿毒症和尿液化验结果（尿蛋白、血尿、尿沉渣中有大量肾上皮细胞和各种管型）进行综合诊断。本病应与肾病相鉴别。肾病，临床上有明显水肿和低蛋白血症，尿中有大量蛋白质，但无血尿及肾性高血压现象。

5. 治疗 本病的治疗原则是消除病因，消炎利尿，加强病畜护理。

(1) 消除炎症、控制感染。可选用青霉素，牛、马为每千克体重1万～2万IU，猪、羊、马驹、犊牛为每千克体重2万～2万IU，肌内注射，2～3次/d，连用一周。链霉素、诺氟沙星、环丙沙星合并使用可提高疗效。

(2) 激素疗法。对于肾炎病例多采用激素治疗，一般选用氢化可的松注射液，肌内注射或静脉注射，一次量：牛、马200～500mg，猪、羊20～80mg，犬5～10mg，猫1～5mg，1次/d；亦可选用地塞米松，肌内注射或静脉注射，一次量：牛、马10～20mg，猪、羊5～10mg，犬0.25～1mg，猫0.125～0.5mg，1次/d。

(3) 促进排尿，减轻或消除水肿。可选用利尿剂，双氢克尿噻，牛、马0.5～2g，猪、羊0.05～0.2g，加水适量内服，1次/d，连用3～5d。

(4) 中兽医疗法。急性肾炎采用清热利湿，凉血止血，可用"秦艽散"加减。慢性肾炎，燥湿利水，方用"平胃散"与"五皮饮"合用，适当加减味：苍术、厚朴、陈皮各60g，泽泻45g，大腹皮、茯苓皮、生姜皮各30g，水煎服。

6. 预防 加强管理，防止家畜受寒、感冒，以减少病原微生物的感染。注意饲养，保证饲料的质量，禁止喂有刺激性或发霉、腐败、变质的饲料，以免中毒。对急性肾炎的家畜，应及时采取有效的治疗措施，彻底消除病因以防复发或转为慢性或间质性肾炎。

(四) 膀胱炎及尿道炎

1. 膀胱炎 膀胱炎是膀胱黏膜及其下层的炎症。按膀胱炎的性质可分为卡他性膀胱炎、纤维蛋白性膀胱炎、化脓性膀胱炎、出血性膀胱炎 4 种。临床上以疼痛性尿频和尿中出现较多的膀胱上皮细胞、炎性细胞、血液和磷酸铵镁结晶为特征。多发于母畜，以卡他性膀胱炎多见。

（1）病因。膀胱炎的发生与尿潴留、难产、导尿、膀胱结石、创伤等有关。一些细菌性因素如化脓杆菌、葡萄球菌、链球菌、变形杆菌等经过血液循环或尿路感染而致病；某些传染病的特异性细菌继发；母畜阴道炎、子宫内膜炎等邻近器官炎症的蔓延，毒物（如霉菌毒素）影响；或某种矿物质元素缺乏及其机械性刺激或损伤等，均可引起膀胱炎。

（2）症状。

①急性膀胱炎。临床表现是疼痛性的频频排尿，或屡作排尿姿势，但无尿液排出，有时排出少量尿液，或呈点状排出，出现尿淋漓、痛苦不安等症状。直肠检查，病畜表现疼痛，膀胱触诊，手感空虚。炎症加剧，有的病畜膀胱黏膜发生坏死溃疡，导致膀胱穿孔或破裂。尿检为血尿。尿中混有黏液、脓汁、坏死组织碎片和血凝块并有强烈的氨臭味。尿沉渣检，出现大量膀胱上皮细胞、白细胞、红细胞、脓细胞和磷酸铵镁结晶等。

②慢性膀胱炎。由于病程长，排尿困难，其排尿姿势和尿液成分与急性者略同。病畜营养不良，消瘦，被毛粗乱。

（3）诊断。可根据频尿、排尿疼痛等临床特征以及尿液检查有大量的膀胱上皮细胞和磷酸铵镁结晶，进行综合判断。在临床上与膀胱炎、肾盂肾炎注意区别。

（4）治疗。本病的治疗原则是加强护理，抗菌消炎，尿路消毒。

①抗菌消炎，尿路消毒。用 40%乌洛托品，马、牛 50～10mL，静脉注射。或用青霉素，也可与链霉素合用。病情较轻，选用一种；病情较重，几种药物联合使用。抗菌药的使用，要维持到症状消失后停药，以免复发。伴有肾功能不良的，忌用对肾有害的药物，以预防积累中毒。对重症病例，可先用 0.1%高锰酸钾或 1%～3%硼酸，或 0.1%的雷佛奴耳液，或 0.01%新洁尔灭溶液，或 1%亚甲蓝作膀胱冲洗，在反复冲洗后，膀胱内注射青霉素80 万～120 万 IU，1～2 次/d，效果较好。

②中兽医疗法。中兽医可用沉香、石苇、滑石（布包）、当归、陈皮、白芍、冬葵子、知母、黄柏、杞子、甘草、王不留行，水煎服。对于出血性膀胱炎，可服用秦艽散：秦艽50g，瞿麦 40g，车前子 40g，当归、赤芍各 35g，炒蒲黄、焦山楂各 40g，阿胶 25g，研末，水调灌服。也可给病畜肌内注射安钠咖，配合"八正散"煎水灌服，治疗猪膀胱炎效果好。单胃动物可用鲜鱼腥草打浆灌服，效果好。

（5）预防。在实施导尿术时，应遵守操作规程，避免损伤尿道及膀胱黏膜，同时，要严格消毒，防止病原微生物的侵入和感染。及时治疗肾及尿道疾病，以防转移感染。发现膀胱结石应及时处理。

2. 尿道炎 尿道炎是尿道黏膜的炎症，特征是排尿频繁、局部肿胀。各种家畜均可发病。

（1）病因。主要是尿道的细菌感染，多见于导尿时消毒不严或操作粗暴造成尿道感染及损伤。或尿结石的机械刺激及化学性刺激，损伤黏膜，继发细菌感染。此外周围组织炎症也可继发尿道炎。

(2) 症状。频频排尿，表现疼痛不安，有黏液性或脓性分泌物从尿道口流出。临床检查时病畜疼痛抗拒检查。尿液混浊伴有血液、黏液。

(3) 诊断。根据临床症状、尿道检查以及尿液检查可以初步确诊。

(4) 防治。治疗原则是消除病因、控制感染，对症治疗。

当尿潴留或膀胱高度充盈时应采取膀胱穿刺进行排尿。抗菌消炎同时配合局部清洗效果较好。

（五）尿石症

尿结石又称为尿石症，是指由于不科学的喂养致使动物体内营养物质特别是矿物质代谢紊乱，尿路中盐类结晶凝结成大小不一、数量不等的凝结物，刺激尿路黏膜而引起的出血性炎症和尿路阻塞性疾病。临床上以腹痛、排尿障碍和血尿为特征。本病各种动物均可发生，主要发生于公畜。

1. 病因　尿石症的原因普遍认为与以下的因素有关。

(1) 长期饲喂高钙低磷的饲料和饮水。

(2) 天气炎热，饮水不足，使尿中盐类浓度增高，或尿液浓稠使尿中黏蛋白浓度增高。

(3) 维生素 A 缺乏可导致尿路上皮组织角化。

(4) 肾和尿路感染发炎时，炎性产物，脱落的上皮细胞及细菌积聚。

(5) 长期周期性尿液潴留，大量应用磺胺类药物等，均可促进尿结石的发生。

2. 症状　尿结石病畜主要表现为：排尿困难，频频作排尿姿势，拱背缩腹，举尾努责，排出线状或点滴状混有脓汁和血凝块的红色尿液。结石阻塞尿路时，病畜排出的尿流变细或无尿排出而发生尿潴留。阻塞部位和阻塞程度不同，其临床症状也有一定差异。

肾盂结石时，呈肾盂肾炎症状，病畜肾区疼痛，运步强拘，步态紧张。有血尿。阻塞严重时，有肾盂积水。

输尿管结石时，病畜腹痛剧烈。直肠内触诊，可触摸到其阻塞部的近肾端的输尿管显著紧张而且膨胀。

膀胱结石时，有尿频，排尿时病畜疼痛反应，如呻吟，腹壁抽缩等。

尿道结石，公牛多发生于乙状弯曲或会阴部，当尿道不完全阻塞时，尿液呈滴状或线状流出，有血尿。完全被阻塞时，尿闭或有肾性腹痛现象，病畜频频举尾，屡作排尿动作但无尿排出。直肠内触诊时，膀胱内尿液充满，体积增大。

3. 诊断　结合临床症状、尿液的变化、直肠触诊及尿道探诊，犬、猫等小动物可借助X射线影像显示可区别等，同时应注重饲料构成成分的调查，综合判断做出确诊。

4. 治疗　本病以除去结石，控制感染为治疗原则。

(1) 水冲洗。适用于粉末状或沙粒状尿石。导尿管消毒，涂擦润滑剂，缓慢插入尿道或膀胱，注入消毒液体，反复冲洗。对有磷酸盐尿结石的病畜，应用稀盐酸进行冲洗治疗获得良好的治疗效果。

(2) 中医药治疗。中医称"砂石淋"。治疗原则是清热利湿，通淋排石，病久者肾虚并兼顾扶正。选用排石汤加减：海金沙、鸡内金、石苇、海浮石、滑石、瞿麦、扁蓄、车前子、泽泻、生白术等。

(3) 手术治疗。尿石阻塞在膀胱或尿道的病例，可实施手术切开，将尿石取出。

5. 预防　合理调配饲料，使饲料中的钙磷比例保持在 1.2∶1 或者 1.5∶1 的水平。并注意饲喂含维生素 A 丰富的饲料。平时适当增喂多汁饲料或增加饮水，对家畜泌尿器官炎症疾病应及时治疗，以免出现尿潴留。肥育犊牛和羔羊的日粮中加入 4% 的氯化钠对尿石的发病有一定的预防作用。

（六）中暑

临床上日射病和热射病称为中暑。各种动物均可发病。日射病和热射病是由急热应激引起的体温调节机能障碍的一种急性中枢神经系统疾病。日射病是头部持续受到强烈的日光照射而引起脑膜充血，脑实质的急性病变，导致中枢神经系统机能严重障碍性疾病。热射病是动物所处的外界环境气温高，湿度大，动物新陈代谢旺盛，产热多，散热少，体内积热而引起的严重中枢神经系统机能紊乱的疾病。

1. 病因 在高温天气和强烈阳光下使役、驱赶和奔跑；通风不良，拥挤，温度高、湿度大的环境中使役繁重，闷热密闭的车、船运输等是引起本病的常见原因。家畜体质衰弱，心脏功能、呼吸功能不全，代谢机能紊乱，出汗过多，饮水不足，缺乏食盐，都易促使本病的发生。

2. 症状

（1）日射病。常突然发生，病初，动物表现体温升高，精神沉郁，步态不稳，共济失调，突然倒地，四肢作游泳样运动，眼球突出，有时全身出汗，心力衰竭，静脉怒张，呼吸急促。后期出现结膜发绀，皮肤、角膜、肛门反射减退或消失，腱反射亢进，常发生剧烈的痉挛或抽搐而迅速死亡，也有动物因呼吸麻痹而死亡。

（2）热射病。突然发病，体温急剧升高至 42℃ 以上，皮温灼手，全身出汗。心悸，脉搏疾速，每分钟可达百次以上。眼结膜充血，瞳孔扩大或缩小。呼吸高度困难，频率加快，舌伸于口外，张口喘气；白毛动物全身通红。后期病畜站立不动或倒地，四肢划动，继而呈昏迷状态，意识丧失，呼吸浅而疾速，结膜发绀，血液黏稠，口吐白沫；常因呼吸中枢麻痹而死亡。

3. 诊断 根据发病季节，病史资料和体温急剧升高，心肺机能障碍和倒地昏迷等临床特征，容易确诊。

4. 治疗 本病的治疗原则是消除病因，促进机体散热和缓解心肺机能障碍，纠正水、盐代谢和酸碱平衡紊乱。

（1）消除病因、降温。应立即停止使役，将病畜移至荫凉通风处，避免光、声的刺激，保持安静。用冷水浇洒全身，或用冷水灌肠，还可在头部放置冰袋，也可用酒精擦拭体表。

病情严重，体质较好者可放血 1 000～2 000mL（大动物），同时静脉注射等量生理盐水，以促进机体散热。

（2）强心镇静、补液解毒。可皮下注射 20% 安钠咖等强心剂 20～30mL，或洋地黄制剂。为防止肺水肿，静脉注射地塞米松每千克体重 0.5～1mg。对脱水严重动物，可静脉注射生理盐水或 5% 葡萄糖液。若确诊病畜已出现酸中毒，可静脉注射 5% 碳酸氢钠 100～500mL。小动物酌情考虑。

（3）中兽医疗法。中兽医称牛中暑为发痧，以清热解暑为治疗原则，方用"清暑香薷汤"加减：香薷 25g，藿香、青蒿、佩兰叶、炙杏仁、知母、陈皮各 30g，滑石（布包先煎）90g，石膏（先煎）150g，水煎服。

5. 预防 本病是家畜的一种重剧性疾病，病情发展急剧，死亡率高。所以，在炎热的季节，必须做好饲养管理和防暑降温工作，保证家畜健康。制订牛、马、猪、羊和家禽的饲养管理制度，特别是对役牛和役马，应经常锻炼其耐热能力。为使家畜在炎热的季节不中暑，畜舍要通风凉爽，防止潮湿、闷热和拥挤。同时注意补喂食盐和饮水。大群家畜徒步或车船运送，应做好各项防暑和急救准备工作。

（七）脑膜脑炎

脑膜脑炎是脑膜及脑实质炎症，临床上以高热、严重脑机能障碍为特征。各种动物均可发生。

1. 病因 多由感染或中毒所致。包括家畜的疱疹病毒、牛恶性卡他热病毒、猪的肠病毒、犬瘟热病毒、犬细小病毒、猫传染性腹膜炎病毒等病毒感染；如葡萄球菌、链球菌、溶血性及多杀性巴氏杆菌、嗜血杆菌、猪副嗜血杆菌、李氏杆菌等细菌感染；猪食盐中毒、马霉玉米中毒、铅中毒及各种原因引起的中毒性疾病；脑脊髓丝虫病、脑包虫病、变通圆线虫病等一些寄生虫病等；颅骨外伤、额窦炎、中耳炎、眼球炎、脊髓炎等脑部及邻近器官炎症的蔓延，可继发性脑膜脑炎。

2. 症状 由于炎症的部位、性质不同，临床表现也有较大差异，常表现为一般脑炎症状和局部脑炎症状。

（1）一般脑炎症状。病畜先兴奋后抑制或交替出现。病初，表现轻度精神沉郁，呆立不动，反应迟钝。经数小时至一周后突然呈现高度兴奋，体温升高，感觉过敏，反射机能亢进，瞳孔缩小，视觉紊乱，易于惊恐，呼吸急促，脉搏增数。狂躁不安，攻击人畜，不顾障碍向前冲，或转圈运动。站立不稳，倒地。在数十分钟兴奋发作后转入抑制则呈嗜眠、昏睡状态，反射机能减退及消失，呼吸缓慢而深长。

（2）局部脑炎症状。主要表现痉挛和麻痹。是脑神经核受到炎性刺激或损伤所引起的神经机能亢进的症状，如眼球震颤，斜视，咬肌痉挛，咬牙。吞咽障碍，听觉减退，视觉丧失，味觉、嗅觉错乱。颈部肌肉痉挛或麻痹，出现角弓反张。某一组肌肉或某一器官麻痹，或半侧躯体麻痹时呈现单瘫与偏瘫等。

3. 诊断 根据一般脑炎症状和局部脑炎症状，再结合病史调查和分析，一般可做出诊断。若确诊困难时，可进行脑组织切片检查。

4. 治疗 本病以抗菌消炎，降低颅内压和对症治疗为治疗原则。

（1）抗菌消炎。首选磺胺嘧啶钠每千克体重 10～20mg 肌内注射，1 次/d，连用 3d，青霉素每千克体重 4 万 IU 和庆大霉素每千克体重 2～4mg，静脉注射，2 次/d。亦可林可霉素每千克体重 10～15mg 静脉注射，3 次/d。

（2）降低颅内压。对脑急性水肿、颅内压升高动物，视体质状况可先放血，小动物 20～10mL，大动物 1 000～2 000mL，再用等量的 10% 葡萄糖并加入 40% 的乌洛托品 50～100mL 静脉注射。也可用 25% 山梨醇液和 20% 甘露醇，每千克体重 50～100mL 静脉注射。

（3）对症治疗。当病畜过度兴奋，狂躁不安时，可用安溴注射液 50～100mL 静脉注射，以调整中枢神经机能紊乱，增强大脑皮层保护性抑制作用。心功能不全时，可应用安钠咖和樟脑等强心剂。对不能哺乳的幼畜，应适当补液，维持营养。

模块十一

动物外科手术及外科病

单元一 外科手术基本知识与操作

一、外科手术基本知识

（一）外科手术分类

应用手术操作和医疗器械来诊治家畜疾病、矫正畜体畸形的兽医学技术，称为外科手术。外科手术主要为外科疾病提供诊断、治疗的手段，而且也为某些内科疾病（如牛的创伤性网胃炎）、产科疾病（如难产、子宫脱）、寄生虫疾病（如多头蚴病）和某些传染性疾病（如放线菌病）提供重要的治疗方法。此外，外科手术如去势、受精卵移植等也用于提高畜产品质量和繁殖优良品种等。

外科手术的种类很多，按手术的性质和内容可划分以下几类。

1. 根治手术和姑息手术 根治手术，是指不仅能消除疾病的症状，同时也能消除其原因，以彻底根治为目的手术，例如良性肿瘤的摘除等；姑息手术，是指在不能施行根治手术以彻底除去其原因时，为了消除或缓解其症状而进行的手术，如跛行的治疗，常进行某些神经的切断手术以缓解其症状等。

2. 紧急手术和非紧急手术 紧急手术，是指在疾病严重威胁病畜生命的情况下，需要紧急进行抢救的手术，例如气管阻塞，以致有窒息危险时，需要立刻施行气管切开术等；非紧急手术，是指病情进展缓慢的病例不需要紧急施行的手术，例如某些良性肿瘤的摘除等。

3. 无菌手术和污染手术 无菌手术，是指在无菌条件下，对未受感染的组织进行的手术，例如，胸腹腔等大手术或韧带截断等小手术均属无菌手术；污染手术，是指在手术治疗疾病的过程中，也经常要对感染或化脓的组织进行手术，例如对脓肿、蜂窝织炎的切开等。有些手术（例如胃、肠手术）开始是无菌手术，及至胃、肠切开时实际上已转为污染手术，在处理胃、肠后又必须转为无菌手术，这就要求将手术的无菌阶段与污染阶段严格划清界限，在处理胃、肠时，尽量避免污染，之后，更换所有被污染器械、手术创巾，被污染的手和术部重新进行消毒，使之重新转为无菌手术。

4. 观血手术和无血手术 一般手术需破坏组织的完整性，造成血液外流的手术都属观血手术。无血手术特指那些不见血液外流的手术，例如非开放性骨折的复位手术、脱臼的整复手术以及无血去势术等。

手术之前，术者要在以往检查的基础上，对动物病情再进行一次复查，做到心中有数，以便在术前制订一个完整的切实可行的手术计划，充分估计到手术过程中可能会出现的突发问题，并作出相应的解决方案。

手术人员必须明确分工。具体人员分为术者、手术助手、麻醉助手、器械助手和保定助手。其中，术者是执刀者，也是手术的组织者，对手术参加人员进行分工，术前制订手术计划,术后负责总结;手术助手协助术者切开、止血、缝合及手术过程中一切有关事宜;麻醉助手负责麻醉前给药和麻醉给药,并随时观察动物的状态,发现异常,要尽快找出原因并加以纠正;器械助手术前负责准备手术器械,术中负责传递器械和敷料,术后必须清点敷料和器械的数目;保定助手负责动物保定。

(二)常用外科手术器械及其使用

外科手术器械是施行手术的必需的工具,熟练掌握手术器械的使用,是保证外科手术成功的关键。

1. 手术刀 手术刀由刀柄和刀片两部分组成,按刀刃的形状分为圆刃手术刀、尖刃手术刀和弯形尖刃手术刀等。主要用于切开和分离组织,有固定刀柄和活动刀柄两种。

(1) 不同类型的手术刀片及刀柄。4、6、8号规格的刀柄,只安装19、20、21、22、23和24号大刀片;3、5、7号刀柄安装10、11、12、15号小刀片。

22号大圆刃刀适用于皮肤切割,10、15号小圆刃刀适用于做细小的分割,23号圆形大剪刀,适用于由内向外的切开或脓肿的切开,11号角形尖刃刀及12号弯形尖刃刀适用于肌腱、腹膜和脓肿的切开等(图11-1)。

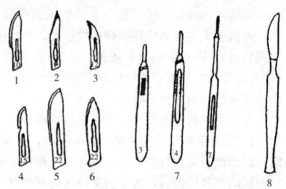

图 11-1 不同类型的手术刀片及刀柄
1.10号小圆刀 2.11号角形尖刃 3.12号弯形尖刃
4.15号小圆刀 5.22号大圆刀 6.22号圆形大尖刀
7.刀柄 8.固定刀柄圆刀

(2) 手术刀片安装和取出方法见图11-2。

(3) 手术刀执刀方法有以下几种。

①指压式。以食指按压刀背的前1/3处,用腕和手指力量切割。适用于切开皮肤、肌腱等(图11-3)。

②执笔式。如同执钢笔。力量主要在手指,需用小力量、短距离的精细操作。适用于切割短小切口,分离血管、神经等(图11-3)。

图 11-2 手术刀片装、取法
1. 装刀片法 2. 取刀片法

③全握式。力量在手腕。用于切割范围广,用力较大的切开,如切开较长的皮肤切口、慢性增生组织等(图11-3)。

④反挑式。用刀刃由组织内向外面挑开,以免损伤深部组织。如腹膜切开(图11-3)。

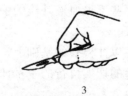

图 11-3 执手术刀片的姿势
1. 指压式 2. 执笔式 3. 全握式 4. 反挑式

2. 手术剪

(1) 手术剪的种类。依其用途可分为组织剪和拆线剪两种。组织剪的尖端较薄，剪刃锐利，分大小、长短和弯直，主要用于沿组织间隙分离和剪断组织。其中，直剪用于浅部手术操作，弯剪用于深部组织分离（图 11-4）；拆线剪剪头钝而直，刃较厚，主要用于剪断缝线，有时也用于剪断较厚或较硬的组织（图 11-5）。

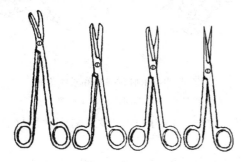

图 11-4　手术剪（组织剪）

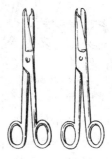

图 11-5　拆线剪

(2) 手术剪的执持方法。以拇指和无名指插入剪柄的两环内，但不宜插入过深，食指轻压在剪柄和剪刀交界的关节处，中指放在无名指环的前外方柄上，准确地控制剪的方向和剪开的长度（图 11-6）。

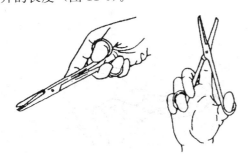

图 11-6　手术剪的执持方法

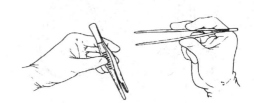

图 11-7　执手术镊的姿势

3. 手术镊　用于夹持、稳定或提起组织以利切开及缝合。

(1) 手术镊的种类。根据长度，可分长型镊和短型镊，依据镊头的尖和钝，分为尖头镊和钝头镊；根据镊头有无齿状物，分有齿镊和无齿镊。有齿镊对组织的损伤性大，用于夹持坚硬的组织，无齿镊损伤性小，用于夹持脆弱的组织和器官。

(2) 手术镊执持方法。用拇指对食指和中指执拿（图 11-7）。

4. 止血钳　又名血管钳，主要用于夹住出血部位的血管或出血点，以达到直接钳夹止血的目的。有时也用于分离组织、牵引缝线。

(1) 止血钳的种类。止血钳一般有弯、直两种。直钳用于浅表组织和皮下止血，弯钳用于深部止血。止血钳尖端带齿者，称为有齿止血钳，多用于夹持较厚的坚硬组织（图 11-8）。

(2) 止血钳执持和松钳方法。执钳方法同手术剪。松钳时，若用右手，将拇指及无名指插入柄环内捏紧使扣分开，再将拇指内旋即可；用左手时，拇指及食指一柄环。中指和无名指顶住另一柄环，二者相对用力即可松开（图 11-9）。

5. 持针钳　又称持针器，用于夹持缝针缝合组织。

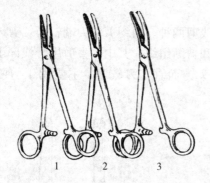

图11-8 各种类型止血钳
1. 直止血钳 2. 弯止血钳 3. 有齿止血钳

图11-9 止血钳执持和松钳方法
1. 右手松钳 2. 左手松钳

（1）持针钳的种类。持针钳分握式持针钳和钳式持针钳两种，兽医临床常用握式持针钳，但小型宠物则常用钳式持针钳（图11-10）。

（2）持针钳执持法。使用时，缝针应夹在靠近持针钳的尖端前1/4处，若夹在齿槽床中间，则易将针折断。一般应夹在缝针的针尾1/3处（图11-11）。

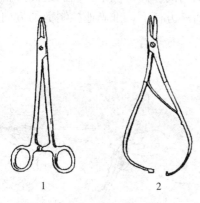

图11-10 持针钳
1. 钳式持针钳 2. 握式持针钳

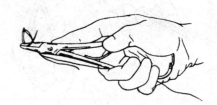

图11-11 持针钳执持法

6. 缝合针 主要用于闭合组织或贯穿结扎。

缝针按针体形状可分为直针、半弯针和弯针；按针尖形状分为圆针和三棱针；按穿线眼的结构又可分为闭环式、弹机孔式（针眼后方有一个裂开的凹槽，缝线可以从裂槽压入针眼内）等。

直针较长，可用手直接操作，但需要较大的空间，适用于表面组织的缝合；弯针有一定的弧度，用持针器操作，不需太大的空间，适用于深部组织的缝合；圆针尖端为圆锥形，尖部细，体部渐粗，缝合时对组织损伤较轻，适合肠壁、血管、神经等软组织的缝合；三棱针前半部为三棱状，较锋利，对组织损伤较大，适合于皮肤、软骨、韧带等坚硬组织的缝合。

此外，还有一种带线缝合或称无眼缝合针，其缝线已包在针尾部，针尾较细，仅单股缝线穿过组织，使缝合孔道最小，对组织损伤小，又称为无损伤缝针，多用于血管、肠管的缝合（图11-12）。

7. 缝线 用于闭合组织和结扎血管，分为可吸收缝线和不吸收缝线两类。

(1) 可吸收缝线。主要为羊肠线和合成纤维线。羊肠线由羊的小肠黏膜下层制成。有普通与铬制两种，主要用于胃、肠、膀胱等中空器官的缝合。在感染的创口中使用肠线，可减少由于其他不能吸收的缝线所造成的难以愈合的窦道。由于肠线属于异体蛋白质，在吸收过程中，组织反应较重。使用肠线时，应注意以下几个问题。

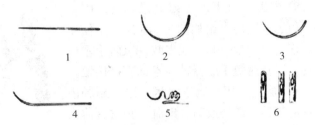

图 11-12　缝合针的种类
1. 直针　2. 1/2 弧型　3. 3/8 弧型　4. 半弯型
5. 无损伤缝针　6. 弹机孔针尾构造

①从玻管贮存液内取出的肠线质地较硬，使用前应用温生理盐水浸泡，待变软后再用，但不可用热水浸泡或浸泡时间过长，以免肠线肿胀、易折、影响质量。

②不能用持针钳或血管钳夹持肠线，也不可将肠线扭折，以致皱裂易断。

③肠线吸收水分后打结容易松开，所以打结时宜用三叠结。剪断后留的线头应较长，否则线结易松脱。一般多用连续缝合，以免线结太多，导致术后异物性反应显著。

④胰腺手术时，不能使用肠线结扎或缝合，因肠线可被胰液消化吸收，进而继发出血或吻合口破裂。

常用的合成纤维线如聚羟基乙酸，具有粗细均匀、组织反应较轻、吸收时间延长、抗张力强度高等优点，粗细从 6-0 号至 2 号，3-0 号线适合于胃肠缝合，1 号线适合于缝合腹膜、腱鞘等，完全吸收需 60～90d。不足之处同肠线一样打结时易滑脱，须打成三叠结。

(2) 不吸收缝线。有非金属线和金属线两种。非金属线有丝线、棉线、尼龙线等，常用者为丝线。金属线最常用者为不锈钢丝线。

丝线具有柔韧性好、打结方便、质软不滑、组织反应小、拉力较强等优点，兽医临床常用 12 号和 18 号两种。

不锈钢丝线多用于骨的固定，有时也用于减张缝合。具有消毒简便、刺激性小、拉力大等优点，但不易打结，并有割断和嵌入组织的可能性，因此，用于减张缝合时，线间应垫以剖开的橡皮管。

8. 牵开器　又称拉钩。用于牵开术部表面组织，加强深部组织的显露，以利于手术操作。

(1) 牵开器的类型。可分为手持牵开器和固定牵开器两种类型（图 11-13、图 11-14）。

(2) 牵开器的使用（图 11-15）。

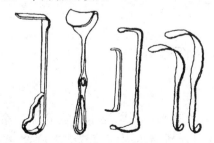

图 11-13　各种手持牵开器

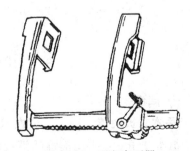

图 11-14　固定牵开器

9. 巾钳 巾钳也称创巾钳,用以固定手术巾。常用的巾钳如图11-16所示。使用时,连同手术巾一起夹住皮肤,以防手术巾移动,以及避免手或器械与术部直接接触。

10. 肠钳 用于肠管手术,以阻断肠内容物的移动、溢出或肠管出血。肠钳有薄齿槽,如图11-17所示。使用时,为减少对组织的损伤,外套乳胶管,见图11-17。

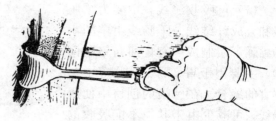

图11-15 手持牵开器的使用

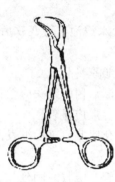

图11-16 巾钳

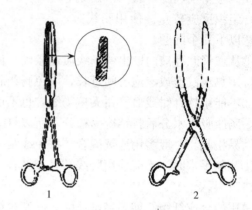

图11-17 肠钳
1. 有薄齿槽的肠钳　2. 肠钳外套乳胶管

11. 探针 分普通探针和有沟探针两种,用于探查窦道,借以引导进行窦道及瘘管的切除或切开,在腹腔手术中,常用有沟探针引导切开腹膜。

在施行手术时,所需要的器械较多,为了避免在手术操作过程中刀、剪、缝针等器械误伤手术操作人员,手术器械须按一定的方法传递(图11-18)。

图11-18 手术器械的传递
1. 手术刀的传递　2. 持针钳的传递　3. 直针的传递

二、外科手术基本操作技术

(一) 消毒

1. 手术人员消毒 手术人员在术前必须将指甲剪短磨光,用肥皂水反复刷洗,除去污垢,经清水冲净后,再用消毒药液浸泡洗刷。常用0.1%新洁尔灭溶液浸泡洗刷3~5min。也可用0.5%氨水2~3盆,在每盆内浸泡洗刷3~5min后,再在75%酒精内浸泡5~8min;

之后戴上无菌手套。为防止手术人员头部及身上的灰尘和汗滴、飞沫落入创内，必须穿戴手术衣帽、口罩。术中应少说话、少走动。

2. 施术场所的准备和消毒 无论在室内或室外进行手术，施术场所均应在术前打扫干净，然后选用3％～5％来苏儿或5％漂白粉等消毒药液喷洒。手术室内如有条件可用紫外线灯照射2h进行灭菌。

3. 手术动物准备和术部消毒

（1）手术动物准备。针对病情进行手术前的治疗，如强心、输液和抗菌（必须时可以作皮试）等，以提高动物对手术的耐受力；根据手术要求，术前禁食12h，禁水2h；选用适当方法促进排粪和排尿，以减少腹压，防止术中粪、尿污染术区；根据动物种类和手术类型选择适当的保定方法，如牛瘤胃切开术多采用六柱栏站立保定或右侧卧保定，小动物腹腔手术，多在手术台上采取头低尾高仰卧保定等。

（2）术部的消毒。用剃毛刀或密齿电推子除尽术部被毛，并予以清除；先以70％的酒精涂擦术部脱脂，然后用2％～5％的碘酊涂擦，自然干燥，然后用2％～5％的碘酊涂擦，待3～5min自然干燥后，再用酒精脱碘。涂擦消毒时，清洁创应由手术区中心部向四周涂擦，感染创由四周向中央涂擦，严禁来回无序乱擦。黏膜消毒时，可用3％～4％硼酸溶液、0.1％雷佛奴耳溶液、0.1％高锰酸钾溶液消毒；首先用中间开口的单一隔离巾暴露术部切口，而覆盖术部外围，然后用四块隔离巾，按顺时针或逆时针方向依次覆盖在切口四周，称复合式隔离巾，隔离巾均应用巾钳固定。

4. 器械及敷料的准备和消毒 手术器械敷料以及其他有关物品，均可能对手术创造成直接或间接的接触感染，在使用前，必须严格消毒。手术金属器械通常应用高压蒸汽灭菌法或化学药物浸泡法进行消毒，无上述条件时，则可用煮沸法（金属器械应在沸水中放入，煮沸20～30min即可）代替。玻璃陶瓷和搪瓷类器皿，采用高压蒸汽灭菌法、煮沸法（玻璃器械须在冷水中放入，以避免爆裂）或用0.1％新洁尔灭溶液浸泡消毒。插管、导管、手套、橡胶布、围裙以及其他多种橡胶或塑料制品，均不耐高温，故常用0.1％新洁尔灭溶液浸泡消毒，但在消毒时，应用纱布将物品包好，以防受损。敷料、手术创巾、手术衣帽和口罩等物品，采用高压蒸汽灭菌法消毒。

（二）麻醉

麻醉的主要目的，是使施术动物失去痛觉，保持安静和肌肉松弛，保证外科手术顺利进行以及动物和工作人员的安全。常用的麻醉法有全身麻醉、局部麻醉和针刺麻醉。

1. 麻醉前准备和给药 根据动物的种类、年龄、体况及麻醉方法合理地选择麻醉前给药，目的是提高麻醉的安全性，减少麻醉的副作用，消除麻醉和手术的不良反应，使麻醉过程平稳，以达最佳效果和减少麻醉药剂量。常用麻醉前用药有以下几种。

（1）阿托品。具有松弛平滑肌、抑制腺体分泌、减少呼吸道黏液和唾液腺分泌的功能。大剂量的阿托品还可拮抗氟烷等吸入麻醉剂，引起的心动过缓，因此，阿托品是麻醉前最常用的药物，尤其是吸入麻醉更为常用，必要时可在术中追加。临床上常在吸入麻醉之前20～30min，将阿托品与神经安定药一并皮下注射或肌内注射。阿托品的用量为犬0.5～5mg，猫1mg。

（2）龙朋。又名麻保静，二甲苯胺噻嗪，具有镇静、镇痛和肌松作用，作为麻醉前给药，主要与水合氯醛、硫喷妥钠或戊巴比妥钠等合用。肌内注射，马每千克体重1.5～

3mg，牛每千克体重0.2~0.3mg，犬每千克体重1~3mg，猫每千克体重3mg。

（3）氯丙嗪（冬眠灵）。催眠和安定作用较强，具有防止呕吐、减少唾液和支气管分泌等作用。与水合氯醛、巴比妥类等全身麻醉药配合应用，能强化麻醉并减少麻醉剂用量1/3~1/2。肌内注射，马、牛每千克体重1~2mg，猪、羊每千克体重1~3mg，犬每千克体重1~2mg，猫每千克体重2~4mg。

2. 全身麻醉与用药 根据药物进入体内途径不同，分为吸入麻醉和非吸入麻醉。

（1）吸入麻醉。吸入麻醉是一种利用挥发性较强的液态麻醉剂（如乙醚、氟烷等）或气态麻醉剂（如环丙烷、氧化亚氮等）通过呼吸道以蒸汽或气体状态吸入肺内，经微血管进入血液产生麻醉的方法。该方法安全可靠，麻醉强度及时间可控，目前广泛应用于小动物外科临床。

①吸入麻醉常用药物。

氟烷：是一种氟类液体挥发性麻醉药，有水果样香味，无刺激性，易被动物吸入，不易燃易爆，性能稳定，麻醉力强，诱导快，苏醒快。缺点是对心肺有抑制作用，故在麻醉中应严格控制麻醉深度。为减少其用药量，在麻醉之前，需要麻醉前用药。

氨氟醚：是一种氟类吸入麻醉药，无色，透明，具有乙醚样气味，麻醉性较强。诱导和苏醒均较迅速。使用时可用专门的氨氟醚挥发器，也可用乙醚麻醉机挥发器替代。

乙醚：是液体挥发性麻醉药，易于调节麻醉深度和较快地终止麻醉。但需要特制的空气麻醉机或密闭式循环麻醉机。优点是安全范围广，对肝肾毒性较小，肌肉松弛较好。缺点是易燃、易爆，麻醉诱导期和苏醒期长。对呼吸道黏膜有强烈刺激性，可使其分泌增多，麻醉前使用阿托品可减少分泌。

②气管插管与拔管具体操作。气管插管能够保证呼吸道的通畅，防止口腔分泌物和胃内容物被误吸，有利于挥发性的麻醉药的吸入，防止麻醉气体向周围溢散，给人工呼吸创造基本条件。

基本器械：喉镜或其他光源、大小型号合适的气管导管、导管芯、套囊、纱布条（30~50cm长）、无菌润滑胶（油）、注射器、止血器、吸引器等。

插管前麻醉：犬，硫喷妥钠每千克体重16~25mg，或硫戊巴妥钠每千克体重16~20mg，静脉注射；猫，氯胺酮，先每千克体重肌内注射10~20mg，3~5min后，缓慢静脉注射1~2mg。

插管前的准备：准备和检查插管所需的设备，在气管导管前涂上润滑油备用，插管前动物可用面罩吸氧2min。声门暴露有困难的可在导管内插入导管芯，并将导管前端弯成鱼钩状。

气管插管方法：动物胸卧保定，头抬起伸直，使下颌与颈成一条直线，预先在动物颈部量好插管长度（图11-19）。

助手一手抓住其上颌使嘴张开，一手将动物舌头拉出。术者左手持喉镜插入口腔，其镜片压住舌根和会厌基部，暴露会厌背面、声带和勺状软骨。如需要，在猫喉部可使用局麻药。右手持涂过润滑剂的气管导管通过声门插入气管至胸腔

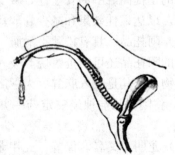

图11-19 预先测量动物所需气管插管的长度

入口处。检查导管的位置是否正确，触摸颈部，若触到两个硬质索状物，提示气管导管插入食管，应退出重新插入。导管后段于切齿后方系上纱布条，固定到上颌上（图11-20）。然后挤压连接套囊上的注气球注入空气，30～40min后再充气一次。最后将气管导管与麻醉机上的螺形管接头连接，施行自主呼吸或辅助呼吸。气管插管完成以后，要不时观察是否存在颈部姿势不对而造成气管内插管扭结，气管导管是否被分泌物所堵塞，是否存在动物咬气管导管的现象（由于反射恢复引起的）。当完成需要麻醉的操作以后，关闭吸入麻醉机，但要继续通以氧气3～5min，当反射开始恢复时，

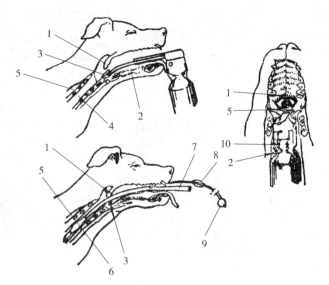

图 11-20　气管内插管方法
1. 软腭　2. 舌　3. 会厌软骨　4. 气管　5. 食道　6. 套囊
7. 气管插管　8. 充气指示球　9. 打气球　10. 喉镜

解开固定导管的纱布条，吸除口腔、咽喉及气管（经气管导管吸除）内的分泌物、呕吐物及血凝块等。放掉套囊内的气体，迅速拔出插管。将动物的头、颈及拉出的舌头放回正常位置，并继续观察直到动物完全苏醒。

③吸入麻醉机及其附件。麻醉机由两部分组成，一是气源部分，包括氧气瓶、氧化亚氮瓶、减压装置、流量计、流量计调节器和药物蒸发器；二是呼吸循环部分，包括二氧化碳吸收装置、导向活瓣、呼吸囊、螺形管、Y形接头、压力表和麻醉口罩等。

④吸入麻醉临床应用。临床上根据呼吸气流的运行状态和复吸入的程度，分为开放式、半开放式、半关闭式、关闭式4种方式。

开放式：主要用于手术将近结束时，小动物表现不安，可以短时进行开放式吸入。具体方法是：在金属网支架的口罩外表覆盖4～6层纱布，将药液直接滴在布上，令自然挥发，动物在吸气时可将罩下面的麻醉药蒸发气吸入肺内，产生麻醉作用。临床常用乙醚点滴开放吸入（图11-21），为了防止挥发气体对眼鼻的刺激，预先用眼药膏涂布以作适当保护。本法操作简单，但药液浪费较大，且药液蒸发污染环境影响手术人员。

半开放式：利用定向活瓣装置将氧气或空气与麻醉药混合吸入呼吸道，呼出气体经活瓣直接排到大气中。主要适用于体重为7～10kg动物的麻醉。

图 11-21　猫开放点滴麻醉示意

半关闭式：呼出的气体一部分经活瓣排出外界，一部分经气囊装置重新吸入，因此称为半开闭式。将麻醉机导出的气源（氧气和麻醉药）连接于呼吸囊，再将呼吸囊用螺纹导管与气管导管衔接，两者之间安置一个呼出活瓣。吸气时，此活

瓣关闭，呼气时则开放，大部分呼气经此瓣逸出，一小部分进入呼吸囊，被氧稀释，再度吸入（图11-22），也可用紧闭式进行半关闭式麻醉。即在关闭式的基础上加大气流量（每分钟氧流量达每千克体重20～30mL时），使呼出气体的一部分经安全活瓣逸出。

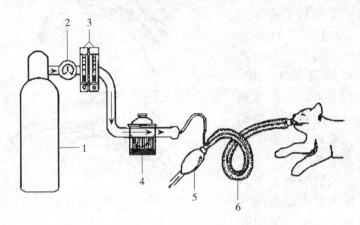

图11-22　半关闭式麻醉示意
1. 氧气瓶　2. 氧气减压阀　3. 氧气流量表　4. 挥发器　5. 呼吸囊　6. 螺纹管

关闭式：也称循环紧闭法。该法使动物的呼吸与大气完全隔绝，在一个密闭的环路中循环。该装置在吸气时，混合的麻醉气体经开放的吸气活瓣进入螺纹管和气管插管而入肺。呼气时，吸气活瓣关闭，呼气经开放的呼气活瓣入二氧化碳吸收器（钠石灰罐），余下气体进入呼吸囊。气体作单向循环流动，不与外界相通（图11-23）。该法氧气流量小（每分钟氧流量为每千克体重6～10mL），耗药量少，麻醉深度易于控制，又不致使呼出气污染环境，是一种比较完善的麻醉方式。

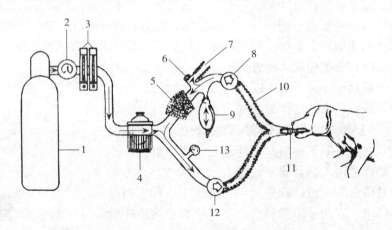

图11-23　犬循环紧闭式麻醉装置示意
1. 氧气瓶　2. 氧气减压阀　3. 氧气流量表　4. 挥发器　5. 二氧化碳吸收器　6. 安全活瓣　7. 排气通路　8. 呼气活瓣　9. 呼吸囊　10. 螺纹管　11. 气管插管　12. 吸气活瓣　13. 压力表

（2）非吸入麻醉。一般采用注射方法，也可用口服或直肠内灌注的方法，使药物进入体内达到全身麻醉的目的。本法操作方便，不需要特殊设备，易于诱导，很快进入外科麻醉期，是临床常用而且重要的麻醉方法。但本法不易控制麻醉深度、用药量和麻醉时间，如用药过量则不易排除、解毒，只靠组织代谢的肾排泄来解毒。常用非吸入麻醉药物主要有陆眠宁、硫喷妥钠、龙朋、静松灵、盐酸氯胺酮、保定宁和水合氯醛等。

①陆眠宁。之前又称846合剂或速眠新注射液。是由保定宁60mg、双氢埃托啡4μg和氟哌啶醇2.5mg复合而成，具有镇痛、镇静和肌肉松弛作用。现在广泛被使用，主要应用于犬、猫及牛羊的麻醉。临床参考剂量为犬每千克体重0.04~0.3mL，猫为每千克体重0.2~0.3mL，羊为每千克体重0.05~0.1mL。

②硫喷妥钠。为超短时作用型的巴比妥类麻醉药，脂溶性高，易透过血脑屏障，故注射后迅速产生麻醉作用。但又因脂溶性高，很快进入脂肪组织，使脑组织和血液浓度显著降低，麻醉作用时间短，故多用于诱导麻醉。临床上常配成2.5%的溶液静脉注射。具体应用时，先快速注入总剂量的1/3，然后停药30~60s，余下的药量可在其后的1~2min内缓慢注完。诱导麻醉只能维持1~1.5min，手术麻醉可维持10~20min，但苏醒期较长，为1~2h。追加用药剂量，苏醒期更加延长，如为60min手术麻醉期，苏醒期长达6~12h。该药镇痛和肌肉松弛效果较差，快速注射时，呼吸明显抑制，使呼吸减慢，甚至呼吸暂停，因此，应用时，必须小心计算药量。

③龙朋。化学名为二甲苯胺噻嗪，根据剂量不同具有镇痛、镇静和肌肉松弛或麻醉作用。临床上常配成2%~10%水溶液肌内注射、皮下注射和静脉注射用。肌内注射10~15min后、静脉注射3~5min后就产生作用，可持续1~2h似睡状态，镇痛作用持续15~30min。本品也可作麻醉前用药，可减少硫喷妥钠诱导麻醉用量的50%~70%。该药对呼吸和心脏有抑制作用，引起呼吸频率、心率及心排血量减少，常发生房室二度阻滞或窦房阻滞现象。最初动脉压暂时性升高，随后下降。有催吐作用，用药后95%的猫和50%的犬发生呕吐，故麻醉前必须应用阿托品。

④静松灵。又名二甲苯胺噻唑。本品与龙朋作用相似，使用方法和剂量与龙朋相同。多用于牛的麻醉。

⑤盐酸氯胺酮。是苯乙哌啶的类似药物，主要作用于大脑皮质和间脑，选择性抑制大脑的联络系统，这种某部抑制而另一部分兴奋的麻醉状态称为"分离麻醉"，广泛应用于马、猫、猪、羊、猪和多种野生动物。临床上主要用于保定或体表的小手术，也可用于简单的开腹手术。投药前15~30min，先用硫酸阿托品皮下注射，以防流涎，然后肌内注射或静脉注射盐酸氯胺酮。

⑥保定宁。是静松灵和乙二胺四乙酸二钠的等量配合。用于手术麻醉，效果优于静松灵。

⑦水合氯醛。通常用于马属动物，具有给药途径广，兴奋期不明显，进入麻醉快，麻醉效果确实可靠等优点。静脉注射剂量为每千克体重0.1~0.16g。动物进入麻醉期后表现瞳孔缩小，角膜反射消失，舌脱出口外不能缩回，公畜阴茎脱出，全身肌肉松弛，疼痛反应消失，脉搏整齐有力，呼吸深而均匀，体温有时下降1~3℃。本品镇痛效果较差，并能引起大量流涎，故常将氯丙嗪和阿托品作为麻醉前给药。此外，水合氯醛对组织刺激性较强，静脉注射时应避免漏于皮下，内服和灌肠时，应配成1%~3%的黏糊剂使用。

（3）麻醉的并发症及其解救。

①呕吐。一般见于小动物吸入麻醉的前期，但也偶见于胃充满的大动物的非吸入麻醉。反刍动物则在麻醉程度较深时，常因充满发酵的胃内容物倒流入口腔，此时吞咽反射消失，胃内容物常有流入或被吸入气管中造成窒息或异物性肺炎的危险。一旦发生呕吐，应尽可能

使呕吐物排出口腔,呕吐停止后用大棉花块清洗口腔。反刍动物最好在麻醉时插入气管插管,并将套囊适当充气,堵塞气管入口,以免流入异物。

②舌回缩。由于在深睡期时肌肉弛缓,舌肌松弛并向会厌软骨方向回缩,可造成气管堵塞,因此,一旦听到异常呼吸音或出现痉挛性呼吸、舌头发绀等症状,必须检查动物的舌头是否在口腔,若发生回缩、呼吸困难时,应立即用手或舌钳将舌牵出,并使其保持伸出口腔外,症状即自行消失。

③呼吸停止。可出现于麻醉的前期或后期。表现在出现若干浅表和不整的吸气后呼吸运动停止,发绀,角膜反射消失,瞳孔突然放大,创口内血液转为暗色,其后心脏跳动也逐渐停止。当出现呼吸停止的初期症状时,应立即撤除麻醉,打开口腔,拉出舌头(或以每分钟20次左右的节律反复牵拉舌头),并着手进行人工呼吸。对大动物可用手握着两侧肋骨弓有节奏地向外开张,或有节奏地将两肢向前外侧牵引。立即静脉注入尼可刹米、安钠咖等。

④心搏停止。常发生于深麻醉期。心脏活动骤停有时可能没有预兆,脉搏和呼吸突然消失,瞳孔散大,创内的血管停止流血。此时,应立即采用心脏按压术,即用手掌在左侧心区有节律的敲击胸壁,如果腹腔手术尚未关闭腹腔时,可由膈直接有节律的挤压心脏。静脉注射0.1%盐酸肾上腺素。

3. 局部麻醉 局部麻醉是在病畜保持意识清醒状态下,为消除手术时的疼痛反应而采取的暂时阻断体躯一定区域内的感受器及其神经干的传导作用的方法。分为表面麻醉、浸润麻醉、传导麻醉和硬膜外麻醉。

(1) 表面麻醉。表面麻醉是指利用麻醉药的渗透作用,使其透过黏膜而阻滞浅在的神经末梢。其中,眼结膜和角膜麻醉,用0.5%丁卡因或2%利多卡因溶液滴入结膜囊内,口、鼻、直肠等处黏膜麻醉选用1%~2%丁卡因或2%~4%的利多卡因溶液涂布、填塞或喷雾,每隔5min一次,连用2~3次。

(2) 浸润麻醉。利用0.25%~1%的盐酸普鲁卡因溶液皮下注射或深部分层注射,以阻滞神经末梢,称为局部浸润麻醉。将针头刺入所需深度,先回抽看是否回血,无回血方可注入药物,边注入药物边向外退针。注射的方式有直线、菱形、扇形、基部和分层注射等,可根据需要选择适当的方式。另外手术部位肌肉层较厚时,可边浸润边切开(图11-24)。

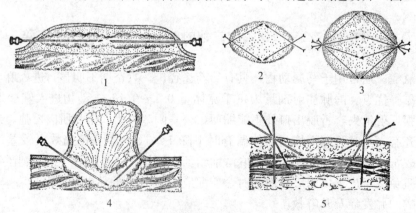

图11-24 浸润麻醉
1. 直线浸润 2. 菱形浸润 3. 扇形浸润 4. 基部浸润 5. 分层浸润

(3) 传导麻醉。又称神经阻滞麻醉，是在神经干周围注射2%盐酸利多卡因或2%~5%盐酸普鲁卡因溶液，使传导神经干所支配的组织失去痛觉的一种麻醉。传导麻醉注射部位多选在各神经干周围，要求掌握各该神经干的位置、外部投影以及操作技术。给药的浓度、用量与麻醉神经的大小呈正比关系。

(4) 脊髓麻醉。将2%普鲁卡因溶液注于椎管内硬膜外腔或蛛网膜下腔内。常用的是腰荐部和荐尾部硬膜外腔麻醉。注射时须对动物确实保定，注射速度不宜过快，施术要遵守无菌原则，注意不得损伤脊髓和附近的神经、血管（图11-25、图11-26、图11-27）。

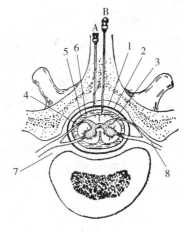

图11-25 脊髓横断面模式
A. 硬膜外腔麻醉　B. 蛛网膜下腔麻醉
1. 硬膜外腔　2. 脊硬膜　3. 硬膜下腔　4. 脊蛛网膜
5. 蛛网膜下腔　6. 脊软膜　7. 椎间孔　8. 脊神经

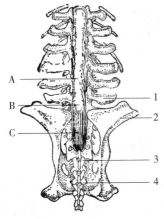

图11-26 牛脊髓末段构造
A. 脊髓　B. 脊髓圆椎　C. 马尾
1. 最后腰椎横突　2. 髋结节
3. 第一尾椎　4. 第二尾椎

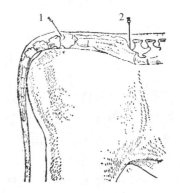

图11-27 牛的脊髓麻醉部位
1. 硬膜外腔麻醉的第一、二尾椎间隙刺入点
2. 硬膜外腔麻醉及蛛网膜下腔麻醉的腰荐椎间隙刺入点

(三) 组织分离

组织分离又称为组织分割，指利用机械方法根据手术部位解剖生理特点，把原来完整的组织切开或分离，以打开手术通路，显露并切除病变组织或某一器官，从而达到治疗疾病的目的。

根据组织性质不同，组织分割分为软组织分割和硬组织分割，其中，软组织分割又分为锐性分割和钝性分割两种。应用手术刀、手术剪对皮肤、黏膜、肌肉、筋膜、肌腱等组织的分割，称为锐性分离法；以手术刀柄、止血钳、钝头手术剪或手指等对粘连或不涉及重要血管、神经，如扁平肌肉、组织间隙、肿瘤摘除、囊肿薄膜外疏松结缔组织的剥离，称为钝性分离法。

1. 软组织切开

（1）皮肤切开法。

①紧张切开。由术者与助手用手在切口两旁或上、下将皮肤展开固定（图 11-28），或由术者用拇指及食指在切口两旁将皮肤撑紧并固定，在切口的起点将圆刃刀的刀刃与皮肤垂直刺通皮肤，再将刀放斜 45°角，用力均匀地一刀切开所需长度和深度皮肤及皮下组织切口。必要时也可补充运刀，但不可来回运刀，以免切口边缘参差不齐，影响创缘对合和愈合。

②皱襞切开。术者和助手用手指或镊子，将预定切口两侧的皮肤捏起，做成横皱襞，在其中央自上而下切开至所需的长度，以避免损伤切口下面的大血管、大神经、分泌管和重要器官（图 11-28）。

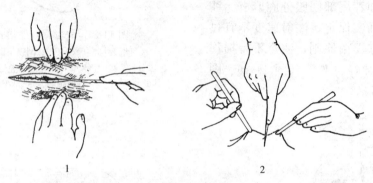

图 11-28　皮肤切开法
1. 紧张切开　2. 皱襞切开

（2）皮下组织及其他组织的分离。

①疏松结缔组织分离。先将组织刺破，再用刀柄或手指进行剥离。

②筋膜分离。先用镊子将筋膜提起切一个小口，用弯止血钳在此切口上下将筋膜下组织与筋膜分开，沿分开线用剪刀剪开筋膜。筋膜切口应与皮肤切口等长。如果筋膜下有神经血管，先用镊子将筋膜提起切一个小口，再将有沟探针插入筋膜下，沿针沟刀刃向外挑开或用剪刀剪开筋膜，扩大切口至适当长度。

（3）肌肉的分离。通常采取分层分离法，对肌肉可先切个小口，之后用刀柄或手指顺肌纤维方向进行钝性分割（图 11-29）。但在紧急情况下，或肌肉较厚时，对影响手术通路的肌肉也可斜切或横切，横过切口的血管用止血钳钳夹或用细缝线从两侧结扎后，从中间将血管切断（图 11-30）。

（4）腹膜切开。腹膜切开时，为了避免损伤肠管和其他内脏，应先用止血钳夹起腹膜，作一个小切口，然后插入有沟探针或食指与中指，引导手术刀外向式切开腹膜，或用钝头剪刀剪开腹膜（图 11-31）。

（5）肠管切开。管侧壁切开时，一般于肠管纵带上纵行切开，并应避免损伤对侧肠壁（图 11-32）。

（6）索状组织的分离。索状组织（如精索）的切割，除了应用手术刀或手术剪做锐性切割外，尚可用刮断、拧断等钝性分离法，以减少出血。

（7）良性肿瘤、放线菌病灶、囊肿及内脏粘连部分的分离。宜用钝性分离法。根据粘连

图 11-29　肌肉的钝性分割

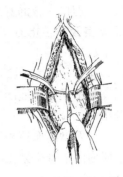
图 11-30　切断横过切口的血管

A

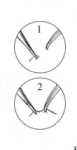
B

C

图 11-31　腹膜切开法（1～3 为腹膜切开的顺序，A、B、C 为腹膜切开的 3 种方法）

状况及增生组织的性质，分别采用不同手法。例如对未机化的粘连可用手指或刀柄直接剥离；对已机化的致密组织，可先用手术刀切一个小口，再用钝性剥离，剥离时，手的主要动作应是前后方向，或略施压力于一侧，使较疏松或粘连最小部分自行分离，然后将手指伸入组织间隙，再逐步深入。在深部非直视下，手指左右大幅

图 11-32　肠管的侧壁切开

度的剥离动作，应少用或慎用，除非确认为稀松的纤维蛋白粘连，否则，一不小心就有可能导致组织及脏器的严重撕裂或大出血。对某些不易钝性分离的组织，可将钝性分离与锐性分离结合使用。一般是用弯剪伸入组织间隙，用推剪法，即将剪尖微开，轻轻向前推进，缓缓剥离。

2. 硬骨组织的分割　首先切开和分离骨膜，然后再分离骨组织。分离骨膜时，应尽可能完善地保存健康部分，以利于骨组织愈合。

分离骨膜时，先用手术刀将骨膜呈"十"字形或"工"字形切开，然后用骨膜分离器分离骨膜。骨组织的分离一般用骨剪剪断或骨锯锯断，用骨锉锉平断端锐缘，以防止骨的断端损伤软部组织。

（四）止血

手术过程中的止血是否完善，不仅直接影响术部的显露和手术操作，而且关系到术后病

畜的安全、切口愈合的好坏和有无并发症。临床常用以下几种止血方法。

1. 全身预防性止血 在手术前给动物注射增高血液凝固性的药物或同类型血液。常用方法如下。

（1）输血。在术前 30～60min 输入同种同型血液，犬、猫每千克体重 10～20mL，目的在于增高施术动物血液的凝固性，刺激血管中枢反射性地引起血管的痉挛性收缩，以减少手术中的出血。

（2）注射增高血液凝固性以及血管收缩的药物。

①肌内注射维生素 K_1。马、牛 100～400mg，猪、羊 2～10mg，犬 10～100mg，猫为 5～50mg。

②肌内注射安络血注射液。马、牛 30～60mg，猪、羊 5～10mg。

③肌内注射止血敏。马、牛 1.25～2.5g，猪、羊 0.25～0.5g。

2. 局部预防性止血

（1）压迫绷带止血。当静脉和毛细血管出血时，在出血部位放上几层灭菌纱布或棉花，然后用绷带紧紧包扎。

（2）止血带止血。适用于四肢、阴茎和尾部手术，可暂时阻断血流，减少手术中的失血，有利于手术操作。装置止血带时，应有足够的压力（止血带远侧脉搏消失为度），放置时间不得超过 2～3h，冬季不超过 40～60min，在此时间内如手术尚未完成，可将止血带临时松开 10～30s，然后重新缠扎。

3. 手术过程中止血

（1）机械止血。

①压迫止血。用灭菌纱布或其他灭菌敷料，压迫出血部位，用于手术中的毛细血管止血。为了提高压迫止血的效果，可选用生理盐水、0.1％肾上腺素溶液浸湿后又扭干的纱布作压迫止血，操作时必须是按压，不可擦拭，以免损伤组织或使血栓脱落。

②钳夹止血。用止血钳夹住血管断端，加以压迫，使断端闭合而止血。钳夹的方向应尽量与血管断端垂直，以免夹住过多的组织。

③钳夹扭转止血。用止血钳夹住血管断端，扭转止血钳 1～2 周，轻轻去钳，则断端闭合止血。如经钳夹扭转不能止血时，则改用钳夹结扎止血。

④钳夹结扎止血。是常用而可靠的基本止血方法，多用于明显而较大血管出血的止血。其方法有两种。

单纯结扎止血：用丝线绕过止血钳所夹住的血管及少量组织而结扎（图 11-33）。在结扎结扣的同时，由助手放开止血钳，于结扣收紧时，即可完全放松。过早放松血管可能脱出，过晚放松则结扎住钳头不能收紧。结扎时所用的力量也应大小适中，适用于一般部位的止血。

贯穿结扎止血：将结扎线用缝针穿过所钳夹组织（切勿穿透血管）后进行结扎。常用的方法有"8"字缝合结扎法及单纯贯穿结扎法两种（图 11-34），贯穿结扎止血的优点是结扎线不易脱落，适用于大血管或

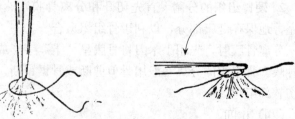

图 11-33 单纯结扎止血

重要部分的止血。在不易用止血钳夹住的出血点，不可用单纯结扎止血，而宜采用贯穿结扎止血的方法。

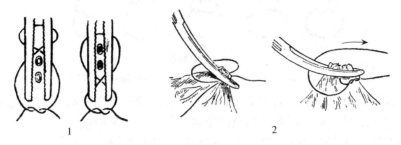

图 11-34　贯穿结扎止血法
1. "8"字缝合结扎法　2. 单纯贯穿结扎法

⑤填塞止血。在找不到出血血管时，可用灭菌纱布紧紧填塞创腔，以达到止血目的。留置的敷料一般在 12~48h 后取出。

（2）电凝止血。利用高频电流凝固组织的作用达到止血目的。用止血钳夹住血管断端，向上轻轻提起，擦干血液，将电凝器与止血钳接触，待局部发烟即可，主要用于较浅表的小出血点或不易结扎的渗血。

（3）烧烙止血。利用电烧烙器或烙铁烧烙作用使血管断端收缩封闭而止血。烧烙时烙铁在出血处稍加按压后即迅速移开，否则组织黏附在烙铁上或当烙铁移开时而将组织扯离。

（4）局部化学及生物学止血。

①肾上腺素止血。用 0.1% 肾上腺素溶液浸湿的纱布进行压迫止血，此外还可以用于填塞齿槽或眼眶止血。

②止血明胶海绵止血。此法多用于一般方法难以止血的创面出血以及实质器官、骨松质和海绵质出血。使用时将止血海绵铺在出血面上或填塞在出血的伤口内即可，如果填塞后加以组织缝合，则效果更佳。

③活组织填塞止血。运用自体组织如网膜填塞于出血部位。通常用于实质器官的止血，如肝损伤可用网膜、腹膜、筋膜或肌肉瓣，牢固地缝合在损伤的肝上。

④骨蜡止血。用骨蜡制止骨质渗血，常用于骨外科。

⑤中草药止血。如云南白药等。

（五）缝合

缝合的目的是将已切开、切断的组织器官进行重新对合或重建其通道，是保证术创不受感染、良好愈合的基本条件之一，同时也有利于创伤止血。

1. 打结　正确而牢固地打结是结扎止血和缝合的重要环节，熟练地进行打结不仅可以防止结扎线的松脱而造成创伤哆开和继发性出血，而且可以缩短手术时间。

（1）结的种类。主要有方结、三叠结和外科结 3 类（图 11-35）。

①方结。又称平结，用于结扎较小的血管和各种缝合时的打结，不易滑脱。

②三叠结。又称加强结，是在方结的基础上在加一个结。此种结较牢靠，但遗留于组织中的结扎线较多。常用于有张力的组织缝合。

③外科结。在打第 1 个结时绕两次，使摩擦面增大，故打第 2 个结时不易滑脱和松动，此结牢固可靠。多用于大血管、张力较大的组织和皮肤的打结。

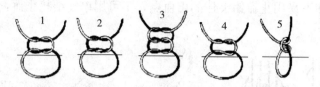

图 11-35 各种线结
1. 方结 2. 外科结 3. 三叠结 4. 假结（斜结） 5. 滑结

④假结。又称斜结，是错误的方结，打第 1 个结时绕行方向与第 2 个结相同。

⑤滑结。打方结时，两手用力不均只拉紧第 1 根线，容易滑脱。

（2）打结方法。常用单手打结法、双手打结法和器械打结法 3 种。

①单手打结法。左右手均可打结，其基本动作如图 11-36。

②双手打结法。除了用于一般结扎外，对深部或张力大的组织缝合，结扎较为方便可靠，其基本动作如图 11-37。

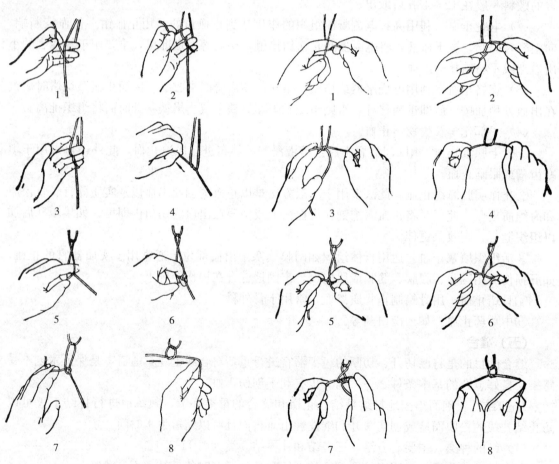

图 11-36 左手单手打结法
（1～8 为左手单手打结步骤）

图 11-37 双手打结法
（1～7 为双手打结步骤）

③器械打结法。即用止血钳或持针钳打结，适用于结扎线较短、狭窄的术部、创伤深处和某些精细手术的打结，具体打结方法见图 11-38。

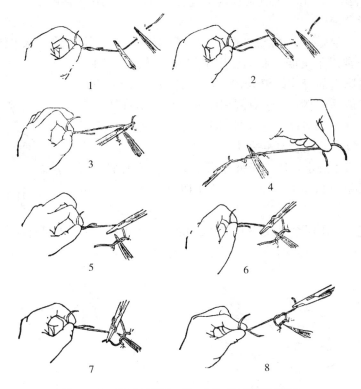

图 11-38 器械打结法（1～8 为器械打结步骤）

(3) 打结注意事项。

①打结收紧时，要求左、右手的用力点与结扎点成一条直线，切不可成角向上提起，否则将会使结撕脱或松脱。

②无论用哪种方法打结，第 1 个结与第 2 个结的方向不能相同，即两手需交叉，否则即成假结，如果两手用力不均，可成滑结。

③用力应均匀，两手的距离不能离线结太远，特别是深部打结时，最好将两手食指伸到结旁，以指尖顶住双线，两手握住线端，徐徐拉紧，否则易松脱（图 11-39）。埋在组织内的结扎线头，在不引起结扎松脱的原则下，尽量剪短，以减少对组织的刺激。丝线、棉线一般留 3～5mm，较大血管的结扎应略长，以防滑脱。肠线留 4～6mm，不锈钢丝线留 5～10mm，并应将钢丝线头扭转埋入组织中。

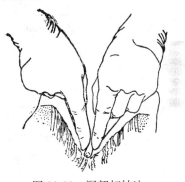

图 11-39 深部打结法

④结扎完毕后，应掌握正确的剪线方法，即将双线尾提起略偏术者的左侧，助手用稍张开的剪刀尖沿着拉紧的结扎线滑至结扣处，再将剪刀稍向上倾斜，然后剪断，倾斜的角度取决于要留线头的长短（图11-40）。

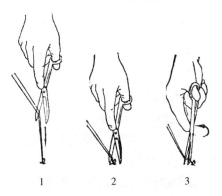

图 11-40 剪线法（1～3 为操作步骤）

2. 缝合的种类　常用单纯缝合和内翻缝合，有时也会用外翻缝合。

（1）单纯缝合。

①间断缝合。常见结节缝合、"8"字形缝合、减张缝合、圆枕缝合和水平钮孔状缝合几种。

结节缝合：常用于皮肤、肌肉、皮下组织、筋膜、黏膜、血管、神经、胃肠道的缝合。缝合时，将缝针引入15～25cm缝线，于创缘一侧垂直刺入，于对侧相应的部位穿出打结，每缝一针打一次结（图11-41）。缝合时创缘要密切对齐。缝线距创缘距离，根据缝合的皮肤厚度来决定，犬、猫3～5mm。缝线间距根据创缘张力决定，使创缘彼此平整对合，不内翻，也不外翻，一般间距为0.5～1.0cm。打结在切口一侧，以防止压迫切口。

图11-41　结节缝合

"8"字形缝合：由两个相反方向交叉的间断缝合组成，多用于肌腱或由数层组织形成深创的缝合，分内"8"字形缝合、外"8"字形缝合（图11-42）。

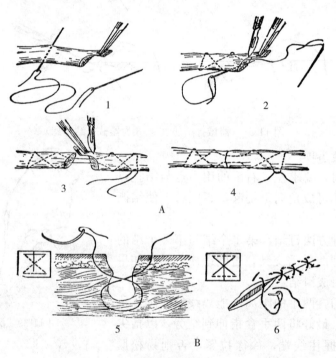

图11-42　"8"字形缝合
A. 腱的"8"字形缝合　B. 深创的"8"字形缝合
1～4. 腱的"8"字形缝合步骤　5～6. 深创的"8"字形缝合步骤

减张缝合：当创伤周围组织张力过大时，应用此种缝合可减少创缘的紧张性，防止缝合线扯裂创缘组织。缝合方法与结节缝合相同，但缝针的刺入点与穿出点距创缘较远，一般为2～4cm。减张缝合通常与结节缝合混合并用，即先作减张缝合，使创缘、创壁接近，再于减张缝合间增加数针结节缝合（图11-43）。

圆枕缝合：适用于体表紧张部位创口的缝合，也经常用于打结系绷带。缝合时用较粗的双线贯穿组织，在穿出口处形成一个线套，而在刺入处则是两个线端，然后在线套和线端内放以适当粗细消毒纱布卷作为圆枕。创口哆裂越大,纱布卷和针的进、出点与创缘的距离也要相应增大。在闭合时由助手推挤创口两侧,让创缘靠近,术者拉紧打结(图11-44)。

图11-43 减张缝合

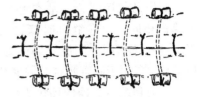

图11-44 圆枕缝合

水平钮孔状缝合:多用于闭锁脐疝的疝孔(图11-45)。

②单纯连续缝合。常用螺旋缝合,是用一根长条的缝线自始至终连续的缝合一个创口,最后打结的方法。第一针缝合并打结后,每缝一针之前,对合创缘,避免创口形成褶皱,使用同一条线以等距离缝合,拉紧缝线,最后留下线尾,在一侧打结(图11-46)。主要用于具有弹性、无太大张力的较长创口的缝合,如肌肉、腹膜和胃肠道创口等。

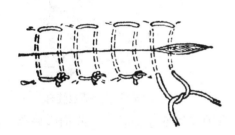

图11-45 水平钮孔状缝合

图11-46 螺旋形连续缝合

(2)内翻缝合。主要用于胃肠、子宫、膀胱等空腔器官的缝合。通常有伦勃特氏缝合、库兴氏缝合、康乃尔氏缝合和荷包缝合四种形式。

①伦勃特氏缝合。又称为垂直褥式内翻缝合法,分间断和连续两种。

间断伦勃特氏缝合:缝线分别穿过切口两侧浆膜及肌层进行打结,使部分浆膜内翻对合(图11-47)。常用于胃肠道的外层缝合。

连续伦勃特缝合:于切口一端开始,先作一浆膜肌层间断内翻缝合,再用同一缝线做浆膜肌层连续缝合至切口另一端(图11-48)。用于胃肠道的外层缝合。

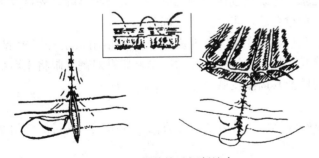

图11-47 伦勃特氏间断缝合

图11-48 连续伦勃特缝合

②库兴氏缝合。又称连续水平褥氏内翻缝合,由伦勃特连续缝合法演变而来。于切口一端开始先做浆膜肌层间断内翻缝合,再用同一缝线平行于切口做浆膜肌层连续缝合至切口另

一端（图 11-49）。适用于胃、子宫、膀胱等腔体器官的浆膜肌层缝合。

③康乃尔氏缝合。基本上与连续水平褥式内翻缝合相同，仅在缝合时缝针要贯穿全层组织，当将缝线拉紧时，则肠管切面即内翻向肠腔（图 11-50）。多用于肠管吻合时的缝合。

④荷包缝合。即作环状的浆膜肌层连续缝合。主要用于胃肠壁上小范围的内翻缝合，如缝合小的胃肠穿孔。此外还用于胃、肠、膀胱等引流固定的缝合及直肠脱整复后的固定（图 11-51）。

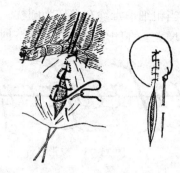
图 11-49　库兴氏缝合

图 11-50　康乃尔氏缝合

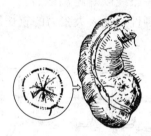
图 11-51　荷包缝合

3. 缝合注意事项　缝合必须遵守无菌常规。缝合前要彻底止血，并清除创内异物、凝血块及坏死组织。创缘创壁要均匀接合（图 11-52）。缝针的入孔和出孔要对称，距创缘 0.5～1cm。缝线松紧要适宜。打结最好集中于创缘的同一侧。必要时考虑作减张缝合和留排液孔。

（六）拆线

是指拆除愈合良好的皮肤缝线。在确认组织已经完全愈合，已能阻止切口裂开时，即可拆线。

1. 拆线时间　因部位不同而异。头颈部、躯干部和背部 8～10d，胸腹侧上部 10～12d，下腹部要延至 14～16d。老龄体弱、营养不良、局部活动性较大、创缘呈紧张状态或天气寒冷等，应适当延长拆线时间。若创口化脓，缝线在创内变为感染源，应及早拆除，先拆除下部缝线，以利排脓引流，待局部创口二期愈合后，再拆除其余部分。

2. 拆线方法　首先用碘酊消毒创口、缝线及创口周围皮肤，将线结用镊子轻轻提起，拉向一侧露出对侧针孔内的未污染的缝线，将灭菌拆线剪插入线结，紧贴对侧针眼将未污染的缝线剪断和拉出，再次用碘酊消毒创口及其周围皮肤。

（七）引流

将创口、体腔及其他任何感染部位的液体引出体外的治疗方法称为引流，其目的是闭塞死腔，除去异物及减少创口并发症。

1. 适应证　可分为两种，一是治疗性的，主要用于皮肤及皮下组织严重损伤和感染或脓肿已成熟；另一种是预防性的，主要用于手术之后防止出血、炎性渗出或刺激性液体（如胆汁）漏出积聚形成死腔，影响创口愈合或引起周围组织的炎症。

2. 引流方法

（1）纱布条引流。用适当长、宽且无任何欲脱纱头的脱脂纱布条，浸以抗生素油膏或碘仿甘油，引出创内污物。故多用于维持创腔的开放。

（2）橡皮管引流。引流用橡皮管壁薄，直径为 0.64～2.54cm，管壁上有若干个孔，液体借助重心和毛细管作用而流出（图 11-53）。

（3）双管套引流。又称积液引流。有两个管腔，两管壁有若干个小孔。当空气从细的进气管进入体腔时，就迫使体液流入粗的引流管内，不会因负压而吸附其他组织（网膜）使引流不畅，也可经进气管注入液体冲洗创腔（图 11-53）。

3. 引流的临床应用

（1）创口引流。常用橡皮管或纱布条引流。引流材料插入创口的最深部，如创口大，累及多层组织，可同时使用几个引流物，但注意不要插入腱鞘、神经、血管或其他重要器官内，以免引起炎症，影响其功能。引流物拔除的时间应视创口内有无分泌物而定，一般为 2～14d。

（2）腹腔引流。多用双套管引流，其引流管一端应插入患病器官附近，另一端引出腹壁皮肤，与吸引器连接或将管折曲、扎紧，定时松开引流管排液，为防滑脱，可在皮肤出口处，予以缝合固定。若需冲洗腹腔，应在引流管的上方、前方或后方安置另一个插管，以专供冲洗液，而冲洗液则从引流管排出，以减少污染。多用于急性腹膜炎、急性胰腺炎、胆囊、胆管、膀胱及腹腔其他器官手术。

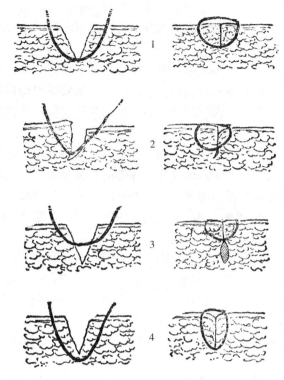

图 11-52 正确与不正确的切口缝合
1. 正确的缝合 2. 两皮肤创缘不在同一平面，边缘错位
3. 缝合太浅，形成死腔 4. 缝合太紧，皮肤内陷

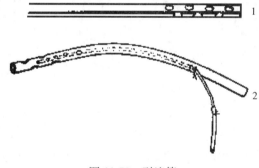

图 11-53 引流管
1. 橡皮管引流 2. 双套管引流

（3）膀胱引流。引流管可选用福式导尿管或其他导尿管，经尿道插入膀胱。主要用于膀胱破裂和尿道修补手术等。

4. 引流注意事项

（1）需无菌处理的引流，必须严格执行无菌操作，防止污染。

（2）引流管必须妥善固定，使之不能移位、脱出或掉入体内。

（3）尽可能使引流管外端向下或下垂，并敷上吸水纱布，引流瓶不能高于插管口平面，以防引流液体逆行进入体内引起感染。

（4）引流管必须保持畅通，注意不要压迫、扭曲引流管；同时注意不要被血凝块、坏死组织堵塞。

（5）每天更换敷料和绷带，如果引流量多，应增加更换次数。

（6）患病动物应套上颈枷，以防咬掉引流材料。

（7）引流后须注意观察和记录其引流液的性质、颜色和量。

（八）绷带

绷带具有保护、固定、压迫、减张、吸收和保温等多种作用，广泛地应用于损伤的急救和某些外科疾病的治疗。绷带的种类很多，兽医临床常用卷轴绷带、结系绷带、复绷带、夹板绷带和胶质绷带等，按照不同的使用目的而选择适宜的绷带。

1. 卷轴绷带　多用于大家畜四肢游离部、尾部、角和头部以及小动物的胸部和腹部。在四肢装置时，一般以左手持绷带的开端，右手持绷带卷，以绷带的背面紧贴肢体表面，由左向右缠绕，当第一圈缠好之后，将绷带的开端反转盖在第一圈绷带上，再用第二圈绷带固定，即用第二圈压住第一圈绷带上，然后根据需要进行不同形式的缠绕，但无论运用哪种形式缠绕，均应以环形开始并以环形终止，缠绕结束后将绷带末端撕成两条，打结于肢体外侧，或以胶布将末端加以固定。包扎时要求用力均匀，确实而不易滑脱。卷轴绷带的包扎形式有环形带、螺旋带、折转带、交叉带、结节带（蹄绷带）等（图11-54）。

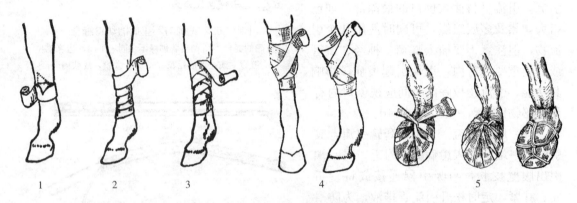

图 11-54　卷轴绷带
1. 环形带　2. 螺旋带　3. 折转带　4. 交叉带　5. 蹄绷带

2. 结系绷带　用缝线固定敷料来保护已经缝合的创口的绷带称为结系绷带。结系绷带可装在畜体的任何部位，其方法是在圆枕缝合的基础上，利用游离的线尾，将若干层灭菌纱布固定在圆枕之间和创口之上（图11-55）。

3. 复绷带　复绷带是按畜体一定部位的形状而缝制的，具有一定结构、大小的双层盖布，在盖布上缝合若干布条，以便打结固定（图11-56）。

4. 夹板绷带　通常用于骨折、关节脱位时的紧急救治。夹板绷带可用胶合板、普通薄木板、竹板等作为夹板材料。先将患部皮肤刷净，包上较厚的棉花、纱布棉花垫或毡片等

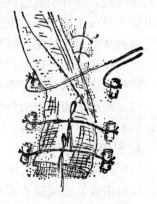

图 11-55　结系绷带

衬垫，并用蛇形绷带加以固定，然后装置夹板。夹板的宽度视需要而定，长度既应包括骨折部上下两个关节，使上下两个关节同时得到固定，又要短于衬垫材料，避免夹板两端损伤皮肤。最后用螺旋绷带加以捆绑固定（图11-57）。

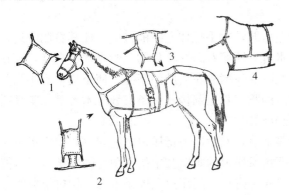

图11-56 复绷带

1. 眼绷带　2. 前胸绷带　3. 背腰绷带　4. 腹绷带

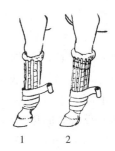

图11-57 夹板绷带

1. 胶合板夹板绷带　2. 木杆夹板绷带

5. 胶质绷带　是利用胶质作为固定绷带材料的绷带。优点是便于更换敷料，适合于在感染创上使用。装置方法是将适当大小的两块或三块方布巾的一边剪成若干带子，在带子的对应边上涂上胶质后黏附在伤口外周的皮肤上，待创口装上敷料后，将带子打结固定。

单元二　外科手术示例

一、阉　割　术

摘除或破坏家畜性腺，消除其生理机能的手术称为阉割术。

（一）公猪去势术

小公猪的去势以1～2个月龄，体重5～10kg最为适宜。大公猪则不受年龄和体重的限制。

1. 小公猪去势术

（1）保定。将猪左侧卧，背向术者。术者以左脚踩住颈部，右脚踩住尾根。

（2）术式。手、器械及术部按常规消毒。术者用左手腕部按压猪右侧大腿的后部，使该肢向上紧靠腹壁，将术部充分显露。再用微曲的中指、食指和拇指捏住阴囊颈部，把睾丸推向阴囊底部，使阴囊皮肤紧张，将睾丸固定。术者右手持刀，沿阴囊缝际的外侧1～2cm（亦可沿缝际）切开皮肤总鞘膜2～3cm，挤出睾丸。左手握住睾丸，食指和拇指捏住阴囊韧带与睾丸连接部，然后切断或用手扯断阴囊韧带，再以右手向外牵引睾丸，左手把韧带和总鞘膜推向腹壁，用拇指和食指固定精索，右手放开睾丸，再在睾丸上方1～2cm处的精索上来回刮挫。亦可先捻转后刮挫一直到离断为止。然后再在阴囊缝际的另一侧1～2cm处重新切口（亦可在原切口内用刀尖切开阴囊中隔暴露对侧睾丸）。同法除去睾丸，术部涂碘酊，切口一般不必缝合。

2. 大公猪去势术　侧卧保定，沿阴囊缝际两侧1～2cm处从阴囊底部做平行缝际的切口。然后用手将睾丸挤出，露出精索，分离鞘膜韧带，结扎精索，切除睾丸。

(二) 卵巢摘除术

1. 小挑花 适用于1～2个月龄体重不超过12kg的小母猪。选择晴朗的天气，在清晨饲喂前进行手术。

(1) 保定。术者以左手提起小母猪的左后肢，右手抓住左膝前皱襞，使其右侧卧地。头在术者右侧，尾在术者左侧，背向术者。术者立即用右脚踩住猪的左侧颈部或右耳，脚跟着地，脚尖用力。将左后肢向后伸直，术者左脚踩住猪的左后肢的跖部，使小猪呈头颈胸部侧卧、腹部仰卧的姿势。猪的下颌部、左后肢的膝盖骨至蹄构成一条直线。术者呈"骑马蹲裆式"，使身体重心落在两脚上，小猪即被充分固定。

(2) 术部。术者以左手中指顶住左侧髋结节，然后以拇指压迫同侧腹壁，向中指顶住的左侧髋结节垂直方向用力压下去，使左手拇指所压迫的腹壁与中指所顶住的髋结节尽可能的接近，拇指和中指的连线与地面垂直，此时左手拇指端的压迫点即是术部。切口位置距左列乳头2～3cm。此切口部位也相当于从膝褶向腹中线引一条垂线，此垂线上1/3与中1/3交界处，也就是距离乳头2～3cm处即为术部。根据猪体肥瘦饥饱情况的不同，切口位置也略有不同。猪只营养良好，发育早，切口可稍偏前；猪只营养差，发育慢，切口可稍偏后。饱饲而腹腔内容物增多时切口可稍偏向腹内。饥饿而腹腔空虚时切口可适当偏向背侧。即所谓"肥朝前、瘦朝后、饱朝内，饥朝外"，要根据具体情况加以灵活掌握(图11-58)。

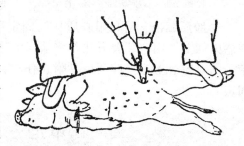

图11-58 小挑花切口部位

(3) 手术方法。

切透腹壁：术部消毒后，将皮肤稍向侧方牵引。术者左手拇指用力按压在术部的稍外侧，压的愈紧离子宫角愈近则手术愈容易成功。右手持刀用拇指与中食指控制刀刃的深度，用刀垂直切开皮肤，当刀（柳叶刀）一次切透腹壁各层组织时有一种对刀的抵抗力突然消失的空虚感，接着可将刀的尖端向腹腔深部对侧斜行深入1～1.5cm，也可轻轻在腹腔内作弧形滑动，随后子宫角即随同腹水一起自动冒出体外。一次切透腹壁，子宫角即冒出于切口之外者称为"透花法"。

亦可先用刀尖将术部皮肤切开0.5～1cm。然后用刀柄钩端呈45°角伸入切口内。在小猪号叫时随腹压升高而适当用力透破腹壁肌层和腹膜。左手拇指同时下压以增加腹压，子宫角即可冒出。

摘除子宫角及卵巢：当子宫角或卵巢冒出创口后，术者用右手拇指和食指捏住冒出来的子宫角或卵巢，用右手其他3个手指的背面紧紧压在腹壁上，以防止腹壁弹回把已经冒出来的子宫角或卵巢抽回。然后用两手食指的第二指节的背面用力压迫腹壁，再用两手拇指交替捻导拉出两侧子宫角、卵巢和子宫的一部分。亦可用两手其他3个手指的第一、二指节侧面交换压迫腹壁切口，再用两手拇食指交替拉出两侧子宫角、卵巢和子宫的一部分。

然后以手指钝性挫断子宫体将两侧子宫角及卵巢一同摘除。切口可不必缝合，提起猪的后腿稍稍摆动一下，放开即可。

2. 大挑花 适用于2月龄以上，体重在15kg以上的母猪。在发情期最好不进行手术，此时卵巢及子宫均高度充血容易造成大出血。手术前应禁止饲喂一顿。

（1）保定。左侧或右侧卧保定。术者位于猪的背侧，用一只脚踩住颈部，助手则拉住两后肢并用力牵引伸直上面的一只后腿。50kg以上的母猪最好由助手用木杠压住颈部并分别固定两后肢。

（2）术部。髋结节前下方5～10cm，相当于肷部三角区的中央（图11-59）。

（3）术式。术部剪毛消毒后，术者左手捏起膝褶，使术部皮肤紧张。右手持刀将术部皮肤作半月形切口，长3～4cm。用食指（右侧卧一般用右手，左侧卧一般用左手）垂直钝性刺破腹肌和腹膜，为了避免腹膜剥离，刺破时要迅速有力，同时要求保定助手用力伸直上面的后肢，以保持腹壁紧张。若手指不易刺破时可用刀柄先刺透一个破孔，然后再用食指将破孔扩大。

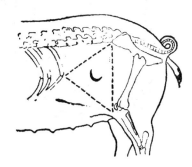

图11-59 大挑花切口部位

手指进入腹腔后，沿腹壁向背侧由前向后探摸卵巢。卵巢一般位于倒数第二腰椎下方骨盆腔入口的两旁（少数位于骨盆内），摸到卵巢时将其用指尖压在食指与腹壁之间，当卵巢到达切口时插入刀柄协助钩出并压于切口外。然后再伸入手指通过直肠下方到对侧探摸对侧卵巢，同法取出。分别结扎并除去卵巢。如果探寻对侧卵巢有困难时，可先结扎一侧卵巢并摘除。然后沿结扎侧的子宫角逐步导出对侧子宫角并取出卵巢再结扎除去。牵导时可边导边送防止污染，摘除卵巢后将子宫角还纳回腹腔。一般施行皮肤、肌肉和腹膜的全层连续缝合或结节缝合。但对体大的母猪应先对腹膜进行连续缝合，再将肌肉和皮肤进行结节缝合。缝合时一定注意不要伤及肠管，同时腹膜缝合必须紧密以防发生粘连、嵌闭或坏死等继发病。术后将猪置于干燥清洁的猪舍内，注意防止感染。

二、开 腹 术

（一）适应证

开腹术是各种腹腔手术的通路。常用于瘤胃切开术、肠侧切开术、肠管吻合术及剖宫产等。

（二）保定

根据手术目的和疾病性质，采取站立、侧卧保定。

（三）麻醉

一般采用保定宁全身麻醉。必要时配合腰旁神经干传导麻醉及局部浸润麻醉。

（四）手术部位

根据手术目的而定，常见的有侧腹壁切开部位和下腹壁切开部位。

1. 侧腹壁切开部位 侧腹壁切开部位，常见于肠切开及牛、羊的瘤胃切开术等。

（1）牛左髂部（肷部）正中垂直切口。由左髂部髋结节向最后肋骨下端引直线，自此直线中点向下垂直切开长20～25cm。适用于以检查左侧腹腔器官为主的腹腔探查术、瘤胃切开术等（图11-60）。

（2）牛左髂部（肷部）肋后斜切口。在左髂部，距最后肋骨5cm、自腰椎横突下方8～

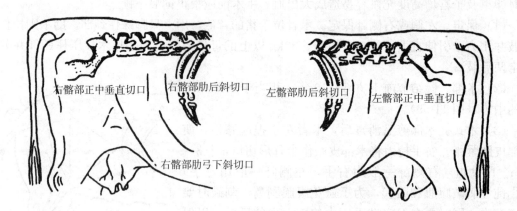

图 11-60　牛腹侧壁切口部位

10cm 处起，向下平行于肋骨切开长 20～25cm。适用于体形较大病牛的网胃内探查及瓣胃冲洗术（图 11-60）。

（3）牛右髂部（肷部）正中垂直切口。与左髂部正中相对应。适用于以检查右侧腹腔器官为主的腹腔探查术及十二指肠第二段的手术。

（4）牛右髂部（肷部）肋后斜切口。在右髂部、距最后肋骨 5～10cm，自腰椎横突下方 15cm 起平行于肋骨及肋弓向下切开长 20cm。适用于空肠、回肠及结肠的手术。

（5）牛右髂部肋弓下斜切口。在右侧最后肋骨下端水平位处向下、距肋弓 5～15cm 并平行于肋弓切开 20～25cm。适用于皱胃切开术。

2. 下腹壁切开部位　下腹壁切开部位，多见于剖宫产及小家畜的腹腔手术。

（1）正中线切开法。切口部位在腹下正中白线上，脐的前部或后部。公畜应在脐前部，切口长度视需要而定。

（2）中线旁切开法。切口部位不受性别限制。在白线一侧 2～4cm 处，作一个与正中线平行的切口，切口长度视需要而定，可以在腹直肌内缘切，可以在腹直肌外缘切。

（五）手术方法

1. 侧腹壁切开法

（1）切开皮肤显露腹外斜肌。术部常规处理后，切开皮肤、皮肌、皮下结缔组织及筋膜，用扩创钩扩大创口，充分显露腹外斜肌（图 11-61）。

（2）分离腹外斜肌显露腹内斜肌。按肌纤维的方向在腹外斜肌及其腱膜上作一个小切口，用钝性分离法将腹外斜肌切口分离至一定长度（图 11-62），如有横过切口的血管，进行双重结扎后切断，充分显露腹内斜肌。

（3）分离腹内斜肌显露腹横肌。用同样方法按肌纤维方向分离腹内斜肌切口，并扩大腹内斜肌切口，充分显露腹横肌（图 11-63）。

（4）显露腹膜。腹壁肌肉分离开后，充分止血，清洁创面，助手用拉钩扩开腹壁肌肉切口，充分显露腹膜（图 11-63）。

（5）切开腹膜。由术者及助手用镊子于切口两侧共同提起腹膜，用皱襞切开法在腹膜上作一个小的切口，插入有沟探针，采用反挑式运刀法切开腹膜。或由此切口伸入食指、中指，由二指缝中剪开腹膜。腹膜切口应略小于皮肤切口（图 11-64）。然后用大块浸生

图 11-61 切开皮肤显露腹外斜肌

图 11-62 钝性分离腹外斜肌

1　　　　　　2

图 11-63 钝性分离腹内斜肌、腹横肌
1. 钝性分离腹内斜肌显露腹横肌
2. 钝性分离腹横肌显露腹膜

图 11-64 剪开腹膜

理盐水的灭菌纱布，衬垫腹壁切口的创缘，进行术野隔离。按照手术目的实施下一步手术。

2. 下腹壁切开法

（1）正中线切开法。术部常规处理后，切开皮肤，钝性分离皮下结缔组织，及时止血并清洁创面，扩大创口显露术野。然后切开白线，显露腹膜，此部位没有肌肉组织。按照腹膜切开的方法，切开腹膜。

（2）中线旁切开法。切开皮肤后，钝性分离皮下结缔组织及腹直肌鞘的外板。然后按肌纤维的方向钝性分离腹直肌切口，然后切开腹直肌鞘内板，并向两侧分离扩大创口，显露腹膜，按腹膜切开法切开腹膜。

3. 腹腔探查，查找病变部位　根据临床症状及术前检查的结果，有目的地进行重点探查。探查时由近及远进行仔细触摸，发现异常现象后，应进一步确定其部位和性质，然后采取进一步处理措施。

4. 闭合腹壁创口　腹腔手术完成之后。除去术野隔离纱布，清点器械物品。在压肠板引导下螺旋缝合法缝合腹膜。缝至最后几针时，通过切口向腹腔注入青霉素、链霉素溶液（每毫升含500IU）200～400mL。缝完后用青霉素溶液冲洗肌肉切口，用单纯连续螺旋缝合法分别缝合腹横肌、腹内斜肌、腹外斜肌及皮肌。用 18 号缝线结节缝合皮肤创口（图 11-65）。冲洗擦净后涂碘酊，装置结系绷带。

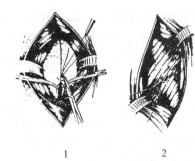

1　　　　2　　　　3

图 11-65 闭合腹壁切口
1. 缝合腹膜　2. 缝合肌层　3. 缝合皮肤

三、瘤胃切开术

（一）适应证
1. 严重的瘤胃积食，经保守疗法无效。
2. 误食有毒饲料、饲草，且尚在瘤胃中滞留，手术取出毒物并进行胃冲洗。
3. 创伤性网胃炎，进行瘤胃切开术取出网胃内异物。
4. 瓣胃梗塞、皱胃积食，经瘤胃切开术进行冲洗。

（二）保定
一般采用站立保定，也可行侧卧保定。

（三）麻醉
腰旁神经干传导麻醉配合局部浸润麻醉。

（四）手术部位
可在下列部位进行手术。

1. 左肷部中切口 适用于瘤胃积食和瘤胃内滞留有毒草料的清除。位置在左侧髋结节与最后肋骨连线的中点，距腰椎横突下方 6～8cm 处，垂直向下作 25～30cm 的腹壁切口（图 11-66）。

2. 左肷部前切口 适用于瘤胃积食、网胃内探查、创伤性网胃炎、胸部食管梗塞、瓣胃梗塞及皱胃积食的冲洗。位置在左侧腰椎横突下方 8～10cm，距最后肋弓 5cm 左右，作一个与最后肋骨平行的切口，切口长约 25cm（图 11-66）。

3. 左肷部后切口 为瘤胃积食兼做右侧腹腔探查术的手术通路。位置在左侧髋结节与最后肋骨连线上，在第四或第五腰椎横突下 6～8cm 处，垂直向下切开 25cm 左右（图 11-66）。

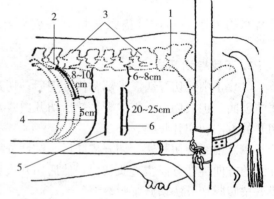

图 11-66 瘤胃手术切口
1. 髋骨 2. 第十三肋的肷部前切口 3. 1～5 腰椎
4. 最后肋骨的肷部前切口 5. 肷部中切口 6 肷部后切口

（五）术式

1. 瘤胃固定法 瘤胃固定与隔离方法主要有以下几种。

（1）瘤胃浆膜肌层与切口皮缘连续缝合固定法。

①瘤胃固定。显露瘤胃后，作瘤胃浆膜肌层与腹壁皮肤切口皮缘之间的环绕一周单纯连续螺旋缝合，针距为 1.5～2cm。胃壁显露宽度为 6～8cm。

②瘤胃切开。此阶段为污染手术，所用器械、敷料应与无菌器械分别放置。瘤胃切口长度为 15～20cm。用浸有青霉素普鲁卡因液的纱布隔离创围，在预定切开线的上方 1/3 处，用刀将胃壁先切一个小口，慢慢地放出气体，然后用钝头直剪，由上向下扩大切口。胃壁切口上下角距胃壁缝合固定点为 2cm。

胃壁切口创缘两侧，各作 3 个钮孔缝合，以牵引外翻胃壁黏膜，防止胃内容物污染胃壁浆膜及缓和手臂频繁进出对胃壁切口的机械性刺激。在外翻的胃壁浆膜与皮肤间填塞隔离纱布垫。钮孔状缝合线端用巾钳固定在皮肤隔离巾上。

③放置洞巾。在15cm的胃壁切口内,放入橡胶洞巾。将洞巾四周拉紧展平,并用巾钳固定在隔离巾上,准备掏取瘤胃内容物和进行网胃探查(图11-67)。

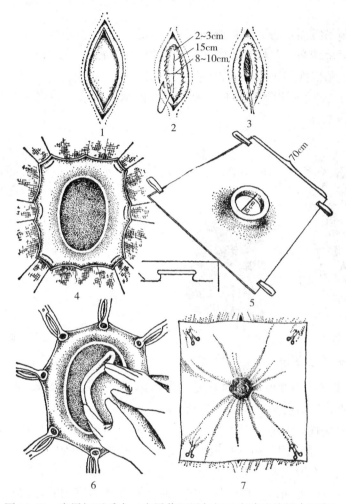

图11-67 瘤胃切开手术(瘤胃浆肌层与切口皮肤连续缝合固定)
1. 左肷中部切口,分层切开各层组织,充分暴露瘤胃 2. 瘤胃壁浆膜肌层与皮肤连续缝合 3. 切开胃壁
4. 胃壁切缘两侧,各作3个钮孔状缝合,牵引缝线使胃壁黏膜外翻 5. 准备弹性环橡胶洞巾
6. 弹性环压挤变形后塞入瘤胃切口内 7. 在瘤胃切口上装置洞巾

(2)瘤胃六针固定和舌钳夹持外翻法。显露瘤胃后,在切口上下角与周缘,作6针钮孔状缝合将胃壁固定在皮肤或肌肉上。打结前,在瘤胃与腹腔之间,填入浸有青霉素普鲁卡因液的纱布。纱布一端在腹腔内,另一端置于腹壁切口外,打结后,胃壁紧贴在腹壁切口上,使瘤胃术部明显突出。

胃壁固定后,在突出的瘤胃壁周围和切口之间,均填以浸有青霉素普鲁卡因液的纱布,外盖一个小创布,并用固定创布的巾钳固定在皮肤上。最后在小创布孔周围填以浸有青霉素普鲁卡因液的纱布,以便在切开胃壁外翻时,胃壁的浆膜层能贴在纱布上,减少对浆膜的刺激和损伤。

胃壁切开:先在瘤胃切开线的上2/3处,用外科刀刺透胃壁(约一个舌钳头的宽度),

并立即用舌钳夹住胃壁的创缘，向上向外拉起，防止胃内容物外溢。然后用剪刀向上、下扩大切口，分别用舌钳固定提起胃壁创缘，将胃壁拉出腹壁切口向外翻（瘤胃切口长约20cm），随即用巾钳把舌钳柄夹住，固定在皮肤和创布上，以便胃内容物流出。然后再套入橡胶洞巾（图11-68）。

（3）瘤胃四角吊线固定法。将胃壁预订切口部分，牵引至腹壁切口外。在胃壁与腹壁切口间，填塞大块灭菌纱布，并保证大纱布牢固地固定在局部。在瘤胃壁切口的左上角与右上角，左下角与右下角依次用丝线穿入胃壁浆膜肌层，作成预置缝线。每个预置缝线相距5～8cm。切开胃壁，由助手牵引预置线使胃壁浆膜紧贴术部皮肤，并将其缝合固定于皮肤。缝合瘤胃法同前（图11-69）。

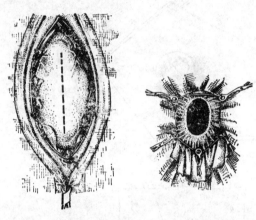

图11-68 瘤胃6针固定和舌钳夹持外翻法

图11-69 瘤胃四角吊线固定法

2. 胃腔内探查与各种类型病区的处置 瘤胃切开后即可对瘤胃、网胃、网瓣胃孔、瓣胃及皱胃进行探查，并对各种类型病区进行处理。

（1）瘤胃腔内探查与处理。由甘薯藤、麦秸等粗纤维引起的瘤胃积食，可取出胃内容物总量的1/2～2/3。缠结成团的应尽量取出，剩余部分掏松并分散在瘤胃各部。

对泡沫性臌气，在取出部分胃内容物后，用温生理盐水灌入瘤胃，冲洗胃腔，清除发酵的胃内容物。对饲料中毒病例，可在早期进行手术，将有毒胃内容物取出，剩余部分用大量盐水冲洗，并放置相应的解毒药。为加速毒物的排出，可作胃冲洗法，将瓣胃、皱胃内容物尽早洗出。

（2）网胃内探查与处理。术者手自瘤胃前背盲囊向前下方，经瘤网胃孔进入网胃。首先检查网胃前壁和胃底部有无异物刺入（如针、钉、铁丝），胃壁有无硬结和脓肿。已刺入网胃壁上或游离于网胃底部的异物要全部取出。胃壁上脓肿可用刀片小心切开排脓，检查腔内有无异物一并取出。网胃壁上的硬结多为异物刺入点，应注意检查异物是否穿出胃壁。向网胃腔方向提拉胃壁，可确定网胃与周围是否粘连。若自网胃硬结处与附近组织形成索状瘘管，可判断其异物穿出后所损伤器官的位置。网胃底部常存有大量泥沙、石粒及大量铁屑，探查时可用手或磁铁将其取出。最后，探查位于网胃右方的网瓣胃孔，如发现网瓣胃孔角质爪状乳头增生，可直接拔除。

（3）瓣胃梗塞的探查与处理。于瘤胃腔前肌柱下部，隔瘤胃壁触摸瓣胃，若发生瓣胃梗塞，则触诊坚实，体积正常增大2～3倍。网瓣胃孔常呈开张状态，孔内与瓣胃沟中充满干固胃内容物，瓣胃叶间嵌入大量干燥如茶砖或豆饼样物质。

瓣胃冲洗前，先将瘤胃基本取空，然后左手进入网瓣胃孔，取出干固胃内容物。将双列弹性环的橡胶排水袖筒（图11-70）洞巾放入瘤胃腔内，再插入胶管，并用漏斗灌注大量温盐水，泡软瓣胃沟内干固内容物，一面灌水，一面用手指松动瓣胃沟及瓣胃叶间的内容物。泡软冲碎的内容物，随水返流至网胃和瘤胃腔内。在瓣胃叶间干固的内容物未全部泡软冲散前，一定不要将瓣皱胃孔阻塞部冲开，以免灌注水大量涌入皱胃并进入肠腔造成不良后果。由于其解剖特点，瓣胃左上方叶间干固的内容物最难泡软冲散，手指的松解动作也难以触及该部。应将手退回瘤胃腔内，在前肌柱下部隔胃按压瓣胃的左上角，促使瓣胃叶间干固物松散脱落。这样反复地灌注温盐水及手指松动干固胃内容物和隔胃按压相结合的方法，可将瓣胃内容物全部冲散除尽。大量冲洗瓣胃返流到瘤胃的液体，不断地经瘤胃切口排出。冲洗用水量在250~400kg。

图11-70 双列弹性环的橡胶排水袖筒

用手指松动叶间干固内容物时，切勿损伤叶片，以免造成叶片血肿或出血，影响手术效果。

（4）皱胃积食的胃冲洗法。皱胃积食常继发瓣胃梗塞，因此胃冲洗的步骤应先冲洗瓣胃。当瓣胃沟和大部分瓣胃叶间干固内容物已松软冲散后，手持胶管进入瓣皱胃口内冲洗皱胃干硬胃内容物。皱胃前半部干硬物，经边灌注边用手指松动的方法冲开，随水返流至瘤网胃腔内，并自切口排出，返流冲洗液出现胃酸味。皱胃后半部干硬物，手难以直接触及松动，主要依靠温盐水浸泡冲洗与体外撬杠按摩的方法松动解除。在皱胃幽门都阻塞物冲开前，一定要确定瓣胃与皱胃的干固阻塞物已基本冲散除尽，方可将皱胃幽门冲开。

将瘤胃、网胃内过多的液体，经胶管虹吸至体外，胃内液体水平面保持在瘤胃的下1/3处即可。向胃内填入1.5~2.5kg青干草或健康牛的瘤胃内容物，以刺激胃壁恢复收缩能力，促进反刍。

（5）清理瘤胃创口与胃壁缝合。病区处理结束后，除去橡胶洞巾，用生理盐水冲净附着在瘤胃壁上的胃内容物和血凝块。拆除钮孔状缝合线，在瘤胃壁创口进行自下而上的全层连续缝合，缝合要求平整、严密，防止黏膜外翻。用生理盐水再次冲洗胃壁浆膜上的血凝块，并用浸有青霉素盐酸普鲁卡因溶液的纱布覆盖已缝合的瘤胃创缘上，拆除瘤胃浆膜肌层与皮肤创缘的钮孔状缝合线，助手用灭菌纱布抓持瘤胃壁并向腹壁切口外牵引，以防当固定线拆除完了后瘤胃壁向腹腔内陷落。再次冲洗瘤胃壁浆膜上的血凝块，除去遗留的缝合线头及其他异物后，准备瘤胃壁的第2层伦贝特氏缝合，此阶段由污染手术转入无菌手术。手术人员重新洗手消毒，污染的器械不许再用。对瘤胃进行连续伦贝特氏或库兴氏缝合（图11-71）。最后常规闭

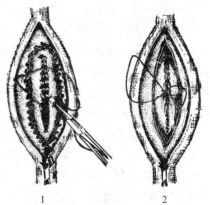

图11-71 瘤胃缝合
1. 连续缝合瘤胃壁 2. 拆除固定瘤胃的缝线，然后进行连续伦贝特氏或库兴氏缝合

合腹腔。

术后禁食 36~48h，待瘤胃蠕动恢复、出现反刍后开始给以少量优质的饲草。术后 12h 即可进行缓慢的牵遛运动，以促进胃肠机能的恢复。术后不限饮水，对术后不能饮水者应根据动物脱水的性质进行静脉补液；术后 4~5d 内，每天使用抗生素，如青霉素、链霉素。术后还应注意观察原发病消除情况，有无手术并发症，并根据具体情况进行必要的治疗。

单元三　常见外科疾病

（一）创伤

创伤是指各种机械性外力作用于机体所引起的皮肤、黏膜及其深部软组织发生的开放性损伤。临床上以出血、创口哆开、疼痛及机能障碍为特征。

1. 病因　引起创伤的病因较多，其中由针、钉子、铁丝等较小的尖锐物刺入组织而引起的刺伤称为刺创；由刀、锋利铁片、玻璃片等切割引起的切伤称为切创；由打击、冲撞、车压等钝性外力的作用或动物跌倒在硬地上所致的组织损伤称为挫创；由钩、钉等钝性牵引作用使组织发生机械性牵张而断裂的损伤称为撕裂创；由柴刀、马刀等砍伤组织引起的损伤称为砍创；由机体的某部位受压力打击后造成软组织挫碎、骨折或内脏破裂与脱出者称为压创；被毒蛇、毒蜂刺螫等所致的组织创伤称为毒创；由枪弹或弹片所致的组织损伤称为火器创等。

2. 症状　创伤按伤后经过的时间可分为新鲜创和陈旧创；按有无感染可分为无菌创、污染创和感染创。

（1）新鲜创。创口裂开，出血，疼痛，机能障碍。如创口不大，能迅速自行凝固而止血。较重的创伤，裂口大，组织损伤重，出血多，疼痛剧烈，常表现不同程度的全身症状，甚至引起休克。

（2）化脓创。组织器官损伤严重，创内挫灭组织和血凝块较多，创缘、创面肿胀、疼痛、创围皮肤增温、肿胀。创内流出脓性分泌物，脓汁的颜色和气味因感染细菌种类不同而不同。如葡萄球菌感染所致的脓汁，多为黏稠、黄白色或微黄色，且无不良气味；以链球菌感染所致的脓汁，呈淡红色液状；以绿脓杆菌所致的脓汁，呈浓稠的黄绿色或灰绿色，且有生姜气味；以大肠杆菌所致的脓汁，呈淡褐色黏稠样，且有粪臭味。

（3）肉芽创。创内出现红色、平整颗粒状的新生肉芽组织，较坚实，肉芽组织表面附有少量黏稠的灰白色脓性分泌物。创缘周围生长有灰白色的新生上皮。若肉芽组织不被上皮组织覆盖则老化，形成疤痕。当机械、物理、化学因素经常刺激或创伤发生于四肢的下部背面、关节部背面时，易形成赘生肉芽组织，其高出于周围皮肤表面，易出血，久治不愈。

3. 诊断　作好创伤检查，了解创伤性质，对采取正确的治疗措施和判断愈后有着非常重要的意义。创伤检查主要有一般检查、创伤局部检查和辅助检查 3 个方面的内容。

（1）一般检查。通过问诊及全身检查，主要了解创伤发生的原因和时间、致伤物的性状、病牛当时的表现和创伤的部位等。然后测定体温、脉搏及呼吸数，观察可视黏膜的颜色和整体状态，检查创伤部位及四肢有无机能障碍等。

（2）创伤局部检查。要注意检查伤口的大小、形状、方向、创口裂开的程度，创缘、创壁、创底的情况，创内有无异物，创伤组织挫灭及出血和污染的程度等。检查创底时，应注意深部组织受伤状态，可借助消毒的探针或硬质胶管等。若创内有创液或脓汁流出时，要注意检查其性状和排出情况等。创内已有肉芽组织时，要注意其数量、颜色、生长发育的情况等。

（3）辅助检查。包括血常规、创伤脓汁、创伤细胞压片检查等。严重创伤时，可借助于X射线及其他特殊的检查方法，以探明创伤部有无内脏器官或骨的损伤。

4. 治疗 主要以抗感染、止血、促进创伤愈合为原则。对严重的大面积创伤，应及时采用压迫、钳夹、结扎、填塞等方法止血，或用止血粉、肾上腺素等撒布患处止血，或用5%安络血注射液20mL，肌内注射止血。为减轻疼痛，防止休克，可用0.25%～0.5%普鲁卡因溶液创口喷洒，也可使用安痛定、846合剂等止痛剂。对于不同的创伤，可采取相应的治疗措施。

（1）新鲜创的治疗。

①清洁创围。用灭菌纱布盖住创口，剪除周围被毛，用0.1%新洁尔灭溶液或生理盐水洗净创围，然后用5%碘酊和酒精棉依次消毒。

②清理创腔。用0.1%高锰酸钾溶液、0.1%雷佛奴耳溶液、0.1%新洁尔灭溶液等反复冲洗伤口，除去创内异物。

③清创手术。修整创缘，扩大创口，消灭创囊，清除挫灭、坏死组织。

④创伤用药。对污染严重的创伤，可用青霉素粉或1∶9碘仿磺胺粉撒布创内。

⑤创伤缝合。新鲜创是否进行缝合，应视创伤的具体情况而定。若创面比较整齐，外科处理又比较彻底，可行创口的密闭缝合。

⑥创伤引流。若有感染危险时，可行部分缝合，并于创口下方留出排液口。

⑦创伤包扎。防止污染和动物舔咬伤口，进行包扎。

⑧全身治疗。创伤严重的，进行全身治疗。

（2）化脓创的治疗。对创围进行清洗与消毒，用3%过氧化氢溶液或0.1%新洁尔灭溶液清洗创腔，清除脓汁，切除坏死组织，除去异物，消除创囊，创口小时可扩创，然后用0.1%高锰酸钾溶液、0.1%雷佛奴耳溶液等冲洗创内。创口内填塞用10%～25%硫酸镁溶液浸湿的纱布条引流，待创内有肉芽组织生成时，改用魏氏流膏引流。

（3）肉芽创的治疗。创围清洗消毒后，用生理盐水或低浓度防腐液轻轻冲洗创面上的脓汁，然后在创面上涂布磺胺软膏或青霉素软膏、氧化锌水杨酸钠软膏等。若肉芽组织过度生长而超出创面时，可撒布枯矾粉后包扎。

（4）此外，若动物精神沉郁、体温升高、食欲减退或废绝时，要进行全身治疗。取10%葡萄糖溶液、5%氯化钙溶液、5%碳酸氢钠溶液、复方氯化钠溶液、40%乌洛托品溶液、10%安钠咖溶液等，静脉注射。

5. 预防 加强饲养管理，注意圈舍的清洁卫生，及时清除畜舍运动场及饲料中的各种尖锐异物。

（二）挫伤

挫伤是指由钝性外力直接作用于体表而引起软组织的非开放性损伤。临床上以局部溢血、肿胀、疼痛、机能障碍及体温升高等为特征。

1. 病因 多见于棍棒打击，相互角斗时抵伤、蹄伤、滑倒或摔倒在硬地面上等造成的损伤。

2. 症状 挫伤的症状因发生部位不同而存在差异，常见的有溢血、肿胀、疼痛和机能障碍。在缺乏色素的皮肤上可见到明显的溢血斑，用手指压迫溢血斑不会消退，溢血斑的颜色随着红细胞的崩解及血红蛋白的变化，可由紫红色变为绿色或褐色。触诊肿胀部疼痛，有热感。疼痛的程度与损伤部位和损伤程度有关，如肌肉、关节损伤时，疼痛剧烈；皮肤或皮下组织损伤时，则疼痛较轻。不同部位挫伤所呈现的机能障碍不同，如四肢肌肉、关节和骨挫伤后，表现跛行，腹部及内脏发生挫伤后，常表现消化紊乱。轻微的挫伤对全身影响较小，严重的挫伤可伴有体温升高、休克、贫血等全身症状。

3. 诊断 本病根据发生原因和临床表现，容易做出正确诊断。

4. 治疗

（1）收敛止血，消炎止痛。病初 24h 内可用冰块在患部冷敷，或用冷水浇淋，或用白陶土 800g、醋酸铅 100g、明矾 50g、樟脑 20g、薄荷脑 10g，研成细末，用食醋调敷患处，以减少出血，减轻疼痛与肿胀。发病 2~3d 后，为促进吸收可改用温热疗法，局部涂擦樟脑酒精、5% 鱼石脂软膏等刺激性药物。

（2）防止感染，镇痛消炎。可注射抗生素、磺胺类药物、安乃近、安痛定等，在皮肤擦伤处涂碘酊消毒。

（三）血肿

是由于外力作用引起局部血管破裂，溢出的血液分离周围组织，形成充满血液的腔洞。血肿可发生于皮下、筋膜下、肌间、骨膜下及浆膜下。

1. 病因 血肿常见于软组织非开放性损伤，但是骨折、刺创、火器创也可形成血肿。根据损伤的血管不同，血肿分为动脉性血肿、静脉性血肿和混合性血肿 3 种。

血肿形成的速度、大小决定于受伤血管的种类、粗细和周围组织性状。一般呈局限性肿胀、且能自然止血。较大的动脉断裂时，血液沿筋膜下或肌间浸润，形成弥漫性血肿。较小的血肿，由于血液凝固而缩小，其血清部分被组织吸收，凝血块在蛋白分解酶的作用下软化、溶解和被组织逐渐吸收。较大的血肿周围，可形成较厚的结缔组织囊壁，其中央仍储存有未凝的血液，时间较久则变为褐色。

2. 症状 局部受伤后肿胀迅速增大，有波动感或富有弹性。4~5d 后肿胀周围坚实，且有捻发音，中央有波动，局部或周围温度升高。穿刺时，可排出血液。有时会出现邻近部位淋巴结肿大和体温升高等全身症状。如继发感染，则血肿转变成脓肿，穿刺常流出伴有血液的脓汁。

3. 诊断 根据病史和症状可作出诊断。

4. 治疗 治疗原则为制止溢血、防止感染和排出积血。先对肿胀部位剪毛清洁，涂抹碘酊消毒，装压迫绷带进行止血，并注射止血敏、安络血等止血药。经 4~5d 后可穿刺或切开血肿，排除积血、血凝块及破碎组织。如继续出血，可结扎止血，清理创腔后再行缝合。已发生感染的血肿应迅速切开，并施行开放疗法。

（四）淋巴外渗

淋巴外渗是由挫伤引起淋巴管破裂、淋巴液积聚在周围组织内所形成的一种非开放性损伤。临床上以肿胀形成缓慢、无热无痛、柔软波动、穿刺排出橙色透明的液体等为特征。

1. 病因 主要由于受到钝性外力的打击，或因挤压、碰撞、跌倒、角撞，或发情、配种时因爬跨等造成挫伤，致使皮下或肌间淋巴管断裂，淋巴液大量流出并积聚在疏松结缔组织内，引起局部肿胀。猪常发于肩前和颈部，实践中常见猪舍圈门金属栏杆之间空隙大小不合适，猪在饥饿时将头和颈部伸出，而身体卡在栏杆空隙之间，因长时间挤压而发生本病。

2. 症状 本病发展缓慢，一般于伤后3～6d逐渐出现肿胀。开始时肿胀不明显，但触诊有波动感，肿胀部位界限清楚，无热痛反应。随淋巴液不断渗出，逐渐形成囊状隆起，皮肤不紧张，用手加压触诊可听到拍水音。穿刺液呈橙色，透明，不易凝固。由于淋巴液中含纤维蛋白原极少，流出的淋巴液不易凝固，难以使淋巴管形成栓塞，故淋巴液可长期流出，穿刺排液后经一段时间，又可见到局部呈囊状隆起。

3. 诊断 根据病因分析和临床表现可做出诊断。但注意与血肿和脓肿相区别。血肿和脓肿肿胀迅速，触诊有热痛反应。肿胀部位穿刺液检查可确诊。

4. 治疗 治疗以制止渗出、防止继发感染为原则。尽量使动物安静，有利于淋巴管断端的闭塞。禁用冷敷、温热和按摩等方法治疗，反之会破坏已形成的淋巴栓塞，促进淋巴液流出。常用穿刺法和切开法治疗。

（1）穿刺法。适用于较小的淋巴外渗或不适于作切开治疗的部位。患部剪毛、消毒，用灭菌后的针头刺入波动最明显部位，用注射器尽量吸出外渗的淋巴液，然后注入95％酒精或酒精福尔马林溶液（95％酒精100mL、福尔马林1mL、5％碘酊8滴）100～500mL，30min后吸除注入的药液，装上压迫绷带。若效果不显著，3～5d后可行第2次穿刺排液处理。

（2）切开法。适用于范围较大或用穿刺法治疗无效的淋巴外渗。术部剪毛、消毒，切开，排出淋巴液及纤维素，用酒精福尔马林溶液冲洗，并用浸有该药液的纱布块填塞于腔内作临时缝合。经2～5d取出填塞物后按创伤处理。

（五）脓肿

脓肿是指在任何组织或器官内形成外有脓肿膜包裹，内有脓汁潴留的局限性脓腔。如果在解剖腔内（胸膜腔、喉囊、关节腔、鼻窦、子宫）有脓汁潴留时则称为蓄脓。

1. 病因 本病的主要致病菌是金黄色葡萄球菌，其次是化脓性链球菌、大肠杆菌、绿脓杆菌和化脓棒状杆菌，有时可见结核杆菌、放线菌等。刺激性强的化学药品，如氯化钙、高渗盐水、水合氯醛等被误注或注射时漏入皮下、肌肉也能发生脓肿；注射时不遵守无菌操作规程可于注射部位发生脓肿；由原发病的细菌经血液或淋巴循环转移至新的组织或器官内则形成转移性脓肿。

2. 症状 按脓肿发生的部位，将其分为浅在性脓肿和深在性脓肿。

（1）浅在性脓肿。多发于皮下、筋膜下、肌腱间或表层肌肉组织中。浅在性急性脓肿初期，局部肿胀无明显界限，以后逐渐局限化，触之局部坚实，热、痛明显。后期，中心逐渐软化并出现波动，皮肤变薄，被毛脱落，常自溃排脓。

（2）深在性脓肿。发生于深层肌肉、肌间、骨膜下及内脏器官中。深在性急性脓肿，因其部位深，局部增温及波动症状不明显，但常可以见到局部皮肤及皮下组织的炎性水肿，触诊疼痛，常留有指压痕。较大的深在性脓肿有时自溃，发生弥漫性蜂窝织炎或败血症，全身症状明显。

3. 诊断 浅在性脓肿一般容易诊断，对深在性脓肿，可进行穿刺诊断。临床上应与血肿、淋巴外渗、疝及某些挫伤等相鉴别。

4. 治疗 本病的治疗原则是初期消炎止痛、促进吸收，后期促进脓肿成熟、排出脓汁。

若出现全身症状时，及时采用抗菌消炎、强心补液等对症疗法。

（1）消炎止痛、促进吸收。用1%普鲁卡因青霉素溶液分点注射于脓肿周围，或采用复方醋酸铅散于患部冷敷，以促进炎症的消退和局限化。

（2）促进脓肿成熟。若已出现脓肿，则用10%～30%鱼石脂软膏涂敷，促进脓肿成熟。

（3）手术排脓。对于有完整脓肿膜的小脓肿，可用注射器抽净脓汁，用3%过氧化氢溶液或0.1%高锰酸钾溶液反复冲洗脓腔后注入抗生素，或直接进行脓肿摘除。但对较大的且已有波动的脓肿，可行脓肿切开术，以排除脓汁，减轻压力，防止毒素扩散吸收。术部剪毛、消毒，切口选择在波动最明显、位置最低处，必要时可做反对口。为防止脓汁向外喷射，可用针头先行穿刺，排出部分脓汁后再行切开。脓肿腔用3%过氧化氢溶液或0.1%高锰酸钾溶液充分冲洗后，于腔内撒布磺胺粉，用10%～25%硫酸镁溶液浸灭菌纱布条引流，1～2d更换1次引流条，并对脓腔进行冲洗和消毒，待炎症净化后，创内有肉芽组织生长时，换用魏氏流膏引流条，再待肉芽组织基本填满创腔时，去除引流条，用氧化锌软膏涂于肉芽表面。

（4）中药治疗。脓肿初期，用大黄、黄柏、姜黄、白芷、天花粉各30g，天南星、陈皮、苍术、厚朴各25g，甘草15g，共为细末，醋调，涂于患部；脓肿破溃后，用2%～4%黄柏溶液洗涤创口，然后用炉甘石1.5g，滑石30g，龙骨15g，朱砂3g，冰片1g，研极细末，撒于创口。

5. 预防　注射给药时应执行严格无菌操作规程。经静脉注射刺激性药物时，应避免将其漏出静脉。发生外伤时，应及时处理，防止感染。

（六）蜂窝织炎

蜂窝织炎是在疏松结缔组织（皮下、筋膜下和肌间等）内发生的一种急性弥漫性化脓性炎症。临床上以形成浆液性、化脓性和腐败性渗出液并伴有明显的全身症状为特征。

1. 病因　本病主要由溶血性链球菌、葡萄球菌或大肠杆菌和腐败菌等，经皮肤、黏膜的伤口侵入而感染，或继发于邻近组织或器官的化脓性炎症。注射时消毒不严或局部误注、漏注硫喷妥钠、氯化钙、高渗盐水、松节油等刺激性药物和变质疫苗等，也可引起蜂窝织炎。

2. 症状　本病病程发展迅速，局部症状主要表现为大面积肿胀，局部增温，疼痛剧烈，皮肤紧张和机能障碍。全身症状主要表现为精神沉郁，体温升高，食欲减退以及各系统的机能紊乱。由于发病的部位不同，临床表现亦有差异。

（1）皮下蜂窝织炎。常发于四肢部。病初局部出现弥漫性渐进性肿胀，触诊局部热痛明显，初期呈捏粉状有指压痕，后期变坚实。局部皮肤紧张，无移动性。随着局部坏死组织的化脓性溶解，体温显著升高，肿胀更加明显，触诊柔软而具波动感。经过良好者，化脓过程局限化，形成蜂窝织炎性脓肿，脓汁排出后局部和全身症状减轻。严重者，化脓灶可向周围蔓延而使病情加剧，甚至转变为全身性化脓性炎症而危及生命。

（2）筋膜下蜂窝织炎。常发于前臂部、鬐甲部和小腿部的筋膜下。患部热痛反应剧烈，患部组织呈坚实性炎性浸润，机能障碍显著。随炎症向周围蔓延，全身症状迅速恶化。若由误注或漏注刺激性强的药物于颈部皮下，可在注射后1～2d局部出现明显的渐进性肿胀，有热痛反应，但全身症状不明显，如并发化脓性或腐败性感染时，则经3～4d后，局部出现化脓性浸润，出现化脓灶。切开或自行破溃流出微黄白色较稀薄的脓汁。有时可继发引起化脓性血栓性静脉炎。

（3）肌间蜂窝织炎。患部肌肉肿大、肥厚、坚实，皮肤紧张，界限不清，机能障碍明显，触诊疼痛剧烈。全身症状明显，体温升高，精神沉郁，食欲不振。局部形成脓肿时，切开后可排出灰色带血的脓汁。常继发引起关节周围炎、血栓性血管炎和神经炎。

3. 诊断 根据发病部位和临床症状可做出明确的诊断。

4. 治疗 本病的治疗原则是减少炎性渗出，抑制感染蔓延，减轻组织内压，改善全身状况，增加机体抵抗力，局部和全身治疗并重。

（1）抑制炎症蔓延，促进肿胀消退。患部剪毛、消毒，用0.5%盐酸普鲁卡因青霉素溶液于病灶周围做封闭注射。病初用醋调制的复方醋酸铅散冷敷，后期改为热敷或涂布樟脑酒精等刺激剂。

（2）手术切开。蜂窝织炎一旦形成化脓性坏死，应进行手术切开。切口部位应选择在波动明显处，常规消毒，局麻或全麻后，切开皮肤或深层筋膜，切开的深度要贯透整个病损组织，必要时可多作几个切口，使炎性产物充分排出，然后用3%过氧化氢溶液或0.1%高锰酸钾溶液彻底冲洗，创口内填塞用10%~25%硫酸镁溶液浸湿的纱布条引流，待创内有肉芽组织生成时，改用魏氏流膏引流条。

（3）全身疗法。青霉素160万IU，链霉素1g，注射用水10mL，溶解后前丹田穴注射，每天1次，连用3~5d。10%葡萄糖溶液500~1 000mL，5%氯化钙溶液250mL，5%碳酸氢钠溶液500~1 000mL，10%氯化钠溶液400mL，40%乌洛托品溶液50mL，一次静脉注射，每天1次，连用3~5d。

（4）中药治疗。黄药子、白药子、连翘、栀子、天花粉各30g，当归、黄芩、知母、金银花、郁金、甘草各20g。水煎取汁，候温，一次灌服，每天1剂，连用3剂。

5. 预防 注意圈舍的清洁卫生，皮肤、黏膜发生创伤或炎症时应及时处理，防止细菌感染。药物注射时要严格消毒，防止将刺激性强的药物误注或漏注于皮下。

（七）风湿病

风湿病是一种反复发作的急性或慢性非化脓性炎症。临床上以反复突然发作、肌肉或关节游走性疼痛、肢体运动障碍等为特征。

1. 病因 本病的病因，目前尚不完全清楚。一般认为风湿病是一种变态反应性疾病，并与溶血性链球菌感染有关。现代研究证明，除了溶血性链球菌外，其他抗原如细菌蛋白质、异种血清、经肠道吸收的蛋白质及某些半抗原物质也能引起风湿病。

此外，风寒、潮湿、过劳等因素在本病发生上起重要作用。如大汗后受冷雨浇淋、洗澡后受冷风侵袭等易发生风湿病。

2. 症状 突然发生，有游走性，常从一个肌群（或关节）游走至其他肌群（或关节）；有对称性和复发性，随运动量的增加症状有所减轻。根据发病的组织器官不同，可分为肌肉风湿病、关节风湿病和心脏风湿病。

（1）肌肉风湿病。又称为风湿性肌炎，多见于颈部、背部及腰部肌肉群。因患病肌肉疼痛而表现运动不协调，步态强拘。常发生1肢或2肢的跛行，随运动量的增加和时间的延长，跛行有减轻或消失的趋势。肌肉风湿病常具有游走性，时而一个肌群好转而另一个肌群又发病。触诊患病肌群时发生痉挛性收缩，肌肉凹凸不平，并有硬感、肿胀。急性经过，疼痛明显。多数肌群发生急性肌肉风湿时，可出现精神沉郁、体温升高、食欲减退等全身症状，重者可出现心内膜炎症状，能听到心内性杂音。急性肌肉风湿病一般病程较短，经数日或1～2周即好转或痊愈，但易复发。当转为慢性时，病牛全身症状不明显，但肌肉和肌腱的弹性降低，重者肌肉萎缩，易疲劳，运动强拘。

(2) 关节风湿病。又称为风湿性关节炎，常发生于活动性较大的关节，如肩关节、肘关节、髋关节和膝关节等。急性病例关节囊及周围组织水肿，患病关节外形粗大，触诊温热、疼痛、肿胀。病牛精神沉郁、食欲减退、体温升高。关节活动范围变小，运动时患肢强拘，出现程度不同的跛行，跛行可随运动量增加而减轻或消失。慢性病例关节滑膜及周围组织增生、肥厚，关节肿大，轮廓不清，活动范围变小，运动时关节强拘。他动运动时可听到"哗卟"音。

(3) 心脏风湿病。又称为风湿性心肌炎，主要表现为心内膜炎症状。听诊时第一心音和第二心音增强，有时出现期外收缩性杂音。

3. 诊断 本病目前尚缺乏特异性诊断方法，主要根据病史和临床症状加以诊断。必要时可进行水杨酸皮内反应试验加以辅助诊断。用新配制的0.1%水杨酸钠溶液10mL，分数点注入颈部皮内。注射后30min和60min分别检查白细胞总数，其中有一次比注射前的白细胞总数减少1/5时，即可判定为风湿病阳性反应。临床上注意与骨软症、肌炎、多发性关节炎、神经炎、颈和腰部损伤以及锥虫病等相鉴别。

4. 治疗 本病以消除病因、祛风除湿、消除炎症、解热镇痛为治疗原则。

(1) 解热镇痛，抗风湿。10%水杨酸钠溶液100～300mL，10%葡萄糖酸钙注射液200～300mL，分别静脉注射，每天1次，连用5～7d。或10%水杨酸钠溶液100～120mL，40%乌洛托品溶液50mL，10%安钠咖注射液30mL，10%葡萄糖溶液500mL，一次静脉注射，每天1次，连用5～7d。

(2) 肾上腺皮质激素疗法。醋酸泼尼松片，100～300mg，口服，每天2～3次，1周后给予每天20～30mg的维持量。或用氢化可的松、地塞米松等，这类药物可明显改善风湿性关节炎的症状，但易复发。

(3) 控制链球菌感染。风湿病急性发作期，用青霉素300万～400万IU，溶于10～20mL注射用水中，肌内注射，每天2～3次，连用10～14d。

(4) 应用碳酸氢钠、水杨酸钠和自家血疗法。每天静脉内注射5%碳酸氢钠溶液200mL，10%水杨酸钠溶液200mL。自家血液的注射量为第1天80mL，第3天100mL，第5天120mL，第7天140mL。每7d为一个疗程，7d后进行第2个疗程，共进行两个疗程。

(5) 针灸疗法。对腰背部风湿病可采用醋酒灸、醋麸灸和艾灸法，四肢关节风湿可用软烧法。也可局部涂擦红花油、樟脑酒精等刺激剂后，行按摩疗法。急性期，可采用血针和白针疗法，慢性期可用电针、火针、水针疗法，若肌肉已经发生萎缩，可采用气针疗法。

(6) 中药治疗。独活30g，桑寄生45g，秦艽、熟地、防风、白芍、当归、茯苓、川芎、党参各15g，杜仲、牛膝、桂心各20g，细辛5g，甘草10g。共为末，开水冲调，候温，加白酒150mL为引，一次灌服，每天1剂，连用3～5剂。

5. 预防 在风湿病多发的冬、春季节，应加强饲养管理和环境卫生，保持圈舍干燥，注意防寒保暖，避免受寒、受潮湿。在牛，运动出汗时不要拴系于房檐下或有过堂风处。对溶血性链球菌引起的上呼吸道疾病，如急性咽炎、喉炎等应予以及时治疗。

（八）跛行

跛行不是一种疾病的病名，而是四肢机能障碍的综合症状。除四肢病和蹄病等外科病常引起跛行外，有些传染病、寄生虫病、产科病和内科病都可引起跛行。

1. 病因

（1）不合理的饲养管理和使役。如饲料中矿物质不足或比例失调、维生素缺乏等，常可影响骨、关节代谢，是引起跛行的全身性因素。

（2）各种蹄部疼痛。如蹄叶炎，削蹄、装蹄不当（如削蹄太过，或钉掌时蹄钉没有钉在角质层）可直接引起跛行。

（3）四肢外周神经损伤。引起所支配的肌肉弛缓，肌肉活动机能和拮抗机能消失，导致跛行。

（4）继发于其他疾病。如布鲁氏菌引起的睾丸炎，因睾丸肿大、疼痛，动物站立时四肢叉开，行走时僵直。

2. 跛行的种类　四肢在运动的时候，蹄从离开地面，到重新到达地面，为该肢所走的一步，这一步被对侧肢的蹄印分为前后两半，即前半步，后半步。动物健康时，前后半步相等。而运动障碍时，某半步出现延长或缩短。四肢的运动机能障碍，在空间悬垂阶段表现明显，称为悬跛；如在支柱阶段表现机能障碍，称为支跛；而在悬垂阶段和支柱阶段都表现有程度不同的机能障碍，称为混合跛行。

（1）悬跛。悬跛的特征是"抬不高""迈不远"。患肢前进运动时，在步伐的速度上和健肢比较通常较缓慢。患肢抬不高，常拖拉前进。因为患肢"抬不高"和"迈不远"，所以以健蹄蹄印量患肢的一步时，出现前方短步（图11-72）。

（2）支跛。支跛的特征是负重时间短缩和避免负重。因为患肢落地负重时感到疼痛，所以驻立时呈现减负体重或免负体重，或两肢频

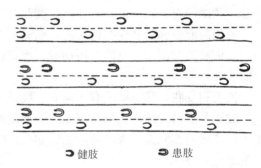

图 11-72　健康马和跛行马所走的蹄印

频交替。在运步时，患肢接触地面为了避免负重，所以对侧的健肢就比正常运步时伸出得快，即提前落地，以健蹄蹄印量患肢所走的一步时，呈现后一半短缩，临床上称为后方短步。在运步时也可看到患肢系部直立，听到蹄音低（图11-72）。

（3）混合跛行。混合跛行兼有支跛和悬跛的某些症状。多发生在肢上有引起支跛和悬跛的两个患部，或在某发病部位负重时有疼痛，运步时也有疼痛，所以呈现混合跛行。四肢上部的关节疾患、上部的骨体骨折、某些骨膜炎、黏液囊炎等都可表现为混合跛行。

3. 跛行诊断

（1）问诊。问诊时应注意询问下列内容。

①患畜的平时饲养管理情况。同群或同舍动物是否患有同样的疾病？

②何时开始跛行？是突然发病，还是慢慢发病？有没有受过伤？有没有什么地方肿过？有没有滑倒、跌倒？

③发现跛行后动物的表现如何？什么时候跛行最严重，是在运动开始，还是运动过程中、休息以后？发病到现在病情是增重了还是减轻了？

④患畜以前得过此病没有？两次相比较症状是否一致？

⑤患病是否经过治疗？用的什么药和方法？效果怎么样？

(2) 视诊。视诊时应注意动物的生理状态、体格、营养、年龄、肢势、蹄形等，视诊方法分驻立视诊和运步视诊。

①驻立视诊。驻立视诊时，应距患畜1m以外，围绕患畜走一圈，仔细发现各部位的异常情况。观察应从蹄到肢的上部，或由肢的上部到蹄，反复仔细地观察比较两前肢或两后肢同一部位有无异常。驻立视诊时应该注意以下几个问题。

肢的驻立和负重：观察肢是否平均负重。有无减负体重或免负体重，或频频交互负重。如发现一肢不支持或不完全支持体重时，确定其有无伸长、短缩、内收、外展、前踏或后踏。

患畜的一个前肢有局部病变时，肢可能出现前踏、后踏、内收或外展肢势；也可能腕关节屈曲，以蹄尖负重，并立于健蹄的稍前方或后方；或虽以全蹄负重，但负重不确实。

患畜的一个后肢得病时，肢呈前踏、后踏或外展肢势；但多半呈各关节屈曲，以蹄尖负重，疼痛剧烈或某些慢性关节疾患，肢常提举不负重。

两前肢同时得病时，患畜两后肢伸到腹下，头高抬，弓腰卷腹，使体重心转移到后肢，减轻前肢的负重。

两后肢同时得病时，为了减轻患肢的负重，使体重心转移到前肢上，患畜常常两前肢稍后伸，颈部伸直头向下低。但在两后肢蹄叶炎时，患畜常两后肢前伸，以蹄踵负重。

一侧的前肢和后肢同时得病时，病马的头颈、躯干都偏向健侧，患肢交替负重。

一前肢和对侧的后肢同时得病时，患畜的两健肢伸到腹下支持体重，而病肢交替提起或向前或向外伸出。

被毛和皮肤：注意被毛有无逆立，肢及邻接部位的皮肤有无脱毛、外伤或存在瘢痕等。

肿胀和肌肉萎缩：比较两侧肢同一部位的状态，其轮廓、粗细、大小是否一致，有无肿胀。注意肢上部肌肉有否萎缩，患肢如有疼痛性疾患，或跛行时间较久后，肢上部肌肉即看到萎缩。

蹄：注意两侧肢的指（趾）轴和蹄形是否一致，蹄的大小和角度如何；蹄角质有无变化。

骨及关节：注意两侧肢同一骨的长度、方向、外形是否一致；关节的大小和轮廓、关节的角度有无改变。

②运步视诊。运步视诊应选择宽敞平坦、光线充足的场地，有软地（粗砂铺垫，深度在35cm以上）、硬地（水泥地面）、不平的石子地、上坡及下坡（50°）等。

运步视诊时，让畜主牵导患畜沿直线运步，缰绳不能过长或过短，1m左右比较合适。如过长患畜可自由低头，寻觅食物，影响运步；过短亦可影响头部自然摆动和运步。先使患畜沿直线走常步，然后再改为快步。

确定患肢：如一肢有疾患时，可从蹄音、头部运动和尻部运动找出患肢。健蹄的蹄音比病蹄着地时要强，声音高朗，如发现某个肢的蹄音低，即可能为患肢；头部运动是病畜在健前肢负重时，头低下，患前肢着地时，头高举，以减轻患肢的负担，在点头的同时，有时可见头的摆动，特别在前肢上部肌肉有疼痛性疾患，当健前肢负重时，颈部就摆向健侧。由头部运动可找出前肢的患肢；尻部运动是在一个后肢有疾患时，为了把体重转向对侧的健肢，因而健肢着地时，尻部低下，而患肢着地的瞬间尻部相当高举。从尻部运动可找出后肢的患肢。

两前肢同时得病时，肢的自然步样消失，病肢驻立的时期短缩，前肢运步时提举不高，蹄接地面而行，但运步较快。肩强拘、头高扬、腰部弓起、后肢前踏、后肢提举较平常为高。在高度跛行时，快速运动比较困难，甚至不能快速运动，可通过点头运动判定是哪侧的前肢疼痛。

两后肢同时得病时，运步时步幅短缩，肢迈出很快，运步笨拙，举肢比平时运步较高，后退困难。头颈常低下，前肢后踏。可通过运动臀部升降运动判定是哪侧的后肢疼痛。

同侧的前后肢同时发病时，头部及腰部呈摇摆状态，患前肢着地时，头部高举，并偏向健侧，健肢着地时，尻部低下。反之，健前肢着地时，头部低下，患后肢着地时，尻部举扬。

一前肢和对侧后肢同时发病时，患肢着地时，体躯举扬，健肢着地时，头部及腰部均低下。

根据上述方法尚不能确定患肢时，可使患畜做回转运动、圆周运动或在硬地及不平石子地、软地和上下坡运动等，确定患部和跛行的种类。

回转运动：使患畜快步直线运动，趁其不备的时候，使之突然回转，患畜在向后转的瞬时，可看出患肢的运动障碍。回转运动需连续进行几次，向左向右都要回转，以便比较。

圆周运动：支跛时，病肢在内侧可显出跛行。悬跛时，患肢在外侧可出现明显跛行。

硬地、不平石子地运动：有蹄底和腱韧带器官疾患时，在不平石子上运步时，会加重局部的负担，使疼痛更为明显，即支跛明显。

软地运动：在软地、沙地运步时，悬跛时，可表现出机能障碍，因为这时运动器官比在普通路面上要付出更大力量。

上坡和下坡运动：前肢的悬跛和后肢的悬跛上坡时，跛行都加重，后肢的支跛在上坡时，跛行也增重；前肢的支持器官有疾患时，下坡时跛行明显。

确定跛行的种类：用健肢蹄印衡量患肢所走的一步，观察是前方短步，还是后方短步，或前后方短步不明显。确定短步后，就注意是悬垂阶段有障碍，还是负重阶段有障碍，同时要观察患肢有无内收、外展、前踏、后踏情况。注意系关节是否敢下沉，如不敢下沉，说明负重有障碍。注意蹄音有何异常，如蹄音低说明支持器官有障碍。两侧腕关节和跗关节提举时能否达到同一水平，如不能达到同一水平时，说明患肢提举有困难。

初步发现可疑患部：在运步时，因患部感到疼痛或机械障碍，临床上出现特有表现，如关节伸展不便，呈现内收或外展；肌肉收缩不力，呈现颤抖；蹄的某部分避免负重等。结合进一步观察，初步发现可疑患部。

(3) 四肢各部的系统检查。系统检查时应与对侧同一部位反复对比。前肢从蹄（指）、系部、系关节、掌部、腕关节、前臂部、臂部及肘关节、肩胛部；后肢从蹄（趾）、系部、系关节、跖部、跗关节、胫部、膝关节、股部、髋部、腰荐尾部，进行细致的系统检查，通过触摸、压迫、滑擦、他动运动等手法找出异常的部位或痛点。

(4) X 射线诊断。在四肢的骨和关节疾患，如骨折、骨膜炎、骨炎、骨髓炎、骨质疏松、骨坏死、骨疡、骨化性关节炎、关节愈着、关节周围炎、脱位等，可以广泛的应用 X 射线检查。

(5) 直肠检查。髋骨骨折、腰椎骨折、髂荐联合脱位，直肠检查不但可确诊，而且还可了解其后遗症和并发症，如血肿、骨痂等。

（九）骨折

骨折是指骨或软骨的连续性发生完全或部分中断。临床上表现出血、肿胀、疼痛、机能障碍，以变形、有骨摩擦音、异常活动为特征。

1. 病因　外伤性骨折见于直接暴力和间接暴力。直接暴力，常见于车祸、重物轧压、打击、蹴踢、角抵等，常发生开放性骨折和粉碎性骨折。间接暴力是在奔跑、跳跃、急停、急转、失足踏空等时，暴力通过骨骼或肌肉传导到远处发生骨折，如四肢长骨、髋骨或腰椎的骨折等。病理性骨折见于骨骼疾病，如骨髓炎、骨软症、佝偻病、骨肿瘤。妊娠后期或高产奶牛泌乳期等，此时的骨疏松脆弱，有时虽遭受的外力不大，但也能引起骨折。

骨折类型：根据骨折处皮肤、黏膜是否完整，分为开放性骨折和闭合性骨折；根据骨折的严重程度，分为全骨折和不全骨折。前者指骨全断裂，一般伴有明显的骨错位。骨折断离有多个骨片，称粉碎性骨折；后者指骨部分断裂；根据骨折线的方向，分为横骨折、纵骨折、斜骨折、螺旋骨折、嵌入性骨折等；根据骨折部位，分为骨干骨折、骨骺骨折、干骺骨折、髁骨折等；根据骨折病因，分为外伤性骨折和病理性骨折等。

2. 症状　骨折的症状有特有症状、其他症状和全身症状。

（1）特有症状。主要有变形、异常活动和出现骨摩擦音。

①变形。全骨折时，因骨折断端移位，使骨折部外形或解剖位置发生改变。患肢出现弯曲、旋转、缩短、延长等异常姿势。

②出现骨摩擦音。全骨折时两断端互相摩擦或移动远端骨折部位可听到骨摩擦音。但不全骨折、骨折部肌肉丰满、局部肿胀严重或断端间嵌入软组织时，通常听不到骨摩擦音。

③异常活动。正常情况下肢体完整而不活动的部位，在骨折发生后负重或做被动运动时，出现屈曲、旋转等异常活动。

（2）其他症状。主要有出血与肿胀、疼痛和机能障碍。

①出血与肿胀。骨折时，骨膜、骨髓及周围软组织的血管破裂出血，血液经创口流出，或在骨折部发生血肿，再加上软组织的水肿，造成局部显著肿胀。

②疼痛。骨折后，因骨膜上神经受损，病牛马上感到剧痛。表现不安，回避退让，肘后出汗，全身发抖。触碰或骨断端移动时疼痛加剧。骨裂时，用手指压迫骨折部呈现线状压痛。

③功能障碍。如四肢骨折出现重度跛行，胸骨骨折出现呼吸困难，脊椎骨骨折出现后躯瘫痪，颅骨骨折可引起意识障碍，颌骨骨折引起咀嚼障碍等。

（3）全身症状。骨折如伴有内出血或内脏损伤，可发生失血性休克。闭合性骨折一般在2~3d后因组织破坏后分解产物和血肿的吸收，可引起体温轻度升高。如开放性骨折继发感染，则局部疼痛加剧，体温升高，食欲减退。

3. 诊断　依据病史和临床症状一般容易做出诊断，但若确定骨折的类型及程度，需进行X射线检查。

4. 治疗　依据骨折损伤程度及动物的价值，决定是否治疗。治疗原则为正确复位，合理固定，功能锻炼，加强饲养管理，促进康复。

（1）急救。骨折发生后，首先要采取急救措施，限制活动，维持呼吸畅通（必要时做气管插管）和血液循环容量。如开放性骨折大血管损伤，应在骨折部上端用止血带，或用纱布填塞创口，控制出血，防止休克。肌内注射安乃近、安痛定等止痛。

(2) 骨裂的治疗。采用外固定法进行包扎固定。患部剪毛、消毒，先用灭菌纱布包扎，外面垫上透气的棉花或纱布，然后上夹板。夹板外用卷轴绷带包扎，夹板的长度以能固定与患部相邻的上下两个关节为度。绷带包扎的松紧以既不能造成局部血液循环障碍，又不能轻易滑脱为度。

(3) 全骨折的治疗。闭合性骨折，首先进行整复。使患肢保持伸直状态，对骨折部进行托压、挤按，使断端对齐、对正，在相同的肢势下，按解剖部位与对侧健肢对比，比较长短，如一样长，说明已复位。然后使用夹板、石膏绷带等外固定材料进行固定。也可利用手术方法，全身麻醉后，在患部外侧切开皮肤、肌肉、骨膜，然后用髓内针或接骨板对两骨折断端进行内固定。

开放性骨折，动物全身麻醉，彻底清除创内凝血块、碎骨片、异物，使骨断端正确复位，用髓内针、接骨板等进行内固定。撒上广谱抗生素，缝合皮肤。配合外固定，保留创口开放，便于术后换药处理。

(4) 加强护理，恢复机能。全身应用抗生素 2 周以上，以控制感染，适当应用消炎止痛药。加强营养，饮食中补充维生素 A、维生素 D 及钙剂等。外固定治疗时，术后及时观察固定远端，如有肿胀、变凉，应解除绷带，重新包扎固定。骨折后 1~2 周内，可在绷带下方进行按摩，对肢体关节做轻度的伸屈活动。1~2 周后，开始逐步做牵行运动，每次 10~15min，每天 2~3 次，10~15d 后，逐渐延长到 1~1.5h，以促进功能恢复正常。

(5) 中药治疗。在牛，取血竭、土虫各 60g，川续断、川牛膝、乳香、没药、煅自然铜各 30g，天南星、当归、红花各 15g。共为末，开水冲调，候温，加黄酒 150mL 为引，一次灌服，每天 1 剂，连用 5 剂。

5. 预防 加强饲养管理，给予营养全价饲料。避免发生跌倒、打斗、车祸等，特别是佝偻病和骨软病，更要加以特别护理。一般来说，成年动物发生全骨折的治疗意义不大，但对骨裂或一些短骨发生的骨折可治疗。

(十) 疝

1. 脐疝 脐疝是指腹腔脏器从扩大了的脐孔进入皮下而引起的疾病。临床上以脐部出现局限性球形肿胀为特征。

(1) 病因。脐疝多发生于犊牛，可见于初生时或出生后数天或数周。主要由于先天性脐部发育缺陷，犊牛出生后脐孔闭合不全；母牛分娩期间强力撕咬脐带，造成断脐过短；分娩后过度舔犊牛脐部，导致脐孔不能正常闭合而发病。亦见于犊牛出生后脐带化脓感染，从而影响脐孔正常闭合而发生本病。

(2) 症状。脐部出现局限性球形隆起，触摸柔软，无痛，多易整复。疝内容物由拳头大小可发展至小儿头大甚至更大。病初多数能在改变体位时疝内容物还纳回腹腔，并可摸到疝轮，听诊可听到肠蠕动音。随结缔组织增生，脐疝因内容物与疝囊或疝孔缘发生粘连或嵌闭，则不能还纳入腹腔，触诊囊壁紧张且富有弹性，并不易触及脐孔。病牛表现不安，食欲废绝。如继发腹膜炎，则体温升高，脉搏增数，严重时可发生休克。

(3) 诊断。根据临床症状可作出诊断。应注意与脐部脓肿和肿瘤等鉴别，必要时可通过穿刺检查确诊。

(4) 治疗。本病可根据具体情况采用保守疗法和手术疗法。

①保守疗法。适用于疝轮较小的犊牛。取95%酒精或10%~15%氯化钠溶液在疝轮周围分点注射，每点3~5mL。

②手术疗法。适用于较大的脐疝或疝内容物与疝孔缘发生粘连的病牛。术前禁食，仰卧或横卧保定，术部剪毛、消毒，全身麻醉配合局部浸润麻醉，在疝囊基部，靠近脐孔处纵行切开疝囊，暴露疝内容物。疝内容物如无粘连、未嵌闭，将其直接还纳回腹腔。若已经发生粘连，需仔细剥离，若为网膜，也可将其切除。肠管发生嵌闭时，若嵌闭肠管已坏死，则需切除，坏死肠管做端端吻合术。最后对脐轮进行修整，采用水平褥式或重叠褥式缝合法缝合脐孔，切除多余的皮肤，皮肤做结节缝合，术部包扎纱布绷带。术后精心护理，不宜喂的过饱，限制剧烈活动，若有体温升高，可用抗生素治疗5~7d。

2. 外伤性腹壁疝 外伤性腹壁疝是由腹肌和腹膜受到破坏，腹腔内脏通过破裂孔进入皮下而引起的疾病。临床上以外伤部位出现局限性肿胀为特征。

（1）病因。本病多由强大的钝性暴力所致。如踢蹴、冲撞、牛角抵撞、外力打击或倒于地面突出的物体上等，造成腹肌和腹膜破裂，但由于皮肤的韧性和弹性大，其仍保持完整性，使腹腔内脏器脱至腹壁皮下而形成。此外，腹腔手术中，由于缝线过细或打结不牢，也发生本病。

（2）症状。腹壁受伤后多在局部突然形成一个局限性柔软的扁平或半球形隆起，1~2d后周围出现浮肿。初期与血肿不易鉴别，肿胀部触之温热疼痛，用力压迫突起部，疝内容物可还纳入腹腔，同时可摸到疝轮。随着炎性肿胀消退和病程延长，触诊肿胀部无热无痛，疝囊柔软有弹性。通常情况下，全身症状不明显，但若为小肠大量脱出至皮下引起嵌闭性疝时，可发生腹痛，甚至发生肠坏死而致死。

（3）诊断。根据病史，触诊能摸到疝孔，听诊能听到肠蠕动音等症状时可确诊。注意与腹壁脓肿、血肿或淋巴外渗等进行鉴别。

（4）治疗。采用手术疗法，手术宜早不宜迟，最好在发病后立即手术。

站立或侧卧保定，做局部浸润或腰旁神经干传导麻醉，同时配合静松灵进行全身浅麻醉。病初尚未粘连时，可在疝轮附近作切口，如已粘连，可在疝囊皮肤上做梭形切口，钝性分离皮下组织，还纳疝内容物。疝孔闭合一般需采用水平褥式或垂直褥式缝合。陈旧性疝孔大多瘢痕化，应切削成新鲜创面再行缝合。最后对疝囊皮肤做适当修整，采用减张缝合法闭合皮肤切口，装结系绷带。术后适当控制饮食，减少活动量，防止摔跌。

3. 会阴疝 会阴疝是指腹腔内脏器向骨盆腔后结缔组织凹陷内突出，以致向会阴部皮下脱出的疾病。临床上以肛门、阴门近旁及其下方出现局限性肿胀为特征。

（1）病因。本病常发生于难产之后，有时见于严重便秘、强烈努责或因脱肛而并发本病。性激素失调、营养不良等因素对本病的发生起促进作用。疝内容物多为膀胱、小肠或子宫等。

（2）症状。在肛门、阴门近旁或其下方出现局限性圆形或椭圆形隆起，触摸柔软，无热无痛，努责时肿胀增大。阴道脱垂，尿道口向外突出。若疝内容物为膀胱时，挤压肿胀部可见尿道口喷尿。病畜频繁作排尿姿势，但尿量少，用手由上向下挤压肿胀时常会逐渐缩小，并伴随被动性排尿，松手时又可增大。

（3）诊断。根据发病部位和临床症状可做出初步诊断，结合直肠检查或对隆起部进行穿刺检查，易确诊本病。

（4）治疗。本病多采用手术方法整复。术前禁食1~2d，站立保定，肛门与会阴部常规消毒处理。尾椎硬膜外腔麻醉，在第一、二尾椎间隙，将针头垂直刺入皮肤，然后针尖稍向前方做45°~60°倾斜，向前下方刺入3~4cm，注入2%盐酸普鲁卡因溶液10~20mL。皮肤切口选在疝囊一侧，自尾侧部向下至肿胀下部做弧形切口。钝性分离皮下组织和疝囊，将疝内容物还纳复位，暂时填塞纱布块以防疝内容物再次脱出而影响手术。缝合时，先在尾肌和肛外括约肌前部缝合3~4针，再从闭孔内肌到肛外括约肌间缝合1~2针，最后在闭孔内肌与尾肌间再缝合1~2针。每针缝合均暂不打结，待全部缝线穿好后，取出填塞的纱布块，再分别依次抽紧缝线打结。注意不要对阴部内血管造成压迫。为避免缝线过多而相互重叠缠绕，每做一次缝合可用一把止血钳夹住缝线末端放在一边。最后用0.1%新洁尔灭溶液冲洗术部，常规闭合皮下组织，修剪多余的皮肤，皮肤切口作结节缝合，覆以结系绷带，经10~12d拆线。两侧性会阴疝比较少见，若行手术修复，应先完成一侧，间隔4~6周后再修复另一侧。

4. 腹股沟疝和腹股沟阴囊疝 因腹股沟缺陷而导致腹腔内容物经此脱出称为腹股沟疝，母猪常发生，疝内容物多为大网膜、子宫、肠管等；若公猪腹腔内容物经腹股沟进入阴囊，称为腹股沟阴囊疝，疝内容物多半是前列腺脂肪、大网膜和肠管。

（1）病因。常见于先天性腹股沟环闭合不全，有一定的遗传性。后天性因素主要由腹内压升高引起。

（2）症状。

①腹股沟疝。疝内容物由单侧或双侧腹股沟裂口直接脱至腹股沟外侧的皮下，位于耻骨前缘腹白线的两侧。局部膨隆突起，质地柔软呈面团状，无热、无痛，病初可还纳入腹腔。若发生嵌闭，触诊热痛，疝囊紧张，病猪腹痛不安，腹胀，全身症状明显。

②腹股沟阴囊疝。大多是一侧性，也有双侧性。阴囊增大，皮肤皱褶展平，紧张发亮，触之柔软有弹性，多数无热、无痛，有的发硬、紧张、敏感，听诊时可听到肠蠕动音。提起小猪后肢，可使疝内容物还纳到腹腔而使阴囊缩小，但放下后或腹压增大后阴囊又增大。如发生嵌闭性阴囊疝，阴囊皮肤紧张、浮肿，阴囊皮肤发凉。病猪不愿运动，行走时两后肢开张，步态紧张。严重者体温升高，剧烈腹痛，呕吐、呼吸、心跳加快，多继发败血症死亡。

（3）诊断。根据临床症状可做出诊断。

（4）治疗。可复性腹股沟阴囊疝，多数为先天所致，随着年龄的增长，大部分可自愈。若疝孔过大或嵌闭性疝，宜尽早手术治疗。术后限制活动直至拆线。限制饮食。抗生素治疗5~7d。

①腹股沟疝。局部麻醉，仰卧保定，患侧腹股沟周围常规消毒。在肿胀中间切开皮肤，与腹皱褶平行。钝性分离，暴露疝囊，向腹腔挤压疝内容物，或抓起疝囊扭转，迫使内容物通过腹股沟管整复到腹腔。如不易整复，可切开疝囊，扩大腹股沟管（在腹股沟前内侧切开直至腹壁）。若疝内物坏死可先切除，做断端吻合。在疝囊基部用剪刀剪除疝囊或先结扎疝囊颈，再切除疝囊。结节缝合切开的腹股沟外环和腹壁。最后闭合皮下组织和皮肤。

②腹股沟阴囊疝。局部麻醉，仰卧保定。阴囊周围广泛剪毛、消毒。在腹股沟环平行与腹皱襞处切口，分离皮下组织，暴露总鞘膜。纵形切开总鞘膜，先作去势，则贯穿结扎精索，切除睾丸。再还纳疝内容物，如坏死，则切除，端端吻合后将其还纳腹腔。然后闭合腹股沟外环和腹壁。最后常规缝合皮下组织和皮肤。

(十一) 眼病

1. 结膜炎 结膜炎是指眼睑结膜和球结膜的炎症。临床上以畏光、流泪、结膜潮红、肿胀、疼痛和眼分泌物增多为特征。

（1）病因。主要由体内外各种因素对结膜的刺激所致。如结膜外伤，异物落入结膜囊内或粘在结膜面上，氨气等有害气体刺激，使用被毛清洁剂或驱虫剂时误入眼内。此外，本病还可见于邻近组织器官炎症蔓延、维生素A缺乏或继发于传染病的过程中。

（2）症状。共同症状为羞明，流泪，结膜充血、浮肿，眼睑痉挛，有分泌物产生。临床常见卡他性和化脓性两种病理过程。

①卡他性结膜炎。急性型表现结膜轻度潮红，稍肿胀，分泌物稀薄或呈浆液性。严重时，眼睑肿胀明显，有热痛，羞明，结膜充血，甚至可见出血斑。分泌物量多，渐次变为黏液脓性，积存在结膜囊内或附于内眼角。结膜下组织受侵害时，疼痛和肿胀剧烈，结膜呈肉块样、外翻，甚至遮住整个眼球。慢性型结膜炎常由急性型转变而来，结膜轻度充血，呈暗红色、黄红色或黄色，疼痛常不明显，有少量分泌物，经久者结膜增厚呈丝绒状。由于结膜外翻，长时间暴露和受外界刺激，致结膜干燥，患眼发痒，常在桩柱或物体上摩擦，结膜上有紫红色的溃烂斑块。重者角膜常发生炎症，动物视力下降。

②化脓性结膜炎。结膜显著充血，肿胀外翻，疼痛剧烈，眼内流出大量脓性分泌物，上、下眼睑常粘在一起。常并发角膜混浊、溃疡。

（3）诊断。根据病史和临床症状可做出诊断。

（4）治疗。本病以除去病因、消除炎症和对症治疗为原则。

①除去病因。若为症候性结膜炎，应以治疗原发病为主。若由环境因素引起，则要设法改善环境条件等。

②清洗患眼和对症治疗。急性结膜炎症，病初用2%～3%硼酸溶液、2%明矾溶液或生理盐水清洗患眼。充血、肿胀明显时，可用冷敷疗法，分泌物多时改用热敷。消炎止痛可用0.25%氯霉素眼药水点眼，或用0.5%金霉素眼膏、0.5%土霉素眼膏眼内涂敷。配合醋酸氢化可的松眼药水点眼，每天3～4次，连用7～10d。疼痛剧烈时，可用1%～2%盐酸丁卡因滴眼。严重病例，取青霉素5万IU，溶于0.5%盐酸普鲁卡因溶液2mL中，再加氢化可的松溶液2mL，于球结膜内注射，每天或隔天注射1次。慢性结膜炎症，以刺激和热敷为主。用3%～5%硫酸锌溶液或硝酸银溶液点眼，或用硫酸铜棒轻擦上下眼睑，擦后立即用硼酸水冲洗，然后再进行温敷。顽固性化脓性结膜炎，可用1%碘仿软膏涂抹，同时用普鲁卡因青霉素眼底封闭。

（5）预防。保持圈舍和运动场的清洁卫生，注意通风换气，防止风尘的侵袭。严禁在圈舍内调制饲料，笼头不合适应加以调整。在牛，春、夏季节经常用生理盐水洗眼，以防止眼吸虫病发生。治疗眼病时，应注意药品的选用及使用浓度。

2. 角膜炎 角膜炎是指角膜组织发生的炎症。临床上以畏光、流泪、结膜充血、角膜混浊或形成不透明瘢痕（角膜翳）等为特征。

（1）病因。多由受到外伤（如尖锐物体刺激）或碎玻璃、碎铁片等异物进入眼内引起。化学因素刺激、某些邻近器官发生炎症、维生素A缺乏及某些传染病（如牛恶性卡他热、牛肺疫等）等也常继发或并发本病。

（2）症状。共同症状为羞明、流泪、眼睑闭合、角膜混浊、角膜缺损和角膜溃疡等。轻度的角膜炎常不易直接发现,只有在斜光照射下可见到角膜表面粗糙不平。

外伤性角膜炎,在角膜表面可见外伤痕迹,透明的表面变为淡蓝色或蓝褐色。损伤部粗糙不平,角膜周围血管充血,若继发感染可致角膜溃疡。表现羞明流泪,视物模糊,眼睑痉挛,角膜呈乳白色或橙黄色混浊。随病程延长,角膜面上形成不透明的白色瘢痕——角膜翳。角膜周围及边缘血管充血,血管增生,表层性角膜炎增生的血管呈树枝状分布在角膜面上,深层性角膜炎增生的血管呈刷状,从角膜缘伸入角膜内。角膜全层穿透时,房水急剧涌出,虹膜可被冲至伤口处,引起虹膜脱出,日久虹膜与角膜粘连,瞳孔缩小。

由化学因素引起的角膜炎,轻者仅见角膜上皮形成银灰色混浊,深层受伤时出现溃疡。若发生坏疽时,则呈明显的银白色。

(3) 诊断。根据病史和临床症状可做出诊断。

(4) 治疗。本病的治疗原则为消除炎症,促进混浊的吸收和消散,对症治疗。

①冲洗患眼,消除炎症。急性期的冲洗和用药同结膜炎治疗。

②促进混浊的吸收和消散。可将甘汞与乳糖等量混合吹入眼内,或向眼内涂以1%～2%黄降汞软膏,每天2次,连用7～8d。亦可于眼睑皮下注射自家血,静脉采血5mL,分别于上、下眼睑皮下注射,隔天注射1次,共注射2～3次。碘化钾5～7g,口服,每天1次,连用7d。

③对症治疗。疼痛剧烈时,可用10%颠茄软膏涂于患眼内。若继发虹膜炎时可用0.5%～1%硫酸阿托品注射液点眼。若角膜化脓时,用1%过氧化氢溶液洗净脓汁,再用0.1%～0.2%硝酸银溶液冲洗眼部,最后涂以抗生素眼膏。急性角膜炎可用普鲁卡因青霉素注射液和氢化可的松注射液球结膜内注射。浅在性角膜炎如视力发生障碍,可采用浅表角膜切除术,将沉着的色素切除。若角膜穿孔或严重化脓,严重影响视力时,应进行眼球摘除。

④中药治疗。在牛,取石决明30g,草决明、栀子、白药子、龙胆草、大黄、蝉蜕、黄芩、白菊花各20g。共为细末,开水冲调,一次灌服,每天1剂,连用3～5剂。

(十二) 直肠脱

直肠脱出是指直肠的部分或全部翻转脱出肛门的疾病。后段直肠黏膜向外脱出肛门称为脱肛,本病常见于猪。

1. 病因 主要原因是直肠韧带松弛,直肠黏膜下层组织和肛门括约肌松弛和功能不全。长时间泻痢、慢性便秘、病后虚弱、病理性分娩或用刺激性药物灌肠后引起强烈努责,以及仔猪维生素缺乏、突然改变饲料、天气寒冷、猪舍潮湿等因素都可诱发直肠脱。

2. 症状 脱肛型,病猪卧地后或排便时直肠黏膜脱出,站立或排粪后可缓慢回复。直肠脱型,肛门突出物呈长圆筒状,直肠黏膜红肿发亮,时间稍长,由于脱出部位血液循环障碍,致使黏膜瘀血、水肿,呈暗红色或黑色,被粪便、泥土污染,严重时黏膜出血、糜烂和坏死。病猪体温升高,精神沉郁,食欲减退,频频努责,做排粪姿势。如不及时处理,可造成直肠破裂或败血症死亡。

临床上注意是否伴有肠套叠的脱出。单纯性直肠脱时,圆筒状肿胀脱出向下弯曲下垂,手指不能沿脱出的直肠和肛门之间向盆腔的方向插入。肠套叠性脱出,脱出的圆筒状肿胀向上弯曲,坚硬而厚,手指可沿脱出的直肠和肛门之间向盆腔的方向插入。

3. 诊断 根据临床症状容易作出诊断。

4. 治疗 以整复固定为治疗原则。同时,积极治疗便秘、腹泻等疾病,消除引起努责的原因。

(1) 整复、固定。脱肛初期,在水肿轻微、黏膜没有坏死时,用2%明矾溶液或0.1%高锰酸钾溶液、0.1%新洁尔灭溶液清洗脱出的黏膜,除去污物或坏死黏膜,针刺水肿部位,待水肿黏膜皱缩后,提起猪的两后肢,慢慢还纳,直至完全送回为止,肛门做荷包缝合(留1~2指大小的孔),或肛门周围深部肌内注射60%酒精,每点3mL,以防止再脱出。

(2) 直肠切除术。如直肠黏膜严重水肿、坏死或浆膜穿孔时,可实行直肠切除术。病猪横卧保定,温肥皂水清洗脱出的直肠、周围皮肤及尾根、腿部,再用0.1%高锰酸钾溶液消毒。取1%普鲁卡因溶液40~60mL、0.1%肾上腺素注射液1mL,混合,后海穴注射20~30mL,术部注射20~30mL。用2根直径2mm、长20cm的不锈钢针,于脱出的直肠基部行十字交叉穿透固定,然后距插钢针处1~1.5cm处用刀切除脱出的全部直肠,充分止血后,先以3mm间隔结节缝合浆膜,然后再结节缝合黏膜,将浆膜层包埋。最后拔出钢针,肠管自动回缩到肛门内。

在整复后1周内,给予易消化的饲料,以流质食物为主,防止出现便秘。同时配合应用抗生素消除炎症。

5. 预防 加强饲养管理,饲喂易消化的饲料,及时治疗便秘、肠炎等疾病。冬季注意猪舍干燥、保暖,以祛除诱发因素。

(十三) 腕前皮下黏液囊炎

腕前皮下黏液囊炎又称为"膝瘤",是指腕关节前部皮下黏液囊发生的急性或慢性炎症。临床上以一侧或两侧腕前黏液囊呈椭圆形或圆形局限性肿胀并有明显的波动等为特征。本病多发于牛。

1. 病因 主要由腕前部受到长期而持续的机械性损伤而引起。如圈舍或运动场地面坚硬、粗糙,垫草不足或不给垫草,当牛起卧时腕关节前面不免反复遭受损伤。布鲁氏菌病、结核病、副伤寒等可并发或继发腕前皮下黏液囊炎。此外,本病有一定的遗传性,患有本病的种公牛的后代发病率较高。

2. 症状 急性炎症初期,黏液囊内有浆液渗出,患牛腕关节前面有鸡蛋大小的局限性隆起,触诊有波动性,有热痛反应,穿刺液为无色或稍带黄色的透明液体。随病程延长,腕前黏液囊内的渗出液变为浆液纤维素性或纤维素性时,触诊肿胀部呈捏粉状,出现跛行。继发感染转为化脓性黏液囊炎时,腕关节常有弥漫性肿胀,疼痛明显,跛行加重,并伴有体温升高、食欲减退、产乳量下降等严重的全身症状。穿刺液为带有絮状物的混浊脓液或呈均匀的灰黄色脓汁。

若转为慢性炎症,则囊壁增厚,肿胀变硬,触诊无痛无热感。跛行减轻或不明显。穿刺液为透明的含有絮状物的滑液。腕前黏液囊可增至排球大小,脱毛的皮肤上皮角质化,呈鳞片状。

3. 诊断 根据发病部位和临床表现可作出诊断,但应注意与腕关节滑膜炎和腕桡侧伸肌腱鞘炎相区别。腕关节滑膜炎时,肿大主要位于腕关节的上方及侧方,腕桡侧伸肌腱鞘炎时,呈纵行的分节肿胀。急性滑膜炎及腱鞘炎,病肢常有显著跛行,而浆液性黏液囊炎时,通常无跛行,或跛行轻微。穿刺检查可判定黏液囊内容物的性质。

4. 治疗 疾病发展的不同阶段,采取相应的治疗措施。

(1) 急性黏液囊炎。先冷敷,并装上压迫绷带。急性炎症开始消退时,可用热敷法或用适量30%鱼石脂软膏外涂于肿胀处，每天1次。先用注射器将囊腔内的渗出物吸出，然后向囊腔内注入2.5%醋酸泼尼松龙混悬液5mL、普鲁卡因青霉素80万IU，隔日1次。或采用无菌手术，在肿胀面的下方穿刺放液，然后注入复方碘溶液，在患病关节前方装压迫绷带，经3～5d后，若还有黏液蓄积，可按上法再处理1次。

（2）慢性黏液囊炎。先用注射器吸净囊内黏液，再向囊内注入10%硝酸银溶液10～40mL。3～4d后，在囊腔下方切开，排出其中的液体和纤维素块，创内撒布磺胺、碘仿等，伤口处敷上消毒纱布，并用绷带包扎。为防止伤口过早地愈合，可在伤口内放置引流纱布条。

（3）摘除法。若黏液囊过大时，可采用手术摘除。病牛横卧保定，患部剪毛、消毒，1%盐酸普鲁卡因溶液局部浸润麻醉。先将前臂部缠上止血带，沿肿块的正中线垂直将皮肤作一个梭形切口，将黏液囊整体剖离摘除，皮肤结节缝合，并做几排圆枕缝合，最后用绷带加以固定。术后加强护理，多铺垫草，单独饲喂，限制活动。

5. 预防 注意圈舍和运动场地平整，在躺卧的地方铺垫干燥而柔软的垫草。定期监测布鲁氏菌病和结核病等，若发现病例，及时隔离治疗。

（十四）蹄病

1. 蹄叶炎 蹄叶炎是指蹄真皮与角小叶的弥漫性、非化脓性的渗出性炎症。临床上以蹄角质软弱、疼痛和有程度不同的跛行等为特征。多发于牛。

（1）病因。日粮不平衡，精料添加过多，牛过度肥胖，影响瘤胃的正常消化功能。或由于饲料突然改变，采食大量糖类饲料，瘤胃内产生大量乳酸，致使瘤胃消化机能紊乱，胃肠异常分解产物的吸收对机体产生不良作用而引发本病；分娩时，母牛后肢水肿，使蹄真皮抵抗力降低，或长途运输、四肢强力负重，致使蹄的局部发生充血或发生炎症。

此外，甲状腺机能减退、应激反应、胎衣不下、乳房炎、子宫炎、妊娠毒血症及酮病等均可继发本病。

（2）症状。根据病程可分为急性型和慢性型。

①急性型。体温升高达40～41℃，呼吸、脉搏增数，食欲减退，出汗，肌肉震颤，蹄冠部肿胀，蹄壁叩诊疼痛，蹄冠皮肤发红，触诊蹄部有热感。两前蹄发病时，两前肢交叉负重。两后蹄发病时，头低下，两前肢后踏，两后肢稍向前伸，不愿走动。运步时步态强拘，腹壁紧缩。若四蹄发病，则四肢频频交替负重，为避免疼痛经常改变姿势，弓背站立。在硬地或不平地面运步时，常小心翼翼。喜卧地，卧地后四肢伸直成侧卧姿势。吃食时，常用腕关节跪着采食。

②慢性型。全身症状轻微，患蹄变形，蹄尖变长向前缘弯曲、上翘，蹄壁伸长，蹄轮清楚，系部和球节下沉。全身僵直，拱背，步态强拘，消瘦。由于蹄骨下沉，蹄底角质变薄，甚至出现蹄底穿孔现象。

（3）诊断。根据临床表现结合病因分析可做出诊断，但应与蹄骨骨折、多发性关节炎、腐蹄病、骨软症、维生素A缺乏症、破伤风、乳热、镁缺乏症、创伤性网胃炎的继发症等相区别。

（4）治疗与预防。本病的治疗原则为去除病因，缓解疼痛，促进血液循环，防止蹄骨转位，促进角质新生。

①去除病因。如减少精料的饲喂量，增加干草。若由子宫炎等疾病引起，则要治疗原

发病。

②减少渗出，缓解疼痛。急性病例可行蹄部冷浴，以制止渗出。1%普鲁卡因注射液20～30mL进行指（趾）神经封闭注射，以缓解疼痛。

③促进血液循环。可用放血疗法，成年牛颈静脉放血1 000～2 000mL，然后用5%碳酸氢钠注射液500～1 000mL、5%～10%葡萄糖注射液500～1 000mL，静脉注射。也可用10%水杨酸钠注射液100mL、20%萄糖酸钙注射液500mL，分别静脉注射。

对慢性病例，应加强营养，供给易消化饲料，并辅以对症治疗。保护蹄角质，合理修蹄，维持正常蹄形和促进蹄机能的恢复。

（5）预防。加强饲养管理，按母牛营养需要，严格控制精料喂量，保证充足的优质干草饲喂量。分娩前后应避免饲料的急剧变化，产后应逐渐增加精料的饲喂量。让牛自由舔舐人工盐，以增加唾液分泌。定期修蹄，减少和缓解蹄变形，使蹄合理负重。积极治疗原发病，以防止和减少本病的发生。

2. 腐蹄病 腐蹄病又称为指（趾）间蜂窝织炎，是指（趾）间皮肤及皮下组织的急性和亚急性炎症。临床特征为患部皮肤发生坏死与裂开，并伴有明显的跛行。多发于牛。

（1）病因。本病多由细菌感染引起。指（趾）间被异物挫伤和刺伤，或被粪尿、稀泥浸渍，使指（趾）间皮肤抵抗力下降，坏死杆菌、葡萄球菌、链球菌、化脓棒状杆菌、绿脓杆菌、黑色素杆菌等病原微生物从指（趾）间进入而致感染。

此外，饲养管理不当，运动不足、护蹄不良、不按时清洁蹄底、蹄角质过长、蹄叉过削、蹄踵过高等，均会使蹄叉开张机能减弱、蹄部血液循环不良；日粮不平衡，如饲料中精料过多，而粗饲料不足，或饲料中钙、磷比例不当等，均可诱发本病。

（2）症状。病初，患牛频频提举病肢，或频繁的用患蹄敲打地面，站立时间缩短，系部和球节屈曲，运步疼痛，跛行明显。局部检查可见指（趾）间皮肤发红、肿胀、有痛感，甚至破溃、化脓、坏死。蹄冠呈红色或暗紫色、肿胀、疼痛。若深部组织腱、指（趾）间韧带、冠关节、蹄关节受到感染时，形成脓肿和瘘管，流出微黄色或灰白色恶臭脓汁。病牛体温升高达40～41℃，食欲减退，常卧地不起，消瘦，泌乳量明显下降，重者蹄匣脱落或腐烂变形。

（3）诊断。根据临床症状结合饲养管理情况分析，可做出诊断。

（4）治疗。以消炎、止痛、抗感染，并结合局部治疗为原则。

①消炎、止痛、抗感染。青霉素钠400万IU、链霉素500万IU，注射用水40mL，分别一次肌内注射，每天2次，连用5d。重者，用四环素250万～300万U、5%葡萄糖生理盐水1 500～2 000mL、25%葡萄糖溶液500mL、5%碳酸氢钠注射液500～1 000mL，混合，一次静脉注射，每天1次，连用3～5d。局部疼痛严重者，可将青霉素320万IU溶于氢化可的松注射液30mL中，再加入2%盐酸普鲁卡因注射液6mL，在腕关节前上方或跗关节外侧上方，避开血管，常规消毒后，左手捏起皮肤皱襞，右手用7～9号针头刺入皮下，回抽无血时，做"人"字形皮下注射，每天或隔天注射1次，连续注射2～3次。

②局部治疗。将牛固定在柱栏内，用绳将患肢吊起并固定。先用1%高锰酸钾溶液将患蹄清洗干净，修正患蹄，找出角质部腐烂的黑斑，用小刀由腐烂的角质部向内深挖，挖至健康组织与病变组织连接处，让其流出鲜血。用高锰酸钾粉填塞创口止血，或用浸透10%福尔马林溶液的纱布填塞。装蹄绷带，注意蹄绷带要环绕两指（趾）包扎，不要装在指（趾）

间，否则妨碍引流和创伤开放。若出现瘘管，应手术扩创，用3％过氧化氢溶液冲洗，再用5％来苏儿或3％硫酸铜溶液进行温蹄浴，然后塞上浸有0.1％雷佛奴耳溶液的纱布条，将纱布条两端留在洞外，缠上纱布绷带，外敷松节油。将病牛置于干燥、洁净的圈舍内饲喂。

（5）预防。加强饲养管理，搞好环境卫生和消毒，及时清除粪便和异物，保持圈舍和运动场所干燥清洁。定期修蹄，供给全价平衡饲料。经常用2％～4％硫酸铜溶液进行蹄浴，或在圈舍门口放置1∶15的硫黄石灰粉，令牛从中经过。饲料中添加硫酸锌、尿素或二氢碘化乙二胺，对本病有预防作用。

模块十二

动物产科病

精子和卵子结合形成受精卵,受精卵着床,固定在子宫壁上,母畜孕育胎儿,进入怀孕期。而决定分娩的三要素是产力、产道和胎儿因素。

产力包括阵缩和努责;阵缩是子宫肌一阵阵有节律的收缩,努责是腹肌和膈肌的收缩;产道包括硬产道和软产道,硬产道即骨盆,软产道包括子宫颈、前庭、阴道、阴门。胎儿因素包括胎儿的大小、胎向、胎位和胎势;胎向是指胎儿身体纵轴和母体纵轴的关系,包括纵向、横向和竖向,胎儿的纵轴与母体的纵轴互相平行即纵向;胎儿的纵轴与母体的纵轴水垂直是横向;胎儿的纵轴与母体的纵轴上下垂直是竖向;其中纵向是正常的胎向,横向和竖向是异常的胎向;胎位是指胎儿背部和母体背部或腹部的关系,分为上胎位、下胎位、侧胎位和斜胎位,胎儿伏卧在子宫内是上位;仰卧在子宫里是下位,侧卧在子宫里为侧位,其中上位是正常的胎位,下位和侧位是异常的胎位。胎势是指胎儿的头和四肢的姿势。异常的胎势有,正生时的头颈侧弯、头颈下弯、腕关节屈曲及肩关节屈曲,倒生时的髋关节屈曲和跗关节屈曲等。

单元一 怀孕期疾病

(一) 流产

流产是由于胎儿或母体的生理功能发生紊乱而引起的妊娠中断。临床上以排出死胎、胎儿被吸收或胎儿腐败分解后从阴道排出腐败液体和分解产物为特征。

1. 病因 流产的病因非常复杂,临床上大致可分为传染性流产和非传染性流产两大类。每类流产又可分为自发性流产和症状性流产。其中,自发性流产是胎儿及胎盘发生反常或直接受影响而发生的流产,症状性流产是孕牛某些疾病的一种症状,或者是由于饲养管理不当而导致的流产。

(1) 传染性流产。是由传染病和寄生虫病所引起的流产。

①自发性流产。是由微生物和寄生虫直接侵害胎膜、胎儿及母畜生殖器官所致。如布鲁氏菌、胎儿弯曲杆菌、钩端螺旋体、胎儿毛滴虫、锥虫等引起的流产。

②症状性流产。如结核杆菌病、李氏杆菌病、传染性鼻气管炎、环形泰勒梨形虫病、支原体和衣原体感染、病毒性腹泻、流行热、住肉孢子虫病等引起的流产。

(2) 非传染性流产。

①自发性流产。胎衣及胎盘异常。如胎膜无绒毛或绒毛发育不全,致使胎儿和母体之间的物质交换受到限制,胎儿不能继续发育而流产;胚胎发育停滞。多因卵子或精子有缺陷,或由于配种过迟、卵子衰老而产生的异倍体,或因近亲繁殖,受精卵活性低微等,囊胚不能附植或附植后不久死亡。

②症状性流产。由生殖器官疾病引起,如患有局限性子宫内膜炎时,即使受孕,但在妊

娠期间炎症发展，也会造成胎儿死亡；阴道脱出及阴道炎，炎症侵入子宫引起胎膜炎时，危害胎儿，可引起流产。子宫粘连、先天性子宫发育不全等也可引起流产；由饲养不当引起，如草料严重不足，饲料营养价值不全，特别是维生素 A 缺乏，或饲喂霉败有毒饲料、冰冻饲料等，使母畜抵抗力降低，同时胎儿得不到所需营养而致流产；由损伤和管理不当引起，如滑倒、冲撞、挤压、蹴踢、鞭打、惊吓等，使子宫和胎儿受到直接或间接的冲击振动而引起流产；由医疗错误引起，如大量放血和采血，使用全身麻醉药，服用过量的泻剂、驱虫剂、利尿剂，以及注射氨甲酰胆碱、毛果芸香碱等引起子宫收缩的药物等，均可引起流产。

2. 症状　由于流产的原因、时间及母畜机体反应能力不同，流产所表现的症状也有所差别。

（1）隐性流产。妊娠初期，胎儿的大部分或全部被母体吸收，一般无临床症状。由于妊娠黄体消失，常在妊娠 40~60d 后，性周期又重新恢复而发情。

（2）小产。排出不足月的未经变化的死胎，称为小产。由于此时胎儿及胎膜很小，多数在无分娩征兆下排出；

（3）早产。排出不足月的活胎，称为早产。表现与正常分娩相似，常在排出胎儿前 2~3d 乳腺及阴唇稍肿胀。早产胎儿如果具有吮乳能力，应加强护理，注意保温，用母乳或其他母畜的新鲜乳汁进行人工喂养，有的可能存活。

（4）胎儿干尸化。胎儿死在子宫内，由于黄体存在，子宫颈闭锁，没有腐败菌侵入，胎儿组织中水分及胎水被母体子宫吸收，体积变小变硬，犹如干尸。母畜表现发情停止，但随着时间的延长，腹部并不继续增大，直肠检查子宫内无胎水而有硬固物。

（5）胎儿腐败和浸溶。胎儿死在子宫内，如果黄体萎缩，子宫颈口开放，腐败菌侵入，使胎儿软组织和胎膜腐败分解，产生硫化氢、氨气等气体，积于胎儿软组织、胸腹腔内，病畜腹围增大，2d 后软组织开始分解液化而排出。病畜精神沉郁，体温升高，食欲减退，随努责而从阴门流出红褐色或棕黄色腐败黏液及脓汁，有时带有小短骨片。直肠检查，可摸到子宫内残留的胎儿骨片。

3. 诊断　根据发病原因和临床症状，一般可做出诊断，必要时，可进行直肠检查和阴道检查。

4. 治疗　由于引起流产的原因多种多样，应针对不同情况采取相应的治疗措施。

（1）先兆流产。孕畜出现腹痛，起卧不安，呼吸、脉搏加快等流产征兆，如果子宫颈口紧闭，子宫颈黏液塞尚未溶解流出，直肠检查胎儿仍活着时，此时应以保胎为原则。将孕畜单独置于安静环境中，减少外界不良刺激。孕酮，牛 50~100mg，猪、羊 10~30mg，肌内注射，每日或隔日一次，连用数天。为制止腹痛，用 10%安溴注射液配合 10%葡萄糖注射液静脉注射。对有流产病史的母畜，为防止形成习惯性流产，可根据上次流产的孕期提前 15~30d，肌内注射孕酮，隔天再注射 1 次，连续 3~4 次。也可皮下注射 1%硫酸阿托品 1~3mL（牛）。

对先兆流产，经上述处理后，病情仍未稳定下来，阴道排出物继续增多，起卧不安加剧，阴道检查子宫颈口已经开放，胎囊已经进入阴道或已经破水，此时应尽快用助产的方法取出胎儿。如胎儿已经死亡，取出胎儿后，须在子宫内放入抗生素。

（2）对胎儿干尸化和胎儿浸溶的处理。由于此时子宫颈口开放不够大，可肌内注射苯甲酸雌二醇，牛 20mg，猪、羊 5~10mg，或氯前列烯醇 0.1~1mg，以溶解黄体并促进子宫颈口开张。同时，在子宫和产道内灌入润滑剂，以利于死胎排出体外。若干尸化胎儿胎位不正，可先截胎，后拉出。

若胎儿腐败，呈气肿状态，可将其腹部抠破，缩小体积，然后取出。若软组织已基本液化，须尽早将胎骨逐块取净，必要时将胎骨破坏后再取出。

取出干尸化及浸溶胎儿后，因子宫内留有胎儿的分解组织，可用0.1%雷佛奴耳溶液、0.05%高锰酸钾溶液等消毒液，或5%～10%盐水反复冲洗子宫，排尽子宫内容物后，子宫内投抗生素，注射缩宫素。应用抗生素全身治疗，以控制继发感染。

5. 预防 加强对怀孕母畜的饲养管理，饲喂营养丰富容易消化的饲料，严禁饲喂冰冻、霉变及有毒饲料，防止饥饿、过食，防止发生挤压、碰撞和惊吓等损伤性刺激，做好冬季防寒保暖和夏季防暑降温工作。定期进行预防接种、驱虫，定期检疫和消毒，防止引起流产的传染病和寄生虫病发生。治疗疾病时应谨慎用药，以防流产。

(二) 阴道脱出

阴道脱出是指阴道壁部分或全部脱出于阴门外。多见于妊娠中后期，老弱母畜发病率高。主要发生于牛和羊。

1. 病因 主要由固定阴道的组织松弛，腹内压升高及强烈努责引起。如妊娠母牛年老经产、衰弱、营养不良、钙磷缺乏及运动不足，而导致全身组织紧张性降低，骨盆韧带松弛；妊娠末期，胎盘分泌的雌激素较多，可使骨盆内固定阴道的组织、阴道和外阴松弛。在此基础上，如伴有瘤胃臌气、瘤胃积食、便秘、腹泻、产前瘫痪、卧地不起，或长期饲喂于前高后低的厩床，以及产后努责过强等，均可导致腹内压升高而发生本病。

2. 症状 阴道部分脱出，病畜卧地时，可见拳头大小的粉红色球状物，夹在两侧阴唇之间，或突出于阴门之外，站立时多可复原。若脱出时间过久，脱出部分增大，病猪站立时需经较长时间才能回缩，有的则不能自行回缩而发展为阴道完全脱出。黏膜水肿、呈暗红色，时间久者，黏膜表面干燥、破裂，流出血水，常因粪便、泥土污染而感染，出现糜烂、坏死。

阴道完全脱出多由部分脱出发展而来，多见于牛。可见阴门中突出一个排球大的粉红色囊状物，表面光滑，站立时不能自行还纳。在脱出的外端可见子宫颈管外口和怀孕的黏液塞，下壁前端有尿道口，排尿不顺利。若脱出时间较长，则黏膜发紫、水肿，表面干裂且有渗出液流出，表面附有大量污物，严重时出现坏死及糜烂。病牛常表现不安、拱背、努责、作排尿姿势。随病程延长，努责加剧，可继发直肠脱出、全身感染、甚至死亡。

3. 诊断 根据临床症状很容易做出诊断，但注意与阴道平滑肌瘤相鉴别。阴道平滑肌瘤可附着在阴道任何部位，触诊坚实，一旦突出于阴门之外则不能复位。

4. 治疗 对阴道脱出，以及时整复和固定为原则。

(1) 阴道部分脱出。站立后可自行回缩的阴道脱出患牛，如临近分娩，可将其饲养在前低后高的地面上，将牛尾拴于一侧，以免尾根刺激脱出的阴道黏膜。同时适当增加运动时间，避免卧地过久，给予易消化饲料，一般在分娩后可自行恢复。

(2) 阴道完全脱出。对站立后不能自行回缩或脱出严重、阴道损伤者，均需进行整复和固定。患牛采取前低后高的站立姿势，将尾巴拴在自身颈部左侧。用2%普鲁卡因溶液10mL进行荐尾麻醉。用0.1%高锰酸钾溶液或0.1%新洁尔灭溶液冲洗脱出部，除去异物和坏死组织，再用0.5%明矾溶液冲洗以缩小脱出部体积，在黏膜损伤部涂以碘甘油或抗生素软膏。用消毒纱布托起脱出部分，趁母牛不努责时用拳头将脱出部分向阴道内推进，直至阴道复位。若直肠和阴道同时脱出，应先整复直肠，后整复阴道。最后，用12～14号丝线距阴门3～4cm处行钮扣状缝合，阴门裂的下1/3处不缝，以利于排尿。出现分娩征兆时，拆除缝线。

（3）中药治疗。黄芪、白术、党参、柴胡各30g，甘草、陈皮、升麻、生姜各15g，当归20g，熟地10g，大枣10个。水煎取汁，候温，灌服，每天1剂，连用2～3剂。

5. 预防 对怀孕母牛要加强饲养管理，给予全价日粮，舍饲奶牛应适当增加运动，少喂容积过大的粗饲料，给予易消化的饲料，及时治疗瘤胃积食、瘤胃臌气、便秘、腹泻等原发病。

（三）妊娠浮肿

妊娠浮肿是指妊娠末期，孕畜腹下及后肢等处发生水肿。若浮肿面积小，症状轻者，是妊娠末期的一种正常生理现象。若浮肿面积大，症状严重者，则为病理状态。本病常发于奶牛，一般发生于分娩前一个月，产前10d特别明显，分娩后2周左右自行消退。

1. 病因 多因饲养管理不当或缺乏运动造成。怀孕后期，胎儿迅速增大，腹内压升高，引起腹下、后肢静脉血流不畅，致使静脉瘀血及毛细静脉管壁的渗透性升高，渗出增加，引起水肿；或怀孕后期，新陈代谢旺盛，胎儿生长迅速，如母牛摄入蛋白质不足，则血浆蛋白含量减少，血浆胶体渗透压下降而引起水肿；怀孕期间内分泌功能发生变化，加压素、醛固酮、雌激素等分泌增多，使肾小管对钠的重吸收增加，组织中钠离子的含量增加，从而引起水分的潴留。此外，怀孕后期由于心脏、肾负担加重，如再加上运动不足或心脏、肾有疾病时，则易发生浮肿。

2. 症状 浮肿常从腹下、四肢下及乳房开始出现，以后逐渐向前蔓延至前胸，向后延至阴门，有时也可涉及后肢的跗关节及球节。浮肿一般呈扁平状，左右对称，触感如面团样，有指压痕，皮温稍低，无被毛部的皮肤紧张而有光泽。通常无全身症状，但如浮肿严重，则可出现食欲减退、精神沉郁及步态强拘等。

3. 诊断 根据孕牛后肢、腹下、乳房及会阴发生水肿等临床表现可做出诊断。

4. 治疗 本病浮肿轻者不必用药治疗，严重者可应用强心、利尿剂。

（1）强心利尿。20%安钠咖注射液10～20mL，肌内注射，每天2次，连用3～5d。或用50%葡萄糖注射液500mL、10%葡萄糖注射液1 500mL、10%葡萄糖酸钙注射液500mL、水解蛋白酶500mL、20%安钠咖注射液10mL，静脉注射，每天1次，连用3～5d。

（2）中药治疗。取炒白术、大腹皮各30g，茯苓皮45g，生姜15g，党参、香附、白芍、桂枝各25g，水煎灌服，每天1剂，连用3～5剂。

5. 预防 怀孕母牛应进行适当运动，给予含蛋白质丰富的易消化饲料。限制饮水，减少多汁饲料及食盐的摄入。

单元二 分娩期疾病

决定分娩的三要素是产力、产道和胎儿因素，如果其中任何一个出现异常，或彼此不适应，使胎儿产出推迟或受阻，就造成了难产。

难产不仅可以引起母畜生殖器官疾病，甚至可造成胎儿或母体的死亡。因此，对于难产应及时正确地进行助产。

(一) 难产的原因

难产按原因可分为产力性难产、产道性难产和胎儿性难产三大类。

1. 产力性难产　主要由于饲养管理不当、饲料单一或品质不良，使母畜过肥或过瘦，或因运动不足、年龄过大、子宫内膜炎引起子宫肌纤维变性等因素，导致子宫收缩无力。

2. 产道性难产　常由骨盆腔狭窄所致。如骨盆畸形、骨盆骨折，或因配种过早，骨盆发育不完善，从而影响胎儿娩出。

3. 胎儿性难产　多因胎儿过大、畸形或胎向、胎位不正而无法通过产道，导致难产。

(二) 难产助产的准备

1. 术前检查

(1) 询问病史。查清妊娠的时间及胎次，分娩开始前及分娩时产畜的表现，胎膜是否破裂，羊水是否排出，做过何种处理，处理后的效果如何等。在猪、犬和猫等尚需注意娩出胎儿的数目和两胎儿娩出的间隔时间。

(2) 临床检查。产畜全身状况的检查，尤应注意体温、脉搏、呼吸、精神状况、眼结膜、努责程度及能否站立等。

① 外阴部检查。应检查阴门、尾根两旁及荐坐韧带后缘是否松弛，能否从乳头中挤出初乳等，以推断妊娠是否足月，骨盆及阴门是否扩张。

② 产道及胎儿检查。先以消毒手臂伸入产道，检查阴道黏膜的松软滑润程度，子宫颈是否开张，骨盆腔是否狭窄，有无骨折、肿瘤，胎儿是否进入盆腔口，胎儿是否过大，以及胎位、胎向、胎势是否正常等。

③ 胎儿生死的判定。正生时，手指伸入胎儿口内或压迫眼球和牵拉前肢，以感知其有无活动，也可触诊胸壁以感觉有无心跳；倒生时，手指伸入胎儿肛门以感知有无收缩，或手触脐动脉以感知其是否搏动。但要注意，虚弱胎儿反应微弱，应耐心细致地从多方面进行检查。

2. 术前准备

(1) 场地的选择和消毒。助产最好在宽敞而平坦、明亮和温暖的室内进行，亦可在避风、清洁的室外进行，场地用消毒液喷洒消毒。为避免术者手臂与地面接触，应在产畜后躯下面铺垫清洁的褥草，并在褥草上加盖宽大的消毒布单（或油布、塑料布）。

(2) 产畜的保定。采取前低后高的站立姿势。当产畜不能站立时，可取前低后高的侧卧姿势（牛左侧卧、马右侧卧），并予以适当保定。若产畜努责剧烈而不利于助产时，可行硬膜外腔麻醉。

(3) 术部及术者手臂的消毒。将产畜尾巴以绷带缠结并拉向一侧后，用肥皂水或消毒液清洗外阴部及后躯，再以酒精棉球擦拭阴唇。术者手臂按常规消毒后，涂布消毒过的凡士林或石蜡油。

(三) 难产助产的原则

难产助产的目的是保全母畜和胎儿生命，避免产畜生殖器官与胎儿的损伤和感染。当有困难时，要根据情况保全二者之一（多保全母畜）。难产助产应遵守以下原则。

1. 难产助产要严格遵守操作规程　矫正胎儿的异常部分，应尽可能把胎儿推回子宫内进行；拉出胎儿时，为使胎儿易于通过母体骨盆，应沿着骨盆轴的方向外拉，使胎儿肩部

（正生）成斜位或臀部（倒生）成侧位，随产畜努责徐徐持续地进行，不可盲目硬拉胎儿。

2. 助产手术一般先用手进行，必要时配合产科器械 使用产科器械时，要注意防止锐部损伤产道。

3. 术者手臂、产畜的外阴部、胎儿露出部分以及所用器械，均须严格消毒 产道干燥时，用灭菌石蜡油或植物油灌注于产道内。术后在子宫内放入抗菌药物。

4. 助产时间越早越好 否则，胎儿楔入盆腔，子宫壁紧裹着胎儿，胎水完全流出，则妨碍矫正及拉出胎儿，若拖延过久，胎儿死亡发生腐败，母畜生命受到危害，即使得以存活，也常因生殖道炎症而影响以后受孕。

（四）手术助产的基本方法

手术助产，包括牵引术、矫正术、截胎术和剖宫产。

1. 牵引术 主要用于拉出的过大胎儿，在母畜阵缩和努责微弱、产道轻度狭窄以及胎儿位置和姿势轻度异常时也可应用。

（1）正生。在两前腿球节之上拴绳，由助手拉腿。术者拇指伸入口腔，握住下颌，用力拉头。胎儿的前置部分越过耻骨前缘时，向上向后拉。如前腿尚未完全进入骨盆腔，蹄尖或唇部常抵于阴门的上壁，此时，向下压胎儿的蹄部或头部，以免损伤母体子宫。胎儿通过盆腔时，水平向后拉。

胎头通过骨盆出口时，在马、羊要继续水平向后拉，在牛则向上向后拉。拉腿的方法是先拉一条腿，再拉另一条腿，交替进行；或将两腿拉成斜位之后，再同时拉，以缩小胎儿肩宽，使其容易通过盆腔。胎头通过阴门时，可由一人用双手保护好母畜阴唇，以免撕裂。术者用手将阴唇从胎头前面向后推，以帮助通过。待臀部露出后，马上停住，让后腿自然滑出，以免因猛烈外拉而造成子宫脱出。

若胎儿已经死亡，除用上述方法拉头外，还可采用产科钩钩住下颌骨体、眼眶或将钩子伸入胎儿口内，将钩尖向上转，钩住鼻孔或硬腭。胎儿胸部露出阴门之后，使胎儿躯干纵轴成为向下弯的弧形拉出。

（2）倒生。可在两后肢球节之上套绳，先拉一条腿，再拉另一条腿，以使两髋结节稍斜地通过骨盆。如果胎儿臀部通过母体骨盆入口受到侧壁的阻碍，可扭转胎儿的后腿，使其臀部成为侧位，便于通过。

2. 矫正术

（1）矫正姿势。采用推和拉两个方向相反的动作，或者同时推拉，或者先推后拉，将头颈、四肢异常的屈曲姿势恢复为正常的直伸姿势。矫正术必须在子宫内进行。除用手以外，还常用产科绳、产科钩，有时还可用产科榄。

（2）矫正位置。马、牛、羊胎儿的正常位置是上位，伏卧在子宫内，头、胸及臀部横切面的形状符合骨盆腔横切面的形状，能顺利通过。

胎位反常包括侧位及下位。侧位是胎儿侧卧在子宫内，头及胸部的高度比母畜盆腔的横径大，不易通过。下位是胎儿背部向下，仰卧在子宫内，以致两横切面的形状正好相反，更不易通过。矫正时使母畜站立，前低后高。将侧位或下位的胎儿向上翻转或扭转，使其成为上位。翻转必须在胎水尚未流失、子宫没有紧裹住胎儿以前进行。

（3）矫正方向。方向异常有横向和竖向两种。

①横向。一般都是胎儿的一端距骨盆入口近些，另一端距入口远些。矫正时向前推远

端，向后（入口）拉近端，即将胎儿绕其身体横轴旋转约90°。但如胎体的两端与骨盆入口的距离大致相等，则应尽量向前推前躯，向入口拉后躯，使矫正和拉出比较容易。

②竖向。头、前腿及后腿朝前的腹部前置竖向，矫正时应尽可能把后蹄推进子宫或者在胎儿不过大时把后腿拉直，便于拉出；臀部靠近骨盆入口的背部前置竖向，则应围绕胎体作横轴转动，将其臀部拉向骨盆入口，变为坐生，然后再矫正后腿拉出胎儿。

3. 截胎术　主要用于马、牛，有时也用于羊。死亡胎儿如无法矫正拉出，又不能或不宜施行剖宫产时，可将其某些部分截断再分别取出，或者把胎儿的体积缩小后拉出。

截胎术分皮下法及开放法两种。皮下法是在截除某一部分以前，先把皮肤剥开，截除后皮肤留在躯体上，盖住断端，避免损伤母体，便于拉出胎儿；开放法则直接把某一部分截掉，不留下皮肤。

（1）头颈部手术。

①头部缩小术。适用于脑腔积水、头部过大、双头及头部侧位，不能通过骨盆入口，而且无法矫正。主要有以下3种方法。

破坏头盖骨：胎儿脑腔积水时，可用刀在头顶中线上做一纵切口，排出积水，使头盖塌陷。必要时也可通过这个切口，剥开皮肤，然后用产科凿破坏头盖骨基部，使之塌陷，拉出胎儿。

头骨截除术：胎头过大且唇部伸入盆腔，先在耳后皮肤上做一个横而长的切口，深达骨质部分，把线锯条套在切口内，然后将锯管前端伸入胎儿口中，将胎头锯为上下两半。先将头骨取出，再保护好断面把胎儿拉出。

下颌骨截断术：多用于牛的正生侧位，无法将头扭正时，先用钩子将下颌骨体拧紧固定，把产科凿深入上下臼齿之间，把下颌骨支的垂直部凿断，再将凿放在两中央门齿之间，把下颌骨体凿断。然后沿上臼齿咀嚼面将皮肤、嚼肌及颊肌由后向前切断，从两侧压迫下颌骨支，使之叠在一起而使头部变细。

②头部截除术。胎儿前腿向后伸于自身之旁或之下，但胎头已伸至阴门之外，头部阻碍向前推动胎儿，而妨碍矫正前腿。可直接在下颌骨支之后，经枕寰关节把头切掉。推回矫正后，用复钩或锐钩钩住颈部断端，拉出胎儿。

③颈部截断术。适用于头部姿势异常（头颈侧弯）或头向下弯。用钢绞绳或线锯条套住颈部，管的前端抵在颈的基部，将颈部绞断或锯断。然后前推胎头，拉出胎体，最后再把胎头拉出。

（2）前腿手术。适用于头颈姿势不正、前腿姿势不正以及胎儿过大等。在无法向前推动胎儿并拉直前腿时，可沿肩胛骨的背缘做一个深而长的切口，切透皮肤和肌肉或软骨，将锯条套及锯管前端（锯管位于前腿内侧）从蹄子套到前腿基部，将锯条套放入切口中开锯。也可用钢绞绳按同一方法进行绞断，使产道腾出空间，然后截除前置的前腿。

（3）后腿手术。倒生时，先用绳导使钢绞绳或锯条绕过后腿与躯干之间，使锯管前端抵于尾根和对侧坐骨结节之间，上部钢绞绳或锯条也必须绕在尾根对侧，截除坐骨前置的后腿，然后用产科钩分别将胎儿本身和截下的后腿拉出来。

4. 剖宫产

（1）适应证。

①骨盆发育不全（交配过早）或骨盆变形（骨软症、骨折）而盆腔过小。

②猪、羊体格过小，手不能伸入产道。

③阴道极度肿胀狭窄，手不易伸入；或子宫颈狭窄或畸形，且胎囊已经破裂，子宫颈不能继续扩张；子宫捻转，矫正无效。

④胎儿过大或水肿，或胎儿畸形，或胎儿的方向、位置、姿势严重异常，无法矫正。

⑤怀孕期满，因母畜生命垂危，需剖腹抢救仔畜。

（2）手术方法。牛、羊、马的手术方法基本相同，猪的则略有不同。下面主要介绍牛和猪的手术操作过程。

①牛的剖宫产手术：牛的剖宫产有腹下切开法和腹侧切开法两种。

腹下切开法：在中线和右乳静脉之间，从乳房基部前缘起，向前做一个纵向切口，长25～30cm。

术部准备及消毒：术部除毛、消毒，切口周围铺上消毒过的创巾，另外准备消毒过的塑料布。

麻醉：硬膜外腔麻醉，配合切口局部浸润麻醉。也可采用电针麻醉。

手术操作：切开腹腔，在中线和右乳静脉之间，从乳房基部前缘起，向前做一纵向切口，长25～30cm，切透皮肤和各肌层；用镊子把腹横肌腱膜和腹膜同时提起，切一个小口，然后在食指、中指引导下将切口扩大。注意用大块纱布防止肠道及大网膜因腹压而脱出。如果乳房很大，为避免切口过于靠前而不利于暴露子宫，应切开腹膜后，再根据情况向前或向后延长。如切口已够大，即可将手术切口的边缘用连续缝合法缝在切口两边的皮下组织上。

托出子宫：切开腹膜后，双手伸入切口，紧贴下腹壁向下滑，绕过小肠及大网膜，隔着子宫壁握住胎儿的某些部分，把子宫角大弯的一部分托出切口之外。再在子宫和切口之间填塞上大块纱布，以免肠道脱出及切开子宫后液体流入腹腔。如果是子宫捻转，应先把子宫矫正；如果胎儿为下位，应尽可能先把胎儿转为上位。

切开子宫：沿子宫角大弯，避开子叶，做一个与腹壁切口等长的切口。胎儿活着或子宫捻转时，切口出血很多，必须边切边用止血钳止血，不要一刀把长度切够。

拉出胎儿：将子宫切口附近的胎膜剥离一部分，拉出切口外再切开，以防止胎水流入腹腔。活胎儿拉出速度不宜过慢，以免因吸入胎水而窒息。拉出的胎儿首先要清除口鼻内的黏液。如果发生窒息，先不要断脐，一方面用手捋脐带，使胎盘中的血液流入胎儿体内，同时按压胎儿胸部，待呼吸出现后再断脐。如果胎儿已死亡，拉出有困难，可先行部分截除。

处理胎衣：胎儿活着时，胎儿胎盘和母体胎盘粘连紧密，勉强剥离会引起出血。此时可在子宫腔内注入10%氯化钠溶液，停留1～2min，以利于胎衣的剥离。如果剥离困难，可以不剥离，术后注射子宫收缩药，让其自行排出。

清理、缝合子宫：将子宫内液体充分蘸干，均匀撒布抗生素或磺胺类药，更换填塞纱布。先全层单纯连续螺旋缝合子宫，再用伦贝特氏或库兴氏缝合法缝合子宫浆膜和肌肉层，使子宫切口翻向内侧。用温0.1%新洁尔灭溶液冲洗暴露的子宫表面，蘸干并充分涂以抗生素软膏后，送回腹腔。

闭合腹腔：单纯连续螺旋缝合腹膜、腹黄膜和腹斜肌腱膜、缝完之前，用注射器向腹腔内注入抗生素，单纯连续螺旋缝合腹直肌，结节缝合皮肤切口，并涂以碘酊消毒。

术后护理及治疗：术后用抗生素全身治疗3～5d，给予易消化、高营养的食物。如创口愈合好，8～10d可拆线。

腹侧切开法：子宫发生破裂时，破裂口多靠近子宫角基部，宜行腹侧切开法，以便于缝合。对大的干尸化胎儿，因子宫壁紧缩，不易从腹下切口取出，亦宜采用此法。切口部位可选用右腹侧，切口又有高低不同。切口选择在容易摸到胎儿的一侧。下面以右腹侧切口为例，介绍它和腹下切口法不同之处。

保定：需站立保定，使一部分子宫壁能拉到腹壁切口之外。如果无法使牛站立，可以使其伏卧于较高的地方，把右后肢拉向后下方使子宫壁靠近腹壁切口。

麻醉：可行腰旁神经干传导麻醉或陆眠灵全麻配合局部浸润麻醉。

切开腹壁：切口位于髋关节与最后肋骨作水平连线，采用右䏚部后切口，切口长度约35cm。整个切口宜稍低一些，以便暴露子宫壁，但切口下端与乳静脉间应留有一定的距离。切开皮肤、皮肌与腹外斜肌，按肌纤维方向一次切开腹内斜肌、腹横肌腱膜和腹膜，以便缝合及愈合。

暴露子宫：如肠管妨碍操作，助手可用大块纱布将其向前推，术者隔着子宫壁握住胎儿的某一部分向切口拉，将子宫大弯暴露出来。

缝合腹壁：单纯连续螺旋缝合腹膜、腹横肌、腱膜，助手将切口的两边向一起压迫，术者用单纯连续螺旋缝合腹内斜肌、腹外斜肌，结节缝合皮肤切口。

②猪的剖宫产。猪的剖宫产腹侧切开法，左右侧均可。现将猪和牛不同之处介绍如下。

保定：侧卧。

消毒：侧腹壁大面积剪毛，洗净，涂碘酊，并铺上在消毒剂中泡过的大块纱布，以便在术中置放子宫角用。

麻醉：可应用戊巴比妥钠等进行基础麻醉，并配合切口局部浸润麻醉。

手术步骤：

切开腹腔：从髋结节之下约10cm处，并在膝皮皱襞之前，向下向前做一个与腹外斜肌纤维方向一致的切口，长约15cm。切开皮肤、皮下脂肪及皮肌、腹外斜肌、腱膜、腹内斜肌及其腱膜。按纤维方向切开腹横肌，分开腹膜外脂肪，最后切开腹膜，排出腹水。

托出子宫：术者把手伸向盆腔，隔着子宫壁把最靠近产道的胎儿向后捏挤，助手试着将手伸入阴道取胎。如果难产是由胎儿引起的，且能从阴道中取出，则不必再切开子宫。腹壁切口如已够大，隔着子宫壁握住最先触到的胎儿，将其拉出腹壁切口，并顺次检查两子宫角及子宫体内共有几个胎儿，分布在何处，以便确定切口部位。有时膀胱很大，不要误认为是子宫，且要防止弄破。胀大的膀胱为纵椭圆形，表面血管分支很明显，内含液体，弹性很强。子宫角表面则无明显血管，内含硬的胎儿，两胎儿之间的部分细软。

切开子宫，处理胎衣：如两侧子宫角中都有胎儿，且能暴露子宫角基部，即可确定在此做一个切口，便于取出两侧的胎儿，并先将一侧子宫角或一部分拉出来，盖上生理盐水浸湿的纱布。紧靠子宫体，并在大弯上做一个长约15cm的切口，把每个胎儿及其胎衣取出来。掏深部胎儿时，助手必须将深部子宫角从腹部切口中暴露出来，术者用小号产钳夹住胎儿拉出来。操作需迅速，否则掏空的部位复旧缩小，妨碍手术进行。子宫角中如留有胎衣，隔着子宫壁摸起来是一条或一堆能够滑动的软组织。

如果胎儿还活着，取出胎儿时仅撕破胎膜，不要剥离尿膜绒毛膜，以免子宫黏膜出血。待全部胎儿取出后，尿膜绒毛膜即很容易从子宫黏膜上剥下，也可不剥，以后注射子宫收缩药，让其自行排出。一侧子宫角中的胎儿全部取完后，可看到同侧卵巢，证明此子宫角已达尖端。如胎儿已经腐败，术后母猪常因子宫内膜炎而不能受孕，不宜再作繁殖之用，可同时摘除卵巢。然后将此子宫角冲洗干净，涂以软膏，送回腹腔，但让切口留在外面，并用同法处理另一侧子宫。

如果估计从子宫角基部做一个切口不易取出两个子宫角的胎儿，例如一侧或两侧基部无胎儿并已复旧缩小，则先将一侧子宫角拉出，在距各胎儿适中的大弯上做一个切口，取出胎儿及胎衣，缝合、洗净后送回，摘除卵巢，然后再处理另一侧。如仅有一个胎儿，则在靠近其头或尾的子宫角大弯上切一小口，将其掏出即可。其余处理同上。

子宫用药、切口的缝合及处理方法与牛相同。

单纯连续缝合腹膜、腹横肌，缝完以前在腹腔内注射大剂量抗生素，单纯连续螺旋缝合腹内斜肌、腱膜、腹外斜肌，最后结节缝合皮肌及皮肤。皮肤切口上涂碘酊消毒。

（五）常见难产的助产方法

1. 产力性难产　阵缩及努责微弱，分娩时子宫、腹壁收缩无力、时间短、次数少，以致不能将胎儿排出，称为阵缩及努责微弱。

（1）病因。

①主要见于仅怀1个或2个胎儿时，对母体的分娩刺激不够，或由于多胎、胎水过多和胎儿总体积过大，导致子宫过度扩张。

②内分泌失调，妊娠后期尤其是分娩前的雌激素、前列腺素或催产素的分泌失调，以及孕酮过多、子宫肌对上述激素的反应减弱。

③遗传因素、营养不良、过度肥胖、运动不足、年龄过大、配种过早、子宫内膜炎引起子宫肌纤维变性等因素也可导致子宫收缩无力。

（2）症状。表现为子宫收缩力较弱，次数少，胎儿产出过程延长，或在产出几个胎儿后，收缩力减弱。产道检查，在牛发现子宫颈松软开放，但开张不全，胎儿及胎膜尚未楔入子宫颈及骨盆腔；在猪可摸到子宫角深处有胎儿。

（3）治疗。

①药物催产。常用催产素和钙制剂。在胎儿进入盆腔，子宫颈口开张而产力达不到分娩时可使用催产素。如果子宫颈口尚未开张就用催产素，可造成子宫破裂。而钙离子是子宫平滑肌收缩所必需的物质，有时单独使用催产素不能引起子宫肌收缩，因此在治疗时，先用10%葡萄糖酸钙缓慢静脉注射，10min后立即使用催产素，猪10~20IU，羊5~10IU，犬、猫1.5~10IU，肌内注射。如果催产素使用30min后无反应，可再次应用催产素。

但要注意，阵缩休止期多次使用催产素，易使子宫麻痹，成为被动依赖状态或异常收缩状态，结果导致不能正常分娩和胎儿死亡，所以在第2次用药后30min若仍无反应，应人工助产。

②牵引术。在大家畜，如果分娩时间已经超过了正常产出期时间，子宫颈也已开大且松软，特别是胎水已经排出和胎儿已经死亡时，应立即施行牵引术，拉出胎儿。

在猪，可用手或产科套、产科钩钳助产。拉出几个胎儿，当手和器械达不到后部的胎儿时，宜等待20min左右，待胎儿移动到子宫角基部时再拉。有时只要将前面的胎儿拉出，后面的胎儿较易排出。

③剖宫产。猪因助产过迟，子宫不再收缩，子宫颈已经缩小，且用药物催产无效时，须早行剖宫产。

2. 产道性难产

（1）子宫颈狭窄。主要发生于牛和羊，分为子宫颈扩张不全和子宫颈扩张不能两种。

①病因。

扩张不全：常见于阵缩提早而产出提前，雌激素及松弛素分泌不足，子宫颈未充分软化，达不到扩张的程度；阵缩微弱、子宫捻转、子宫及产道因难产时间过久而复旧。

扩张不能：常见于子宫颈发生过慢性感染，形成了瘢痕、愈着或结缔组织增生等，子宫颈失去弹性，不能扩大。

②症状。母畜阵缩及努责正常，但长时间不见胎膜及胎儿的排出。产道检查可发现阴道壁柔软而有弹性，但子宫颈与阴道壁之间有明显界限。若子宫颈由于瘢痕等变硬，无弹性，有时可因剧烈努责引起阴道脱出。分娩时间长且努责剧烈，也会导致胎儿死亡。

③治疗。轻度的子宫扩张不全，可通过缓慢地牵拉胎儿机械地扩张子宫颈，然后拉出胎儿。硬产道狭窄及子宫颈有瘢痕时，一般不能从产道分娩。只能及早实施剖宫产手术取出胎儿。

（2）阴道及阴门狭窄。本病主要发生于牛、羊、猪，而且常见于头胎。

①病因。

配种过早：分娩时软产道发育不充分，常发生阴门狭窄。

胎膜囊破裂过早：胎水对软产道的压迫作用中断，反射性影响阴门及阴道的扩大。

分娩过程延滞：母畜久卧，助产时在阴道中操作时间过长，使阴道发生水肿而狭窄。

阴门和阴道曾经发生过损伤及感染，形成瘢痕和纤维增生者，也可引起狭窄。

②症状。阵缩正常但胎儿长久不能排出。阴门和阴道检查，在狭窄处之前可以摸到胎儿的前置部分。阴门狭窄时，阵缩时胎儿的前置部分或者一部分胎膜出现在阴门处。如果努责剧烈，可引起会阴破裂。

③治疗。轻度狭窄，阴门和阴道还能扩张，在阴道内和胎儿头上充分涂以润滑剂，缓慢牵拉胎儿。胎头通过阴门时，助手用手将阴唇上部向胎头耳后推，有利于胎儿通过，并且有效避免阴唇撕裂。

如拉出胎儿十分困难，而且阴唇破裂不可避免，可行阴门切开术。在阴门上角之旁做一个向上向外的切口，如扩张仍然不够，可在另一侧再做一个相同的切口。术部用0.5%～1%普鲁卡因注射液或0.5%利多卡因注射液浸润麻醉。手术之前，先将肛门做袋状缝合，以防止手术过程中排便污染切口。切开皮肤、皮下组织及前庭黏膜，拉出胎儿后，先用可吸收缝合线连续缝合前庭黏膜及皮下组织，皮肤用单股丝线做间断缝合。术后，术部要保持清洁，并全身应用抗生素。

如果不能通过产道拉出胎儿，或者对母畜有生命危险，应及时进行剖宫产。

3. 胎儿性难产

（1）胎儿过大。胎儿过大是指母畜的骨盆及软产道正常，胎位、胎向及胎势也正常，由于胎儿发育相对过大，不能顺利通过产道。

①病因。胎儿体积过大见于初产小母猪所怀胎儿过少时。小型母畜用大型公畜交配易产生体积大或头部特别大的胎儿；胎儿死亡时间长、发生气胀时，体积增大等。或由于母体的内分泌机能紊乱，怀孕期过长，使胎儿发育过大。

②治疗。实施牵引术进行人工助产。强行拉出时必须注意，尽可能等到子宫颈完全开张

后进行；必须配合母体努责，用力要缓和，通过边拉边扩张产道，边拉边上下左右摆动或略为旋转胎儿。在助手配合下交替牵拉前肢，使胎儿肩部、骨盆部，倾斜着通过骨盆腔狭窄处。人工牵引无效时，应及时实施剖宫产手术。

（2）头颈侧弯。胎儿两前肢一长一短地伸出产道，而头弯于躯干一侧，因此不能产出。

①症状。难产初期，仅头部偏于骨盆入口一侧，没有伸入产道，在阴门口处可看到蹄子。随着子宫的收缩，胎儿肢体继续前进，头颈侧弯越来越重。两前腿腕部以下伸出阴门之外，但不见唇部。产道检查。顺前腿向前触诊，在牛能摸到头部弯于自身胸部侧面。

②治疗。若弯曲程度不大，可用手握住唇部，扳正头颈。在活胎儿，用拇中二指掐住眼眶，胎儿因反抗而使头颈自动转正。若弯曲严重，助产时，先在胎儿的前肢系上绳子，一手擒拉胎儿眼眶或下颌，再用手或用产科梃顶住胎儿胸部，在回推胎儿的同时，牵拉胎头，即可得以矫正。无效时，行截胎术或剖宫产手术。

（六）难产的预防

难产不仅易于引起仔畜死亡，且常因手术助产不当而使母畜子宫和产道受到损伤及感染，轻则影响母畜的生产性能，甚或造成母畜不孕，严重时尚可危及母畜生命。因此，对难产采取积极的预防措施，有着重大意义。

1. 怀孕期饲喂适口性好的全价饲料 保证母畜营养和胎儿正常发育的需要，减少分娩发生困难的可能性。但到怀孕末期，应适当减少蛋白质饲料，以免胎儿过大。

2. 防止母畜配种过早 以免母畜发育尚未成熟，容易发生骨盆狭窄，造成难产；正确选配，防止因公畜体格过大而引起的胎儿性难产。

3. 适当运动可以提高母畜对营养物质的利用 可使胎儿活力旺盛，同时也可使全身及子宫的紧张性提高，从而降低难产、胎衣不下及子宫复旧不全的发生率。

4. 及时治疗母畜疾病 尤应注意对阴道和子宫疾病的治疗，以防引起产道狭窄。

5. 在产畜开始努责到胎囊露出或排出胎水这个期间，适时进行临产检查 如有异常，及时采取矫正术，以防止难产的发生。

单元三 产后期疾病

（一）产道与子宫损伤

产道与子宫损伤是由于分娩时，胎儿过大或由于助产不当等原因，使软产道剧烈扩张或受到压迫、摩擦而引起的产后期疾病。常见的损伤有阴门及阴道损伤、子宫颈损伤、子宫破裂及穿孔等。

1. 病因

（1）阴门及阴道损伤。初产母畜分娩时，由于阴门不够大而发生裂伤；胎儿过大且产道干燥时，未经很好整复及灌入润滑剂即强行拉出胎儿；胎儿的蹄及鼻端姿势异常，抵于阴道上壁，努责强烈或强行拉出胎儿时可能穿破阴道；助产时使用产科器械不慎，或截胎之后未将胎儿骨骼断端保护好，伤及阴道壁。

（2）子宫颈损伤。多由于子宫颈开张不全时强行拉出胎儿，或胎儿过大、胎位及胎势不正且未经充分矫正即拉出胎儿，或强烈努责使胎儿排出。截胎时胎儿骨骼断端未经充分保护，人工输精及冲洗子宫时操作粗暴等，也可造成子宫颈损伤。

(3) 子宫破裂。常见于难产助产时动作粗鲁、操作不当，与助手配合不协调，推拉产科器械时滑脱、截胎器械触及子宫、截胎后胎儿骨骼断端未保护好，使子宫受到损伤；子宫捻转严重时，捻转处有时会破裂；子宫捻转、子宫颈未开张及胎儿异常未解除，即使用子宫收缩药，可造成子宫破裂。此外，子宫冲洗时，使用导管不当或插入过深，剥离胎衣时技术错误等，也可引发本病。

2. 症状 损伤部位不同，症状亦有差异。

(1) 阴门及阴道损伤。病畜表现极度疼痛，尾根高举，骚动不安，拱背并频频努责。阴门损伤常为撕裂伤，撕裂口边缘不整齐，创口出血，创口周围组织肿胀。手术助产所造成的刺激严重时，可见阴道及阴门发生剧烈肿胀，阴门黏膜外翻，阴道腔变狭小，阴门内黏膜呈紫红色并有血肿。

阴道损伤时，从阴道内流出血水及血凝块，阴道检查可见阴道黏膜充血、肿胀，创伤部位有新鲜创口。时间稍长，可见阴道黏膜上有溃疡，溃疡面上常附有污黄色坏死组织及脓性分泌物。阴道壁发生穿透创时，其症状随穿透创的位置不同而异。透创发生在阴道后部时，阴道壁周围的脂肪组织或膀胱可能经创口突入阴道腔内或阴门外。透创发生在阴道前端时，患牛很快出现腹膜炎症状，全身症状剧烈。如果创口发生在阴道前端下壁上，肠管及网膜还可能突入阴道腔内，甚至脱出于阴门之外。

(2) 子宫颈损伤。产后有少量鲜血从阴道内流出，如撕裂不深，可能不见血液流出，仅在阴道检查时才能发现阴道内有少量鲜血。如子宫颈肌层发生严重撕裂创时，可引起大出血，甚至危及生命。阴道检查时可发现裂伤的部位、大小及出血情况。子宫颈环状肌发生严重撕裂时，会使子宫颈管闭锁不全，并可能影响下一次分娩。

(3) 子宫破裂。子宫不完全破裂时，可见产后有少量血水从阴门流出，并继发子宫炎症，仔细进行子宫内触诊，有时可能触摸到破裂口。

子宫完全破裂，若发生在胎儿排出前，则努责及阵缩突然停止，母畜变为安静，有时阴道内流出血液。若破口很大，胎儿可能坠入腹腔，也可能出现母畜的小肠进入子宫，甚至从阴门脱出。子宫破裂后引起大出血时，迅速出现急性贫血及休克症状，全身情况恶化。病畜精神极度沉郁，全身震颤出汗，可视黏膜苍白，心音快而弱，呼吸浅表。因受子宫内容物污染，很快继发弥散性脓性腹膜炎，若不及时治疗，多于2~3d死亡。

若因产后冲洗子宫引起子宫穿孔，注入子宫内的冲洗液不回流，全身症状迅速恶化，病牛呼吸急促，出现腹痛及腹膜炎症状。

3. 诊断 根据临床症状、病史分析及阴道检查，可做出诊断。

4. 治疗

(1) 阴门及阴道损伤的治疗。阴门损伤，对新鲜撕裂创口进行缝合。阴道黏膜肿胀及有伤口时，取青霉素用注射用水稀释后，注于阴门两旁，每天1次，连用2~3d。阴门生蛆时，先滴入2%敌百虫溶液将虫体杀死后取出，再按外科处理。形成脓肿时，应切开脓肿并做引流。

对阴道壁发生透创的病例，应迅速将突入阴道内的肠管、网膜用消毒溶液冲洗净，涂以抗菌药液，推回原位。膀胱脱出时，应将膀胱表面洗净，用皮下注射针头穿刺膀胱，排出尿液，撒上抗生素粉后，轻推复位。将脱出器官及组织复位后，立即缝合创口。缝合时，左手在阴道内固定创口，并尽量向外拉，右手持长柄持针器将穿有长线的缝针带入阴道内，小心将缝针穿过创口两侧，抽出缝针后，在阴门外打结，同时左手再伸入阴道，将缝线抽紧，使创口边缘贴紧。缝合后，用消毒药液冲洗阴道，连续肌内注射抗生素4~5d，以防腹膜炎发生。

(2) 子宫颈损伤的治疗。用双爪钳将子宫颈向后拉并靠近阴门，然后进行缝合。如操作有困难，且伤口出血不止，可将浸有防腐消毒液或涂有乳剂消炎药的大块纱布塞在子宫颈管内，压迫止血。纱布块必须预先用细绳拴好，并将绳的一端拴在尾根上，便于以后取出，或者在其松脱排出时易于发现。同时用20%止血敏注射液10~25mL，或催产素50~100IU，肌内注射。止血后创面涂2%龙胆紫溶液、碘甘油或抗生素软膏。

(3) 子宫破裂的治疗。子宫破裂如发生在分娩期中，应先取出胎衣和胎儿。若子宫不全破裂，取出胎儿后不需冲洗子宫，向子宫内投放土霉素5~10g，每日或隔日一次，连用3~5次，同时用催产素50~100IU，肌内注射。

若子宫完全破裂，如裂口不大，取出胎儿后可将穿有长线的缝针由阴道带入子宫内，进行缝合。如破口很大，应施行剖宫产手术，从破裂位置切开子宫壁，取出胎儿和胎衣，再缝合破裂口。缝合子宫后，用灭菌生理盐水反复冲洗，并用消毒纱布将存留的冲洗液吸干，腹腔内注入青霉素200万~300万IU，最后缝合腹壁。肌内注射或腹腔内注射抗生素，连用3~5d，以防止发生腹膜炎及全身感染。如失血过多，应补液或输血，并注射止血剂。

5. 预防 难产助产时，若遇胎儿过大，胎位、胎势不正，且产道干燥时，要先进行矫正术，再灌入润滑剂后方可将胎儿拉出，避免动作太粗暴。截胎术时，应对胎儿骨骼断端加以保护后，再取出。人工授精及冲洗子宫时，要按规程操作。应用子宫收缩药时应慎重，应在无胎儿及产道异常时方可使用。

(二) 胎衣不下

胎衣不下又称为胎衣滞留，是指母畜分娩后胎衣在正常时间内未排出的现象。一般的，分娩后牛在12h、羊4h、猪3h、马1~1.5h内排出胎衣，若超过上述时间未排出，则为胎衣不下。

1. 病因

(1) 产后子宫收缩无力。如怀孕母畜营养不良，饲料中缺乏钙盐及其他矿物质和维生素，有慢性消耗性疾病，或过于肥胖、运动不足、年龄过大、双胎、胎水过多及子宫发育不全等，均可导致子宫弛缓或子宫阵缩微弱而发生本病。

(2) 胎盘发生炎症。怀孕期间子宫受到感染，如李氏杆菌、沙门氏菌、支原体、霉菌、弓形虫等，引起子宫内膜炎及胎盘炎症，使胎盘结缔组织化，胎儿胎盘与母体胎盘粘连。维生素A缺乏，也可使胎盘上皮的抵抗力下降，容易受到感染，从而引起胎衣不下。

2. 症状 胎衣不下分为部分不下和全部不下两种。

胎衣全部不下，即整个胎衣未排出，胎儿胎盘的大部分仍与子宫黏膜连接，仅见一部分胎膜悬吊于阴门之外。脱出的部分常为尿膜绒毛膜，呈土黄色，表面有许多大小不等的子叶。胎衣部分不下，即胎衣的大部分已排出，仅有一部分或个别胎儿胎盘残留在子宫内。

滞留的胎衣经过2~3d，炎热夏季经1~2d，发生腐败分解，从阴道排出污红色恶臭液体，内含胎衣碎片。病程延长，常继发子宫内膜炎。腐败分解产物被吸收后，则引起全身症状，病畜体温升高，食欲减退，脉搏和呼吸增数，不安，频繁努责，泌乳减少。在牛，引起瘤胃弛缓、积食或臌气，有时腹泻。多数病例经1个月左右，自行排尽腐败分解产物，但由于继发子宫内膜炎和子宫蓄脓，影响以后怀孕。

3. 诊断 本病根据在阴门外悬吊有胎衣而易于确诊。对胎衣未悬吊于阴门外者，需进行阴道检查。

4. 治疗 分为药物疗法和手术疗法。

（1）药物疗法。主要是促进子宫收缩、促进胎盘分离和预防胎衣腐败及子宫感染。

①促进子宫收缩。用垂体后叶素，牛50~80IU，猪、羊5~10IU，肌内注射，2h后再重复注射1次。或灌服羊水（在分娩时收集健康羊水，贮于阴凉处，备用）3 000mL（牛），2~6h后可排出胎衣，若不排出，6h后再灌服1次。

②促进胎盘分离。可在子宫内灌入5%~10%氯化钠溶液2 000~3 000mL，促使胎儿胎盘缩小，从母体胎盘上脱落。

③预防胎衣腐败及子宫感染。待胎衣自行排出后，可在子宫黏膜和胎衣之间放入金霉素1~2g，用胶囊装上或用塑料纸包上撒入两个子宫角内，隔日1次，连用3~5d。若子宫颈口已缩小，可先用己烯雌酚10~30mg，肌内注射，每日或隔日注射1次，连用2~3次，使子宫颈口开放，排出腐败物，然后再放入抗感染的药物。

（2）手术疗法。对药物治疗无效的牛，可行徒手剥离胎衣。在产后48~72h，子宫颈口尚未缩小到手不能伸入以前，对没有继发急性子宫内膜炎和体温升高的病牛，可试行胎衣剥离。母牛外阴部常规消毒，术者手臂皮肤消毒后，先擦0.1%碘化酒精加以鞣化，使保护层不易脱落，然后涂液体石蜡。为防止胎衣粘在手上，妨碍操作，可在子宫内灌入10%氯化钠注射液500~1 000mL。操作时，左手扯住胎衣，右手顺着胎衣伸入子宫，找到胎盘。剥离要有顺序，由近及远，螺旋前进，逐个逐圈进行，由一个子宫角到另一个子宫角。手触及胎盘后，用拇指及食指捏住胎儿胎盘的边缘，轻轻将其自母体胎盘上撕开一点，或者用食指尖把它抠开一点，再将食指或拇指伸入胎儿胎盘与母体胎盘之间，逐步将其分开。剥离的越完整，效果越好。剥离过程中，左手要把胎衣扯紧，以便顺着它去找尚未剥离的胎盘。剥过的胎盘表面粗糙，不和胎衣相连。未剥过的胎盘表面光滑，和胎衣相连。为防止由于剥出的部分太重把胎衣扯断，可将一部分剪掉。当剥离到子宫角尖端时，可轻拉胎衣，使子宫角尖端内翻，便于剥离。

胎衣剥离完后，用0.1%高锰酸钾溶液或0.1%新洁尔灭溶液、0.05%呋喃西林溶液等反复冲洗子宫，直至流出的液体与注入的液体颜色一致为止。再向子宫内投放土霉素5~10g，每天或隔天投放一次，连用3~5次，以防子宫感染。

5. 预防 怀孕母畜要饲喂含矿物质和维生素丰富的饲料，有一定的运动时间，产前一周要减少精料，搞好产房卫生。

（三）子宫内翻和脱出

子宫内翻是指子宫角前端翻入子宫腔或阴道内。若子宫全部翻出于阴门之外，称为子宫脱出。多在产后数小时内发生。

1. 病因 孕牛衰老经产，运动不足，营养不良，胎儿过大，胎水过多及双胎等因素，易使子宫过度扩张、弛缓，产后若强力努责，腹压升高，容易发生本病。难产或助产时，产道干涩，子宫紧裹住胎儿，若未注入润滑剂即强力牵拉或拉出胎儿过快，使子宫内压突然降低，而腹压相对增高，子宫常随之翻出于阴门之外。此外，分娩时产道损伤，疼痛使母牛频频努责，胎衣不下徒手剥离时用力不当，将子宫拉成内翻等，都能诱发本病。有时也可继发于生产瘫痪之后。

2. 症状 子宫内翻时，母畜表现不安，经常努责，尾根举起，食欲减少。产道检查可触之套入子宫腔或阴道内的子宫角尖端为柔软的圆形瘤状物。内翻的子宫角如不能自行恢复或未整复时，可能发生坏死或败血性子宫炎，从阴门流出污红色恶臭液体，并伴发全身症状。有时因剧烈努责，可引起子宫脱出。

牛，子宫脱出时，可见一个较大的囊状物从阴门内突出来，下端可垂至跗关节。脱出的子宫上，有时附有尚未脱落的胎衣。若胎衣已经脱落，则可见子宫黏膜表面布满暗红色呈蘑菇状的母体胎盘（子叶），并极易出血。当母牛站立不安时，胎盘易受损而出血，甚至引起子宫壁损伤出血不止。脱出时间久者，子宫黏膜瘀血、水肿，呈黑红色肉冻状，并发生干裂，有血水渗出。寒冷季节，常因冻伤而发生坏死。子宫脱出常继发腹膜炎、败血症等，患牛出现精神沉郁、食欲废绝、体温升高、反刍减少或停止等严重的全身症状。若肠管进入脱出的子宫腔内，则出现腹痛症状，若脱出时卵巢系膜或子宫阔韧带被扯破，则可引起内出血，病牛表现结膜苍白、战栗、脉搏快弱等急性贫血症状。

猪，子宫脱出时，脱出的子宫角像两根肠管，但较粗，且黏膜呈绒状，表面具有横皱襞。子宫黏膜色泽初为粉红色或红色，后因瘀血变为暗红、紫红色。脱出时间稍长，子宫黏膜瘀血、水肿、坏死，呈黑红色肉冻状，并发生干裂，有血水渗出。黏膜上被粪便、泥土等污染，极易发生感染。病猪卧地不起，体温升高，反应迟钝，虚脱、死亡。

3. 诊断 子宫脱出者根据临床症状可作出诊断。但子宫内翻的外部症状不明显，凡在分娩后仍有明显努责者，应怀疑为本病，并进一步做产道检查和直肠检查确诊。

4. 治疗 根据脱出程度不同治疗亦有差异。

（1）子宫内翻的治疗。术者手指和手臂洗净和消毒，涂上润滑剂后伸入阴道，找到内翻套叠的子宫角，轻轻向前推送，尽量使其展平，感到子宫壁收缩变厚、腔体变小时，表明已经复位。随即向子宫内投入土霉素5～10g，并肌内注射缩宫素，牛100IU，猪20～40IU。

（2）子宫脱出的治疗。必须尽早实施手术整复。病畜采取后躯抬高侧卧或前低后高站立保定，掏出直肠积粪，用0.1%高锰酸钾溶液清洗尾根、阴门及其周围，将尾巴用纱布缠绕并拴向病牛自身颈部一侧。用0.1%高锰酸钾溶液清洗子宫，除去其上黏附的污物及坏死组织，若黏膜水肿严重，则用三棱针点刺，挤出水肿液，然后用2%明矾溶液洗涤和浸泡，收敛子宫，便于整复。子宫黏膜上如有大的创口，要进行缝合。如为侧卧，洗净后先在地上铺一块用消毒液浸泡过的塑料布，再在其上铺一个同样处理过的大块的布，检查子宫腔内有无肠管，并涂上碘甘油。对努责频繁的病牛用2%盐酸普鲁卡因溶液10～15mL做荐尾间硬膜外麻醉或后海穴麻醉。

整复时，助手用消毒纱布将子宫托起与阴门等高，摆正，先从靠近阴门部开始，手指并拢，用手或拳头压迫靠近阴门的子宫壁。整复也可从下部开始，将拳头伸入子宫角的凹陷内，顶住子宫角尖端，推入阴门。推进一部分后，由助手在阴门外紧顶固定，术者将手抽出再以同样方法将剩余部分逐渐推送于阴道内，直至将全部脱出的子宫送于阴道内。上述两种方法，都是趁病畜不努责时进行，在努责时要将送回的部分压住，以免退回来。将脱出的部分完全推入阴门后，术者将手伸入阴道，继续将子宫角深深推入腹腔，恢复正常位置，以免发生套叠。然后放入土霉素粉5～10g，每天或隔天投放一次，连用3～5次，以防子宫感染，并皮下注射或肌内注射100IU缩宫素，2h后重复注射1次。术后将病牛拴于前低后高的地面上，要有专人看护，若仍有努责，须检查是否发生子宫内翻，如有则及时加以整复，并灌入1 000～2 000mL灭菌生理盐水，利用液体的重量，促进子宫复位。若有内出血，必须给予止血剂，并补液。

如子宫脱出时间已久，无法送回，或有严重损伤及坏死，或整复后有引起全身感染或死亡的危险时，可将脱出的子宫切除。牛站立保定，猪侧卧保定，局部浸润麻醉，在子宫角基部做一个纵行切口，检查其中有无肠管和膀胱，有则将其推回。在两侧子宫阔韧带上的动脉基部结扎，然后在结扎之下，横断子宫阔韧带，断端先做全层连续缝合，再做内翻缝合，最后将缝合好的断端，送回阴道内。术后全身抗菌消炎、补液强心。努责强烈者，可行硬膜外麻醉。术后常有少量出血，断端及结扎线在8～14d后可自行脱落。

5. 预防 对孕畜加强饲养管理，给予全价饲料，适当增加运动和光照。难产助产时拉出胎儿不能过猛过快，胎衣不下行手术剥离时，用力要适当，不能强力牵拉胎衣。

（四）子宫内膜炎

子宫内膜炎是指子宫黏膜的急慢性炎症。临床上以从阴门流出浆液性、黏液性或脓性分泌物等为特征。本病多发于牛，猪也有发生。

1. 病因 急性子宫内膜炎多发于产后，由于分娩和助产时消毒不严、产道受到损伤，或因胎衣不下、子宫脱出、流产（胎儿腐败分解）、子宫复旧不全，或因人工授精时器械消毒不严等，子宫受到感染而引起。慢性子宫内膜炎多由急性炎症转化而来。

引起子宫内膜炎的病原主要是在自然环境中存在的一些非特异性细菌，如大肠杆菌、链球菌、葡萄球菌、棒状杆菌、变形杆菌、嗜血杆菌等。此外，一些特异性的病原，如布鲁氏菌、结核杆菌、沙门氏菌、牛胎儿弧菌、牛鼻气管炎病毒、牛腹泻病毒、猪瘟病毒、猪乙型脑炎病毒、猪繁殖与呼吸综合征病毒、钩端螺旋体等感染时也可发生相应的子宫内膜炎。

2. 症状 本病按病程可分为急性和慢性两种，有时尚可见到隐性子宫内膜炎。

（1）急性子宫内膜炎。体温升高，精神沉郁，食欲减退，呼吸、心跳加快，泌乳量下降。拱背、努责，从阴门排出黏液或脓性分泌物，病重者分泌物呈暗红色或棕色，恶臭，卧下时排出量增多。阴道检查，子宫颈口稍开张，有时可见分泌物从中排出。牛反刍减少或停止，瘤胃轻度臌气。直肠检查，子宫角比正常产后期的大，壁厚，子宫收缩反应减弱。

（2）慢性子宫内膜炎。按炎症性质可分为慢性卡他性、慢性卡他性脓性和慢性化脓性3种。

①慢性卡他性子宫内膜炎。发情周期不正常，或虽正常但屡配不孕，或发生隐性流产。病畜卧下或发情时，阴门流出混浊絮状黏液，有时虽排出透明黏液，但含有小的絮状物。阴道检查，阴道及子宫颈口黏膜充血、肿胀，子宫颈口开张。直肠检查，子宫角稍变粗，子宫壁增厚，子宫收缩反应减弱。病畜多无全身症状，有时体温稍高，食欲和泌乳量减少。

②慢性卡他性脓性子宫内膜炎。发情周期不正常，从阴门流出灰白色或黄褐色脓汁。阴道检查，阴道黏膜和子宫颈口黏膜充血，往往粘有脓性分泌物，子宫颈口开张。直肠检查，子宫角粗大，子宫壁变厚且厚薄不一，软硬度不一，收缩反应微弱，冲洗子宫的回流液似米汤，内混有小脓块或絮状物。卵巢上常有持久黄体。病畜精神不振，食欲减退，体温升高，瘤胃间歇性臌气。

③慢性化脓性子宫内膜炎。病畜卧下时可见有较多的脓性分泌物从阴门流出，阴门周围和尾根处粘有脓性分泌物，干后形成脓痂。直肠检查，子宫壁变得厚而软，体积增大，触之

有波动感。冲洗子宫回流液混浊或像稀面糊,有的有黄色脓液。病畜全身症状明显,体温升高,呈稽留热型,精神高度沉郁,食欲废绝。重者继发脓毒败血症而引起死亡。

④隐性子宫内膜炎。生殖器官无异常,发情周期正常,但屡配不孕,只有在发情时流出略带混浊的黏液。发情黏液中含有小气泡,有的发情后从阴门流出紫红色的血液。

3. 诊断 根据观察阴道分泌物性质结合阴道检查、直肠检查结果可作出诊断。

4. 治疗 本病的治疗原则是清除子宫内渗出物,抗菌消炎,防止感染,促进子宫收缩。

(1) 清除子宫内渗出物。采用子宫冲洗法。常用冲洗药液有0.1%高锰酸钾溶液、0.1%雷佛奴耳溶液、1%~2%小苏打溶液、生理盐水、0.02%呋喃西林溶液等,温度为35~45℃。有出血时,可用1%明矾溶液、1%~3%鞣酸冷溶液。如子宫颈口不开放,可先注射苯甲酸雌二醇等药物促使其开放。如子宫积脓,先将脓液排出后再冲洗。冲洗至排出液清亮为止。但要注意,如果全身症状严重的病畜,为避免引起感染扩散,应禁用冲洗法。

(2) 抗菌消炎,防止感染。子宫冲洗后,根据病情和疾病性质,选用以下药物子宫内灌注或静脉注射。

①产后急性子宫内膜炎。土霉素5g,加蒸馏水200~300mL,注入子宫内,隔天1次,连用2~3次为1个疗程。根据需要可继续使用10%环丙沙星溶液50mL,子宫内注入。

②慢性子宫内膜炎、子宫颈炎、阴道炎。4%露他净溶液100mL,用消毒过的塑料管注入子宫,必要时可重复应用2~3次。

③化脓性子宫内膜炎。青霉素200万IU,甲基脲嘧啶3g,维生素AD 5g,5%胺苯磺胺维生素AD 100g,混合,1次灌入子宫,每隔48h灌注1次。

④隐性子宫内膜炎。复方碘甘油合剂(碘1g、碘化钾2g,先用20mL蒸馏水溶解后,加蒸馏水至500mL,再加甘油500mL,充分振荡,混匀)150~200mL,两侧子宫角内灌注。5%碳酸氢钠注射液50mL,配种前8~12h注入子宫。

⑤若重症子宫内膜炎有全身症状时,用盐酸四环素400万IU,1%地塞米松注射液3mL,5%氯化钙注射液120mL,5%葡萄糖生理盐水2 000mL,分别1次静脉注射。

(3) 促进子宫收缩,便于冲洗液和子宫内渗出物排出。催产素200IU,或雌二醇8~10mg,或氯前列烯醇500μg,肌内注射。

5. 预防 加强饲养管理,搞好厩舍卫生,给予全价营养饲料,适当增加日照和运动,提高牛抵抗力。配种时对人工授精器械和生殖道要严格消毒,助产时术者手臂以及阴门周围、助产器械等也应严格消毒。及时治疗子宫复旧不全、胎衣不下等原发疾病。

(五)生产瘫痪

生产瘫痪又称为产后瘫痪及乳热症,是母牛分娩前后突然发生的一种严重的代谢性疾病。临床上以低血钙、低血磷、低血糖、全身肌肉无力、知觉丧失及四肢瘫痪等为特征。

1. 病因 本病多发生在饲养良好的高产奶牛,以产乳量最高的3~6胎奶牛居多,初产奶牛几乎不发生。而且该病大多发生在顺产后的前3d之内,特别是产后12~48h之内,少数在分娩过程中或分娩前数小时发病,极少数在怀孕末期或分娩后一周内发生。发病的直接原因与分娩前后血钙浓度急剧降低有关,也有人认为与一时性脑贫血所致的脑组织缺氧、脑神经兴奋性降低有关。

(1) 血钙降低。干乳期母牛甲状旁腺机能减退,分泌的甲状旁腺激素减少,动用骨钙的能力降低,妊娠末期饲喂高钙日粮的奶牛,血液中的钙浓度增高,刺激甲状腺分泌降钙素,也会使甲状腺的功能受到抑制。因此，当分娩前后大量血钙进入初乳时，引起血钙浓度急剧下降而致病。妊娠末期，胎儿急速增大，占据腹腔大部分空间，挤压胃肠，影响母牛消化吸收，从肠道吸收的钙显著减少，再加上妊娠末期胎儿对钙的需求量增加，骨骼吸收钙量减少，影响钙的贮存，从而使能动用的钙量减少。

(2) 大脑皮质缺氧。母牛妊娠后期腹压增大，分娩前乳房肿胀，静脉血液回流受阻。分娩后胎儿产出，腹压下降，腹腔器官被动充血，致使头部血液量减少，大脑出现一时性贫血、缺氧、兴奋性降低，功能障碍。同时也使大脑皮层发生抑制，影响对血钙的调节。

2. 症状 有典型症状和非典型症状（轻型）两种。

(1) 典型症状。病情发展很快，从开始发病到出现典型症状，整个过程不超过12h。初期表现食欲减退或废绝，反刍、瘤胃蠕动、排粪及排尿停止，泌乳量降低，精神沉郁。鼻镜干燥，四肢末梢部位冰凉，皮温降低。呼吸变慢，体温正常或偏低，脉搏无明显变化。不愿走动，后期交替负重，后躯摇摆，站立不稳，四肢肌肉震颤。有些病例表现不安，出现惊恐、哞叫、凶暴、目光凝视等兴奋和过敏症状。1～2h后，患牛出现瘫痪症状，后肢不能站立。随后出现意识抑制和知觉丧失的特征症状。患牛昏睡，眼睑反射微弱或消失，瞳孔散大，对光反射消失，皮肤痛觉消失，肛门反射消失。心音减弱，心率加快，呼吸深慢。有时喉头和舌麻痹，出现唾液积聚，舌头外垂。体温降低，最低可降至35～36℃。患牛卧下时呈现四肢屈于躯干之下、头向后弯至胸部一侧的特征性伏卧姿势，用手将头拉直后，手一松开，头又重新弯向胸部。病牛多在昏迷状态下死亡，个别患牛在死亡前出现痉挛性挣扎。

(2) 非典型症状。患牛精神沉郁，食欲废绝，各种反射减弱。瘫痪，头颈姿势不自然，由头部至鬐甲呈一个轻度的"S"状弯曲。有时勉强站立但站立不稳，且行动困难，步态摇摆，体温一般正常或不低于37℃。

3. 诊断 根据患牛为3～6胎的高产母牛，刚分娩不久，并出现瘫痪及低血钙，如果乳房送风疗法有良好效果，可做出诊断。血钙浓度降至2mmol/L以下，重者降至0.5～1.25mmol/L（正常血钙浓度为2.15～2.775mmol/L）。非典型性的生产瘫痪需与酮血病相区别。后者瘫痪可发生在产后、泌乳期和妊娠末期，患牛乳汁、尿液及血液中的丙酮数量增多，呼出的气体有丙酮气味，且对乳房送风疗法无效。

4. 治疗 静脉注射钙剂和乳房送风是治疗生产瘫痪的常用疗法。

(1) 静脉注射钙制剂。20%～25%硼酸葡萄糖酸钙溶液（按溶液数量的4%加入硼酸，以提高葡萄糖酸钙的溶解度和溶液的稳定性）500mL，一次缓慢静脉注射，或分别皮下注射和静脉注射各半，同时肌内注射5～10mL维丁胶性钙注射液有助于钙的吸收。若注射6～12h病牛无反应，可重复注射，但最多不超过3次。注射钙制剂时应密切注意病牛心脏情况，注射500mL溶液所花时间应在10min以上。若注射3次无反应，应在上方的基础上，同时加入40%葡萄糖溶液500mL、15%磷酸钠溶液200mL、15%硫酸镁溶液200mL，静脉注射。

(2) 乳房送风疗法。该法为治疗牛生产瘫痪最有效和最简便的方法，特别适用于对钙制剂效果差的病例。向乳房内打入空气后，乳房内的压力随即升高，乳房的血管受到压迫，流向乳房的血液减少，停止泌乳，因此全身血压升高，血钙含量升高。同时向乳房内打入空气，可以刺激乳腺内神经末梢，提高大脑神经的兴奋性，从而消除抑制状态。患牛侧卧保定，挤净乳房中积乳，消毒乳头管，然后将消毒过、涂有润滑剂的乳房送风器的乳导管（没有乳房送风器时可用注射器或打气筒代替）插入乳头管中，注入 10 万 IU 青霉素及 2.5g 链霉素（溶于 20~40mL 生理盐水中）。然后从倒卧侧的后乳区开始逐个打入空气，以乳区皮肤紧张，乳腺基部的边缘清楚并且变厚、叩之呈鼓音为宜。打气之后，用宽纱布条将乳头轻轻扎住，防止空气逸出。待病牛站立后，经 1h 将纱布条解除。多数病例经打气后 30min 左右痊愈。

（3）激素疗法。适用于对钙剂治疗效果不佳的病例。取氢化可的松 25mg，加入 2 000mL 葡萄糖生理盐水中，静脉注射，每天 2 次，连用 1~2d。或地塞米松磷酸钠注射液 20mg，肌内注射，若配合钙剂治疗效果更好。

5. 预防　在干乳期中，最迟从产前 2 周开始，给母牛饲喂低钙高磷饲料，减少从日粮中摄取的钙量，将每头奶牛钙量限制在每天 60g 以下，增加谷物精料，减少饲喂豆科干草及豆饼等，使钙、磷比控制在 1.5∶1~1∶1。在分娩后，立即将每头奶牛摄入的钙量增加到每天 125g 以上，或在分娩后立即肌内注射 10mg 双氢速变固醇。或分娩前 5d，每天肌内注射维生素 D_2（骨化醇）1 000万 IU 及产前 3~7d 每天肌内注射 1 000万~2 000万 IU 维生素 D_3。此外，产后不立即挤乳及产后 3d 内不将初乳挤净，对于预防生产瘫痪也有一定的积极作用。

单元四　乳房疾病

(一) 乳房炎

乳房炎是由各种病因引起的乳腺组织炎症。临床上以乳房肿痛、按压有硬结、乳汁异常或混有脓血等为特征。本病多发于奶牛，猪也较常见。

1. 病因　主要是受到不良饲养管理或产后抵抗力下降时，病原微生物通过乳汁、血液和淋巴液侵入乳腺组织而引起。奶牛挤乳技术不当，使乳头黏膜及上皮发生损伤；机器挤乳时，负压过高或抽动过速，损伤乳头皮肤和黏膜；挤乳前，手及乳房、乳头消毒不严，未挤尽乳汁而使其在乳房内蓄积，给细菌侵入乳房创造条件。

引起感染的病原主要是多种非特定的病原微生物，有细菌、真菌、支原体和病毒等，其中主要是细菌。在细菌中，链球菌属中主要是无乳链球菌、停乳链球菌、乳房链球菌和化脓链球菌等，多引起隐性乳房炎；葡萄球菌属中主要是金黄色葡萄球菌，常引起慢性乳房炎，有时也见于急性炎症；棒状杆菌属中的化脓棒状杆菌多通过乳房外伤引起乳房炎；大肠杆菌属细菌多见于高产奶牛及产后泌乳高峰期，多引起急性乳房炎。

本病的发生与气候、饲养管理、泌乳量、泌乳阶段、乳头形态、不同乳区等因素有关。如在气温高、雨季、运动场积水、环境卫生差等情况下，发病率高。高产奶牛及产乳高峰期，乳头为皿形、口袋型和漏斗型发病率高，后乳区较前乳区发病率高等。

猪则多是仔猪尖锐的牙齿在吃乳时咬伤乳头皮肤而侵入感染。猪舍地面粗糙，母猪乳头经常与地面摩擦受到损伤，细菌由乳头管侵入感染。母猪乳腺泌乳过多，仔猪吃不完或断乳方法不当，也可引起乳房炎。

2. 症状

（1）牛。以乳汁和乳房有无临床可见变化分为临床型乳房炎和隐性乳房炎。

①临床型乳房炎。根据病程长短和病情严重程度不同，又分为最急性、急性、亚急性和

慢性乳房炎。

最急性型：突然发病，食欲减退，体温升高达41.5~42℃，呈稽留热型，呼吸加快，精神沉郁，不愿走动。多发生在乳房的一个区，患区迅速肿大，皮肤发红或呈紫红色，触诊坚硬、疼痛并有热感。患病乳区仅能挤出少量黄水或淡的血水。如发生坏疽性乳房炎，整个患叶坏死、脱落，常因败血症而死亡。

急性型：患侧乳房上淋巴结肿胀，乳房发红，触诊质硬、发热、疼痛，乳房内可摸到硬块。乳汁稀薄如水，乳汁中含有絮状物、乳凝块。食欲减退，体温正常或稍高。

亚急性型：发病缓和，全身症状轻微或无变化。患区乳房红、肿、痛不明显。乳汁稀薄，呈灰白色，含絮状物或乳凝块。

慢性型：通常由急性转变而来。一般无临床表现或临床表现不明显，但病情反复发生，病程长，产乳量下降，乳汁稀薄，乳汁中含凝块或絮状物。触诊患区弹性降低、僵硬，可发现大小不等的硬块。有的病牛乳头变瞎、萎缩。

②隐性乳房炎。病变轻微，乳房和乳汁均无肉眼可见变化，但产乳量减少，乳汁理化性质、组成成分、体细胞数和pH发生改变。

（2）猪。常是一个或几个乳包，有时甚至全部乳包感染发病。患区呈炎性反应，皮肤胀平发亮，有时乳房中有大小不等的脓肿。

3. 诊断 临床型乳房炎根据临床症状容易作出诊断，但奶牛隐性乳房炎一般临床症状不明显，故应注重母牛群的整体监测。常用诊断方法有以下几种，临床上可根据具体情况选用。

（1）上海乳房炎检验法（SMT）。现场自各待检乳区取乳样2mL，置于乳房炎诊断板的平皿中，用定量加样器加入等量的SMT诊断液（十二烷基磺酸钠20g，麝香草酚蓝20mg，蒸馏水1 000mL，调整pH在6.2~6.4），轻摇平皿10s，使检样与诊断液充分混合，根据凝集反应程度，按表12-1标准判断结果。

表12-1 SMT法检验判定标准

乳汁凝集反应	颜色	判定标准
无变化或有微量凝集	黄色	阴性（−）
有少量凝集，轻摇不消失	黄色或微绿色	可疑（±）
有明显凝集，呈黏稠状	黄色或微绿色	弱阳性（+）
大量凝集，黏稠呈半胶状	黄色、微绿色或绿色	阳性（++）
完全凝集，呈胶冻状，旋转向心向上凸起	黄色、微绿色或深绿色	强阳性（+++）

（2）乳汁pH测定。常用溴麝香草酚蓝试验，主要试剂为47%酒精500mL，溴麝香草酚蓝1.0g，5%氢氧化钠溶液1.3~1.5mL，搅拌混匀，呈绿色，pH为7.0。取被检乳5mL，加试剂1mg，混合，观察颜色反应。若呈黄绿色（pH在6.5以下）为正常乳，绿色（pH为6.6）为可疑，蓝色至青绿色（pH > 6.6）为阳性。

（3）乳中体细胞检查。常用加州乳房炎试验（CMT）法，试剂为氢氧化钠15g、烷基硫酸钠（钾）30~50g，溴甲酚紫0.1g，蒸馏水1 000mL，混合。取被检乳汁2mL，加入2mL试剂摇匀，10s后观察，按表12-2标准判定结果。

表 12-2　CMT 法检验判定标准

乳汁凝集反应	体细胞总数（万/mL）	中性粒细胞（%）	判定标准
无变化，不出现凝块	0～2	0～25	阴性（−）
微量沉淀，摇动即消失	15～50	30～40	可疑（±）
有明显沉淀但无凝胶状	40～150	40～60	弱阳性（+）
全部呈凝胶状，回转摇动时凝块向中央集中，停止摇动时凝块呈凹凸状附于盘底	80～500	60～70	阳性（++）
全部呈凝胶状，回转摇动时凝块向中央集中，停止摇动时仍保持原状，并固着于盘底	500 以上	70～80	强阳性（+++）

另外，用上法检验时，若乳汁变为黄色，表示细菌增多，乳糖被分解，乳汁呈酸性（pH<5.2）；若乳汁为深紫色，表明 pH>7.0，为接近干乳期，感染乳房炎，泌乳量降低的现象。

4. 治疗　治疗以牛为例，猪的疗法参照牛的治疗。

（1）临床型乳房炎。主要以抗菌消炎为治则。首选抗生素，可采取局部乳房内给药和静脉注射等给药方式。

①全身治疗。急性和最急性乳房炎，用红霉素 400 万～600 万 U，5% 葡萄糖注射液 1 500mL，静脉注射，每天 1～2 次。或注射用盐酸四环素 400 万 U，10% 葡萄糖酸钙注射液 300～500mL，5% 葡萄糖生理盐水 2 000～3 000mL，0.25% 普鲁卡因注射液 300mL，1 次静脉注射，每天 1 次。或注射用青霉素钠 480 万 U，注射用链霉素 300 万 U，庆大霉素注射液 20 万 U，安痛定或生理盐水 50mL，1 次会阴静脉注射，每天 2 次。

②乳房灌注。挤净病乳区乳汁，若乳区中含絮状物、脓样物、血凝块等较多时，宜先用生理盐水或 0.1% 雷佛奴耳溶液冲洗，然后用青霉素钠 160 万 U、链霉素 100 万 U、生理盐水 50mL，一次乳区灌注。拔出乳导管后，轻轻捻搓乳头管片刻，然后用双手自乳头-乳池-乳腺组织顺序轻轻向上按摩，促使药物充分接触患区乳腺组织，每天 2 次，连用 3～5d。或用复方磺胺嘧啶注射液 20～30mL，或 3% 环丙沙星注射液 30～50mL，乳区灌注。也可用乳炎停 8 万～16 万 U，灭菌生理盐水 20～50mL，稀释后乳房灌注，每天 2 次，连用 3～5d。

③乳房基部封闭注射。急性和最急性乳房炎，用青霉素钠 80 万 U，0.5%～1% 普鲁卡因注射液 30mL，溶解后备用。若前乳区乳房炎症，从患侧前区，乳房基部与腹壁之间进针，向对侧膝关节方向刺入 8～10cm，边退针边注射药物；若后乳区发生炎症，在患侧乳房基部离左右乳房中线 1～2cm（如左乳区炎症，则为乳房中线偏左 1～2cm）处进针，向同侧腕关节方向刺入 8～10cm，边退针边注射药物，每天 1 次，连用 2～3 次。

④辅助疗法。由下向上轻柔的按摩乳房，每天 2～3 次，每次 10～15min，可促进血液循环，有利于炎症消散。但对出血性乳房炎及在急性发作期应禁止按摩。乳房高度肿胀、热痛明显时，可用冷敷、冰敷和冷淋浴，以缓解局部症状。也可患部涂敷鱼石脂软膏、樟脑软膏等，减轻乳房肿痛。

（2）隐性乳房炎。应以预防为主，防治结合。

①乳头药浴。挤乳结束后，立即用 0.3%～0.5% 洗必泰溶液、0.1% 新洁尔灭溶液等消毒药液浸泡乳头，可杀灭乳头末端及周围的病原。

②内服左旋咪唑。按每千克体重 7.5mg 拌料任牛自由采食，每天 1 次，连用 2d，能修

复细胞的免疫功能，增强机体的抗病能力。

③补充维生素 E 和硒。每头每次用亚硒酸钠 20mg，维生素 E 0.5g，内服或拌料饲喂，能降低发病率。

④干乳期预防。在干乳期起始时，向每个乳头注射氨苄青霉素 50 万 U，轻轻向上按摩乳头和乳房，使药液在乳房内均匀扩散，最后用红霉素眼药膏封闭乳头。

(3) 中药治疗。

①乳房炎初起，红肿热痛。蒲公英 80g，连翘 60g，金银花、丝瓜络各 30g，银花藤 100g，木芙蓉 40g。水煎取汁灌服，每天 1 剂，连用 3~4 剂。

②急性乳房炎。栝楼 60g，牛蒡子、天花粉、连翘、蒲公英各 30g，黄芩、陈皮、栀子、皂角刺、柴胡各 25g，甘草、陈皮各 20g。共研细末，开水冲调，候温灌服，每天 1 剂，连用 3~4 剂。

③化脓性乳房炎成脓期。黄芪 60g，炮甲珠、川芎、皂角刺各 30g，当归 45g。共研细末，开水冲调，候温，加白酒 100mL，灌服，每天 1 剂，连用 3~4 剂。

④慢性乳房炎。柴胡、赤芍、青皮、莪术、漏芦、蒲公英、金银花、甘草各 30~45g。水煎取汁灌服，每天 1 剂，连用 3~4 剂。

⑤隐性乳房炎。金银花、玄参各 30g，当归、川芎、柴胡、栝楼、连翘各 25g，蒲公英 50g，甘草 30g。共研细末，开水冲调，候温灌服，每天 1 剂，连用 3~4 剂。

5. 预防 加强饲养管理，搞好环境和牛体卫生，保持运动场平整和排水通畅，降低乳房炎的发病率。

注重挤乳卫生，保持乳房清洁干燥，严格执行挤乳操作规程。挤乳前用 40~50℃ 热水或 0.0025%~0.005% 碘液清洗乳房。人工挤乳采用拳握式，避免捋挤。挤乳杯及用具在使用前均应清洗并严格消毒。适时安摘挤乳杯，防止空吸。每次挤乳后，用 3%~4% 次氯酸钠溶液或 0.05% 新洁尔灭溶液浸泡乳头。

对乳房炎患牛，应放在最后用人工挤乳，不得将乳汁挤到地面上，以防病原扩散。病乳放在专用的容器内集中处理。若应用抗生素治疗，应在痊愈停药 4d 后，才能恢复机器挤乳。

加强干乳期防治，定期监测乳房炎，根据结果采取相应的治疗措施。

(二) 乳头管和乳池狭窄

乳头管和乳池狭窄是奶牛常见疾病，表现为挤乳困难甚至挤不出乳。

1. 病因 乳导管狭窄分为先天性和后天性两种。先天性的很少见，可能与遗传有关。后天性的主要见于挤乳方法不正确，如用手捋挤、机器挤乳时长时间空吸等，长期刺激乳导管，引起黏膜发炎，组织增生，导致乳导管狭窄或闭锁。乳头末端受到损伤或发生炎症，也可引起乳头管腔狭窄。

乳池狭窄通常由慢性乳房炎或乳池炎引起，或因挤乳方法不正确或由乳头挫伤所造成。乳头基底部的乳池棚或乳池黏膜下结缔组织增生，形成肉芽肿和瘢痕，以及黏膜面的乳头状瘤、纤维瘤等也可造成狭窄。

2. 症状 乳头管狭窄表现为挤乳困难，乳汁呈点滴状或细线状排出，或乳汁射向一个方向，或散射四方。指捏乳头末端可感觉在乳导管的不同部位（管口、中部或近乳池部）有大小、硬度、形状不同的增生物。用通乳针插入乳头管有阻力。若乳头管闭锁，则乳池充满乳汁，但不能挤出。

乳池狭窄常见乳池棚肉芽肿、乳池黏膜泛发性增厚、肿瘤、乳池闭锁。乳池棚肉芽肿形成环状或半环状、乳头状或块状隆起，指捏乳头基底部一带，可触知无游动性的结节。插入通乳管时，可遇到阻力。一般轻症不影响乳汁挤出，若肉芽肿较大，阻碍乳头池充乳，则挤不出乳。

乳池黏膜泛发性增厚，池腔狭窄，乳头缩小，贮乳减少，挤乳时射乳量也减少，触诊感知乳池壁增厚。乳池黏膜面的肿瘤，小的妨碍挤乳，大的不能挤乳，触诊感知有不能移动的新生物。若阻塞使乳池通道闭锁时，则乳头瘪细，无乳挤出。

3. 诊断 根据临床表现一般可做出诊断。必要时需进行通乳针检查。将通乳针从乳导管插入，可探到乳导管和乳池狭窄的部位、程度和质地。狭窄严重或发生闭锁时，通乳针通过困难或不能通过，闭锁为膜状的，探查时用通乳针即可捅破。

4. 治疗 根据发病部位和程度采用不同治疗措施。

（1）乳头管狭窄的治疗。

①外涂药物。乳头管轻度狭窄，挤乳后，可用20%～50%的鱼石脂软膏适量，涂敷于乳头上。

②扩张乳头管。先用75%酒精消毒乳头及其开口处，然后将消毒过的粗细不同的乳导管或乳头管扩张塞，涂上金霉素或四环素软膏，缓缓地插入乳头管内，留至下次挤乳时取出。也可将通乳针放入液氮中数分钟，直至彻底冷却，取出后迅速插入乳头管内，轻轻转动数分钟，试行挤乳，若1次无效，可再进行1次。

③手术治疗。对由于严重瘢痕性收缩引起的乳头管狭窄，可在乳头基部做环状浸润麻醉，将乳头管刀插入乳头管，纵行切开乳头管内壁，使之能顺利挤出乳汁。将蘸有蛋白溶解酶的灭菌棉棒置于其中，挤乳时取出，挤完后插入。或插入螺帽乳导管，挤乳时，拧下螺帽，流出或挤出乳汁，挤完后再拧上螺帽。

（2）乳池狭窄的治疗。

①外涂药物。先按摩和热敷乳头，然后用黄色素软膏（黄色素0.5g，碳酸钙25g，液状石蜡4g，羊毛脂5g，凡士林16g）或碘化钾软膏适量，涂于乳头上。

②使用通乳针挤乳。适用于结缔组织增生而引起的整个乳池狭窄。可于每次挤乳前用导乳管或粗针头（针尖磨钝）疏通，同时用力按摩，以排出乳腺中的乳汁。

③手术治疗。乳头消毒后，注入2%盐酸普鲁卡因注射液20～30mL，8～10min后，用乳导管插入乳头管，探诊病变部位，左手捏住病变部位，右手持枪式麦粒头剪经乳头管轻轻送至病变部，在左手指感觉指引下，逐次剪下硬结块，再用枪式麦粒头钳夹出。最后再用眼科锐匙搔扒和修整创面，至感觉不到硬结而且挤乳通畅为止。手术后，向乳头管内插入蘸有金霉素软膏的细纸卷或细竹棍（预先将两头磨钝），3d换药1次，9～12d可痊愈。

5. 预防 加强饲养管理，避免乳头损伤。采用正确的挤乳方法，动作要轻柔，合理使用机器挤乳，防止长时间空吸。干乳期要防止乳房炎的发生，发现异常时，应及时处理。

单元五 新生仔畜疾病

（一）新生仔猪溶血病

新生仔猪溶血病又称仔猪溶血性黄疸，是由血型不合而配种引起的一种免疫性疾病。临床上以新生仔猪吮吸初乳后迅速出现贫血、黄疸和血红蛋白尿为特征。

1. 病因 由于母猪和公猪的血型不同，胎儿具有某一特定血型的显性抗原，通过妊娠和分娩侵入机体，刺激母体产生抗体，当仔猪出生后，通过吸吮初乳获得移行抗体，引起红细胞破坏。

2. 症状 新生仔猪出生后一切正常，吮吸初乳后数小时至十几小时，整窝仔猪发病，但由该母猪代为喂乳的其他窝仔猪则不发病，且发育良好。白色仔猪表现全身苍白，眼结膜黄染，不吃乳，畏寒，震颤，后躯摇晃，尿呈透明红色。最急性者在不表现黄疸和血红蛋白尿的情况下，生后12h内陷入休克而死亡。

剖检变化：全身黄染。肝呈不同程度的肿胀。脾呈褐色，稍肿大。肾肿大而充血。膀胱内积聚暗红色尿液。

3. 诊断 根据症状、剖检变化和病史调查确诊。

4. 治疗 立即将该母猪所产的仔猪由其他母猪代养或进行人工哺乳，同时人工定时挤掉母猪乳汁，经过3d后的母乳可喂仔猪。如果有产仔期相近的母猪，且两头母猪均很温顺，可将整窝仔猪调换哺乳。

本病目前尚无很好的治疗方法，发病仔猪每只肌内注射维生素C及氢化可的松各2mL，每日1次，连用2~3次，具有一定的疗效。用10％葡萄糖注射液、低分子右旋糖酐、乌洛托品、维生素K以及强心利尿剂等，可维护心脏功能、补充营养和加速排除血中抗体。

（二）新生仔畜窒息

新生仔畜窒息又称为假死，主要特征是刚出生的仔畜发生呼吸障碍或无呼吸而仅有心跳，如不及时抢救，常会引起死亡。

1. 病因 分娩时产道狭窄、胎儿过大或胎位异常，使产出期延长或胎儿排出受到阻碍，胎盘过早剥离，胎囊破裂过晚，倒生时，胎儿产出缓慢和脐带受到挤压，脐带前置受到压迫或脐带缠绕，及子宫痉挛性收缩等，均可因胎盘血液循环减弱或停止，胎儿得不到充足的氧气，体内二氧化碳浓度增高到一定程度，兴奋延脑呼吸中枢，引起胎儿过早呼吸，以致吸入羊水而窒息。

此外，母畜产前营养不良，饲料配给不足或缺乏，使其消瘦、贫血，或因患有心力衰竭、高热或全身性疾病引起自身缺氧，刺激胎儿过早呼吸，因吸入羊水而窒息。

2. 症状 轻度窒息时，仔畜全身软弱无力，黏膜发绀，舌脱出于口角外，口腔和鼻腔内充满黏液。呼吸不匀，有时张口喘气。听诊心跳快而弱，肺部有湿啰音，喉、气管部啰音最明显。将仔畜后肢提起倒立，鼻孔内有羊水流出。

严重窒息时，仔畜呈假死状态，全身松软，呼吸停止，口、鼻内发现有液体堵塞。可视黏膜苍白，反射消失，卧地不动，仅有微弱心跳。

3. 诊断 根据临床症状可做出诊断。

4. 治疗 立即将新生犊牛后躯抬高，或把仔猪倒提抖动，拍打仔猪背部。用纱布或柔软清洁的毛巾擦净口、鼻内的黏液和羊水，用橡皮管插入鼻腔和气管中，吸出其中的黏液和羊水，使呼吸通畅。用草秆刺激鼻腔黏膜，或用浸有氨水的棉花球置于鼻孔上，诱发呼吸反射。若仍无呼吸，可做人工呼吸，用手掌有节奏地轻压胸腹部，刺激心脏和呼吸反射。

在采用上述方法的同时，配合使用刺激呼吸中枢药物。25％尼可刹米注射液1.5mL，1次肌内注射。

窒息现象缓解后，纠正酸中毒，用5％碳酸氢钠注射液50～100mL，静脉注射。为防止继发肺炎，可肌内注射抗生素。

5. 预防 密切监测分娩过程，以保证母畜分娩时能及时正确地进行接产和护理仔畜。接产时应特别注意对分娩过程延滞、倒生胎儿及胎囊破裂过晚等及时进行助产，以减少本病的发生。

（三）脐炎

脐炎是新生仔畜脐血管及周围组织的炎症。本病见于各种仔畜，但以犊牛多发。

1. 病因 接产时断脐太短，使残端不能完全封闭而引起感染；接产时消毒不严，或脐带受到污染及尿液浸渍而感染；脐带闭合不全或有脐尿瘘时，被感染。

2. 症状 病初脐孔周围发热、充血、肿胀，有疼痛反应。仔畜由于疼痛而经常弓腰，不愿行走，有时脐部形成脓肿。发生脐坏疽时，脐带残段呈污红色，有恶臭味。严重者化脓菌及其毒素沿血管侵入肝引起败血症，出现体温升高，呼吸、心跳加快，脱水，代谢紊乱，衰竭而死亡。

3. 诊断 根据病史和临床症状可作出诊断。

4. 治疗 以局部处理、抗菌消炎为治疗原则。

（1）局部处理。对感染脐部进行外科处理，已化脓或局部坏死严重者，先用3％双氧水冲洗，再用0.1％新洁尔灭溶液反复冲洗，最后涂以碘酊或抗生素；局部脓肿未成熟时，外敷鱼石脂软膏，成熟后切开排脓。

（2）抗菌消炎。为防止炎症扩散或已有全身感染，应全身给予抗生素以及在脐孔周围用0.25％盐酸普鲁卡因青霉素溶液封闭治疗。

5. 预防 接产时断脐不要太短，断脐后要用碘酊经常消毒，促进其迅速干燥脱落。保持猪舍干燥卫生，防止仔畜互舔脐带。

单元六 不 孕 症

不孕症是指母畜在机体成熟之后或在分娩之后，超过正常时限仍不能发情配种受孕，或虽经过数次交配仍不能怀孕的一种病症。

（一）病因

可分为先天遗传性不孕和后天获得性不孕。

1. 先天性不孕 主要由生殖器官发育不良或有缺陷所致。如生殖道畸形、卵巢发育或功能不全、子宫发育不全或有缺陷等。多为永久性不孕症。

2. 后天获得性不孕 包括如下几个方面。

（1）疾病性不孕。是指由生殖器官疾病和某些全身性疾病而引起的不孕。生殖器官疾病，如卵巢炎、卵巢囊肿、持久黄体、子宫内膜炎、子宫蓄脓综合征等；全身性疾病，如布鲁氏菌病、弓形虫病、钩端螺旋体病、结核病、李氏杆菌病等。

（2）营养性不孕。由于饲料量不足、品质不良或缺乏某种与繁殖功能密切相关的营养物质，如蛋白质、维生素A、维生素E、B族维生素和矿物质等，母畜过于消瘦，使生殖系统发生功能性和形态学改变，造成不孕。或饲喂量过多，又缺乏运动，过于肥胖，致使卵巢内脂肪沉积，卵泡上皮发生脂肪变性，繁殖功能遭受破坏，而造成不孕。

(3) 环境性不孕。由于饲养环境突然改变，使母畜不能适应而引起不孕。

(4) 技术性不孕。由错过适当的配种时机，或人工授精技术不熟练、精液处理不当等，引起的不孕。

此外，母畜衰老，或公畜患有不育症，也可引起不孕。

(二) 症状

母畜过分瘦弱或过分肥胖，长期不发情，或发情周期不明显，或虽有发情，但不排卵，屡配不孕。有的性欲亢进，有的阴户常流出脓性分泌物，常爬跨其他母畜。

(三) 诊断

通过询问病史和系统检查做出诊断。询问内容包括年龄、饲料种类、数量、质量及来源，胎次、怀孕过程，是否发生过流产、胎衣不下、子宫脱出、难产等情况。系统检查首先观察全身状况，其次是进行阴道检查和直肠触诊子宫等。

(四) 治疗

因疾病引起的不孕症要及时治疗原发病。针对不同情况可采用以下方法治疗。

1. 对因过肥而引起的不孕，应减少精料，增加青绿多汁饲料 因瘦弱而不孕，应适当增加精料，增喂含蛋白质、矿物质和维生素丰富的饲料。

2. 按摩乳房 促进母畜乳腺和生殖器官的发育，并且促进发情和排卵。

3. 激素疗法

(1) 已到配种年龄而未发情的母畜，确认无先天性器官障碍时，用人绒毛膜促性腺激素，牛1 000～5 000IU，猪500～1 000IU，肌内注射，每天1次，连用3～5d。

(2) 断乳后长期不发情的母畜，用孕马血清500～800IU（猪），肌内注射，每天1次，连用3d。

(3) 卵巢囊肿（性欲亢进、持续发情）的母畜，用黄体酮（孕酮），牛50～100mg，猪15～25mg，肌内注射，每天或隔天注射一次，连用2～5d。

4. 中兽医治疗 以活血化瘀、调补气血、暖腰补肾为治疗原则。当归20g，川芎15g，熟地、肉苁蓉、杜仲、淫羊藿各20g，阳起石60g，益母草20g，红花9g，甘草10g，水煎取汁，候温，分2次灌服，每天1剂，连用2～3剂。如母猪体况偏瘦，在原方中加党参、黄芪、补骨脂、枸杞子各20g；如体况偏肥，在原方剂中加桃仁15g、香附15g、红花9g；如有子宫炎症，可先用茵陈、黄柏、白头翁各30g，栀子、车前子、泽泻、猪苓各15g，水煎取汁，候温灌服，每天1剂，连用2～3剂。同时，用0.2%高锰酸钾溶液冲洗子宫，待炎症消除后再服上方。

(五) 预防

选好种母畜，有先天缺陷的母畜不能作种用，及时淘汰老龄不孕母畜。加强对母畜的饲养管理，适当运动，合理搭配饲料，防止过肥或过瘦。正确掌握好发情时间，适时配种。

单元七 卵巢疾病

(一) 卵巢机能减退或不全

卵巢机能减退时卵巢的机能暂时受到扰乱，处于静止状态，不出现周期性的活动。卵巢机能长期减退可引起卵巢组织萎缩和硬化。

卵巢机能不全是指有发情的外在表现，但不排卵或排卵延迟，或者是有排卵，但不出现发情现象（安静发情）。

1. 病因　卵巢机能减退和不全见于饲料不足或品质不良，饲料单纯或缺乏青绿多汁饲料，尤其是缺乏含维生素 A 和维生素 E 的饲料；长期舍饲而缺乏运动；子宫疾病、全身的严重疾病、卵巢炎等。此外，母畜年老时，或者是气候变化无常，引进母畜对本地气候不适应等，都能引起卵巢机能减退。

卵巢机能不全常见于母畜第 1 次发情时，因为卵泡发育时需有上一次的黄体所遗留下来的少量孕酮作用于中枢神经，使它能够接受雌激素的刺激，才能表现发情。有时还可见于产后第 1 次发情。

2. 症状　卵巢机能减退或不全主要表现为发情周期延长或长期不发情，发情的外表征象不明显，或者有发情征象，但不排卵。直肠检查，卵巢的形状和质地没有明显变化，摸不到卵泡和黄体。

卵巢萎缩时，母畜不发情，触诊卵巢变小、变硬，卵巢中无黄体和卵泡，同时，子宫的体积也会缩小。间隔 1 周左右经过几次检查，卵巢仍无变化。

3. 诊断　根据临床表现和直肠检查结果，可以做出诊断。安静发情时，可用公畜检查出来。

4. 治疗　本病应在治疗原发病的基础上，恢复和增强卵巢机能。加强饲养管理，改善饲料质量，增加蛋白质、维生素、矿物质和微量元素的含量，喂给优质饲草，适当增加放牧和日照时间，使其减少泌乳量，并保证充足的运动，往往可收到良好的效果。除此之外，还可用下列方法刺激母畜生殖机能。

（1）利用公畜催情。将没有种用价值的公畜做输精管结扎后，混放于母畜群中，通过视觉、听觉、嗅觉及触觉对母畜的影响，对与公畜不经常接触、分开饲养的母畜可获得良好的效果。

（2）激素疗法。可试用以下激素。

促卵泡激素（FSH）：牛 100～200IU，肌内注射，每天或隔天 1 次，连用 2～3 次，至出现发情为止。

孕马血清促性腺激素（PMSG）：牛 1 000～2 000IU，肌内注射，每天 1 次，连用 2 次，但要注意重复注射时少数病例可出现过敏反应。

绒毛膜促性腺激素（HCG）：牛 2 500～5 000IU，猪、羊 500～1 000IU，静脉注射，肌内注射，必要时间隔 1～2d 重复注射一次。本药重复注射时可引起过敏反应，要慎重。

苯甲酸雌二醇：牛 5～10mg，羊 1～2mg，猪 4～10mg，肌内注射。但本药长期应用时，可引起卵巢囊肿或"慕雄狂"，有时使卵巢萎缩或发情周期停止，甚至使骨盆韧带和周围组织松弛而导致阴道及直肠脱出，使用时应注意。

此外，还可通过直肠按摩卵巢和子宫、子宫颈和阴道涂擦复方碘溶液等方法促进发情。

（二）持久黄体

持久黄体是指怀孕黄体或发情黄体超过正常时间而不消失的现象。由于持久黄体持续分泌黄体酮，抑制卵泡发育，致使母畜久不发情，从而引起不孕。主要见于牛。

1. 病因　主要见于饲养管理不当，如饲料单纯，缺乏维生素和矿物质，运动不足，冬季寒冷且饲料不足时，常常发生持久黄体。子宫疾病，如子宫内膜炎、子宫积液或积脓、产后子宫复旧不全、子宫内滞留部分胎衣以及子宫内有死胎或肿瘤等，均会使黄体不能及时吸收，从而成为持久黄体。

2. 症状 母牛发情周期停止，不发情。直肠检查时可触到一侧卵巢增大，表面有或大或小的突出黄体，质地较卵巢实质稍硬。母牛发情周期停止后，间隔10～14d，经2次直肠触诊，在卵巢的同一部位触摸到同样的黄体。触诊子宫中动脉无搏动，有时子宫松弛下垂，触诊无收缩反应。

3. 诊断 根据临床上母牛长时间不发情，结合直肠检查结果可作出诊断。

4. 治疗 积极治疗原发病，改善饲养管理。药物治疗以消散黄体为治疗原则。

0.5％前列腺素 $F_2\alpha$ 注射液5mL，一次肌内注射。一般注射后3～5d内发情，配种并能受孕。或氯前列烯醇0.5～1mg，肌内注射。

促卵泡素（FSH）150IU，生理盐水10mL，稀释后一次肌内注射，每隔3d 1次，连用3次。

1％己烯雌酚注射液1.5～3mL，一次肌内注射，连用3d。

促孕灌注液20～40mL，子宫内灌注，若一次无效，10d后重复用药一次。

（三）卵巢囊肿

卵巢囊肿可分为卵泡囊肿和黄体囊肿两种。卵泡囊肿是由于卵泡上皮变性，卵泡壁结缔组织增生变厚，卵细胞死亡，卵泡液未被吸收或增多而形成。临床表现为无规律的频繁的发情或持续的发情，甚至出现慕雄狂。常见于牛和猪。

黄体囊肿是由未排卵的卵泡壁上皮黄体化而形成。临床上以长期不表现发情为特征。

此外，有时在正常排卵后，由于黄体化不足，在黄体内形成空腔，腔内聚集液体，一部分黄体组织突出于卵巢表面，称为囊肿性黄体。囊肿性黄体不一定是病态，随后可逐渐被黄体组织所填满，对发情周期不会产生影响。

1. 病因 确切的原因尚未阐明，一般认为与以下因素有关。

（1）内分泌功能失调。脑垂体前叶分泌促卵泡素过多，促黄体素（LH）不足。有时见于不正确的使用激素制剂，如过量使用雌激素，干扰正常的促黄体素（LH）释放而产生卵巢囊肿。

（2）饲养管理不当。如饲料中缺乏维生素A或含有过多的雌激素；饲喂过多的精料又缺乏运动，畜体过肥等。

（3）疾病因素。如继发于胎衣不下、子宫内膜炎、卵巢炎、流产等疾病过程中。

此外，有迹象表明，卵巢囊肿有一定的遗传性，且多发于某些品种的高产奶牛。

2. 症状

（1）牛。卵巢囊肿多见于产后60d内，以15～45d为多。病牛发情不正常，发情期延长，发情周期变短，有时呈现强烈而持续的发情现象，甚至表现为慕雄狂。极度不安，大声哞叫，拒食，频繁排粪和排尿，经常追逐和爬跨其他母牛。极少数牛性情凶恶，有时攻击人畜。时间稍久，病牛消瘦，颈部肌肉逐渐发达增厚，状似公牛。荐坐韧带松弛，臀部肌肉塌陷，尾根抬高，在尾根和坐骨结节之间出现一个深的凹陷。骨骼严重脱钙，在反复爬跨或接受爬跨时会造成骨盆或四肢骨折。直肠检查，卵巢上有1个或数个大而波动的囊泡，子宫壁肥厚松软、不收缩。如囊肿的大小与正常卵泡相同，必须经2～3d再重复检查，此时正常卵泡已经消失。

(2) 猪。猪表现发情周期延长，但不表现慕雄狂。

3. 诊断 根据病畜发情不正常，呈现强烈而持续的发情现象，甚至表现为慕雄狂（牛），或者病畜久不发情时，可怀疑为本病。多次重复的直肠检查结果有助于诊断。

4. 治疗 通过改善饲养管理，增加运动量，减少挤乳量，有的卵巢囊肿可以自愈。药物治疗以消除囊肿为治疗原则。

促黄体素（LH）：牛100～200IU，一次肌内注射，多在注射后3～6d囊肿即形成黄体，症状消失，15～30d恢复正常发情。若用药1周后外表症状未见好转，可加大剂量，重复注射1次。

促黄体素释放激素：牛（LRH）400～600μg，一次肌内注射，每天1次，连用3～4d，总量不超过3 000μg。一般在用药后15～30d恢复正常发情。

促排卵3号（LRH-A3）：牛200～400μg，肌内注射。15d后再用前列腺素$F_{2\alpha}$2～4mg，肌内注射，早晚各1次。

孕酮：牛50～100mg，肌内注射，每日或隔日1次，连用2～3次。多在注射后10～20d恢复发情。

（四）排卵延迟及不排卵

排卵延迟是排卵的时间向后拖延，不排卵是指在发情时有发情的外在表现，但不出现排卵。主要发生于牛。

1. 病因 多由垂体分泌促黄体素（LH）不足，激素的作用不平衡所致。气温过低或突变、营养不良、挤乳过度，均可造成本病的发生。

2. 症状 卵泡的发育及发情征兆和正常发情一样，但发情的持续期延长3～5d或更长者为排卵延迟，最后有的卵泡排卵，有的卵泡发生闭锁。不排卵时，有发情的外在表现，发情周期及过程基本正常，直肠检查有卵泡存在，但不排卵。

3. 诊断 根据临床表现和直肠检查结果可作出诊断。

4. 治疗

(1) 改进饲养管理条件，防止受到气温的影响。临床多采用激素疗法。

(2) 促黄体素（LH）200～300IU，肌内注射，可促进排卵。

(3) 对已确知由排卵延迟而屡配不孕的母牛，在发情早期用己烯雌酚20～25mg，肌内注射，晚期肌内注射孕酮，效果良好。

参 考 文 献

白万胜，2013. 动物中毒病及病理学［M］. 武汉：华中科技大学出版社.
曹玲玲，刘安典，2010. 常用兽药 800 问［M］. 北京：中国农业出版社.
陈焕春，2013. 兽医手册［M］. 北京：中国农业出版社.
陈溥言，2010. 兽医传染病学［M］. 5 版. 北京：中国农业出版社.
崔治中，2011. 兽医免疫学［M］. 北京：中国农业出版社.
邓干臻，2012. 兽医临床诊断学［M］. 北京：科学出版社.
范作良，2006. 动物内科病［M］. 北京：中国农业出版社.
福姆萨，2008. 小动物外科学［M］. 北京：中国农业大学出版社.
傅胜才，2011. 新编兽药手册［M］. 长沙：湖南科学技术出版社.
甘孟侯，1999. 中国禽病学［M］. 北京：中国农业出版社.
高作信，2010. 兽医学［M］. 3 版. 北京：中国农业出版社.
郭定宗，2013. 兽医实验室诊断指南［M］. 北京：中国农业出版社.
何海健，2013. 动物普通病［M］. 北京：科学出版社.
何振中，2013. 兽医产科学［M］. 北京：科学出版社.
贺普霄，2002. 家畜营养代谢病［M］. 北京：中国农业出版社.
侯振中，2011. 兽医产科学［M］. 北京：科学出版社.
胡元亮，2006. 中兽医学［M］. 北京：中国农业出版社.
姜国均，2008. 家畜内科病［M］. 北京：中国农业科技出版社.
孔繁瑶，1997. 家畜寄生虫［M］. 2 版. 北京：中国农业大学出版社.
李舫，2006. 动物微生物［M］. 北京：中国农业出版社.
李广，2007. 门诊兽医手册［M］. 北京：中国农业出版社.
李建基，2012. 动物外科手术实用技术［M］. 北京：中国农业出版社.
李巨银，2012. 动物中毒病及毒物检验技术［M］. 北京：中国农业出版社.
李铁栓，张彦明，刘占民，2002. 兽医学［M］. 北京：中国农业科技出版社.
李玉冰，2012. 兽医临床诊疗技术［M］. 北京：中国农业出版社.
梁运霞，宋冶萍，2006. 动物药理与毒理［M］. 北京：中国农业出版社.
刘广文，2011. 动物内科病［M］. 北京：中国农业出版社.
刘莉，2010. 动物微生物与免疫［M］. 北京：化学工业出版社.
刘占民，2006. 兽医学概论［M］. 北京：中国农业出版社.
刘宗平，2006. 动物中毒病学［M］. 北京：中国农业出版社.
陆承平，2001. 兽医微生物学［M］. 3 版. 北京：中国农业出版社.
马学恩，2007. 家畜病理学［M］. 4 版. 北京：中国农业出版社.
彭广能，2009. 兽医外科与外科手术学［M］. 北京：中国农业大学出版社.
邱深本，2010. 动物药理［M］. 北京：化学工业出版社.
沈永恕，2006. 兽医临床诊疗技术［M］. 北京：中国农业大学出版社.
石冬梅，2010. 动物内科病［M］. 北京：化学工业出版社.
苏艳杰，李志强，生浩，等，2012. 抗生素在兽医临床上的科学使用［J］. 中国畜牧兽文摘，28（10）：

207-208.

汪明, 2011. 兽医学概论 [M]. 北京: 中国农业大学出版社.

王洪斌, 2010. 家畜外科手术学 [M]. 4 版. 北京: 中国农业出版社.

王建辰, 2002. 羊病学 [M]. 北京: 中国农业出版社.

王俊东, 2010. 兽医临床诊断学 [M]. 2 版. 北京: 中国农业出版社.

王书林, 2003. 兽医临床诊断学 [M]. 3 版. 北京: 中国农业出版社.

王小龙, 2009. 畜禽营养代谢病和中毒病学 [M]. 北京: 中国农业出版社.

王子轼, 2013. 动物病理 [M]. 3 版. 北京: 中国农业出版社.

韦旭斌, 2013. 中兽医学 [M]. 北京: 科学出版社.

夏兆飞, 2010. 兽医临床实验室检验手册 [M]. 北京: 中国农业大学出版社.

徐世文, 2012. 兽医临床诊疗基础 [M]. 北京: 中国农业出版社.

阎继业, 2007. 畜禽药物手册 [M]. 3 版. 北京: 金盾出版社.

杨汉春, 2003. 动物免疫学 [M]. 北京: 中国农业大学出版社.

杨玉平, 2012. 动物微生物 [M]. 北京: 中国轻工业出版社.

张宏伟, 2009. 动物疫病 [M]. 2 版. 北京: 中国农业出版社.

张秀美, 2006. 新编兽药实用手册 [M]. 济南: 山东科学技术出版社.

张玉仙, 2013. 动物药理 [M]. 北京: 科学出版社.

章孝荣, 2011. 兽医产科学 [M]. 北京: 中国农业大学出版社.

赵德明, 2008. 猪病学 [M]. 9 版. 北京: 中国农业大学出版社.

郑世军, 宋清明, 2013. 现代动物传染病学 [M]. 北京: 中国农业出版社.

中国兽药典委员会, 2010. 兽药使用指南: 化学药品卷 [M]. 北京: 中国农业出版社.

中国兽药典委员会, 2010. 中华人民共和国兽药典: 一部 [M]. 北京: 中国农业出版社.

周新民, 2004. 兽医操作技巧大全 [M]. 北京: 中国农业出版社.

朱金凤, 2011. 兽医基础 [M]. 北京: 高等教育出版社.

朱维正, 2008. 新编兽医手册 [M]. 北京: 金盾出版社.

图书在版编目（CIP）数据

兽医学概论/朱金凤主编．—2版．—北京：中国农业出版社，2016.12（2024.1重印）
高等职业教育农业农村部"十三五"规划教材
ISBN 978-7-109-21869-7

Ⅰ.①兽… Ⅱ.①朱… Ⅲ.①兽医学－高等职业教育－教材 Ⅳ.①S85

中国版本图书馆CIP数据核字（2016）第152645号

中国农业出版社出版
（北京市朝阳区麦子店街18号楼）
（邮政编码100125）
责任编辑　徐　芳

北京中兴印刷有限公司印刷　新华书店北京发行所发行
2006年8月第1版　2016年12月第2版
2024年1月北京第2版第3次印刷

开本：787mm×1092mm 1/16　印张：29.5
字数：715千字
定价：48.00元

（凡本版图书出现印刷、装订错误，请向出版社发行部调换）